高等职业教育创新型系列教材

教育学原理

主　编　张东良　周彦良
副主编　沈　环　文　敏　侯　博

北京理工大学出版社
BEIJING INSTITUTE OF TECHNOLOGY PRESS

版权专有 侵权必究

图书在版编目(CIP)数据

教育学原理 / 张东良, 周彦良主编. -- 北京：北京理工大学出版社，2017.7（2025.1重印）
ISBN 978-7-5682-4287-5

Ⅰ.①教… Ⅱ.①张… ②周… Ⅲ.①教育学 Ⅳ.①G40

中国版本图书馆CIP数据核字（2017）第138675号

责任编辑：张慧峰	**文案编辑**：张慧峰
责任校对：周瑞红	**责任印制**：李志强

出版发行	/ 北京理工大学出版社有限责任公司
社　　址	/ 北京市丰台区四合庄路6号
邮　　编	/ 100070
电　　话	/ （010）68914026（教材售后服务热线）
	（010）63726648（课件资源服务热线）
网　　址	/ http://www.bitpress.com.cn

版 印 次	/ 2025年1月第1版第9次印刷
印　　刷	/ 定州市新华印刷有限公司
开　　本	/ 787 mm × 1092 mm　1/16
印　　张	/ 25.25
字　　数	/ 642千字
定　　价	/ 49.90元

图书出现印装质量问题，请拨打售后服务热线，负责调换

前　言

　　进入20世纪50年代，国家之间的竞争演化为综合国力的竞争。综合国力的竞争就是科学技术和人才的竞争，人才的竞争归根到底还是教育的竞争，而教育水平的高低最终取决于教师的水平。基于这种认识，20世纪60年代以来，教师要成为专业人员，教师职业要成为专门职业的呼声汇聚成了一股世界性潮流。1994年，我国实施的《中华人民共和国教师法》，第一次从法律的角度确定了教师的专业地位。1995年，国家颁布了《教师资格条例》；2000年，教育部颁布了《教师资格条例实施办法》，教师资格制度在全国全面实行；2001年4月1日起，国家首次开展全面实施教师资格认定工作，并进入实际操作阶段。特别是从2015年起，取消了教师资格证的统一发放措施，改为全国统一考试制度，提高了教师从业人员的门槛。

　　本书贯彻党的二十大精神，落实立德树人根本任务，旨在帮助毕业后有意从事教师职业的大学生掌握教育教学理论，形成教育教学技能，最终考取教师资格证。

　　本书适用于师范专业和非师范专业。本书可作为师范专业大学一年级开设的公共必修课教材使用，共64课时；非师范专业的学生可以作为教师资格证考试辅导教材。

　　本书包括教育概论、教学理论、德育理论、班级管理理论、科学研究和方法、主要法律法规等，共十四章。大部分章节都包括基本理论、真题链接和试水演练等部分。这样的安排即可以帮助学生学习理论，也可以让学生自我检查学习效果。

　　本书在编写过程中力求做到以下几点。

　　第一，具有完整的理论体系。教育学是研究教育现象、教育问题，揭示教育规律的一门社会科学，有自身的研究内容、研究方法、研究范畴，是一个内容体系完备的学科。学习现代教育学的目的是让有志于从事教师职业的学生，在没走出校门之前，先在头脑中形成正确的观念，在理论上有较高的素养，有一个高起点。

　　第二，贴近学生的实际需要，以讲带练，深入浅出，既帮助学生掌握教育教学理论，又通过教育实践案例来培养学生解决教育问题的能力，从而形成教育观念。

　　第三，贴近教育实践。本书选取的案例取材于当今的教育实践。通过学习本书，使学生在学习的过程中不仅能感受到教育理论的实用价值，还能增强责任感和使命感。

　　第四，贴近社会。教育现象是社会现象的缩影，为此，本书注重教育的社会功能及育人的本质属性，让学生真正理解社会要发展、教育要先行的真谛。

第五，成为引导学生学习方式转变的实用科学。师范生开设教育学课程，并不是为了让学生死记几个术语、几条原则，而是要注重培养学生发现教育问题、分析教育问题和解决教育问题的能力，学以致用。

本书由教育、教学第一线的教师编写。主编张东良、周彦良，副主编沈环、文敏、侯博。具体分工如下。

张东良：第一章、第二章、第三章、第四章、第八章；

周彦良：第六章；

沈环：第七章、第九章；

文敏：第五章、第十章、第十一章；

侯博：第十二章、第十三章、第十四章。

我们深知教材的编写不容易，难免会有疏漏，敬请读者指正。

张东良

目　录

第一章　教育学概述 ……………………………………………………………（1）
　第一节　什么是教育学 ……………………………………………………（1）
　第二节　教育学是怎样产生和发展的 ……………………………………（4）
　第三节　为什么要学习教育学 ……………………………………………（15）
　第四节　怎样学习教育学 …………………………………………………（17）

第二章　教育概述 ………………………………………………………………（24）
　第一节　什么是教育 ………………………………………………………（24）
　第二节　教育的起源 ………………………………………………………（28）
　第三节　教育的发展 ………………………………………………………（30）

第三章　教育与社会发展 ………………………………………………………（40）
　第一节　教育与政治经济制度的关系 ……………………………………（40）
　第二节　教育与生产力的关系 ……………………………………………（43）
　第三节　教育与文化的关系 ………………………………………………（46）
　第四节　教育与科学技术的关系 …………………………………………（50）
　第五节　教育与人口的相互关系 …………………………………………（52）

第四章　教育与人的发展 ………………………………………………………（58）
　第一节　人的发展概述 ……………………………………………………（58）
　第二节　影响人身心发展的因素 …………………………………………（60）
　第三节　个体身心发展的规律及教育 ……………………………………（66）
　第四节　中小学生身心发展的特征与教育 ………………………………（68）

第五章　教育目的与素质教育 …………………………………………………（78）
　第一节　教育目的概述 ……………………………………………………（78）
　第二节　我国的教育目的 …………………………………………………（87）
　第三节　全面发展教育的组成部分 ………………………………………（89）
　第四节　素质教育 …………………………………………………………（93）

第六章　教育制度 ………………………………………………………………（105）
　第一节　学校教育制度的概述 ……………………………………………（105）

第二节	我国学校教育体制发展概况	(106)
第三节	当前我国学校的主要类型与系统	(110)
第四节	当代学制发展的一般趋势	(111)

第七章 教师与学生 (118)

第一节	教师	(118)
第二节	学生	(143)
第三节	师生关系	(153)

第八章 课程和课程改革 (162)

第一节	课程概述	(162)
第二节	课程编制（课程的构成要素）	(169)
第三节	我国第八次基础教育课程改革	(177)

第九章 教学工作 (191)

第一节	教学及其基本任务	(191)
第二节	教学过程	(195)
第三节	教学的基本原则	(205)
第四节	教学方法	(212)
第五节	教学组织形式	(219)
第六节	教学工作的基本环节	(223)
第七节	教学模式	(227)
第八节	教学评价与教学反思	(229)
第九节	教学实施（教学的基本技能）	(235)
第十节	教学语言表达	(248)

第十章 品德、德育、美育与安全教育 (254)

第一节	品德	(254)
第二节	德育	(259)
第三节	美育	(288)
第四节	安全与健康教育	(290)

第十一章 班主任及班级管理 (300)

第一节	班级	(300)
第二节	班集体的产生和发展	(301)
第三节	班级管理	(304)
第四节	班级的日常管理	(309)
第五节	班队活动	(310)
第六节	班级教育力量管理	(313)
第七节	班主任工作	(314)
第八节	课堂纪律与课堂管理	(318)
第九节	课外、校外教育活动	(320)

第十二章 教育科学研究 (329)

第一节	教育科学研究概述	(329)
第二节	教育科学研究的基本过程	(330)

第十三章 小学教育、组织机构及运行 ……………………………………… （343）
第一节 小学教育 …………………………………………………………… （343）
第二节 小学的组织与运行 ………………………………………………… （346）

第十四章 教师职业道德、班主任条例以及教育法规知识问答 …………… （354）
第一节 《中小学教师职业道德规范》解读 ……………………………… （354）
第二节 《中小学班主任工作条例》解读 ………………………………… （360）
第三节 教育法规知识问答 ………………………………………………… （364）

附录一 2017年上半年（中学）教育教学知识与能力真题及参考答案 …………………………………………………………………… （385）

附录二 2017年上半年（小学）教育教学知识与能力真题及参考答案 …………………………………………………………………… （391）

主要参考文献 …………………………………………………………………… （396）

第一章

教育学概述

内容提要

教育学是研究人类社会教育现象、教育问题，揭示教育规律的一门社会科学，有着漫长的历史。其作为一门学科，有着自身的研究对象和任务，也有其产生与发展的过程——由最初的包含在一个庞大的哲学体系中的教育思想，逐渐地形成和发展为教育理论。教育学是从事教育教学工作的教师以及未来教师必须掌握的教育理论，所以，学习教育学对教育工作者来说具有重要的意义。本章着重阐述什么是教育学、教育学是怎样产生的、为什么要学习教育学及怎样学习教育学四个问题。

学习目标

1. 识记教育学的概念。
2. 理解教育学产生与发展的过程及学习教育学的意义。
3. 掌握中外古代教育家的主要教育思想。
4. 能够运用教育学理论分析教育现象。

第一节 什么是教育学

一、教育学的含义

关于教育学的定义有很多种解释，但大多数的解释都是把教育学看作是研究教育现象和教育问题、揭示教育规律的科学。

从教育学整体构成来看，"学校教育学"（普通教育学）处于"理论研究领域"，具有综合性、理论性和实用性的特点。

我们认为：教育学是通过对教育现象和教育问题的研究，来揭示教育规律的一门科学。

二、教育学的研究对象

任何一门学科都有它特定的研究领域和研究对象，教育学作为一门学科也不例外，教育学的研究对象就是教育现象、教育问题和教育规律。

教育学以人的教育为其研究对象。在西方,教育学一词是从希腊语 pedagogue 即"教仆"派生出来的。古希腊把陪送奴隶主子弟来回于学校,并帮助他们携带学习用品的奴隶称为"教仆"。按其词源来讲教育学最初是作为关于儿童和青年的科学而产生的。由于社会生产和社会生活的需要,它逐渐成为研究对各种年龄的人进行教育的一般规律的科学。

教育是培养人的社会活动,它广泛地存在于人类社会生活之中,人们为了有效地进行教育工作,需要对它进行研究,总结教育经验,认识教育规律。

(一) 教育现象

教育现象是教育本质的外在表现,它广泛地存在于人类社会生活和实践中且表现方式复杂多样。教育是社会生活的一个方面,是人类社会生活不可缺少的组成部分,它同社会的经济、政治、文化以及民族和人的发展等因素密切联系、相互影响和作用,因此,教育必然是一种社会现象。

教育是人的基本需要之一,人的一生都需要并都在接受教育。人的一生所受的教育有家庭教育、学校教育、社会教育、工作单位的教育以及自我教育等各种形式。在各种形式的教育活动中,必然会出现各种各样的教育现象,在教育活动中,教育现象是一种普遍存在。所以教育现象是教育学研究的首要对象

(二) 教育问题

教育问题是在教育过程中需要解决的疑难和矛盾。教育工作者在教育实践中会遇到许多难点,汇总后当成教育问题提出来,当这些问题被解释和解决后,就会产生新的教育理论。解释教育问题既是教育科学研究的发端,也是教育学的实用价值之所在,所以教育问题是教育学发展和进步的内部动力。

(三) 教育规律

教育规律是教育内部诸因素之间,教育与其他事物之间的本质联系,是不以人的意志为转移的客观实在。教育规律既有普遍意义的基本规律,又有作用于某一局部的具体规律。教育的基本规律表现在两大方面和两小方面。两大方面(宏观,也称两大关系):一是教育同社会发展的本质联系,二是教育同人的发展的本质联系。两小方面(微观):一是教学过程的基本规律,二是德育过程的基本规律。

三、教育学研究的任务

教育学研究的根本任务是揭示教育规律。教育学研究的具体任务是依照教育的逻辑层次,揭示教育的各种规律(包括宏观的和微观的),并在揭示规律的基础上,阐明教育工作的原则、方法和组织形式等问题,为教育工作者提供理论上和方法上的依据。

教育学的具体任务如下。

(一) 发展教育理论

教育理论是人们在长期的教育实践过程中总结、归纳、概括而形成的理性认识,是由概念、命题、原则等构成的系统的理论结构,反映了教育活动中的必然联系。当前我国正进行基础教育课程改革,教育学的重要使命在于为基础教育改革和发展提供先进的教育理论,从而为中小学的课程改革服务。

(二) 解释教育问题

作为一名中小学教师,为提高工作的自觉性,避免盲目性,必须掌握基本的教育理论,要按照教育规律和青少年身心发展的特点设计教育活动,调整和控制教育行为,科学地解释和解决教育问题。教育学的使命就在于为教育工作者提供解释教育问题的视角。

（三）改造教育实践

教育学对教育问题进行科学解释的目的不仅仅是促进教师教育知识的增长，更在于改造教育实践。改造教育实践的任务主要体现在：启发教育实践者工作的自觉性，形成正确的教育态度，培养坚定的教育信念，提高教育实践者的反思能力，逐渐成长为一名称职的人类灵魂工程师。

（四）提高教师素质

长期以来，部分教师不将教育学作为一门学问，错误地认为学不学教育学对于教学没多大影响，只把自己看成是知识的传递者，只满足于教书匠的角色，这种认识是错误的。作为一名合格的教师必须重视教育理论的学习和研究，只有懂得教育规律，遵循教育原则，采用科学的教育方法，才能有创新的动力，才能获得尊严，才能全面提升自身的素质。

四、教育学的学科性质

教育学是一门社会科学，它在整个教育科学体系中属于基础性的学科。

教育学发展到20世纪，已经形成了分化与拓展的趋势。20世纪有关教育的研究和理论，已不再是用"教育学"这样一门学科所能包揽的了，而是逐渐形成了一个学科群，这种以教育事实和教育问题为共同研究对象，旨在揭示教育规律的多种相关学科，统称为教育科学。教育学是庞大的教育科学体系中的基础学科：一方面从教育科学的其他门类和方法里吸取营养，丰富和充实自己的内容；另一方面，又对教育科学的其他门类和方法起一定的指导作用。

在教育科学体系中，主要包括如下几类科目。

（1）原理类：包括教育哲学、教育原理等。

（2）历史类：包括各种不同国别的本国教育史和按不同地域划分的外国教育史，还有按历史阶段划分的各种断代教育史等。

（3）教学研究类：包括教学论、课程论、学习论，各门学科的教学法或各门学科的教学（或教育）论、教学技术手段学等。

（4）思想品德研究类：德育原理、德育心理学等。

（5）学校管理类：包括学校行政学、学校管理学和教育督导、教育测量与评价等。

（6）不同阶段或类别的学校教育研究类：包括学前教育学、小学教育学、中学教育学、高等教育学、职业技术教育学等。

（7）教育研究方法类：包括教育研究法和教育统计、教育规划、教育预测等。

（8）教育比较类：比较教育学等。

除上述所述科目外，还产生了一批运用其他学科的理论和方法来研究教育现象的交叉学科，如教育经济学、教育政治学、教育文化学、教育社会学、教育人类学、教育信息学、教育传播学、教育未来学、教育心理学、教育社会心理学等。

从这样一个教育科学体系中，我们可以看到教育学的分化是沿着将时间、空间和整体性研究对象进行分解，然后分别进行专门研究。同时，教育科学体系中已经出现了有关教育研究方法的学科和运用相关学科的理论与方法研究教育的学科，这对教育科学的继续发展具有重要意义。这些新学科的出现，不仅使人们对教育的认识变得丰富、清晰、细致、准确起来，而且展示出教育研究的不同层面和不同角度，为下一步形成对教育整体的、科学的、辩证的认识提供了丰富的思想与理论材料；同时，对提高教师教育实践的自觉程度、科学化水准和效益具有积极的、不可替代的作用。虽然并非每个师范生都要学完这些学科，但这些学科丰富了师范教育中教育类课程的内容，在未来教师的教育信念、认识和行为技能、技巧的形成方面具有理论指导的意义。

五、有关教育学概念的不同表述

已经出版的有关教育学的著作,基本上将研究对象锁定在"教育现象"或"教育问题"两大方面。

(1) 教育学的研究对象就是青年一代的教育。([苏联]凯洛夫《教育学》,1948年)

(2) 教育学是一门科学,它要研究和总结教育的问题,去认识新生一代的教育规律。([苏联]凯洛夫《教育学》,1956年)

(3) 教育学的研究对象是教育现象及其规律。(刘佛年《教育学》,1963年、1979年)

(4) 我们没有把教育学的对象称作现象,而是特别采用"教育问题"一词来表示,并把教育学称作是以"教育问题"为研究对象的科学。([日]村井实《什么是教育》,1968年)

(5) 所谓教育乃是把本是作为自然人而降生的儿童,培育成为社会的一员的工作。教育学的任务,则是要从理论上探讨这一过程。([日]筑波大学教育研究会《现代教育学基础》,1982年)

(6) 教育学是研究教育现象及其规律的一门科学。(华中师范学院等五校《教育学》,1982年)

(7) 教育学这一科学认识领域的对象是社会的一门特殊职能——教育,因此可以把教育学称为关于教育的科学。([苏联]巴班斯基《教育学》,1983年)

(8) ……所研究的主要是学校教育这一特定现象,研究在这一现象领域内所特有的矛盾运动规律。(南京师范大学《教育学》,1984年)

(9) 教育学:教育科学中重要的基础学科之一,旨在研究教育规律、原理和方法。(《中国大百科全书·教育》,1985年)

(10) 教育学是研究教育现象和教育问题,揭示教育规律的科学。(王道俊、王汉澜《教育学》,1988年)

(11) 教育学的研究对象是怎样培养人……教育学的任务是:研究教育现象,揭示教育规律,探索教育宗旨,寻求教育的内容和方法,以解决培养人的问题。(胡寅生《小学教育学教程》,1993年)

第二节 教育学是怎样产生和发展的

任何一门科学都有它产生与发展的过程。教育学是人类社会和教育实践活动发展到一定历史阶段的产物,是在社会对于教育的需要日益增长的情况下产生和发展起来的。

一、教育学的产生

教育学是随着人类社会的发展和人类教育经验的丰富而逐渐形成和发展起来的一门科学。在原始社会中,由于生产力水平很低,人类的认知很简单,没有科学,也没有教育学。随着社会生产力的发展,出现了脑力劳动与体力劳动的分工,产生了文字,出现了学校,人们的教育经验逐渐丰富,教育工作也日益复杂,越来越需要对教育工作进行研究,对教育经验加以总结,这样就逐渐产生了教育学。

二、教育学的发展

教育学的发展与其他许多社会科学一样,有一个漫长而短暂的历史。说它漫长,是因为早在几千年前,我们的先哲就有对教育问题的专门论述和精辟见解;说它短暂,是因为作为一门规范性学科，只有 200 多年的历史。

教育学的发展，大致可分为四个阶段：萌芽阶段、独立阶段、多元化阶段、现代化阶段（也叫作理论深化阶段）。

（一）教育学的萌芽阶段

萌芽时期的教育学还没有从哲学体系中分化出来，仅仅是以教育思想的形式，与当时的哲学、政治、伦理道德、宗教等思想混杂在一起，没有成为一门独立的学科。教育思想也散见于哲学家、伦理学、政治家等的论著和语言记录中。

1. 我国教育思想的萌芽阶段

（1）孔子的教育思想。

中国古代最伟大的教育家和思想家孔子，以及以他为代表的儒家文化对中国文化教育的发展产生了极其深刻的影响。孔子的教育思想集中体现在他的著作《论语》中。

①孔子注重后天的教育。他从探讨人的本性入手，认为人的先天本性相差不大，个性的差异主要是后天形成的（如"性相近也，习相远也"）。

②主张"有教无类"。这是孔子关于教育对象和追求教育平等的思想，希望把人培养成"贤人"和"君子"。孔子大力创办私学，培养了大批人才。孔子是私学的创始人之一。

③孔子的学说以"仁"和"礼"为核心和最高道德标准，并且把"仁"的思想归结到服从周礼上（"克己复礼为仁"），主张"非礼勿视，非礼勿听，非礼勿言，非礼勿动"，强调忠孝和仁爱。

④孔子继承西周六艺教育的传统，教学纲领是"博学于文，约之以礼"，基本科目是诗、书、礼、乐、易、春秋。

⑤"庶、富、教"的论述反映了孔子关于教育与经济发展关系的思想。孔子认为庶与富是实施教育的先决条件，只有在庶与富的基础上开展教育，才能取得社会成效。

（2）孔子的教学原则和教学方法。

①启发诱导原则。孔子提出"不愤不启，不悱不发，举一隅不以三隅反，则不复矣。"朱熹的解释是，愤：心求通而未得之意；悱：口欲言而未能之貌，启谓之开其意；发谓之达其词。孔子是最早提出启发式教学的教育家，比苏格拉底的"产婆术"还早几十年。

②因材施教原则。孔子承认学生的先天差异，但更强调"学而知之"，重视在了解的基础上因材施教。

③学、思、习、行结合原则。孔子说"学而不思则罔，思而不学则殆"。强调学以致用，把知识运用到政治生活和道德实践中去。

④温故知新。温故而知新可以为师也，也就是现在的巩固性原则。

孔子的教师观："其身正，不令而行；其身不正，虽令不从。"

孔子的终身学习思想是"学而不厌"。

孔子的爱岗敬业思想是"诲人不倦"。

（3）孟子的教育思想。

孟子是教育史上最早把"教"和"育"连在一起使用的人，他在《孟子·尽心上》里说："人生有三乐，父母聚在，兄弟无故，一乐也；仰不愧于天，俯不怍（惭愧）于地，二乐也；得天下英才而教育之，三乐也。"

①"性善论"是孟子教育思想的基础，他认为人生来就有恻隐、善恶、辞让、是非之心，教育就是扩充"善性"的过程，最后使人达到仁、义、礼、智。这使孟子成为教育史上的"内发论"的代表。

②孟子的教育的目的在于"明人伦"。孟子继承了孔子的教育与政治的思想，提出"民贵君

轻"的"民本"思想。他说:"善政不如善教之得民也。善政民畏之,善教民爱之,善政得民财,善教得民心。""明人伦"也成了奴隶社会的教育目的。

③孟子提出了一种理想的"大丈夫"人格,即"富贵不能淫,贫贱不能移,威武不能屈"。

(4) 荀子的教育思想。

①荀子提出了"性恶论",这也是其教育思想的基础。荀子是"外铄论"的代表人物,认为教育的作用是"化性起伪"。荀子认为完整的学习过程是由感性认识到理性认识,再到行的过程,即闻－见－知－行。"不闻不若闻之,闻之不若见之,见之不若知之,知之不若行之。学至于行之而止矣。行之,明也;明之为圣人。"

②荀子重视循序渐进,他在《劝学篇》中指出"不积跬步无以至千里,不积小流无以成江海"。

③荀子也重视教师的地位——天地君亲师,把教师的地位与天地君亲并列。

(5) 墨子的教育思想。

先秦时期以墨翟为代表的墨家与儒家并称显学。墨翟的教育思想以"兼爱"和"非攻"为主,注重文史知识的掌握和逻辑思维能力的培养,还注重实用技术的传习。墨家认为获得知识的途径主要有"亲知""闻知"和"说知"三种,"说知"是依靠推理的方法来追求理性知识。

(6) 道家的教育思想。

老子和庄子是道家的创始人,道家是中国传统文化的一个重要组成部分,由于它主张"弃圣绝智""弃仁绝义",所以长期不为教育理论所关注。其实道家的许多教育思想也是很值得研究的。根据"道法自然"的哲学,道家主张回归自然、"复归"人的自然本性,一切任其自然,便是最好的教育。

(7)《学记》的教育思想。

随着文化教育的发展,《学记》问世了。这篇著作从正反两方面总结了儒家的教育理论和经验,以简约的语言、生动的比喻,系统地阐发了教育的作用和任务,教育、教学的制度、原则和方法,教师的地位和作用,师生关系和同学关系等。《学记》是罕见的世界教育思想遗产,在很大程度上具有经验描述的性质。

《学记》是我国也是世界上第一部教育学著作,它是集先秦时期教学经验和儒学思想之大成的教育著作。成书于战国末期,据郭沫若考证,由孟子的弟子,思孟学派的代表人物乐正克所著,全书一共1 229个字。

《学记》里的教学原则主要包括以下10点。

①"教学相长"。"学然后知不足,教然后知困;知不足然后能自反;知困然后能自强。"

②"藏息相辅"。"时教必有正业,退息必有居学。"即课内与课外结合。

③"豫时孙摩"。预防、及时、顺序、观摩。"禁于未发之谓豫;当其可之谓时;不陵节而施之谓孙;相观而善之谓摩。"

④启发诱导。"君子之教,喻也,道而弗牵,强而弗抑,开而弗达",主张开导学生,不要"牵着学生鼻子走";对学生提出比较高的要求,不要使学生失去自信;指出解决问题的路径,不提供现成的答案。

⑤"学不躐等""不凌节而施"。就是现在循序渐进的原则。

⑥"长善救失"。"学者有四失,教者必知之,人之学也,或失则多,或失则寡,或失则易,或失则止。此四者,心之莫同也。知其心,然后能救其失也;教也者,长善而救其失者也。"

⑦"化民成俗,其必由学""建国军民,教学为先"。揭示了教育的重要性和教育与政治的关系。

⑧"师道尊严"。《学记》里的教师观是尊师重道。"师严然后道尊,道尊然后民知敬学"

⑨"玉不琢,不成器;人不学,不知道"。揭示了教育的个体功能。
⑩《学记》设计了从基层到中央的完整的教育体制,提出严格的视导和考试制度。

2. 西方教育思想的萌芽阶段

追溯西方教育学的思想来源,首先要提到的就是古希腊的哲学家苏格拉底、柏拉图和亚里士多德,以及古罗马时期的昆体良等。

(1) 苏格拉底。

苏格拉底以其雄辩和与青年智者的问答法著名,问答法又称为"产婆术",就是现在的谈话法。苏格拉底在与鞋匠、商人、士兵或青年贵族问答时,佯装无知,通过巧妙地诘问暴露出对方观点的破绽和自相矛盾,从而使其发现自己并不明了所用概念的根本意义。

问答法分为三步。

第一步称为苏格拉底讽刺。苏格拉底认为这是使人变得聪明的一个必要步骤,因为除非一个人很谦逊"自知其无知",否则他不可能学到真知。

第二步叫定义,在问答中经过反复诘难和归纳,从而得出明确的定义和概念。

第三步叫助产术,引导学生自己进行思索,自己得出结论。正如苏格拉底自己所说,他虽无知,却能帮助别人获得知识,好像他的母亲是一个助产婆一样,虽年老不能生育,但能接生,能够催育新的生命。

(2) 柏拉图。

柏拉图是对哲学的本体论研究做出重要贡献的古代哲学家,他把可见的"现实世界"与抽象的"理念世界"区分开来,认为"现实世界"不过是"理念世界"的摹本和影子,应建立了本质思维的抽象世界。据此他认为,人的肉体是人的灵魂的影子,灵魂才是人的本质。灵魂是由理性、意志、情感三部分构成的,理性是灵魂的基础。理性表现为智慧,意志表现为勇敢,情感表现为节制。根据这三种品质的其中一种在人的德行中占主导地位,他把人分成三种集团或等级:

①运用智慧管理国家的哲学家;

②凭借勇敢精神保卫国家的军人;

③受情绪驱动的劳动者。

柏拉图认为,人类要想从"现实世界"走向"理念世界",非常重要的就是通过教育,帮助未来的统治者获得真知,以"洞察"理想的世界。这种教育只有贯彻了睿智的哲学家和统治者的思想才能引导芸芸众生走向光明。柏拉图认为,教育与政治有着密切的联系,以培养未来的统治者为宗旨的教育乃是在现实世界中实现这种理想的正义国家的工具。柏拉图的教育思想集中体现在他的代表作《理想国》中。

柏拉图的思想是国家主义教育思想的渊源。柏拉图也是"寓学习于游戏"的最早提倡者。在西方教育史上柏拉图的《理想国》、卢梭的《爱弥儿》、杜威的《民本主义与教育》被称为三个里程碑著作。

(3) 亚里士多德。

①古希腊"百科全书式"的哲学家亚里士多德,秉承了柏拉图的理性说,认为追求理性就是追求美德,就是教育的最高目的。他认为教育应该是国家的,所有的人都应受同样的教育,"教育事业应该是公共的,而不是私人的",这与孔子的"有教无类"异曲同工。

②亚里士多德也是第一个提出教育自然性原则的教育家,他注意了儿童心理发展的自然特点,主张按照儿童心理发展的规律对儿童进行分阶段教育,这也成为后来强调教育中注重人的发展的思想渊源。他的和谐教育思想,成为后来全面发展教育的思想渊源。亚里士多德的教育思想大量反映在他的著作《政治学》中。

(4) 昆体良。

古罗马的昆体良被称为西方第一位教育家，他的《论演说家的教育》（不同译名为《论演说家的培养》、《雄辩术原理》），是西方最早的教育著作，但它比我国的《学记》要晚近300年。昆体良提出了朴素的教育民主思想，猛烈抗议当时学校中盛行的体罚，主张"让教师首先唤醒他自己对学生的父母般的情感"。在学习方法上他介绍了三个顺序递进的阶段：模仿－理论－练习，据此有人也称昆体良的《论演说家的教育》是世界上第一部教学法著作。

但是，在我国奴隶社会和封建社会里，或在欧洲的奴隶社会和封建社会里，教育方面的著作多属论文的形式，停留于经验的描述上，缺乏科学的理性分析，没有形成完整的体系，因而只可以说是教育学的萌芽。

在我国封建社会，也涌现出不少优秀的教育著作，像韩愈的《师说》、朱熹关于读书法的《语录》、颜元的《存学篇》等，这些著作对师生关系、如何读书与学习，都作出了精辟的论述。

（二）教育学的独立阶段

随着资本主义生产的发展和科学的进步，资产阶级为了培养他们所需要的人才，在教育上提出了他们的主张，采取了一些新的措施。资产阶级教育家为了阐明他们的教育主张，总结教育方面的经验，写出了一些教育著作，出现了体系比较完整的教育学，教育学逐渐成了一门独立的学科。

1. 培根

第一个提出教育学是一门独立学科的人是英国的培根，他在《论科学的价值和发展》（1623年）中，首次把"教育学"作为一门独立的科学确立下来，他却把教育学的定义界定错了，他说："教育学是一门知道阅读的学科。"但是他的归纳法为教育学的研究提供了方法论基础。

2. 夸美纽斯

标志着《教育学》开始独立的第一个代表人物是捷克的著名教育家夸美纽斯。他于1632年写成、1657年出版的《大教学论》，这是近代教育史上第一部以教育为专门研究对象的教育著作，这部著作的出现标志着教育学成为一门独立学科初具雏形。在这部著作中，他称赞教师职业是"太阳底下最光辉的职业"。

夸美纽斯是受到人文主义精神影响的教育家。他强调教育的自然性。自然性，首先是指人是自然的一部分，人都有相同的自然性，都应受到相同的教育；其次，要遵循人的自然发展的原则；最后是要进行把广泛的自然知识传授给普通的人的"泛智教育"，而不是仅强调宗教教育。

夸美纽斯在《大教学论》这本教育著作中，提出了自己的教育信念：每个人都有接受教育的可能性和权利，教育是形成人的品德和智慧的最重要的工具，通过对人的教育可以达到改造社会的目的。他强调教育要成功必须遵循自然的规律。这些主张与中世纪形成的压抑人性、推崇神道的教育传统是截然不同的。以上述思想为核心，他提出了普及初等教育，主张建立适应学生年龄特征的学校教育制度。他还首次论证了班级授课制，规定了广泛的教学内容，提出了"百科全书"式的教育内容体系，收录在他的《世界图解》里。他提出了教学的直观性、系统性、量力性、巩固性、自觉性五个教学原则（也有说提出了便利性、彻底性、简明性与迅捷性的四个原则），高度地评价了教师的职业，强调了教师的作用。这些主张在反对封建教育、建立新教育科学方面，都起到了积极的作用，为建立教育学的科学体系奠定了基础。而夸美纽斯由于写了这部著作，成为人们公认的教育学的奠基者和创始人，被誉为"教育学之父""教育学学科创始人"。当然，《大教学论》也有其历史的、阶级的局限性。他以唯心论的经验论为基础，应用"自然适应性"的观点做机械类比，并使自己的教育言论具有神学色彩，企图把科学同基督教教义调和起来，还没有成为真正科学的教育学。

夸美纽斯在《大教学论》中体现的主要教育思想如下。

(1) 提出了教育适应自然的重要思想。
(2) 提出了"泛智"教育思想，主张把一切事物交给一切人。
(3) 首次提出并论证了直观性、系统性、量力性、巩固性、自觉性等教学原则。
(4) 提出了学年制的思想，并首次从理论上论述了班级授课制。
(5) 提出了普及初等教育思想。
(6) 构建了教育学的学科框架和百科全书式的教育内容体系。

3. 卢梭

18世纪法国启蒙思想家卢梭（1712—1778）是又一位享誉世界、对教育思想的丰富发展和教育学的形成产生过深远影响的人物。卢梭的小说体教育名著《爱弥儿》，在当时引起了极大震动，政府当局下令查禁焚烧。在《爱弥儿》中，卢梭对当时流行的古典主义教育模式和思想，从培养目标到教学内容、方法进行了猛烈的、全面的抨击。"出自造物主之手的都是好的，而一到人的手里，就全变坏了。"他以如此鲜明对立的方式写下了《爱弥儿》首卷的第一句话，毫不含糊地树起了遵循人自身成长规律的自然主义教育的大旗。他所理解的自然，是指不为社会和环境所歪曲、不受习俗和偏见支配的人性，即人与生俱来的自由、平等、淳朴和良知。卢梭认为，现存的人是坏的，但人的本性是善的，假如能为人造就新的、适合人性健康发展的社会、环境和教育，人类就能在更高阶段回归自然。因此，人为地、根据社会要求加给儿童的教育是坏的教育，让儿童顺其自然发展的教育才是好的教育，甚至越是远离社会影响的教育才越是好的教育。

在《爱弥儿》全书中，卢梭以假设的教育对象爱弥儿为"模特儿"，按个体生长的自然年龄阶段，依次阐明了自己对处于不同年龄阶段个体教育的目标、重点、内容、方法等一系列问题的独特见解。卢梭尖锐地指出："我们对儿童是一点也不理解的，对他们的观念错了，所以愈走就愈入歧途。"卢梭对教育学的最大贡献就是开拓了以研究个体生长发展与教育的相互关系为主题的研究领域。

4. 康德和裴斯泰洛齐

继卢梭之后，在18世纪还有两位人物对教育理论和实践的发展做出过重要贡献。一位是德国的大哲学康德，他对教育学形成的贡献不仅表现在为认识人性提供了新的哲学框架，而且他还是第一位在大学里开设教育学讲座的教授。1776年，康德在哥尼斯堡大学开设了教育讲座。此后他学生林克将他演讲的内容整理、编纂并予以出版，题为《康德论教育》。在这本唯一关于康德教育思想的论著中，康德鲜明地表述了自己的立场："只有人是需要教育的，所谓教育是指保育（儿童之养育）、管束、训导和道德之陶冶而言。故人在幼稚时期需保育，儿童时需管束，求学时需训导。"他把教育看作是使人性得以不断改进和完善的重要手段。因此，"儿童应当教育，然而不是为现在而是为将来人可能改良到的一种境界；换言之，是适合于人类理想与人生的全部目的的"。无疑，康德的行为与思想在促进教育思想与理论科学化方面起到了推动作用。

我们要提及的另一位著名的教育家，就是瑞士的裴斯泰洛齐（1746—1827），他于1774年创办了新庄孤儿院。在那里他把卢梭在《爱弥儿》中的教育理念付诸实践，成为卢梭《爱弥儿》的信奉者和实践者。他以其博大胸怀和仁爱精神进行了多次产生了世界影响的实验。他认为教育的目的在于按照自然的法则全面地、和谐地发展儿童的一切天赋能力和力量。教育应该是有机的，应做到智育、德育和体育的一体化，使头、心和手都得到发展，教育者的首要职责在于塑造完整的、富有个人特征的人。他主张教育要遵循自然，教育者对儿童施加的影响，必须和儿童的本性一致，使儿童自然发展，并把这种发展引向正确的道路。他的代表作是《林哈德和葛笃德》《葛笃德怎样教育她的子女》。

他的主要思想可以概括如下。

（1）提出全面、和谐发展的教育目的。

（2）第一个提出"教育心理学化"的口号。

（3）提出要素教育论——其基本思想是教育过程要从一些最简单的、为儿童所能接受的"要素"开始，再逐渐转到日益复杂的要素，促进儿童各种天赋能力和力量全面、和谐地发展。

（4）建立初等学校各科教学法。他被誉为"初等教育之父"，教育史上小学各科教学法奠基人。

（5）他是西方教育史上第一位将"教育与生产劳动相结合"这一思想付诸实践的教育家，也是形式教育论的代表。

5. 洛克

进入近代，国家教育的思想和民主教育的思想都在发展，这在英国教育家洛克（1632—1704）身上得到了集中体现。一方面，他提出了著名的"白板说"，认为人的心灵如同白板，观念和知识都来自后天，并且得出结论，天赋的智力人人平等，"人类之所以千差万别，便是由于教育之故"。他主张取消封建等级教育，人人都可以接受教育。另一方面，他主张的又是绅士教育，认为绅士教育是最重要的，一旦绅士受到教育，走上正轨其他人都会很快走上正轨。绅士应当既有贵族气派，又有资产阶级的创业精神和才干，还要有健壮的身体。绅士的教育要把德行教育放在首位，基本原则是资产阶级利己主义的理智克服欲望，确保个人的荣誉和利益。与其形成鲜明对照的是：他轻视国民教育，认为普通学校里集中了"教养不良、品行恶劣、成分复杂"的儿童，有害于绅士的培养，主张绅士教育应在家庭实施。他的绅士教育思想主要反映在他的代表著作《教育漫话》中。

6. 赫尔巴特

将教育理论提高到学科水平并为后人所公认的是在19世纪产生重要影响的德国教育赫尔巴特（1770—1844）。他是第一个把裴斯泰洛齐的理论用文字形式介绍到德国的人。他也是康德的信奉者并接替康德在哥尼斯堡大学教席的教授。赫尔巴特在1806年发表的著作《普通教育学》，被教育史上誉为第一部科学形态（规范化、现代化）教育学著作。自此以后，教育学作为相对独立的以教育为研究对象，以揭示教育活动规律为宗旨的学科地位被确立了。

赫尔巴特的《普通教育学》获得如此殊荣并不是偶然的。在这本著作中，他构建了教育学的逻辑体系，形成了一系列教育学的基本概念与范畴。他首次提出"教育性教学""课程体系""管理制度"等教育范畴，并强调教育学的两个基础：哲学的伦理学基础（用来指导教育目的与价值的选择与判断）和心理学基础（用来指导对教学过程内在结构的认识和方法的选择）。赫尔巴特在《普通教育学》中系统研究了教学和教学过程，提出了按教学过程中儿童心理活动变化而划分的著名的"四阶段理论"（明了、联想、系统、方法），使原来难于把握的教学过程变得可操作起来。

他强调教学必须使学生在接受新教材的时候，唤起心中已有的观念，认为多方面的教育应该是统一而完整的，学生所学到的一切应当是一个统一体。他强调系统知识的传授，强调课堂教学的作用，强调教材的重要性，强调教师的重要地位，形成了传统教育的教师中心、教材中心和课堂中心的特点。

赫尔巴特的教育观是二元论的。一方面，他强调儿童的兴趣是教育的出发点，是教学的依据；另一方面，他把教育看成是接受过程，强调教师的主导作用。在政治伦理观方面，他主张教育应该从国家理念出发，教育的根本目的在于培养良好的国家公民。所以他特别强调道德教育，强调道德教育是教育的首要任务，而且道德教育就是"强迫的教育"，纪律和管理是教育的主要手段。他提出纪律的本质就是"约束儿童的意志"，使其与国家的意志相一致，提出威吓、监督、命令、禁止和惩罚等是管理的有效方法。

赫尔巴特的《普通教育学》曾一度风行世界，对19世纪以后的许多国家的教育实践和教育思想产生了很大的影响，他被誉为"规范化教育学之父"，是科学形态教育学的奠基人和创始人。我国"五四运动"以前的学校教学，也深受赫尔巴特教学思想的影响。赫尔巴特被看作是传统教育学的代表。他的主要观点可以概括为以下几点。

（1）首次提出了教育性教学原则："我想不到有任何无教学的教育；正如反过来，我不承认有任何无教育的教学。"他强调了教学过程是知、情、意统一的过程。

（2）伦理学和心理学是教育学的两个理论基础。

（3）强调教师的权威作用和中心地位，形成了传统教育中教师中心、教材中心、课堂中心的"三中心论"。

（4）提出"四阶段教学"理论。将教学过程分为明了、联想、系统和方法四个阶段。后由他的学生席勒修改为预备、提示、比较、总括、应用，称"五段教学法"。

（5）他提出教育的目的是为了国家培养品德和人格完善的良好的社会公民，使他成为社会本位论的主要代表人物。

总之，在这一阶段中，教育学已具有独立的形态，成为一门独立的学科。

（三）教育学的发展多样化阶段

随着科学技术的发展，心理学、社会学、法律学、伦理学、政治学等经验学科逐渐兴起，这些学科的知识和研究方法，对教育学的发展起到了巨大的作用。教育学不仅从这些科学中吸取有关的研究成果，而且也逐渐利用社会学所常用的实证方法（收集资料，进行调查、统计，根据事实进行客观的记述、比较、说明，探究其规律）和心理学所采用的实验的方法来研究教育问题，使教育学不再仅仅是根据一定的理想和规范去考察教育，而是从教育事实出发，对其进行客观的分析与研究，从而使教育学向着实证的社会科学转化，在科学化的道路上前进了一步。同时，由于人们所处的社会条件不同，所运用的研究方法不同，因而，对于社会和教育的认识也就各不相同。自19世纪50年代以来，世界上出现了各种各样的教育学，并形成了许多门类，教育科学迅速地发展起来。

多元化阶段的教育学包括实证主义教育学、实用主义教育学（杜威）、实验教育学、马克思主义教育学、批判教育学、文化教育学。

1. 实证主义教育学

英国资产阶级思想家、社会学家斯宾塞（1820—1903）1861年版了《教育论》。斯宾塞是英国著名的实证主义者，他反对思辨，主张科学只是对经验事实的描写和记录。他提出：教育的任务是教导人们怎样生活。他把人类生活活动分为五种。

（1）直接保全自己的活动；

（2）从获得生活必需品而间接地保全自己的活动；

（3）目的在于抚养教育子女的活动；

（4）与维持正常社会政治关系有关的活动；

（5）在生活中的闲暇时间满足爱好和感情的各种活动。

他运用实证的方法来研究知识的价值问题，认为直接保全自己的知识最有价值，其次则是间接地保全自己的知识，其他的知识价值次第下降。由此，他强调生理学、卫生学、数学、机械学、物理学、化学、地质学、生物学等实用学科的重要，反对古典语言和文学的教育。此外，他还特别重视体育，他说："不仅战场的胜负常取决于兵士的强健程度，商场的竞争也部分由生产者的身体耐力所决定。"在教学方法方面，他主张启发学生学习的自觉性，反对形式主义的教学。斯宾塞重视学科教育的思想，反映了19世纪资本主义工业生产对教育的要求，但他的教育思想具有明显的功利主义色彩。

代表人物：斯宾塞，代表作《教育论》（1861年）。

观点：反对思辨，认为科学就是对事实的描述和记录，反映了资本主义发展的需要，带有明显的功利主义色彩。

2. 实验教育学

实验教育学是19世纪末20世纪初产生于德国，是以教育实验为标志的教育思想流派。

代表人物：德国的梅伊曼和拉伊、法国的比纳、美国的霍尔和桑代克。

代表作：《实验教育学》《实验教育学纲要》等。

基本观点：（1）反对以赫尔巴特为代表的强调概念思辨的教育学，认为这种教育学对检验教育方法的优劣毫无意义。

（2）提出把实验心理学的研究成果和方法运用于教育研究，使教育研究科学化。

（3）把教育实验分为提出假设、进行试验和确证三个阶段。

（4）主张用实验、统计和比较的方法探索儿童心理发展过程的特点及其智力发展水平，用实验数据作为改革学制、课程和教学方法的依据。

3. 文化教育学

文化教育学又叫精神科学教育学，是19世纪末出现在德国的教育学说。

代表人物：狄尔泰、斯普兰格、利特。

代表著作：《关于普遍妥当的教育学的可能》《教育与文化》等。

4. 实用主义教育学

19世纪末20世纪初，美国出现了实用主义教育学，由杜威（1859—1952）所创立，其代表作为1916年出版的《民本主义与教育》。作为现代教育的代言人，杜威的教育思想与赫尔巴特教育思想针锋相对。杜威主张教育为当下的生活服务，主张教育即生活，由于生活是一个发展过程、生长过程，所以教育也是生长的，这是从教育的纵向来说的；而从生活的横向来说，则是人与环境的相互作用，并形成了个体的和集体的经验，所以教育实际上是经验的改造和改组，是促进学生形成更新、更好的经验。为此，他强调教法与教材的统一，强调目的与活动的统一，主张在"做中学"，在问题中学习。他认为，教学的任务不仅在于教给学生科学的结论，更重要的是要促进并激发学生的思维，使学生掌握发现真理、解决问题的科学方法。引导学生了解发现真理的方法有两个因素：一是智慧，二是探究。智慧与冲动相对立，由于运用了智慧，人对于问题的解决，就与动物的"尝试与错误"区别了开来。探究则与传统学校"静听"的方法相对立，它是一种主动、积极的活动，它的价值在于可以使学生在思维活动中获得"有意义的经验"，将经历到的模糊、疑难、矛盾的情境转化为清晰、确定、和谐的情境。

杜威对传统教育的批判，不仅是对方法的批判，而且是对整个教育目的的批判，是对教育目的的"外铄性"的批判。他认为，那种外铄的教育目的使受教育者无思考的余地，限制人的思维，致使受教育者不需要也不可能有自由思考、主动创造的空间，只能使用机械的注入法，学生消极地对教师所教的东西做出反应，成为教师和教科书的奴隶。

杜威强调儿童在教育中的中心地位，主张教师应以学生的发展为目的，围绕学生的需要、兴趣和活动组织教学，杜威以儿童中心主义著称。杜威的学说是以"经验"为基础，以行动为中心，是适应垄断资产阶级的需要而产生的。杜威标榜"民主教育""进步教育"，重视儿童的主动性、积极性，反对传统教育。但是，他却否定理论的指导作用，否定系统的科学知识，否定教师的主导作用，这是违背客观规律的。杜威的实用主义教育学在20世纪30年代盛极一时，在世界各国广为流传，被一些资产阶级学者称为"新教育""现代教育"。从此，西方教育学出现了以赫尔巴特为代表的传统教育学和以杜威为代表的现代教育学派的对立局面。

代表人物：杜威和克伯屈。

杜威的代表作是 1916 年的《民主主义与教育》，1919 年的《经验与教育》。克伯屈的代表作是《设计教学法》。

观点（主要是杜威的）：

(1)"新三中心论"："儿童中心（学生中心）""活动中心""经验中心"。

(2) 将教育的本质论概括为"教育即生活""教育即生长""教育即经验的改造与改组"。

(3) 主张"在做中学"，在问题中学。

(4) 学校即社会，强调教育与社会生活的联系。

(5) 提出"五步教学法"：创设疑难情景→确定疑难所在→提出解决问题的种种假设→推断哪个假设能解决这个困难→验证这个假设。

5. 马克思主义教育学

苏联"十月革命"以后，在列宁、斯大林的领导下，进行了 20 多年的教育革命实践活动，取得了正反两方面的经验。1939 年出版的由凯洛夫主编的《教育学》，这是一本试图以马克思主义的观点和方法阐明社会主义社会教育规律的教育学著作，也被称为是世界上第一本马克思主义教育学著作。

该书系统地总结了苏联 20 世纪二三十年代的教育经验，基本上吸收了赫尔巴特的教育思想，把教育学分成总论、教学论、德育论和学校管理论四个部分。其主要特点是重视智育在全面发展中的地位和作用，认为"学校的首要任务，就是授予学生自然、社会和人类思维发展的深刻而确实的普通知识；形成学生的技能、技巧，并在此基础上发展学生的认识能力；培养学生的共产主义人生观；肯定课堂教学是学校工作的基本组织形式，强调教师在教育和教学中的主导作用"。该书于 1948 年和 1956 年曾做过两次修改，1951 年被译成中文。该书在苏联和我国产生过很大影响，成为指导我国教育工作的著作。

凯洛夫教育学在国家行政领导与学校的关系上，忽视了学校的自主性；在学校与教师的关系上，忽视了教师的自主性；在教师与学生的关系上，忽视了学生的自主性；过分强调了课程、教学大纲、教材的统一性、严肃性和不断改革的必要性。

我国新民主主义革命时期，近代教育家杨贤江（1895—1931）以李浩吾的化名于 1930 年出版了《新教育大纲》，这是我国第一本试图用马克思主义的观点论述教育的著作。书中对教育的本质和作用进行了论述，指明了教育是社会上层建筑之一，是阶级斗争的工具，揭露了旧中国教育的反动本质，在教育理论方面具有启蒙作用。这本书是苏区和解放区师范学校和教育工作者的重要读物。

新中国成立后，在 20 世纪 50 年代和 60 年代，我国广大教育理论工作者以马克思主义为指导，总结了我国老解放区和新中国成立后的教育经验，开始尝试编写具有中国特色的马克思主义教育学，"文革"以后陆续出版了一些不同版本的教育学。党的十一届三中全会以后，在"解放思想"的精神鼓舞下，许多教育理论中的重要理论问题得到了广泛深入的讨论，对许多教育基本问题有了新的认识。对教育的性质、教育的本质，教育与人的发展的关系，课程、教材、思想品德教育等理论的认识取得了许多新的进展。教育改革的实践和实验，为教育学的发展提供了重要的理论资源。

6. 批判教育学

批判教育学兴起于 20 世纪 70 年代，是西方教育理论界占主导地位的教育思潮，代表人物有美国的鲍尔斯、金蒂斯、阿普尔，法国的布厄迪尔。代表作有《资本主义美国的学校教育》《教育与权力》《教育、社会和文化的再生产》等。

（四）教育学的现代化阶段（理论深化阶段）

自 20 世纪 50 年代以来，由于科学技术的迅猛发展，人们认识到提高生产效率和发展经济的关键在于智力的开发和运用，由此在世界范围内进行新的教育改革，从而促进了教育学的发展。同时，由于科学的综合化发展越来越趋于主导地位，教育学也日益与社会学、经济学、心理学等学科相互渗透，在理论上逐渐深化，在内容方面更加丰富；再加上控制论、信息论和系统论的产生与发展，为教育学的研究提供了新的思路、新的方法，所以，各国的教育学在不同的思想体系指导下，都有新的发展，在理论上都深化了一步。

1. 布鲁姆

1956 年，美国心理学家布鲁姆制定出了《教育目标的分类系统》，他把教育目标分为认知目标、情感目标和动作技能目标三类，每类目标又分成不同的层次，排列成由低到高的阶梯。布鲁姆的教育目标分类，可以帮助教师更加细致地去确定教学的目标和任务，为人们观察教育过程、分析教育活动和进行教育评价提供了一个框架。但是，布鲁姆的教育目标分类学并未说明应该怎样促进学生心智能力的发展，对情感目标、动作技能目标阐述得还不够深入。他认为教学应该以掌握学习为指导思想，提出了"掌握学习理论"。"掌握学习理论"的中心思想是：只要提供最佳的教学并给以足够的时间，多数学习者能获得优良的学习成绩。

1963 年，美国的教育心理学布鲁纳出版了《教育过程》一书，提出了结构主义教学理论。他主张：不论我们选教什么学科，务必使学生理解该学科的基本结构。"所谓学科的基本结构，即指构成学科的基本概念、基本公式、基本原则、基本法则等，以及它们之间的相互联系与规律性。"他特别重视学生能力的培养，提倡发现学习。布鲁纳的教育思想，对于编选教材、发展学生能力、提高教学质量，是有积极意义的。但他忽视学生的接受能力，主张儿童提早学习科学的基本原理是不宜推行的。

2. 赞可夫

1975 年，苏联出版了心理学家、教育家赞可夫（1901—1977）的《教学与发展》一书。这本书是他 1957—1974 年进行教学改革实验的总结，全面阐述了他的实验教学论的体系，系统地叙述了学生的发展进程，介绍了研究学生学习过程的情况。通过实验，他批评了苏联传统的教学理论对发展智力的忽视，强调教学应走在学生发展的前面，促进学生的一般发展。赞可夫的教学理论对苏联的学制和教育改革一度起了很大的推动作用。他的理论核心是"以最好的教学效果使学生达到最理想的发展水平"，提出了发展性教学理论的五条教学原则，即高难度原则、高速度原则、理论知识起主导作用原则、理解学习过程原则、使所有学生包括差生都得到一般发展的原则。

3. 巴班斯基

自 1972 年以来，苏联连续出版了苏联教育科学院院士、副院长巴班斯基几本系列著作——《论教学过程最优化》等。巴班斯基认为，应该把教学看作一个系统，从系统的整体与部分之间、部分与部分之间以及系统与环境之间的相互联系、相互作用中考查教学，以便达到最优处理教育问题。他把教学过程划分为社会方面的成分（目的、内容）、心理方面的成分（动机、意志、情绪、思维等）和控制方面的成分（计划、组织、调整、控制）。

巴班斯基将现代系统论的方法引进教学论的研究中，是对教学论进一步科学化的新探索。他的教学过程最优化的理论中，所谓最优化就是现有条件下达到最好，老师和学生的潜力都发挥出来。

4. 马卡连柯

马卡连柯是苏联教育家，著有《教育诗》《塔上旗》《论共产主义教育》，他在流浪儿和违法者的改造方面做出了杰出贡献，其核心是集体主义教育思想。他认为全部教育过程，应该是在

"通过集体","在集体中"和"为了集体"的原则下进行。他把这个总的原则又概括成"平行教育影响"的原则。

5. 苏霍姆林斯基

是苏联当代著名的教育实践家和教育理论家,他在《给教师的一百条建议》《把整个心灵献给孩子》《帕夫雷什中学》等著作中,系统论述了他的全面和谐教育思想,他认为学校教育的理想是培养全面和谐发展的人。其著作被称为"活的教育学"。

6. 瓦·根舍因

德国教育家瓦·根舍因著有《范例教学原理》,创立了范例教学理论。

7. 保罗·朗格朗

1970年,法国成人教育家保罗·朗格朗出版的《终身教育引论》,产生了广泛的影响,被公认为终身教育的代表著作。布鲁纳、赞科夫、瓦·根舍因的理论被称为现代教学理论的三大流派。

8. 蔡元培

我国的蔡元培是中国近现代著名的民主革命家和教育家。毛泽东评价他为"学界泰斗,人世楷模"。他提出了"五育并举"的教育思想,即军国民教育、实力主义教育、公民道德教育、世界观教育和美感教育。他提出了"囊括大典、网罗众家、思想自由、兼容并包"的原则。是我国最早主张"以美育代宗教"的教育家。此外,他主张教育应脱离政治而独立。

9. 陶行知

陶行知的教育思想。陶行知师从于杜威,提出了生活教育理论。他的生活教育理论包括三个论点:"生活即教育";"学校即社会";"教学做合一",强调学做结合。毛泽东称颂他为"伟大的人民教育家",宋庆龄赞誉他为"万世师表"。

10. 黄炎培

黄炎培提出了"使无业者有业,使有业者乐业"的著名职业教育理论,被誉为我国的职业教育的先驱。

11. 晏阳初

晏阳初提出了"四大教育""三大方式"。"四大教育"是文艺教育、生计教育、卫生教育和公民教育,"三大方式"是社会式、家庭式和学校式。他被誉为"国际平民教育之父"。

12. 陈鹤琴

陈鹤琴的"活教育"思想包括活目标、活课程、活原则、活方法、活步骤。他被称为"中国的福禄贝尔"。

目前,我国广大教育工作者正在以马克思主义为指导,研究我国教育事业发展与改革过程中的重大实践问题和理论问题,认真总结我国的教育实践经验,继承我国宝贵的教育遗产,借鉴外国有益的教育经验,加强教育学的理论建设,提高教育学的科学水平,努力建设具有中国特色的社会主义教育学体系。

第三节 为什么要学习教育学

教育学是教师职前培养和职后培训的一门必修课程,对从事教育工作具有特别重要的意义。教育学为中小学教师形成教育思想、教育智慧、专业精神、专业人格奠定基础,帮助师范学生获得教育素养。

一、教育学有助于形成教育思想

柏拉图曾说过:奴隶之所以是奴隶,乃是因为他的行为并不代表自己的思想而是代表别人的思想。教师应该是教育的主人,而不是奴隶。教师的教育行为应该代表教师自己的教育思想。教育思想是教师的第一素养。思想成就人的伟大,人如果没有思想,那就成了一块顽石或者一头牲畜了。教育思想成就教师的伟大,没有教育思想,教师就成了一台教育机器。人的全部的尊严就在于思想,没有教育思想,就没有教育尊严可言,教师只有形成自己的教育思想才能拥有教育乃至人生的尊严。马克思说得好:"能给人以尊严的只有这样的职业,在从事这种职业时我们不是作为奴隶般的工具,而是在自己的领域内独立地进行创造。"

教育思想包括三个层次。

教育思想的第一个层次是教育认识,认识解决知与不知的问题。

教育思想的第二个层次是教育观念,观念解决行为问题。

教育思想的最高境界是教育理念,理念解决价值取向问题。

教师一定要确立自己的教育理念,教育理念是教师的主心骨。教师心中一定要有一个教育的理想和信念,这样不管遇到什么阻力,碰到什么困难,他都会勇往直前地朝着自己的理想、信仰奋斗不息,这是教师人生价值和人生幸福的源泉。

教育学的学习既可以解决教育认识、教育观念问题,更主要的是可以形成教育理念,为将来的工作提供坚定而足够的动力。

二、教育学有助于提升教育智慧

教师的教育教学行为就其表现形式而言,是由思想决定的;就其表现内容而言,是由素质决定的。从这个意义上可以说,教师拥有什么,他才能够给学生什么。教师只拥有知识、技能,他就只能传授学生知识,训练学生技能;教师拥有智力、能力,他才能够发展学生智力,培养学生能力。唯有智慧才能启迪智慧。据此,教师可以分为"教书匠"(知识、技能型的教师)、"能师"(智能型的教师)、"名师"(智慧型的教师)。

"教书匠"就知识论知识,就技能论技能;"能师"才会在传授知识和训练技能过程中发展智力、培养能力;而"名师"还会在这个过程中经常迸发出智慧的火花启迪学生,开启学生悟性,增长学生智慧。教师应该拥有教育智慧。尽管我们无法给教育智慧下个确切的定义,但可以肯定地说,从认知层面讲,智慧要比智力能力更高、更富有弹力。从这个角度可以说,教育智慧是教育能力和教育艺术的结晶,教育能力与教育艺术的和谐统一、相辅相成才构成教育智慧。这正是教育智慧的生命力和活力之所在。教育智慧赋予教育教学工作永恒的魅力,教育学的学习有助于未来教师领会教育智慧,并提高自身的教育智慧。

三、教育学有助于塑造专业精神

精神相对于物质而言,物质是精神的基础,但精神具有相对独立性和巨大能动作用。精神既来源于物质,又超越物质,超越是精神的本质要义。就人的需要层次而言,物质需要在底层,精神需要在高层。精神需要是核心和灵魂。精神是一种深刻而稳定的动力特征,其核心是表现个人主体能动性的独立人格。毛泽东说得好:"人是要有一点精神的。"从事"太阳底下最光辉职业"的教师尤其需要一点精神。作为专业人员,必须具有与其专业相关的"精神";就教师而言,就是"教育专业精神"。

教育学有助于塑造未来教师职业的专业精神。现代的教师应具备这样三种专业精神:敬业精神、人文精神、科学精神。其中敬业精神是核心,人文精神和科学精神是敬业精神相辅相成的两翼。

（一）敬业精神

敬业精神是一种职业观或职业态度。教师怎样看待自己所从事的职业，对自己所从事的职业抱什么样的态度，这不仅仅是一个职业观的问题，也是一个人生观的问题。我们依境界的高低把教师的职业观分成三个层次：谋生型教师、良心型教师和事业型教师。教师职业观的三个层次见表1-1。

表1-1 教师职业观的三个层次

职业观	人生境界	工作动机	人生观
谋生型	"小我"	"小我"者利己也，为物质利益所驱使	庸俗的人生观
良心型	"大我"	超越个人功利，为良知良心所驱使	尽职的人生观
事业型	"忘我"	无私奉献，为事业为理念而奋斗	崇高的人生观

（二）人文精神

人文精神的核心是对人的关切，尤其是对普通人、平民、小人物的命运和心灵的关切，也是对人的发展和完善、人性的优美和丰富的关切。

（三）科学精神

科学精神是探索真理的活动。教育是传播真理的活动，现代教育要求在传播真理的同时发现真理。教育也需要科学精神，教育的发展呼唤着科学精神。未来教师必须具备科学精神。

四、教育学有助于形成专业人格

俄国大教育家乌申斯基指出"教师的人格对年轻的心灵来说，是任何东西都不能代替的"，"只有人格才能够影响到人格的发展，只有人格才能养成性格"。奥地利教育哲学家布贝尔也说过："教师只能以他的整个人，以他的全部自发性，才足以对学生的整个人起着真实的影响。因为在培养品格时，你无须是一个道德方面的天才，但你却需要一个完全生气勃勃的人，而且能与自己的同伴坦率交谈的人。"这里都明确提到教师的人格问题。教师应具备与其专业要求相当的人格，我们称其为专业人格。教师的专业人格包括良好的人性（性格）和高尚的品德（品格）。

教育学对教育工作的用途和价值，教师在入职前往往不容易认识到。但经过教育实践后，在总结经验时往往不无遗憾地说："后悔当初没有好好学习教育学。"因此，应珍惜学习教育学的机会，系统地掌握教育学的基本知识，为未来的教育实践打下坚实的基础。

第四节 怎样学习教育学

一、学习教育学要遵循的原则

（一）坚持以马克思主义为指导的原则

坚持以马克思主义为指导，就是以马克思主义的立场、观点、方法来回答当代教育实践中提出的新问题；用马克思主义的观点指导教育实践，并深入学习和领会马克思、恩格斯及我国老一辈无产阶级革命家有关教育问题的论述。

（二）坚持理论和实际相结合的原则

理论联系实际是马克思主义认识论的一条基本原则，是学习任何一门学科必须遵循的指导方针和基本方法。在教育实践中，一方面，要自觉地运用所学的教育理论去分析和看待我国教育事业和学校教育工作中的实际问题，从理论上明辨是非，树立正确的教育观点，从实践上坚持正确的做法，提高教育工作的自觉性；另一方面，要善于运用所学习的教育学理论来总结和指导自己的教育实践，自觉地纠偏。

（三）坚持学习与研究相结合的原则

教师不应该是墨守成规的教书匠，而应该是不断创新的研究者。这就要求教师和未来的教师在学习理论时开动脑筋，认真思考，力求做到"举一反三""闻一知十"，不断捕捉和提炼实践中遇到的新问题去研究，将知识学习与研究有机地结合。

二、学习教育学的方法

（一）学习的最佳策略是从研究教育现象入手

师范院校的教育学应该是实用科学，是以应用为主线的操作性、程序性很强的科学。反对把教育学开成知识课、理论课。从研究教育现象入手是学习教育学的最佳策略。

（二）学习的最好方法是观察

观察是一种有计划、有目的、较持久的认识活动，是理论通向实践的桥梁，也是人们认识世界、增长知识的主要手段。作为师范生认真地观察和敏锐地倾听，有助于在将来成为反思型教师。

（三）学习的最有效方式是思考

理论联系实际是学习教育学的基本原则。学习和研究教育学要对基础知识和基础理论深入领会、认真钻研。怎样把学到的知识应用到实际，需要我们在头脑中做许多设想和假设，而这些设想和假设就是通过思考来完成的。

（四）学习的最简捷途径是读书

教育现象既不孤立也不静止，它总是随社会文化的变化和发展而产生新情况、新问题，这就要求我们从全面的角度、动态的眼光来看待教育现象。人不能事事亲自实践，更不能总停留在对现象的研究水平上，这时认真阅读和学习相关的教育理论书籍就成了高效、快速获得有关信息，获得专业理论指导的便利途径。

（五）记录学习成果的最好形式是日志

观察也好，实践也好，学习理论也好，都需要用一定形式固化下来，而思考固化的最好方法就是日志。每个人可以把所思、所想、所观、所做通过日志的方式记录下来，这是师范生成为合格教师要做的"功课"。

真题链接 ①

单项选择题

1. （2012年小学）[①]反映柏拉图教育思想的著作是（　　）。
   A.《雄辩术原理》　　B.《巨人传》　　C.《理想国》　　D.《教育论》
   答案：C。
   【解析】略。

2. （2013年小学）主张让儿童顺其自然地发展，甚至摆脱社会影响的法国教育家是（　　）。

---

① 本书"真题链接""试水演练"的题目及答案或参考答案均来源于"历年中小学教育教学知识与能力真题"及参考答案。本书在表述中均简化为（201×年小学）（201×年中学）或（201×年）。

真题链接 1

A. 杜威　　　　B. 卢梭　　　　C. 裴斯泰洛奇　　　　D. 洛克

答案：B。

【解析】略。

3.（2013年小学）我国近代教育史上，被毛泽东称颂为"学界泰斗，人世楷模"的教育家是（　　）。

A. 陶行知　　　　B. 杨贤江　　　　C. 徐特立　　　　D. 蔡元培

答案：D。

【解析】略。

4.（2013年小学）"是故学然后知不足，教然后知困。知不足，然后能自反；知困，然后能自强也。故曰：教学相长。"这段话出自（　　）。

A.《大学》　　　B.《论语》　　　C.《学记》　　　D.《孟子》

答案：C。

【解析】略。

5.（2014年小学）"现在，我们教育中将引起的改变是重心的转移……在这里，儿童变成了太阳，教育的一切措施要围绕他们而组织起来。"这一儿童中心理念出自教育家（　　）。

A. 洛克　　　　B. 康德　　　　C. 杜威　　　　D. 培根

答案：C。

【解析】略。

6.（2015年小学）"庶与富"是"教"的先决条件，首次提出这一观点的教育家是（　　）。

A. 孔子　　　　B. 孟子　　　　C. 荀子　　　　D. 墨子

答案：A。

【解析】略。

7.（2015年小学）"学而不思则罔，思而不学则殆"出自（　　）。

A.《学记》　　　B.《论语》　　　C.《大学》　　　D.《师说》

答案：B。

【解析】略。

8.（2016年小学）荀子在《劝学篇》中指出"不积跬步无以至千里，不积小流无以成江海"，这句话所蕴含的教学原则是（　　）。

A. 循序渐进原则　　　　　　　　B. 因材施教原则
C. 启发诱导原则　　　　　　　　D. 直观性原则

答案：A。

【解析】略。

9.（2016年小学）教育史上传统教育派和现代教育派的代表人物分别是（　　）。

A. 夸美纽斯和布鲁纳　　　　　　B. 夸美纽斯和杜威
C. 赫尔巴特和布鲁纳　　　　　　D. 赫尔巴特和杜威

答案：D。

【解析】略。

10.（2017年小学）"君子如欲化民成俗，其必由学乎。"《学记》中这句话反映了（　　）。
A. 教育与经济的关系　B. 教育与科技的关系
C. 教育与政治的关系　D. 教育与人口的关系
答案：C。
【解析】略。

单项选择题

1.（2014年中学）在人类历史上，最早专门论述教育问题的著作是（　　）。
A.《学记》　　　　　　　　B.《论语》
C.《论演说家的教育》　　　D.《理想国》
答案：A。
【解析】《学记》（收入《礼记》）是中国也是世界教育史上的第一部教育专著，成文大约在战国末期。

2.（2015年中学）国外最早的教育学著作是（　　）。
A.《理想国》　　　　　　B.《政治学原理》
C.《论雄辩家》　　　　　D.《论演说家的教育》
答案：D。
【解析】昆体良的代表作《雄辩术原理》（《论演说家的教育》或《论演说家的培养》）是西方最早的教育著作，也被誉为古代西方的第一部教学法论著。

3.（2013年中学）最早在大学里讲授教育学的学者是（　　）。
A. 梅伊曼　　B. 赫尔巴特　　C. 洛克　　D. 康德
答案：D。
【解析】康德曾先后四次在哥尼斯堡大学讲授教育学，是最早在大学开设教育学讲座的有影响的学者之一。

4.（2015年中学）在教育史上，提出著名的"白板说"和完整的绅士教育理论的学者是（　　）。
A. 夸美纽斯　　　　　　B. 洛克
C. 裴斯泰洛齐　　　　　D. 赫尔巴特
答案：B。
【解析】洛克反对天赋观念，提出了"白板说"。

5.（2015年中学）在近代教育史上，反对思辨，主张用实证方法研究知识的价值，提出教育的任务是教导人们为完满生活做准备的教育家是（　　）。
A. 夸美纽斯　　B. 赫尔巴特　　C. 斯宾塞　　D. 卢梭
答案：C。
【解析】斯宾塞是实证主义者，主张用实证方法研究知识的价值。

6.（2012年中学）"教学永远具有教育性"是由（　　）提出来的。
A. 夸美纽斯　　B. 赫尔巴特　　C. 杜威　　D. 赞科夫
答案：B。

真题链接 2

【解析】赫尔巴特首次提出了"教育性教学"。

7.（2016年中学）在教学理论著述中，强调学科的基本结构要与儿童认知结构相适应，重视学生的能力培养，主张发现学习的专著是（　　）。

A.《普通教育学》　　　　　　　B.《大教学论》
C.《教育过程》　　　　　　　　D.《论教学过程最优化》

答案：C。

【解析】美国教育家布鲁纳在其《教育过程》一书中提出"结构教学论"，倡导发现学习法。

试水演练

1. 世界上第一部马克思主义的教育学著作是（　　）。
   A. 凯洛夫的《教育学》　　　　B. 杨贤江的《新教育大纲》
   C. 加里宁的《论共产主义教育》　D. 马卡连柯的《教育诗》
   答案：A。

2. 苏联"十月革命"胜利后，专门从事流浪犯罪儿童教育，著有《教育诗》《论共产主义教育》的教育家是（　　）。
   A. 克鲁普斯卡娅　B. 加里宁　C. 马卡连柯　D. 凯洛夫
   答案：C。

3. 教育学的根本任务在于（　　）。
   A. 制定教育方针　B. 解决教育问题　C. 积累教育经验　D. 揭示教育规律
   答案：D。

4. 我国第一本马克思主义的教育学著作是（　　）。
   A.《教育学》　　　　　　　　B.《新教育大纲》
   C.《现代教育理论》　　　　　D.《教学与发展》
   答案：B。

5.《学记》中的"君子之教，喻也。道而弗牵，强而弗抑，开而弗达"是小学教学原则中的（　　）原则。
   A. 巩固性　　B. 启发性　　C. 因材施教　　D. 量力性
   答案：B。

6. 在教学方法中强调实施发现法的代表性人物是（　　）。
   A. 布鲁纳　　B. 夸美纽斯　　C. 洛克　　D. 赫尔巴特
   答案：A。

7. 独立形态时期的第一本教育学著作是（　　）。
   A.《雄辩术原理》　　　　　　B.《普通教育学》
   C.《大教学论》　　　　　　　D.《论科学的价值和发展》
   答案：C。

8. 一般认为，教育学成为一门独立学科的标志是（   ）。
   A. 卢梭的《爱弥儿》   B. 斯宾塞的《教育论》
   C. 赫尔巴特的《普通教育学》   D. 夸美纽斯的《大教学论》
   答案：C。

9. 我国最早主张"以美育代宗教"的教育家是（   ）。
   A. 陶行知   B. 徐特立   C. 杨贤江   D. 蔡元培
   答案：D。

10. 被毛泽东称为"伟大的人民教育家"的陶行知提出的主要教育主张是（   ）。
    A. 因材施教   B. 遵循自然   C. 教学做合一   D. 官能训练
    答案：C。

11. 第一个论证班级授课制的教育家是（   ）。
    A. 卢梭   B. 裴斯泰洛齐   C. 洛克   D. 夸美纽斯
    答案：D。

12. 古代西方第一部教育学著作是（   ）。
    A. 卢梭的《爱弥儿》   B. 斯宾塞的《教育论》
    C. 赫尔巴特的《普通教育学》   D. 昆体良的《论演说家的教育》
    答案：D。

13. 孔子曰："不愤不启，不悱不发。举一隅不以三隅反，则不复也。"宋代朱熹对"悱"的解释是（   ）。
    A. 心求通而未得之意   B. 达其辞
    C. 口欲言而未能之貌   D. 开其意
    答案：C。

14. 教育学的首要研究对象是（   ）。
    A. 教育现象   B. 教育规律   C. 教育方法   D. 学生
    答案：A。

15. 我国第一篇专门论述教育问题的著作是（   ）。
    A.《春秋》   B.《论语》   C.《四书》   D.《学记》
    答案：D。

16. 在教育目的的问题上，卢梭的主张体现了教育目的（   ）。
    A. 个人本位论思想   B. 社会本位论思想
    C. 社会效益论思想   D. 教育无目的论思想
    答案：A。

17. 1632 年（   ）的写成，标志着教育学开始成为一门独立学科。
    A.《大教学论》 B.《爱弥儿》 C.《雄辩术原理》 D.《普通教育学》
    答案：A。

18. （   ）的出版标志着规范教育学的创立。
    A.《大教学论》 B.《爱弥儿》 C.《雄辩术原理》 D.《普通教育学》
    答案：D。

19. （   ）被称为科学教育学之父、传统教育学的代表人。

A. 赫尔巴特　　　B. 夸美纽斯　　　C. 卢梭　　　D. 杜威

答案：A。

20. （　　）的教学法被称为"产婆术"。

A. 苏格拉底　　　B. 柏拉图　　　C. 亚里士多德　　　D 昆体良

答案：A。

21. 以杜威为代表所主张的教育思想被称作（　　）。

A. 共产主义教育思想　　　　B. 实用主义教育思想
C. 存在主义教育思想　　　　D. 永恒主义教育思想

答案：B。

22. 《教育诗》是（　　）的代表作。

A. 马卡连柯　　　B. 克鲁普斯卡娅　　　C. 凯洛夫　　　D. 杨贤江

答案：A。

23. 卢梭的代表作是（　　）。

A. 《大教学论》　　　B. 《普通教育学》　　　C. 《雄辩术原理》　　　D. 《爱弥儿》

答案：D。

第二章

教育概述

内容提要

教育具有广义和狭义之分，狭义的教育是专指学校教育而言。教育的产生与发展是随着人类社会的产生与发展而产生发展的，在不同的社会历史时期，教育具有不同的特点。学校教育制度的建立与发展，也是随着社会的发展而发展的。不同的历史时期和不同的国家具有不同的学校教育制度。本章对我国教育的属性、起源、功能、发展过程等具体内容做了系统介绍。

学习目标

1. 识记教育的概念。
2. 理解和掌握教育的本质属性和社会属性、构成要素、功能、起源。
3. 理解和掌握教育产生、发展的过程以及不同阶段教育的特点。
4. 能够运用教育理论对具体教育现象进行分析。

第一节　什么是教育

教育是培养人的一种社会现象，是传递生产经验和社会生活经验的必要手段，是保证人类社会延续和发展的一种社会活动。

一、教育的基本概念

什么是教育，古今中外教育家对它的解释不尽相同。有人曾从古籍中对"教育"一词的字义进行考证，认为最初"教"与"育"是分开使用的，如"教也者，长其善而救其失者也""修道之谓教"。《中庸》中有"以善先人者谓之教"，东汉的许慎在《说文解字》中的解释是"教，上所施，下所效也；育，养子使作善也"。把"教"与"育"连在一起，最早见于《孟子·尽心上》中"得天下人才而教育之"，自此，便有"教育"一词。但是我国把"教"与"育"一次经常性地连在一起使用，要到1906年了。

在国外，一些著名的教育家，对"教育"的解释也有差异，如夸美纽斯认为"教育在于发展健全的个人"，裴斯泰洛齐说教育是"依照自然的法则，发展儿童道德、智慧和身体各方面的能力",杜威则认为"教育就是经验的不断改造和重新组织""教育即生活；教育即生长"等。以上各种观点,虽然各有差异,但有一个共同点,就是都把教育看成是感化、陶冶、培养人的活动,是促进年轻一代身心健康发展的一个重要因素。

教育的概念可分为广义的和狭义的。广义的教育指的是一切有意识地增进人们的知识和技能,影响人们思想品德和意识的活动。它包括家庭教育、社会教育和学校教育。狭义的教育专指学校教育而言,即教育者依照一定社会或阶级的要求,对受教育者进行的一种有目的、有计划、有组织的传授知识技能,培养思想品德,发展智力和体力,以便把受教育者培养成为一定社会或阶级所需要的人的活动。它是以培养人为宗旨,是传承经验的途径,是个体社会化和社会个性化的实践活动。

二、构成教育的基本要素

(一) 教育者

凡是对受教育者在知识、技能、思想、品德等方面起到教育影响作用的人,都可称为教育者。但自学校教育产生以后,教育者主要是指学校中的教师和其他教育工作人员。教育者是构成教育活动的一个基本要素。教育是教育者有目的、有意识地向受教育者传授人类生产斗争经验和社会生活经验的活动,教育者是教育活动的领导者、组织者、管理者,在教育活动中起主导作用。教育是一种以培养人为目的的活动,在这个活动过程中,教育者以其自身的活动来引起和促进受教育者的身心按照一定的方向去发展。离开了教育者及其有目的的活动,教育活动也就不存在了。

(二) 受教育者

受教育者是指在各种教育活动中从事学习的人,既包括学校中的儿童、少年和青年,也包括各种形式的成人教育中的学生。受教育者是教育的对象,是客体,同时也是学习、发展、自我教育的主体,是构成教育活动的基本要素,缺少这一要素,就无法构成教育活动。教育活动是使受教育者将一定的外在的教育内容和活动方式内化为自己的智慧、才能、思想、观点和品质的过程,如果没有受教育者的积极参加并发挥其主观能动性,教育活动是不会获得好的效果。随着受教育者的知识和能力的增长,受教育者的主观能动性在教育活动中将表现得更为明显,起的作用也更大,他们可以在愈来愈大的程度上主动地、自觉地吸取知识和进行品德修养。

(三) 教育措施 (教育内容、教育手段)

1. 教育内容

教育措施是实现教育目的所采取的办法,它包括教育内容、手段及组织形式。

教育内容是教育者用来作用于受教育者的影响物,它是根据教育目的,经过选择和加工的影响物。人类积累了丰富的各种经验,教育内容是挑选那些符合教育目的、最有价值和适合受教育者身心发展水平的影响物。这种影响物主要体现在各种教科书、教育参考书和其他形式的信息载体(如广播、电视、电影、报刊等)中,也体现在教育者自身所拥有的知识、经验、言谈举止、思想品质和工作作风中,还体现在经过选择和布置的具有教育作用的环境(如教室、校园、阅览室等)中。在不同的历史条件下,教育的内容有所不同,针对不同的对象,在教育内容上也有所不同,但概括起来,不外是德、智、体、美、劳等几方面的教育内容。

2. 教育手段

教育手段是教育活动中所采用的教和学的方式和方法,包括教育者和受教育者在教育活动中所采用的教和学的方式和方法,如讲、读、演示、练习等；也包括进行教育活动时所运用的一切物质条件,如教具、实验器材、电化教育器材等。教育者和受教育者凭借着这些手段,才能完成教与学的任务。

教育的三个基本要素是相互联系的，其中教育者是主导性的因素，他是教育活动组织者和领导者。他掌握着教育目的，采用着适当的教育内容和手段，创设必要的教育环境，调控着受教育者和整个教育过程，从而促进受教育者的身心发展，使其达到预期的目的；受教育者既是教育对象（客体），也是主体；教育措施是连接教育者和受教育者的中介。

三、教育的属性

（一）教育的本质属性

教育的本质属性是一种有目的培养人的社会活动，这是教育区别于其他事物现象的根本特征，是教育的质的规定性。教育是人类特有的现象，也就是说，教育把人类积累的生产斗争经验和社会生活经验转化为受教育者的智慧、才能与品德，使他们的身心得到发展，成为社会所需要的人。教育是人类社会所特有的一种现象，在人类社会之外以及动物界是不存在的。同时，也是教育独有的特点。

（二）教育的社会属性

教育的社会属性包括以下几个方面。

1. 教育的永恒性

教育是人类特有的社会现象，随着人类社会的产生而产生，又随着人类社会的发展而发展；只要有人类社会存在就有教育，教育是一个永恒的范畴。教育的永恒性是由教育本身的职能决定的。教育的职能主要表现在两个方面：一是使年轻一代适应现有的生产力，教育具有生产斗争工具的职能；二是使年轻一代适应现有的生产关系，在阶级社会，教育具有阶级斗争工具的职能。而这两种职能在任何社会都会得到体现。任何社会，老一辈人在给年轻一代传授生产知识、技能和生产经验的同时，也要把社会的思想意识、风俗习惯和行为规范传授给下一代，使他们既适应生产力的需要，也适应生产关系的需要。可见，教育是年轻一代健康成长和社会延续与发展的不可缺少的手段。教育与人才类社会共始终，是永恒的社会现象。

2. 教育的历史性

教育随人类社会发展而发展，随人类社会变化而变化，在不同历史阶段，教育都表现出不同的性质和特点。这是因为教育既受当时生产力的制约，同时也受当时生产关系的制约。一定的教育不可能超越一定的历史时期，不可能超越这一时期的生产力和生产关系的影响，从而使教育带有所处时代的性质和特征；同时，生产力和生产关系向前发展了，又必然赋予教育以新的性质。因而在人类历史上，有什么样的社会形态便有什么样性质的教育，教育具有历史性。

3. 教育的阶级性

在阶级社会里，教育具有阶级性。一定的教育反映一定阶级的要求并为之服务，它主要体现在教育目的、制度、方针和内容上。各历史阶段的统治阶级总是牢牢地掌握教育的领导权，用它来传播统治阶级的思想，为维护其统治服务。

4. 教育的相对独立性

教育为生产力和政治经济制度所制约，但它还有自身的特点，具有相对的独立性。具体如下。

（1）教育有其自身的规律和特点要遵循。

（2）教育具有历史继承性。一种社会形态下的教育，就其思想、制度、内容、方法等方面来说都与以往各个时代的教育有着继承的关系。任何一种教育都不会是从天上掉下来的，都是在整个教育历史发展历程中产生的，都与以往的教育有渊源，都带有自己发展历程中的烙印。也就是说，教育是具有历史继承性的。正因为如此，不同民族的教育具有各自不同的传统和特点。

（3）教育与其他社会意识形态是平行的关系。

（4）教育具有与生产力和政治经济制度发展的不平衡性。教育和政治经济制度与生产力发展水平是不同步的，或超前起催生作用，或滞后起阻碍作用。教育与生产力和政治经济制度的发展，并非完全同步。就教育与生产力的关系看，教育事业发展要受生产力水平的制约，但另一方面却又不能不看到，"经济要发展，教育需先行"，这几乎已经成为当代经济和教育发展的客观规律。教育与生产力发展的不平衡性说明，不是等生产发展了再发展教育，而是要求教育的发展在一定程度上应优先于生产的发展，这也是我国把教育列为国民经济发展战略重点的重要原因。

就教育与政治经济制度的关系看，由于人们的思想意识往往落后于存在，教育的思想和内容也往往落后于政治经济制度的发展，当旧的政治经济制度消亡之后，与之相适应的教育思想和内容，并不立即随之消亡，还会残存一个时期，如在社会主义初级阶段的社会里还残存着剥削阶级的教育思想。另外，由于人们认识了社会发展的规律，根据社会发展的趋势，预见到教育发展的方向，在旧的政治经济制度下，也可能出现新的教育思想，如在资本主义社会中产生了马克思主义教育思想。

（5）教育的独立性是相对的，而不是绝对的，因为教育归根到底是由生产力的发展和政治经济制度决定的。每一时代的教育从以往时代的教育中继承什么，也与当时的政治经济制度和生产力发展的水平分不开；在新的政治经济制度条件下，与旧的政治经济制度相适应的教育思想和内容，绝不会长期存在下去，迟早需要改变，新的教育思想，也只能在新的政治经济制度下，才能真正得到普遍的实施和发展。"超政治""超阶级"的教育是不存在的。

四、教育的功能

教育的功能是指教育者在通过教育媒介对受教育者个体和社会发展所产生的各种影响和作用。教育的功能有三类。

（一）按教育功能作用的对象划分，可以把教育的功能分为个体发展功能和社会发展功能

（1）教育的个体发展功能是指教育个体发展的影响和作用。也称为教育的本体功能（这是由教育的本质属性决定的，教育的本质属性就是有目的地培养人，这是教育区别于其他社会现象的质的规定性，培养人是教育的根本，所以个体功能也就是它的本体功能）。

（2）教育的社会功能是指教育对社会发展的影响和作用，是教育的派生功能（教育是通过培养人来作用于社会，影响社会的）。现代教育的社会功能包括人口功能、经济功能、政治功能、文化功能、科技功能等。

（二）按教育作用的方向划分，把教育的功能分为正向功能与负向功能

（1）教育的正向功能（积极功能）是指教育有助于社会进步和个体发展的积极影响和作用。教育的育人功能、经济功能、政治功能、文化功能等往往就是指教育积极的功能。

（2）教育的负向功能（消极功能）是指教育阻碍社会进步和个体发展的消极影响和作用。教育的负向功能是由于教育与政治、经济发展不相适应，教育者的价值观念与思维方式不正确、教育内部结构不合理等因素，使教育在不同程度上对社会和人的发展起阻碍作用。

（三）按教育功能呈现的形式划分，可以把教育的功能分为显性功能与隐性功能

（1）教育的显性功能是指教育活动依照教育目的，在实际运行中所出现的与之相吻合的结果，显性功能是以直接的、明显的方式呈现出来的，其主要标志是计划性。

（2）教育的隐性功能是指伴随显性教育功能所出现的非预期性的功能，是以间接的、内隐的方式呈现出来的。

显性功能与隐性功能的区分是相对的，一旦隐性的潜在功能被有意识地开发、利用，就可以转变成显性功能。

第二节 教育的起源

教育的起源问题既是教育史研究中的一个问题，也是教育学研究中的一个重要问题。在教育学史上，关于教育的起源问题，主要有四种观点，即神话起源说、生物起源说、心理起源说、劳动起源说。

一、教育的神话起源论

这是人类关于教育起源的最古老的观点，所有的宗教都持这种观点。这种观点认为，教育与其他万事万物一样，都是由人格化的神（上帝或天）所创造的，教育的目的就是体现神或天的意志，使人皈依于神或顺从于天。这种观点是根本错误的，是非科学的。之所以如此，主要是因为当时受到在人类起源问题上认识水平的局限，从而不能正确提出和认识教育的起源问题。我国的朱熹是这个观点的代表人物。

二、教育的生物起源论

这是第一个正式提出的教育的生物起源学说。生物起源论的观点是：教育起源于动物的生存本能，认为教育现象不仅存在于人类社会中，也存在于动物界。教育是人和动物所共有的活动。这个观点认为，人类和动物没有本质区别，人类社会的教育只不过是生物界教育的高级阶段。代表人物有法国的社会学家、哲学家利托尔诺（代表著作《动物界的教育》）和英国的教育家沛西·能（代表著作《人民的教育》）和美国的桑代克。这种观点的根本错误在于没有把握人类教育的社会性和目的性，从而没能区分出人类教育行为与动物类养育行为之间的差别，仅从外在行为的角度而没有从内在目的的角度来论述教育的起源问题，从而把教育的起源问题生物学化。

三、教育的心理起源论

这种观点认为教育起源于儿童对成人的无意识模仿。代表人物是美国的心理学家孟禄。他认为，原始教育形式和方法主要是日常生活中儿童对成人的无意识模仿。表面上看，这种观点不同于生物起源论，但实质上是一致的。因为如果教育起源于原始社会中儿童对成人行为的"无意识模仿"的话，那么这种"无意识"模仿就肯定不是获得性的而是遗传性的，是先天的而不是后天的，是本能的而不是文化的和社会的，只不过这种本能是人类的类本能，而不是动物的类本能。这样，教育的心理起源论和教育的生物起源论就犯了同样的错误，即否定了教育的目的性（意识性）和社会性。

四、教育的劳动起源论

教育的劳动起源也称教育的社会起源，它是在直接批判生物起源论和心理起源论的基础上，在马克思主义历史唯物主义理论的指导下形成的，是马克思主义教育学关于教育起源唯一正确的观点。这种观点认为，人类社会是和人类同时出现的。只有人才能经营社会生活，从事社会活动。自从有了人类社会才有了教育，教育是人类最古老的活动之一。教育是人类社会所特有的一种社会现象，是一种有目的、有意识的行动。这个事实本身就表明，教育与人类及其社会的存在与发展有着不可分割的联系。教育从一开始，就具有明确的愿望和要求，必须由年长一代有目的、有意识、有计划地把人们积累的有关生产斗争和社会生活的经验、知识、技能，系统地、有步骤地传授给年轻一代，使他们能够参加和适应生产劳动。

另外，人类的生产劳动，一开始就具社会性，由于人们在交往活动中彼此间结成了一定的关系，从而形成了一定的社会意识、道德观念、行为准则，积累了社会生活经验。年长一代为了保证生产劳动和社会生活世世代代延续下去，就要对年轻一代进行教育和培养，使其更好地从事生产劳动和适应现存的社会生活。因此，作为社会现象的教育，既是和人类社会同时产生的，又随着人类社会的发展变化而在不断地发展变化着。

教育的起源是与人类社会的产生和存在直接联系的。人类社会是从猿转变为人的时候开始的。当人类制造出第一件工具以后，便完成了这一伟大的转变。由猿转变为人的最根本的活动就是劳动。劳动的唯一标志是制造工具，人一开始制造工具进行劳动，就需要教育。人类为了自身的生存与延续，必须把通过实际劳动获得和积累的经验、技能，传授给年轻一代。这样教育的产生就是十分必要和自然的了。教育就是生产的需要，是人能生存下去的需求。

再从教育的对象来看，有目的、有意识、有计划地向年轻一代传授生产劳动经验，也是人类社会一开始就非常需要的。原始生产工具的制造以及提高制造工具的经验，都需要经过漫长的岁月，需要付出艰巨的劳动才能有所前进。年轻一代要掌握制造工具和熟悉使用工具的经验、技能，绝不是一般地看一看就可以模仿得到的，而是必须由有经验的长辈对下一代加以指点、传授，即通过有目的、有意识、有计划的教育过程才能实现。必须指出，人类社会刚刚形成时，教育的内容主要是生产劳动的经验，是制造和使用工具的技能。随着社会的发展，生产劳动的经验日益增多，各种生活习惯、行为规范及原始宗教仪式也日益增加。这些习惯、准则和仪式，是维持和发展原始社会生活不可缺少的因素，因而也就成了教育的一项重要内容，这种社会生活经验的传递，也就成了教育的重要职能之一。于是，传递社会生活经验和传递生产劳动经验，在教育过程中占有同样重要的地位。

教育在原始社会的产生，不仅因为人类有此需要，而且还因为在原始社会中人类已经具备了进行教育活动的条件（如大脑的发展及语言的产生等），使得教育的产生具有了可能条件。

首先，人类的教育是伴随人类社会的产生而一道产生的，推动人类教育起源直接动因是劳动过程中人们传递生产经验和生活经验的实际社会需要。

传递社会生产与生活经验的教育对当时的人类之所以必要，是因为以下几点。

（1）当时人类祖先已经开始制造劳动工具，尽管工具极为简单粗糙，经验也极为有限，但要把这点滴经验和制造方法传递给集体成员和后代，也要由年长者对年轻一代进行指点和传授。否则，制造和使用工具的经验和方法不久即可消失，人类又回到不会制造工具的动物状态中去。

（2）劳动从一开始就是一个复杂的过程，干什么，怎么干，用什么工具，什么时间，在什么场所等，都要求参与劳动的成员知晓才能进行劳动。为此，掌握必要的有关知识是进行劳动的前提。劳动活动从一开始就产生了实施教育的必要。

（3）劳动从它开始时就不是人与人之间互不相干的活动，而是一种社会性的活动，需要互相帮助，共同协作，符合集体的利益和要求。这些合作和尊重集体利益的社会性要求不是天赋的，而是通过教育培养出来的。所以，有了劳动，有了人类社会及其社会生活中的各种规则和要求，就得有教育。

（4）劳动从一开始就是一种有意识、有计划、有创造的活动，是对环境的一种改革，而不是盲目地发现和适应。这一点正是人与动物的根本区别。人由古猿的无意识状态发展到猿人的有意识状态，提供了进行教育的一项最基本条件。

其次，教育也起源于人的自身发展的需要。儿童从出生到成为一个具有劳动能力的社会成员，至少要经历十几年的时间。在此期间，儿童从成人那里得到的知识、经验、技能、社会规范等，虽从最终目标看是为了将来从事社会的物质生产劳动，在宏观上是促进了社会生活的延续和发展，适应了社会方面的需要，但从直接结果看则是发展了儿童的身心，实现了精神成长，在微观上促使人远离动物界,趋于社会化与文明化。基于此,我们认为,教育的起源就不仅有与其他社会现象的共同之处:随人类社会的出现而出现,出于人类谋求社会生活的需要,而且有其自身的独有特质;教育也起源于个体发展的需要,是人的社会需要和人的自身发展需要的辩证统一。

第三节 教育的发展

美国人类学家摩尔根在《古代社会》一书中把人类历史的发展分为蒙昧、野蛮、文明三个时代。文明时代包括奴隶社会、封建社会和资本主义社会三个历史发展阶段。空想社会主义者傅立叶把整个人类社会划分为蒙昧、宗法、野蛮、文明四个发展时期,其中文明时期的三、四阶段相当于资本主义社会。历史证明,各个不同历史阶段,由于各自的社会生产方式不同,因而其社会面貌,当然也包括教育都各有其不同的特点。

有了人类社会就有了教育,教育从它产生那天起一直到现在,我们按照以劳动工具为代表的生产力的发展水平为标准,将教育的发展过程划分为以下三个阶段:以使用石器为主的原始社会的教育,以使用青铜、铁器为主的古代社会的教育和以使用大机器为主的现代社会的教育三个阶段。

一、原始社会的教育

原始社会是人类社会发展的初级阶段,以使用石器为主,生产力水平低下,教育还没有从社会生活中分化成为专门的职业,没有专门的教育机构和专职教师。原始社会不存在阶级,教育是全社会成员共同享有的权利,人人都是教育者,人人都是受教育者。其主要特点如下。

(1)非独立性。没有特定的教育场所和专职的教育人员;教育融合在生产劳动和生活过程之中,没有从社会生产和生活中分离出来。

(2)非阶级性。全社会成员享有均等的教育机会,没有阶级之分,具有自发性、社会性、全民性、广泛性、无等级性、平等性等。

(3)原始性(简单性)。主要表现为教育内容原始,仅是与生产劳动技能、社会生活习俗有关的直接经验;教育方法原始,仅限于动作示范与观察、口耳相传、手手相授予耳濡目染、观察模仿。

二、古代社会的教育

古代社会的教育包括奴隶社会和封建社会两个历史阶段的教育,这两个社会历史阶段的生产力发展水平和政治经济状况虽各不相同,但相同的剥削阶级社会形态,类似的落后生产工具,即以青铜器和铁器为主的手工操作的劳动方式,自给自足的自然经济形态,使两个社会的教育存在着一些共同的特征。

奴隶制生产方式是以奴隶主占有生产资料并占有生产者——奴隶为基础的社会物质资料的谋取方式。以这种生产方式为基础的社会称为奴隶社会,它是人类历史上第一个人剥削人的社会。

在中国,历史发展到公元前221年,秦统一了六国,建立了历史上第一个君主专制的高度中央集权的封建国家。中国的封建文明是东方封建社会的代表,其基本特征是:封建地主阶级分散的小农经济占主导地位;土地归地主所有;高度强化的专制主义君主集权制;皇权至高无上;实现了多民族的大一统;严格的宗法家长制度与皇权紧密结合,使封建中国的家庭、宗族观念极强;重伦理、重政务的文化与欧洲追求个性发展、追求人的价值,提倡科学、民主、自由、平等、博爱的资产阶级启蒙思想有明显差异。

在西方史上，一般以公元5世纪西罗马帝国灭亡至17世纪中叶英国资产阶级革命为止的1000余年间为封建社会时期。其中，从5世纪末到14世纪上半叶，为封建社会形成和发展的时期，史称中世纪。14世纪下半叶以后，资本主义开始萌芽，资本主义关系在封建社会内部逐步孕育形成，封建社会趋于解体，这是从封建社会向资本主义社会过渡的时期，在历史上又称"文艺复兴"时期。

封建社会的基础是封建的土地所有制。在封建主阶级内部，以分封土地为基础有着严格而分明的主从关系，从而形成鲜明的等级。教会不仅是社会政治、经济的主要统治力量，宗教神学思想在上层建筑和思想领域也居于主导地位。中国和西方古代社会政治、经济、文化上的特征为我们思考古代教育提供了总体背景。尽管世界各国古代社会起始年代不同，但总的看，古代社会教育的性质、特点大体一致。

（一）古代社会教育的特点

1. 专门的教育机构和执教人员

奴隶社会取代原始社会是生产力发展的必然结果，是社会历史的进步。伴随生产力的发展和社会分工的实现，奴隶社会出现了专门从事知识传授活动的知识分子和专门对儿童进行教育的场所——学校。学校的产生标志着教育在历史发展中步入了一个新的阶段。学校是奴隶社会政治经济交叉作用、脑体分离、文化知识发展的共同产物。因为学校是专门的教育场所，须有固定的场地，专职的教育人员，特定的教育对象，有计划、有组织的教育活动，比较丰富和系统的教学内容，从而使教育从一般的生产和生活过程中分化出来，成为一种独立存在的社会活动形式。在人类社会发展史中，亚洲的巴比伦、埃及、印度、希伯来、中国等东方国家，先于西方的希腊、罗马在奴隶社会诞生之后最早产生了学校。

学校教育的产生是人类社会发展到一定历史阶段的产物，也是人类教育发展过程中的重大飞跃。一般认为，在原始社会末期就有了学校的萌芽。但是，作为独立存在的社会实践部门的学校教育，则是在奴隶制社会才出现的。

学校教育的产生需要具备以下几个条件。

（1）社会生产力水平的提高，为学校的产生提供了必要的物质基础。

由于生产力的发展，能为社会提供相当数量的剩余产品，才使社会上有一部分人可以脱离生产劳动而专门从事教与学的活动。

（2）脑力劳动与体力劳动的分离，为学校的产生提供了专门从事教育活动的知识分子。"巫""史""卡""贞"等就是我国最早脱离生产的知识分子。脑力劳动与体力劳动的分离在相当长的历史时期内，具有推动文化教育发展与社会进步的作用，并且是学校产生的必要条件。

（3）文字的产生和知识的记载与整理达到了一定程度，使人类的间接经验传递成为可能。

①文字是记载人类总结出来的文化知识经验的唯一工具，所以，只有文字产生以后才有可能建立起专门进行教育、组织教学的主要场所——学校。

②在文明古国中，中国是最早产生文字的国家之一。在国外，巴比伦和亚述约在公元前3000年左右产生最古老的象形文字（楔形文字的前身）。埃及在公元前2000年左右也产生文字（最初也是象形文字）。印度也在公元前2000年左右产生了一种图画文字。学校正是在这些最古老的文字产生的地方相继出现。

③知识积累到一定程度，也会强化设置专门机构传授文化知识的社会需求。这是学校产生的前提条件

（4）国家机器的产生，需要专门的教育机构来培养官吏和知识分子。

国家的建立，意味着阶级对立比原始社会解体时期更为深化，统治者迫切需要培养自己的

继承人和强化对被统治者的思想统治。也就是说，不论是"建国君民"，还是"化民成俗"，都要创建学校。这是学校产生的政治需要

学校的产生，一般地说是在奴隶社会。据说，世界上最早的学校出现在第一个进入到奴隶社会的埃及，欧洲最早的学校出现在希腊，中国最早的学校出现在奴隶社会初期，也就是殷周时期的夏朝（没得到确证）。学校的产生，便使教育成为人类社会实践活动中的一个相对独立的专门领域，从而大大提高了教育实施的专门程度，具备了独立的社会职能。据中国古籍记载，中国奴隶社会已有库、序、校、瞽宗等，后期还发展了政治与教育合一的国学、乡学体系。到封建社会，学校体制趋于完备。如唐代已有相当完备的学校体系，京都的儒学有弘文馆、崇文馆、国子学、太学、四门学，京都的专门学校有律学、书学、算学、医学、天文学以及音乐学校、工艺学校。地方学校有按行政区划分的府、州、县学和由私人办的乡学。在西方，古希腊的斯巴达及雅典产生了文法学校、弦琴学校、体操学校以及青年军训团等教育机构。古埃及的王朝末期产生了宫廷学校。中世纪时期虽闭塞落后，但也出现了教会学校、世俗封建主的宫廷学校以及后来的城市大学和行会学校。

2. **鲜明的阶级性与严格的等级性**

在阶级社会里，受教育是统治阶级的特权，被统治阶级只能在民间接受家庭教育。即使在统治阶级内部，统治阶级的子弟进入何种学校也有严格的等级规定。

奴隶社会重教育的阶级性，非统治阶级的子弟不能或无权入学接受正规的教育。夏、商、西周"学在官府"，限定只招收王太子、王子、诸侯之子、公卿大夫之嫡子入学，乡学也只收奴隶主贵族子弟学习"六艺"，以培养成国家大大小小的官吏。西方古希腊斯巴达和雅典的学校专为贵族阶级而设。古埃及的宫廷学校只收王子、王孙和贵族子弟入学。劳动人民只能在劳动过程中，通过长者和师傅的言传身教，接受自然形态的教育。到了封建社会，各国教育在阶级性的基础上又加上了鲜明的等级性和宗教性。等级性表现为统治阶级子弟也要按家庭出身、父兄官职高低进入不同等级的学校。学校的等级与出仕授官、权利分配紧紧联系在一起。宗教性主要指在西方中世纪时期，教育为教会所垄断，世俗教育被扼杀，学校附设在教堂里，教育目的是培养僧侣及为宗教服务的专门人才。

3. **文字的发展和典籍的出现丰富了教育内容，提高了教育职能**

文字、典籍使人类的生产和生活经验不只物化在生产工具和生活工具上，而且开始了知识形态的积累并将知识传给下一代。但教育内容重视社会的典章制度，轻视生产知识传授。如古希腊、雅典的统治者崇尚文化学习，斯巴达统治者崇尚军事训练，古代印度实施宗教统治的婆罗门种姓注重神学学习；古代中国一向把儒家经典奉为学生必读教材，从奴隶社会的"六艺"到封建社会的"四书""五经"是这一阶段奴隶制和封建社会的教育内容。

4. **教育与生产劳动分离，学校轻视体力劳动，形成"劳心者治人，劳力者治于人"的对立**

教育一经从生产实践中分离出来成为统治阶级的特权后，两者便由分离走向对立。读书者把脱离劳动作为他们学习的基本追求，因而倡导"两耳不闻窗外事，一心只读圣贤书"。劳动者由于生活所迫，失去了进入学校的权利，便与读书无缘。整个古代社会，脑力劳动与体力劳动的分离，不仅是一种统治阶级倡导的思想和舆论，而且是一种社会制度上的规定。

5. **教育方法崇尚书本，呆读死记，强迫体罚、棍棒纪律**

中国古代社会的教育以读书死、死读书为学校、私塾先生的基本教学方法，这是与当时的社会人才选拔形式直接相关的。不能按时完成学业任务或不听从教师训示者则施以体罚，"夏楚二物，收其威也"。

6. **官学和私学并行的教育体制**

中国古代官学分中央和地方两个层次。地方官学指由地方官府所办的学校，学校经费源于

官费。西周时期的"乡学"即地方官学。由封建王朝直接举办和管理,旨在培养各种高级统治人才的学校系统则是中央官学。中央官学创于汉,盛于唐,衰于清末。与官学并行于民间的教育则为私学。私学起于春秋,孔子是私学的创始者。中国的私学伴随了中国古代社会的整个历史行程。

7. 个别施教或集体个别施教的教学组织形式

古代社会生产的手工业方式决定了教育上的个别施教形式。中国古代孔子的私学和众多的官学、私塾,其教学形态大都是个别施教,充其量是集体个别施教。至于西方的宫廷学校、职官学校等也是如此。

(二)奴隶社会教育与封建社会教育的差异和特点

虽然奴隶社会与封建社会由于生产力水平接近,都属于手工操作的小农经济时代,教育特点存在着共性,但是两种教育制度也是有差异的,具体表现如下。

1. 奴隶社会的教育特点

(1)出现了专门从事教育工作的教师,产生了学校教育。学在官府,官师合一,以吏为师。

(2)学校教育成为奴隶主阶级手中的工具,具有鲜明的阶级性。

(3)学校教育从生产劳动和社会生活中分化出来,成为独立的形态。

(4)教育目的是明人伦;教育内容是以礼乐为中心的"六艺",即礼、乐、射、御、书、数。

(5)学校教育制度尚不健全。

(6)教学组织形式是个别教育。

2. 封建社会的教育的特点

(1)学校教育与生产劳动仍然相脱离并与生产劳动相对立。

(2)学校教育具有严格的等级性。

(3)学校教育内容偏重人文知识,独尊儒术,以《四书》《五经》为教育内容,以儒学为国学和精神支柱。

(4)教学方法倾向于自学、思辨和死记硬背,棍棒纪律,具有专制性。

(5)教学目的是学而优则仕。

(6)官学与私学并行的教育体制。

(7)个别施教的教学组织形式。

(三)中外教育在各阶段的典型特点

1. 中国古代教育的特点

(1)夏朝:我国历史上最早出现学校教育的国家是奴隶社会初期(殷周时期)的夏朝。(世界上最早的学校出现在第一个进入奴隶社会的埃及,欧洲最早的学校出现在希腊。)

(2)西周以后:学在官府,政教合一的官学体系;建国学和乡学,"乡学"是最早的地方官学。

(3)春秋战国时期:官学衰微,私学大兴;孔子是私学的创始人之一;儒、墨两家的私学成为当时的显学。

(4)西汉:汉武帝采纳了董仲舒"罢黜百家,独尊儒术"的建议,实行思想专制主义的文化教育政策和选士制度。设立太学这是中央官学的开始。董仲舒的三大文教政策是独尊儒术、兴太学、重选拔。

(5)隋唐时期:隋改革教育,逐步推行科举制度,使政治、思想、教育的联系更加制度化。唐六学(国子学、太学、四门学、律学、书学、算学)、二馆(崇文馆、弘文馆)是中央官学的主干。

(6) 宋朝：程朱理学成为国学，四书（《大学》《中庸》《孟子》《论语》）、五经（《诗》《书》《礼》《易》《春秋》）是教学的基本教材和科举考试的依据。宋朝书院教育盛行，著名的书院有六个：岳麓书院、白鹿洞书院、应天府书院、茅山书院、石鼓书院、嵩阳书院。

(7) 明朝：八股文成为科举考试的固定格式，社会思潮受到极大钳制。

(8) 清朝：1905年（光绪三十一年），废科举，兴办学堂。

2. 外国古代教育的特点

(1) 古印度。

古代印度宗教权威至高无上，教育控制在婆罗门教、佛教手中。婆罗门教把人分成婆罗门（祭祀僧侣）、刹帝利（军事贵族）、吠舍（平民）、首陀罗（农奴和奴隶）四个等级，前三个等级享有受教育权利，第四个等级无受教育权。

(2) 古埃及。

古埃及教育的最大特点是以吏为师，以僧为师。

(3) 欧洲奴隶社会。

欧洲奴隶社会有两种著名的教育体系：斯巴达教育与雅典教育，这也是古希腊的教育。

①斯巴达教育：教育目的是培养忠于统治阶级的强悍军人和武士，注重体育训练和政治道德灌输；教育内容单一，主要为赛跑、跳跃、角力、掷铁饼、投标枪；教育方法严厉；教育机构以国立为主。

②雅典教育：教育目的是培养有文化修养和多种才能的政治家、商人，注重体育、德育、智育、美育和身心和谐发展；教育内容丰富，教育方法灵活；教育机构以私人为主，主要有文法学校、音乐学校、体操学校三种。

(4) 欧洲封建社会。

欧洲封建社会（中世纪）出现了两种教育体系——教会教育和骑士教育。

①教会教育：目的是培养教士和僧侣，又称僧侣封建主教育。教育内容是"七艺"：包括"三科"（文法、修辞、辩证法）、"四学"（算术、几何、天文、音乐），而且各科都贯穿神学。

②骑士教育：目的是培养封建骑士，又称世俗封建主教育。教育内容是"骑士七技"：骑马、游泳、击剑、打猎、投枪、下棋、吟诗。

(5) 文艺复兴时期。

资产阶级提倡的新文化和世界观被称为"人文主义"，即以人为中心。代表人物：意大利的维多利诺、尼德兰（荷兰）的埃拉斯莫斯（埃拉斯谟）、法国的拉伯雷和蒙田。特点是人本主义、古典主义、世俗性、宗教性和贵族性。

三、现代社会的教育

现代社会的教育可以分为两个阶段：资本主义教育和社会主义教育。以蒸汽机为标志的大机器的出现使得人类的生活和生产方式进入了一个崭新的历史时期。大机器生产的发展不仅要求增加劳动者的数量，而且要求劳动者具有一定的文化，否则就会影响生产，这使得教育发展迅猛，我们把现代教育划分为三个阶段。

（一）近代教育

18世纪60年代到19世纪中期，世界发展进入近代，新大陆的发现以及第一次工业革命（以蒸汽机的使用为标志）给世界带来了巨大变化，也使教育发生了巨大变化。19世纪末近代教育特点主要表现为：

(1) 国家加强了对教育的重视和干预，公立教育崛起。

(2) 初等义务教育的普遍实施。1763年德国（当时的普鲁士公国）最早作出普及义务教育的决定。

(3) 教育的世俗化。从宗教中分离出来。

(4) 教育的法制化。重视教育立法，依法治教（1852年美国马萨诸塞州最先颁布《义务教育法》）。

（二）现代教育

第二次工业革命（19世纪70年代—20世纪初以电力的广泛使用为标志）给教育带来了新的变化，其特点如下。

1. 新的教学组织形式——班级授课制产生

比起师徒制的个别教育方式，这是一种大规模的教育形式，大机器工业的发展要求更多的有一定文化的劳动者，以往的个别教育形式远远不能满足社会对更多劳动力的需求，班级授课制的出现正是适应了社会发展的需求。

2. 教育与社会生产联系日益增强

大工业生产是以科学技术为基础的，了解与掌握一定的科学技术知识成为生产对劳动者的必然要求。它改变了以往教育与社会生产相脱离的状况，使得两者日趋紧密结合。这一方面表现在教育内容中大量增加了与生产劳动直接相关的科学技术知识；另一方面，各种职业技术学校或专业的迅速增加使得教育结构发生变化。

3. 义务教育开始出现

社会的发展使得学习和掌握基本的文化知识逐渐成为社会全体公民应有的权利。为适应这一需求，英、法、德、美、日等一些国家相继提出并逐步开始实施义务教育。义务教育的出现，打破了教育为统治阶级独有的特权，是人类教育发展的一次重大进步。

4. 比较完整的学校教育体系形成

生产力的进一步发展为扩大教育规模和提高教育发展速度提供了坚实的物质基础，也对劳动者提出了不同层次的要求。这使得学校教育体系逐步完善起来。学校教育成为多类型、多层次的系统。

（三）当代教育的特点

"二战"以后，第三次工业革命（20世纪四五十年代至今以信息化革命为标志），世界进入冷战时期，科学技术革命魔术般地改变着世界的面貌。教育在发展中国家被看作是追赶现代化的法宝，在发达国家被看成是增强综合国力竞争的基础。一方面，教育在数量上迅速膨胀，特别是高等教育突飞猛进，硕果累累；另一方面，生产力的发展，政治结构的重组，人类对自身的生命价值、人生态度、价值观念、生活方式的重新认识，也极大地影响着教育的改革与发展，使得教育观念、教育制度、教育内容、教育形式均发生了深刻的变化，呈现出一些新的特点。

1. 教育的终身化

20世纪60年代，法国教育家保罗·朗格朗提出了终身教育理论。

终身教育是适应科学知识的加速增长和人的持续发展要求而逐渐形成的一种教育思想和教育制度，它是由法国人保罗·朗格朗提出的，它的本质在于：现代人的一生应该是终身学习、终身发展的一生，即活到老，学到老。终身教育是对过去将人的一生分为学习阶段和学习结束后阶段的否定。把终身教育等同于职业教育或成人教育是不正确的，终身教育是与人的生命有共同外延并已扩展到社会各个方面的连续性教育，贯穿于整个教育过程和教育形式中。

(1) 终身教育提出的背景：社会变化加速，科学知识和技术进步，人口急剧增长，闲暇时间增多。

(2) 终身教育的特点：终身性、全民性、形式多样性、广泛性、自主性、实用性。

（3）终身教育四大支柱：学会认知，学会做事，学会共同生活（学会协作），学会生存。

（4）终身教育的两大基本特征：一是全体社会成员的一生都处于不断学习之中，即活到老，学到老；二是社会能够为每一位成员提供一生所受适当教育的条件。

（5）终身教育带来的变革：在教育观念上，树立大教育观，同等重视正规教育和非正规教育；在教育体系上，构建终身教育体系，使教育贯穿人的一生；在教育目标上，培养和提升人的终身学习意识和能力；在教育方式上，实施多样化教育，促进学习者自主学习。

2. 教育全民化

全民教育是近30年来在世界范围内兴起的使所有人都能受到基本教育的运动，特别是使所有适龄儿童都进入小学并降低辍学率，使所有中青年都脱除文盲的运动。1990年3月，联合国教科文组织发起并在泰国宗迪恩召开的世界全民教育大会，通过了《世界全民教育宣言》，这一运动得到各国特别是发展中国家的积极响应。

全民教育是指人人都享有受教育的权利，且必须接受一定程度的教育。它是一种基本教育，要满足人们在这个社会生存发展、参与社会、参与决策和继续学习的需要。

3. 教育民主化

教育民主化是对教育等级化、特权化和专制性的否定。教育民主化是21世纪最大的教育思潮之一，教育的服务性、可选择性、公平性和公正性成为学校改革的基本价值追求。教育民主化包括教育的民主和民主的教育两个方面：前者把教育的外延扩大，受教育是权力也是义务；后者把教育的内涵加深。一方面，教育民主化追求让所有人都受到同样的教育，包括教育起点的机会均等，教育过程中享受教育资源的机会均等，甚至包括教育结果的均等，这就意味着对处于社会不利地位的学生予以特别照顾；另一方面，教育民主化追求教育的自由化，包括教育自主权的扩大，如办学的自主性，根据社会要求设置课程，编写教材的灵活性，价值观念的多样性等。

4. 教育多元化

教育多元化是对教育单一性和统一性的否定，是世界物质生活和精神生活多元化在教育上的反映。具体表现为培养目标的多元化、办学形式的多元化、管理模式的多元化、教学内容的多元化、评价标准的多元化等。

5. 教育技术现代化

教育技术的现代化是指现代科学技术（包括工艺、设备、程序、手段等）在教育上的运用，并由此引起教育思想、教育观念的变化。人类社会步入21世纪，科学技术迅猛发展，知识经济加速到来，国际竞争日趋激烈。世界许多国家特别是一些发达国家都在反思本国国教育的弊端，对教育发展提出新的目标和要求，而且都把教育改革作为增强国力、积蓄未来国际竞争实力的战略措施加以推行。我们必须从实施科教兴国的战略高度，从提高民族素质增强综合国力的高度来认识和推进教育改革，把我国建成一个人力资源的富国，实现中华民族的伟大复兴。

6. 教育全球化

随着经济全球化格局的形成，教育、文化、知识的发展都发生了深刻的变化，教育全球化已成为一种必然的趋势。

7. 教育信息化

随着国际互联网和电子计算机的出现，信息量激增、传播速度飞快，教育必须跟上时代发展的步伐，进入信息化时代。

真题链接

一、单项选择题

1. （2013年小学）我国最早的学校教育形态出现在（　　）。
   A. 西周　　　　B. 春秋战国　　　C. 夏朝　　　　D. 殷商
   答案：C。
   【解析】我国最早的学校出现在奴隶社会的初期的夏朝。

2. （2013年小学）"人只有通过适当的教育之后，人才能成为一个人。"夸美纽斯的这句话旨在说明教育是（　　）。
   A. 培养人的社会实践活动　　　　B. 使人得以生存的活动
   C. 传递社会经验的活动　　　　　D. 保存人类文明的活动
   答案：A。
   【解析】教育的本质属性就是有目的培养人。

3. （2015年小学）在古代，中国、埃及和希腊的学校主要采用的教学组织形式是（　　）。
   A. 个别教学　　B. 复式教学　　　C. 分组教学　　D. 班级教学
   答案：A。
   【解析】在古代，无论是我国还是西方教育的组织形式都是个别教学。

4. （2012年中学）学校教育与生产劳动相脱离始于（　　）。
   A. 原始社会　　B. 奴隶社会　　　C. 封建社会　　D. 资本主义社会
   答案：B。
   【解析】原始社会的教育和社会生活、生产劳动紧密相连；奴隶社会的学校教育是没有培养生产工作者的任务的，学校教育基本上与生产劳动相脱离。

5. （2011年中学）奴隶社会的"政教合一"体现了教育的（　　）。
   A. 民族性　　　B. 阶级性　　　　C. 生产性　　　D. 相对独立性
   答案：B。
   【解析】"政教合一"表明学校教育具有鲜明的阶级性。

6. （2015年中学）古希腊斯巴达教育的目的是培养（　　）。
   A. 演说家　　　B. 智者　　　　　C. 军人和武士　D. 全面和谐发展的人
   答案：C。
   【解析】古代斯巴达教育以军事体育训练和政治道德灌输为主，教育内容单一，教育方法也比较严厉，其教育目的是培养忠于统治阶级的强悍军人和武士。

7. （2014年中学）在学校教育制度的发展变革中，义务教育制度产生于（　　）。
   A. 原始社会　　B. 奴隶社会　　　C. 封建社会　　D. 资本主义社会
   答案：D。
   【解析】最早普及义务教育的是1763年的德国（普鲁士公国）。

二、辨析题

（2012年中学）动物界也存在教育。
答案：
（1）这句话是不正确的。

真题链接

（2）教育是人类社会特有的社会现象，动物界虽然也有为了生存而产生的模仿学习，是一种本能行为；而人类教育是一种有目的、有意识的行为，动物的"教育"和人类的教育相比，最大的区别就是社会性。教育只有人类有，动物是不存在教育的。

试水演练

一、单项选择题

1. 受社会委托对学生施加有目的、有计划的教育影响的权威机构是（　　）。
   A. 学校　　　　B. 企业　　　　C. 机关　　　　D. 社区
   答案：A。

2. 古希腊把"三科"作为教育内容，这"三科"不包括（　　）。
   A. 四书　　　　B. 文法　　　　C. 修辞　　　　D. 辩证法
   答案：A。
   【解析】古希腊教会教育的内容是"七艺"，即三科、四学。三科包括文法、修辞、辩证法；四学包括算术、几何、天文、音乐。

3. 生物起源说的代表人物是（　　）。
   A. 沛西·能　　B. 孟禄　　　　C. 米丁斯基　　D. 凯洛夫
   答案：A。

4. 原始社会教育的独特的特点是（　　）。
   A. 原始平等　　　　　　　　　B. 制度落后
   C. 教育是影响人的活动　　　　D. 教书育人
   答案：A。

5. 在一定的社会背景下发生的促使个体的社会化和社会的个性化的实践活动是（　　）。
   A. 教育　　　　B. 教学　　　　C. 德育　　　　D. 管理
   答案：A。

6. 学校教育与生产劳动相脱离，是从（　　）时期开始的。
   A. 原始社会　　B. 奴隶社会　　C. 封建社会　　D. 资本主义社会
   答案：B。
   【解析】教育与生产劳动第一次相分离就发生在奴隶社会。

7. 下列现象中，不属于教育现象的是（　　）。
   A. 妈妈教孩子洗衣服　　　　　B. 初生婴儿吸奶
   C. 成人学开汽车　　　　　　　D. 木匠教徒弟手艺
   答案：B。
   【解析】教育是有目的的培养人的活动。初生婴儿吸奶是生物现象。

8. 第一个正式提出的教育起源学说，并使教育起源问题的解释趋向科学化的是（　　）。

A. 神话起源说　　　B. 生物起源说　　　C. 心理起源说　　　D. 劳动起源说
答案：B。

9. "听君一席话，胜读十年书"指的是（　　）。
A. 广义的教育现象
B. 狭义的教育现象
C. 既是广义的教育现象又是狭义的教育现象
D. 教育的作用
答案：A。

10. 在构成教育活动的基本要素中，主导性的因素是（　　）。
A. 教育者　　　B. 受教育者　　　C. 教育措施　　　D. 教育内容
答案：A。

11. 欧洲奴隶社会中，斯巴达教育为了培养强健的军人和武士，特别重视政治灌输和（　　）。
A. 文化知识教育　　　B. 艺术教育　　　C. 军事体育训练　　　D. 和谐发展教育
答案：C。

12. 欧洲奴隶社会中，雅典教育为了培养（　　），特别重视体育、德育、智育、美育和谐发展的教育。
A. 政治家和商人　　　B. 军人和武士　　　C. 教士和僧侣　　　D. 骑士演说家
答案：A。

13. 我国奴隶社会的教育内容是（　　）。
A. 《四书》《五经》　　　B. 六艺
C. 自然科学　　　D. 生产技能
答案：B。

14. 我国封建社会的教育内容是（　　）
A. 《四书》《五经》　　　B. 六艺
C. 自然科学　　　D. 生产技能
答案：A。

15. 在中国古代，程朱理学成为国学，儒家经典被缩减为《四书》《五经》，特别是《大学》《中庸》《论语》《孟子》四书被作为教学的基本教材和科举考试的依据。该现象产生的历史时期是（　　）。
A. 宋代以后　　　B. 春秋战国　　　C. 明清时代　　　D. 隋唐时代
答案：A。

二、复习思考题
1. 学校是在什么时候才产生的？其产生的条件是什么？
2. 怎样理解教育的构成要素和属性？
3. 中国教育各阶段的特点是什么？

第三章

教育与社会发展

内容提要

教育与社会发展之间的关系是教育关系中最基本、最重要的关系之一，它和教育与人的发展之间的关系常常被称之为教育的两大关系。学习教育学，在认识了教育的概念、教育学的概念之后，必须认识和理解教育与社会发展之间的关系，也就是认识、理解教育与政治的关系、教育与经济的关系、教育与文化的关系、教育与科学技术的关系、教育与人口的关系，并能够运用教育的五个方面的关系解释教育现象。这五个关系的论述构成本章的五个部分。

学习目标

1. 掌握教育和政治经济制度（政治）的关系。
2. 掌握教育与生产力（经济）的关系。
3. 掌握教育和文化的关系。
4. 掌握教育和科学技术的关系。
5. 教育与人口的关系。
6. 通过本章学习理解我国为什么把教育放在优先发展的战略地位。

第一节 教育与政治经济制度的关系

社会政治经济制度是人类在社会生产关系的基础上形成的一种特殊的社会关系。其中，经济制度是社会发展的基础，政治则被称为上层建筑中绝对统治权的主要成分，是经济的集中体现。教育作为一种社会活动，总是和一定社会的政治、经济制度发生着密切的联系。一方面，社会政治、经济制度对教育起着重要的制约和影响作用；另一方面，教育又为一定社会的政治、经济制度服务，影响社会政治、经济制度的诸方面。

一、社会政治经济制度对教育的制约作用

一定社会的政治经济制度直接制约着教育的性质和发展方向，而教育的性质则包括教育的领导权、教育权、教育目的等。

（一）政治经济制度制约教育的领导权

在人类社会中，谁掌握了生产资料、掌握了政权，谁就能控制精神产品生产，谁就能掌握教育的领导权。在统治阶级中，统治阶级总是利用他们在政治、经济和思想方面的统治地位，控制着教育领导权，使教育者根据他们的利益要求确定方向，培养自己所需要的人。

首先，统治阶级利用国家权力颁布政策、法令，规定办学的宗旨和方针，并以强制的手段监督执行，从而把教育纳入他们所需要的轨道。同时，各级教育行政机构和学校领导成员，也由国家政府来任免，统治阶级通过政治地位来掌握教育的领导权。

其次，统治阶级还利用经济力量——诸如拨款、捐献教育经费等办法来控制教育的领导权。

最后，统治阶级还以思想上的优势力量来影响和控制教育的领导权，在教育领域内，通过教科书的编订和各种读物的发行以及教师思想上的影响左右着教育工作的方向。

（二）政治经济制度制约受教育权

教育发展的历史告诉我们，在不同的社会里，不同的人享有不同的受教育权。什么人接受什么样的教育，进入不同教育系列的标准怎样确定，基本上是由政治经济制度决定的。

在原始社会，以生产资料原始公有制为基础，没有国家，氏族成员处于平等的地位，因而受教育权也是平等的，所有儿童接受差不多同样的教育。

进入阶级社会，统治阶级和被统治阶级在政治上、经济上处于不平等的地位，反映在受教育的权利上，也不可能是平等的。在奴隶社会、封建社会里，只有统治阶级子女才享有学校教育的权利，被统治阶级无缘接受学校教育。

到了资本主义社会，虽然在法律上废除了受教育者在阶级和社会等级地位等方面的限制，受教育权在形式上似乎是平等的，但实际上，由于经济和其他条件的不平等，受教育权仍是不平等的。即使不收学费的德国、瑞典、英国这些国家，大学生中来自人口大多数的劳动者家庭的子女仍是少数。

而社会主义社会，是在生产资料公有制基础上建立的广大劳动人民当家做主的政权制度，这就决定其教育必然是面向人民大众的、消除等级偏见的教育。虽然由于生产力不够发达和三大差别的存在，在受教育权上还不可能实现完全的平等，但是我们正通过各种途径去逐步限制它、消灭不平等，为实现教育上的完全平等创造条件。

（三）政治经济制度制约教育目的

在一定社会中培养出来的人应当具有什么样的政治方向和思想意识倾向，则是由一定社会政治经济制度决定的，并要体现一定社会政治经济要求。社会的政治经济制度不同，教育目的也就不同。政治经济制度，特别是政治制度是直接决定教育目的的因素。一定社会的教育目的，是由占统治地位的阶级运用他们所掌握的政权，按照自己的利益，通过制定一系列的教育方针政策或各种教育法规来确定的，并以此对教育实践加以规定和控制，保证教育目的的实现。

原始社会，没有阶级，没有剥削，教育的目的是培养未来的氏族成员，使他们能从事劳动，能遵守社会生活规范、互相合作，能为保卫氏族的生存而英勇战斗。

进入阶级社会后，统治阶级总是力图使教育按照他们的要求培养和塑造年轻一代，教育总是以巩固和发展统治阶级自身利益为宗旨的。奴隶社会学校的教育目的，主要是把奴隶主子弟培养成自觉维护宗法等级制度的统治人才和能征善战、具有暴力镇压奴隶起义和抵御外患本领的军人。封建学校的教育目的，主要是把地主阶级子弟培养成为国家政权中的官僚以及实际掌握地方政权的绅士，而对广大的劳动人民则实行愚民政策。

资本主义社会的教育，则根据资产阶级的需要，一方面把资产阶级的子弟培养成为能够掌握国家机器和管理生产的统治、管理人才；另一方面，为了获取更高的利润和稳固政权，也给予劳动人民的子女一定年限的义务教育和职业训练，以把他们培养成为适应现代生产所需要的熟练工人和政治上的顺民。

社会主义学校的教育目的，与历史上任何阶级社会的教育目的不同，是为了培养全面发展的社会主义事业的建设者和接班人。

由于教育目的不同，不同的社会关系下的教育也有所不同。例如，近代资本主义社会，上层资产阶级的子弟所就读的文科中学里，设置了许多有利于学生心智发展、升学预备和满足资产阶级生活方式所需要的古典学科；而劳动人民子女所就读的实科学校，则主要开设为满足工业生产所需要的实用学科。

（四）社会政治经济制度决定教育内容的取舍

在教育内容上，尤其是那些关于政治、哲学、经济、思想道德等方面的内容，由于涉及培养出的一代人所具有的思想观念和价值取向及为谁服务的问题，更是由社会政治经济制度决定的。这充分说明，一个国家的政治理念、意识形态、社会的伦理道德观，直接受到国家政治经济制度的制约；学校所培养的人才的政治、道德观念同样也反映了国家政治经济制度的要求。国家政治经济方面对教育的要求通过制定教育目的、规定政治思想教育的内容以及相应的考试评价手段来实现。

二、教育对政治经济制度的促进作用（教育的政治功能）

政治经济制度制约教育，教育为政治经济制度服务。但教育并不是消极地适应一定社会的政治经济制度，相反，教育也对社会的政治经济制度的发展起着巨大的促进作用，使其得以维持、巩固和加强。教育对政治经济制度的促进作用，主要表现为以下几个方面。

（一）教育能培养一定社会的政治经济制度所需要的人才

人的思想、能力、知识技能和政治倾向不是天生的，必须依赖教育的培养和造就。教育是培养社会政治经济人才的重要手段。自古以来，任何一种政治经济制度，要想得到维持、巩固和发展，都需要不断有新的接班人，而这些人才的培养，主要是通过学校教育来实现的。学校通过一定社会政治经济制度的要求，向年轻一代传递该社会政治经济制度所要求的思想、道德、价值观以及宗教、法律、经济、科学知识等方面的内容；并通过各种教育活动，对他们进行公民训练；还向他们传授历代总结的治国安邦的经验和本领，使他们按照社会所要求的方向成长，并具有一定社会的政治立场和政治能力，成为一定的政治经济制度所要求的接班人。通过教育所培养的人才，一部分必然要进入上层建筑领域，组织、管理国家各项事务。进入现代社会，社会生活日益复杂，科学技术高度发展，势必要求国家的政治经济人才具有较高的文化素养和科学文化水平，这就更加依靠专门化的学校教育。从世界范围看，国家各级政治集团的核心人物的学历层次和多方面的素养都在不断提高，它意味着教育的影响力亦相对增强。

（二）教育可以提高国民的民主意识，促进社会政治民主

民主是现代政治的核心与实质，是社会进步和文明程度的重要指标，政治民主化是现代政治发展的必然趋势。一个国家的政治民主化程度取决于一个国家的政体，但也与这个国家人民的文化程度和受教育水平有着密切的关系。教育是推动政治民主化的重要力量。民主意识的启蒙、深入和提升，民主观念的确立，不可能不依靠教育。普及教育的程度越高，人们的知识越丰富，就越能增强人民的权利意识，使他们认识民主的价值，推崇民主的政策，推动政治的改革与进步。就像列宁指出的那样："文盲是站在政治之外的。"当人民处于普遍缺乏文化和政治素养的情况下，必然缺乏参与政治的意识和能力，民主政治最多也不过是一个良好的愿望。而且，历史已经表明，文化、教育的落后，往往是产生和盛行政治上的偏激、盲从、专制主义的原因之一。一般来说，一个国家的教育越发达，就越容易实现政治上的民主和进步。

在我国，自从无产阶级掌握政权以后，为了真正实现广大人民当家做主的愿望，十分重视提高人民的政治、文化素质。新中国成立以来，一直把扫除文盲、发展教育事业、改变劳动人民文化落后的面貌摆在重要的位置。这不仅是发展经济的需要，也是社会主义政治真正实现民主化的需要。当前，在我国社会主义经济飞速发展的同时，学校教育在提升人们的科学文化知识水平、思想道德水平，建设社会主义精神文明方面的作用更是不容忽视的。因此，要不断推进我国民主化的进程，就不可忽视我国教育事业的发展，要不断提高全民族的文化水平。

(三) 教育可以传播教育思想，形成积极的舆论力量，促进政治制度的发展

政治舆论对社会政治的影响是不可低估的，它是社会稳定和发展的思想力量。积极的社会舆论有利于巩固、维护其政治制度，推进社会的进步和发展。政治舆论关系到一个国家的民心向背和社会稳定，因此政治舆论是促进社会发展不可缺少的力量。学校通过教育者和受教育者的言论、行动以及教材和刊物等的传播与发行，宣传一定的思想，借以影响群众形成一定的舆论，为一定的社会政治服务。学校自古以来就是宣传、灌输、传播一定阶级思想体系、道德规范、路线政策的有效阵地。一方面，学校是知识分子和青年人集中的地方，师生对社会政治上的各种主张、思潮必然会做出某种反应；另一方面，学校作为社会政治思想的策源地，能够对国家政权的各种政治决策产生影响。学校是中级或高级专业技术人员集中的地方，他们有愿望、有能力实现社会政治思想的形成和完善。高等院校的教育者还可以通过科学研究等方式为国家重大政治决策提供理论基础和实践参考。因此，当代许多国家都把大学看成重要的咨询机构，聘请学有专长的教师作为政府部门的顾问，重视发挥教育对国家政治路线、方针、政策的确定所具有的咨询功能。可以说，学校师生的言行是宣传某种思想、借以影响社会群体、服务于一定政治的现实力量。

总之，一定的社会政治制度直接制约着教育的性质和发展方向，反过来教育又对一定的政治制度有着巨大的影响。这种影响随着现代化进程的加快，作为促进社会进步的力量，变得越来越重要。当然，尽管教育对社会政治有巨大的促进作用，但却不能决定社会的政治力量。教育的重大作用不能超越一定的政治制度，教育的作用只有在一定的社会政治制度基础上才能发挥。我们不能把教育的作用强调到不适当的程度，试图通过教育的作用来解决政治的根本问题是不现实的。教育对政治的变革不起决定作用。

第二节　教育与生产力的关系

人类的教育活动自产生之日起就与物质资料的生产联系在一起。随着社会的发展，教育与生产力的关系越来越密切。教育与生产力之间的关系，总的来说，是一定的社会生产力发展水平决定着教育的发展水平，而教育也对生产力的发展起到巨大的促进作用。

一、生产力对教育的制约作用

社会的政治直接制约着教育的性质，但是对教育的性质起决定作用的却是经济，也就是生产力。因为经济基础决定上层建筑，经济水平直接决定教育水平，为教育的发展提供物质基础。

(一) 生产力发展水平制约着教育事业发展的规模和速度

任何社会办教育都必须以一定的人力、物力、财力为基础，必须以现实生产力发展水平所能提供的物质条件为前提。马克思早就指出："教育一般说来取决于生活条件。"教育发展的事实证明必然如此。这是因为一个国家能拿出多少钱来办教育，能招收多少人入学学习，尤其是入高校学习，普及教育到什么年限、程度，培养多少初、中、高各级人才，这并不取决于人的主观愿

望,而是取决于生产力发展的需要和生产力发展提供的可能。当一个社会的生产力发展水平还很低,社会大多数人还要整日为保证必需的生活资料而从事繁重的体力劳动,花去很多劳动时间尚不能提供剩余时,就不可能饿着肚子去受教育。这样,教育事业发展的规模就必然受到限制。

而且,社会剩余劳动的多寡直接制约着一个国家在教育经费方面的支付能力,即制约着教育经费在国民总收入中所占比例的大小。教育经费的多少直接影响校舍设备、师资条件等办教育所需的一切物质来源。所以说,确定教育事业的发展规模和速度必须适应当时社会生产力的发展状况。这种适应不仅是发展教育规模必须首先考虑生产力发展水平所能提供的物质条件和可能,同时,还要考虑生产力发展对教育提出的需要。只有使教育发展与生产力的发展相吻合,二者才能相得益彰,互相促进。

(二) 生产力发展水平制约着教育结构和人才培养规格

教育是培养人的过程,至于培养什么样的人,这首先是由政治经济决定的。由于一定的政治经济制度总是建立在一定的生产力发展水平之上的,所以在确定培养人的规格和内容时就必然受到生产力发展水平的影响。

在漫长的奴隶社会和封建社会里,由于生产力发展的迟缓和水平的低下,加之生产经验还没有发展成为同劳动相分离的独立力量,简单的手工业劳动主要靠体力和个人的技艺与经验,即使文盲也可胜任,直接从事生产的劳动者并不需要经过学校的专门培养和训练。所以,那时学校的教育目的一般说来都是以培养脱离生产的统治人才为宗旨。随着机器大工业这种新的生产力的出现,社会的生产劳动发生了质的变化,真正的复杂劳动开始产生。从这时起,社会生产力开始直接向学校提出它的要求。这种要求,首先使学校教育的培养目标发生了质的变化,与生产劳动密切联系的工程师、技术人员、管理人员列入培养目标之中,而不仅仅是培养官吏、律师、知识分子。

生产力的发展也必然引起教育结构的变化。教育结构通常反映为包括基础教育、职业技术教育、成人教育在内的各种不同类型和层次的学校组合和比例构成。社会生产力发展水平以及在这个基础上形成的社会经济结构,制约着教育结构。生产力的发展不断引起产业结构、技术结构、消费结构和分配结构的变革,与此相适应,教育结构也将随之出现新变化。如大、中、小学的比例关系等,普通中学与职业中学的关系,全日制学校与社会教育的关系,高等学校中不同层次、不同专业、不同学科种类之间的比例关系等,都要与一定的社会生产力发展水平相适应。否则,就会出现教育结构比例失调的问题,或者教育培养的人才不能满足社会经济的要求,或者出现人才过剩现象。

(三) 生产力发展水平制约着教育内容、教育手段和教学的组织形式

经济的发展促进者科学技术的发展与更新,也必然促进着教学内容的发展与更新。在课程的门类上,古代社会学校所设置的课程门类,大多数属于哲学、政治、道德和宗教等人文学科以及语言、文字等工具课程,与经济发展直接联系的自然科学和技术方面的课程很少。到了近代,由于生产力的发展,人们的实践范围日益扩大,对客观世界的认识逐渐深化,带来了学科的分化,出现了许多新的独立学科,学校相继增设了代数、三角、物理、化学、动物、植物等内容。随着现代科学技术的发展,原子物理、电子计算机、遗传工程、激光、海底开发等新兴的学科逐渐纳入了学校的教学内容中。

(四) 生产力发展水平制约着学校的专业设置 (课程设置)

专业就是经过科学分工或生产部门的分工,把学校的学业分成的门类。课程设置是专业分工的基础。

二、教育对生产力的促进作用（教育的经济功能）

(一) 教育是劳动力再生产的重要手段

劳动力是指具有一定生产劳动能力的人。当一个人尚未具备任何科学知识和生产经验与劳动技能时，他只是一个潜在的可能的生产力。要使人的天然潜在能力变成现成的劳动能力，要使科学知识摆脱潜在状态，成为直接现实的生产能力，就要靠教育。通过教育可以使人掌握一定的科学知识、生产经验和劳动技术，使可能的劳动力变为现实的劳动力，从而形成新的生产能力，提高劳动生产率，促进社会生产的发展。在现代社会，教育，尤其是学校教育，日益成为劳动者再生产的基本手段。劳动力的质量和数量是经济发展的重要条件，教育担当着再生产劳动力的重任。在现代生产过程中，技术改造、设备更新要靠科学技术与人才将科技成果应用于生产过程来完成，丰富的自然资源、先进的生产工具要通过高素质的劳动者的开发和利用来发挥作用，高技术的生产及其效率的提高要靠大量高水平的管理人员的管理来实现。而劳动者基本劳动素质的优劣，技术人员技术水平的高低，管理人员管理能力的强弱，主要取决于他们受教育的程度和质量。具体地说，教育对劳动力的再生产主要通过以下几个方面来实现。

1. 教育能使潜在的生产力转化为现实的生产力

在现代社会，学校教育在促进生产力转化方面的作用显得越来越重要。现代经济生活中，科学技术已成为经济活动能否取得成效的决定性因素。但科学技术属于知识形态的生产力，在它没有运用于生产过程之前，只是潜在的生产力。要将这种潜在的生产力转化为现实的生产力，必须依靠教育。通过教育，将科技成果加以推广和普及，并对劳动者进行技术培训，实现生产力的转化。人只有掌握了一定的科学技术知识和相应的劳动能力以后才有可能成为生产力中的劳动力要素，科学技术知识和劳动能力也只有内化为劳动者的素质，才有可能转化为现实的生产力。

2. 教育能把一般性的劳动者转变为专门化的劳动者

教育中的普通学校教育，担负着提高整个民族的科学文化水平，大面积地提高劳动者的一般素质的任务。一般意义上讲，普通教育培养的劳动者是作为劳动后备力量的劳动者。教育中的专业知识和职业教育就是在普通教育的基础上把一般性的劳动者进一步转变为某一领域、某一行业以至某一工种的专门的劳动者。这种劳动者对于经济活动来说，更具有直接和现实的意义。

3. 教育能把较低水平的劳动者提升为较高水平的劳动者

劳动者的素质都有一个由低水平向高水平提升的过程。在现代社会，生产的技术水平不断提高，生产方式和劳动工艺不断革新，从而对劳动者的素质不断提出新的要求，要求劳动者必须不断受教育，而且必须终身受教育。教育已成为不断提升劳动者素质和促进劳动者进行纵向社会流动的基本手段。

4. 教育能把一种形态的劳动者改造为另一种形态的劳动者

古代社会，劳动主要凭借个人经验，加上行业之间的相互封锁，一个人要从一种劳动转换的另一种劳动中去，是一件非常困难的事情。现代社会是社会化大生产，改行换业，更换职业工种，无论是被迫还是主动的，都已逐渐成为习以为常的事情。同时，由于现代化生产主要是依靠科学技术，只要劳动者掌握了生产和工艺的一般原理，就能顺利地从一个生产部门转移到另一个生产部门，从而把一种形态的劳动者改造为另一种形态的劳动者。

5. 教育能把单维度的劳动者改变为多维度的劳动者

传统经济学意义上的劳动者几乎就是一个纯粹的劳动力，一个听话会做工的工具，这种劳动者的发展和需求都是单维度的。现代经济学要求劳动者不仅要掌握科学技术知识和具有劳动能力，而且也要具备一定的文化素养、思想修养、职业道德、心理素质、创新精神、合作意识等品质，这种劳动者的发展和需求都是多维度的。与单维度的劳动者相比，多维度的劳动者的生活不仅仅属于劳动，他们具有更高的层次和境界，更高的素质和劳动能力，这正是现代经济活动所需要的。因此，现代教育越来越注重对未来劳动者进行多维度的培养。

（二）教育是科学知识和技术再生产的手段

教育的基本职能是向受教育者传授科学知识，在学校里通过教学，在较短的时间内把人类社会数千年积累起来的科学知识传授给许多学生，使知识的传递达到高效率化。这正如马克思所说，这种"再生产科学所必要的劳动时间，同最初生产科学所需要的劳动时间是无法相比的，例如，学生在一小时内就能学会二项式定理"。

教育在科学知识和技术再生产方面所发挥的作用如下。首先，表现在它的继承性上。任何一个人或一个时代对自然的认识总是有限的，要形成真正的科学认识，在绝对真理的长河中不断前进，就需要科学认识上的继承和积累。而科学的继承和积累又必须通过教育来实现。教育把已经创建的科学知识不断地再生产出来，为新一代人所掌握和继承。通过继承，有限的认识逐步积累为无限，而继承与积累同时又为新的科学上的发现做好了认识上的储备。科学正是通过教育这一中间环节而合乎规律地前进。

其次，通过学校教育所进行的科学知识的再生产又是一种扩大的再生产。它可以使原来为少数人所掌握的科学知识为更多的人所掌握，并且不断扩大其传播范围。

最后，学校教育所进行的科学知识的再生产，还是一种高效率的再生产。它通过有效的组织和方法，缩短再生产科学所必需的劳动时间。当前，在科学技术迅速发展，科学技术正在以惊人的速度膨胀的情况下，学校在科学知识再生产方面更显现其优越性，发挥着更为巨大的作用。

（三）教育能生产新的科学知和新的生产力

教育的主要职能是传递人类已有的科学知识，但也担负着发展科学、产生新的科学知识的任务。学校，特别是高等学校，通过科学研究也担负着生产新的科学知识和技术的任务。高等学校由于科研力量比较集中，学科领域比较齐全，有利于发展综合性课题和边缘科学的研究，高等学校已经成为科学研究中的一个重要的方面军。

人力资本理论由美国经济学家舒尔茨提出，体现了教育对经济的促进作用。这一理论认为：

（1）人力资源是一切资源中最主要的资源。人力资本理论是经济学的核心问题。

（2）在经济增长中，人力资本的作用大于物质资本的作用。对经济增长的贡献是33%。

（3）人力资本是指凝聚在劳动者身上的知识、技能及表现出来的可以影响从事生产性工作的能力。教育投资是人力资本理论的核心。

第三节　教育与文化的关系

文化是一个内涵十分丰富而复杂的概念。笼统地说，文化是一种社会现象，是人们长期创造形成的产物；同时又是一种历史现象，是社会历史的积淀物。确切地说，文化是指一个国家或民族的历史、地理、风土人情、传统习俗、生活方式、文学艺术、行为规范、思维方式、价值观念等。

广义的文化，指的是人类在社会历史发展过程中所创造的物质和精神财富的总和。它包括物质文化、制度文化和心理文化三个方面。

物质文化是指人类创造的种种物质文明，包括交通工具、服饰、日常用品等，是一种可见的显性文化。制度文化和心理文化分别指生活制度、家庭制度、社会制度以及思维方式、宗教信仰、审美情趣，属于不可见的隐性文化，包括文学、哲学、政治等方面内容。

狭义的文化是指社会的意识形态以及与之相适应的制度、机构等，包括社会的科学、艺术、宗教、道德、教育、社会风俗习惯以及规章制度。

为深入理解教育与文化的关系，除了认识文化的概念外，还必须理解文化存在的主要形态。文化主要有五种存在形态。

一是物质形态的文化，指科学、艺术、技术等创造发明物化在物质产品上的文化，如历史文物、各种工艺用品等。

二是制度形态的文化，指人类为满足或适应某种基本需要而建立的各种典章制度或法则，如满足人们政治需要的政治制度，满足人们物质生活需要的经济制度，满足人们受教育需要的教育制度以及法律、军事、家庭、婚姻制度，等等。

三是观念形态的文化，指人类创造的各种语言文字、数字、抽象符号以及各种科学著作、文艺作品等人类精神沟通的手段，也就是各种文化的记录载体。

四是活动形态的文化，指各种文化创造和传播的活动，以及文化团体和设施，如各种学术活动、艺术活动、文化出版机构、学术机构、大众娱乐机构等。

五是心理形态的文化，指不同民族的心理素质、价值取向、精神风貌、思维和生活方式以及传统和行为习惯等。

一、社会文化对教育的作用

文化对教育所发挥的作用的性质基本上是影响性的。文化对教育的作用是多方面的，主要表现在两个层次上：宏观层次和微观层次。

（一）在宏观层次上，文化通过为教育提供的文化背景和民族文化传统对教育产生影响

从一定意义上看，社会中的一切文化活动对其参与者来说，无论是创造文化的主体，还是接受、欣赏文化的主体，都具有教育的价值，即对参与者的身心发展都会产生一定的影响。

1. 社会文化背景对教育具有影响作用

文化作为人类所创造的物质和精神财富的总和，存在于社会的每个时间和空间，因此，教育总是在一定的社会文化背景下进行的，所以，教育必然受到文化的影响，这种影响主要表现在两个方面。

其一，社会文化的发展必然提高人们对教育的需求，而满足人们对教育的需求，就必须发展教育事业。究其原因，主要有两个：

（1）文化的发展对享受文化的人的素质提出了新的要求。历史文物是物质形态的文化的主要内容，而历史文物的欣赏需要欣赏者了解其历史，才能显示出其价值。

（2）文化的发展使人们更加深刻地认识到教育的价值。一方面，文化的发展使家长更加深刻地认识到教育的价值。一般来讲，父母的文化程度越高，其对子女接受教育的期望越高。事实上，具有不同文化程度的父母一般都能够切身体验到，受教育程度的不同，会使人对生活、工作的意义理解不同；同时，自身的工作、生活所具有的价值也有所不同。另一方面，文化的发展使就业人员更加深刻地认识到教育的价值。随着文化的发展，职业对就业人员的素质要求不断提高，也就对受教育程度进行着新的规定。受教育程度与所从事的职业的社会性质具有极大相关性。而且，这种教育的价值既体现为对社会所具有的价值，也体现为对个人所具有的价值。对社会所具有的价值反映出个人受教育的利他性。

其二，文化的发展促使教育与社会之间的联系加强。文化的发展造就了文化的日益丰富。丰富的社会文化与封闭的学校文化的有限性之间必然产生矛盾，这种矛盾必然刺激教育的开放，增强学校文化的多样性和丰富性，拓展教育的形式、层次和类型。教育的开放有两层含义：一层含义是教育对社会的开放，另一层含义是社会对教育的开放。教育对社会的开放，促进教育的形式、层次和类型的拓展，它为社会中不同阶层、不同年龄、不同职业的人提供了更多的受教育或再教育的机会。社会对教育的开放是指学生接受信息的渠道已经拓展到了全社会。在信息传播手段高度发达的社会里,在校学生除了接受学校教育以外,在校外也接受着各种信息。就在校外接受的信息总量来说,并不比学校所给予的信息量少,甚至会远远超过学校教育中的信息量。实际上,学生在校内也不断接受校外信息的影响。校外信息的影响一定会与校内信息的影响联系起来,并结合成为一体。二者在对学生发展方面或者相互促进,或者相互抑制。总之,教育的开放充分地反映出教育与社会之间的日益密切的联系。

2. 民族文化传统对教育具有影响作用

每个民族都有自己特点的文化传统,包括民族传统文化观念、道德观念、价值取向、行为习惯以及思维和生活方式等。这些民族文化传统往往以潜移默化、耳濡目染的方式对人的发展、对教育产生强烈的影响。

其一,民族文化传统,特别是优秀的民族文化传统,需要一定的活动实现传承。这种活动必须是人与人之间进行的有利于文化的传递与习得的活动,因而文化为其传承的实现而最终选中了教育。民族传统必然影响社会、民族对教育内容的选择——选择有利于保持民族性的教育内容而实现民族的延续和发展。这种影响体现在语言文学课程内容的选择、本国历史课程内容的选择以及思想品德课程内容的选择等方面。

其二,作为民族文化传统的核心内容,民族价值取向极大地影响着教育目的的确定、对教育地位的认识、对教育手段和方法的选择。因为民族价值取向规定着一个民族对教育判断、选择和评价的标准,所以,民族价值取向规定着该民族对人才培养的标准和规格——教育目的,也规定着该民族对教育地位的认识。教育目的是教育的出发点和归宿,对实现教育目的所必需的教育手段和方法的选择具有极大的影响,因而,民族价值取向也规定着该民族对教育手段和方法的选择。

其三,民族文化传统对教育制度的确立具有影响作用。教育制度是历史与现实的产物,受民族思维和生活方式的影响。世界上存在着多元民族文化传统,世界教育制度在历史上和现实上也具有丰富的多样性。讲究民主方式的民族,其教育制度往往也注重民主精神;讲究中央集权方式的民族,其教育制度往往也追求统一。

其四,无论民族文化传统对人的发展的影响与学校教育对人的发展的影响在方向上是否一致,民族文化传统对教育都存在着影响。民族文化传统对人的发展的影响与学校教育对人的发展的影响有多种可能的组合:或完全一致相互补充,或部分一致并相互作用,或完全相反并相互排斥。但无论哪一种组合,民族文化传统都始终对教育具有影响作用,因为学校不是一块绝对的"净土",也不应该成为一块绝对的"净土"。

(二) 在微观层次上,社会文化深入到学校内部,直接影响着学校教育活动内部的文化构成

1. 社会文化影响学校文化

学校文化是指学校全体成员或部分成员习得且共同具有的思想观念和行为方式。学校是一个社会组织,学习文化是社会组织文化的一种形式、一种表现,也具有自身的独特性。事实上,文化不是空洞的事物,总是表现在一定的社会群体中,体现在各个社会组织的行为方式上。学校本身就是文化传统的产物,是经过历史的积淀、选择、凝聚、发展而成的,它负载着深厚的文化,甚至在某些方面是文化精神、要求的集中体现,这一点突出表现在学校文化所使用的教材上。

学校是通过下列方式将文化积聚在一起的:将文化以各种方式加以集中、积累和系统化,使学校发挥着一种类似文化容器的功能;通过专业化的教师将这些文化加以整合传授给学生,将已认同并接纳文化的学生输送给社会,通过他们返还出可供再生的文化。可见,学校作为社会的一个特殊机构,在其生存、发展过程中受到了社会文化的影响,并形成自身独特的文化。

2. 社会文化直接影响课程文化

课程文化是学校文化的基本要素。课程文化有两方面的含义：一是课程体现一定的社会群体的文化，二是课程本身的文化特征。显然，并非所有的文化都能进入学校教育领域，成为学校教育的主要内容。文化具有民族性和国际性，具有阶级性和共同性，具有时代性和历史性，具有理论性和实用性；文化也有精华与糟粕之分，有美与丑之分，有科学与非科学之分。因此，学校教育中的课程文化的形成是经过谨慎选择、科学整理、精心加工的。课程文化来自于社会文化，但不是社会文化的简单复制，而是社会文化的"深加工"产品；课程文化是文化传统的产物，但也是文化的时代性特征的体现。一般来说，课程文化总是体现一定社会或社会群体的主流文化。课程文化将社会主流文化转化为适合学生接受的内容，使学生在课堂学习以及教师的日常交流中，能够有意无意地、或多或少地习得这些文化。社会文化对课程文化的影响表现在课程的内容方面，也表现在课程的各级结构方面，还表现在课程使用的方法和手段等方面。

3. 社会文化影响教师文化和学生文化

教师文化和学生文化是学校文化的两个重要方面。

其一，教师文化常常与一定的社会阶层相联系，体现着某一特定社会阶层的价值观念和思想规范。教师文化之所以受社会文化的影响，主要原因在于教师是学校组织的主要成员之一，是社会组织成员中关键的一部分群体，一定要代表社会的主流文化。在社会文化中，教师文化发展出自身的特性。教师工作是区别于其他工作的社会工作，教师一定要履行促进人的发展的职责，表现为教师文化特有的思想观念和行为方式。教师文化直接影响着学生的发展，紧密关系着教育的质量、效益。事实上，教师的不同文化特征和活动方式给学生带来的影响是不同的，对教育发展的作用也是不同的。

其二，学生文化是学生交往中的基本模式和行为方式。学生是学校中的一个特殊的群体，也具有自身的文化。一方面，学生文化受家庭文化、教师文化和社会文化的影响，与教师文化具有一定程度的相同或相似的特征。另一方面，由于学生身心发展的特殊需要，他们也会在相互作用中形成自己独有的文化特征，构成学校文化中一种相对独特的文化形态。一般来讲，学生文化具有过渡性、非正式性、多样性、互补性等特征。

其三，教师和学生作为文化的活的载体，始终发生着相互作用，促进了社会文化的传承，更加鲜明地反映出社会文化对教师文化和学生文化的影响。

简言之，社会文化对教育发展的制约作用表现为以下五点。

(1) 社会文化影响教育的价值取向。
(2) 社会文化影响教育目的的表述。
(3) 社会文化影响教育内容的选择。
(4) 社会文化影响教育方法的使用。
(5) 社会文化影响教育制度的确立。

二、教育对文化发展的促进作用（教育的文化功能）

教育能够传递和保存文化（传承文化），能够改造文化（选择、整理、提升文化），能够传播、交流和融合文化，能够更新和创造文化（创新文化）

（一）教育可以传递和保存文化

文化既是人类社会活动的产物，又是新生一代生存与发展的必要基础和条件。人类社会的延续和发展从某种意义上讲就是文化的延续和发展，而文化的延续和发展要靠教育进行代代相传。尤其是现代社会，由于文化的丰富多样，文化的传递就更需要教育来进行。人类早期没有文字，文化的传递与保存只能靠口耳相传；有了文字以后，文化的传递与保存更多地依赖文字的记载和授受,以传授人类社会生产知识和社会生活知识的学校就应运而生。人类通过教育和其他高科技手段传递和保存文化,教育需要从大量文化中选取最基本的内容传递给年轻一代。教育的传递和保存文化的功能又有了新的特点,它表现为"教育的重心逐渐从大量接受知识转移到帮助人们从浩瀚文化海洋中获取最基本的要素,选取、使用、储存创造文化的基本手段与基本方法。学会认知或学会学习,已成为当今教育所要解决的基本问题之一"。

(二) 教育能够改造文化(选择、整理、提升文化)

改造文化是指在原有文化要素的基础上所进行的取舍、调整和再组合。教育对文化的改造主要是通过选择文化和整理文化来实现的。选择文化是对某种或某部分文化的吸取和舍去。教育对文化的选择是按照一定社会的要求以及教育自身的需要进行正确的、合理的选择的。

(三) 教育能够传播、交流和融合文化

文化传播是一种民族文化向另一种民族文化传输的过程;文化交流是两个或两个以上民族文化相互传输的过程。文化的传播、交流既是文化自身发展的需要,也是人类社会发展的需要。由于文化的传播与交流,才使得各民族的文化不断地互相学习和发展,从而使得整个人类的文化不断发展和繁荣。社会文化的传播、交流有多种途径和手段,如教育、贸易、战争、移民、旅游等,其中教育是最基本、最有效的途径和手段。一方面,学校教育的专门性使文化传播交流的效率更为有效;另一方面,教育在吸收、传播其他民族的文化中都要进行选择,去劣存优,以吸取精华、去其糟粕,使文化的传播交流具有先进性。当今社会已进入信息化时代,民族文化的交流十分活跃,教育的文化交流、传播作用显得更为重要。

(四) 教育对文化的创造和更新有巨大的作用

文化是人类创造的结晶,同时人类文化也只有不断创造,才能得以延续发展。教育对文化的创造更新有巨大的作用,尤其在当代社会,不仅要求教育要继承、传递文化,而且要求教育发挥创造与更新文化的作用,促进社会文化的繁荣与发展。教育对文化的创造和更新作用表现在以下几方面。

一是教育为社会文化的更新与发展培养出大量的具有创新精神和创造能力的人。人是社会文化的产物,同时又是社会文化的创造者。一个民族的文化要获得发展,就必须培养一大批具有创造才干的新人去创造、发明。任何民族的文化都不是个别人创造的,但只有那些既掌握了大量文化知识又具有创新精神和创造能力的人,才可能对文化的发展作出较大的贡献。正因为这样,现代教育把创造型人才的培养当作核心目标,创造性也已成为教育的一种价值取向和基本特征。

二是教育本身也能创造新的文化,发挥其文化创造功能。这表现为两个方面:一方面,新的教育思想、理念、学说是社会总体文化创新的一个有机组成部分。古今中外的许多教育家及教育工作者提出了丰富的教育思想和方法,成了人类文化宝库中光芒耀眼的部分,对人类文化的发展做出了巨大贡献。特别是在 20 世纪 50 年代后,教育在人类文化中的作用显得更加重要,层出不穷的教育思想、教育理念更显示出教育在社会文化中灿烂夺目的一面。另一方面,现代学校特别是大学作为一种教育机构,不仅承担着培养人才的职能,也承担着科学研究的职能,由大学所创造发明的新的科学技术成果更是在充实、更新、发展着社会文化。

第四节 教育与科学技术的关系

科学技术作为社会的要素之一,与社会政治、经济、文化、教育的关系十分密切。科学技术对教育的发展起着重要的推动(动力)作用,科学技术的发展又离不开教育的支持。

一、科学技术对教育的作用

（一）科学技术影响教育结构

科学技术能够通过与物质生产资料相结合，物化为生产技术，转化为物质生产过程中的直接生产力、现实生存力。科学技术的物化，既可以在劳动力上，也可以在劳动对象上，还可以在劳动资料上直接影响社会生产的技术结构和产业结构。社会生产的技术结构和产业结构又决定人员的智力结构和社会的人力资源结构。人员的智力结构、人力资源结构直接影响着教育培养人才的级别和类别以及结构，也要求教育结构与社会所要求的人员结构相适应。例如，随着科学技术的发展，职业技术学校体系的结构不断发生着变化，教育系统中不断出现各级各类的培训班。

（二）科学技术影响学生

科学技术对学生的影响，主要表现在三个方面。其一，科学技术的变化改变着人们对学生身心发展规律的认识，也推动着教育、教学的科学化进程。其二，科学技术在社会、教育领域的出现以及应用能够开阔学生的视野，拓宽学生的实践领域。其三，学生对科学技术的了解、掌握程度是判断其是否文盲的标志之一。目前，世界许多国家和联合国都认为不能进行计算机简单操作的人是功能性文盲。也就是说，科学技术影响了学生的社会身份。

（三）科学技术影响教育目的、教育内容

科学技术是第一生产力，是社会发展、历史进步的重要推动力，影响着经济社会的需要。经济社会对人才的需要提出了客观的要求，对教育的人才培养质量的总规格进行了规定。比如说，当人类进入了信息社会，世界各国都高度重视学生的创新精神、创新能力的形成与发展。

科学技术对教育具有影响作用。这种影响，一方面表现为随着科学技术的发展，教育内容的不断淘汰与增添；另一方面表现为教育内容的结构和价值取向也随着科学技术的发展而不断发生着变化。

（四）科学技术影响教学组织形式、教育手段、方法

教学组织形式是关系教学效率、教学质量的重要因素之一。教学组织形式从古至今经历了个别教学、班级授课制，又由于互联网的发展造就了网络教育。因此说，科学技术对教学组织形式具有影响作用。

随着新的科学技术的出现，教育手段也受到了影响。科学技术为人类社会提供生产、生活的技术、设备，也为教育提供技术、设备。因此，可以说，科学技术一方面可以用于教育服务；另一方面，科学技术也可以用于改进教育。例如，无线电收音机、电视机发明以后，人类社会便出现了新的教育、教学形态——远程教育，出现了广播电视大学这一新型学校。

二、教育对科学技术的促进作用（教育的科技功能）

教育是培养人的社会活动，对科学技术发挥着重要作用。从一定意义上说，科学技术的社会价值和经济价值是通过教育来实现的。

（一）教育为科学技术的发展培养数量足够、质量优秀、结构合理的后备力量

科学技术的发展离不开人才队伍的力量，人才队伍及其力量的形成离不开教育的作用，因为在生产力的三要素中，劳动力是最关键的要素。要建立一支数量足够、质量优秀、结构合理的后备力量只有依赖于教育：一个结构和专业设置合理、具有相当规模、水平较高的高等教育体系；一个具有法律保障的普及年限较高的义务教育制度；一个质量高、结构合理的中等教育体系；一个完善的职业技术教育和职工继续教育体系。近年来，世界各国都在进行着高等教育的改革，不断调整层次、规模和专业结构，目的就在于加强科学技术发展所需要的人才队伍的建设。

（二）教育能够生产和再生产科学技术

教育利用其独特的组织形式、活动方式和内容及机构组织，实现科学技术的生产和再生产。

1. 教育具有对科学技术再生产的功能

科学技术再生产主要是指将科学技术生产的主要产品经过合理的加工和编排，以便能够传授给更多的人。马克思说："每一项发明都成了新的发明或生产方法的新的改进的基础。"这说明，科学技术具有很大的继承性。教育则通过加强基础学科的教学，把前人创造的科学技术知识加以总结和系统化，一代一代地传授下去，使人类已经积累起来的基本知识、基本生产经验和技术得以世代相传，使新生一代能够站在巨人的肩膀上，并为新的更高一级层次的科学技术发明、创造奠定基础。可见，教育对科学技术的再生产不仅仅是简单的再生产，而且是扩大再生产。

2. 教育具有生产科学技术的功能

教育在再生产科学技术的过程中，也在不断创造、开拓新的科学技术领域，因为教育不仅具有教学的成分，还承担着科学技术研究的任务。这在高等学校表现得最明显，高等学校内有许多科研机构和优越的科研条件，具有发展科学技术的潜能。

（三）教育能够加速科学与技术相互转化

首先，教育是培养人的社会活动。在人的培养过程中也将科学与技术进行推广与普及，从而使得科学在技术运用过程中的价值得以体现，也就有益于科学与技术的相互转化。

其次，教育通过文化的选择、整理、创新实现学生对文化的习得，而科学技术又是文化的有机组成部分。也就是说，教育对科学技术也在不断地选择、整理、创新。

最后，教育尤其是高等教育的科学技术研究不仅注重基础研究，也注重应用研究，更加注重基础研究与应用研究的紧密结合，这也有助于科学与技术相互转化。

（四）教育能够将科学技术转化为现实的生产力

教育，尤其是职业技术教育，是使科学转化为技术，转变为直接生产力和现实生产力的重要途径。通过职业技术教育，可以使劳动者掌握基本的科学和技术，并发展、完善生产工具，改进生产技术，提高社会生产力。事实也证明了，教育拥有灵活多样的职业技术教育和培训机构、组织和人员，尤其是拥有掌握先进科学技术的专家和技术人员。因此，教育能够将科学技术转化为现实生产力，提高社会的劳动生产效率。

第五节　教育与人口的相互关系

（一）人口对教育的制约和影响

（1）人口数量影响教育的规模、结构和质量。
（2）人口质量影响教育质量。
（3）人口结构影响教育结构。
（4）人口流动对教育提出挑战。

（二）教育对人口的影响

（1）教育可以控制人口数量。
（2）教育可以提高人口素质。
（3）教育可以优化人口结构。
（4）教育可以促进人口迁移。

真题链接

一、单项选择题

1. （2013年小学）社会发展与教育是相互作用的,其关系可概括为( )。
   A. 培养与推动   B. 共性与个性   C. 影响与干预   D. 制约与促进
   答案：D。
   【解析】社会各要素对教育具有制约作用,反过来教育对社会各要素具有促进作用。

2. （2014年小学）学校开展经典诵读活动时,对传统文化要取其精华,去其糟粕,说明教育对文化具有( )。
   A. 继承功能   B. 传递功能   C. 选择功能   D. 创造功能
   答案：C。
   【解析】选择文化是对某种或某部分文化的吸取和舍去。

3. （2014年小学）我国在世界各地开办孔子学院,向各国人民介绍中国文化。这说明教育对文化具有( )。
   A. 传递功能   B. 创造功能   C. 更新功能   D. 传播功能
   答案：D。

4. （2014年中学）在影响教育事业发展的诸多因素中,制约教育发展规模和速度的根本因素是( )。
   A. 人口分布   B. 生产关系   C. 政治制度   D. 生产力水平
   答案：D。
   【解析】教育发展的规模与速度取决于生产力发展所提供的物质条件和生产力发展对教育事业所提出的要求。

5. （2012年中学）决定教育性质的根本因素是( )
   A. 生产力   B. 文化   C. 政治经济制度   D. 科学技术
   答案：A。
   【解析】社会政治经济制度是决定教育性质的直接因素,社会生产力是决定教育性质的根本因素。

6. （2013年中学）教育能够把潜在的劳动力转化为现实的劳动力,这体现了教育的( )功能。
   A. 经济   B. 育人   C. 政治   D. 文化
   答案：A。
   【解析】教育的经济功能即教育对生产力的促进作用,具体表现在：(1)教育再生产劳动力；(2)教育再生产科学。"教育把潜在的劳动力转化为现实的生产力"正是教育再生产劳动力的具体体现。

7. （2015年中学）马克思认为,复杂劳动等于加倍的简单劳动。这主要说明教育具有( )功能。
   A. 经济   B. 政治   C. 文化   D. 人口
   答案：A。
   【解析】教育再生产劳动力具体体现在以下几方面。
   (1)教育使潜在的生产力转化为现实的生产力；(2)教育可以提高劳动力的质量和素质,使之获得一定劳动部门认可的技能和技巧,成为发达的和专门的劳动力；(3)教育可以

真题链接

改变劳动力的形态，把一个简单劳动力训练成一个复杂劳动力，把一个体力劳动者培养成一个脑力劳动者；（4）教育可以使劳动力得到全面发展，提高劳动转换能力，摆脱现代分工对每个人造成的片面性。

8.（2015年中学）在当代，教育被人们视为一种投资，一种人力资本。这是因为教育具有（　　）。
　A. 政治功能　　B. 经济功能　　C. 文化功能　　D. 人口功能
答案：B。
【解析】人力资本理论体现了教育对经济的促进作用。

9.（2014年）决定着教育领导权和受教育权的主要因素是（　　）。
　A. 社会生产力和科技发展水平
　B. 社会人口数量和结果
　C. 社会文化传统
　D. 社会政治经济制度
答案：D。
【解析】政治制约教育领导权和受教育权。

10.（2014年中学）教育可以"简化"文化，吸取其基本内容；教育可以"净化"文化，清除其不良因素。这体现了教育对文化具有（　　）功能。
　A. 选择　　B. 发展　　C. 传递　　D. 保护
答案：A。
【解析】题干中的"简化""吸取""净化""清除"等字眼均体现了教育对文化的选择功能。

11.（2016年中学）否定教育自身的发展规律，割裂教育的历史传承，把教育完全作为政治、经济的附庸，这样的观念违背了教育的（　　）特性。
　A. 生产性　　B. 永恒性　　C. 相对独立性　　D. 工具性
答案：C。
【解析】教育的相对独立性的表现之一为教育受一定社会的生产力发展水平和政治经济制度所制约、决定，但与社会生产力发展水平和政治经济制度的改变，并非完全同步，具有与社会发展的不平衡性。

二、简述题

1.（2012年）简述教育的文化功能。
答案：教育的文化功能如下：
（1）教育能够传递和保存文化（传承文化）；（2）教育能够改造文化（选择和整理、提升文化）；（3）教育能够传播、交流和融合文化；（4）教育能够更新和创造文化（创新文化）。

2.（2015年）简述文化对教育的制约作用。
答案：文化对教育发展的制约作用表现为以下几方面。
（1）文化影响教育的价值取向；（2）文化影响教育目的的表述；（3）文化影响教育内容的选择；（4）文化影响教育方法的使用；（5）文化影响教育制度的确立。

真题链接

三、辨析题

1. （2013年中学）政治经济制度决定着教育的性质，因此教育没有自己的相对独立性。

【答案要点】（1）这种说法是不正确的。（2）政治经济制度对教育有制约作用，决定着教育的领导权、受教育者的权利，决定着教育目的。尽管政治经济制度对教育有着巨大的影响和制约作用，教育也具有自身的规律，有自己的相对独立性。这就意味着学校不可以忽视自己的办学规律，不能放弃学校教育任务而直接为政治经济服务，参加具体的政治运动，执行具体的政治任务。教育相对独立于政治经济制度。

2. （2012年中学）教育可以改变政治经济制度发展的方向。

【答案要点】（1）这种说法是不正确的。（2）社会政治经济制度发展的根本动力是生产力与生产关系的矛盾运动，教育在这种矛盾活动中只起加速或延缓作用，而不起决定作用，因此，教育不能改变政治经济制度发展的方向。

试水演练

一、单项选择题

1. 对教育性质起决定作用的是（　　）。
   A. 执政党　　　B. 意识形态　　　C. 生产力　　　D. 政治经济制度
   答案：C。
   【解析】直接制约教育性质是政治，但对教育性质起决定作用的是经济，也就是生产力。

2. 校园文化的核心是（　　）。
   A. 教师　　　B. 学生　　　C. 校园设施　　　D. 学校的观念文化
   答案：D。

3. 教育能够把低水平的劳动力转化为高水平的劳动力，这体现了教育的（　　）功能。
   A. 经济　　　B. 育人　　　C. 政治　　　D. 文化
   答案：A。
   【解析】这是教育再生产劳动力的途径之一。

4. 一定社会的经济发展水平制约着（　　）。
   A. 教育的领导权　　　　　B. 教育发展的规模和速度
   C. 受教育权　　　　　　　D. 教育为谁服务
   答案：B。

5. 直接决定教育的性质的因素是（　　）。
   A. 政治经济制度　　B. 生产力　　　C. 科学技术　　　D. 文化
   答案：A。
   【解析】对教育性质起决定作用的是经济，但直接制约教育性质的是政治。

6. 人力资本理论说明了（　　）。

A. 教育对经济发展的促进作用
B. 经济发展水平对教育的制约作用
C. 政治对教育的制约作用
D. 教育对科学技术的促进作用

答案：A。

【解析】人力资本理论实际上就是通过投资教育，提高人的知识和能力水平，从而促进经济的增长。

二、简述题

1. 简述教育的经济功能。

【答案要点】

（1）教育是劳动力再生产的重要手段。

具体说，教育对劳动力的再生产主要通过以下五个方面来实现。

①教育能使潜在的生产力转化为现实的生产力。

②教育能把一般性的劳动者转变为专门化的劳动者。

③教育能把较低水平的劳动者提升为较高水平的劳动者。

④教育能把一种形态的劳动者改造为另一种形态的劳动者。

⑤教育能把单维度的劳动者改变为多维度的劳动者。

（2）教育是科学知识再生产的重要途径。

首先，表现在它的继承性上，教育可以传承科学知识；其次，通过学校教育所进行的科学知识的再生产又是一种扩大的再生产，让更多人掌握；最后，学校教育所进行的科学知识的再生产，是一种高效率的再生产，可以以最短的时间获得最多的科学知识。

（3）教育能生产新的科学知识和新的生产力。

2. 简述经济对教育的制约作用。

【答案要点】

（1）生产力发展水平制约着教育发展的规模和速度。

（2）生产力发展水平制约着教育对人才的培养规格和教育结构。

（3）生产力发展水平制约着教育内容、方法、手段和教学的组织形式的变革。

（4）生产力发展水平制约着学校的专业设置和课程设置。

3. 简述教育与政治的关系。

【答案要点】

（1）社会政治经济制度对教育的制约直接表现为社会政治经济制度直接决定教育的性质和发展方向，具体表现为以下几方面。

①社会政治经济制度决定教育的领导权。

②社会政治经济制度决定受教育权。

③社会政治经济制度决定教育目的。

④社会政治经济制度决定着教育内容的取舍。

⑤社会政治经济制度决定着教育体制。

（2）教育对社会政治经济制度的促进作用（教育的政治功能），具体表现在以下几方面。

①教育能培养一定社会的政治经济制度所需要的人才。

②教育可以提高国民的民主意识，促进社会政治民主。
③教育可以传播思想，形成积极的舆论力量，促进政治制度的发展。
4. 教育的科技功能。
【答案要点】
（1）教育为科学技术的发展培养数量足够、质量优秀、结构合理的后备力量。
（2）教育能够生产和再生产科学技术。
（3）教育能够加速科学向技术转化，使科技成果被开发利用。
（4）教育能够将科学技术转化为现实的生产力。
（5）教育推进科学的体制化——专职的科学家和专门的科研机构。
（6）教育本身具有科学研究的功能。

三、复习思考题
1. 试述教育与生产力的关系？
2. 怎样理解教育与政治经济制度之间的关系？
3. 什么是文化？教育与文化之间的关系如何？
4. 科学技术对教育的作用表现在哪些方面？教育对科学技术的功能表现在哪些方面？

第四章

教育与人的发展

> **内容提要**
>
> 人的发展包括人的身体和心理两方面的发展，二者是相辅相成的。影响人身心发展的因素有遗传、环境、学校教育和个体的主观能动性。学校教育在人的发展中起主导作用，教育要想真正发挥主导作用就必须遵循人的身心发展的规律。

> **学习目标**
>
> 1. 识记人的本质及人的发展、遗传、环境的概念。
> 2. 掌握影响人的身心发展的因素以及各自起什么作用。重点掌握教育在人的发展中的独特功能及起主导作用的原因。
> 3. 重点理解和掌握人的身心发展的基本规律及怎样依据这些规律进行教育。

第一节 人的发展概述

我们曾经指出：教育学是研究教育现象，揭示教育规律的一门科学。从本质上说，教育学研究教育的目的是为了更好地完成育人的任务。因而，也有人说，教育学是研究如何培养人的学科。教育学要真正搞清如何培养人的技术和艺术，一个首要的前提是对人的全面了解。正如俄国著名教育家乌申斯基在《教育人类学》第 1 版序言中指出的："如果教育学希望从一切方面去教育人，那么就必须首先也从一切方面去了解人。"

一、人的本质

关于人的本质，马克思有一句很经典的话："人的本质并不是单个人所固有的抽象物，在其现实性上，它是一切社会关系的总和。"所谓人是社会关系的总和，其一是说人的主体活动总是受制于社会关系，即社会发展有继承性。在历史上谁也不能脱离历史的继承完全从零开始。从这点上看，不论是人的身体的发展还是人的精神世界的形成，每个人在进入生活时，都必然遇到既成的社会和文化环境。人们总是把前人的积累作为自己活动的基础。所以，人是在特定的社会中发展自己的。其二是说人的主体活动本质上是社会的。人是在社会关系中生活，因而既成的社会关系便决定了人的本质，社会关系是人的主体活动存在和进行的形式。其三，人的现实本质决定于人的社会属性而不是自然属性。这样，世界上就不存在脱离社会关系的自然人。社会关系自始至终都塑造着人，人是社会环境的产物。其四，由于社会的发展总是通过各种具体的形式来实现的，人的本质也必然具有一定的社会形式，是具体的。在阶级社会中，人在本质上都带有阶级性。我们认为：人具有自然性、社会性和精神性，社会性是人的本质属性。

二、人的发展的含义

人的发展是人的各方面的潜在力量不断转化为现实个性的过程，教育学中所讲的人的发展主要是人的身心发展，是指作为复杂整体的个体在从生命开始到生命结束的全部人生过程中，不断发生变化的过程，特别是指个体的身心特点向积极的方面变化的过程。即个体从生到死，身心向积极的方面变化是有规律的变化过程。

个体身心发展包括身体发展和心理发展两个方面。身体发展，是人的生理方面的发展，包括机体各种组织系统正常发育和体质增强。这两方面是密切联系的，正常发展的机体有利益体质的增强，而体质的增强又有利于机体的正常发展。

心理发展，也包括两个方面：一是心理活动内容的发展，二是心理活动过程的发展。心理活动的内容和心理活动的过程是紧密相连的。人们掌握心理活动的内容，必须通过各种心理过程；而心理过程的发展，又有助于掌握心理活动的内容。

总之，人的身体发展和心理发展密切相关。其中，身体发展，特别是神经系统的发展情况，制约着心理的发展，提供了心理发展的物质基础；同样，心理发展如情感、意志、性格等的健康与否也影响着生理的发展。

促进人的发展是教育的直接目的。个体身心的发展、个性的发展，在相当大的程度上依赖教育。教育就是要了解人的发展的特点，掌握人发展的规律，以促进青少年身心各方面的健康发展，这也是教育工作能否达到预期目的的关键。

三、有关身心发展的动力观

人的身心发展，尤其是心理的发展，不完全是自然成熟的过程，而是一个自为、自觉的过程，那么，推动人的自觉发展的动力是什么？这是一个需要探讨的问题。对此，存在不同的认识。

（一）内发论

内发论认为，人的身心发展的力量来自于个体自身的内在需要、成熟、遗传等因素。从历史上看，性善论、遗传决定论、成熟论、人本主义心理学一般都强调身心发展的内在因素。

孟子是中国古代内发论的代表，他是性善论者。他认为人的本性是善的，万物皆备我心，人的本性中包含"恻隐之心""羞恶之心""恭敬之心""是非之心"。这是仁、义、礼、智四种基本品质的根源，"仁义礼智，非由外铄我也，我固有之也。"教育在于遵循人性的自然发展，为其提供有利的外在条件，唤醒人对自己善良本性的自觉。中国古代的道家也是内发论的代表。道家哲学的本体论就是"道法自然"的思想。老子说："人法地，地法天，天法道，道法自然。"

法国的卢梭在《爱弥儿》的扉页开宗明义地说："出自造物主之手的都是好的，一经人手就变坏了。"他秉持性善论，也属于内法论的代表人物。

现代西方心理学的研究也力破行为主义，主张人的发展的动力来自于个体自身。如精神分析学派的创始人弗洛伊德（1856—1939）认为，人的性本能是最原始的自然本能，它是推动人的发展的潜在的、无意识的、最根本的动因。

美国心理学家格塞尔则强调成熟对人的发展的决定作用。成熟论（又称成熟势力说）认为，人的发展受特定的顺序支配，这一顺序是由基因决定的。教育要抢在成熟时间表之前是低效的，甚至是徒劳的。格塞尔用双生子爬梯子的试验证明这一理论。

美国的威尔逊强调"基因复制"是决定人的后天发展的本质力量。

美国的霍尔强调遗传，他说"一两遗传胜过一吨教育"（复演说）。

英国的高尔顿认为个体的发展及个性品质早在基因中就决定了（教育无用）。

（二）外铄论

外铄论认为，人的发展主要依靠外在的力量的推动，诸如环境的刺激和要求、他人的影响、学校的教育和训练等。外铄论者一般忽视个体的内在需要，或者认为，外在力量可以支配内在的需要。性恶论、环境决定论、教育万能论、行为主义心理学都持外铄论的观点。

我国古代思想家荀子是性恶论者。他说："今人之性，生而有好利焉，顺是，故争夺生而辞让亡焉。"荀子认为，人生性好利、好斗，若顺其本性发展，必将使社会陷入混乱、抢夺之中，是十分有害的。

近代的一些哲学家如社会生物论者也把战争、丑恶归于人性的攻击和自私、贪婪，主张社会的良好发展必须改造人性，教育就起到"化性起伪"的作用。

英国的哲学家、教育家洛克是"教育万能论"者，他的"白板说"认为，人的心灵如同"白板"，其本身没有内容，可以任意涂抹、刻画，一切发展都来自后天。洛克尤其重视教育对个体发展的作用，他指出："人类之所以千差万别，便是由于教育之故。"

行为主义心理学家华生更是典型的外铄论者，他认为，人可以用特殊的方法任意加以改变，或者使他们成为医生、领袖、银行家，或者使他们成为乞丐、盗贼，全然不顾人的内在需要。

由于外铄论认为，人的发展来自于外在的力量，所以外铄论比内发论更强调教育对个体发展的重要性，注重教育的价值。外铄论关心的重点是人的学习，以及学习什么和怎样有效地学习。

（三）辐合论（二因素论）

辐合论认为儿童的发展是先天遗传因素和后天环境因素的作用，而且二者的作用各不相同，且不能相互替代。代表人物及观点：①德国施泰伦提出，发展等于遗传与环境之和，即"合并原则"。②美国武德沃斯（吴伟士）认为，人的发展等于遗传与环境的乘积。

（四）多因素相互作用论

辩证唯物主义认为，人的发展既不是纯粹的外界刺激造成的，也不是纯粹内在的自发的需要造成的，发展是内因和外因的矛盾统一，是主体反映外因，通过内部矛盾的对立统一而实现的。

在影响个体发展的因素中，社会环境包括教育对个体发展的要求是外因，外因通过个体的实践活动，成为个体发展的一种需要。在实践活动中，外部环境对个体发展的要求所引起的新的需要与个体已有发展水平之间差距是个体发展的动力。对个体来讲，发展的动力只能来自于内因，它是个体发展的可能发展水平与现实水平之间的差距所构成的矛盾。

第二节　影响人身心发展的因素

影响人的身心发展的因素很多，但概括起来，主要有遗传、环境、教育和个体的主观能动性等几个方面的因素。这些因素相互联系，交织在一起，作用于人，产生综合效果，影响人的发展。其中遗传是人身心发展的物质前提；环境起巨大作用（外部动力）；教育起主导作用；个体的主观能动性起动力作用。

一、遗传因素

遗传是一种生物现象。通过遗传，传递着祖先的生物特征。遗传是从上代继承下来的生理解剖上的特点，如机体的结构、形态、感官和神经系统等的特点，也叫遗传素质。

（一）遗传素质是人身心发展的物质前提，提供了身心发展的可能性，而不是必然性

人的发展总是要以遗传获得的生理组织、一定的生命力为其前提的。没有这个前提，任何发展都是不可能的。例如，一个生而失明的人，就不能发展他的视觉能力，当然也就不可能培养他成为一个画家；一个生来就聋哑的人，就不能发展他的听觉，当然也就不可能把他培养成为一个音乐家。神经系统，特别是大脑的构造和机能对人的心理发展具有直接的关系。人对外界环境之所以能做出各种反应，产生各种心理现象，就其生理机制而言，都是大脑皮层上暂时神经联系的建立。神经系统的这种生理机制是一切心理发展的物质前提。无脑儿长期处于昏睡状态，根本就无所谓心理的发展。健全发育的大脑为受教育者的心理发展提供了生理基础，也才使他们具有接受教育的可能性。但这只是可能性，而不是必然性。并不是嗓子好的人都能成为歌唱家，也不是有绘画天赋的人都能成为画家。

（二）遗传素质的成熟制约着身心发展的过程、其阶段以及年龄特征

人的遗传素质是逐步成熟的，人的身心也是连续不断地向前发展的。在发展的每一阶段都表现出不同的特征，这种身心发展的年龄是与一定阶段内遗传素质的成熟程度相适应的，前者是以后者为基础的。这也就是说，遗传素质的成熟程度制约着身心发展的水平，为一定阶段的身心发展特征提供了可能。

（三）遗传素质的差异性是构成身心发展的差异性的原因之一

不可否认，人的遗传素质，如感觉器官、神经系统等的构造和机能具有不同的先天特点。高级神经系统生理机能的各种特征，如神经过程的强度、灵活性和平衡性等都是有差别的。在这种不同物质基础上发展起来的心理当然也是各具有其不同的特点。有实验证明，在思维活动方面，神经过程灵活性高的人比神经过程不灵活的人，在解决问题上可以快 2～3 倍；在知觉广度方面，神经过程强而灵活的人比较大，反之，神经过程弱而不灵活的人比较小；在注意分配方面，神经过程平衡的人较快，兴奋占优势的人有困难，抑制占优势的人较慢。总之，在每个受教育者身上表现出来的不同特点，如不同的智力水平、不同的才能、不同的个性特征等，都在一定程度上受先天遗传素质的影响。

可见，遗传素质对于人有身心发展来说，是具有一定作用的，不是可有可无、无足轻重的。因此，怎样把最优良的遗传素质传给后代，同时避免将有害的遗传素质给下一代造成先天性的身心缺陷，这是关系到子孙后代民族兴旺的重大研究课题。那种完全否定遗传素质的作用，一提到遗传素质就扣上"生理禀赋论""遗传决定论"等的帽子，是完全错误的。

虽然，遗传素质对人的身心发展具有一定的影响。但是，它在人的身心发展中不能起决定性的作用。

（1）遗传素质仅仅为人的发展提供了可能性，这种可能性必须在一定的环境和教育的影响下才能转化为现实性。人只是生来具有学习知识和技能、形成一定思想和品质的遗传条件，而不是生来就具有现成的知识、技能、思想和品质。例如，印度"狼孩"，虽然她们都是人，具有人的遗传素质，但由于她们自幼在野兽群中成长，没有接受过人类社会环境和教育的影响，因此，她们身心的各方面发展都有受到抑制和阻碍。当她们刚被人们发现时，生活习性与狼一样，几乎不具有任何人的心理，既不会语言和思维，又没有人的情感和兴趣。这一事实足以证明，遗传素质只是提供了发展的可能性，没有一定的环境和教育的影响，这种可能性决不会转化为现实性。

（2）遗传因素本身也是可以随着环境和人类实践活动的改变而改变的。人在实践活动中，一方面作用于自然和社会，创造新的自然条件和社会条件，在这同时，也改变着人自己的本性。例如，实验证明，神经细胞中核糖核酸的含量与人在积极活动中所接受的感觉刺激有直接的联系，刺激的数量和种类可以加速或延缓先天的生长因素。近些年来，国外有不少心理学家对于动物所进行的大量实验反复证明，生活早期的刺激对于动物的形态、生理、生化等方面都有重大影响。许多实践证明，一个在遗传素质上神经过程强、平衡而灵活的人，在不良的环境和教育影响下，也可以变成类似弱而不灵活的人。以上这一切都说明，遗传素质虽有从先天而来的稳定性，同样也具有随环境影响而改变的可塑性。

（3）对于遗传素质上的个别差异也不能过分夸大它的作用。人在发展中所出现的各种个别特点，并不完全是由先天条件所决定的，主要是由于教育和环境的影响，以及各人主观能动作用发挥的程度所决定的。例如，由于长期进行某一方面的特殊训练，就可以使脑的某一方面反应能力充分提高。一个卷烟工人可以一把抓起20支烟，黑色织品的工人可以识别40种不同的黑色色度。

总的来说，遗传素质是人的身心发展的生物前提。没有这个前提是不行的。但是，另一方面，也不能过分夸大遗传素质这个条件，它对人的身心发展提供可能性，不能起决定作用。

二、环境因素

环境是指环绕在人们周围并对其发生影响的外部世界，是影响于人的一切外部条件的总和。环境因素包括自然环境（如日光、空气、水土等，这些是人与动物共同存在的基础）和社会环境（包括经过人改造了的自然环境、家庭邻里、亲戚朋友、各种场所、风俗习惯、各种社会意识形态和全部的社会关系）。自然环境对人的发展有重要影响，但它必须与社会环境发生联系才能起作用。对人的发展产生影响的环境主要是社会环境。社会环境一般包括三个组成部分。

（一）是被人改造的自然，即马克思说的"人化的自然"

"人化的自然"与"纯粹的自然"不同。"纯粹的自然"是人和动物生存的基础，如森林、高山、湖海，对人发展很少起作用。而"人化的自然"则是被人加工改造过的，打上了人的印记的社会化的自然。如绿化了的城市，建设的园林，开发利用的山林河流等。这些自然，积淀着丰富的历史文化，体现人类的智慧、勇敢、勤劳和改造自然的力量，"人化的自然"可以陶冶受教育者的情操，提高他们的文化素养，磨砺他们的意志，锻炼他们的身体，对促进受教育者的身心发展有重要作用。

（二）是人们之间的交往活动

人一生下来，先与家庭成员——母亲、父亲、爷爷、奶奶等交往，后与社会其他成员交往。社会各类人的言论、行动和思想会在每个人身上产生各种各样的影响，从而形成自己的观念和思想意识。在交往中人们会结成一定的社会关系，在阶级社会中表现为阶级关系。每一个人都处在一定的社会关系之中，必然要受这种关系的影响。正是在这个意义上，马克思认为："在其现实性上，人是一切社会关系的总和。"处于不同社会和不同的阶级中的人，他们的思想意识、道德品质和行为习惯都要打上不同社会和阶级的烙印。

（三）是社会意识形态，即哲学、道德、艺术、宗教、风俗习惯等

这些社会意识通过电影、电视、戏剧、广播、报刊等各种媒介传播，对受教育者的身心发展会产生巨大影响。

俗话说："近朱者赤，近墨者黑。"历史上流传的关于"孟母三迁教子"的故事，都说明了社会环境影响受教育者的身心发展。环境对人的发展的影响表现在以下几个方面。

1. 环境为人的发展提供了多种可能性，包括机遇、条件和对象

人生活在不同的环境中，这些环境所提供的条件并不相同，对个体发展的意义也不相同，因

而不同环境中人的发展有很大区别。但个体对环境持积极态度，就会挖掘环境中有利于自己发展的因素，克服消极的阻力，从而扩大发展的天地。所以教育者不仅要注意为受教育者的发展提供较为有利的条件，更要培养受教育者认识、利用和超越环境的意识和能力。

2. 环境是推动个体身心发展的外部动力

一方面，环境是人身心发展不可缺少的外部条件；另一方面，环境推动和制约着人身心发展的速度和水平；再有环境对个体发展的影响有积极和消极之分。人在不知不觉间就会受环境潜移默化的影响，所以有"近朱者赤，近墨者黑"，"蓬生麻中，不扶自直；白沙在涅，与之俱黑"，同流合污、"孟母三迁"等说法和典故。

在同一环境中，各种因素作用的方向、力量的大小是不相同的。环境对学生的影响，既有积极性质的，与学校教育相一致的一面，也有消极性质的，与学校教育相矛盾的一面。因此，既要善于利用环境中的积极因素，又要控制、排除环境中的消极因素，才能有利于学生的健康成长，有利于造就人才。对于教育者来说，分析综合利用环境因素的积极作用，抵制消极影响是极其重要的和困难的工作。教育需研究如何既保持校园小环境的有利条件，又积极加强与社会的联系，充分利用社会的有利教育力量。

3. 环境不决定人的发展，人对环境的反应是能动的

环境对人的身心发展虽然具有重大的作用，但对一个人的发展和成就，一般来说不能起决定性的作用。这是由于环境对人的影响是自发的、无计划的、无系统的，只具有耳濡目染、潜移默化的性质。同时，人的发展也不是由环境机械地决定的，因为人接受环境的影响，并不是消极的、被动的，而是积极的、能动的过程。人在实践过程中，既接受环境也改变环境，并在改造环境的实践活动中发展着自己，二者是一致的。所以出现出淤泥而不染、同流而不合污现象。

三、学校教育

学校教育是环境的一个组成部分，是一种经过有目的地选择和提炼的特殊环境，同时学校教育是一种特殊的实践活动，这就决定了它的特殊作用。与遗传因素和自发的环境影响相比，学校教育在人的身心发展中具有独特的功能，起着主导作用。

(一) 学校教育在影响人的发展上的独特功能，即学校教育在影响人的发展上的主导作用

1. 学校教育对个体发展作出社会性规范

从总体来看，社会对个体的基本要求不外乎体质、道德、知识水平与能力等方面，并形成了一系列规范。这些规范的具体内容对学校教育来说，又随着社会性质与发展水平、不同教育阶段的人才培养而变化，并有意识地以教育目标和目的的形成去规范学校的其他工作，通过各种教育活动使学生达到规范的目标。所以，受过学校教育的人与未受过学校教育的人相比，在接受人类积累起来的各种文化上，不仅具有数量、质量和程度的差异，而且具有态度与能力上的差异。可见，学校教育对人的社会化具有规范与自觉化的特殊功能。

2. 学校教育具有加速个体发展的特殊功能

在日常生活和工作实践中，个体的身心同样会发展。学习的作用在于尽可能加快这一变化的速度和进行专门的训练。此外，学校教育使个体处于一定的学习群体中，个体之间的发展水平有差异，这也有助于个体的发展。如果学校教育能正确判断学生的最近发展区，这种加速将更加明显、更有意识和富有成效。

3. 学校教育对个体的发展具有即时和延时价值

学校教育的内容具有普遍性和基础性，因而对人今后的进一步学习和发展具有长远的价值。此外学校教育提高了人的需要水平、自我意识和自我教育能力，但对人的发展来说，更具有长远意义。学校教育能帮助个体形成对自身发展的自主能力，使个体的发展由自发阶段提高到自觉

阶段。

4. 学校具有开发个体特殊才能和发展个性的功能

在开发特殊才能方面，学校教育内容的多面性和同一学生集体中学生间表现出才能的差异性，有助于个体特殊才能的发展，而专门学校对这些才能的发展、成熟具有重要的作用。在个性发展方面，教师的心理学、教育学素养是关键因素，它决定教师是否善于发现每个学生的独特性和独特性的价值，是否尊重和注重学生个性的健康发展，是否积极地在教育活动中为学生的个性发展创造客观条件和提供活动的舞台。学生在个性形成过程中需要教师的指点和帮助，而后才会走上自觉发展自己个性的道路。此外，学校中富有生气的学生集体也为每个学生个性的发展提供了独特的土壤。

（二）学校教育为什么在人的发展中起主导作用

（1）学校教育是一种有目的、有计划、有系统、有组织的由教育者对受教育者的发展实施影响和指导的活动。教育是根据一定社会的需要，按照一定的培养目标来进行的，它通过教学和其他组织形式，选择一定的科学内容，采取有效的办法，利用集中的时间，对青少年学生进行系统的培养和训练。教育的影响，既能促进智能的发展，又能培养个性品质，形成一定的品德和世界观。教育制约着青少年学生心理发展的方向和过程，影响着心理发展的趋势、速度和水平。

由于学校是通过德智体美劳等多方面向青少年学生，同时从小学到中学以至大学，受教育时间长达十多年，这跟自发的环境相比，其影响的深度、广度都是极为深远的。

（2）学校教育是通过教师培养学生的活动

教师是受过专门训练的人，有明确的教育目的，掌握了教育内容，懂得教育科学和教育方法，可以按照青少年的年龄特征与个体差异，做到因材施教。

（3）教育可以把遗传素质提供的发展可能性、自发的环境影响及个人的主观努力纳入教育轨道，以促进青少年儿童的发展。例如，教育可以按照一定的需要对各种环境因素做出控制，加以取舍，撷取其中对人的发展具有积极意义的因素，克服和排除那些不符合发展需要的因素。

（4）现代教育有了更雄厚的物质基础和科学技术作为依托，能为人的发展提供更便利的条件、更先进的技术手段、更为科学的方式方法和更丰富深刻的教育内容。据统计，世界各国的教育经费，一般都占国家预算总支出的15%~20%，这为学校增建新的校舍、更换教学设备、更新教学手段提供了财政上的方便。

（5）学校教育具有良好的纠偏机制。教育者可以通过观察、测验、检查等方式，发现受教育者在身心发展方面的不足、缺陷与偏差，进而采取针对性的手段弥补学生在发展方面的不足。特殊儿童（盲、聋、哑、弱智）的教育在宏观上反映了学校教育的这种机制；而学校中普遍存在的个别教育、纠偏教育则在微观上体现了教育的这种机制。

（三）个体的主观能动性在人的发展中起动力作用

环境和教育的影响只是学生身心发展的外因，况且环境和教育对人的发展的影响也只有通过学生身心的活动才能起作用。所以说在同样的环境和教育条件下，每个学生发展的特点和成就主要决定于他自身的态度，决定于他在学习、劳动、和科研活动中所付出的精力。随着人的自我意识的提高和社会经验的丰富，人的主观能动性将逐渐增强，人能有目的地去发展自身。这表现在对周围环境的事物，能作出有选择的反应，能自觉地作出抉择，控制自己的行为；还表现为自身的发展预订出目标，并为实现自定的目标，自觉地进行奋斗，这是人的主观能动性推动人的发展的高度体现。总之从个体发展的各种可能变为现实这一意义上来说，个体的活动是个体发展的决定性因素。

（1）个体的主观能动性是指人的主观意识和活动对于客观世界的积极作用，包括能动地认识客观世界和改造客观世界，并统一于人们的社会实践活动中。

（2）根据内外因辩证关系的原理，内因是变化的根据，外因是变化的条件，外因根据内因起作用。

（3）环境和教育都是外因，它们只有通过学生主体的参与和身心活动才起作用。所以，个体的主观能动性是学生身心发展的动力。

（4）个体的活动是个体发展的决定性因素。

其中个体的活动包括第一层次的生理活动、第二层次的心理活动和最高层次的实践活动

四、在遗传、环境、教育问题上的不同观点

（一）遗传决定论

遗传决定论认为人的发展是受先天不变的遗传所决定的。儿童的智力和品质在生殖细胞的基因中就被决定了，后天环境和教育的影响只能延迟或加速那些先天遗传能力的实现，而无法对其加以改变。美国心理学家桑代克认为，人的智力也同他的"眼睛、牙齿和手指"一样，乃是自然赋予的。他说，人不过是"遗传因子的收藏所"，宣布教育对人的发展是无能为力的。另一位美国心理学家霍尔说过："一两的遗传胜过一吨的教育。"

（二）环境决定论

随着时间的推移，遗传决定论的观点越来越受到人们的怀疑，人们把探索的目光转向了自然生物因素之外的环境。环境决定论认为，社会环境对个体的发展具有决定一切的意义。他们否定遗传因素的作用，否定人的发展的内部规律，把发展归结为人对社会的消极的适应。如美国心理学家华生曾说过："给我一打健全的婴儿和一个由我自己支配的环境，我就可以保证随机选出任何一个，不问他的才能、倾向、本领和他的父母的职业及种族如何，我都可以把他训练成为我所选定的任何类型的特殊人物，如医生、律师、艺术家、大商人或甚至于乞丐、小偷。"在华生眼中，儿童生活于其中的环境就像一个模具，而这一模具的形状，则取决于提供给儿童的、完全可被控制的学习与训练的内容。

（三）二因素论

二因素论肯定先天遗传和后天环境两种因素对儿童发展都有重要的影响作用，二者的作用各不相同，不能相互代替。二因素论认为，人的心理的发展不是单纯地靠天赋本能的逐渐显现，也不是单纯地对外界影响的接受或反映，而是其内在品质与外在环境合并发展的结果。但并非所有肯定这两个因素的学者，都简单地同意"发展等于遗传与环境之和"的判断。美国心理学家武德沃斯（吴伟士）提出的"相乘说"，认为人的心理发展等于遗传和环境的乘积。他说："遗传和环境的关系，不似相加的关系，而较似相乘的关系。个人的发展依赖于他的遗传与环境两方面，就像矩形的面积依赖于高也依赖于长一样。"同样，决定心理的发展也不能说遗传和环境哪个更重要。一般而言，儿童的发展就其发生学的意义而论，遗传的制约性要大于环境因素的力量，随着儿童机体的成熟程度的提高，环境对儿童发展的影响则越来越重要。

人的发展是全部因素综合影响的结果，是先天遗传与后天社会影响以及主体在活动中能动性的交互作用的统一。人的身心发展中所表现出来的某个特点，不是其中某一种因素单独作用的结果。遗传给环境影响、具有作用的发挥提供了物质前提和发展的可能性。任何遗传素质的展露、身心发展的速度和节律，总是离不开环境影响和作为有目的、有计划的教育以及学习者所从事活动的巨大作用。因此，以上三种理论都是片面的：遗传决定论片面强调遗传素质的作用，忽视其他因素在人身心发展中相互作用；环境决定论片面夸大了环境和教育的作用，否定了生理的遗传性和人的主观能动性；二因素论则是遗传决定论和环境决定论的混合体，同样否定了人的主观能动性，抹杀了教育的主导作用。我们只有运用辩证唯物主义观点，才能正确、全面地认识遗传、环境、教育在人的身心发展中的作用。

第三节　个体身心发展的规律及教育

教育的对象是人，主要对象是正在成长的青少年学生。为了保证一定社会对教育的要求顺利地实现，有效地促进青少年学生身心健康地成长和发展，必须从青少年学生身心实际出发，适应他们的身心发展规律，并且利用这些规律。这样，才能保证教育工作取得好的效果。

一、人的身心发展的顺序性

人的身心发展具有顺序性，人从出生到成人，身心的发展是一个由低级到高级，由量变到质变的连续不断的过程，具有一定的顺序性。

一个生命从受精卵开始直至衰亡，就是一个连续不断的发展过程。由低级到高级，由量变到质变。人出生后的发展是有顺序的，要经历乳儿期、婴儿期、幼儿期、童年期、少年期、青年期、中年期、老年期等阶段。每个阶段在生理上都有其自己的特征。幼儿期身高体重增长速度快；童年期身体发育比较平稳，骨骼硬度小、韧性大、易变形，大肌肉群比小肌肉群先发展，大脑发育快，脑重量逐渐接近成人；少年期进入了迅速发育的青春期，身体猛长，体内机能和神经系统发育趋于健全，出现了第二性征，性逐步成熟；青年期身体发育已经完成，而在心理方面也经历了由低级到高级，再由简单到复杂的过程。如注意就是先发展无意注意，再发展有意注意，然后才是有意后注意。

教育要循序渐进地进行，切忌拔苗助长、陵节而施，否则欲速则不达。

二、人的身心发展的阶段性

心理发展同样有明显的阶段性。在童年期，人的心理由不随意性向随意性过渡。他们感知较笼统、不精确，无意注意占优势，以机械记忆为主，从具体形象思维为主要的形式向抽象思维过渡，好奇、好问，情感鲜明、外露、不稳定，意志薄弱、自制力差，等等。进入少年期，人的心理发展处于半幼稚、半成熟的过渡状态。他们既有独立性又有依赖性，既有自觉性又有幼稚性，既懂事又不懂事，既像大人又像小孩。到了青年初期，已进入了人生的黄金时代。他们的抽象思维能力已发展得较好，富有想象力和创造性，热烈追求理想，并且开始探索人生的意义，是开始形成人生观的重要时期。上述每个阶段所具有的一般的典型的身心特点，就是各个阶段的年龄特点。在每个阶段内主要量的变化，经过一段时间，就由量变发展到质变，使身心发展从一个阶段推进到一个新的阶段。前阶段是后阶段发展的基础，后阶段是前阶段发展的必然结果。前一阶段的后期孕育着后阶段的一些特点，后阶段的初期还有前阶段特点的痕迹。

人的身心发展具有阶段性，就是指个体在不同的年龄阶段表现出身心发展不同的总体特征及主要矛盾，面临着不同的发展任务。教育要依据不同阶段的年龄特点，采用不同的方法内容有针对性、分阶段地进行，切忌"一刀切""一锅煮""成人化"。

三、身心发展的不平衡性

人的身心发展的速度是不平衡的，出现时快时慢、时高时低的现象。

身心发展的不平衡性表现在两个方面：一是同一个人的同一方面在不同时期发展的不平衡，比如同一个人在长个子这一方面就有两个生长高峰期；二是同一个人在同一个时期的不同方面的发展上也是不平衡的，有的方面在较早的年龄阶段就达到较高的发展水平，有的方面则要到较晚的年龄阶段才能达到较为成熟的水平。比如，一个人在同一时期先长个子后长心眼。针对这一情况，心理学家提出了关键期的概念。关键期就是生理或心理的某方面机能最适宜发展的时期，也叫最佳期。如 2 到 3 岁是儿童口头语言发展的关键期。实验证明，小学四年级是童年思维发展的质变期，初中二年级是少年思维的质变期。一般来说，智力在 11 岁、12 岁以前增长较快，以后较慢，到了 20 岁左右达到高峰，35 岁以后缓慢下降，60 岁以后则急剧下降。

教育要善于抓住"关键期"，不失时机地采取有效的教育措施，积极促进青少年身心迅速健康地发展，切忌有"亡羊补牢"的思想。

四、身心发展的稳定性和可变性

一个人只要具备基本的社会生活条件，在种系遗传的基因控制下就会按一定顺序发展成长，所以每个人的身心发展的顺序、发展阶段、年龄特征和变化速度总是大体相同的，具有相对的稳定性。但在不同的社会生活条件下，同一年龄阶段的青少年儿童身心发展水平就会有差异，具有一定的可变性。如新中国成立后的青少年儿童的发展水平就超过新中国成立前同龄青少年儿童的发展水平；20 世纪 80 年代的青少年儿童的身心发展水平与 20 世纪 50、60 年代的同龄人相比也有明显的差异。教育条件不同，学生的身心发展也会有不同的变化。在不同的教育思想指导下，采用不同的教育内容、不同的教育方法和手段，学生就会出现不同的发展。

然而，人的身心发展的稳定性与可变性都是相对的。稳定性并不是固定不变，随着各种条件的改变，不同阶段儿童的身心发展的特点会在一定程度上发生某些变化，但这种变化有一定的限度，这就是稳定性中的可变性。

人的身心发展的这一特点，要求教育者必须掌握学生的年龄阶段特征，并依此确定教育、教学的内容与方法；另一方面，教育工作者还应重视学生身心发展的可变性，挖掘每个个体的发展潜力，改变僵死的教学模式，及时更新教育、教学的内容、方法，促使学生更快、更好地发展。

五、身心发展的个别差异性

人的发展在各年龄阶段既具有普遍的共同的生理特征和心理特征，又存在着个别差异，每一个学生都有其自身的特点。

这种差异性，一是表现为生理差异。由于遗传因素和生活条件的影响，人的身高、体重有差别，体质有强弱，生理发育有迟早，长相各不相同，等等。二是心理差异。每个人的认识能力有不同，兴趣爱好不一样，个性差异很大。有的长于抽象思维，有的长于形象思维；有的喜欢文学，有的爱好音乐；有的具有表演的才能，有的具有组织的才能；有的热情奔放，有的沉着冷静；有的粗豪泼辣，有的细致谨慎。即使是同卵的孪生子，他们的生理和心理也存在着差异。心理学研究表明，在婴儿期，孪生子的语言和认识能力就有了差异。三是表现为性别差异，在一些方面男同学和女同学之间存在差异。四是不同个体同一方面发展速度和水平存在差异。五是不同个体不同方面存在差异。六是不同个体具有不同的个性倾向性。

人的身心发展的不同特点，要求教育工作者必须深入学生实际，了解他们各自的发展背景和水平，了解他们的兴趣、爱好、特长等，做到因材施教、有的放矢，切忌"一把钥匙开多把锁"。

六、人的身心发展具有互补性

互补性反映了人的身心发展各个组成部分的相互关系。它首先指机体某一方面的技能受损甚至缺失后，可通过其他方面的超常发挥得到补偿；其次，人的心理机能和生理机能之间也具有互补性。

人的身心发展的互补性要求教育者首先面对全体学生，特别是帮助生理或心理、技能方面有障碍、学业成绩落后的学生树立起信心，相信他们可以通过某方面的补偿性发展达到一般正常人的水平。其次,要帮助学生善于发挥优势,长善救失,鼓励学生通过自己的精神力量的发展达到身心的协调。

第四节 中小学生身心发展的特征与教育

小学生和中学生在生理和心理方面具有不同的特点,教育者应根据他们的不同特点有效地促进他们的发展,从而实现个体发展的特殊任务。

一、小学生的身心发展的特征与教育

(一) 小学生身体发育的特征

小学生的年龄一般为6~7岁至11~12岁。小学生的身体发育,正处于两个生长发育高峰之间的相对平稳阶段。身高平均每年增长4~5厘米,体重平均每年增加2~3千克,胸围平均每年增宽2~3厘米。男孩身高的生长高峰年龄为12岁,年增长为6.6厘米。女孩子身高的生长高峰年龄为11岁,年增长为5.9厘米。男孩体重增加的高峰年龄为13岁,年增重为5.5千克。女孩体重增加的高峰年龄为11岁,年增重为4.4千克。从发育时间看,女生不仅发育加速期比男生早1~2年,而且身高生长高峰期和体重增加的高峰期,也比男生提早1~2年。

小学生的骨骼骨化尚未形成。骨骼系统的许多软组织、椎、骨盆区和四肢的骨骼还没有骨化。骨骼组织含水分多,含钙盐成分少,骨骼硬度小、韧性大,富于弹性,易弯曲变形。因此,要特别注意孩子坐、立、行、读书、写字的正确姿势的培养训练,尤其要防止驼背的产生。

小学生的肌肉发育呈现两个特点:第一是大肌肉群的发育比小肌肉早;第二先是肌肉长度的增加,然后才是肌肉横断面的增大。因此,小学生能做比较用力和动作幅度较大的运动,如跑、跳、投掷等活动,而他们对小肌肉运动精确性要求比较高的运动则很难做好,也不能提出太高的要求,特别是手部活动,由于小学生的腕骨尚未完全骨化,不能长时间连续地书写、演奏乐器和做手工劳动。在小学阶段,家长要注意配合学校帮助孩子保持正确的书写姿势,矫正错误的用笔姿势,防止写太小的字。

(二) 小学儿童神经系统的发展

首先是大脑结构的发展,主要表现在两个方面:第一,脑的重量继续增加,并逐步接近成人。人刚出生时,脑重量300多克;7岁,脑重量约1300克;10岁,脑重量约1350克;13岁,脑重量约1400克已达到成人脑重的98%。脑重量增加,是与脑神经细胞增大、脑神经纤维的增长相联系的。第二,额叶显著增大。额叶是与有意运动相联系的,小学儿童额叶的显著增大,保证了小学儿童智力活动迅速发展的可能性。

(三) 小学生的认知发展

小学生的感知觉已逐渐完善,他们的方位知觉、空间知觉和时间知觉在教育的影响下不断发展,观察事物更加细致有序。

小学生的记忆能力也迅速发展,从以机械识记为主逐渐发展到以意义识记为主,从以具体形象识记为主到词的抽象记忆能力逐渐增长,从不会使用记忆策略到主动运用记忆策略帮助自己识记。

小学生的言语也有很大发展,能够比较熟练地掌握和运用口头言语,在教育的影响下,逐渐掌握了书面语言,学会了写字、阅读和写作。

小学生思维的基本特征是以具体形象思维为主要形式过渡为以抽象逻辑思维为主要形式。小学低年级儿童形象思维所占的成分较多,而高年级儿童抽象思维的成分较多。

总之，在系统的学校教育影响下，小学生的认知水平得到了很大发展。

（四）小学生的社会性发展

儿童入学以后，社会关系发生了重要变化，与教师和同学在一起的时间越来越长，在与教师和同学的相处中，儿童学习与人相处、与人合作及竞争的一些基本技能、技巧。师生关系及同伴关系对儿童的学校适应有重要影响。这种关系的质量既影响到儿童对学习的兴趣，对班级、学校的归属感，也影响到学生情绪、情感的发展。小学阶段也是个体自我概念逐渐形成的一个重要时期，儿童学业成败、社会技能、来自教师及同伴的社会支持对其形成自信或自卑的个性品质有很大的影响。

小学生的道德认识能力也逐渐发展起来，从只注意行为的后果，逐步过渡到比较全面地考虑动机和结果。由于认知能力的发展特别是观点采择能力的发展，儿童越来越能从他人角度看问题，道德情感体验日益深刻。

二、中学生的身心发展的特征与教育

初中生的年龄特征，是指中学的 11 岁、12 岁至 14 岁、15 岁的处于少年期的学生的身心发展的典型表现。这些典型表现对教育起着客观上的制约作用，要求教育与它相适应。

（一）初中生的生理发展

初中生的生理发展表现在身高体重上的变化很大，他们在这个年龄阶段正处于青春期——人的生长发育的第二个高峰期。根据我国的有关资料统计，这个时期，男女平均高度年增长为 6 厘米，体重平均年增长为 4 千克。一般来说，女生的生长发育加速期比男生早 1~2 年，女生身高的生长高峰期又比体重的生长高峰期要早 1 年。由于女生发育比男生早，而男生发育增长量却比女生大，因而男女身高和体重的发展出现两次交叉，即：女生在 10 岁、11 岁开始进入青春发育期，身体各部分增长迅速加快，许多身体增长的形态指标超过男生，形成男女学生生长曲线的第一次交叉。男生从 13 岁开始进入青春发育期，身体生长速度加快，男生身体增长的许多形态指标又超过女生，形成男女学生生长曲线的第二次交叉。由于四肢的增长比躯干快，所以初中学生的体型发展常常是不协调的。

初中生身高迅速增长，血管也跟着增长，但心脏的发育却跟不上。这样，常导致心脏活动机能障碍，引起头晕、心脏搏动过速、易疲劳等现象。这些现象在通常情况下都是正常的生理现象，随着青春期的过去，会自然消失。

初中生的骨骼在迅速生长着，但骨骼的钙化程度尚未达到成人的水平，骨骼容易变形、弯曲和损伤；同样，初中生体重猛增，可是肌肉的拉力强度仍然较弱，显得比较娇嫩。因此，初中生的骨骼、肌肉的负荷能力还比较差。

初中生的神经系统的变化也很大。脑的重量增加虽然有限，但脑的神经纤维在增长，脑的功能日趋复杂化。这说明初中生的大脑神经系统的发展，达到了可以承担比小学生更复杂的智力活动任务。但是，初中生的大脑神经系统对机体活动的调节功能，赶不上身体的增长，动作往往显得不够协调，给人以"笨手笨脚"之感。同时，初中生由于性激素的分泌，影响到脑垂体的功能，使原来较为平衡的神经兴奋过程与抑制过程有了一定的改变，即兴奋过程相对强于抑制过程，兴奋与抑制的转化也较快。另外，初中生的情感反应不稳定，缺少自我克制，出现某种神经质，等等。

第二性征的出现和性成熟是少年期身体发展的显著特点。所谓第二性征的变化是指体态上出现的新的特征，如男少年变声、甲状软骨增大、出现胡须；女少年变声、乳腺发育、皮下脂肪增多等。我国男女儿童性萌发、成熟的年龄平均为 11 岁、12~16 岁、17 岁。据世界各国研究，男女儿童性成熟有提前的趋势。

（二）从初中生生理特点出发，教育要注意的几个方面

1. 学校应该为学生家长提供指导，保证学生生长发育所必需的营养

初中生正处于生长发育的高峰期，能量代谢非常活跃。如果一个成人处于绝对安静状态（早上空腹卧床），平均每千克体重每小时消耗 1 千卡热量，那么 12 岁的男孩同样条件下每千克体重每小时需消耗 1.8 千卡的热量。少年的活动量平均高于成人，根据生理学家的估计，少年每天消耗于运动的热量约 600 千卡，骨骼和肌肉组织每昼夜所需热量为 60～100 千卡。

将这些能量消耗加在一起，那么初中生一昼夜的能量消耗为 2400～2500 千卡。如果初中生要参加体育、舞蹈等活动，那么每昼夜所需的热量消耗将在 3000 千卡以上。

热量和其他营养成分，一般来自蛋白质、脂肪和碳水化合物。根据食物卫生学的要求，除了各种适量的维生素之外，蛋白质、脂肪和碳水化合物的比例最好为 1∶1∶4。此外，还应该让学生从食物中摄取足够的矿物盐，特别是为骨骼发育所必需的钙和磷。因此，食物的选择、搭配要恰当，使之充分满足少年对各种营养素的需要量，防止偏食。

2. 学校的课桌椅设计和配备要与初中生的身高相适应，教师要教育、督促学生养成良好的坐、立姿势

初中生的骨骼容易变曲变形，如果课桌椅高度不合标准，很可能导致驼背。由于初中生的肌肉容易疲劳，喜欢东倚西靠，即使课桌椅的高度与他们的身高相适应，还常常会坐的歪七倒八，久而久之，仍有可能形成不良体态。因此，教师必须随时提醒和督促，让他们保持正确的坐、立姿势。

学校课桌椅应根据国家有关标准设置，尽量保证学生能够使用合适身材的课桌椅。

3. 防止学生课业负担过重，适当开展适宜于他们身体生长发育的体育活动和室外活动

初中生的大脑神经细胞的机能结构尽管有了相当的发展，可以承担比小学生更为繁重的智力活动的任务，但是他们的大脑神经细胞仍然相对比较娇嫩脆弱，很容易疲劳。如果课业负担过重，就有可能造成疲劳过度、失眠或神经衰弱，影响整个身体的发育成长。

初中生的骨骼、肌肉尽管增长较快，但亦易疲劳，负荷能力较差。因此，初级中学的体育活动都不应该使学生的骨骼、肌肉负荷过重。适当的体育活动和室外活动，不仅有利于增强骨骼肌肉的力量和耐力，而且有利于锻炼心、肺器官，使这些器官增强机能和活力，还有利于提高大脑神经的综合分析能力和灵活反应的能力。

三、初中学生的心理发展

（一）感知和思维的特点

就感知来说，初中生的精细性不够而灵敏性较高。有关研究材料表明，初中生的视觉感受性比低年级小学生增高 60% 以上，具有较高的颜色辨别能力。初中生听觉感受性较高，对音阶具有良好的辨别能力。初中生的动觉感受性也是比较高的。

初中生的思维发展的主要特点是：抽象逻辑思维日益占主导地位，但思维中具体形象成分仍然起着重要作用。所以，初中生的抽象逻辑思维，一般说来是"经验型"的，而不是"理论型"的。所谓经验型，指的是初中生在进行抽象逻辑思维时，需要具体形象，从"经验型"逐步上升为"理论型"。初中生在概念的发展上能日益掌握更多的抽象概念和概念体系，因而能日益理解事物发展的复杂性和内在规律性，在判断推理方面，自觉地作出恰当的判断，进行合乎逻辑的推理的能力在不断发展。初中生思维发展的另一重要特点是思维的独立性和批判性已有所发展。但是由于缺乏经验，这种思维的独立性和批判性常带有主观性和片面性。

（二）注意和记忆的特点

初中生在注意的内容、注意的广度、注意的分配方面，比小学生有了很大的发展。小学生容

易被新异刺激所吸引，无意注意占优势。初中生已从无意注意占优势变为有意注意占优势，他们的注意比小学生稳定、持久，具有较大的目的性和选择性。因此，他们能够逐步学会较长时间地集中注意于需要完成的工作和学习，如听课、做作业、做实验等。初中生注意的范围比小学生增大。实验表明，小学生在速视器上平均能注意2～3个客体，而初中生则在速视器上平均能注意4～8个客体。初中生注意的分配能力也比小学生强得多。例如，初中生能逐步做到边听课边记笔记，小学生就难以做到。

初中学生的记忆比起小学生来，记忆的有意性加强了，意义识记的能力发展了。记忆品质有了提高。初中生经过一定时间的培养后，能够给自己提出识记的目的任务，有意识地把该记住的内容记。初中生意义识记的发展，表现为他们在教师的培养下，已能对识记的材料进行逻辑加工，通过理解语言和词来掌握材料的主要内容。

随着有意记忆的意义识记的发展，初中生良好的记忆品质便发展起来。如记忆的目的性，记忆的长时性，记忆与联想的结合，记忆与重现的结合，在理解的基础上的记忆能力等方面有了明显的提高。在同样长的时间内，初中生记住的学习材料的数量比小学一、二年级学生记住的学习材料的数量几乎可以多三倍。

（三）情感和意志的特点

初中生的情感特点：一是情感丰富而外露，易偏激，不太稳定，情绪振奋时洋洋自得，情绪低落时沮丧消极；二是情感的个人体验日益深刻，自我控制能力有了发展；三是情感的社会内容日益增加，对英雄模范人物能激起强烈的爱，对国家民族的兴衰能激起内心强烈的关注。

在意志方面，初中生的意志活动的主动性和自觉性有了提高，自我控制的能力也有一定程度的发展，但他们好胜心强，行为还带有一定的盲目性。有时容易冲动，不能始终一贯地控制自己。有时做事缺少毅力。有的学生还易受暗示，缺少主见。有的学生在失败和挫折面前容易产生自暴自弃的思想。

（四）自我意识的发展

所谓自我意识是指个体对自己的认识和态度。从初中开始，少年日益自觉认识和评价自己的个性品质、自己的内心体验或内部世界，从而更能独立地支配和调节自己的活动和行为。这是少年自我意识发展的新阶段和新特点。这时，少年对人的内心世界、内心品质发生了兴趣，开始要求了解别人和自己的个性特点，了解自己的体验和评价自己。他们更能自觉评价别人的和自己的个性品质。但和青年比较，少年评价别人和自己的品质的能力还是不高的，而且是不稳定的。

（五）成人感的产生

初中生随着身高体重的增加，特别是随着第二性征的出现，意识到自己已经长成一个成人了，觉得自己应该和成人具有平等的地位了。这种成人感的产生，使他对父母、老师的态度变得非常敏感，总希望父母和老师不要再把他当小孩子看。对于父母和老师喋喋不休的指教，过分的关心，过多的指点，内心非常反感。这种成人感的产生，使他们的自尊心和要求独立的倾向大大发展起来，开始形成了个人权利的概念，不许大人对他们进行干涉，内心的秘密往往不肯告诉大人，等等。

（六）归属需要的发展

随着年龄的增长，以及思维的独立性和批判性的发展，初中生逐步地有了自己对周围世界的评价能力，并形成了自己的评价标准。而随着成人感的产生，他们的内心开始有了自己的秘密和将这些秘密向同龄人倾吐的需要。他们兴趣爱好的广泛发展和活动能力、交往能力的提高，使人际交往活动频繁起来。这一切，推动着初中生开始寻找合得来的友伴。他们以彼此的评价标准相似、兴趣爱好相同、彼此知心等为标准，结成友伴。这样，一个一个的友伴群就出现了。初中学生以自己能被某个友伴群接纳而感到高兴、光荣和自豪。为了维持友伴群的友谊，会形成不成文的行为规范，如不准"出卖"友伴群内部的"秘密"等。这些都是初中生归属需要发展的表现。

四、从初中生的心理特点出发，教育要注意的几个方面

（一）在教育工作中，特别是在各科教学工作中，要坚持全面发展的观点，把音、体、美等课程的教学落到实处

初中生和其他年龄阶段的学生相比，具有特别高的听觉感受性和视觉感受性，具有比较高的音阶辨别能力和颜色辨别能力，因此，初中教育应该按照教学计划和教学大纲的规定把音乐、美术这两门课开好，发展他们对音乐、绘画等的审美感受、鉴赏创造能力，全面发展他们的良好个性。

根据初中生动觉感受性很强的特点，应该悉心培养他们的手脚动作技巧。虽然初中生有动作不协调的表现，但由于动觉感受性强，他们所处的时期仍然是形成和掌握各种复杂动作技巧的最佳年龄时期。大量实践表明，正是在这个时期，能够练就演奏乐器的娴熟技艺，掌握专项体育练习最复杂的动作，学会优美的舞蹈技巧和各种各样的劳动技能。我们的初中教育应该跳出单纯的升学教育的思想框框，发展学生多方面的才能。

（二）在加强教学的直观性的同时，努力发展学生的抽象逻辑思维能力和实际动手能力

根据初中学生的抽象逻辑思维仍以经验型为主这一特点，教师在教学中必须加强直观形象性，运用实物、模型、图片以及教师的语言等直观手段，让学生在形成鲜明表象的基础上进行抽象概括。在学生进行抽象概括的时候，应帮助学生学会怎样在思维中抽取事物的本质特征，舍弃事物的非本质特征，还应帮助学生摆脱日常概念影响，防止把非本质特征概括到概念中去。

在初中教育中应帮助学生加强逻辑记忆和理解记忆的训练，并以此来发展思维能力。同时，还应该帮助学生发展动手能力，包括完成书面作业的动手能力，以及实验操作、制作和采集动植物标本等动手能力。发展动手能力和发展思维能力是一致的。因为动手的过程，必定伴随着大脑从具体到抽象又从抽象到具体的紧张的思维过程。

（三）教师在同学生的日常行接触中和思想教育中，既要尊重学生，又要对学生积极引导和严格管理

初中生的成人感开始产生，但事实上他们仍处于既像成人又像小孩、半成熟半幼稚、半独立半依赖的发展阶段。这时，教师在教育上对于琐碎的小事要少唠叨，但对于严肃的问题必须讲透道理，严加管束。要讲究方式方法，不能老是训斥，而要以师生平等的口气进行疏导。对于初中生由归属需要而发展起来的团伙意识，要及时发现及时引导，使他们以正确的友谊观来处理和对待友伴关系。更重要的是，要通过组织丰富多彩的班级集体活动，让每个学生都在班级中取得自己的角色位置，把他们的归属心理尽可能地吸引到归属于班级上来。对那些与社会上不良分子搞成团伙的学生，要争取学生家长和社会力量的支持，采取断然措施，割断他们与社会不良分子的联系，同时要给予更多的温暖和教育引导。

（四）教师要热爱学生，建立良好的师生关系，从而进一步培养学生的良好情感和坚强意志

初中生对国家、民族的前途命运有了初步的了解，因此，应抓紧发展他们的民族自豪感和爱国主义情感等。良好的情感有助于学生自觉确定目的，根据目的去支配、调节自己的行动，并不断地克服困难，从而发展学生的坚强意志。

五、中学生的青春期教育

男女孩子进入性成熟期，不仅生理上有一系列的变化，心理上也发生一系列的变化。他们由于对自己的生理变化不理解，往往在内心产生惊慌感和恐惧感，有的女孩还可能为自己的突如其来的月经初潮变得惊慌失措。这种心理会随着对性知识的了解而迅速消失。随着性成熟而出

现的最主要的心理是性意识的产生和萌动。正因为如此，初中男女学生之间的交往蒙上了性意识的影子，他们彼此之间开始出现拘谨、腼腆、害怕接触，后来逐渐出现表面回避而内心憧憬的背反现象，再后来则表现为男女同学之间的感情接近，有的甚至会陷入早恋。

初中男女同学生进入性成熟期后，在不良诱因的影响下，个别的人可能会滑向性罪错。

面对这些情况，教师应该采取适当的方法进行青春期卫生和性知识教育。一般说来应该抓好以下几项工作。

（一）进行性道德和性法制教育

初中男女学生的身心发展往往是性生理成熟走在性道德成熟前面。因此，要抓紧抓好性道德和性法制教育，使他们能够用道德、理智感和法制观念调节和控制自己的性意识，以便顺利通过人生发展的这一关键时期。

性道德应该是哪几条，目前还没有统一的认识。上海市开展的青春期教育试点对性道德的归纳是可以作为参考依据的。性道德可以归纳为：男女平等，尊重女性；互相理解、尊重和帮助；男女交往的礼义和规范；发展友谊，尊重人格；珍惜感情，自我保护，防范不正当行为；珍惜年华。显然，这些性道德教育的内容，是根据青少年特点提出来的。

关于性法制，除了《婚姻法》对婚姻问题已作出有关规定外，我国《刑法》对于强奸罪，规定要判处3~7年的有期徒刑；对于强奸未遂罪，要判3年有期徒刑；对于奸污幼女罪，做了更为严厉的规定，即只要生殖器接触幼女的生殖器，就认定为犯强奸幼女罪，判处3~7年的有期徒刑。在初中阶段对青少年学生进行这些性法制教育，让其引起警觉是大有好处的。

在性道德和性法制的教育中，要适当引用一些性失误和性犯罪的案例进行告诫，让青少年学生从严重后果中理解其危害性，在思想深处引起警觉，也是十分必要的。

（二）要特别重视激发学生强烈的上进心

引导学生树立远大理想、高尚的情操和坚强的意志来克制和调节自己的性欲望，集中精力搞好学习，满腔热情地投身于各种有益活动，开展男女同学之间的正常交往；还要引导他们以正确的态度来欣赏文艺作品和电影、电视。特别要防止坏人用黄色书刊和淫秽录像对初中生进行腐蚀和毒害。

真题链接

一、单项选择

1.（2012年小学）"龙生龙，凤生凤，老鼠的孩子会打洞"反映的是（　　）。
A. 遗传决定论　　B. 相互作用理论　　C. 教育万能论　　D. 环境决定论
答案：A。
【解析】略。

2.（2016年小学）"近朱者赤，近墨者黑。"这句话反映了（　　）对人发展的影响。
A. 环境　　　　B. 教育　　　　C. 遗传　　　　D. 成熟
答案：A。
【解析】略。

3.（2016年中学）如果让六个月的婴儿学走路，不但徒劳而且无益；同理，让四岁的儿童学高等数学，也难以成功。这说明（　　）。
A. 遗传素质的成熟程度制约着人的发展过程及其阶段
B. 遗传素质的差异性对人的发展有一定的影响
C. 遗传素质具有可塑性

真题链接

D. 遗传素质决定着人发展的最终结果

答案：A。

【解析】题干所述内容体现了遗传素质的成熟程度，为一定年龄阶段的身心发展提供了限制与可能。

4.（2014年中学）人类的教育活动与动物的"教育"活动存在本质区别，这主要表现为人类的教育具有（　　）。

　A. 延续性　　　B. 模仿性　　　C. 社会性　　　D. 永恒性

答案：C。

【解析】生物起源说认为教育是一种生物现象，这种观点的根本错误就在于忽略了人类教育的社会性。

5.（2013年中学）在影响人的身心发展的诸因素中，教育（尤其是学校教育）在人的身心发展中起（　　）。

　A. 决定作用　　B. 动力作用　　C. 主导作用　　D. 基础作用

答案：C。

【解析】在影响人的发展的因素中，教育对人的发展特别是对年青一代的发展起着主导作用和促进作用。

6.（2012年中学）在外部条件大致相同的课堂教学中，每个学生学习的需要和动机不同，对教学的态度和行为也各式各样。这反映了（　　）对学生身心发展的影响。

　A. 遗传素质　　B. 家庭背景　　C. 社会环境　　D. 体主观能动性

答案：D。

【解析】略。

7.（2011年中学）"出淤泥而不染"说明人对环境的影响具有（　　）。

　A. 依赖性　　　B. 改造性　　　C. 可塑性　　　D. 主观能动性

答案：D。

【解析】题干描述的是人的主观能动性的表现之一。

二、简答题

（2013年）简述影响个体发展的主要因素。

【答案要点】

影响个体发展的主要因素主要有遗传、环境、教育和个体的主观能动性等四个方面的因素。遗传——物质前提；环境——起巨大作用；教育——起主导作用；个体的主观能动性——起动力作用。

2.（2016年中学）为什么学校教育对人的发展起主导作用？

【答案要点】

（1）学校教育是一种有目的、有计划、有系统、有组织的培养人的活动。

（2）学校教育是通过教师培养学生的活动。

（3）学校教育可以把影响人发展的其他因素纳入教育轨道。

（4）学校教育技术手段更先进，方式方法更科学，教育内容更丰富。

（5）学校教育具有良好的纠偏机制。

试水演练

一、单项选择题

1. 失明者的听觉一般都比较好，这表现人的身心发展具有（ ）。
   A. 稳定性　　　B. 互补性　　　C. 不平衡性　　　D. 个别差异性
   答案：B。
   【解析】略。

2. "船到桥头自然直"反映的是（ ），"树大自然直"反映的是内发论。
   A. 多因素作用论　　　　　　B. 白板说
   C. 二因素论　　　　　　　　D. 外铄论
   答案：D。
   【解析】"船到桥头自然直"反映了要适应外部条件。"树大自然直"强调内在因素。

3. "一两的遗传胜于一吨的教育"是（ ）的观点。
   A. 环境决定论　　B. 实践决定论　　C. 经验决定论　　D. 遗传决定论
   答案：D。
   【解析】这是霍尔的观点。一两与一吨的对比，说明遗传比教育重要。

4. "蓬生麻中，不扶而直；白沙在涅，与之俱黑"。这句话反映了（ ）因素对人的发展的影响。
   A. 环境　　　　B. 遗传　　　　C. 成熟　　　　D. 个体实践活动
   答案：A。
   【解析】略。

5. 外铄论的代表人物包括（ ）。
   ①孟子　②荀子　③威尔逊　④格赛尔　⑤洛克
   A. ①②　　　　B. ③⑤　　　　C. ③④　　　　D. ②⑤
   答案：D。
   【解析】略。

6. 格赛尔用"双生子爬梯子的实验"说明（ ）在人的发展中的决定作用。
   A. 环境　　　　B. 教育　　　　C. 遗传　　　　D. 成熟
   答案：D。
   【解析】略。

7. "大学之法：禁于未发之谓豫；当其可之谓时；不陵节而施之谓孙；相观而善之谓摩。此四者，教之所由兴也。发然后禁，则扞格而不胜；时过然后学，则勤苦而难成。"《学记》中的这句话表明儿童的身心发展具有（ ）。
   A. 差异性　　　B. 可变性　　　C. 稳定性　　　D. 不平衡性
   答案：D。
   【解析】时过然后学，就是错过了"关键期"。

8. 青少年身心发展的"不平衡性"要求教育者在教育教学活动中要（ ）。
   A. 循序渐进　　　　　　　　B. 抓住成熟期和关键期
   C. 因材施教　　　　　　　　D. 有针对性
   答案：B。

【解析】略。

二、简答题

1. 教育在人的发展中具有的特殊功能（起主导作用）。

【答案要点】

（1）学校教育对个体发展作出了社会性规范。

（2）学校教育具有加速个体发展的特殊功能。

（3）学校教育对个体的发展具有即时和延时价值。

（4）学校具有开发个体特殊才能和发展个性的功能。

2. 学校教育为什么在人的发展中起主导作用？

【答案要点】

（1）学校教育是一种有目的、有计划、有系统、有组织的培养人的活动。

（2）学校教育是通过教师培养学生的活动。

（3）学校教育可以把影响人发展的其他因素纳入教育轨道。

（4）学校教育技术手段更先进，方式方法更科学，教育内容更丰富。

（5）学校教育具有良好的纠偏机制。

3. 简述个体主观能动性在人的发展中的作用。

【答案要点】

个体的主观能动性在人的发展中起动力作用。

（1）根据内外因辩证关系的原理：内因是变化的根据，外因是变化的条件，外因根据内因起作用。

（2）环境和教育都是外因，它们只有通过学生主体的参与和身心活动才起作用。

（3）所以，个体的主观能动性是学生身心发展的动力。

（4）个体的活动是个体发展的决定性因素。

4. 人的身心发展有哪些规律？教育如何遵循这些规律？

【答案要点】

（1）人的身心发展具有顺序性。儿童从出生到成人，他们的身心发展是一个由低级到高级、由量变到质变的连续不断的过程，具有一定的顺序性。教育要循序渐进地进行，切忌拔苗助长、陵节而施。

（2）人的身心发展具有阶段性，是指个体在不同的年龄阶段表现出身心发展不同的总体特征及主要矛盾。面临着不同的发展任务，教育要依据不同阶段的年龄特点，采用不同的方法内容有针对性地进行，切忌"一刀切""一锅煮"。

（3）身心发展的不平衡性（同一个人的同一方面、不同方面）。教育要善于抓住"关键期"（关键期——生理心理的某方面机能最适宜发展的时期），切忌亡羊补牢。

（4）身心发展的个别差异性。个体在兴趣、爱好、意志、性格等方面存在着个别差异，教育要因材施教，切忌"一把钥匙开多把锁"。

（5）身心发展的互补性。互补性反映个体身心发展各组成部分的相互关系，指身体某一方面的机能受损甚至缺失时，可通过其他方面的超常发展得到部分补偿。其次，人的心理机能和生理机能之间也具有互补性，教育要培养自信和努力的品质。

5. 简述遗传素质在人的发展中的作用。

【答案要点】

（1）遗传素质是人身心发展的生理前提，为人的身心发展提供可能性。
（2）遗传素质的差异性是人的身心发展的个别差异的原因之一。
（3）遗传素质的发展过程和成熟程度制约着身心发展水平、阶段及年龄特征。
（4）遗传素质有一定的可塑性，但不能决定人的发展。

6. 为什么有的人"近朱者赤，近墨者黑"？有的人却"出淤泥而不染"？

【答案要点】

（1）环境为个体的发展提供了多种可能性（包括机遇、条件和对象）。

（2）环境是推动个体身心发展的外部动力。一方面环境是人身心发展不可缺少的外部条件，它推动和制约着身心发展的速度和水平；另一方面环境对个体发展的影响有积极和消极之分。人在不知不觉间就会受环境潜移默化的影响，所以有"近朱者赤，近墨者黑"、同流合污和"孟母三迁"等说法和典故。

（3）环境不决定人的发展。人对环境的反应是能动的，人在实践过程中，既接受环境也改变环境，并在改造环境的实践活动中发展着自己，体现自己的主体性，所以会有"出淤泥而不染"、同流而不合污的现象。

第五章

教育目的与素质教育

内容提要

我国教育的目的是把受教育者培养成为有理想、有道德、有文化、有纪律，德、智、体全面发展的社会主义事业的建设者和接班人。在普通教育阶段实施素质教育是非常重要的，实施素质教育可以促进青少年的全面发展；要用正确、科学的方法实施素质教育，使学生素质得到真正的提高和发展。

学习目标

1. 掌握教育目的的概念、功能、理论类型。
2. 重点掌握我国现阶段的教育目的的特征、内容及其精神实质。
3. 掌握我国教育目的提出的依据。
4. 理解和掌握全面发展教育的组成部分。
5. 理解素质教育的相关理论并能运用这些理论去分析和解决教育实践中的具体问题。
6. 掌握现代学制的类型、阶段、趋势。

第一节 教育目的概述

教育是培养人的有目的的活动。我国教育的目的是把受教育者培养成为有理想、有道德、有文化、有纪律，德、智、体全面发展的社会主义事业的建设者和接班人。

一、教育目的的概念及内容结构

（一）教育目的的概念

活动的目的性是人类活动与动物活动的根本区别。作为人类社会活动的一种——教育活动，更是如此。

教育目的是社会对教育所要造就的社会个体的质量规格的总的设想或规定。

广义的教育目的是指人们对受教育者的期望，即人们希望受教育者通过教育在身心诸方面发生什么样的变化，或者产生怎样的结果。国家和社会的教育机构、学生的家长和亲友、学校的教师等，都对新一代寄予这样那样的期望，这些期望都可以理解为广义的教育目的。

狭义的教育目的是国家对各级各类学校把受教育者培养成为什么样人才的总的要求。各级各类学校无论具体培养什么领域和什么层次的人才，都必须努力使所有学生都符合国家提出的总要求。

（二）教育目的的内容结构

教育目的的内容结构一般由两个部分组成：一是就教育所要培养的人的身心素质作出规定，二是就教育所要培养的人的社会价值作出规定。其中对人的身心素质作出规定是教育目的的内容结构的核心部分

二、教育目的的意义及功能

（一）教育目的的意义（作用、性质）

（1）教育目的是教育的出发点和归宿，它贯穿于教育活动的始终，对教育活动有指导意义。
（2）确定教育内容、教育方法、评价的依据是教育目的。
（3）一切教育工作和教育活动都受到教育目的的制约。
（4）衡量学校教育质量的唯一标准是教育目的。
（5）教育目的是全部教育活动的主题和灵魂，是教育的最高理想。
（6）教育目的对人们全面贯彻教育方针具有激励作用。

（二）教育目的的功能

1. 导向功能

教育目的是教育的出发点和归宿，它贯穿于教育活动的始终。它既是教育的起点，也是教育的终点，对教育起指引方向的作用。

2. 评价功能

教育目的既是一个国家人才培养的质量规格和标准，同时也是衡量教育质量和效益的重要依据。教育目的的评价功能可集中体现在现代教育评估或教育督导行为中。具体体现是：依据教育目的，评价学校的总体办学方向、办学思想、办学路线是否正确，是否清晰，是否符合社会的发展方向和需要；依据教育目的，评价教育质量是否达到了教育目的的要求，是否达到了教育目的规定的规格和标准；依据教育目的，评价学校的管理是否科学有效，是否符合教育目的要求，是否遵循了教育规律和人的身心发展规律，是否促进了学生的健康发展和成长。

3. 激励功能

目的是一种结果指向。人类的活动既是有目的、有意识、有计划的活动，那么也就应该有明确的方向和目标。教育活动因为有可以达成的最终目标，最终目标就可以反过来成为一种激励的力量。教育者因为有目标的存在，他们便可以动用自己的智慧力量，发挥创造的能力去设计活动的计划、组织、过程、方法、保证条件，在竞争心理的驱使下去多快好省地达到目标。因而，人类的教育活动，目的越是明确，越是具体，达成的可能性就越大，就越能调动更多人的积极性；相反，目的越是宏大，越是抽象，越是遥远，越是完美，达成的困难就越大，可能性就越小，激励的作用也就越差。

4. 调控功能

一切教育工作和教育活动都受到教育目的的制约和调控。一是通过确定价值的方式调控；二是通过标准的方式调控；三是通过目标的方式调控。

5. 规范功能

人类的教育活动因学生个性差异的不同始终是丰富多彩的，但又是在一定的规律支配下进行的。教育目的作为一个国家或阶级或政党人才利益的集中体现，它把通过教育投资欲获得的

符合社会发展需要的人才浓缩在教育目的上。有了教育目的，就全方位地规范了教育的方方面面活动，都必须有利于教育目的的实现。

（1）规范了人才培养目标和学校的教育方向。任何一个层次一个类别的教育活动在开展之前、在进行之中都必须时时围绕教育目的去修正自己的培养目标。

（2）规范了课程的设置和教学内容。课程是学校教育实践的实体，教学内容是课程的具体化和实践的展开。学校开设什么课程，讲授什么内容，这是由学校的培养目标和教育目的决定的。

（3）规范了教师的教学行为。教师是社会的代表。教师要保质保量地完成社会赋予他们的使命，完成人才培养的重任，就必须时时刻刻按照教育目的的要求把学生教好。

（4）规范了学校管理。学校管理是为学校的教学活动服务的，实质则是为人才成长服务的。学校的科学管理是根据人才培养需要做好相应的服务工作。

6. 选择功能

教育目的的选择功能集中体现在教育活动与教育内容的选择上。人类在长期的社会实践中积累的经验浩如烟海，各类社会文化繁杂多样。应该说人类经验和社会文化是学校教育内容的重要源泉，是丰富学生知识结构、扩展个体经验的重要内容。但是，学校又是一个引导人一开始就走向健康向上、趋向人格完美的特殊场所，要求进入学校课堂的教育内容必须具有积极、进步、科学、健康、有益等方面的特点和价值，其衡量和取舍的依据就是教育目的。任何一个国家的学校和教师都会无例外地根据教育目的的基本要求，决定哪些研究成果和社会文化可以进入教育内容，哪些则应受到批判和抵制。

总之，教育目的对于教育活动的作用是多方面的。只有确立了科学的教育目的，教育活动才能顺利展开，教师的教育活动才能有方向。

三、教育目的的层次结构

教育目的是各级各类学校遵循的总方针，但各级各类学校应有各自的具体工作方针和培养目标，这就决定了教育目的的具有层次性。教育目的的层次结构包括以下四方面。

（1）国家的教育目的：是国家对各级各类学校教育中把受教育者培养成为什么样的人才的总的要求。

（2）各级各类学校的培养目标：即各级各类学校依据教育目的制定的任务，确定的对所培养的人才的特殊要求。

（3）课程目标（课程专家、各专业）：即是培养目标在教学过程中的具体化，是从课程的角度规定人才培养的具体规格和质量要求。

（4）教师教学目标：即是课程目标的具体化，是教师教学活动的预期结果，体现在每节课中。

（一）教育目的和培养目标的关系是普遍和特殊的关系

教育目的是国家对各级各类学校把受教育者培养成为什么样的人才的总的要求，培养目标是各级各类学校对本学校人才培养的具体要求，教育目的是制定培养目标的依据，又是通过培养目标才得以实现的，培养目标是教育目的的具体化。

教育目的与培养目标是两个不同的概念，不能把二者等同起来。教育目的与培养目标是一般与个别的关系。

教育目的具有总结性，它比较集中地反映了社会在特定的历史时期内对培养人的总需求，它是各级各类学校都必须遵循的总目标；培养目标具有具体性，它是在教育目的的指导下，根据各级各类学校的具体任务和受教育者的身心发展水平而制定的培养人的具体要求。不同层次、不同类别的学校的具体培养目标不同，这就使各级各类学校有了更为明确具体的努力方向，从而保证了教育目的的顺利实现。

（二）教学目标与教育目的、培养目标的关系是具体和抽象的关系

教育目的是最高层次的概念，是人才培养的总要求；培养目标是不同类型、不同层次学校人才培养的具体要求；教学目标是三者中最低层次的概念，是教育者依据教育目的、培养目标提出的在教学中希望受教育者达到的要求，是培养目标的具体化。这三者从上至下是逐级指导的关系，从下至上是逐级达成的关系。

（三）教育目的与教育方针

二者既有联系又有区别。

1. 区别

教育目的是国家对各级各类学校把受教育者培养成为什么样的人才的总的要求，教育方针是国家最高权力机关命令颁布实行的一定历史阶段教育工作的总的指导方针或总方向。教育目的是理论术语、学术概念，属于教育理论范畴；教育方针是工作术语、政治性概念，属于教育政策范畴。教育目的只回答为谁培养什么样的人，教育方针不仅回答为谁培养什么样的人，还要回答怎样培养人。教育目的对教育实践不具有约束力，教育方针对教育实践具有强制性；教育目的属于下位概念，教育方针属于上位概念，教育方针的影响力大于教育目的。

2. 联系

教育方针是教育目的的政策性表达，教育目的是教育方针的核心和基本内容，教育方针可以当教育目的使用。

四、教育目的的制定依据

教育目的是一种指向未来、超越现实的人才培养方针。它所规定的是现实进行的活动，要培养的却是一定时期后参与社会生活的人。教育目的的确定既有主观性，又有客观性。从其提出主体来看，教育目的总是由人制定的，体现着人的主观意志。但就其确定的最终依据来看，都必须根据社会发展的客观需要和受教育者身心发展的客观规律。历史上不同的国家、不同的社会之所以有不同的教育目的，其原因就在于历史总是向前发展的，因而产生了不同的社会需求。因此，教育目的归根结底来自客观世界，来自社会对培养人的基本要求，是由一定社会的生产方式决定的。

（一）特定的社会政治、经济、科技、文化背景制约教育目的，这是制约教育目的的社会因素

中小学教育目的就其本质来说，是要培养社会所需要的人。但是，由于社会制度、经济条件、文化历史背景的不同，中小学教育目的的内涵也不尽相同。社会政治、经济、文化的发展水平是制定中小学教育目的的客观依据。

首先，不同的社会发展阶段有不同的教育目的。教育目的随时代的变化、社会条件的变化而变化。不同的社会，社会生产力的发展水平不一，对社会成员的教育目的就会有所不同。万古不变的教育目的是没有的。

其次，不同的社会政治制度有不同的教育目的。资本主义制度和社会主义制度从维护各自的社会制度角度出发而确立相应的教育目的。我国社会主义社会的小学教育的基本目的是培养全面发展的人，培养社会主义事业的接班人和建设者。

最后，不同国家的文化背景也使教育培养的人各具特色。例如，世界上有的国家比较重视文化素质，教育的目的强调陶冶学生的人格，注重培养有教养的人；有的国家注重科学技术教育，要求培养具有创新精神和开拓精神的人。这些取向不同的教育目的，反映了这些国家不同的文化背景与传统。

总之，不同的国家、不同时代的教育目的的制定都受到当时的社会政治、经济、文化等因素的影响。

（二）少年儿童身心发展的规律，这是制约教育目的的客观因素

小学教育阶段，其教育对象是6~12岁的儿童，而儿童期是一个人一生中发展最关键的时期，这段时期的身心发展对他们今后的发展有重大的影响。小学教育要适应并促进儿童的身心发展。因此，小学教育目的的制定受制于儿童的身心发展规律。

少年儿童的身心发展是有一定的客观规律的，在他们身心发展的不同阶段，其生理、心理各方面的水平是不同的，他们的身心发展有其基本特征。这些发展特征在生理上主要表现在形体、骨骼系统、肌肉组织、神经系统、心血管等方面，在心理上主要表现在认知、情感、意志、个性等方面。但是，由于遗传、环境、教育及个人主观能动性的不同，少年儿童的身心发展又具有个别差异性。这种个别差异性主要表现在：第一，不同的少年儿童的同一方面，其发展的速度和水平各不相同；第二，同一年龄阶段少年儿童的不同方面的发展状况及其相互关系上有差异性；第三，不同的少年儿童具有不同的个性心理倾向。

制定小学教育目的，要充分考虑到小学生的身心发展水平，要注意小学生年龄发展的阶段特征，尊重他们的兴趣与需要；在考虑小学生身心发展特征的共性时，还要注意到所存在的发展的差异性。

（三）人们的教育理念

从根本上说，教育目的是存在于人的头脑中的一种观念性的东西，它反映的是教育者在观念上预先建立起来的关于未来新人的主观形象，因此，教育目的是一种理想。这种理想同政治理想、社会理想等紧密结合在一起。从不同的哲学观点出发就有不同的教育目的，如实用主义教育目的、要素主义教育目的、永恒主义教育目的、存在主义教育目的等。

在教育实践漫长的历史进程中，人们从各自的理想出发赋予了教育所要培养的人以不同的内涵。如柏拉图把教育的最高目的限定在培养治理国家的哲学家上，他们是"心灵的和谐达到完美的境地"的人。人文主义者拉伯雷心目中理想的人能读、能写、能唱、能弹奏乐器，会说四种至五种语言，会写诗作文，勇敢、知礼、健壮、活泼，爱做什么就做什么。而启蒙运动的先锋卢梭心目中的理想人是一个自然天性获得了自由发展的人：他身心协调和谐，既有农夫或运动员的身手，又有哲学家的头脑；他心地仁慈，乐于为善，感觉敏锐，理性发达，爱美，既富于情感，更富于理智，还掌握了许多有用的本领。我国近代梁启超主张培养的人应具有的特征是：公德、国家思想、进取冒险、权利思想、自由、自治、进步、自尊、合群、生利分利、毅力、义务思想、尚武。

（四）马克思主义关于人的全面发展的理论是我国制定教育目的的理论基础

马克思主义创始人心目中理想的人是个性全面发展的人，即精神和身体、个体性和社会性得到普遍、充分而自由发展的人。马克思主义关于人的全面发展的理论确立了科学的人的发展观，指明了人的发展的必然规律，是我国制定教育目的的理论基础。

五、马克思主义关于人的全面发展的学说

（一）人的全面发展的概念

马克思认为人的全面发展是指在大机器生产状态下，人的劳动能力，即人的智力和体力普遍地、充分地自由发展，也包括人的道德的发展和个性的发展。

马克思、恩格斯运用历史唯物主义的观点，科学地分析了人的发展与社会物质生活条件的关系，历史地考察了由于社会分工产生脑力劳动和体力劳动的分离和对立，造成人的体力和智

力片面发展的过程,论证了大工业生产的发展必然要求人的全面发展,阐明了实现人的全面发展的必要条件,在这个基础上指出未来社会必将通过教育培养出全面发展的崭新的人。

根据马克思、恩格斯的论述,全面发展的人,也就是智力和体力获得充分的自由发展的人,脑力劳动与体力劳动相结合的人。这种人将摆脱旧的分工的奴役,能够"把不同社会职能当作相互交替的方式","根据社会的需要或他们自己的爱好,轮流地从一个生产部门转到另一个生产部门"。

马克思、恩格斯在考察人的发展时,也很重视人的精神和道德意识的发展。马克思主义创始人在批判资本主义摧残人的发展时,除了分析由于脑力劳动与体力劳动的分离和对立所造成的人的智力、体力的片面发展以外,同时还揭露了资本主义制度下所造成的人的精神空虚和道德堕落,认为在消灭了剥削制度之后,人们还必须摆脱一切剥削阶级意识的束缚,使共产主义意识普遍地产生,才能达到人的个性自由与解放。因此,人的全面发展,还包括道德、志趣和意向的发展。

马克思、恩格斯认为,在消灭了剥削制度以后,当社会成为全部生产资料的主人,随着生产力的高度发展,社会财富的极大丰富,劳动时间进一步缩短,人们从事教育、科学、文化活动的时间增加,社会将逐步消除脑力劳动与体力劳动的差别,使全体社会成员完全摆脱由旧式分工所造成的职业局限性和片面发展,在精神上摆脱一切剥削阶级意识的束缚。那时,社会必将通过教育培养出全面发展的新人。

(二)人的全面发展学说的基本观点

1. **人的发展同社会生活条件相联系**

马克思、恩格斯首先指出,人的发展,从根本上说,决定于人们生活在其中的社会物质生活条件。"人的本质并不是单个人所固有的抽象物。在其现实性上,它是一切社会关系的总和。"这就是说,人们在社会生产、生活中,在社会关系中所处的地位不同,得到的发展机会就不同,发展的结果也会随着不同,没有抽象的离开任何社会关系、任何社会实践的"人的发展"。

2. **人的片面发展是由旧的社会分工所造成的**

人类个性多方面的发展是人类自身发展的要求,但是它在阶级社会中由于旧式分工而长期受到阻碍,旧式分工造成了人的片面发展。一方面是广大劳动人民只从事体力劳动,而没有文化,在政治、法律、科学、艺术等智力活动方面得不到发展;另一方面是少数剥削阶级分子垄断了政治、文化活动,但是一点也不从事体力劳动。从人的身心发展来说,这两种人都是有缺陷的、片面的。

马克思、恩格斯指出,人的片面发展和分工齐头并进。恩格斯在《反杜林论》中这样说:"由于劳动被分成几部分,人自己也随着被分成几部分,为着训练某种单一的活动,其他一切肉体的和精神的能力都成了牺牲品。"农民被土地所束缚,单纯从事农业劳动,其他的能力,都被牺牲了。手工业者为某种手艺所束缚,同样也牺牲了他的其他方面的能力的发展。

这种片面的畸形的发展,在资本主义手工工场里达到了最严重的程度。马克思在《资本论》中指出:"工场手工业把工人变成畸形物,它压抑工人全面的生产志趣和才能,人为地培植工人片面的技巧。"在资本主义手工工场里,由于工人整天从事某道工序的局部操作,严重地摧残了工人的智力和体力的全面发展。

3. **人的全面发展是大工业生产的必然要求**

分工是人类社会的一大进步。由于分工而造成的人的片面发展是必然的。但是,大工业生产的不断发展,特别是日益进步的现代化生产,把人的全面发展当作一个生死攸关的问题提了出来。

马克思、恩格斯认为,一方面,现代工业的技术基础是革命的,由于新的科学技术在生产上的应用，带来了机器设备的不断更新，生产工艺不断改革，使一些行业迅速消失了，另一些行业又迅速产生了，造成了大批工人从一个生产部门转到另一个生产部门。所以，马克思说："大工业的本性决定了劳动的变换、职能的更动和工人的全面流动性。"这样，现代生产就要求"用那种把不同社会职能当作相互交替的活动方式的全面发展的个人来代替只是承担一种社会局部职能的局部个人"，即代替片面发展的人。

另一方面，随着大工业生产的发展，自然科学和工艺学也迅速发展，从而为劳动者通晓整个生产系统的基本原理和基本技能创造了条件。同时，随着大工业生产的发展，劳动生产率也迅速提高，使劳动者可以缩短劳动时间，有充分的闲暇去学习文化科学技术知识和从事体育、文艺、交际等各种活动，全面地发展自己的智力和体力。

马克思和恩格斯从以上两个方面科学地论证了大工业生产从客观上提出了人的全面发展的必要性和可能性。

4. 人的全面发展只有在共产主义社会才能实现

马克思、恩格斯认为，大工业生产提出的使人获得全面发展的要求，在资本主义制度下并不能成为现实。因为大工业的资本主义形式，再生产出旧的分工及其固定的专业。资本家占有生产资料，继续对工人进行奴役。他们为了获取更大的利润，不仅加强了对劳动者的剥削程度，而且扩大了对劳动者的剥削范围，使用女工、童工，造成大量失业工人，从而廉价雇用工人。工人为了谋生，被迫出卖自己的劳动力，变成了机器的附属品，继续畸形发展。所以，尽管大工业生产提出了人的全面发展的要求，资本家为了牟取更大的利润也不得不给予工人子女以一定的入学受教育权利，但资本主义剥削制度却使工人无法摆脱片面发展的困境。在资本主义社会里，不仅工人的智力体力得不到全面发展，资产阶级也受到资本和利润的奴役，受资产阶级偏见的束缚，受他们所从事的职业的局限，其智力体力的发展也是片面的。马克思和恩格斯认为，要解决大工业生产要求人的全面发展而资本主义制度却限制人的全面发展的矛盾，只有通过无产阶级革命，建立共产主义社会。

5. 培养全面发展的新人的方法是教育与生产劳动相结合

马克思主义创始人不仅深刻论述了人的全面发展只有在消灭剥削制度以后才有可能，而且提出了未来社会实现人的全面发展的途径和方法。早在《共产党宣言》中，马克思和恩格斯就指出"把教育同物质生产结合起来"。接着他们在考察资本主义工厂制度时，从欧文在工厂给工人办学校的实践中，发现了未来教育的萌芽。马克思在《资本论》中指出："未来教育对所有已满一定年龄的儿童来说，就是生产劳动同智育和体育相结合，它不仅是提高社会生产的一种方法，而且是造就全面发展的人的唯一方法。"

马克思主义关于人的全面发展学说是我国社会主义教育目的的理论基础，因而学习以上论述，对于我们深刻理解我国教育目的的精神实质，具有重要的意义。

总结人的全面发展的基本观点如下：

（1）人的全面发展受其所处的社会生活条件、社会分工、社会生产力水平的制约。

（2）人的全面发展是相对于人的片面发展而言的，旧式分工及其固定专业造成了人的片面发展。

（3）机器大工业生产提供了人的全面发展的基础和可能。

（4）社会主义制度是实现人的全面发展的社会制度条件，

（5）人类的全面发展只有在共产主义社会才能得到实现。

（6）教育与生产劳动相结合是培养全面发展的人的唯一途径（唯一方法）。

六、不同的教育目的论

由于教育目的首先反映的是不同的教育价值取向，是教育理想的体现，因此不同的教育家往往都会有不同的教育目的观念和理论。教育思想史上具有代表性的教育目的论主要有以下几种。

（一）社会本位的教育目的论

社会本位的教育目的论的基本主张是以社会的稳定和发展为教育的最高宗旨，教育目的应当依据社会的要求来确定。代表人物是中国的荀子，古希腊的柏拉图，德国的赫尔巴特、涂尔干，法国的孔德，美国的巴格莱、凯兴斯泰纳、赫钦斯和纳托普。

社会本位的教育目的论主要反映的是古代社会的特征和要求。《学记》就说："君子欲化民成俗，其必由学乎。""古之王者，建国君民，教学为先。"中国古代教育一直以修身为本，但修身的最终目的是"治国平天下"。《论语》在谈学道时说："君子学道则爱人，小人学道则易使也。"与此相似的是，柏拉图亦在其《理想国》中认为，教育应当因人而异，对平民阶级要培养他们勤劳和节制的美德；对军人应当培养他们勇敢的精神；而对最高统治者的教育则应使他们具有把握世界的智慧，具有"哲学王"的特征。实际上，柏拉图所主张的教育目的就是教育应当为维护奴隶社会的社会秩序服务。

在近现代教育史上也出现过社会本位的目的论思想。最具代表性的是教育社会学中的社会功能学派。他们将人类个体发展的社会条件无限夸大，认为个人的发展完全取决于社会。社会学家那笃尔普认为："在事实上个人是不存在的。因为人之所以为人，只是因为他生活在人群之中，并且参加社会生活。"社会学家涂尔干也说："正如我们的身体凭借外来的事物而获营养，我们的心理也凭借从社会来的观念、情感和动作而获营养。我们本身最重要的部分都是从社会得来的。"在此基础上，社会功能学派认为教育目的只能是社会目的。那笃尔普认为："在教育目的的决定方面，个人不具有任何价值。个人不过是教育的原料，个人不可能成为教育的目的。"涂尔干说："教育在于使青年社会化——在我们每一个人之中，造成一个社会的我。这便是教育的目的。"教育家凯兴斯泰纳则说："我十分明确地把培养有用的国家公民当作国家国民学校的教育目标，并且是国民教育的根本目标。"

社会本位的教育目的论者认为，衡量教育好坏的最高标准只能是看教育能否为社会稳定和发展服务，能否促进社会的存在和发展；离开社会的教育目的是不可思议的，也是没有意义的。社会本位的教育目的论充分注意到了社会对个人、对教育的制约作用。但这一学派没有看到：社会是由个体组成的，没有有活力的个体，社会存在就是病态的；同时离开个体的生活幸福等目的，社会存在也就失去了意义；社会是个体存在和发展的基本条件，但社会并不是个体存在的终极目的。因此，教育目的如果只看到教育对象存在的条件而对教育对象自身的需要不做足够的关照，就肯定是有失偏颇的。

（二）个人本位的教育目的论

与社会本位的教育目的论相反，个人本位的教育目的论认为，个人价值远高于社会价值，因此应当根据个人的本性和个体发展的需要来确定教育目的。持个人本位目的论的教育学家为数甚多，其代表人物是中国的孟子、法国的卢梭、德国的福禄培尔、瑞士的裴斯泰洛齐、斯宾塞、帕克、马斯洛、罗杰斯、萨特、马利坦、赫钦斯、奈勒。

个人本位的教育目的论往往强调人的自然本性，希望教育按照人的本性而不是违背这一本性办事。卢梭就认为，人的天性是善良的，"在人的心灵中根本没有什么生来就有的邪恶"，一切人的堕落都是由于社会的负面影响，故"出自造物主之手的东西都是好的，而一到人的手里，就全变坏了"。"大自然希望儿童在成人以前就要像儿童的样子"，所以"要按照你的学生的年龄去对待他"。卢梭因此认为最好的教育是远离社会的自然教育。

福禄培尔也认为:"只有对人和人的本性的彻底地、充足地、透彻地认识,根据这种认识加以勤勤恳恳的探索,自然地得出有关养护和教育人所必需的其他一切知识以后……才能使真正的教育开花结果。"正是因为相信人的天性是好的,所以持个人本位论的教育学家都认为教育的根本目的是求得人的天性的自由和全面地发展。卢梭在其著作中说,如果要在塑造人和塑造公民之间做出选择的话,他将选择塑造人的目标。裴斯泰洛齐也认为:"为人在世,可贵者在于发展,在于发展各人天赋的内在力量,使其经过锻炼,使人能尽其才,能在社会上达到他应有的地位。这就是教育的最终目的。"

个人本位的教育目的论具有强烈的人道主义特色。它在理论上的全盛时期是18、19世纪。在这一时期,强调人的本性需要,强调个人的自由发展,对于反对宗教神学、反对封建专制及其影响下的旧式教育具有重要的进步意义。由于个人本位的教育目的论倡导个性解放、尊重人的价值等,有一定的合理性,这一目的论在今天仍然对全世界的教育有着重要的影响。不过,正如社会本位的教育目的论只执一端因而有失偏颇一样,如果不将个人的自由发展同一定的社会条件和社会发展的需要结合起来,所谓合乎人性的自由发展就会变成空中楼阁。个人本位的教育目的论的最大缺陷即在于此。

(三) 教育无目的论

主要是美国教育家杜威的观点。他认为:"教育的过程,在它自身以外没有目的;它就是自己的目的。"他主张学校即社会,教育即生活。

杜威教育思想中一个引人争议同时又独具价值的方面就是他的"教育无目的"理论。杜威曾经指出:"我们探索教育目的时,并不是要到教育过程以外去寻找一个目的,使教育服从这个目的。""我们假定教育的目的在于使个人能继续他们的教育,或者说,学习的目的和报酬是继续不断生长的能力。"杜威一方面反对"使教师和学生的工作都变成机械的、奴隶性的工作"的"从外面强加的目的",以及"强调为遥远的未来作准备的教育观点",另一方面又坚信教育尤其是道德教育和政治信仰的培育等是民主社会实现和发展的重要环节。杜威认为:"社会是许多沿着共同的方向、具有共同的精神、为了共同的目标而并肩工作的人们的聚合体。""社会把它自己所成就的一切,通过学校机构,交给它的未来的成员。"所以,"教育是一种社会过程"。"教育批判和教育建设的标准,包含一种特定的社会理想。"因此有人认为,在杜威的思想体系中"儿童是教育的出发点,社会是教育的归宿点。正像两点之间形成一条直线一般,在教育出发点的儿童和教育归宿点的社会之间,形成了教育历程"。

杜威的教育目的论发人深省的地方在于,他将教育目的与教育活动本身联系起来,反映了教育活动主体的自觉性;同时他也注意到了真正有效的教育目的必须是内在于教育,或通过教育过程去实现的目的。但是,如果真如杜威所说教育的目的是"使个人能继续他们的教育",是"继续不断生长的能力"的话,那么这一生长可能是没有方向的。而事实上杜威倡导的方向就是要为他所谓的"民主社会"培养合格的公民。只不过他并不将这一方向称之为教育目的而已。由此可见,教育无目的论并非主张真正的教育无目的,而是认为无教育过程之外的"外在"目的。杜威的这一目的论思想对于我们正确认识和确定教育目的有一定的积极意义。

(四) 社会需要与人的自身发展的辩证统一论

这是一种马克思主义的教育目的论。马克思主义认为,社会需要与人自身发展是辩证统一的,教育目的必须体现这种辩证统一关系。人是社会的人,个体人的发展不能离开他所处的社会环境,而是以社会发展为基础,受社会发展的制约。教育促进个体的发展,就是使个体适应他所处的社会关系、社会生活条件。因此,教育目的不能脱离社会发展的需要,必然受社会发展的需要所制约。在阶级社会中,这种需要就是阶级的需要,教育就是按照阶级的需要去培养人。但另一方面，每个人又是一个相对独立的个体，在重视的社会价值的同时，必须考虑人自身发展的各种需要，从而把教育的社会价值与人的自身发展的价值统一起来，即实现社会需要与人的自身发展相统一。

我国的教育目的要体现社会需要与人的自身发展的统一。教育既要培养社会需要的人，又不能把人培养成"标准件"，培养成简单的机械工具，而要使他们得到全面和谐的发展。

第二节　我国的教育目的

一、新中国成立后教育目的表述的历史回顾

教育目的是一个历史性的范畴。中华人民共和国成立后，我国对教育目的的表述也是随着历史的发展有所不同的。

新中国成立之初，根据当时的情况，《中国人民政治协商会议共同纲领》规定："人民政府的文化教育工作，应以提高人民文化水平、培养国家建设人才、肃清封建的买办的法西斯主义的思想、发展为人民服务的思想为重要任务。"

社会主义改造基本完成以后，毛泽东于1957年在最高国务会议上提出："我们的教育方针就是使受教育者在德育、智育、体育几方面都得到发展，成为有社会主义觉悟的有文化的劳动者。"1958年，毛泽东又指出："教育必须为无产阶级政治服务，教育必须同生产劳动相结合。"毛泽东对于教育目的的论述对当时我国教育目的的制定起了非常重要的作用。同年，中共中央、国务院《关于教育工作的指示》就明确指出："教育目的是培养有社会主义觉悟的有文化的劳动者。"并且指出这一表述"正确地解释了全面发展的含义"。1978年，我国《宪法》中关于我国教育目的的表述为："我国的教育方针是教育必须为无产阶级政治服务，教育必须同生产劳动相结合，受教育者在德育、智育、体育几方面都得到发展，成为有社会主义觉悟的有文化的劳动者。"直到今天，毛泽东关于教育目的的思想仍然对我国教育目的的制定有重要的影响。以毛泽东的指示为直接指导所形成的教育目的着重强调了教育目的的社会制约性，也考虑到了教育目的对教育对象身心发展及其规律的适应性，在不同时期起过一定的积极作用。

中共十一届三中全会以来，改革开放及社会主义现代化建设事业的发展对教育事业提出了新的要求。国家制定了新时期的教育目的——以经济建设为中心方针主导下的教育目的。1981年，中共中央《关于建国以来若干历史问题的决议》要求："坚持德智体全面发展、又红又专、知识分子与工人农民相结合、体力劳动和脑力劳动相结合的方针。"1982年，全国五届人大五次会议通过的新的《中华人民共和国宪法》规定："国家培养青年、少年、儿童在品德、智力、体质等方面全面发展。"1985年，中共中央《关于教育体制改革的决定》提出，要"为20世纪90年代以至下世纪初叶我国经济和社会发展，大规模地准备新的能够坚持社会主义方向的各级各类合格人才"，"这些人才都应该有理想、有道德、有文化、有纪律，热爱社会主义祖国和社会主义事业，具有为国家富强和人民富裕而艰苦奋斗的献身精神，都应该不断追求新知，具有实事求是、独立思考、勇于创造的科学精神"。20世纪80年代初期强调又红又专和科学精神等是国家工作重点转移到经济建设上来的大环境的产物，也是对"文革"时期片面强调政治素质的一种拨乱反正。

1986年，全国六届人大四次会议通过的《中华人民共和国义务教育法》规定："义务教育必须贯彻国家的教育方针，努力提高教育质量，使儿童、少年在品德、智力、体质等方面全面发展，为提高全民族素质，培养有理想、有道德、有文化、有纪律的社会主义建设人才奠定基础。"1995年，全国八届人大三次会议通过的《中华人民共和国教育法》也规定："培养德、

智、体等方面全面发展的社会主义事业的建设者和接班人。"1999年6月,《中共中央国务院关于深化教育改革全面推进素质教育的决定》则指出:"实施素质教育,就是全面贯彻党的教育方针,以提高民族素质为根本宗旨,以培养学生的创新精神和实践能力为重点,造就有理想、有道德、有文化、有纪律的、德智体美等全面发展的社会主义事业建设者和接班人。"新时期的教育目的具有历史继承性,也反映了新时期社会发展的特点和我们对教育目的的新的思考和探索。

二、我国教育目的的基本特征

虽然我国的教育目的在不同时期表述不完全一致,但是,这些不同的表述在总体上又是统一的。它反映了社会主义国家教育目的的基本特征。概括起来,我国教育目的的基本特征有以下三点。

(一)我国教育目的以马克思主义人的全面发展学说为指导思想

马克思主义的人的全面发展理论是在社会生产和分工的基础上考察人的片面发展到全面发展的历史进程中产生的。马克思主义经典作家既十分关注人的全面发展,将人的全面发展作为坚定的价值取向,又认为社会存在是全面发展的前提条件,只有到了生产力高度发展,物质财富和人的闲暇时间极其充裕,消灭了人压迫人和人剥削人的社会制度,到了"每个人的自由发展是一切人的自由发展的条件的联合体"的共产主义社会,人的全面发展才能真正彻底地实现。所以,人的全面发展只能是一个随着社会历史条件变化而不断前进的历史过程。马克思主义的全面发展学说为我们制定社会主义的教育目的提供了人的全面发展的价值理想和正确认识、处理社会发展和个人发展关系的方法论。这就既避免了将社会发展与个人全面发展对立起来,抽象地谈论人的全面发展的片面性;又避免了将满足社会需要,在阶级社会实际上是满足统治阶级的需要作为教育的唯一和根本目的,否定个人和个性发展的价值,用社会需要取代个人需要的片面性。

从我国教育目的的以上表述可以看出,我们始终坚持德、智、体等方面全面发展的方向,始终强调教育与生产劳动相结合的方针。这实际上是现阶段落实马克思主义关于人的全面发展理论的表现。但是我们不能将"全面发展"理解为只有德、智、体三个方面。人的精神结构中除了品德和智力两个方面,至少还应包括审美等能力的培养,还应当包括健全的心理素质这一维度。全面发展的核心内涵是个性的自由发展,使学生主动和生动活泼地发展更是我国教育长期和根本的任务。当然,全面发展也不能超越社会发展阶段的制约,我们只能实现在一定历史阶段最大可能地全面发展。

(二)我国教育目的有鲜明的政治方向

我国的教育目的始终强调我们所要培养的人是符合无产阶级根本利益或社会主义方向的人。这在不同时期表述上有所不同,如:"有社会主义觉悟的有文化的劳动者","热爱社会主义祖国和社会主义事业,具有为国家富强和人民富裕而艰苦奋斗的献身精神"以及"社会主义事业的建设者和接班人",等等。应当说,在教育目的的阶级性上社会主义教育目的有其明显的特点。它既不同于宣扬超阶级性的资产阶级教育目的,也不同于古代社会(奴隶社会、封建社会)以剥夺绝大多数人的受教育权赤裸裸地为统治阶级利益服务的教育目的。社会主义的教育追求每一个社会成员都享有平等的受教育权,并为受教育者提供最大限度的全面发展的可能空间。同时,它也根据实践中的经验和教训,要求受教育者做到政治与业务素质的统一,又红又专,德才兼备。

(三)坚持全面发展与个性发展的统一

社会主义社会是现代社会。现代社会为人的个性发展提供了前所未有的可能性;现代社会也需要具有鲜明的个性和创造性的社会成员,从而促进社会的高速发展。社会主义的教育必须具有以前各社会阶段所未有的高度的特征。除了教育机会均等方面的进展之外，这一特征的重要内涵就是尊重个体的存在价值、促进个性的充分发展。社会主义建设的不同领域需要具有不同风格与特长的建设者，需要"具有实事求是、独立思考、勇于创造的科学精神"的建设者。所以，社会主义的教育目的在强调全体受教育者的德智体美全面发展的一般要求的同时，也必然重视个人的自主性、创造性和其他个性品质，强调个体才能和特长的充分发挥，从而寓一般于特殊之中，形成较为完善的教育目的内涵。

中国社会曾是一个社会本位色彩浓厚的社会。除了几千年封建社会和传统文化的影响之外，在新中国成立以后的一些时期，我们对马克思主义社会与个人关系的理解也有相当大的片面性，其结果是我们在教育中对人的个性发展重视不够，影响了学生在主体性、创造性等方面的发展。所以，坚持社会主义教育目的的"全面发展与个性发展的统一"的基本特征十分重要。

三、我国现阶段的教育目的及其精神实质

2010 年 7 月，党中央、国务院正式颁布的《国家中长期教育改革和发展规划纲要（2010—2020 年）》（以下简称《纲要》）在第一部分"总体战略"中再次强调了我国的教育目的（教育方针）："全面贯彻党的教育方针，坚持教育为社会主义现代化建设服务，为人民服务，与生产劳动和社会实践相结合，培养德智体美全面发展的社会主义的建设者和接班人。"

《纲要》中关于教育目的的表述体现了时代的特点，反映了现阶段我国教育目的的基本精神。

（1）坚持社会主义的方向性。我们要培养的人是社会主义事业的建设者和接班人，教育要坚持政治思想道德素养与科学文化知识能力的统一。

（2）坚持全面发展。要求学生在德、智、体等方面全面发展，学生要坚持脑力与体力两方面的和谐发展。

（3）培养独立个性。适应时代要求，强调学生个性发展，重点培养学生的创新精神和实践能力。

（4）教育与生产劳动相结合，是实现我国教育目的的根本途径。

（5）注重提高全民族素质。这是我国当今社会发展赋予教育的根本宗旨。

四、我国教育目的实现的基本要求

（1）端正教育思想，明确教育目的。

（2）全面贯彻党的方针，全面提高教育质量。

（3）深化教育改革，实施素质教育。

第三节 全面发展教育的组成部分

一、全面发展教育组成部分的具体内容

所谓全面发展教育是对含有各方面素质培养功能的整体教育的一种概括，是对为使受教育者多方面得到发展而实施的多种素质培养的教育活动的总称，是由多种相互联系而又各具特点的教育所组成。我国现在的中小学的全面发展教育主要包括德育、智育、体育、美育和劳动技术教育。

（一）德育

德育是培养人思想道德的教育，是向学生传授一定社会思想准则、行为规范，并使其养成相

应思想品德的教育活动，是思想教育、政治教育、道德教育、法制教育、健康心理品质教育等方面的总称。

德育的基本任务包括：培养学生良好的道德品质，使学生成为具有良好社会公德、文明行为习惯的遵纪守法的好公民；培养学生正确的政治方向，使学生形成正确的政治信念，具有为国家富强和人民富裕而努力奋斗的献身精神；培养学生正确的世界观、人生观，使他们形成科学辩证的思想方法，正确认识世界和人生，在社会生活中追求新知，解放思想，实事求是，勇于创造；培养学生良好、健康的心理品质，使学生能正确认识自己，讲究心理卫生，提高心理素质，形成完善人格；培养和发展学生良好的思想品德能力等。

（二）智育

智育是传授给学生系统的科学文化知识、技能，发展他们的智力和与学习有关的非认知因素的教育。

（1）智育的主要内容包括传授知识、发展技能、培养自主性和创造性。

（2）为其他各育提供科学依据和认识基础，是五育的核心和关键。

（3）智育的意义是：

①智育在社会文明建设中起着不可缺少的作用。

②智育在全面发展教育中占有核心地位。

（4）智育的任务。

①向学生系统传授科学文化基础知识，为学生各方面发展奠定良好的知识基础，培养训练学生，使其形成基本技能（双基教育）。

②发展学生的智力，增强学生各方面能力。

③发展学生的非智力因素，培养学生良好学习品质和热爱科学的精神。

（三）体育

体育是指向学生传授身体运动及其保健知识，增强学生体质，发展学生身体素质和运动能力的教育。

（1）体育的根本任务。

增进学生的健康，增强学生的体质（学校体育与学校其他活动最根本的区别）。

（2）体育的基本任务。

指导学生身体锻炼，促进身体的正常发育和技能发展，增强学生体质，提高健康水平；使学生掌握身体运动锻炼的科学知识和基本技能，掌握运动锻炼的方法，增强身体运动能力；使学生掌握身心卫生保健知识，养成良好的身心卫生保健习惯；发展学生良好品德，养成学生文明习惯。为各育奠定物质基础。

（3）体育的组织形式。

①体育课，是体育的基本组织形式。

②早操、课间操。

③课外体育锻炼。

④运动队训练。

⑤运动竞赛。

（四）美育

美育是培养学生正确的审美观点，发展学生感受美、鉴赏美和创造美的能力的教育。在我国，首次把美育作为教育方针一部分提出来的是近代著名的教育家蔡元培。

美育的基本任务是：培养学生正确的审美观点，使他们具有感受美、理解美以及鉴赏美的知识和能力；培养学生艺术活动的技能，发展他们体现美和创造美的能力；培养学生美好心灵和行为，使他们在生活中体现内在美与外在美的统一。其中,形成创造美的能力是美育的最高层次的任务。

美育的基本形态是艺术美和现实美。现实美又包括自然美、社会美和教育美。

1. 艺术美育

艺术美是一种以现实美为基础,但是又经过艺术加工,因而高于现实美的形态。艺术美育则是指以艺术美为内容的美育活动,它应当成为学校美育的核心内容。艺术美育的具体内容主要有三项。

(1) 在艺术美育中,应当努力激发学生的情感体验,引导学生理解美的本质、内容和境界,从而在实质意义上得到美的陶冶。

(2) 艺术美育还应当努力使学生理解、掌握不同艺术形式及表现方式,不同艺术体裁和风格的特点,从而提高艺术的鉴赏能力。

(3) 让学生通过必要的训练,具有一定的艺术表现力或创造能力,提高学生的艺术实践方面的修养。艺术美育在学校中主要靠艺术类课程来实施。

2. 自然美育

自然美是指自然物本身所呈现出来的美的形态。自然景致具有天然质朴、色彩丰富的特点,而且随季节、昼夜和天气变化而经常变换。因此,自然美育具有非常大的生动性和随机性。自然美育的主要内容主要包括三项。

(1) 通过自然美的鉴赏,使学生了解自然美的特征,增强学生的审美感和理解能力。

(2) 通过自然美的欣赏,开阔视野,增加知识,陶冶性情。

(3) 通过自然美的欣赏,尤其是一些人文化的自然美的欣赏,增强学生热爱自然环境、热爱祖国美好河山的情感。

3. 社会美育

社会美也叫生活美,是社会生活中存在的美的形态。它包括人格美、劳动与生活过程的美、产品以及环境美等。社会美直接体现人们改造世界的本质力量和生活理想,有美与善、美与真结合的特点,具有较大的美育价值。社会美育具有较为明显的社会性、历史性、民族性和阶级性。所以社会美育应当引学生树立正确的价值观和审美观。同时社会美育具有较大的实践性,应当努力引导学生在社会生活和学校生活中发现生活之美,并努力创造社会美。社会美育还应当引导学生对于人格美的向往与追求,实现心灵与形体美的统一。

4. 教育美育

所谓教育美育是说要使全部教育活动成为美育事业的组成部分,教育活动本身要做美化。教育美育要求教育者充分创造教育活动的形式美,同时努力发掘教育活动中所有美的要素作为美育的资源。

人们对美育功能的认识成果有三点:一是对美育的直接功能(即"育美")的认识;二是对美育的间接功能(或附带功能、潜在功能,具体说就是美育的育德、促智、健体功能等)的认识;三是对美育的超美育功能(即美育的超越性功能)的探究。中国教育史上蔡元培先生倡导的"以美育代宗教说",实质上是美育的超美育功能认识的一个代表。

美育对学生德、智、体、劳各方面的发展意义表现在以下几方面。

(1) 美育可以扩大学生的知识视野,发展学生的智力和创造力。艺术通过可感的艺术形象来帮助人们生动鲜明地认识世界,扩大知识视野。在对美的感知和情感体验中,也有助于学生观察力、思维力、创造力等能力的发展。把美育和智育结合起来,会使学生的脑力劳动更富有活力,更富有创造力。

(2) 美育具有净化心灵、陶冶情操、完善品德的教育功能。在全面发展教育中,美育和德育是相辅相成的。美育利用美的形象进行教育,提高学生分辨是非的能力,并深刻地影响学生的思想情感，使学生自觉形成高尚的品德和情操。

（3）美育可以促进学生身体健康发展。在体育中讲求美学，可以提高运动艺术的审美价值，不仅使学生锻炼了身体还可以怡情养性。

（4）美育有助于学生劳动观点的树立、劳动技能的形成。劳动对象、生产资料和物质产品都有审美价值，尤其是在科学技术革命时代，随着劳动美学、技术美学的普及，美育与劳动技术相结合将会推动科学技术的发展。

总之，美育具有不可取代的特殊教育功能，它与其他各育互为条件，相辅相成，共同促进学生的全面发展。培养个性和才能全面和谐发展的完美的人，是美育的目的。

（五）劳动技术教育

劳动技术教育是向学生传授现代生产劳动的基础知识和基本生产技能，培养学生正确的劳动观点，养成良好的劳动习惯的教育。劳动技术教育包括劳动教育和技术教育两个方面。

劳动技术教育的基本任务是：培养学生正确的劳动观点和良好的劳动习惯；使学生掌握初步的生产劳动知识和技能；促进学生身心健康发展。

二、全面发展教育各组成部分之间的关系

德育、智育、体育、美育、劳动技术教育紧密相连，它们互为条件，互相促进，相辅相成，构成一个统一的整体。它们的关系具有在活动中相互渗透的特征。

（一）"五育"在全面发展中的地位存在不平衡性，要全面发展，但不能平均发展

全面发展不能理解为要求学生"样样都好"的平均发展，也不能理解为人人都要发展成为一样的人。全面发展的教育同"因材施教""发挥学生的个性特长"并不是对立的、矛盾的。人的发展应是全面的、和谐的、具有鲜明个性的。在实际生活中，青少年德、智、体、美、劳诸方面的发展往往是不平衡的，有时需要针对某个带有倾向性的问题强调某一方面。学校教育也常会因某一时期任务的不同，在某一方面有所侧重。

（二）"五育"各有其相对独立性

"五育"中的每一组成部分都有其相对独立性，有其特定的任务、内容和功能，对其他各育起着影响、促进的作用，各育不能相互代替。各育都具有特定的内涵、特定的任务，其各自的社会价值、教育价值、满足人发展的价值都是通过各自不同的作用体现出来的。德育对其他各育起着保证方向和保持动力的作用，是其他各育的统帅，它体现了社会主义教育的方向，是"五育"的灵魂；智育则为其他各育的实施提供了认识基础和能力基础，在全面发展的教育中起着核心作用；体育则是实施各育的物质保证；美育在全面发展教育中起着动力作用；劳动技术教育是渗透的途径，也是德育、智育、体育的具体运用和实施。因此，"五育"各有其相对独立性。

（三）"五育"之间具有内在联系

在全面发展教育中，各育不可分割，又不能相互代替。各育都具有制约或促进其他各育的因素，各育的发展又都离不开其他各育的配合，都需要其他各育与之协调。它们是相辅相成、缺一不可的。任何片面的做法，都有可能导致人的素质的发展出现倾斜。同时，各育之间也是相互区别的。各育都有特定的内涵，都具有自己特定的任务，各育的社会价值、教育价值、满足人发展需要的价值都是通过各自不同的作用体现出来的。所以，任何一育都是不可代替的。各育的不可分割和不能相互代替，反映了它们在全面发展教育中的关系是辩证统一的。

根据上述各育之间的关系，在教育中要把各育结合起来，使它们在全面发展中相互协调、相互促进，都得到发展。要注意避免两种片面的倾向：一是只注重各育之间的联系性和相互促进性而忽视各育的独特功能；二是只注重各育的区别和不可代替性而忽视各育相互促进的作用，甚至把它们割裂开来、对立开来。这两种片面做法都会破坏各育之间的协调，不利于相互结合。在

实际生活中，青少年德、智、体诸方面的发展往往是不平衡的，有时需要针对某个带有倾向性的问题着重强调某一方面。学校教育也常会因某一时期任务的不同，而在某一方面有所侧重，但这绝不意味着可以忽视和放松其他方面，在任何情况下，都要注意坚持社会主义教育目的，使受教育者在德、智、体诸方面和谐发展。

第四节 素质教育

一、什么是素质教育

（一）素质的含义、构成和特征

1. 素质的含义

要正确理解素质教育，必须弄清素质的确切含义。素质的含义有狭义和广义之分。传统的素质概念往往是狭义的，主要是指生理学和心理学上的素质概念。据顾明远主编的《教育大辞典》解释，素质是指"个人先天具有的解剖生理特点，包括神经系统、感觉器官和运动器官的特点，其中脑的特性尤为重要。它们通过遗传获得，故又称遗传素质，也称禀赋"。

2. 素质的构成

随着素质教育的提出与人们对素质研究的深入，素质的内涵不断丰富，外延不断扩大。今天，广义的素质概念包括自然生理素质、心理素质、社会文化素质等多方面。

（1）自然生理素质（也称身体素质）主要包括生理机能、运动技能、体质和体型等方面的素质，如身高、体重的正常发育，消化、循环、内分泌等主要生理系统的健康和良好发育，以及良好的运动和适应能力。

（2）心理素质包括直接承担人的认识过程的智力因素和影响人的认识过程及构成人的其他心理活动的非智力因素，如感知、记忆、思维、想象、注意等智力因素和需要、情感、意志、性格等非智力方面的素质。

（3）社会文化素质包括思想观念、道德行为规范、科学文化知识、劳动生活技能以及审美的知识和情趣等。

这三种素质之间是一种相互作用、相互补充、相互协同、相互依存的关系。一般来说，生理和身体的素质是人的心理素质和科学文化素质赖以生存和发展的物质基础，而心理素质和科学文化素质之间的关系更为密切。人们只有具备良好的心理素质才能更好地掌握科学文化知识，而良好的人类文化知识的滋养正是人的心理正常和良好发育的必要条件。这三种素质构成了人的素质的整体。所以，广义的素质是指个体在先天生理基础上，通过后天环境的影响和教育所获得的比较稳定的、长期发挥作用的基本品质结构，它包括思想、知识、身体、心理品质等。

3. 素质的主要特征

（1）素质是先天遗传性与后天习得性的辩证统一。先天的禀赋是素质形成的基础，而后天的环境为素质发展提供了机会，特别是有明确目的和对影响进行控制的教育性环境在素质发展中起主导作用。

（2）素质是相对稳定性与动态变化性的辩证统一。素质一般是指那些相对稳定的特征，即只有相对稳定的特征才称之为素质。但素质并不是一成不变的，而是通过与环境、教育的相互作用不断变化和发展的，这种变化发展可以通过知识、能力、思想等表现出来。

（3）素质既有统一性又有差异性。每个人作为一般意义上的人来说其素质具有共同的基本的特征，表现在生理、心理、个性等基本的组成因素和结构。但每个人在具体表现形式上又有自己的特点。有些人性格中某种因素表现强于其他因素，表现为外向性格；而有些人正好弱于其他方面，表现为内向性格。这就对教育提出了不同要求，只有因材施教，才能促进学生发展。

（4）素质是个体性与群体性的统一。群体素质是由个体素质构成的，个体素质水平影响到群体素质水平。但群体素质又是个体素质成长的土壤，群体素质对个体素质以巨大影响，使个体素质深深地打上了民族、地域、组织、团体等文化色彩。

（5）素质具有整体性。人的素质是一个整体系统，是由各方面素质因子以某种方式连接而成的。整体素质水平既取决于各素质因子，尤其是素质要素的水平，更取决于各素质因子之间的构成关系的合理性。而整体构成结构的合理性又给予各素质因子，尤其是对素质要素功能的发挥以极大影响。

（二）素质教育的含义、特点和内涵

1. 素质教育的含义

弄清了素质，就比较容易理解素质教育。但"素质教育"是一个处在成长和发展中的概念，学者们对此有许多理解，甚至质疑其语法和学理上的合理性。

但从素质教育的生成讲，素质教育是针对"应试教育"提出来的，素质教育是依据人的发展和社会发展的实际需要，以全面提高全体学生的基本素质为根本目的，以尊重学生主体性和主动精神，注重开发人的潜能，形成人的健全个性为根本特征的教育。

素质教育的要义有三点：面向全体学生、让学生全面发展、让学生主动发展。

素质教育是以提高民族素质为宗旨的教育。它是依据我国《教育法》规定的国家教育方针，着眼于受教育者及社会长远发展的要求，以面向全体学生、全面提高学生的基本素质为根本宗旨，以注重培养受教育者的态度、能力，促进他们在德、智、体等方面生动、活泼、主动地发展为基本特征的教育。素质教育要使学生学会做人、学会求知、学会劳动、学会生活、学会健体和学会审美，为培养他们成为有理想、有道德、有文化、有纪律的社会主义公民奠定基础。

2. 素质教育的发展

素质教育作为一种教育价值观念，其初衷在于纠正"应试教育"现象——中小学教育片面追求升学率，大学教育过分专业化等。"应试教育"把教育活动的评价环节作为教育目的所在，把人的素质的某个方面作为全部，教育活动本身和教育培养对象被严重扭曲。因此，"应试教育"不仅背离了我国的教育方针，也不利于培养社会进步与发展所需的人才。素质教育观扭转了应试教育观，把教育目的重新指向人本身，指向人的整体的、全面的素质。

（1）1993年2月，中共中央、国务院颁布的《中国教育改革和发展纲要》，强调"中小学要由'应试教育'转向全面提高国民素质的轨道，面向全体学生，全面提高学生的思想道德、文化科学、劳动技术和身体心理素质"。

（2）1996年3月由全国人大八届四次会议批准的《中华人民共和国国民经济和社会发展"九五"计划和2010年远景目标纲要》，全国九届人大一次会议和二次会议的《政府工作报告》，都强调由"'应试教育'向素质教育转变"，要"实施全面素质教育"。

（3）1999年1月13日国务院批转教育部发布的《面向21世纪教育振兴行动计划》，提出实施"跨世纪素质教育工程"。1999年6月，中共中央、国务院作出了《关于深化教育改革全面推进素质教育的决定》，将素质教育确定为我国教育改革和发展的长远方针，标志着素质教育观已经形成了系统的思想。

（4）2006年6月29日，第十届全国人大常务委员会第二十二次会议修订的《中华人民共和国义务教育法》明确规定："义务教育必须贯彻国家的教育方针，实施素质教育。"这标志着素质教育已经上升到法律层面，成为国家意志。

3. 素质教育与"应试教育"相比具有的特征

（1）教育对象的全体性。

①所谓教育对象的"全体性",从广义上说,是指面向全体国民,要求每个社会成员都必须通过正规的或非正规的渠道接受一定时限、一定程度的教育,以达到提高全体国民素质的目的。

②从狭义上说,是指全体适龄儿童都必须接受正规的义务教育。具体到学校和班级,则必须面向全体学生,不得人为地忽视任何一个学生素质的培养与提高。

全体性是素质教育最本质的规定、最根本的要求。全体性是素质教育最本质的规定、最根本的要求。

(2) 素质教育内容的基础性。

①中小学素质教育的内容是基础知识、基本技能、基本观点、基本行为规范、基本学习生活能力的教育。

②素质教育是为人的生存与发展增强潜力的教育,是为提高全民族素质、未来劳动者素质和各类人才素质奠定基础的教育。

(3) 素质教育空间的开放性。

①课堂已不再是单纯地灌输知识和机械地强化训练的场所,而是灵活安排与适当组合的生动活泼的开放性教育场所。

②教育不再局限于课堂和书本知识,而是积极开拓获取知识的来源和获得发展的空间,重视利用课外的自然资源与社会资源,开展丰富多彩的活动,以利于学生素质的全面提高与和谐发展。

(4) 素质教育目标的全面性。

素质教育的目标,就是国家教育方针中所规定的"德、智、体等方面全面发展"。为此,应重视德、智、体等方面素质的互相联系、互相渗透与制约,致力于促进学生全面而和谐的发展,不可重此轻彼或重彼轻此。

(5) 素质教育价值的多元化。

素质教育的价值取向是多元化的。素质教育首先必须满足学生个体生存与持续发展的需要,使学生学会生存、学会学习、学会发展、学会做人、学会健体、学会审美、学会劳动、学会共同生活。其次必须满足学生的兴趣、爱好,发挥其特长及潜能,使其个体得到充分而自由的发展,充满创造的活力。

4. 素质教育的内涵

(1) 素质教育是面向未来的教育。

《中国教育改革和发展纲要》指出:"世界范围的经济竞争、综合国力竞争,实际上是科学技术的竞争和民族素质的竞争。从这个意义上说,谁掌握了面向 21 世纪的教育,谁就能在 21 世纪的国际竞争中处于战略主动地位。"素质教育是针对难于适应未来社会发展趋势的"应试教育"提出来的,其立足点是面向未来社会发展需要与学生适应未来社会发展的要求。所以,素质教育不仅要把已有的知识经验传授给学生,更要培养学生预测未来发展变化的能力,主动寻找有用信息的能力,创造新知识的能力,应用新知识的能力,自我修养、激励、管理、控制的能力,即把学生这个不成熟的人培养成真正意义上的人——具有主体本质规定性的现代人。

(2) 素质教育是全面发展的教育。

①马克思主义关于人的全面发展思想是素质教育的理论基础。从一定意义上说,素质教育目的与依据全面发展教育思想确立的全面发展教育方针和教育目的是一致的。

②素质教育是全面发展教育方针和教育目的在新时期的具体体现,是具有时代特色的全面发展教育。贯彻全面发展教育方针有利于素质教育的推进和实施,而推进和实施素质教育有利于把全面发展教育方针的要求落到实处。

(3) 素质教育是面向全体学生的教育。

社会主义现代化建设需要造就各种类型和层次的建设者与劳动者,需要提高整个民族的文化素质,而非只提高一部分人的素质。"应试教育"的不合时宜就在于只重视高分学生,忽视了大部分学生和差生。这就违背了义务教育的根本宗旨,也不符合社会主义现代化建设的需要。而素质教育面向的全体学生,它不是挑选适合教育的学生,而是挑选、创设适合每一位儿童成长发展的教育方法,使每一位儿童都在他天赋允许的范围内充分发展。

(4) 素质教育是让学生主动发展的教育。

"应试教育"的最大弊端之一,在于按照统考的标准去要求学生,使学生沦为考试的奴隶和机器,忽视了学生的差异、个性和特长的发展。在这种教育机制下,学生处于被动接受知识的地位,产生了厌倦学习的情绪。而素质教育就是要唤起学生的主体意识,培养学生的主动精神、创造精神与创造性人格,让学生主动地发展,成为学习、生活、管理的主人。

(5) 素质教育是促进学生个性发展的教育。

每一个学生都有其个别差异性,有不同的认知特征、不同的欲望需求、不同的兴趣爱好、不同的价值指向、不同的创造潜能,因此,教育还要考虑学生的个性差异,充分发展学生的个性。

(6) 素质教育是以培养创新精神和实践能力为重点的教育(素质教育的核心、重点、时代特征,现代教育与传统教育的差别)。

创新能力是一个民族进步的灵魂,是国家兴旺发达的不竭动力。一个没有创新能力的民族难以屹立于世界的前列。作为国力竞争基础工程的教育,必须培养具有创新精神和实践能力的新一代人才,这是素质教育的时代特征。

(三) 素质教育的内容

素质教育的内容是养成学生理想素质的手段之一,如何确定素质教育内容,关键取决于要养成学生什么样的素质。从我国基础教育看,第一,要使学生身心两方面都得到发展与锻炼,有健康的身体和心理,有高度发达的智力和能力;第二,要通过掌握知识和实践活动与外部世界发生各种对象性的关系,认识和了解我们所处的外围世界;第三,要使学生具有良好的道德和高尚的人格,能参与正常的社会活动,按照某一社会环境特有的人际准则,如社会规范、行为礼仪去交往和协作,完成学习任务。这三个层次构成了人的发展的理想素质,而对人的理想素质的培养就决定了素质教育的内容。所以,一般来说,素质教育主要包括对学生身体素质、心理素质、科学文化素质、思想品德素质的培养与教育。其具体内容结构如表5-1所示。

表 5-1 素质教育的划分及具体内容

体系	素质划分	素质教育的具体内容
素质教育构成体系	生理素质	生理机能与体质的锻炼,基本活动能力的锻炼,对环境适应能力的培养与锻炼
	心理素质	认识过程的培养,包括观察力、注意力、记忆力、想象力、思维能力等;情意过程的培养,包括动机、兴趣、情感、意志、性格等
	业务素质(知识和能力素质)	经验、知识、技能、职业素养
素质教育构成体系	审美和思想品德素质	思想品德的培养,包括行为规范、公民意识、道德观、世界观、政治观、人生观等;劳动技能的培养,包括劳动态度、劳动习惯、生产的基本原理与技能等;交往素质的培养,包括语言表达能力、处理问题的方式等;审美素质的培养,包括审美情趣、感受美、鉴赏美、创造美的能力等

二、素质教育的原则

（一）基础性原则

所谓基础性原则，是指中小学教育要培养学生最基本、最普通、最一般的素质，包括基本的学识、能力等。它既不是"应试教育"，为升学做准备；也不是职业教育，为就业做准备；而是为人生做准备，是最普通的公民教育。所以说，素质教育首先强调的是基础性、一般性、普遍性，而非养成多种职业技能。

贯彻基础性原则，首先，要求培养学生的主体意识，使学生意识到自己是学习活动的操作者，是学习的主人，自己能够安排好自己的自学活动，自己能够管理和控制好自己，并能以自己的言行去影响其他人，包括父母和老师。为此，必须使学生了解自己的生理发育特点和心理活动过程，尤其是情绪过程与思考问题的过程，以便逐步培养起自信、自尊、自爱的意识和广泛的兴趣。其次，要培养学生主体能力，使学生有能力完成自己力所能及的活动，并善于在活动中总结经验和注意向他人学习。这就要求教师着力培养学生独立寻求知识与验证知识的学习能力，以及胆大心细的做事能力。最后，要培养学生做人的基本道德修养，其中最为重要的是公民意识，如诚实、守信、守法、讲效率等。同时，要加强"两史一情"教育，培养爱国主义情感和高尚的社会道德；也要加强劳动教育，培养劳动态度和劳动观念。

（二）全面性原则

所谓全面性原则，是指为学生提供的教育应该是全面发展的教育，以促进学生各方面充分发展。"应试教育"主要追求单纯以分数为标志的学习成绩，有很大的片面性。素质教育则要求学生全面发展和整体发展，要求德育为首，"五育"并重，要求全面发展学生的生理素质、心理素质、科学文化素质和思想品德素质。特别要提高学生的道德修养水平与思想政治素质，这关系到学生心理的健康发展和世界观的正确形成。

贯彻全面发展原则，首先，要注意克服轻视美育和体育的倾向。身体素质为人的发展提供了物质基础，必须加强体育，为学生发展打好身体基础。高尚的思想和情操、美的习惯和行为以及感受美、鉴赏美、创造美的能力，为人的发展提供了健康的心理基础，必须加强美育，促使学生心理健康发展。

其次，要克服只重视少数尖子学生，而忽视大多数学生的倾向。在学生群体中，有一部分认知素质较好的学生学习成绩比较好，教师给他们的学习予以更多的关注本身没有错，但不可忽视对其他大部分学生的教育。因为中小学属于基础教育而非英才教育，基础素养养成是中小学的根本目的。从科学的学生观来讲，每个学生都具有巨大的发展潜力与需要，只不过这种潜力不一定都表现在认知素质方面。教师要树立每个学生在良好的教育下都能够充分发展的意识，深入研究学生的爱好、兴趣和特长，探索多样化的教育方式，促使每个学生在原有水平上都能够有所提高。

最后，要克服平均发展的认识。全面发展是质的结构协调和整体优化，而非量的平均分配或均等比较。而质的结构协调与整体优化体现为学生个性的全面发展。有研究者指出，素质教育中的全面发展有两个方面的规定性：一是针对每个个体来说，它是"一般发展"与"特殊发展"的统一；二是针对班级学生，乃至整个社会群体而言，它是"共同发展"与"差别发展"的协调。全面发展实际上也是"最优发展"。

（三）主体性原则

所谓主体性原则，是指素质教育必须唤起学生的主体意识，发展学生的进取精神，形成学生的主动个性。这是学生整体素质的心理基础，是把学生培养成真正意义上的"人"的关键。有学者从人性的角度构建了素质教育的一种逻辑支点，认为就单个个体而言，人与其他动物的最大区别在于人具有主体性,并表现在人的活动之前、之中和之后三个阶段。

(1) 人在活动之前具有目的和为实现目的所做出的计划,这种目的和计划不仅为人的未来行动提供了指引的蓝图,也是不断自我激发动力的诱因。

(2) 人在活动之中能够自我检查活动情况,自我管理和校正行为,自我激发动力和意志,依靠精神力量克服困难,直到取得成功。

(3) 人在活动之后讲求效益,通过反省不断总结经验和教训,避免在不同时间、空间,以不同形式犯同样性质的错误。在某种意义上说,人是在自我反省中进步的。

(4) 依据这种逻辑支点,学生的主体性就体现在活动之前的目的性和计划性,活动之中的自尊、自爱、自信的自我控制性,活动之后的自我反思性等。主体性原则就是要培养学生确定活动目的与计划的意识和能力、依靠自己的力量运行计划与达到目的的意识和能力、不断自我反思与总结经验的意识和能力。

贯彻主体性原则,首先,要让学生去做力所能及的事情。学生的主体性是在他们的独立活动中体现出来的,凡是学生能够做好的事情,在没有危险的情况下尽可能让学生自己去做;凡是学生能够做,但不一定能够做好的事情,教师应向学生说明情况或做出示范后,再让学生自己去做。教师的示范、指导、提示绝不能代替学生的操作过程,使学生明白,不管外界提供多少条件,完成活动始终是自己的责任。

其次,要为学生显示和体验自己的才能创造条件。学生的能力只有在活动中才能显示出来,而学生只有在活动中才能体验到自己的能力,才能在这种体验中滋生出自信心。所以,教师应该有意识地设计一些学生力所能及的活动和任务,尤其要为那些自卑感较强的学生设计一些特殊活动和任务,让他们在活动中显示与体验自己的能力,增强自信。

最后,要注意引导学生开展自我反思活动,学会在各种活动中认真总结经验和吸取教训,通过反思形成刻意过程与刻意行为,不断进步,不断提高。

(四) 发展性原则

所谓发展性原则,是指素质教育始终是动态和发展的过程,而非某种静止的固定的结果。我们不能说学校达到了某种结果就是素质教育,未达到某种结果就不是素质教育。实际上,素质教育是促进学生整体素质协调发展与逐步养成的过程。这个过程又随着时代发展而不断变化,其表现为:教师的职业思想、理念、道德、知识、能力、心理等整体素质随着社会对教育要求的发展变化而不断地更新;学生在与外界对象交互作用中不断形成新的素质,这种新的素质又促使外界对象发生新的变化,学生与环境的关系就是一种交互作用和动态更新的关系;教育管理者在素质教育中不断养成新的理念与管理策略,通过探索和创设适合素质教育的管理方式,促使素质教育实施效果,而新的素质教育效果和环境,又促使管理者形成新的素质教育理念和策略;家长也要在素质教育过程中不断更新观念,形成新的教育价值观。

贯彻发展性原则,首先,要树立素质教育不是一种静止的固定的结果,而是一个不断发展更新过程的理念。这个过程重在教师、学生、家长、教育管理者素质的逐步提高。其次,素质教育重在促进学生整体素质的结构性发展,而非量的增加。所以,教师要创造一切可能的条件来提高学生的生存能力,使学生学会生活、学会生存、学会学习、学会竞争。最后,要从未来发展的趋势出发培养学生的素质。作为基础教育的素质养成重点不是仅仅面向现实的社会需要,而是要面向未来信息社会的挑战。有学者认为,信息时代对人的素质提出了以下要求。

第一,信息时代要求人具有强烈的主体意识和合作精神,打破自身的依赖性与自我封闭的心理状态。在素质养成上要突出自信、资力、自强、自治的意识与能力的培养,学会与人合作。

第二,信息时代要求具有开放与闭合统一的思维方式,在开放中同外界交换物资、能量和信息,在闭合中实现有效性。要求学校教育同社会教育结合起来,打破闭门读书的教育模式。

第三，信息时代是充满机遇和挑战的环境，它要求人善于识别机遇、捕捉机遇，而不是消极地等待机遇或权力部门的安排。在素质养成上要培养自信意识与分析加工信息的能力。

第四，信息时代要求人有改革意识和开拓创新精神，而不是惧怕风险、因循守旧，在素质养成上要进行创新学习与心理健康教育。

第五，信息时代要求人在社会生活中处理好原则性与灵活性的关系，在素质养成上要进行权变意识和行为改造的教育。

三、素质教育的目的与任务

（一）素质教育的任务

（1）培养学生的身体素质。身体素质主要包括身体结构与身体机能两个方面。身体素质是素质整体结构的基础层。

（2）培养学生的心理素质。心理素质是素质结构的核心层。按照心理学的二分法，即认识、智力因素与意向、非智力因素。

（3）培养学生的社会素质。社会素质是以身体素质为基础、以心理素质为中介而获得形成的。社会素质居于素质整体结构的最高层，又对身体素质、心理素质的形成有重大影响。社会素质主要是由政治、思想、道德、业务、审美、劳技等素质构成。

（二）素质教育的目标

1. 素质教育的总目标

《中国教育改革和发展纲要》中提出中小学要由"应试教育"转向"全面提高国民素质"的轨道。"全面提高国民素质"是素质教育的总目标。培养符合当前社会存在和发展所需要的公民或国民，这就是中小学教育的根本目标。分为两个层次：第一个层次是做人；第两个层次是成才。

2. 素质教育的具体目标

（1）促进学生身体的发育。
（2）促进学生心理的成熟化。
（3）造就平等的公民。
（4）培养个体的生存能力和基本品质。
（5）培养学生自我学习的习惯、爱好和能力。
（6）培养学生的法律意识。
（7）培养学生的科学精神和态度。

四、素质教育的实施

（一）内容

1999年6月，中共中央、国务院下发了《关于深化教育改革，大力推进素质教育的决定》，提出"实施素质教育，必须把德育、智育、体育、美育等有机地统一在教育活动的各个环节中。学校教育不仅要抓好智育，更要重视德育，还要加强体育、美育、劳动技术教育和社会实践，使诸方面教育相互渗透、协调发展，促进学生的全面发展和健康成长"。

（二）国家实施素质教育的基本要求

1. 教育要面向全体学生

首先，我国实行普及九年义务教育，就是面向全体适龄学生，让每一个适龄的学生都能进到学校里来，进到班级中来。其次，面向全体学生，使每一个学生都在原有的基础上有所发展，都在天赋允许的范围内充分发展。

2. 教育要促进学生的全面发展

促进学生德、智、体、美等方面全面发展，这是我们党和国家的教育方针，我们需要在实践中把这个方针贯彻好、落实好，在这方面不能有任何放松。

3. 促进学生创新精神和实践能力的培养

我国的基础教育在能力培养上还需要进一步努力。知识是重要的，但是知识不能限制人们的思维空间，而应该成为人们进一步认识世界、改造世界、发展能力的基础，应该把知识融入人的认知结构中。因此，创新能力、实践能力对素质教育来说尤为重要。

4. 促进学生生动、活泼、主动的发展

要想有所创新，必须以主动性发挥为前提，真正尊重学生的主动精神。弘扬主动精神，这就要求教师要进行启发式教学，鼓励学生主动探索、主动思考，鼓励学生存疑、求疑，在教学中促进学生生动、活泼、主动地发展。

5. 培养学生终身可持续发展的能力

教是为了不教，不仅要让学生学会，更要让学生会学；不仅给学生知识，更要给学生打开知识大门的钥匙。为了顺应时代发展的要求，基础教育一定要培养学生的终身可持续发展的能力。

（三）学校教育中开展素质教育的途径和方法

在学校教育中，素质教育也要通过一定的渠道才能实施。实施素质教育的途径包括德、智、体、美等不同类型的教育活动，各种类型教育活动的基本实现方式——课程与教学、学校管理活动及课程以外的教育活动等。

1. 途径

（1）德育为先，"五育"并举。

德育、智育、体育、美育和劳动技术教育是学校教育活动的组成方面，素质教育作为完整的人的教育，必然包括完整教育的各个方面。不仅如此，这些教育的各个方面，要与素质教育的理念有机结合起来。

（2）把握课改精神，实践"新课程"。

要实施素质教育，就必须实施素质教育的课程。从2001年开始，国家为推进素质教育进行了基础教育课程改革，逐步建立起我国基础教育新课程，是实施素质教育的基本途径。

（3）学校管理、课程教学以外的各种教育活动，重点是班主任工作。

（4）学校管理。素质教育活动是在学校管理活动中实现的。

（5）各种课外、校外教育活动。

在学校的正式课程之外，还有各种各样的教育活动，如课外的兴趣活动、社区服务活动等。这些活动拓展了学生素质发展的领域，也是学生全面素质发展的必要条件。

（6）班主任工作。

①素质教育活动是有组织进行的。学校、班级是组织开展素质教育活动的基层单位。班主任是中、小学班级的组织者、教育者和管理者。

②班级中素质教育的开展，取决于班主任的班级管理思想、管理方法和教育方法。

2. 方法

（1）全面推进基础教育课程改革。

①课程改革是教育改革的核心。课程是教育思想、教育目标和教育内容的主要载体，集中体现国家意志和社会主义核心价值观。课程改革是学校教育教学活动的基本依据，直接影响人才培养质量。全面深化课程改革，对于全面提高育人水平，让每个学生都能成为有用之才具有重要意义。

②要适应课程改革的要求，进一步端正教育思想，转变教育观念，改革人才培养模式、教育

内容和教学方法，全面提高教育教学质量，减轻学生过重的课业负担，克服片面追求升学率的错误倾向。

③要进一步加强和改进学校体育与美育工作，倡导和组织学生参加各种有益的生产劳动、社会实践和公益活动，开展丰富多彩的校园文化活动。开展群众性青春健身运动，普及学生"每天锻炼一小时"活动。

课程改革要做到以下几点。

①改变教育观念。提高民族素质，实施素质教育，关键是要转变教育观念。

②转变学生观念。

③加大教育改革的力度。课堂教学是实施素质教育的主渠道。

④建立素质教育的保障机制。要充分发挥政府作用。

⑤建立素质教育的运行机制。

⑥营造良好的校园文化氛围。校园文化对于学生素质的形成具有潜移默化的作用。

(2) 提高广大教师实施素质教育的能力和水平。

建设高质量的教师队伍，是全面推进素质教育的根本保证。教师是实施素质教育的生力军。因此要进一步更新教师的教育观念，提高教师的师德素养，强化教师的在职进修制度，进一步调整教师的待遇，促进教师的专业发展，全方位地提升教师队伍的能力和水平。

(3) 把教育目的的实现，落实到每堂课、每一个环节。

素质教育对课堂教学的最基本要求是把教学目的的实现落实到每一堂课，乃至教学的每一个环节。课堂教学不能仅仅注重对知识的理解和应用、对思维品质的培养、对一般的学习能力和特殊的学习能力的培养，还要重视对学生学习兴趣的激发、学习动机的培养、学习需要的满足、学习方法的指导、学习态度的端正，这些都要渗透到教学的目标要求中，要贯穿于课堂教学的每一堂课，乃至每一个环节。

(4) 教学内容与生活、生产实际和社会发展联系。

新课程改革当中要求改变课程内容"难、繁、偏、旧"和过于注重书本知识的现状，加强课程内容与学生生活以及现代社会和科技发展的联系，关注学生的学习兴趣和经验，精选终身学习必备的基础知识和技能。因此，在对教学内容的选择上就要根据基础教育的任务、教育基本规律和学生身心发展规律，考虑学生终身学习和发展所需的基本素质，结合各门类课程特点，渗透促进学生全面发展、个性发展与创新精神实践能力的要求。

(5) 全方位调动学生的主动性和积极性。

《基础教育课程改革纲要（试行）》在课程改革的目标中，提出"改变课程实施过于强调接受学习、死记硬背、机械训练的现状，倡导学生主动参与、乐于探究、勤于动手，培养学生搜集和处理信息的能力、获取新知识的能力、分析和解决问题的能力以及交流与合作的能力"。

没有最大限度地发挥学生的潜力，没有从根本上调动全体学生学习积极性，不能真正让所有学生参与教学，不教学生如何学习，是影响教学质量深层次的问题。因此，判断教育者有没有掌握素质教育的方法，就要看教育者是否能够引导学习者主动学习，在教育者的帮助下学习者是否学会了学习。只有当学习者主动学习，又学会了学习，才能表明教育者掌握了素质教育的基本方法和思想，表明教育者所采用的方法符合素质教育的要求。

(6) 建立多层次、多样化的教学模式。

要实现教与学的统一，就要建立多层次、多样化的教学模式体系。教学目标的层次性，教学内容的多元性，教学对象的复杂性，决定了教学模式必须多样化。在微观层次上，可以有知识掌握与传授模式、技能形成与训练模式、能力获得与培养模式、行为规范的认同与示范模式、态度改变与教化模式等；从内容方面考虑，可以有概念教学模式、例题教学模式、思想方法教学模式等。在宏观层次上，有学习－教授模式、发现－指导模式、问题－解决模式等。

3. 实施素质教育的措施

（1）把良好的课堂教学和有效的活动、训练、实践相结合。
（2）把培养学生的基本素质作为推进素质教育的重点。
（3）重视现代医学的大脑研究最新成果，并从中寻找进行素质教育的新思路和新方法。
（4）重视现代教育技术，特别是国际互联网和计算机给素质教育带来的新影响。
（5）倡导使用能激发学生学习的主动性、创造性的教学方法。

五、当前我国素质教育在实践中存在的主要问题——片面追求升学率

（一）主要表现

（1）注重少数学生的发展而忽视全体学生的发展。
（2）注重学生的个别方面（主要是知识方面）的发展而忽视学生素质的全面提高。

（二）措施

（1）有赖于整个社会的发展。
（2）要深化教育体制改革。

六、素质教育与"应试教育"的对立

（一）教育目的的不同

"应试教育"着眼于分数和选拔，属急功近利的短视行为。而素质教育则旨在提高国民素质，追求教育的长远利益与目标，着眼于发展。

（二）教育对象不同

"应试教育"重视高分学生和少数尖子生，忽视大多数学生和差生。素质教育面向全体学生，面向每一个有差异的学生，即素质教育要求平等，要求尊重每一个学生。

（三）教育内容不同

"应试教育"紧紧围绕考试和升学需要，考什么就教什么，所实施的是片面内容的知识教学。而素质教育立足于学生全面素质的提高，教以适合学生发展和社会发展需要的教育内容。

（四）教育方法不同

"应试教育"采取急功近利的做法，大搞题海战术，"填鸭式"教学，简单地"一刀切"等。素质教育则要求开发学生的潜能与优势，重视启发诱导，因材施教，使学生学会学习。

（五）教育评价标准不同

"应试教育"要求学校的一切工作都围绕着备考这个中心来展开，以分数作为衡量学生和老师水平的唯一尺度。素质教育则立足于学生素质的全面提高，以多种形式全面衡量学生素质和教师的水平。

（六）教育结果不同

在"应试教育"下，多数学生受到忽视，产生厌学情绪，片面发展，个性受到压抑，缺乏继续发展的能力。在素质教育下，全体学生的潜能得到充分的发挥，个性得到充分而自由的发展，为今后继续发展打下扎实基础。

（七）素质教育在实施过程中应避免的误区

（1）素质教育就是不要"尖子生"。
①这是对素质教育面向全体学生的误解。
②素质教育理论认为每个学生都有不同的发展可能性和发展的基础，每个学生只有得到与其潜能相一致的教育，才算是接受了好的教育。

③社会需要各级各类人才，通过针对性的教育，使每个学生得到应有的发展，社会也得到不同层次的人才。因此，素质教育坚持面向全体学生，意味着素质教育要使每个学生都得到与其潜能相一致的发展。

（2）素质教育就是要学生什么都学，什么都学好。

①这是对素质教育使学生全面发展的误解。

②素质教育强调为学生的发展奠定基础，同时又要发展学生的个性，因此素质教育对学生的要求是合格加特长。这决定了一方面学生必须学习国家规定的必修课程，夯实基础；另一方面，学生还应该学习选修课程，充分发挥自己的特长，形成独特的个性。

（3）素质教育就是不要学生刻苦学习，"减负"就是不给或少给学生留课后作业。

①这是对素质教育使学生生动、主动和愉快发展的误解。

②学生真正的愉快来自于通过刻苦的努力而带来成功之后的快乐，学生真正的负担是不情愿的学习任务。素质教育要求学生刻苦学习，因为只有刻苦学习，才能真正体会到努力与成功的关系，才能形成日后所需要的克服困难的勇气、信心和毅力。

（4）素质教育就是要使教师成为学生的合作者、帮助者和服务者。

①这是对素质教育所倡导的"学生的主动发展"和"民主平等的师生关系"的误解。

②素质教育强调"学生的主动发展"是因为学生是主体和客体统一的人，因而是具有主动发展意识的人；素质教育强调"民主平等的师生关系"是因为学生具有与教师平等的独立人格。这种观点忽略了教师的地位和作用，忽略了学生的特点。教师是教育实践的主体，在教育实践中起主导作用；学生是发展中的人，是教育实践活动的客体，是学习与发展的主体。这决定了教师首先是知识的传播者、智慧的启迪者、个性的塑造者、人生的引路人、潜能的开发者，其次才是学生的合作者、帮助者和服务者。

（5）素质教育就是多开展课外活动，多上文体课。

①这是对素质教育形式化的误解。

②素质教育是我国全面发展教育在新的形势下的体现，因而它一方面体现了新形势对教育的要求，另一方面符合教育的本质要求。教育培养人的基本途径是教学，学生的基本任务是在接受人类文化精华的过程中获得发展。这就决定了素质教育的主渠道是教学，主阵地是课堂。

（6）素质教育就是不要考试，特别是不要百分制考试。

①这是对考试的误解。

②考试包括百分制考试，本身没有错，要说错的话，就是应试教育中使用者将其看作学习的目的。考试作为评价的手段，是衡量学生发展的尺度之一，也是激励学生发展的手段之一。

（7）素质教育会影响升学率。

①这种观点认为，素质教育整天打打闹闹、蹦蹦跳跳，整天快快乐乐、随心所欲，必然会影响升学率。

②这种观点的形成在于对素质教育内涵的误解。首先，素质教育的目的是促进学生的全面发展，素质教育旨在提高国民素质，升学率只是衡量教育质量的标准之一；其次，真正的素质教育不会影响升学率，因为素质教育强调科学地学习、刻苦地学习、有针对性地学习，这样有助于升学率的提高。

七、素质教育与创新教育

（1）创新教育是素质教育的核心。

（2）能不能培养学生创新精神和实践能力是"应试教育"和素质教育的本质区别。

（3）素质教育是全面发展教育的途径。

（4）全面发展教育是素质教育的内容。

八、全面发展教育与素质教育

素质教育的提法与全面发展教育并不矛盾，从本质上讲，二者是一致的。

（一）全面发展教育思想是素质教育的理论基础

素质教育是以全面发展教育思想为指导，以历史上和现阶段的"全面发展教育"为基础的。没有这一基础，素质教育就失去了历史继承性，也就无从提出、无从发展。因此，无论从科学的视角还是现实的视角来考察，素质教育都与全面发展教育保持了本质上的一致。

（二）素质教育是全面发展教育在社会主义建设时期的具体落实和深化

我国在进行全面发展教育的过程中，存在着一些片面追求升学率，过于注重学生的智育而忽视其他方面教育的情况。要纠正这些倾向，就要求教育目的发挥它应有的定向、评价和调控功能。于是，素质教育应运而生。素质教育提出要发展学生多方面的能力，而不是只注重知识的传授，不能只注重智育。所以，素质教育的提出是为了纠正教育实践对教育目的的背离，是全面发展的教育目的对教育活动进行调控的一个结果，当然也是教育目的的具体落实和深化。

第六章

教育制度

教育制度是指一个国家或地区各级各类教育机构与组织的体现及其各项规定的总称。包括两个基本方面：体系和规则。教育制度具有广义和狭义之分，不同历史时期和不同国家有着不同的学校教育制。

第一节 学校教育制度的概述

一、学校教育制度的含义

教育制度具有广义和狭义之分。广义的教育制度（国民教育制度）是一个国家为实现其国民教育目的，从组织系统上建立起来的一切教育设施和有关规章制度的总和，包括生活惯例习俗、教育教学制度、学校管理制度、学校教育制度、教育行政体制、教育政策法规、教育价值理念七个方面

狭义的教育制度，即学校教育制度，简称学制，指各级各类学校系统。它规定各级各类学校的性质、任务、入学条件、学习年限及其相互之间的关系。

二、学校教育制度建立的依据

学校教育制度的制定不是随意的，它受以下几方面因素的影响和制约。

（一）学制受一定社会的政治经济制度所制约

一定性质的教育，是由一定社会的政治经济制度所决定的。从历史上看学校教育制度，是被一定社会的政治经济制度所制约的。在阶级社会里，学制有着鲜明的阶级性。这主要表现在学校是为谁开的、为哪个阶级服务的、培养什么样的人等问题上。换言之，办学宗旨、目标、方针，以及对入学儿童的政治条件的规定，都必须依据一定的政治经济的利益需要。例奴隶社会的"学在官府"，封建社会的"等级学校"，资本主义社会的"双重教育目的"，都说明学制受一定社会的政治经济制度所制约。

（二）学制受社会生产力发展水平所制约

在生产力发展水平很低，以手工劳动为主的奴隶社会，不可能出现技术学校。封建社会虽然也有培养专门人才的算学、医学等专业学校，但是，不可能出现如电力、航空等现代专业技术学校。到了资本主义社会，由于机器的采用，大工业的出现，自然科学得到空前发展，不仅要求培

养出各种专门人才,而且要求训练出熟练工人,于是各种职业技术学校也应运而生。近30年来,电子计算机、生物工程、光导纤维、激光、海洋开发等新技术的发展和广泛应用,给社会生产力带来了巨大影响,世界各国都注意研究教育与生产、科技发展的关系,不断改革学校教育制度,培养高质量的人才,来迎接新技术革命的挑战。

(三) 学制受人的身心发展规律所制约

在学制上,确定入学年龄、修业年限、各级各类学校的分段,都要考虑儿童和青少年的身心发展特点,切合他们的智力和体力的发展水平。例如,人们认识到了关键期的存在,早期教育就得到了强调;认识到年龄特征的存在,年龄特征就成为学制上考虑学校分段的因素之一;出于个别差异上的考虑,就有设立特殊学校的必要。

此外,学制的建立还要考虑本国、本民族的文化和历史的特点,考虑国家原有教育的发展水平和整体结构中各级各类学校内在联系的合理性,考虑人口发展状况以及历史发展和参照国外学制的经验。

三、现代学制的类型

现代学制主要有三种类型:一是双轨学制,二是单轨学制,三是分支型学制。

(一) 西欧双轨制

以英国的双轨制典型为代表,法国、德国等欧洲国家的学制都属这种学制。英国的双轨制起始于洛克的绅士教育和国民教育,这是古代等级特权在学制发展中遗留的结果。

双轨制的一轨是自上而下的学术教育,为特权阶层子女提供。其结构是大学(后来也包括其他高等学校)-中学(包括中学预备班);另一轨是自下而上的职业教育,为劳动人民的子弟提供,其结构是小学(后来是小学和初中),其后的职业学校(先是与小学相连的初等职业教育,后发展为和初中相连的中等职业教育)。

双轨制是两个平行的系列。这两轨既不相通也不相接。

(二) 美国单轨制

美国的现代学制最初也是双轨制,但美国历史与欧洲资本主义国家的历史发展不同,因此,学术性的一轨没有充分发展,群众性的新学校迅速发展起来,从而开创了从小学直至大学、形式上的六三三制,是任何儿童都可以入学的单轨制。

(三) 分支型学制

分支型学制也称中间型学制或是"Y"形学制,这种学制既有上下级学校间的相互衔接,又有职业技术学校横向的相互联系,形成了立体式的学制。分支型学制以苏联和中国为代表。

四、现代教育制度在形式上的发展

(1) 前制度化教育——以实体学校的产生为标志。

(2) 制度化教育——以各级各类学校系统的出现为标志。

(3) 非制度化教育——不是对制度化教育的全盘否定,而是指出它的弊端。认为"教育不应局限于学校的围墙之内",构建学习化社会的理想是非制度化教育的重要体现。一般认为库姆斯等人的"非正规教育"概念、伊里奇的"非学校化"主张是其核心思想。

第二节 我国学校教育体制发展概况

我国的学制,产生于商周,发展于秦汉,完善于隋唐两宋。在清末以前,我国古代学校教育体制的基本特征如下。

(1) 学校教育缺乏系统连贯性，主要是蒙学和大学两种教育形式。
(2) 入学有等级限制，学校教育不具有普及性。
(3) 学校教育以古代文科类内容为主，自然科学类内容不占主要位置。

我国现代学校教度建立于清朝末期。1840年"鸦片战争"失败后，清朝政府在西方资本主义的影响下，为了维护其统治，采取了一些改良措施。在教育方面，"废科举，兴学堂"，以"中学为体，西学为用"为指导思想，并于1902年制定了我国第一现代学制，即"壬寅学制"。1903年又颁布了一个现代学制，即"癸卯学制"。1911年，辛亥革命推翻了封建王朝，建立了资产阶级的共和国，教育上实行了一系列的改革，在1912年公布了"壬子学制"，1913年又陆续公布了"壬子·癸丑学制"，到1922年又颁布了"壬戌学制"（也叫"新学制"），即所谓的"六三三制"。这些学制虽几经修改，但其基本内容是一样的，都是照抄美国和日本的学制而形成的。在国民党统治时期，1928年前后曾提出"整理中华民国学校系统"等方案，对学制虽然也略做某些修改，但实际推行的基本上仍是"壬戌学制"。这种情况一直持续到全国解放。具体如下。

一、清末至新中国成立时的教育体制

(1) 1902年的"壬寅学制"，又名《奏定学堂章程》，承袭日本学制。这是我国颁布的第一个现代学制，但是没有实施。

(2) 1903年的"癸卯学制"又名《钦定学堂章程》，承袭日本学制，这是我国第一个以法权形式颁布并实行的现代学制。其指导思想是"中学为体，西学为用"，规定男女不同校，教育目的是忠君、尊孔尚公、尚武、尚实，是第一个半殖民地半封建性质的学制。《壬寅学制》未及实施即为《癸卯学制》所替代，故《癸卯学制》为我国现代学制之始。

(3) 1912—1913年的"壬子癸丑学制"，是在蔡元培任教育总长时主持编订的学制。也是承袭了日本学制，第一次规定男女同校，废除读经，体现了教育机会均等。该学制明显反映资产阶级在学制方面的要求，是我国教育史上第一个具有资本主义性质的学制。第一次规定男女同校。

(4) 1922年的"壬戌学制"又称"新学制"或"六三三学制"，由学术界人士和民间人士制定。也是我国学制史上第一次以身心发展规律划分学校教育阶段。"壬戌学制"具有很强的弹性、前瞻性和先进性，是我国历来学制中最为科学的学制之一，以美国学制为蓝本，一直沿用到新中国成立初期。

新中国成立初期的学校教育制度存在着两个系统：一是解放区学制，二是接收下来经初步改造的旧学制。因此，新中国成立伊始，国家就开始了学制的调整、改革与完善。

二、新中国成立后的教育体制

（一）1951年的学制改革

1951年10月1日《政务院关于改革学制的决定》公布。学制的具体内容如下。

(1) 幼儿教育：幼儿园收3~7岁幼儿，使他们在入小学前身心得到健全发展。

(2) 初等教育：小学给儿童实施全面发展的基础教育，工农速成初等学校、业余初等学校和识字学校对青年和成人实施相当于小学程度的教育。

(3) 中等教育：中学、工农速成中学和业余中学给学生以全面的普通文化知识教育；中等专业学校为国家建设培养各行各业的技术人才。

(4) 高等教育：大学、学院和专科学校，在全面的普通文化知识教育基础上给学生以高级专门教育。

(5) 各级政治学校和政治训练班，给青年知识分子和旧知识分子以政治教育。此外，各级人民政府根据政治学习和业务学习的需要，应设立各级各类的补习学校和函授学校，并应设立聋哑学校和盲童学校。

新学制是在吸收老解放区的办学经验及旧学制中某些合理因素的基础上制定的，带有一定的过渡性。

新学制体现的基本精神是教育面向工农、教育为生产建设服务，反映了新中国成立初期政治、经济的发展特点，在当时起到了积极作用。

（二）1958年的学制调整

1958年9月19日，党中央、国务院发布了《关于教育工作的指示》，指出："现行的学制是需要积极地和妥善地加以改革的。"其改革的要点是：

第一，提出了党的教育方针和教育目的。即"党的教育工作的方针，是教育为无产阶级政治服务，教育与生产劳动相结合。"

第二，制定了发展教育事业的"三个结合""六个并举"的原则。即采取统一性与多样性相结合、普及与提高相结合、全面规划与地方分权相结合的原则；实行国家办学与厂矿、企业、农业合作社办学并举，普通教育与职业技术教育并举，成人教育与儿童教育并举，全日制学校与半工半读、业余学校并举，学校教育与自学（包括函授学校、广播学校）并举，免费的教育与不免费的教育并举。这就是"两条腿走路"、多种形式办学的方针的体现。

第三，建立发展三类学校，即全日制学校、半工半读学校和业余学校。

（三）"文化大革命"时期的学制

10年"文化大革命"使我国的学校教育制度遭到极大的破坏。一是任意缩短学制，二是大砍各类中等专业学校、职业技术学校和技工学校，盲目发展普通中学，使中等教育结构比例完全失调；三是高等教育结构混乱，专业设置不成体系，培养的专业人才比例极不正常。

三、改革开放后的教育体制

1978年以后，经过拨乱反正，学校教育制度才得以重建。

（一）1985年颁布《关于教育体制改革的决定》

1985年5月27日，中共中央发布了《关于教育体制改革的决定》（以下简称《决定》），其中有关学制的内容如下。

第一，实行九年义务教育。《决定》将全国划分为三类地区，分步实施九年制义务教育，并明确了义务教育实施中社会、家庭和学生各自的责任和义务，明确了义务教育的重点和难点在农村。1986年4月颁布的《中华人民共和国义务教育法》规定凡年满六周岁的儿童不分性别、民族、种族都应当入学接受九年制义务教育。

第二，调整中等教育结构，大力发展职业技术教育。提出应在小学、初中、高中后进行三级分流，以中等职业技术教育为重点，逐步建立从初级到高级行业配套、结构合理，又能与普通教育相互沟通的职业技术教育体系，从而扭转中等教育结构不合理的状况。

第三，改革高等教育招生与分配制度，扩大高等学校办学自主权。

第四，基础教育权属于地方，学校逐步实行校长负责制，并逐步建立和健全校务委员会和教职工代表大会制度。

（二）1993年颁布《中国教育改革和发展纲要》（以下简称《纲要》）

《纲要》中关于学制改革的要点如下。

第一，关于基础教育。《纲要》指出，我们要以在20世纪末基本实现普及九年义务教育为基础，大力加强基础教育，这是提高全民族素质的奠基工程。特别是广大农村，劳动者文化程度较低，抓好基础教育是关系到我国农村现代化乃至整个国家现代化的根本性问题。中小学要由

"应试教育"模式转向全面提高国民素质的轨道，面向全体学生，全面提高学生的思想道德品质、文化素养和科学知识、劳动技术和身心健康素质，促进学生生动活泼地、主动地发展。

第二，关于职业技术教育。《纲要》指出，在我国要大力发展职业技术教育。从社会发展需要看，有相当多的人在基础教育后就要分流进入中等职业学校，高中阶段职业技术学校学生数的比例应进一步提高。普通高中也应开设一些职业技术教育课程，也要重视高等职业教育。因此，必须充分调动各部门、企事业单位和社会各界的积极性，形成全社会兴办多形式、多层次职业技术教育的局面，职业技术教育要主动适应当地建设和社会主义市场经济的需要，办出特色。要提倡学校与企事业单位联合办学，走产教结合的路子，增强学校自身发展的能力。

第三，关于成人教育。成人教育主要有两种：一种是学历教育，主要是为一部分没有学历、本人深造愿望强烈、有培养前途的在职青年提供获得学历、补充知识的机会；另一种是已经取得一定学历的在职人员，为适应从业需要或科技、文化的发展进行知识更新。《纲要》指出，应本着学用结合、按需施教和注重实效的原则，积极发展成人教育。同时建立和完善岗位培训制度、继续教育制度和相应的资格考核和证书制度。

第四，关于高等教育。《纲要》指出，20世纪90年代高等教育要积极探索发展的新路子，使规模有较大发展，结构更加合理，质量和效益明显提高。高等教育应大力加强和发展地区性的专科教育，特别注意发展面向广大农村、乡镇企业和第三产业的专科教育，扩大研究生的培养数量。为迎接世界新技术革命的挑战，要集中中央和地方等各方面的力量办好一批重点大学和一批重点学科、专业，力争在21世纪初，有一些高等学校和学科、专业在教育质量、科学研究和管理方面，达到世界较高水平。

（三）**1995年颁布《中华人民共和国教育法》**

1995年3月18日，第八届全国人民代表大会第三次会议审议通过了《中华人民共和国教育法》，这是新中国成立以来的第一部教育大法，以法律的形式巩固了学制改革的成果，并在第二章专门规定了我国的教育基本制度。

第一，国家实行学前教育、初等教育、中等教育、高等教育的学校教育制度。这是关于我国学校教育制度和划分学校层次的根本规定。

第二，国家实行九年制义务教育制度。各级人民政府采取各种措施保障适龄儿童、少年就学。适龄儿童、少年的父母或者其他监护人以及有关社会组织和个人有义务使适龄儿童少年接受并完成规定年限的义务教育。

第三，国家实行职业教育制度和成人教育制度。

第四，国家实行国家教育考试制度。国家教育考试是指由国家批准的实施教育考试的机构根据一定的考试目的，对受教育者的知识水平和能力按照一定的标准所进行的测定，国家教育考试主要包括入学考试、水平考试、文凭方面的考试等。

第五，国家实行学业证书制度。学业证书是指经国家批准设立或认可的学校及其他教育机构，对在该校或其他教育机构正式注册并完成了规定学业的受教育者所颁发的证书，主要包括各种毕业证书、结业证书、肄业证书等。学业证书制度对于维护教育活动正常有序的运行、保证教育质量，都有着不可替代的作用。

第六，国家实行学位制度。学位制度对于促进我国科学技术专门人才的成长，促进各学科学术水平的提高，有着重要的推动作用。目前我国设立学士、硕士、博士三级学位。

（四）**1999年1月13日，国务院批准了《面向21世纪教育振兴行动计划》（以下简称《计划》）**

《计划》在贯彻落实《中华人民共和国教育法》和《中国教育改革和发展纲要》的基础上提出了跨世纪的教育改革和发展的蓝图，指明了我国教育发展的方向。

《计划》的主要目标是：到2000年，全国基本普及九年义务教育，基本扫除青壮年文盲，大力推进素质教育；完善职业教育培训和继续教育制度，积极稳步发展高等教育，高等教育的入学率达到11%；深化改革，建立起教育新体制的基本框架，主动适应经济社会的发展。到2010年，城市和经济发达地区有步骤地普及高中阶段的教育，全国人口受教育年限达到发展中国家先进水平，高等教育规模有较大的扩展，入学率接近15%，基本建立起终身学习体系。

（五）**2010年5月，教育部发布《国家中长期教育改革和发展规划纲要（2010—2020）》**其中有关学制改革的内容如下：

（1）工作方针：优先发展，育人为本，改革创新，促进公平，提高质量。

（2）战略目标："两基本、一进入"，即基本实现教育现代化，基本形成学习型社会，进入人力资源强国行列。

（3）战略主题：以人为本，全面实施素质教育。

（4）核心：解决好培养什么人，怎样培养人问题。

（5）目标：培养德智体美全面发展的社会主义建设者和接班人。

（6）重点：提高学生的社会责任感、创新精神和实践能力。

（7）推进思路：坚持德育为先，能力为重，全面发展。

第三节　当前我国学校的主要类型与系统

一、学校的主要类型（四级）

（一）幼儿教育

其机构是幼儿园，招收3~6岁幼儿，任务是使幼儿在德、智、体等方面得到发展，为接受小学教育做好准备。

（二）初等教育

其机构是全日制小学。教育年限有五年制和六年制两种。任务是给学生以德、智、体全面发展的基础教育，为接受中等教育打好基础。此外，还有相当于小学程度的成人业余教育机构：各种成人文化补习班、识字班，以及特殊儿童教育机构、盲人学校、聋哑人学校。

（三）中等教育

其机构是全日制普通中学，分初中、高中两个阶段，共六年，任务是为国家培养劳动后备力量和为高一级学校培养合格新生。

中等教育专业学校、职业中学、农业中学、技工学校等，一般相当于高中程度，任务是为国家各部门培养熟练劳动者和初中级技术人员。此外，还设具有相当于中等教育程度的成人教育机构，包括成人业余文化补习学校、电视中专、半工半读的职工中专和各种短期的职业培训班等。

（四）高等教育

其机构有全日制高等学校，分专科学校（2~3年）；大学：包括综合性大学、专门大学和专门学院（4~5年），研究生院硕士研究生（2~3年），博士研究生（2~3年）三级。全日制高等学校的任务是为国家培养高级专门人才、研究人员和学者。

成人高等学校形式与类型较多，主要有电视大学、业余大学、职工大学、函授大学、自修大学（辅导学生参加成人高等自学考试），一般为专科，年限3~4年，招收在职人员和部分待业青年，为国家培养中级和高级专门人才。

二、主要的学校系统（五类）

（一）普通教育（基础教育）的学校系统

普通教育由幼儿教育、小学教育、初中、高中组成，对学生实施基础教育。学制主要有三种："六三三制"，"五四三制"和"九三制"。

（二）专门职业教育的学校系统

由各种中等专业学校和职业中学、各种全日制高等学校和成人高等学校组成，实施专业教育或职业教育。

（三）成人教育的学校系统

由各种成人初等学校（文化补习学校、识字班）、中等学校（电视中专、函授中专、职工中专）、成人高等学校（电视大学、职工大学、业余大学、函授大学、自修大学）组成，向成人实施普通文化科学知识的补偿教育和中等、高等专门教育。此外，还有为各种目的而设立的成人学校或短训班，如家长学校、老人学校、书法学校、气功与武术短训班等，以满足人们的各种需要。

（四）高等教育（略）

（五）特殊教育

我国现行学校教育制度的类型是从单轨学制发展而来的分支型学制。

义务教育与基础教育（普通教育）的关系既有相同点又有不同点。

相同点：两者都是教育的起点，都是以培养学生读写算能力为核心的德智体美劳等全面发展的教育。

不同点：基础教育包括学前教育、初等教育、中等教育（初中和高中），而义务教育只包括初等教育和初级中等教育，所以基础教育包含义务教育。

第四节　当代学制发展的一般趋势

历史发展到当今，科学技术成为推动社会发展的重要因素，教育发展程度成为一个国家的综合实力，显示出一些新的发展趋势。

一、教育社会化与社会教育化

（一）教育社会化

即教育对象的全面化。现代教育体系的发展，不仅在时间上将扩展到整个人生，而且在空间上将扩展到全社会，使每个社会成员都有受教育的机会。

（二）社会教育化

社会教育化不仅表现在正规学校向社会开放，更主要的是整个社会都将担负教育的职能。随着现代教育体系的发展，不仅整个社会将举办各级各类的学校，而且各级政府部门、群众团体、文化机构、工厂农村基层组织、城市街道等从中央到地方的各级机构和基层单位，以及博物馆、电视台、广播电台、新闻出版部门、电影院、图书馆等公众服务机构，都应该在行使各自的分工职能的同时，自觉考虑并发挥教育的作用，使社会成为一所学校，实现社会教育一体化。

二、重视早期智力开发和学前教育

儿童的早期教育问题历史上虽早有研究，但真正成为人们广泛关注的热点还是近二三十年的事。"二战"以后，国际上长期和平稳定的社会环境促进了生理学、心理学对智力发展问题的研究。美国心理学家布鲁姆多年来对1000多名被试儿童进行跟踪实验研究，提出了关于人的智力发展的假说，认为如果以17岁青少年的智力发展水平为100的话，那么儿童长到4岁时，智力水平就能发展到50%，到8岁时发展到80%，剩下的20%是在8岁到17岁时获得的。心理学研究为早期教育提供了依据。"二战"后人口的增长加剧了社会职业的竞争，家长望子成龙的心理使得早期教育日益深入人心。国际科技竞争的加剧，也使得许多有识之士积极倡导人才的早期培养，对脑资源的开发给予格外的关注，实行英才教育。

随着生活水平的普遍提高，家庭对儿童的早期发展也特别重视，这也推动了幼儿教育事业的发展。各国在建立与完善现代教育体制的过程中，普遍把幼儿教育纳入教育系统，实行因材施教。

三、初等教育入学年龄提前，义务教育年限延长

在当代学制改革中，许多国家规定儿童入学年龄有所提前。绝大多数国家都规定儿童入学年龄为5~7岁。

义务教育制度是伴随着大工业生产的发展逐渐实行的。进入当代社会以后，各发达国家不但普遍实施了义务教育普及，而且其年限也在不断延长。据联合国教科文组织1990年的报告，世界各国的义务教育年限情况是：英国11年，意大利8年，法国10年，美国11年，日本9年，巴西8年，中国9年，印度8年，伊朗、土耳其、越南、孟加拉5年。义务教育年限的长短是一国教育发展程度的标志之一。

四、寻求中等教育与职业技术教育的最佳结合

中等教育结构改革的核心问题是处理普通教育与职业技术教育的关系。两者相结合，加强职业技术教育成为当代中等教育结构改革的趋势。在现代经济发展中，大批新兴产业均属技术密集型产业，其劳动力都要经过严格职业培训。因而，培养熟练工人与初级技术人才成为中等教育阶段重要任务之一。"二战"后，为适应经济发展的要求，各国在学制改革中提高了职业技术教育的地位，使普通中学与职业技术学校相沟通，即所谓"职业教育普通化，普通教育职业化"，向综合统一的方向发展，乃是基本趋势。

五、高等教育层次多级，类型多样，走向大众化

在新技术革命浪潮推动下，高等教育获得空前的发展，打破了传统高等教育的结构和体制，大多数国家形成了高等学校的三级体制。

初级层次是学习时间2~3年的初级学院，美国称为社区学院，日本称为短期大学，这类学校学制短、教育投资少、发展快、职业性强，受到产业国部门的欢迎，它在高等教育发展中占较大比重。

中级层次是学习时间4~5年的综合大学及文、理、工、商、医等各种学院，是高等学校的基本部分，保持学术上严格要求，培养科技与学术的高级专门人才。

高级层次大学的研究生院，设置硕士、博士学位课程，分别攻读三年或两年即授予学位，培养科学研究的高级人才。近年来，一些著名大学设立高级研究生院，为已经获得博士学位的人继续开设研究课程，称为"博士后教育"，是高级层次教育的进一步发展，表明高等教育形成多级层次。

高等学校随着数量的迅速增加，类型日益多样化。除了有许多全日在校学习的普通高等学校，还有许多不固定在学校的广播大学、电视大学、刊授大学、夜大学等多种形式。这种开放式的大学在发展高等教育中发挥着越来越大的作用。

毛入学率低于15%——精英教育，毛入学率15%～50%——大众化教育，毛入学率在50%以上——普及教育。我国2004年高等教育毛入学率达到19%，进入大众化阶段。

六、以终身教育思想为指导，实现教育制度一体化，发展继续教育

首先提出终身教育理论的是联合国教科文组织成人教育局局长、法国人保罗·朗格朗。他认为：教育应是个人一生中连续不断地学习的过程。今后的教育应当是能够在每一人需要的时候以最好的方式提供必要的知识和技能。教育不仅是授予学生走向生活所需要的知识，而且要发展学生的自学能力，以便将来走向社会能够独立获取知识。1965年，联合国教科文组织国际成人教育促进委员会讨论终身教育提案，决定把终身教育作为全部教育工作的指导思想。1972年，联合国教科文组织出版《学会生存》一书，使终身教育思想广泛传播。许多国家调整教育结构、改革学制，以终身教育思想为指导。

在终身教育思想推动下，继续教育被日益重视，成为学制体系中的重要组成部分。

七、当代学制发展的任务

（1）积极发展学前教育，重点发展农村学前教育。
（2）巩固提高九年义务教育水平，重点推进均衡发展。
（3）普及高中阶段教育。
（4）把职业教育放在更加突出的位置。
（5）全面提高高等教育质量。
（6）发展继续教育，努力建设学习型社会。
（7）关心和支持特殊教育，完善特殊教育体系，健全特殊教育保障机制。

真题链接

一、单项选择题

1.（2016年中学）确立我国教育目的的理论基础是（　　）。
  A. 素质教育理论　　　　　　　B. 马克思关于人的全面发展理论
  C. 创新教育理论　　　　　　　D. 生活教育理论
  答案：B。
  【解析】略。

2.（2012年中学）在教育目的的价值取向问题上，主张教育是为了使人增长智慧，发展才干，生活更加充实、幸福的观点是（　　）。
  A. 个人本位论　　B. 社会本位论　　C. 知识本位论　　D. 能力本位论
  答案：A。
  【解析】题干表述的教育目的是为了促进人的发展。

3.（2011年中学）在以下选项中，卢梭关于教育目的确立的理论是（　　）。
  A. 个人本位论　　　　　　　　B. 社会本位论
  C. 教育无目的论　　　　　　　D. 个人本位论与社会本位论的统一
  答案：A。
  【解析】卢梭是个人本位论的代表人物之一。

4.（2014年中学）德国教育家凯兴斯泰纳曾提出"造就合格公民"的教育目的，这种教育目的论属于（　　）。

真题链接

A. 个人本位论　　B. 社会本位论　　C. 集体本位论　　D. 个体差异性
答案：B。
【解析】题干的描述体现了社会本位论的观点。

5.（2014年中学）在教育目的价值取向上，存在的两个典型对立的理论主张，是（　　）。
A. 个人本位论与社会本位论　　　　B. 国家本位论与社会本位论
C. 全面发展论与个性发展论　　　　D. 国家本位论与个人本位论
答案：A。
【解析】略。

6.（2013年中学）通常把一个国家各级各类学校的总体系称为（　　）。
A. 国民教育制度　B. 学校教育制度　C. 学校管理体制　D. 学校教育结构
答案：B。
【解析】学校教育制度简称学制，是一个国家各级各类学校的总体系，具体规定各级各类学校的性质、任务、要求、入学条件、修业年限及他们之间的相互关系。

7.（2016年中学）英国政府1870年颁布的《初等教育法》中，一方面保持原有的专为资产阶级子女服务的学校系统，另一方面为劳动人民的子女设立国民小学、职业学校。这种学制属于（　　）。
A. 双轨学制　　B. 单轨学制　　C. 中间型学制　　D. 分支型学制
答案：A。
【解析】双轨制的学校系统分为两轨：一轨是学术教育，为特权阶层子女所占有，学术性很强，学生可升到大学以上；另一轨是职业教育，为劳动人民的子弟所开设，属生产性的一轨。题干所述内容正是双轨制的典型体现。

8.（2015年中学）在"中学为体，西学为用"的思想指导下，我国从清末开始试图建立现代学制，在颁布的诸多学制中，第一次正式实施的是（　　）。
A. 壬寅学制　　B. 癸卯学制　　C. 壬子癸丑学制　　D. 壬戌学制
答案：B。
【解析】"癸卯学制"主要承袭了日本的学制，是我国第一个实行的现代学制。

9. 2011年（中学）我国现行的学制类型是（　　）。
A. 单轨制　　B. 双轨制　　C. 单轨和双轨制　　D. 分支型学制
答案：D。
【解析】我国现行学制是从单轨制发展而来的分支型学制。

10.（2013年小学）德国教育家凯兴斯泰纳认为，国家的教育制度只有一个目标，那就是造就公民。这种教育目的观的价值取向是（　　）。
A. 社会本位　　B. 伦理本位　　C. 科学本位　　D. 个人本位
答案：A。
【解析】略。

11.（2015年小学）马克思主义关于人的全面发展学说指出，造就全面发展的人的唯一方法是（　　）。
A. 脑力劳动和体力劳动相结合

真题链接

B. 智育与体育相结合
C. 知识分子与工人农民相结合
D. 教育与生产劳动相结合
答案：D。
【解析】教育与生产劳动相结合是造就全面发展的人的唯一方法。

12.（2015年小学）下列属于学校教育制度内容的是（　　）。
A. 修业年限　　　B. 教学大纲　　　C. 课程表　　　D. 课程设置
答案：A。
【解析】学校教育制度，简称学制，是一个国家各级各类学校的总体系。具体规定了学校性质、任务、要求、入学条件、修业年限等。

13.（2012年小学）《国家中长期教育改革和发展规划纲要（2010—2020年）》提出，我国教育发展的工作方针包括（　　）。
①优先发展　②育人为本　③改革创新　④促进公平　⑤提高质量　⑥均衡发展
A. ①②③⑤　　　B. ③④⑤⑥　　　C. ①②④⑤⑥　　　D. ①②③④⑤
答案：D。

14.（2016年小学）我国制度化学校教育体系包括（　　）。
①幼儿教育　②初等教育　③中等教育　④成人教育　⑤高等教育
A. ①②③④　　　B. ①②③⑤　　　C. ①②④⑤　　　D. ②③④⑤
答案：B。
【解析】我国制度化学校教育体系包括幼儿教育、初等教育、中等教育和高等教育。

二、简答题

1.（2012年小学）简述我国小学教育目的确立的依据。
【答案要点】
（1）特定的社会政治、经济、文化背景，这是制约教育目的的社会因素。
（2）少年儿童身心发展的规律，这是制约教育目的的客观因素。
（3）人们的教育理念。
（4）马克思主义关于人的全面发展的理论是我国制定教育目的的理论基础。

2.（2016年中学）简述美育对促进学生德智体全面发展的意义。
（1）美育可以扩大学生的知识视野，发展学生的智力和创造力。
（2）美育具有净化心灵、陶冶情操、完善品德的教育功能。
（3）美育可以促进学生身体健康发展。
（4）美育有助于学生劳动观点的树立、劳动技能的形成。

三、辨析题

1.（2016年中学）教育既然是培养人的活动，教育目的就只能按照人的发展需求确定。
【答案要点】
（1）这种说法是不正确的。
（2）确立教育目的的依据是：①特定的社会政治、经济、文化背景。②人的身心发展特点和需要。③儿们的教育理想。④我国确立教育目的的理论依据是马克思关于人的全面发展学说。人的发展需求只是确立教育目的的依据之一。

真题链接

2. （2015年中学）全面发展就是指学生德智体诸方面平均发展。

【答案要点】（1）这种说法是不正确的。

（2）全面发展不能理解为要求学生"样样都好"的平均发展，也不能理解为人人都要发展成为一样的人。全面发展的教育同"因材施教""发挥学生的个性特长"并不是对立的、矛盾的。人的发展应是全面、和谐、具有鲜明个性的。在实际生活中，青少年德、智、体、美、劳诸方面的发展往往是不平衡的，有时需要针对某个带有倾向性的问题强调某一方面。学校教育也常会因某一时期任务的不同，在某一方面有所侧重。

3. （2014年中学）目前，我国普通高中不属于基础教育。

【答案要点】

（1）这种说法是不正确的。

（2）我国的基础教育包括学前教育和普通中小学教育，普通高中属于这一范畴。

试水演练

一、单项选择题

1. 我国社会主义教育目的理论基础是（　　）。
   A. 空想社会主义者关于人的全面发展理论
   B. 马克思主义关于人的全面发展学说
   C. 关于人的发展的理想
   D. 人的多方面的和谐发展学说
   答案：B。

2. 教育无目的论代表人物是（　　），他主张"教育即生活"的无目的教育理论。
   A. 纳托普　　B. 杜威　　C. 赫尔巴特　　D. 斯宾塞
   答案：B。

3. 一切教育活动的灵魂和最高理想是（　　）。
   A. 教学内容　　B. 教育目的　　C. 教学质量　　D. 教学手段
   答案：B。

4. 教育目的所要回答的根本问题是（　　）。
   A. 教育为谁服务　　　　　　B. 教育怎样培养人
   C. 要把教育引向何方　　　　D. 教育要培养怎样的人
   答案：D。

5. 教育目的在各级各类学校教育中的具体化是（　　）。
   A. 教育目的　　B. 培养目标　　C. 教育方针　　D. 教育内容
   答案：B。

6. 根据个人的本性和发展需要来确定教育目的的观点称为（　　）。
   A. 社会本位论　　B. 神学目的论　　C. 个人本位论　　D. 教育无目的论
   答案：C。

7. 学校体育的基本组织形式是（　　）。
A. 体育课　　　B. 课外体育锻炼　　C. 体育竞赛　　　D. 运动队训练
答案：A。

二、简答题

1. 什么是素质和素质教育？结合教育实践经验谈谈自己的看法。
2. 素质教育应该注意哪些原则要求？
3. 结合自己的教育教学经验，设计一堂能体现素质教育要求的课堂教学方案，或一次其他教育活动。
4. 简述创新和创新教育的含义。
5. 结合实际分析影响学生创新素质培养的因素和创新教育应注意的问题。

第七章

教师与学生

内容提要

教师职业是一种专门化的职业，有着自身的劳动特点，这些特点要求教师必须具有良好的职业素养，这是教师做好本职工作的前提。学生既是教育的客体又是学习的主体，在教育过程中有着自身的特点。良好的师生关系是教育教学活动取得成功的必要保证，因此，教师要积极、努力地建立良好的师生关系，以保证教育教学活动取得更大成功。

学习目标

1. 了解教师的社会地位及作用。
2. 掌握教师的职业性质，重点掌握教师的劳动特点。
3. 重点掌握教师的专业素养，并能结合实际理解教师职业素养对教育工作的重要意义。
4. 掌握学生的本质特点及权利和义务。
5. 重点掌握如何建立良好的师生关系。

第一节 教 师

一、教师的社会地位和作用

（一）教师职业的产生与发展

教育是与人类共始终的社会实践活动，但在原始社会还没有专门的学校教育和教师职业。人类进入奴隶社会后，出现了文字和学校，脑力劳动和体力劳动的分工也有了发展。在奴隶社会初期，掌管文化的主要是国家官吏和巫师，他们从事专门的文化整理、研究和教学，也在政府担任一定的官职。在封建社会，随着学校结构的复杂和规模的扩大，教师职业开始向专门化方向发展。

在资本主义社会，随着近代科技和工业的发展以及科学技术在生产中广泛应用，不但需要培养有文化懂技术的劳动者，而且需要培养大批有创新能力的科学技术专家。这时不但普及初等义务教育，而且中等和高等教育都有了迅速发展。随着教育结构更趋向复杂和教育规模更趋向扩大，专门培养教师的初等师范、中等师范和高等师范教育应运而生，教师职业更趋向专门化和专业化。

随着知识经济的到来，高技术产业将成为经济部门的主导产业，传统产业也将高技术化。科技创新是发展高技术产业的基础，培养高质量的有创新能力的科学技术专家，就成为知识经济发展的关键。这就必须大力发展教育和提高教师素质。知识经济时代，科学技术加速发展，知识更新不断加快，因此，人类将进入学习化社会，成人教育、继续教育将不断发展，这就必将造成教师职业的进一步扩大，促使教师质量的进一步提高。

（二）教师的社会地位

教师被称为"人类灵魂的工程师"，夸美纽斯也说过"教师是太阳底下在光辉的职业"。古往今来，有不少思想家、科学家都从事过教师职业。他们一方面从事文化研究和传播，一方面培养人才，对人类社会的发展作出了贡献。古往今来，也有不少思想家、教育家对教师工作给予了很高评价，主张给教师以崇高社会地位，倡导社会应尊重教师。中外历史上处于上升或进步阶段的统治阶级或有作为的政治家，一般都很尊重教师。

徐特立（1877—1968）是我国近代杰出的无产阶级教育家，曾创办湖南省长沙师范学校、省立第一女子师范学校、长沙女子师范学校等学校，并担任校长。大革命时期担任湖南省农民协会教育科长、农民运动讲习所主任。从 1930 年起，徐特立一直是我党教育部门的主要领导人，先后任中央苏区教育部代部长、部长，陕甘宁边区教育厅长、中共中央宣传部副部长（主管教育）兼教育研究室主任等。同时还担任中央苏区列宁师范学校校长、教材编审委员会主任、苏维埃大学副校长（主持日常工作）、中央农业学校校长、陕甘宁边区新教育协会会长、新教育学会理事长、延安自然科学院院长等职务。他一生十分重视师范教育和教师工作，主张"经师和人师合一""教师要做园丁，不要做樵夫"。他还经常以自己的经历鼓励师范生献身教育事业。作为一代师表，他毕生从事教育工作，桃李满天下。毛泽东称他是"革命第一，工作第一，他人第一"，周恩来称他是"人民之光，我党之荣"，朱德称他是"当今一圣人"。有《徐特立文存》《徐特立教育论语》等传世。

中国古代儒家把教师的地位看得很高，常常把教师与君王相提并论。《尚书·泰誓》中说："天佑下民，作之君作之师。"将君师视为一体或将君师并列于同等地位。荀况进一步把教师纳入"天、地、君、亲"的序列。他说"天地者，生之本也"，"先祖者，类之本也"，"君师者，治之本也"。（《荀子·礼论》）自汉唐至明清，历代都有大儒。这些人饱学多识，学生也多能根据礼教事师。

西方在古希腊时期，国王尊师的例子可以用马其顿王亚历山大与亚里士多德的亲密关系来说明。文艺复兴时期，资产阶级开始登上历史舞台，许多人也对教师职业怀有普遍的尊重。捷克教育家夸美纽斯说过："我们对于国家的贡献，哪里还有比教导青年和教育青年更好、更伟大的呢？"他认为，教师是太阳底下再没有比它更优越、更光荣的职位。到了现代，由于科学技术在生产中的应用越来越广泛，需要劳动者的文化程度越来越高，各国政府都普遍重视教育，同时大力提高教师的待遇和地位。

苏联十月社会主义革命胜利后，就强调要提高教师的社会地位。无产阶级革命家和教育家加里宁称赞教师是"人类灵魂的工程师"。列宁提出："应当把我国人民教师提高到从未有过的，在资产阶级社会里没有也不可能有的崇高的地位。"同时强调一方面要提高他们与这种地位相称的素养，"而最重要的是提高他们的物质生活条件"。此后，苏联政府为提高广大教师的工资待遇做了不懈的努力，同时通过对优秀教育工作者授予荣誉称号和奖章等提高教师地位

教师是教育活动的组织者和领导者，教师的学识、能力以及法律赋予教师的权利和职责，决定了教师在教学活动中的主导作用。而要发挥教师的主导作用，就必须正确认识教师的职业

属性。

教师职业的社会地位是通过教师职业在整个社会中所发挥的作用和所占有的地位资源来体现的,主要包括政治地位、经济地位、法律地位和专业地位。

(1) 教师职业的政治地位表现为教师的政治身份的获得、教师自治组织的建立和政治参与度、政治影响力等。随着社会的发展、教育地位的提升,教师政治地位的提高成为提高教师职业社会地位的前提。

(2) 教师职业的经济地位指将教师职业与其他职业相比较,其劳动报酬的差异状况及其经济生活状态。经济地位是教师社会地位的最直接体现。

(3) 教师职业的法律地位指法律赋予教师职业的权利、责任。

(4) 教师职业的专业地位是教师职业社会地位的内在标准,它主要通过其从业标准体现,有没有从业标准和有什么样的从业标准是教师职业专业地位高低的指示器。

(三) 教师的社会作用

1. 通过教育活动选择、传播、提升和创造人类文化

人与动物的区别,就在于人有自觉能动性。人的自觉能动性主要表现为人能认识世界和改造世界。人类认识世界和改造世界是相互作用的,新文化的创造与原有文化的继承也是相互作用的。人类正是在认识世界和改造世界的相互作用中,在新文化与原有文化的相互作用中,推动整个人类文化和社会不断进步的。因而新一代人在进入社会生活之前,都应掌握人类创造的已有文化。

年轻一代掌握人类文化是一个人类文化传承的过程,学校是进行人类文化的代际交接和传承的场所,教师则是进行人类文化的代际交接和传承的执行者。在这里,教师是人类文化的传播者、传递者、交接者,学生是人类文化的接受者、接替者、继承者。学校教育传播文化是有目的、有计划、有组织地进行的,它与其他大众媒体和文化出版事业不同。教师要把社会对新一代的要求和期待变为自己对每一个学生的具体的期待,要针对学生实际,对知识作出说明、解释和论证,以保证学生理解和掌握。学校和教师进行人类文化的代际传承,具有自觉性、科学合理性和专门性。

教师传递人类文化不是起一个传声筒的作用,他不但要对知识作出说明、解释、论证,而且要对人类文化进行选择、提升和创造。

所谓选择就是选择真正科学的知识,选择人类优秀文化,选择符合真善美精神的文化知识,选择适合于学生接受的文化知识等。

所谓提升和创造就是指教师对教科书的知识的说明、解释和论证,要结合自己的体验,去阐发和弘扬人类优秀文化传统,引导和鼓舞学生追求真善美。

教师对教科书上的知识的说明、解释和论证,还要与人类科学文化的最新发展相结合,并进行自己的创造,去阐发它的最新的内涵和意义,把它提升到新的境界。

2. 通过向受教育者传授文化知识以培养人

培养人才与传授文化知识比较,培养人才是教师职业的更为本质的社会职能。这里所说的培养人才,是指培养和发展人的素质。这里所说的素质是指人的后天素质,它以人的先天自然素质为基础,以对人类文化的掌握为中介,在社会实践中形成和表现出来的人的稳定的身心品质或特性。在这里文化知识的掌握是人的素质形成的条件,但文化知识的掌握又不简单地是人的素质,二者既有相关性,又有差异性。从文化知识的掌握到素质的形成,还需要对知识的运用和实践的锻炼。人的素质包括国民基础素质和各种专业或职业素质。国民基础素质主要包括思想道德素质、智能素质、身体和心理素质、劳动与生活技能素质等。专业或职业素质是指在各种专业或职业活动中所需要和表现的素质。

在知识经济时代,科学创新将成为发展高新技术和高技术产业的基础,培养科技创新人才将是提高综合国力和国际竞争力的关键。科技创新人才具有复杂的素质结构,培养这种复杂结构的高素质人才是一个长期艰苦的过程,它需要发挥教师的主动、积极的能动作用。具有发展高技术使命的科技创新人才必须具有高度的责任感、使命感和献身精神,这需要教师的积极影响。高技术时代的科技创新人才主要是要培养选择、运用和创造新知识的能力,它需要教师的精心设计和培养。在国内国际激烈竞争的现代社会,科技创新人才还要注意心理平衡的锻炼,敢于面对挑战,迎接挑战,这也需要教师的指导和培养。

3. 通过传递文化和培养人全面推动人类社会发展

世界上的一切物质财富和精神财富都是人类自己创造的,人类的一切活动都是发明和应用文化的活动,人类创造的一切都是人类知识的物化或客观化。因此,教师通过传授文化知识和培养人才,就可以全面推动人类社会的发展。例如,教师在教育活动中培养的有知识懂技术的劳动者,能利用自己的知识、技术制造物质产品;教师通过教育培养的科学技术专家,可以利用自己的创造活动发现新的科学原理或发明新技术,从而创造新产品,或通过改进工艺提高产品质量。

教师不仅以自己教育教学活动提升和创造文化,而且还通过传播文化培养科学文化研究人才,推动科学文化事业的发展。

(四)教师职业的价值

1. 教师劳动的价值

教师的劳动不仅能满足社会发展的需要,而且也能满足教师个人生存、发展和自我实现的需要,因此,教师劳动的价值是由社会价值和个人价值构成。教师劳动的价值是社会价值与个人价值的统一。

(1)社会价值。

教师劳动的社会价值是指教师在教育教学过程中耗费劳动而产生的满足社会需要的意义和作用。社会价值是教师劳动价值的主要属性,也是体现教师社会地位和教师个人价值的主要标志。

(2)个人价值。

①教师劳动的个人价值是作为客体的教师劳动对于教师主体需要的肯定或否定的某种状态,是满足教师自身物质和精神需要的程度。

②教师劳动除了满足社会需要,具有社会价值外,还能够在许多方面满足教师的个人需要,因而也具有个人价值。

2. 教师职业的内在价值

为了使教师这一职业真正成为令人羡慕和富有内在尊严的职业,我们有必要认真思考教师职业的内在价值,教师能够从自己的职业生活中获得什么?其实,教师绝不是"为他人作嫁衣"的牺牲者,教师职业会给教师带来幸福的体验、精神的充实和自我的实现。教师职业的内在价值主要体现为以下几点:(1)教师职业激发和丰富教师的创造潜能;(2)教师职业促进了教师的自我成长;(3)教师职业带给教师无穷的快乐。

二、教师的职业性质

(一)教师是专业人员,职业是一种专门职业

1994年实施的《中华人民共和国教师法》规定:"教师是履行教育、教学职责的专业人员,承担教书育人,培养社会主义事业建设者和接班人,提高民族素质的使命。"这是我国第一次以法律的形式确定了教师的专业地位。夸美纽斯认为,教师是太阳底下最崇高、最优越的职业。

教师是专业人员,职业是一种专门职业,如同医生、律师一样,是从事专门职业活动的,必

须具备专门的资格，符合特定的要求。这些要求是：教师要达到规定的学历；教师要具备相应的知识；教师要符合与其职业相称的其他有关规定，如语言表达能力、身体状况等。

1966年10月，联合国教科文组织发表的《关于教师地位的建议》也明确指出："教育工作应被视为专门职业，这种职业是一种要求教师具备经过严格并持续不断地研究才能获得专业知识及专门技能的公共业务。"世界上大多数国家采用了这一建议。在国际劳工组织制定的《国际标准职业分类》中，教师被列入了"专家、技术人员和有关专业工作者"的类别中。1986年，国家统计局和国家标准局发布的《国家标准职业分类与代码》中，教师被列入了"专业、技术人员"这一类别。1994年实施的《中华人民共和国教师法》，第一次以法律的形式确定了教师的专业地位。

专门职业具有三个基本特征：

（1）需要专门技术和特殊智力，在职前必须接受过专门的教育；

（2）提供专门的社会服务，具有较高职业道德和社会责任感；

（3）拥有专业自主权或控制权。根据学术标准衡量，教师职业属于专门职业，教师是从事教育教学工作的专业人员。

（二）教师是教育者，教师的职业是促进个体社会化的职业

教师是教育者以别于其他人员。这就是说，只有直接承担教育教学工作的人员才是教师。在学校里的其他人员，如行政管理人员、后勤服务人员、校办产业公司人员、教学辅助人员等，由于不直接从事教育教学工作，未直接履行教育教学职责，就不能定为教师，而分属教育职员或其他专业技术系列。但要指出的是，在学校及其他教育机构中承担其他职责的同时，也承担教育教学职责，并达到教师职责基本要求的人员，也可以确定为教师。

教师的使命和根本任务就是教书育人，培养社会主义建设者和接班人，提高民族素质。这是就教师工作的目的而言，教师的一切工作都要服从于这个目的。

三、教师的职业特点

教师职业的最大特点是职业角色的多样化。所以教师的职业特点就是教师职业角色。

教师职业的属性除表现在性质和特点与其他职业不同外，还表现在职业角色的不同。所谓职业角色是个人在一定的社会规范和职业中履行一定社会职责的行为模式，每个人在社会中同时扮演许多角色。教师所扮演的角色与其他角色相比更加丰富，但主要扮演着八种角色。

（一）教师的角色

1. "传道者"角色

教师承担着国家和社会赋予的传递社会传统道德、价值观念的使命，其教育教学活动不是随意的。"道之所存，师之所存焉"。虽然在现代社会，道德观和价值观具有多元性，但教师的道德观和价值观总是代表着居于社会主导地位的道德观与价值观，并用这种观念引导学生。

2. "授业、解惑者"角色

唐代文学家韩愈就曾说过："师者，所以传道、授业、解惑也。"教师是社会各行各业建设人才的培养者。为了培养社会所需要的人才，一方面，教师不断地学习和整理人类长期积累的知识经验，使之系统化，并在此基础上不断钻研和创造，丰富人类的知识宝库；另一方面，不断研究了解学生，探讨和设计适合他们的教育方法，以最高的效率把知识传授给学生，解决学生学习中的困惑，启发他们的心智，形成自己的知识结构和技巧。

3. 示范者角色

教师的言行是学生学习模仿的对象。学生具有向师性、可塑性、模仿性的特点，教师的言行、为人处世的态度等会对学生起到潜移默化、耳濡目染的作用。夸美纽斯曾说过，教师的职务是用自己的榜样教育学生。

教师不仅以科学的教育方法塑造学生，还以自己的言行影响感化学生，使学生在潜移默化中受到熏陶。教师的学识、各种观念、为人处世的态度都是学生学习的榜样。从某种意义上说，教师的职务就是以自己的榜样来教育学生。所以，从古至今总是把教师的德行放在首位。

4. "教育教学活动的设计者、组织者和管理者"角色

（1）教师是教育教学活动的设计者。

①好的教学设计可以使教学有序进行，给教学提供好的环境，使学生养成循序渐进的习惯，全面地完成教学任务。

②要精心地进行教学设计，就要求教师全面把握教学的任务、教材的特点、学生的特点等要素。

（2）教师是教育教学活动的组织者。

教师在教学资源分配（包括时间分配、内容安排、学生分组）和教学活动展开等方面是具体的组织者和实施者。通过科学分配活动时间，采取合理的活动方式，可以启发学生的思维，协调学生的关系，激发集体学习的动力。

（3）教师是教育教学活动的管理者。

教师需要肩负起教育教学管理的职责，包括确定目标、建立班集体、制定和贯彻规章制度、维持班级纪律、组织班级活动、协调人际关系等，并对教育教学活动进行控制、检查和评价。

不同的教师进行教学管理的方式不同，这取决于教师的能力素质结构、权威结构、兴趣结构、性格气质结构、年龄结构等因素，显示了教师的不同个性，决定着教学管理活动的水平和质量。教师的管理类型主要有四种：强硬专断型、仁慈专断型、放任自流型以及民主管理型。

①强硬专断型的教师：对学生严加看管，要求学生无条件地接受一切命令。他认为：表扬可能宠坏学生，所以很少表扬学生；没有教师的监督，学生就不可能自觉学习。学生的典型反应为屈服，但一开始就不信服和厌恶这种领导。推卸责任是常见的事情，学生易激怒，不愿合作，而且可能背后伤人；教师一旦离开教室，学习就明显松垮。

②仁慈专断型的教师：不认为自己是一个专断独行的人，喜欢表扬学生，关心学生；他专断的症结在于他的自信，他的口头禅是："我喜欢这样做"或"你能让我这样做吗"；以"我"为班级一切的工作标准。学生大部分学生喜欢他，但看穿他这套办法的学生可能恨他；在各方面都依赖教师——在学生身上没有多大的创造性；屈从，并缺乏个人的发展；班级的工作量可能是多的，而资质也可能是高的。

③放任自流型的教师：在和学生打交道中几乎没有什么信心，或认为学生爱怎样就怎样，很难作出决定，对学生管理没有明确目标。既不鼓励学生，也不反对学生；既不参加学生的活动，也不提供任何帮助和方法。学生在各方面都依赖教师，学生身上没有多大的创造性。

④民主管理型的教师：善于和班集体共同制订计划和作出决定；在不损害班集体利益的情况下，很乐意给个别学生以帮助、指导，尽可能鼓励集体的活动，给予客观的表扬和批评。学生的典型反应是喜欢学习，喜欢和别人尤其是教师一道学习。学生学习的质和量都很高，相互鼓励，而且独自承担某些责任。不论教师在不在课堂，需要加以改正的问题很少。

教师是教学活动的组织者和管理者，就一项具体的教学活动而言，教师还可能是领导者。教师的这种角色主要表现在：确定具体的教学活动目标、建立班集体制度、贯彻各项规章制度、维持班级纪律、组织班级活动、协调人际关系、控制和评价教学活动等。

5. 研究者角色

教师即研究者，意味着教师在教学过程中要以研究者的心态置身于教学情境之中，以研究者的眼光审视和分析教学理论与教学实践中的各种问题，对自身的行为进行反思，对出现的问

题进行探究，对积累的经验进行总结，以形成规律性的认识。教师的研究，不仅是对科学知识的研究，更要有对教育对象即学生的研究，对教师和学生交往的研究等，这都需要教师终身学习，更新自己的知识结构，以便使教育教学建立在更宽广的知识背景之上，适应学生的个性发展、自己的专业发展和教育教学改革的需要。教师还被认为是智者的化身，作为教师，必须拥有渊博的知识。

教师的工作对象是充满活力的、千差万别的个体，传授的内容又是与时俱进的自然科学、人文科学知识，这就决定了教师要以一种发展变化的态度对待自己的工作对象、教学内容，要不断学习，不断反思，不断创新。

6. 父母与朋友角色

低年级的学生倾向于把教师看作父母的化身；高年级的学生则往往愿意把教师当作朋友，也期望老师把他们当作朋友看待，在学习、生活、人生等方面得到老师的指导，希望老师能与他们一起分享欢乐与幸福，分担痛苦与忧伤。

7. "心理调节者"角色（"心理保健者"角色、"心理健康维护者"角色）

随着对心理健康的重视和儿童心理卫生工作的展开，人们对教师产生了"儿童心理卫生顾问""心理咨询者"等角色期待。教师应积极适应时代、社会的要求，提高自身的心理健康水平，掌握基本的心理卫生常识，在日常的教育教学活动中渗透心理健康教育。教师要做好学生的心理健康教育工作，担当学生的心理调节者角色。

8. "学生心灵的培育者"角色（"学习的指导者"角色）

教师不但教学生学习知识，而且教学生学会学习；善于激发学生的学习热情，培养学生自主学习的能力和习惯，调整学生的不良情绪和心态；经常提醒学生仔细、认真、勤奋、刻苦，培养良好的学习心理品质；善于发现学生的学习差距，特别关注学习成绩不佳的学生；善于促使学生相互帮助，形成良好的学习风气。

（二）新课改背景下的教师观

1. 新课改背景下的教师角色转换

（1）教师由知识的传授者转变为学生学习的引导者和学生发展的促进者。

现代社会的发展要求人们"学会学习、学会合作、学会生存、学会做人"，具备终身学习的能力和意愿，以适应社会的急速发展和变化。因此，人们对教师的期待和要求也发生了本质性的变化。

首先，教师再也不能以传授知识作为自己的主要职责和目的，而应该把激发学生的学习动机，指导学生的学习方法，组织管理和指导学生的学习过程，培养学生自主学习、合作学习的能力作为自己工作的主要目标。在教学过程中教师要注重培养学生的发现和探究能力以及实践动手能力，激发学生的创造潜能，引导学生学会学习、学会合作、学会做事、学会做人。

其次，现代社会的发展要求教师不仅仅是向学生传播知识和社会规范，更要关注学生人格的健康成长与个性发展，真正成为学生发展的促进者。这种社会要求和社会期待把教师从"道德偶像"和"道德说教者"的传统角色中解放出来，要求教师以一个平等的、有成长经验的人的角色来对待成长中的青少年一代。教师要通过自己的公正无私、宽容与尊重、睿智与深刻、爱心与关怀赢得学生的尊敬和爱戴；通过自己的人格力量对学生产生深刻的影响；并通过自己的关爱、扶助、引导和行为示范去实现道德教育的目标，从而成为学生人生的引路人。

（2）由课程的接受者转化为课程的开发者和建设者。

①在传统的教学中，教学与课程是彼此分离的。教师被排斥于课程之外，教师的任务只是教学，课程游离于教学之外。教师的任务只是所谓的"教学"，是按照专家编好的教科书、教学参考资料去教规定好的内容，甚至是按照考试部门编写的考试要求和考试标准去组织教学内容，

按照教研部门编制的练习册去安排学生的各种练习内容和练习活动。

②新课程倡导民主、开放、科学的课程理念，同时确立了国家、地方、学校三级课程管理政策，这就要求课程与教学相互整合，教师必须在课程改革中发挥主体作用。教师不仅是新课的程实施者和执行者，更应成为新课程的开发者和建设者。为此，教师要形成强烈的课程意识和参与意识，改变以往学科本位的观念和消极被动执行的做法；教师要了解和掌握各个层次的课程知识，包括国家层次、地方层次、学校层次、课堂层次和学生层次，以及这些层次之间的关系；教师要提高和增强课程建设能力，使国家课程和地方课程在学校与课堂实施中不断增值、不断丰富、不断完善；教师要锻炼并形成课程开发的能力，新课程越来越需要教师具有开发本土化、校本化课程的能力；教师要增强课程评价的能力，学会对各种教材进行评鉴，对新课程实施的状况进行分析，对学生学习的过程和结果进行评定。

（3）由教学的实践者转化为教育教学的研究者。

在中小学教师的职业生涯中，传统的教学活动和研究活动是彼此分离的。教师的任务只是教学，研究被认为是专家们的"专利"。这种教学与研究的脱节，对教师和教学的发展是极其不利的。

教师即研究者，意味着教师在教学过程中要以研究者的心态置身于教学情境之中，以研究者的眼光审视和分析教学理论与教学实践中的各种问题，对自身的行为进行反思，对出现的问题进行探究，对积累的经验进行总结，最终形成规律性的认识。

研究性教学的特点表现为以下几点。

①研究性教学是开放性的，非标准答案的。

②研究性教学常常需要综合运用知识。

③研究性教学常常与生活密切联系，鼓励协作性学习。

（4）由单一的管理者转化为全面的引导者。

真正地实施素质教育，教师就需要将自己的角色定位在引导者上，因为学生的素质的形成，是一个主体的建构过程，不是在整齐划一的批量加工中完成的。教师要尊重学生的差异性、多样性和创造性。

教师作为引导者应该做到以下几点。

①要牢记自己的职责，教育学生坚信每个学生都有自己潜力。

②要慎重地评价学生，对学生不能抱有先入为主的成见；在课堂教学中，教师要尽量给每位学生参与讨论的机会；要尽量公开、公正、公平地评价学生的学习过程和结果。

（5）教师要从学校教师转变为社区型的开放教师。

随着社会的发展，学校越来越广泛地同社区发生各种各样的内在联系。学校教育与社区生活正在走向终身教育要求的"一体化"，学校教育社区化，社区生活教育化。新课程特别强调学校与社区的互动，重视挖掘社区的教育资源。在这种情况下，教师的角色也要求变革。教师不仅仅是学校的一员，还是社区的一员，是整个社区教育、科学、文化事业的共建者。因此，教师角色是开放的，是"社区型"教师。

2. 新课改背景下教师教学行为的变化

（1）在对待师生关系上，新课程强调尊重、赞赏。

①"为了每一位学生的发展"是新课程的核心理念。为了实现这一理念，教师必须尊重每一位学生做人的尊严和价值，尤其要尊重以下六种学生：智力发育迟缓的学生、学业成绩不良的学生、被孤立和拒绝的学生、有过错的学生、有严重缺点的学生以及和自己意见不一致的学生。

②尊重学生同时意味着不伤害学生的自尊心。教师应努力做到：不体罚学生，不辱骂学生，不大声训斥学生，不冷落学生，不羞辱、嘲笑学生，不随意当众批评学生。

③教师不仅要尊重每一位学生，还要学会发现学生的闪光点，学会赞赏每一位学生，赞赏学生的独特性、兴趣、爱好、专长，赞赏学生所取得的哪怕是极其微小的成绩，赞赏学生所付出的努力和所表现出的善意，赞赏学生对教科书的质疑和对自身的超越。

（2）在对待教学关系上，新课程强调帮助、引导。

教如何促进学？这就要求教师"教"的职责在于帮助学生检视和反思自我，明了自己想要学习什么和获得什么，确立能够达成的目标；帮助学生寻找、搜集和利用学习资源；帮助学生设计恰当的学习活动并形成有效的学习方式；帮助学生发现所学东西的个人意义和社会价值；帮助学生营造和维持学习过程中积极的心理氛围；帮助学生对学习过程和结果进行评价，并促进评价的内化。

教的本质在于引导。引导的特点是含而不露、开而不达、引而不发；引导的内容不仅包括方法和思维，同时也包括如何实现价值和如何做人。在这里，引导表现为教师对学生的启迪与激励。

（3）在对待自我上，新课程强调反思。

教学反思被认为是"教师专业发展和自我成长的核心因素"。新课程非常强调教师的教学反思。依据教学进程，教学反思分为教学前、教学中、教学后三个阶段。教学反思有助于教师形成和培养自我反思的意识和自我监控的能力。

（4）在对待其他教育关系上，新课程强调合作。

在教育教学过程中，教师除了要面对学生外，还要与周围其他教师发生联系，要与学生家长进行沟通与配合。新课程的综合化趋势特别需要教师之间的合作，不同年级、不同学科的教师要相互配合，齐心协力地培养学生。教师必须处理好与家长的关系，加强与家长的联系与合作，共同促进学生的健康成长。

四、教师的劳动特点

教师的劳动属于精神生产，劳动对象又是人，劳动的成果主要体现在青少年的健康成长上，这就使得教师的劳动与其他劳动相比有质的差别。这种差别决定了教师劳动以下几个方面的独特性。

（一）复杂性和繁重性

这一特点的内涵是指教师的劳动不是简单的重复，而是复杂的塑造人的灵魂的工作；不是轻松的活动，而是繁重的脑力劳动。

第一，教师的劳动对象的复杂性。教师的劳动对象是具有主观能动性的人。在教育过程中，学生不是消极被动地接受教师的加工和塑造，而是以独立的个体人格参与教育过程，并且直接影响着教师的劳动效果。所以，教师必须树立发展多样性的教育观念，研究每个学生发展的个别差异，以便因材施教，而不能像工人生产那样，按照统一的图纸、模具、操作规程加工产品。

第二，教育任务的多元性。就总体任务而言，教师既要促进学生全面发展，形成良好的个性，又要使学生的特殊才能得到充分发挥。就某方面的任务而言，教师的工作也是多元的。如在智育上，教师既要传授知识，又要发展学生的能力。这就要求教师树立全面的教育质量观，面向全体学生，以提高学生的综合素质进行教育和教学。

第三，影响学生发展的社会因素的多样性。学生在接受学校教育的同时，还要受到来自家庭、社会其他方面的影响。其中有些影响是积极的，有些则是消极的。这就要求教师协调各方面的教育影响，统一各方面的教育力量，形成合力，增强教育效果。

第四，教师劳动过程的复杂性。教师的工作既是一种复杂的脑力劳动，也是一种复杂的体力劳动，需要具备丰富的专业知识与一系列的专业技能和技巧才能完成教学任务。

第五，教师的劳动性质的复杂性。教师的劳动属于专业行为，是一种高级复杂的心智劳动。劳动过程中既要考虑教育对象，又要考虑教育内容，还要考虑教学方法、手段及教学效果。

第六，教师劳动手段的复杂性。教师要有效地促进学生全面发展，必须保持教育影响的一致性，优化组合各种影响，使之发挥最佳合力。把这些复杂的影响有效地组织到教育过程中，这本身就是一种复杂的工作。

（二）创造性和灵活性

这一特点的内涵是指教师的工作尽管有一些基本的原则和要求，但针对每个学生的教育来说，没有现成的操作规程。教育必须根据学生的具体情况，灵活地运用教育原则，创造性地设计教育方法。这一特点体现在以下几个方面。

第一，对不同学生要区别对待，因材施教。每个学生都是一个特殊的实体，教师要具体研究，区别对待，"一把钥匙开一把锁"。

第二，对各种教学方法要灵活地选择和组合。所谓"教学有法而无定法"，学生掌握知识是一个复杂的心理活动过程，而传授知识又没有固定的模式可以遵循，这就要求教师针对学生和教材的特点，灵活地、创造性地设计和组织教学活动。

第三，灵活运用教育机智，及时恰当地处理教育情境中的偶发事件。教育机智是教师在教育教学过程中的一种特殊定向能力，是指教师能根据学生新的特别是意外的情况，迅速而正确地作出判断，随机应变地采取及时、恰当而有效的教育措施解决问题的能力。教育机智是教师良好的综合素质和修养的外在表现，是教师娴熟运用综合教育手段的能力。教育机智可以概括为因势利导、随机应变、掌握分寸、对症下药。理解教育机智的内涵，需要分析它所强调的三个关键词：一是教学的"复杂性"；二是教学的"情境性"；三是教学的"实践性"。

在教育教学过程中，尤其是中小学，因学生年龄小，自制力和分析预见行为后果的能力都很差，随时可能发生一些预料不到的事件。这就要求教师果断、机智、灵活地予以解决，化消极因素为积极因素，并利用机会教育学生。

（三）劳动手段的主体性和示范性

1. 主体性

主体性指教师自身可以成为活生生的教育因素和具有影响力的榜样。这一特点的内涵是指教师的劳动除了运用教育手段作用于教育对象外，还要给学生做出示范，以自己的主体形象影响和感化学生。在某种意义上，以主体示范感化学生的方法，不仅是作为一种教育手段，更重要的是对其他教育手段还有放大或缩小的作用。如果教师具备了社会所期望的高尚的职业道德情操，深受学生尊重，就会增强其他教育手段的影响；如果教师不注意自身的修养，在学生中没有威信，就会削弱所采取的其他教育手段的力量。对于教师来说，首先，教育教学过程是教师直接用自身的知识、智慧、品德影响学生的过程。其次，教师劳动工具的主体化也是教师劳动的主体性表现。教师所使用的教具、教材，也必须为教师自己所掌握，成为教师自己的东西，才能向学生传授。

2. 示范性

示范性是指教师的言行举止，如人品、才能、治学态度等都会成为学生学习的对象。教师劳动的示范性特点是由学生的可塑性、模仿性、向师性心理特征决定的；同时，教师劳动的主体性也要求教师的劳动具有示范性特点。德国著名教育家第斯多惠指出："教师本人是学校里最重要的师表，是最直观的、最有教益的模范，是学生最活生生的榜样。"任何一个教师，不管他是否意识到这一点，不管他是自觉还是不自觉，都在对学生进行示范。因此，教师必须以身作则、为人师表。

（四）劳动过程的长期性（周期性）和效果显现的间接性

1. 长期性

长期性指人才培养的周期比较长，教育的影响具有迟效性。教师劳动的成效并不是一时就可以检验出来的，而是需要教师付出长期的大量的劳动才能看到结果、得到验证，教师的某些影响对学生终身都会发生作用。这一特点的内涵是指教师的劳动不可能在短期内获得效果，必须坚持不懈，反复施教，促进学生一步一步地成长。因此，教师的劳动具有长期性。

首先，教师的劳动成果是人才，而人才培养的周期比较长。把一个人培养成为能够独立生活，能够服务社会，能够为人类做出贡献的合格人才，不是一朝一夕之功。"十年树木，百年树人"就是对这个道理的最佳阐释。

其次，教师对学生所施加的影响，往往要经过很长的时间才能见效。中小学教育处于打基础的阶段，教师的教育影响通常要反映在学生对高一级学校学习的适应中，甚至反映在走上工作岗位后的成就上。

这是因为：

第一，人的成长是自然发育和社会化的统一过程，既要受到生理器官成熟程度的制约，又要受到心理素质成熟程度的影响。无论是哪方面的成熟，都需要较长的时间积累过程。

第二，学生掌握文化科学知识，形成一定的道德观念，智力和能力发展到一定的水平，都需要长期地反复培养。

第三，教师的劳动最终体现在学生未来的发展上。虽然教师的劳动在就读的学生身上也能显现出部分效果，但从最终意义上讲，则集中体现在学生未来发展的成就上。

2. 间接性

间接性指教师的劳动不直接创造物质财富，而是以学生为中介实现教师劳动的价值。教师的劳动并没有直接服务于社会，或不直接生产于人类的物质产品和精神产品。教师劳动的结晶是学生，是学生的品德、学识和才能，待学生走上社会，由他们来为社会创造财富。

（五）劳动方式的个体性和劳动成果的集体性（群体性）

这一特点的内涵是指教师的劳动过程呈现为个体的性质，而劳动的结果又呈现出集体的性质。从劳动过程看，教师的备课、上课、课外辅导以及对学生的集体培养都是以个体的方式进行的。这种个体形式几乎使每个教师养成了自己独特的教育艺术和风格。从劳动结果看，教师劳动的效果体现在学生身上，而学生的进步并非是某一个教师单独工作的结果，而是教师集体努力的成就。另外，在每个教师个体活动的背后，又有许多教育工作者的劳动服务。如前人总结的经验可以吸取和借鉴，同事与同行在教学计划、教学大纲、教科书、实验、资料等方面做了大量的基础工作等。所以说，学生的全面和谐发展是教师个人努力与集体合作的结晶。

（六）教师劳动在时空上具有连续性和广延性

1. 连续性

教师劳动在时间上具连续性，这个特点显示教师劳动是没有严格的交接班时间界限，这是由教师劳动对象的相对稳定性决定的。教师要不断了解学生的过去与现状，预测学生的发展与未来，检验教育教学效果，获取教育教学反馈信息，准备新一轮的教育教学活动。

2. 广延性

教师劳动在空间上具有广延性，这个特点显示教师没有严格界定的劳动场所，课堂内外、校内外都有可能成为教师劳动的空间，这是由影响显示复杂因素的多样性决定的。这个特点是由影响学生发展因素的多样性决定的。学生的成长不仅受学校的影响，还受社会和家庭的影响。教师不能只在课内、校内发挥影响力，还要走出校门，协调学校、社会、家庭的教育影响，以便形成教育合力。

五、教师职业发展历史

教师的职业发展经历了四个阶段。

（一）非职业化阶段

较为明确的教师职业出现在学校出现以后。原始社会末期，出现了学校教育的萌芽，那时候长者为师、能者为师或智者为师。奴隶社会初期，"学在官府""以吏为师""官师合一"，这种官吏兼职教师就属于非职业化阶段。

（二）职业化阶段

独立的教师职业是伴随着私学的出现而产生的。我国奴隶社会发展到春秋时期，官学衰微，私学兴起，这种私学的教师在一定程度上改变了官学教师身上过重的官吏色彩，使教师回归到专职教育工作者角色上来。从这个意义上可以说，春秋战国时期这些出卖脑力劳动的"士"堪称中国第一代教师群。私学教师逐渐成为一种职业。

（三）专门化阶段

教师的专门化阶段是以专门培养教师的教育机构的出现为标志的。世界上最早的师范教育机构诞生在法国。1681年，法国"基督教兄弟会"神甫拉萨尔在兰斯创立了世界上第一所师资训练学校，这是世界上独立的师范教育的开始。我国最早的师范教育产生于清末。1897年，盛宣怀在上海创办"南洋公学"，分设上院、中院、师范院和外院。其中的师范院就是中国最早的师范教育机构。师范教育的产生就是培养学生走上专门化的道路。

（四）专业化阶段

这一阶段，学校对教师的需求从"量"的急需向"质"的提高方面转化。于是独立设置的师范院校产生并逐渐并入为理学院，教师的培养改由综合大学的教育学院或师范学院承担，这被称为"教师教育大学化"。教师职业开始走向专业化道路。

1966年，国际劳工组织和联合国教科文组织在巴黎会议上通过的《关于教师地位的建议书》中提出了教师工作应被视为一种专业。1986年，我国颁布并实施《中华人民共和国义务教育法》，规定我国要建立教师资格考试制度，这实际上已经开始把教师当作专业技术人员。1993年，我国颁布《中华人民共和国教师法》，从法律上确定了教师的专业地位。1995年，国务院颁布《教师资格条例》，进一步明确了教师应该具备的专业素质。

六、教师的职业素养

教师的职业素质是教师做好教育工作的前提。教育不仅具有生产力等经济功能和价值，而且这种价值和功能要与人的精神世界的丰富，道德品质的提高，人与自然的和谐，人文精神的培养相协调。针对这一客观事实，教师的职能应该进行相应的改变：由封闭式的教学改为指导学生"开放式学习"，教师应树立以"学生的发展为本"的教育观念，建立完全平等的新型师生关系。从教师所承担的任务和劳动特点来看，作为一名合格的人民教师必须具备以下素养。

（一）教师的政治思想素养

政治思想素养是衡量一个合格人民教师的重要标志，它决定着教师职业活动的方向。教师是人类灵魂的工程师，肩负培养年轻一代的重任，教师自身的政治素质直接影响到学生的政治认识和态度。因此教师必须具有坚定正确的政治方向。

第一，拥护党的领导，坚决走社会主义道路。

第二，热爱社会主义祖国，投身社会主义现代化建设。

第三，实事求是，坚持真理，勇于创新。

第四，不断更新观念，树立现代价值观。

教师的政治思想素养制约着教师的道德修养,是教师职业道德素质形成的基础。

(二) 教师的教育思想素养

教师的教育思想的核心是教育观,教育观就是对教育的基本看法。教师要加强教育思想素养,就要求教师不断更新教育观念。良好的教育思想素养包括以下几个方面。

1. 正确的教育价值观

教育是一种有目的的培养人的活动,教育的本质价值就在于促进人的发展。教师应该具备正确的教育价值观,明确教育的真正意义,树立育人为本的教育价值观,端正教育思想,明确教育目的。

2. 科学的育人观

教师应更新人才观念,树立全体学生全面发展的人才观念;正确认识人的全面发展的需要,能够准确理解和把握学生的个性特征;懂得教育要适应人的身心发展规律的基本原理,掌握教育的基本规律和有效的教育方式和方法。

3. 正确的学生观

教师应能够正确认识和处理学生在教育过程中的地位和作用,注重发挥学生在教育过程中的主体作用;准确把握学生身心发展的基本规律和需要;客观地看待和评价学生,促进学生个性全面发展;在对待学生群体时,做到客观公正,发扬教育民主,注重学生之间的个性差异。

4. 现代的教学观

教师应更新教学观念,具有现代教学观。不把教学看成是纯粹的知识传递活动,而应把教学看成是师生互动的交往活动;正确处理好教学与发展的关系、教师与学生的关系、知识与能力的关系、智力因素与非智力因素的关系;更新教学模式,注重启发式教学,反对机械灌输,赋予课堂教学以生命活力。

5. 科学的教学质量关

教师应科学、全面、客观地评价教学质量,以全面发展的人才质量观作为教学质量评价的基本标准;克服片面追求升学率的倾向,不以分数高低论教学质量,注重知识与能力并重,注重培养学生的基本素质和个性特长。

(三) 教师的职业道德素养

教师劳动的主体性和示范性的特点客观地要求教师具有高尚的职业道德素养,其具体体现在五个态度方面。

1. 对待教育事业的态度

要忠于教育事业,爱岗敬业。忠于和热爱教育事业,做到爱岗敬业是教师职业道德的基本要求。爱岗敬业是前提,教师只要有热爱自己的本职工作,才能积极投入教育事业,而要在教育活动中追求完善和提高,还必须敬业。敬业是爱岗情感的表达,表现为在工作中认真负责、精益求精。

忠于教育事业,是教师爱岗敬业的本质要求。

首先,要热爱教育事业。对教育事业的热爱,主要来自教师对教育事业在社会发展中的地位与作用的认同。只有把教育同国家兴亡、民族的振兴和现代化建设的成败联系起来,才能对教育事业有深刻的认识。认识得越深,爱得越深;而爱得越深,则干劲就越大。

其次,要献身于教育事业。忠于教育事业,就要有无私奉献的精神。教师劳动的成果主要体现在学生的成功中,教师自身则是默默无闻的,没有奉献精神是干不好教育工作的。因此,教师要不辞辛苦、辛勤耕耘,时时刻刻把教育事业的利益放在首位,要识大体、顾大局,不为权利、地位、名利、金钱和物质利益所动摇,把全部的心血用在培养学生上。

2. 对待学生的态度

热爱学生，诲人不倦。热爱学生，是人民教师的美德，是教师对学生进行教育的感情基础，也是获得良好教育效果的前提。教师对学生的热爱，可以密切师生关系，造成良好的教育气氛，增强教育的效力，也有利于培养学生良好的个性。教师热爱学生，不仅可以充分发挥教师自己的教育才能，甚至还可以弥补教师教育才能的某些不足。

教师热爱学生也是教师职业道德的核心。

教师为什么要爱学生呢？教师热爱学生在教育过程中起着十分重要的作用，其原因在于：第一，师爱是教师接纳学生、认可学生的心理基础，是教育好学生的前提；第二，师爱是激励教师做好教育工作的精神动力；第三，师爱是打开学生心扉的钥匙；第四，师爱有助于培养学生友爱待人、趋向合群等良好社会情感和开朗乐观的个性。

热爱学生这一师德规范的基本要求包括五个方面。

（1）关心了解学生。只有在全面了解学生的基础上，才能更好地关心学生。

（2）尊重信任学生。尊重学生就要尊重学生的人格和个性。教师对学生的教育，应以正面教育为主，不能采取讽刺挖苦的做法来伤害学生的自尊心，造成师生情感对立，导致教育失败。尊重学生，就要信任学生。信任也是一种教育力量，它可以增强学生的自信心，鼓励他们克服困难，积极要求上进。教师应充分相信学生的心灵是为接受一切美好的东西敞开的，即使是差生，也有其自身的"闪光点"，教师要善于捕捉，并使之发扬光大，而不应漠然视之。

（3）公平对待每位学生。教师对学生应一视同仁，平等对待，不能掺杂任何偏见。教师应努力做到使每个学生都感到自己付出的努力能得到公正的评价，使他们轻松愉快地融合在班集体中。教师应该知道"好""差"是相对的，每个学生都好比一粒种子，都有发芽、开花、结果的可能性，只是有的发育得早，有的发育得晚，有的枝上挂果，有的根上结实；有的可能作为栋梁之材，有的可以作药用之材；而有的只是以自己的芳香和姿色美化着人们的生活，各有各的特点，各有各的用途。因此，对于他们，需要的是从不同角度，以不同的方法去开发。

（4）严格要求学生。俗话说，"严师出高徒"，教师光有一颗热爱学生的心还不够，还要在思想上、学业上严格要求他们。教育上的严格与态度上的严格是不能等同的，在学生面前整天阴沉着脸，动辄训斥，让学生畏惧自己，绝不是严格要求。严格要求应该是合理的、善意的、可理解的和可实现的。另外严格要求一定要"严而有格"，不能借爱的名义打骂学生，否则那就是"超格"了。

（5）要宽容理解学生。要理解学生一定情境下的行为，给他们反思和纠正不良行为的机会。

3. 对待自己的态度

以身立教，为人师表，这是教师职业道德的最高表现。教师在教育学生过程中，要以自己的模范品行来教育和影响学生，即"为人师表"。这是教师职业道德的一个重要规范，也是教师形成威信的必要条件，是教师做好教育工作的重要保证。一个教师的思想品德、行为举止，对于可塑性、模仿性很强的青少年学生起着直接的影响和熏陶作用。

我国历史上许多著名的教育家，都主张教师必须严格要求自己，为人师表。春秋时期的伟大教育家孔子说："其身正，不令而行；其身不正，虽令不从。"唐代教育家韩愈提出教师应"以身立教"。在近代，伟大的人民教育家陶行知提倡"教师应以身作则""以教人者教己"。陶行知为发展人民的教育事业，忘我奋斗，鞠躬尽瘁。

为人师表，首先表现在教师的行为方面：教师应从自身做起，身教重于言教。要做到身教，最基本的要求是——凡是要求学生去做的，教师一定要身体力行，做到言行一致，发挥表率作用，处处严于律己，做学生的表率，即语言文明、仪表大方、礼貌待人、举止得体。

其次，应表现在教师思想方面：教师应爱国爱党，具有高度的民族自尊心、自信心和高尚的道德品质，言行一致，表里如一。

再次，应表现在教师义务方面：教师要遵纪守法，自觉贯彻国家的教育方针，执行学校的教学计划，认真完成教学任务。

最后，表现在自觉态度方面：要高度自觉，自我监控。教师以高标准严格要求自己，才能使自己在学生面前成为活生生的教材，成为学生做人的榜样。

4. 对待工作的态度

兢兢业业，严谨治学。教师治学的态度是一个职业道德问题。在我国教育史上，自古以来人们就把钻研学问、不断求知看作是教师必备的职业道德修养。孔子认为，教师对待学习，要"学而不厌"；荀子则认为，做一个好教师必须具有"博学"精神。人民教育家陶行知倡导教师每天问一下自己："我的学问有没有进步？"无产阶级教育家徐特立把"经师"（钻研知识，认真向学生传授知识）看作是"教师的人格"之一。

严谨治学是教师职业的重要要求。要求教师树立优良学风，刻苦钻研业务，不断学习新知识，探索教育教学规律，改进教育教学方法，提高教育、教学和科研水平。一般说来，教师已经掌握了许多知识，但是，随着时代的进步、科技的发展，新知识的不断涌现，教育事业要求教师树立终身学习的观念，永远做好学者。

5. 对待同事的态度

团结协作，合作育人。为了搞好教育工作，教师不仅要正确处理好与学生之间的关系，还要正确处理好与教师集体及家长之间的关系，这是教育过程本身的需要，也是教师个体发展不可缺少的条件。因为人的培养靠单个教师是不行的，人的成长要受到多方面因素的影响。人才的全面成长，是多方面教育者集体劳动的结晶。这就要求教师必须与各方面协同合作，以便形成教育合力，共同完成培养人的工作。为此，要求教师做到以下几点。

（1）相互支持、相互配合。在校内，教师要与班主任、各科教师、学校领导和其他教职员工协调一致，相互配合；在校外，要与家长、社会有关方面和人士建立联系，取得他们的支持与帮助，以便目标一致地开展工作。

（2）严于律己，宽以待人。在与各方联系交往的过程中，教师要从大局出发，严格要求自己，尊重他人。

（3）弘扬正气，摒弃陋习。教师之间要形成互帮互学、进取向上、互通信息、共同进步的风气，要克服文人相轻、业务封锁的陋习。

（4）树立集体主义观念，用集体主义精神来调节个人与集体、个人与他人之间的关系，把关心集体、关心同志视为自己应尽的义务，自觉维护集体的利益，个人服从集体，反对个人主义倾向。

（5）教师之间互相尊重，团结协作，密切配合。要严于律己，宽以待人；要维护其他教师的威信，尊重他人的劳动；要虚心学习，取人之长，补己之短。

（6）要处理好与家长的关系。

（四）教师的业务素养

教师职业是一种专业性较强的职业，合格的教师应具有不同于其他职业的业务素养。教师的业务素养主要包括知识素养和能力素养两大方面。

1. 知识素养

知识素养是从事教育工作的基本前提条件。教师要完成教书育人的根本任务，必须具有广博的知识和完整的知识结构。从结构上看，教师的知识素养应包括以下几个方面。

（1）宽厚精深的学科专业知识——这是本体性知识。

掌握某方面的专业知识，是教师和其他脑力劳动者所共同具有的特点。所不同的是教师的专业知识主要是用于转化为学生的主观认识,而不是主要用于对客观现实的改造。

教师以知识育人,必须做到"学有专长,术有专攻",精通某一学科,并掌握相关专业的某些知识,有较丰富、较全面的专业知识储备。专业知识达到精深的程度,意味着教师不仅掌握了专业的知识量,为讲授某一学科打下基础,而且还了解学科的基本结构、知识体系、同相关知识的内在联系,掌握专业的最新研究成果和发展的基本趋势,同时自己对这一专业也有所研究和创新。参加继续教育学习或一些培训班的学习,提高自己的专业理论水平。通过报纸、杂志、信息技术等收集有关的教育教学资料,充实自己的实践知识。这样才能更好地把自己的专业知识转化为学生的知识和认识,并能引导他们深入理解,解决一些实际问题。具体来说,教师的学科专业知识应该包括以下几个方面。

①掌握该学科的基本知识和基本技能。掌握该学科的基本知识和基本技能是教学中要求学生必须掌握的内容,教师自己必须掌握。

②掌握该学科的知识结构体系及相关知识。掌握该学科的知识结构体系及相关知识是保证教师从一个更高更深的层面上来把握自己所教的学科内容。它不仅使教师居高临下,明确所教学科的基本结构、来龙去脉、所处地位、重点、难点和关键点,也使教师对所教内容不仅是知其然,而且知其所以然。

③掌握学科发展的历史及趋势。既了解学科历史,又了解该学科最新的研究成果和研究发展动向。当今时代知识更新迅速,科技发展速度加快,为了保证自己的教学内容不陈旧、不过时,能够适应知识更新的需要,教师必须始终站在该学科的最前沿。

④掌握学科的思维方式和方法论。比如,科学中的观察、调查、实验,数学中的转化、抽象思维、符号化,物理中的空间思维,哲学中的矛盾方法、发展眼光等。

(2) 扎实广博的文化基础知识——这是辅助性知识。

这是因为:一方面这是科学知识日益融合和渗透的要求,另一方面这是青少年多方面发展的要求,再有就是教师的任务是教书育人。

基于此,教师自身要应具备宽厚的基础知识和现代信息素质,形成多层次、多元化的知识结构;有开阔的视野,善于分析综合信息,有创新的教学模式,创新的教学方法,灵活的教学内容选择。知识整体的积累与发展,反映在知识的各个领域,包括在相互联系中发展,形成一个有机的知识总体。在这个知识总体中,那些基础性的知识,具有很大的稳定性,是掌握知识整体和发展的关键。中小学要求学生掌握的就是文化科学基础知识,而不是知识的全部。教师也必须具备这些文化科学基础知识,而且要广博,要注意到知识的广泛性和综合性,同时在知识量上必须大于学生。所谓给学生"一杯水",教师必须具备"一桶水",而且这"一桶水"在质量上要高于学生,能满足学生学习的要求和解决他们提出的各种问题。这就对教师提出了更高的要求,要求教师是一个博学多才、知识丰富的人。

(3) 全新丰富的教育理论知识——这是条件性知识。

教师的教育科学知识主要包括三个方面:①学生身心发展知识;②教与学的知识;③学生成绩评价的知识。人们通过数千年的教育实践,积累了丰富的教育教学实践经验。在总结这些经验的基础上,人们揭示了教育教学的规律,提出了教育教学的原则、方法体系,形成了系统的教育理论。教师要加强教育工作的科学性和有效性,就必须掌握这些理论。其中,教育学、心理学及各科教材教法是教师首先要掌握的最为基本的教育科学知识。此外,教师还要掌握教育管理方面的知识。

随着社会的发展,我们所面对的学生也会更加复杂化,这就要求教师必须不断学习心理学和教育学,能够以新的教育理论来支撑自己的教学工作。它有助于使教师了解和掌握教育规律,依据规律做好教育工作,提高工作的自觉性,减少盲目性和随意性。教育科学知识是教师必备的知识。它是教师合格的重要标志和条件。没有接受过师范教育的教师,国家规定必须补充学习教育科学知识,取得合格证书后,才可以从事教师工作。在教育科学理论的指导下,教师能洞察教育全局,了解学生的特点与内心世界,提高教育与教学能力,有效地完成教育与教学任务。

(4) 丰富的教育实践知识。

教师的教育实践知识主要来源于教育实践经验的累积,在对待和处理教育问题时体现出的个人特质和教育智慧。教育实践知识可以是自己的也可以是他人的,"他山之石可以攻玉"。也可能来源于课堂教育教学情境之中,还可能来源于课堂内外的师生互动行为,带有明显的情境性、个体性,是教师对复杂的和不断变化的教育情境的一种判断和处理。教育实践知识受个人的经历、意识、风格及行为方式的影响,最后形成具有自己特色的教育风格,教育艺术,教育理念等。对于实践知识,有的是可以明确意识的,是经过深思的;有的是无意识的或潜意识的,是一种非反思的缄默知识。

2. 能力素养

能力素养是教师做好教育工作的必备条件,教师的能力素养主要表现在以下几个方面。

(1) 教学能力。

①处理教材能力。根据教育目的和学生的实际情况,正确地处理教材,准确地把握基本理论、基本结构,抓住重点、难点,分清脉络,理清思路,然后设计出优化的教学方案,才能保证课堂教学的质量。

②把握教学过程的能力。教师要善于了解学生学习的准备情况,关注学生的认知结构,激发学生的学校动机,采用适当的教学方法,调动学生的学习兴趣,把握好教学过程,以便更好、更有效地促进学生的学习。

③应用信息技术的能力。教师要转变传统的教育观念,能够运用以计算机及网络为核心的信息技术来促进教学,熟练制作和应用教学课件,达到信息技术和各科课程的整合,优化教学结构,培养学生获取信息、终身学习、创新和实践等能力,提高教学质量。

④外语能力。教师应基本掌握一种外语,对阅读资料、进行"双语教学"具有很大帮助。

(2) 教育和组织管理能力。

①了解学生的能力。教师要了解学生的思想、学习、身体、情绪等状况,了解班集体和少先队的整体状况。

②组织班集体的能力。具有进行日常管理,进行个别教育,确定班级目标,形成健康班风,培养优秀班集体的能力。

③组织活动的能力。组织学生开展多种形式的集体活动,如主题班会、中队会、文体活动、调查访问等,既可以发挥学生的才能,又可以发展学生的兴趣,并使学生在集体中收到教育。

④交往与协调能力。具有建立与教师、家长和社会的联系,协调各方面教育力量的能力。

(3) 语言表达能力。

语言是教师进行教育和教学的重要手段。讲授知识、开导学生都离不开语言。教师语言表达能力的强弱,直接关系到教师主导作用的发挥,也影响到学生语言和思维的发展。正确掌握并熟练、规范地运用语言,是执教的起码条件;而高超的语言艺术是提高教学质量、取得教学成功的重要一环。对教师语言表达能力的要求有以下几点。

①准确、简练,具有科学性。教师的发音要规范,用语恰当,表述确切,通俗易懂。

②流畅、明快,具有逻辑性。教师的语言要条理清楚,脉络分明,推理严密。

③活泼、生动,具有启发性。教师要善于将抽象的概念形象化、深奥的道理具体化、枯燥的内容生动化。

④语言手势、板书有机结合，或辅之以其他非语言手段的运用，深化语言的内涵，充分显示出教学的艺术性。

⑤语速、语调要适中，不宜太快也不宜太慢；不能一直高亢，也不能一直低沉。

⑥要讲普通话。

（4）自我调控能力。

自我调控能力是要求教师不管遇到什么情况，都能正确对待，善于控制自己的情绪，完满完成教育教学任务。教师的工作是复杂的。学生在成长过程中，会经常出现一些意想不到的问题，有的问题甚至严重地伤害了教师的尊严。在这种情况下，要求教师必须冷静，及时调整自己的情绪，发挥教育机智，耐心地坚持正面教育，因势利导，化解矛盾。事实证明，这不仅无损于教师的威信，反而更增强了教师的威信，使教师掌握了主动权。教师的自控能力，最终目标是为了实现教育任务。自我调控能力是教师政治素质、道德修养、业务能力的集中表现。要求教师在这方面加强修养，克服急躁情绪，一切从教育目的出发，搞好本职工作。

（5）教育科研能力。

①具备教育科研能力，是现代教育对教师提出的新要求。站在教育第一线的广大教师应该成为教育科学研究的积极参加者，而且他们也最有条件进行教育科学研究。为此，教师应具有现代人的素质，要勇于开拓、勇于创新，在自己的教学领域不断地进行改革、研究。

②当前我国教育正从"应试教育"向素质教育转变，这是符合教育规律的更高层次、更高质量的教育。素质教育实际上对教师的教育能力提出了更高的要求，要求教师能有目的、有计划地结合本职工作开展教育科研活动，成为科研型教师。

（6）教学反思能力。

教学反思能力是指教师自觉地将自己的教学实践作为认识对象进行深入的思考和总结，从而优化教学活动，形成自己新的教学思想并改进教学实践。包括教学前反思，教学中反思和教学后反思。

（五）教师的身心素养

1. 身体素养

（1）教师要身体健康，没有传染性疾病。

（2）要有充沛的体力和耐受性。

（3）要有洪亮的声音和良好的视力。

（4）要有适当的身高。

2. 心理素养

（1）要有良好的认知能力。

知识的急剧增长，要求教师必须与时俱进，不断汲取新知识，所以要有良好的认知能力。

（2）要有愉快的情感。

①情感作为一种内心体验是人感受客观需要的心理活动。对教师来说，情感是塑造青少年灵魂的强大精神力量，丰富的情感具有强烈的感染力，它使广大学生在潜移默化中、在期待和激励下，自觉热情地学习。

②教师情感的表达应具有时间上的连贯性和空间变换上的一致性，有丰富多样的表现形式。既要有轻快的心境、昂扬的精神、幽默的态度、豁达开朗的心胸，也要有控制自己情感的意志，能把消极情感消除在课堂之外，创设良好的教学情境和气氛。

（3）要有顽强的意志力。

意志品质是成功完成任何事情的心理基础和保证。教师面对着复杂的学生、繁重的教育教学任务必须要有顽强的意志力才能胜任。

(4) 要有完善的人格。

教师的健康人格是在培养人、教育人的过程中表现出来的成熟的、积极的心理素质。健康的人格来自积极肯定的自我，只有接受自己才能接受他人，只有热爱自己才能热爱工作，并能在工作中始终充满动力，充满成功的希望。教师工作同其他工作一样需要勇气和自信，一个具有健康人格的教师热爱生活，热爱教育事业，乐于助人，努力实现自己的理想，对每一个学生都倾注热情和希望。要有良好的自我认知、协调一致的价值取向和融洽的师生关系。

(5) 要有良好的人际关系。

良好的人际关系是教师完善人格的一个重要标志，也是教师心理健康的重要内容。从对象上看，教师的人际交往包括与学生保持良好的人际关系，与同事和学校领导建立良好的人际关系。从形式上看，教师的人际关系包括认知的、情感的和行为的三个方面。

①认知方面，表现为互相认识和理解的程度，它是人与人之间关系的基础。

②情感方面，表现为彼此之间融洽的各种状态，如喜爱或不喜爱、好感或厌恶、妒忌或同情，这是人与人之间相互联系的纽带。

③行为方面，表现在各种共同活动中是否协调一致，这是人与人之间相互交往的结果。

七、教师的专业发展

(一) 教师专业发展的概念

教师的专业发展又称教师的专业成长，主要是指教师在整个专业生涯中，依托专业组织、专门的培养制度和管理制度，经过持续的专业教育，习得专业技能，形成专业理想、专业道德、专业能力，从而实现专业自主的过程，即教师专业素质的发展，包括道德、知识、教学实践、管理等方面的发展。教师的专业发展是现代教育对教师的基本要求，包括群体的专业发展和个体的专业发展。

(二) 教师专业发展的内容

1. 专业理想的建立

教师的专业理想是教师对成为一个成熟的教育专业工作者的向往与追求，它为教师提供了奋斗目标，是推动教师发展的巨大动力。具有专业理想的教师对教学工作会产生强烈的认同感和投入感，会对教学工作抱有强烈的期待。教师专业理想是教师个体专业发展的精神内涵，也是推动教师专业发展的巨大动力。

2. 专业自我的形成

专业自我包括自我意象、自我尊重、工作动机、工作满意感、任务知觉和未来前景。对教学工作来说，教师的专业自我是教师个体对自我从事教学工作的感受、接纳和肯定的心理倾向，这种倾向将显著地影响到教师的教学成效。

3. 专业知识的拓展与深化

教师作为一个专业人员，必须具备从事专业工作所需的基本知识。因此，教师的专业知识是教师专业发展中的一个重要内容，教师专业知识（合理的知识结构）主要包括本体性知识、条件性知识、实践性知识和一般文化知识。其中，本体性知识，即特定学科及相关知识，是教学活动的基础；条件性知识，即认识教育对象、开展教育活动和研究所需的教育科学知识和技能，如教育原理、心理学、教学论、学习论、班级管理、现代教育技术等；实践性知识，即课堂情境知识，体现教师个人的教学技巧、教育智慧和教学风格，如导入、强化、发问、课堂管理、沟通与表达、结课等技巧。

4. 专业能力的提高

教师的专业能力是教师综合素质最突出的外在表现，也是评价教师专业性的核心因素。这种专业能力可分为教学技巧和教学能力两个方面。教师常用的教学技巧主要有导入技巧、提问技巧、强化技巧、变化刺激技巧、沟通技巧、教学手段运用的技巧及结束的技巧等。教师的教学能力主要包括设计教育教学活动的能力、教学实施的能力、教学组织管理能力、语言表达能力、学生评价能力、课程开发与设计能力、自我反思与教育教学研究能力等。

5. 教师的专业人格

教师的专业人格是教师在教育教学工作中所必须具有的道德品质方面的自我修养，诚实正直、善良宽容、公正严格是教师专业人格的重要内容。诚实正直是做人的根本，善良宽容是对学生的爱，公正严格是出于教师的责任。学高为师，身正为范，才能赢得学生的信任和尊重，使学生心悦诚服，在潜移默化中影响学生的成长。

6. 专业态度和专业动机的完善

教师专业态度和专业动机是教师专业活动的动力基础。教师在这两个方面的发展主要表现在教师的专业理想、对职业的态度、工作积极性高低以及职业满意度等。从我国当前的情况来看，很多人从事教师职业都是考虑到教师的社会地位以及教师的工作特点（假期长）等方面。但是，如果以此为从事教师专业的动机基础就不利于激励自身更加投入地工作，也不利于产生较高层次的职业满意度。

（三）教师专业发展的阶段

刚刚踏上教学工作岗位的教师，虽然经过了在职的专业训练并获得了合格的教师资格证书，但这并不意味着他就是一个成熟的教育教学专业人员，他还要随着教学工作经历的延续、经验的积累、知识的更新及不断地反思才能逐渐达到专业的成熟。在教师的专业发展过程中，存在着不同的发展阶段，面对着不同的发展问题，这些问题的不断解决推动着教师专业的不断发展。20世纪60年代末期，富勒和她的德克萨斯大学的同事对教师专业发展的阶段进行了研究。提出了教师成长过程"关注"的五个阶段模式。即"非关注"阶段、"虚拟关注"阶段、"生存关注"阶段、"任务关注"阶段、"自我更新关注"阶段。

1. "非关注"阶段

这是进入正式教师教育之前的阶段。这一阶段的经验对今后教师的专业发展的影响不可忽视。在这一阶段所形成的"前科学"的教育教学知识、观念甚至会一直迁延到教师的正式执教阶段。

2. "虚拟关注"阶段

该阶段一般是职前接受教师教育阶段（包括实习期）。该阶段专业发展主体的身份是学生，至多只是"准教师"。这使得他们所接触的中小学实践和教师生活带有某种虚拟性，他们会在虚拟的教学环境中获得某些经验，对教育理论及教师技能进行学习和训练，有了对自我专业发展反思的萌芽，从而为正式进入任职阶段打下良好的基础。

3. "生存关注"阶段

这一阶段是教师专业发展的一个关键阶段，其突出特点是"骤变与适应"。该阶段的教师不仅面临着由教育专业的学生向正式教师角色的转换，也存在所学理论知识和具体教学实践的"磨合期"，其间需要教师在教学实践过程中对理论、实践及其关系进行反思，以克服对于教学实践的不适应。新任教师一般处于面临作为一个老师是否胜任及能否生存下来的关注。主要的注意力关注在学生是否满意、领导是否认可、同事是否接纳等方面。

4. "任务关注"阶段

这一阶段教师主要关心在目前教育情境下如何能正常完成教学任务，以及如何掌握相应的教学技能技巧。这是教师专业结构诸方面稳定、持续发展的时期。在度过了初任期之后，决定留任的教师逐渐步入"任务关注"阶段。这是教师专业结构诸方面稳定、持续发展的时期。随着基本"生存"知识、技能的掌握，教师自信心日益增强，由关注自我的生存转到更多地关注教学，由关注"我能行吗"转到关注"我怎样才能行"上来。教师在这一阶段开始尝试通过变更教学方式和方法对学生产生影响；开始着重发展自己的专业知识和一般教学知识；专业态度较为稳定，从心理上接纳了教学工作，决心为此做出自己的贡献。这一阶段也称关注教学情境阶段。

5. "自我更新关注"阶段

处于该阶段的教师，其专业发展的动力转移到了专业发展自身，而不再受外部评价或职业升迁的牵制，直接以专业发展为指向。同时教师已经可以自觉依照教师发展的一般路线和自己目前的发展条件，有意识地自我规划，以谋求最大程度的自我发展。在这个阶段，教师认识到学生是学习的主人，开始鼓励学生去发现、建构意义；教师知识结构发展的重点转移到了学科教学法知识以及应用；开始拓展个人实践知识；开始对自身的专业发展进行反思。

(四) 教师职业专业化的条件（教师的专业素养）

我国《教师法》规定："国家实行教师资格制度，中国公民凡遵守宪法和法律，具有良好的思想品德，具有本法所规定的学历或经国家教师资格考试合格，有教育能力，经认定合格的，可以取得教师资格。"但一名教师是否真正具备从事教师的职业条件，能否正确履行教师角色，根本上还在于教师的专业素养。

1. 教师的学科专业素养

教师的学科专业素养是教师胜任教学工作的基础性要求，有别于其他专业人员学习同样学科的要求，教师的学科专业素养主要包括以下四个方面。

(1) 精通所教学科的基础性知识与技能。
(2) 了解所教学科相关的知识。
(3) 了解学科的发展脉络。
(4) 了解学科领域的思维方式和方法论。

2. 教师的教育专业素养

教师的职责是教书育人，因此，教师不仅要有所教学科的专业素养，还要有教育专业素养。教师的教育专业素养包括以下几个方面。

(1) 具有先进的教育理念。

教育理念是指教师在对教育工作本质理解基础上形成的关于教育的观念和理性信念。教育理念即教育教学观念，它是教师教学行为的灵魂和支点，是教师教学行为的指南。叶澜认为，根据教育发展的需要，教师应具有以下现代教育理念。

①新的教育观。符合时代特征的教育观要求教师对教育功能有全面的认识，要求教师全面理解素质教育。教师应该认识到教育不再仅仅是传授知识和技能，而是要充分开发学生的潜能，发展学生的健康个性，让学生生动活泼地全面发展。

②新的学生观。符合时代特征的学生观要求教师全面理解学生的发展，理解学生的全面发展与个性发展、全体发展与个体发展、现实发展与未来发展的关系。只有树立了新的学生观，教师才会以新的眼光看待学生，尊重和信任学生，承认学生的差异性，充分发挥每位学生的潜能。

③新的教育活动观。教育活动是学校教育的实践方式，是师生学校活动的核心。新的教育活动观强调教育活动的"双边共时性""灵活结构性""动态生成性"和"综合渗透性"。教师作为教育活动的策划者和指导者，必须明白教育活动是一个复杂的过程，它具有多方面的特点。因此，教师要创造性地开展教育活动，引导学生积极主动地学习，培养学生自我教育的意识和能力。

(2) 具有良好的教育能力。

教育能力是指教师完成一定的教育教学活动的本领，具体表现为完成一定的教育教学活动的方式、方法和效率。教师的教育能力是教师职业的特殊要求，具体包括以下几点。

①加工教学内容、选择教学方法的能力。

②语言表达能力。教师所使用的语言有口头语言、书面语言两种。第一，教师的口头语言应该规范、简洁、明快、生动、准确、合乎逻辑。第二，教师的语言要求富有感情，具有说服力和感染力。第三，教师的语言要富有个性，能够体现一名教师的独特风采。第四，教师不仅要善于独白，更重要的是掌握对话艺术，在对话中鼓励学生发表意见，完整、准确地表达思想，养成活泼开朗的性格。同时，教师的书面语言也必须做到简明、规范、美观、大方。另外，教师的体态语言要丰富、生动、自然、大方。

③组织管理能力。教师工作实际上是教师对学生集体进行的，因此，教师要组织和培养好学生集体，有效地维持班级正常教学秩序和纪律，善于组织学生参加各种集体活动。

④交往能力。在教育这样一个以人为主的系统中，教师要使学生积极主动地投入到教育活动中去，教师必须与学生进行对话和交流。师生之间不仅要实现知识的传递，而且要实现情感的交流、精神的沟通、人格的互动，师生正是要在这种交往中实现教学相长。教师不仅要与学生交往，而且要与其他教师、学生家长、社会各界人士交往与合作，协调各方面的关系，实现有效教育。

（3）一定的研究能力。

研究能力是综合地、灵活地运用已有的知识进行创造性活动的能力，是对未知事物探索性、发现性的心智、情感主动投入的过程。作为中小学教师，不同于专业的研究人员，其研究能力的培养，主要着重于学科研究能力和教育研究能力两个方面。

3. 教师的人格特征

教师的人格特征是指教师的个性、情绪、健康以及处理人际关系的品质等。教师的人格特征对学生发展起着推动作用，是素质教育的基础。主要包括以下几个方面：①积极乐观的情绪。②豁达开朗的心胸。③坚韧不拔的毅力。④广泛的兴趣。

4. 教师良好的职业道德素质

具备专业性的职业都承担着重要的社会责任，教师职业也不例外。教师职业专业化要求教师具有较高的职业道德素质。主要包括以下几点。

（1）忠诚于人民的教育事业。这是教师对待教育事业必须具备的行为准则，是教师做好工作的基本前提。

（2）热爱学生。这是忠诚于人民教育事业的具体体现。

（3）团结协作精神。

（4）良好的师德修养。

（五）教师专业发展的主要途径和措施

1. 教师专业发展的主要途径

（1）师范教育。这是师范生进行专业准备与学习，初步形成教师职业所需要的知识与能力的关键时期，是教师专业发展的起始和奠基阶段。

（2）入职培训。为了让新教师尽快进入角色，新教师的任职学校应当采取及时有效的支持性措施，帮助新入职教师实现角色转换。

（3）在职培训。为了适应教育改革和发展的需要，为在职教师提供的继续教育。主要采取"理论学习、尝试实践、反省探究"三结合的方式，培养教师研究教育现象、教育问题的意识和能力。

（4）自我教育。这是教师个体专业化发展最直接、最普遍的途径。教师自我教育的方式主要有自我反思、主动收集教改信息、研究教育教学中的各种关键事件、自学现代教育教学理论、积极感受教学的成功与失败等。教师的专业自我教育是专业理想确立、专业情感积淀、专业技能提高、专业风格形成的关键。

此外，跨校合作（比如教师专业发展学校）、专家指导（比如讲座、报告）、政府教育部门和教研机构组织的各类专业培训和交流活动等也是教师专业发展的途径。

教师专业化的实现不是一朝一夕的事情。需要社会和个人的共同努力。

2. 教师专业发展的措施

（1）加强师德修养，不断完善人格特征。

①教师不仅是知识的传递者，还是道德的引导者，思想的启迪者，心灵世界的开拓者，情感、意志、信念的塑造者。因此，作为教师必须具有良好的职业道德、高尚的师德情操和完善的人格。儿童、青少年学生正处于长身体、学知识、立德志的重要时期，他们的模仿性强、可塑性大。教师是他们直接交往的对象，教师的一言一行，对学生思想品德的形成都起着潜移默化的教育作用。

②教师高尚的道德思想观念对学生有着积极导向的作用，能帮助学生提高道德认识；教师积极的道德情感富于感染力，可以引起学生情绪和情感上的共鸣，从而形成丰富的道德情感和健康情绪；教师坚毅的道德意志，对学生有巨大的激励作用，能增强学生克服困难的信心与力量，鼓舞学生锻炼坚定的意志和顽强的毅力；教师高尚的道德行为，对学生有直接的示范作用，指导学生选择正确的道德行为，培养学生良好的道德行为习惯。

③教师是学生道德的启蒙者和塑造者，大量教育实践证明，教师的职业道德本身就是一种巨大的教育力量。因此，作为教师要认真学习"教师职业道德"规范，提高自身的职业道德水平，这不仅是实际工作的需要，也是教师专业发展的内在需要。

（2）善于学习，努力掌握先进的专业知识。

①对于一个优秀的教师来说，需要形成先进的教师专业知识。教师知识除了学科知识和教学知识以外，还包括课程知识、学习者知识、教学环境知识、自身知识和有关当代科学与人文方面的基本知识等，这些构成了教师完整的知识结构。那么在教师的知识结构中，到底哪一方面知识最有核心地位？最能体现教师专业性质呢？应该是学科教学知识。因此一个优秀的教师，必须具有最新的学科教学知识。学科知识和学科教学知识是不同的两个层面，所谓学科知识，是由纸笔测验的成绩得来的，测出的只是教师对某些事实的记忆；而学科教学知识则由准备教案与评价、确认学生的个别差异、理解教学管理与教育政策等内容组成。学科教学知识是一种可教性的学科知识，它包含在各学科中，具体表现为如何以最佳方式呈现特定的主题，如模拟、图解、举例、解释和示范；还表现为教师对学生学习该主题前的情况和困难的了解，以及帮助纠正学生的错误策略等。

②美国卡内基促进教学基金会主席、斯坦福大学教授舒尔曼，1987年在他人研究的基础上提出了教师知识的一个分析框架。他把教师知识分为七类知识：学科知识，一般教学法知识，课程知识，学科教学知识，学习者及其特点知识，教育背景知识，教育目标、目的和价值及其哲学和历史背景的知识。他明确指出，学科教学知识就是教师面对特定问题进行有效呈现和解释的知识，它是前述七类知识的核心。

综上所述，形成一个优秀的教师团队，除了团队成员具有扎实的学科知识外，还要培育学科教学知识，而学科教学知识正是现代教师所缺乏的一种知识。因此，它也是优秀教师团队形成的一个重要条件。

（3）勤于反思，做一个"学者型"教师。

著名教育学家肖川认为"教育的探索：从自我反思开始"。教师的自我反思是指教师在教育教学实践中，对自我行为表现的定位剖析和修正，进而不断提高自身教育教学效能和素养的过程。自我反思包括审视和内省。审视的对象是教育的外部环境、外部文化、教育主体；内省的对象是自身的教育行为、教育观念、教育视界。

美国心理学家波斯纳提出了教师成长发展的公式：成长＝经验＋反思。反思是教师专业化发展的决定性因素，也是教师专业发展最普遍最直接的途径，它不受时间、空间的限制，只要你是一个对教育教学充满热情的有心人，反思时时刻刻都可以发生，在自己的脑海中发生，在与同事的交流中发生。每一个教师都可以在反思中发现，在发现中改进，在反思中提高。我们相信，每一个教师经过审视与内省，将会实现"自我超越"。

一个善于对自己的行为或观念经常反思质疑的教师才能得到较快的专业发展，在学习教育理论及他人经验后，要写心得、体会，反思自己的教学实践；课后，要写教学后记，反思课堂教学得失；考试结束后，要写考后反思，思考成功与不足等。以研究者的眼光，对自己的教育教学实践和身边发生的教育教学现象进行审视、反思、分析、探究（反思的记录就是很好的科研札记），这样可以将教师日常的教学工作和教学研究融为一体。教导处要求教师把每一堂课的教学后记写在教案后面，并在教案中增置"教学反思"的栏目。教学反思的内容包括以下几点。

①反思教学目标。
②反思教学得失，即"反思成功的体会经验""反思遗憾教训""反思如何改进遗憾"。
③反思自己的教育教学行为是否对学生有伤害。
④反思教育教学是否让不同的学生在学习上得到了不同的发展。
⑤反思是否侵犯了学生的权利。
⑥反思教学观念。
⑦反思自己的专业知识。
⑧反思教学伦理。
⑨反思教学背景。
⑩反思课堂组织是否合理等。

教师不仅要反思自己的言语、行动，而且要反思自己的经验和思想。面对各种新的教育思想、资源、手段和方法，教师不能简单地拿来就用，而要进行科学分析，结合学校和班级的实际情况及自身优势，改进自己的教育教学。

可以说，"反思"旗帜鲜明地指引着教师在课堂教学中的行为与理念。反思是一种教师自我造就、自我发展的极好方法。一个教师的专业发展如何，跟一个教师是否重视反思和研究有很大关系。在一线工作的教师，经历的实践大致相同，专业成长快的教师就是多了一份反思，多了一份研究，因此，反思和研究应该成为教师的一种工作方式。

（4）勤于研究，参与教学研究。

一个教师从踏上工作岗位以后，要使自己的专业得到发展，就要确定一个发展目标。可分为两个方面：一是职称方面的，从试用期到二级教师到一级教师到高级教师、特级教师，要给自己制订一个计划，分阶段建立目标。二是学术称号方面的，教学新秀、教学能手、学科带头人、名教师，这些学术称号不是轻易可以获得的，每一个称号代表着一定的专业化水平，教师给自己制订一个奋斗计划，自找压力，分阶段实现。当有目标以后，教师就会自我奋斗、自我造就，最后实现自我发展。

（5）勇于实践，摸着石头过河。

首先要有实践的意识和勇气，及时捕捉机会，将自己新颖的想法转化为行动；其次要讲究时间的用法，用于突出假设，验证假设，摸着石头过河。

（6）重视教师交往和合作能力的培养。

教师之间有竞争也有合作。日常教学之余，教师之间可以相互交换意见，彼此分享经验。相同学科的教师可以在一起讨论教学方法，相互合作设计课程。不同学科的教师也可以相互学习和借鉴，或在相关学科知识方面提供专业帮助。

（7）教师要成为课程的开发者。

在以往的教学中，教师往往只是课程和教材的忠实执行者，教师的独立思想和创造性发挥受到很大限制，甚至有时成为误人误己的"愚忠"。新课改要求教师根据具体情况创造性地进行教学工作，充分发挥自己的才能和奇思妙想，创造出富有个性的课程，由课程的"守成者"变成开发者。

总之，要实现教师的个体专业化和群体专业化，需要教师个体树立坚定的职业信念，提高自主反思意识和进行教育研究的能力，并通过参加各种培训不断丰富自身的专业知识。同时，国家和政府应该为教师群体专业化创设一定的外部环境保障。

（8）国家和政府要重视教师教育。

国家和政府也要重视教师教育，对教师专业化起促进与保障作用，为教师专业化保驾护航。

（1）加强教师教育。

①建立一体化和开放式的教师教育体系。一体化，首先指职前培养、入职教育、职后提高一体化；其次指中小幼教师教育一体化；最后指教学研究与教学实践一体化。

②要改革教师教育课程。包括调整课程结构，增加教育理论课程和选修课程的比例；强化实践性课程；整合课程内容。

（2）制定法律法规。

我国于1993年颁布了《中华人民共和国教师法》，首次以法律形式规定国家实行教师资格制度。1995年国家颁布了《教师资格条例》。

（3）提供经济保障。

（六）教师专业发展的要求

1. 树立正确的专业意识

专业发展意识是教师专业发展的内在动力。专业发展意识意味着人不仅能把握自己与外部世界的联系，而且具有把自身的发展当作自己认识的对象和自觉实践的对象，并能构建自己的内部世界。只有达到这一水平，人才能在完全意义上成为自己发展的主体。

2. 拓展专业知识

专业知识是一个合格教师的必备条件，它关系到学生能够从教师那里学到什么以及如何学的问题。教师一般都承担某一学科或某一专业知识领域的教学工作。掌握这一学科或专业领域较全面和坚实的知识，是对一名教师的基本要求。

但是，由于时代的飞速发展，教师的"一碗水""一桶水"水平显然不能胜任今天的教学工作。首先，教师必须优化自己的知识结构，具备当代科学与人文的基本知识，拓展自己的知识基础，丰富自己的精神生活；同时也需要保持教学的时代性，为评价学生提供更为广阔的视界。其次，教师在教育理论方面要丰富自己的知识素养，掌握学生及其必备的知识，了解学生的身心发展状况，知晓学生语言能力的发展规律。最后，教师还应该具有与教师的职业生活相关的课程、教材与教学设计等方面的知识，这些知识直接可以运用于课堂生活，为具体的教育情境提供有效的策略指导。

3. 提高专业能力

教师的专业能力指教师运用所学知识进行课堂教学与反思的能力，包括教学能力和教学反思能力。提高专业能力应做到提高教学能力，提高教学研究水平。

第二节 学　　生

一、学生的特点

(一) 学生的传统特点

1. 学生是教育的对象（客体）

(1) 学生是教育的对象的依据。

①从教师方面看，教师是教育过程的组织者、领导者；学生是教师教育实践活动的作用对象，是被教育者、被组织者和被领导者。

②从学生自身特点看，学生具有塑性、依赖性和向师性。

(2) 学生是教育对象的表现。

①学生具有可塑性。学生处于长知识、长身体的时期，也是他们的品德、人格正在形成的时期，各方面尚未成熟，具有很大的发展潜力，而且尚未定型，极容易受外部环境因素的影响，具有"染于苍则苍，染于黄则黄"的特点。

②学生具有依赖性。学生多属未成年人，还不具备完全独立生活的能力。在家里，他们要依赖父母；入学后，他们将对父母的依赖心理转为对教师的依赖心理。

③学生具有向师性。学生入学后，会自然地亲近、信赖、尊敬甚至崇拜教师，把教师作为获取知识的智囊、解决问题的顾问、行为举止的楷模。

学生是教育的对象表现具体体现在两个方面：学生明确自己的主要任务是学习，具有愿意接受教育的心理倾向；学生服从教师的指导，接受教师的帮助，期待从教师那里汲取营养，促进自身的身心发展。

2. 学生是自我教育和发展的主体

(1) 学生是自我教育和发展主体的依据。

①学生是具有主观能动性的人。学生是有意识、有情感、有个性的社会人，他们不是盲目、机械、被动地接受作用于他们的影响，而是具有主观能动性的人。

②学生在接受教育的过程中，也具有一定素质，可以进行自我教育。因此，学生是自我教育自我发展的主体。

(2) 学生主观能动性的表现。

学生的主观能动性主要表现在以下几个方面。

①独立性。每个学生都是一个自组织系统，一个独立的物质实体。承认学生的独立性是发挥学生主体性的前提条件，承认独立性也就承认了学生发展过程的多途性、发展方式的多样性和发展结果的差异性。

②选择性。是指学生在教育过程中可以在多种目标、多种活动中进行抉择的特点。学生对教学的影响不是无条件地接受，不是盲目地模仿，而总是根据主体的条件（愿望、态度、能力等）来进行选择。不过，选择效果如何，还依赖于学生已有的主体能力和环境提供的支持度。

③调控性。学生可以对自己的学习活动进行有目的的调整和控制，如学习困难时，激励自己；取得成绩时，告诫自己不要骄傲；学习目标不恰当时，及时调整修正；对学习过程进行自我监控等。

④创造性。是指学生在教育活动中可以超越教师的认识，超越时代的认识与实践局限，科学地提出不同的观点、看法，并创造具有成效的学习方法。创造性是主体性的最高表现形式。

⑤自我意识性。即学生作为主体对自己的状态及在教育中的地位、作用、情感、态度、行为

等的自我认知。主体认识自己越全面越客观，主体性就可能越强；反之，自我认知的水平低，自我调控能力就可能差，自我创造和自我实现的可能性就小。

3. 学生是发展中的人

学生不是成人，他们正处于身心发展最迅速的时期，生理和心理两方面都不太成熟，具有很大的发展可能性与可塑性。学生是发展中的人，包括四层含义。

（1）学生具有和成人不同的身心发展特点；
（2）学生具有发展的巨大潜在可能性；
（3）学生具有发展的需要；
（4）学生具有获得成人教育关怀的需要。

（二）现代学生的特点

确认识学生的本质特征，树立理想学生观，不仅是教育理论的重要问题，也是教育实践的重要问题。教师只有准确把握理想学生观的内涵，并有效运用于教育实践之中，才能明确教育的价值取向。随着信息社会的到来，这个时代所需的理想学生观也必然带有这个时代的特点。因此，我们要遵循时代的要求，从社会和人的发展需要出发来建构现代学生观的理论体系。对此，我们可以将现代学生的基本特点表述为主体性学生观、发展性学生观、完整性学生观、个性化学生观。

1. 学生是主体性的人

现代教育中的主体性思想，实际上是现代哲学主体性思想的衍生，主体性学生观就是如此。主体性学生观是目前我国教育理论研究的热点之一，也是教育实践中正在倡导、推广的核心学生观，有人称之为"现代科学学生观"。主体性学生观区别于传统学生观——学生是教育的对象（客体），而教育对学生主体性的关注实质上是教育进步的标志。我国的教育长期受传统教育思想的影响，学生客体地位根深蒂固，以致在指导思想、内容、方法乃至组织形式上都存在着妨碍学生主体性发展的流弊。因此，尊重学生主体地位和主体人格，培养和发展学生的主体性，是全面实施素质教育必须首先遵循的一条根本规律，也是现代科学学生观要确立的基本观点。

在我国进行新课程改革的今天，发挥学生主体性的问题更加日显重要。实际上，每个学生都有自己的课堂，学生应参与课程开发。传统的课程观从问题的出发点到问题的最终解决，都没有考虑学生的因素，学生是置身于课程开发之外的。而在当前，课程观背后隐藏的哲学理念是"以人为本"，即以学生为本，目的指向是学生个性的自由和解放。这样，学生成为课程的有机构成部分，成为课程的创造者及课程的主体，他们也就融入了课程开发的过程之中。当然，学生一般无法直接参与那些与其生活相隔离的课程开发，他们只是以自己的全部生活经验和学习活动参与对课程的体验与重构，从而寻找并建构自己的课程。

2. 学生是发展性的人

传统教育的缺陷在于只看到学生现有的静态的发展，看不到学生潜在的动态的发展。而现代教育认为每个学生作为一个指向未来的无限变化体，都具有无限的发展潜能，尤其是中小学阶段的学生更具发展的可能性，可塑性也更强。因此，我们的教育应该是以促进学生全面发展为着眼点，创造各种有利条件，把学生存在的多种潜能变成现实。教师绝对不能依据学生的一时表现来断言学生没有发展的可能，而应该坚信每一个学生都具有巨大的可供挖掘和开发的资源和潜能，应该看到学生的未完成性，并给学生创造发展的良好环境和机会。

3. 学生是完整性的人

素质教育的课堂教学需要的是完整的人的教育，其真正功能在于让学生在获取知识的同时，还应该有人格的完善、灵感的启迪、情感的交融，从而让学生得到生命多层次的满足和体验。然而，传统教育把教育目的定位于为个人的谋生做准备，并没有把学生当作人来培养，而只是当作

"工具"来看待。表现在教育内容上,传统教育只是注重逻辑化和系统化科学知识的传授,而忽略了非理性层面在人发展中的地位。教育必须回归生活世界,寻求走向完人理想的道路,最大限度地追求灵与肉、感性与理性的高度发展与和谐统一,从而使学生获得作为人的全部规定性。"完人"虽可能永远只是理想,但这种必要的追求却不应终止,这显示出教育的永无止境性。"完人"是一种没有句号的历史进程,一种乐观的有待展开的教育境界。

4. 学生是个性化的人

长期以来,我们的教育实践过分强调共性要求和统一发展,而忽视了对学生个性的培养,这是同人的发展和我国的教育方针相背离的。现今的教育常常以"标准化"的方法试图把学生培养成同一模式的产品,使他们成为千人一面、千篇一律的"标准件"。针对这种情况,树立个性化的学生观是十分必要的。教师应尊重每一个学生丰富的差异性,并拒绝运用同一标准来评价学生,力图使每个学生都成为充满个性魅力的生命体。在教学实践活动中,要注重个性化教育和个性化教学,照顾学生的个性差异,为每个学生的发展提供有利条件,让学生充分发挥其独特的个性优势,以形成独立的个性。

学生是教育活动的对象和主体,教育的最终效果集中体现在学生身上,学生在教育活动中的主动状态又直接影响到教育效果。但从教育实践看,学生的主动状态能否发挥出来,又与教师对学生的看法和采取的一系列教育方法有关。

(三) 当代学生的新特征

所谓当代的学生是指在20世纪90年代以后出生的在校学生。与20世纪60年代、70年代出生的他们的父母相比,这一代学生有很大的不同,但并非有什么特别。当代的学生,仅仅和他们的父母同龄时期相比就已经有着很大的不同了,我们必须对这一代的学生有一个正确的认识。当代学生的时代特征,可以从以下几方面认识。

1. 主体意识增强

改革开放以来,中国人的思想获得了很大的解放,可以说,中国在整体上要比改革开放前开放得多,自由得多。在这样的时代背景下,生长在新时代的学生的主体性有了很大的增强,所谓主体性主要包括自主性、能动性、创造性。

当代的学生敢于发表自己的见解,不容易受老师和父母的左右。他们已开始不再满足于只听别人的答案,而试图通过自己的独立思考去找寻自己的答案,这是学习化社会中非常可贵的一种心理品质。

2. 信息获取方式多样

当代学生已不再单一地从教师和课堂上获得信息了。教师的知识权威地位已经动摇,书本也不是知识的唯一来源。媒体的发展,使学生可以从电视、广播、光碟、报刊、图书中获得知识和信息,互联网更是使学生坐在家中就可以知道天下事。因此,在美国,当代学生被称为"网上一代",他们是伴随着数字和互联网成长的一代。我国刚刚开始普及信息技术教育,电脑的普及率还不是很高,因此,不能说他们就是"网上一代"。不过,与他们的父母相比,他们在学校比他们的父母接受技术早和快,可以说,他们已经具有网络时代人的特点。

两代人之间,隔着互联网产生了很多的矛盾,一些师长们视网络为大敌,仿佛那是一个神秘而莫测的世界。其实,网络世界是无法抵挡的,不应该控制学生接触网络。教师也必须进入网络世界,使学校的学习生活也能与网络世界联通,因为只有这样才能和学生的生活世界连接。

3. 受多元文化冲击较大

改革开放和信息化、全球化的时代特点,决定当代学生受到的是多元文化的影响和冲击。尽管学校进行的是正统的主流文化教育,但是已经不可能让学生只接受一种文化的影响了。特别是新的事物，无论是好的还是坏的，对学生都极具吸引力和影响力。当然，他们也困惑、迷茫，因此也就处于矛盾和冲突之中，学生需要在价值上得到及时的引导。单一的价值观已经无法让学生信服，只有通过引导、澄清，让学生学会价值判断才最现实。

现在，家长、教师和学生之间的冲突更多的就是这种价值观的冲突，学生不能接受权威和强迫式的教育，他们需要在尊重、理解的前提之下的引导和讨论。

4. 受同辈群体影响较大

同辈群体是指由地位相同的人组成的一种非正式初级群体。同辈群体的成员一般在家庭背景、年龄、特点、爱好等方面比较接近。他们时常聚在一起，彼此间有很大的影响。他们有自己的语言和沟通方式。他们在同辈群体中学习与人交往的方式，尽情地表现自己的个性和特点，施展自己的才华。有很多家长发现他们的孩子在家里和家外的表现完全不同，学生把自己在同辈群体中的地位和得到的评价看得非常重要。在同辈群体中个体的地位和得到的评价对学生来说极其重要，而且这也是他们形成新的价值观和人生观的基础。

现代的家庭独生子女居多，没有了过去兄弟姐妹作为玩伴的优厚条件，他们的视角就不得不投向外界。他们在与同伴交往中学会了合作与宽容、规则与纪律、竞争与忍让等，也体验到了同情、关心、喜爱等情感因素。

二、以人为本的学生观

（一）以人为本的内涵

所谓"以人为本"，其基本含义是：它是一种对人的主体作用与地位的肯定，强调人在社会历史发展中的主体作用与目的地位；它是一种价值取向，强调尊重人、解放人、依靠人和为了人；它是一种思维方式，就是在分析和解决一切问题时，既要坚持历史的尺度，也要坚持人的尺度，在教育教学活动中做到以学生的全面发展为本。

我们需要围绕这个基本含义，进一步从哲学层面深入挖掘以人为本的具体内涵。以人为本是一个关系概念。人主要处在四层基本关系中：人与自然的关系、人与社会的关系、人与人的关系、人与组织的关系。我们可以从以下四个层面的关系中具体解读以人为本的完整内涵。

（1）在人和自然的关系上，以人为本就是不断提高人的生活质量，增强可持续发展能力，即保持人类赖以生存的生态环境具有良好的循环能力。

（2）在人和社会的关系上，以人为本就是既要让社会成果惠及全体人民，不断促进人的全面发展，又要积极为劳动者提供充分发挥其聪明才智的社会环境。

（3）在人和人的关系上，就是强调公正，不断实现人们之间的和谐发展，既要尊重贫困群体的基本需求、合法权益和独立人格，也要尊重精英群体的能力和贡献，为他们进一步创业提供良好的人际环境。

（4）在人和组织的关系上，就是各级组织既要注重解放人和开发人，为人的发展提供平等的机会与舞台、政策与规则、管理与服务，又要努力做到使人们各得其所。

（二）以人为本的学生观

1. 学生是发展中的人，要用发展的观点认识学生

人们经常用僵化的眼光来看待学生。现代科学研究的成果与教育的价值追求，要求人们用发展的眼光来认识和看待学生。

（1）学生的身心发展是有规律的。

学生的身心发展具有顺序性、阶段性、不平衡性、互补性、个别差异性等规律，这是经过现代科学和教育实践证实的。认识并遵循这些规律，是做好教育工作的前提。学生身心发展的规律，客观上要求教师应依据身心发展的规律和特点来开展教育活动。

（2）学生具有巨大的发展潜能

实际工作中，许多人往往从学生的现实表现推断学生有没有出息，有没有潜力。不少人坚持僵化的潜能观，认为学生的智能水平是先天决定的，教育对此无能为力。其实，学生具有巨大的发展潜能，智力水平可以明显提高，这已为科学研究如裂脑研究、左右脑研究等所证实。

（3）学生是处于发展过程中的人。

①作为发展中的人，意味着学生还是不成熟的人，是一个正在成长的人。在教育实践中，人们往往忽视学生正在成长的特点而要求学生十全十美，求全责备。其实，作为发展中的人，学生的不完善是正常的，而十全十美并不符合实际。没有缺陷，就没有发展的动力和方向。

②把学生作为发展中的人来对待，就要理解学生身上存在的不足，就要允许学生犯错误。当然，更重要的是要帮助学生解决问题，改正错误，从而不断促进学生的进步和发展。

（4）学生的发展是全面的发展。

①传统教育重视智力教育，把系统知识的传授放在学校教育工作的中心位置，造成了学生的片面发展，导致走出校门的学生缺乏社会适应能力。现代学生观则强调，当今社会，单纯的智育或者智育占绝对主导地位的教育，已经无法满足社会的需要。

②教师在教育教学实践中，不仅要重视"知识与技能"的传授，更要看到"过程与方法""情感态度与价值观"的重要性，把学生培养成全面发展的人。

2. 学生是独特的人

把学生看成是独特的人，包含以下三个基本含义。

（1）学生是完整的人。

学生并不是单纯的抽象的学习者，而是有着丰富个性的完整的人。学习过程并不是单纯的知识接受或技能训练，而是伴随着交往、创造、追求、选择、意志努力、喜怒哀乐等的综合过程，是学生整个内心世界全面参与。如果不从人的整体性上来理解和对待学生，那么，教育措施就容易脱离学生的实际，教育活动也难以取得预期的效果。

（2）每个学生都有自身的独特性。

①每个人由于遗传素质、社会环境、家庭条件和生活经历的不同，而形成了个人独特的心理世界，他们在兴趣、爱好、动机、气质、性格、智能和特长等方面各不相同。

②独特性是个性的本质特征，珍视学生的独特性和培养具有独特个性的人，应成为我们对待学生的基本态度。

③独特性也意味着差异性，差异不仅是教育的基础，也是学生发展的前提，应视之为一种财富而珍惜开发，使每个学生在原有基础都得到完全、自由的发展。

（3）学生与成人之间存在着巨大的差异。

学生和成人之间是存在很大差别的，学生的观察、思考、选择和体验，都和成人有明显的不同，"应当把成人看作成人，把孩子看作孩子"。

现在的学生视野开阔，思想开放，讲究情趣，对外界事物反应迅速而敏感，追求新意和时髦，再用上一代的观念和行为准则来约束他们，很难取得预期的效果。只有摒弃传统的"小大人"观念，承认并正视现代学生的群体特征，认真研究现代学生的特点，采取积极引导措施，才能有效地和学生沟通，得到他们的认同和配合，从而达到教育和影响他们的目的。

3. 学生是具有独立意义的人

把学生看成是具有独立意义的人，包含以下三个基本含义。

（1）每个学生都是独立于教师的头脑之外，不以教师的意志为转移的客观存在。

学生既不是教师的四肢，可以由教师随意支配；也不是泥土或石膏，可以由教师任意捏塑。因此，绝不是教师想让学生怎么样，学生就怎么样。教师要想使学生接受自己的教导，首先就要把学生当作不以自己的意志为转移的客观存在，当作具有独立性的人来看待，使自己的教育和教学适应学生的情况、条件、要求和思想认识的发展规律。教师不但不能把自己的意志强加给学生，而且连自己的知识也是不能强加给学生的。因为这样并没有尊重学生的主观能动性，只会挫伤学生的主动性、积极性，扼杀他们的学习兴趣，窒息他们的思想，引起他们自觉或不自觉地抵制或抗拒。

（2）学生是学习的主体。

①每个学生都有自己的感官、头脑、性格、知识和思想，正如每个人都只能用自己的器官吸收物质营养一样，学生也只能用自己的器官吸收精神营养。教师不可能代替学生读书，不可能代替学生感知、观察与分析，更不可能代替学生掌握规律。因而，学生是学习的主体。

②教师主导对学生客体的教育与改造，只是学生发展的外部条件和外因，学生的主体活动才是学生获得发展的内在机制和内因，这表现为以下几点。

第一，学生是具有一定主体性的人。学生作为各种学习活动的发起者、行动者、作用者，其前提是他首先要有一定的主体性，这是他作为主体的基本条件。

第二，学生是学习活动的主体。学生是学习活动的主体，学习活动是学生的主体活动。

第三，教学过程在于建构学生主体地位。学生虽然具有一定的主体性，但就其程度而言比较低，就其范围而言比较狭窄。在教学中，学生主体相对于教师主体来说，诸多方面的力量都显得十分微弱。因此，教师要发挥主导作用，努力建构学生的主体地位。

（3）学生是责权主体。

①从法律角度看，在现代社会，学生在社会系统中享受各项基本权利，有些甚至是特定的。但同时，学生也要承担一定的责任和义务。把学生作为责权主体来对待，是现代教育区别于古代教育的重要特征，是教育民主的重要标志。

②在教育实践中，一方面，我们要承认学生的权利主体地位，学校和教师要保护学生的合法权利；另一方面，学校负有对学生进行教育和管理的责任，必然要对学生的权利有所制约。如何既尊重和保护学生的权利，同时又能对学生实施有效的管理，担负起学校教育人、塑造人的责任，是教育管理上的重要问题。这一矛盾的实质是学生权利的自由与限制的问题。

三、认识学生的权利和义务是处理好师生关系的前提

（一）国际法中确立的学生地位

1989年11月20日，联合国大会通过了《儿童权利公约》，其核心精神是：维护青少年儿童的社会权利主体地位。强调儿童作为社会的未来和人类的希望，有着独立的社会地位和需要社会予以保障的权利。体现这一精神的基本原则是：

（1）儿童权宜最佳原则；

（2）尊重儿童尊严原则；

（3）尊重儿童观点与意见原则；

（4）无歧视原则。

我国对中小学生地位的界定是：在国家法律认可的各级各类学校里接受教育的未成年的社会公民。

（二）我国法律赋予学生的权利

我国《宪法》《教育法》《义务教育法》《婚姻法》和《未成年人保护法》以及其他相关的政府行政法规，都规定了学生的相关权利，概括起来有以下几个方面。

1. 生存的权利

《宪法》第49条规定："父母有抚养未成年子女的义务"。《未成年人保护法》第8条也规

定:"父母或其他监护人应当依法履行对未成年人的监护职责和抚养义务,不得虐待、遗弃未成年人;不得歧视女性未成年人或者有残疾的未成年人;禁止溺婴、弃婴。"《婚姻法》对此也作出了详细规定。

2. 受教育的权利

《宪法》第46条规定:"国家培养青年、少年、儿童在品德、智力、体质等方面全面发展。"

《义务教育法》第4条规定:"国家、社会、学校和家庭依法保障适龄儿童、少年接受义务教育的权利。"第5条规定:"凡年满六周岁的儿童,不分性别、民族、种族,应当入学接受规定年限的义务教育。"

《未成年人保护法》第9条规定:"父母或者其他监护人应当尊重未成年人接受教育的权利,必须使适龄未成年人按照规定接受义务教育,不得使在校接受义务教育的未成年人辍学。"第14条规定:"学校应当尊重未成年人的受教育权,不得随意开除未成年学生。"

3. 获得物质保障的权利

为了使学生顺利完成学业,国家有关法律法规对需要救济和奖励的学生获取物质保障的权利都作出了规定。据此国家建立了奖学金、贷学金和助学金制度。《普通高等学校本、专科学生实行奖学金制度的办法》规定:普通高等学校和中等专业学校学生有获得奖学金的权利。奖学金分三类,学生可根据条件申请不同类型、不同等级的奖学金:德智体方面全面发展、品学兼优的学生可获得优秀学生奖学金;考入师范、农林、体育、民族、航海等专业的学生均有权享受专业奖学金;立志毕业到边疆地区、经济贫困地区和自愿从事煤炭、矿业、石油、地质、水利等艰苦行业的学生,可按有关规定申请定向奖学金。《普通高等学校本、专科学生实行贷款制度的办法》规定:经济确有困难、学习努力、遵守国家法律和学校纪律的学生,均有权提出贷款申请,以解决在校期间的生活费用。《义务教育法》第10条规定:"国家设立助学金,帮助贫困学生就学。"《义务教育法实施细则》规定:"贫困学生包括初级中等学校、特殊教育学校经济困难的学生,少数民族居住地区、经济困难地区、边远地区的小学及其他寄宿小学的家庭经济困难的学生",有权按照省级人民政府制定的实行助学金制度的具体办法申请享受助学金。

4. 获得公正评价的权利

这项权利包括获得公正考评和学业证书两个方面。

首先,学生有权利获得公正考评。教育及其管理部门要严格执行国家的教育方针政策和法规,对每个学生的学业成绩和品行一视同仁地作出公正考评。学业成绩考评是教育机构对学生在某一阶段的学习情况、知识结构能力水平的概况性鉴定,包括课程考试成绩记录、平时学习情况和总评。品行考评是对学生的思想品德和行为表现作出的鉴定,包括政治觉悟、道德品质、劳动态度等的考评。

其次,学生有获得相应学业证书的权利。学业证书是对学生某一阶段学业成绩、学术水平和品行道德终结性评定,对学生的升学、就业和今后的发展具有重要的作用。学生在思想品德方面合格的情况下,学完或提前学完教育教学计划规定的全部课程,经考核及格或修满学分,均有获得相应学业证书的权利,如毕业证、结业证、肄业证、学位证和其他写实性学业证书。

5. 获得尊重的权利

《未成年人保护法》第15条规定:"学校、幼儿园的教职员应当尊重未成年人的人格尊严,不得对未成年学生和儿童实行体罚、变相体罚或者其他污辱人格尊严的行为。"第30条规定:"任何组织和个人不得披露未成年人的个人隐私。"第31条规定:"对未成年人的信件,任何组织和个人不得隐匿、毁弃,除对无行为能力的未成年人的信件由父母或其他监护人代为开拆外,任何组织或个人不得开拆。"第36条规定："国家依法保护未成年人的智力成果和荣誉权不受侵犯。"

6. 获取安全的权利

《未成年人保护法》第16条规定："学校不得使未成年学生在危及人身安全、健康的校舍和其他教育教学设施中活动。"第25条规定："严禁任何组织和个人向未成年人出售、出租或者以其他方式传播淫秽、暴力、凶杀、恐怖等毒害未成年人的图书、报刊、音像制品。"第27条规定："任何人不得在中小学、幼儿园、托儿所的教室、寝室、活动室和其他未成年人集中活动的室内吸烟。"

7. 申请法律救济的权利

这是公民的申诉权和诉讼权在学生身上的具体体现。根据我国法律规定，学生对学校、教师侵害其人身权、财产权等合法权利有提起申诉的权利。按照《民事诉讼法》的规定，学生享有的诉讼权利可分为四种情况：

（1）对学校、教师侵害其受教育权可以提起诉讼；
（2）对教师、学校侵犯其合法财产权可以提起诉讼；
（3）对教师、学校侵犯其人身权可以提起诉讼；
（4）对教师、学校侵犯其知识产权可以提起诉讼。

除了诉讼权外，学生还有申诉权。学生对上述学校、教师侵犯其权利而不在诉讼范围内的，有权向司法和行政部门提起申诉。

（三）我国法律要求学生承担的义务

学生的义务是指学生依据教育法及其他有关法律、法规，在参加教育活动中必须履行的义务。依据学生就读学校的类别和年龄不同，学生的具体义务也不同，我国《教育法》第43条对各级各类学校及其他教育机构的学生的基本义务做了规定，包括五个方面。

1. 遵守法律、法规的义务

学生是国家公民的一员，和其他公民一样遵守法律、法规是一项基本要求。《宪法》第33条规定："任何公民享有宪法和法律规定的权利，同时必须履行宪法和法律规定的义务。"遵守法律和法规的义务对学生来说，还要强调遵守教育法律和法规。我国已颁布和施行了《教育法》《学位条例》《义务教育法》《教师法》《职业教育法》《高等教育法》等有关教育的法律，以及《扫除文盲工作条例》《高等教育自学考试暂行条例》《全国中小学勤工俭学暂行工作条例》《学校体育工作条例》《学校卫生工作条例》《残疾人教育条例》等教育行政法规。此外，国务院教育行政部门单独或与其他部委联合制定、施行了若干有关教育的规章，地方立法机关也依法制定了大量有关教育的规章。这些法律、法规和规章都涉及学生的权利和义务。学生作为最广泛的法律关系主体，必须同教育者一起知法和守法。

2. 遵守学生行为规范的义务

学生行为规范主要是指国家教育行政部门制定、颁发的关于学生行为准则的统一规定，包括《小学生日常行为规范》《中学生日常行为规范》《高等学校学生行为准则》以及《小学生守则》《中学生守则》《高等学校学生守则》等。这些规章集中体现了国家对不同教育阶段的学生的政治、思想、品德等方面的基本要求，各级各类学校的学生应当遵守相应的行为规范，养成良好的思想品德和行为习惯。

3. 遵守学校管理制度的义务

学校管理制度是国家教育管理制度的重要组成部分，是确保学校教育教学活动正常有序进行的基本措施，也是国家为实现教育权而赋予学校制定的必要纪律，是国家法律、法规的具体化。遵守学校的管理制度与遵守国家法律、法规在实质上是一致的。各级各类学校管理制度不同，但一般主要有四方面的内容。

（1）思想政治教育管理制度；

（2）教学管理制度；

（3）学籍管理制度，包括入学注册和成绩考核、登记，对升级、留级、转学、复学、休学、退学的处理，考勤、奖惩、毕业资格审查等管理规定；

（4）体育管理、卫生管理、图书仪器管理、校园及宿舍管理等方面的制度。

4. 努力完成学业的义务

学习科学文化知识，完成规定的学业，使自己成为全面发展的社会主义建设者和接班人，是学生的首要任务，也是学生区别于其他公民的一项主要义务。对义务教育阶段的学生来说，这种义务是强迫的，具有强制性。对于非义务教育阶段的学生来说，这是自愿入学在享用受教育权利的同时应承担的义务。履行完成学业的义务是学生享有获得学业证书的权利的前提。

5. 尊重师长的义务

尊重师长是我国的传统美德，是现代社会文明的标志，也是学生的基本义务。因为在教育活动中，教师是文化知识的传播者，承担着教书育人、培养社会主义事业建设者和接班人的使命，理应受到学生和全社会的尊重。对学生而言，也要自觉养成尊重师长的道德品质，服从师长的管教，协调与师长的关系，维护学校正常的教学秩序。

（四）男女学生在法律中的平等地位

由于受社会、历史、宗教、传统观念、性别差异等因素的影响，与男生相比，女生的权利容易受到损害，成为社会中相对脆弱的群体。尤其在受教育方面，女子不易得到与男子同等的机会，致使女子作为公民的平等受教育权往往难以实现。为此，我国法律作出了许多保护性的规定。《宪法》第33条规定："公民在法律面前一律平等，任何公民享有宪法和法律规定的权利。"《妇女权宜保障法》《教育法》《义务教育法》等法律规定：国家保障女子享有同男子平等的文化教育权。凡年满6周岁（或7周岁）的儿童，不分性别都有权接受义务教育，而"政府、社会学校应针对适龄女性儿童少年就学存在的实际困难，采取有效措施，保障适龄女性儿童少年受完当地规定年限的义务教育"。"学校应当根据女性儿童少年的特点，在教育、管理、设施等方面采取措施，保障女性青少年身心健康发展。"

《中华人民共和国妇女权益保障法》规定："依照法律、法规不得擅自提高对女性的标准规定，应当录用而拒绝录用妇女或者对妇女提高录用条件的"或"在入学、升学、毕业分配、授予学位、派出留学等方面违反男女平等原则，侵害妇女合法权益的，可以申诉或控告。侵害妇女合法者所在单位或其上级机关应责令其改正，并根据具体情况对直接责任给予行政处分。对侵害妇女合法权益造成财产损失或其他损害的，应当依法赔偿或承担其他民事责任"。另外，该法还要求"各级人民政府应当依照规定把扫除妇女中的文盲、半文盲纳入扫盲和扫盲后的继续教育规划，采取符合妇女特点的组织形式和工作方法，组织、监督有关部门具体实施。各级人民政府和有关部门应当采取措施，组织妇女接受职业教育和技术培训。"这些规定是实现男女平等受教育权的法律依据和保障，需要执法部门、社会组织和全体公民遵守履行。

四、学生发展的一般任务

不同年龄阶段的学生有不同的发展任务。教育原理主要探讨中小学教育的基本原理，所以这里主要讨论小学和中学阶段学生发展的任务。

（一）小学阶段学生的发展任务

小学招收的主要是6岁、7～12岁、13岁的学生，这个年龄阶段称为童年期，又称学龄初期，其发展任务是：

（1）发展基本的阅读、书写和计算技能；
（2）发展形象思维，即借助于具体的事物进行推理的能力；
（3）发展有意注意的能力；
（4）发展社会性的情感；
（5）发展意志的主动性和独立性；
（6）建立对自己的完整态度；
（7）学习与同辈相处的方式；
（8）学习分辨是非，发展良知和品德；
（9）发展对社会、集体的态度；
（10）培养创造意识。

（二）初级中学阶段学生的发展任务

这一阶段学生处于 11 岁、12~14 岁、15 岁的年龄区域，称为学龄中期，其发展任务是：
（1）发展有意记忆的能力；
（2）发展借助于表象进行逻辑思维的能力；
（3）发展创造性能力及探索精神；
（4）培养一定的兴趣和爱好；
（5）培养起情绪的独立性品质；
（6）学习处理与同辈的关系，建立与同辈的友谊；
（7）初步形成自己的理想和价值体系；
（8）发展自我教育的能力；
（9）学会逐步适应自己生理变化带来的压力；

（三）高级中学阶段学生的发展任务

这一阶段的学生处于 14 岁、15~17 岁、18 岁的年龄区域，属于青春期，其发展任务是：
（1）发展辩证思维能力；
（2）为职业生活做准备；
（3）学习选择人生道路；
（4）正确认识自己和社会，形成积极向上的人生观和世界观；
（5）获得一定的社会角色定向；
（6）学会正确对待友谊和爱情；
（7）提高自我调节生活与心理状态的能力；
（8）培养创造性学习的能力。

五、新课程倡导的学习方式的基本类型（学习观）

（一）自主学习

1. 自主学习的概念

自主学习是关注学习者的主体性和能动性，是学生自主而不受他人支配的学习方式。

2. 自主学习的特点

（1）自主学习是一种主动学习，是相对于"被动学习""他主学习"而言。主动性是自主学习的基本品质，表现为"我要学"。
（2）自主学习是一种独立学习，是自主学习的核心，表现为"我能学"。
（3）自主学习是一种元认知监控的学习，突出表现在对学习的自我计划、自我调整、自我指导和自我强化上。

（二）探究学习

1. 探究学习的概念

探究学习也称为发现学习，是一种以问题为依托的学习，是学生通过主动探究解决问题的过程，探究学习是相对于"接受学习"而言的。

2. 探究性学习的类型

分为接受式探究和发现式探究两种类型。

3. 探究性学习的特点

(1) 问题性；(2) 过程性；(3) 开放性。

4. 探究性学习的过程

问题阶段－计划阶段－研究阶段－解释阶段－反思阶段。

值得注意的是，提倡探究性学习并不是完全抛弃接受学习。

（三）合作学习

1. 合作学习的概念

合作学习是指学生以小组为单位进行学习的方式，是相对于个体学习而言的。

2. 合作学习的特点

具体表现为互助性、互补性、自主性和互动性。

3. 合作学习的意义

(1) 合作学习能激发创造性，有助于培养学生的合作意识和合作技能。

(2) 合作学习有利于学生之间的交流沟通，有利于培养团队精神，凝聚人心，增进认识与理解。

(3) 合作学习能够促使学生不断反省，不断提高。

第三节　师生关系

一、师生关系的历史概况

（一）中国古代的师生关系

孔子和其弟子堪称良好师生关系的典范。孔子热爱学生，循循善诱，诲人不倦，学生对他既尊重敬仰，又亲密无间。韩愈在《师说》中提出："闻道有先后，术业有专攻。""弟子不必不如师，师不必贤于弟子。"但古代师生关系也受到等级制度的影响，强调师道尊严，教师的权威地位得以建立。所以，中国古代教育史上也存在这样的情况：学生对教师必须绝对服从，只能听而不问，信而不疑。如中国最早的学生守则《弟子职》，就对学生如何尊师作出了严格规定。

（二）西方近代的师生关系

法国资产阶级思想家、教育家卢梭等人提出了"民主""平等""个性自由""个性解放"的口号。这在反对教育上压制儿童天性和无视儿童人格的封建师生关系上具有进步意义。但卢梭又把它引向极端，认为"凡造物主手中的东西都是好的，一到社会就变坏了"。他在其教育名著《爱弥儿》中主张把儿童放到大自然中去培养，出现否认教育和教师的倾向。此后，德国著名教育家赫尔巴特提出"学生对教师必须保持一种被动状态"的"教师中心论"，美国著名教育家杜威主张"教育要把儿童当作太阳"的"儿童中心论"。这两个学说长期争论，对西方师生关系的理论和实践有很大影响。

（三）师生关系的内涵

师生关系是指教师和学生在教育教学活动中结成的相互关系，包括彼此所处的地位、作用和相互对待的态度。师生关系是教育活动过程中人与人关系中最基本、最重要的关系。良好的师生关系是教育教学活动取得成功的必要保证。

二、我国社会主义学校师生关系的基本要求

我国学校中的师生关系，是建立在社会主义制度基础上的，应该是我国社会民主平等、团结互助的新型人际关系的反映。

（一）社会关系：民主平等

我国是以公有制为基础的社会主义国家。我国的教师和学生，虽然在学校教育的组织系统中扮演着不同的社会角色，教师是教育者，学生是受教育者，但是他们都是为了建设社会主义国家这个共同的目标而完成各自的教学和学习任务，他们在政治上和人格上是平等的。教师借助于传授知识而培养受教育者，但教师和学生在真理面前是平等的。对我国中小学师生关系类型的分析研究表明，对立型、依赖型、自由放任型的师生关系下的教育教学效果，远不如民主平等型师生关系下的教育教学效果好。社会主义学校师生的民主平等关系，要求教师对学生负有教育管理的职责，学生要听从教师的教导。但也要求教师要向学生学习，认真接受学生提出的合理意见和要求。

民主平等不仅是现代社会民主化趋势的需要，也是教学生活的人文性的直接要求和现代人格的具体体现。它要求教师理解学生，发挥非权力性影响，并一视同仁地与所有学生交往，善于倾听不同意见；同时也要求学生正确表达自己的思想和行为，学会合作和共同学习。

（二）人际关系：尊师爱生

学生对教师尊敬信赖，教师对学生关心热爱，是社会主义新型师生关系的重要特征。学生是国家的未来，民族的希望，关心爱护学生是期望他们承担起建设社会主义的重任。教师把爱的高尚情感投给所有学生，期望所有学生都能成长。学生对教师的尊敬和信赖随学生年龄和学识的增长而变化，小学生以教师对自己的态度为依据，中学生对教师的尊敬和信赖主要依据教师的学识和人格。爱生是尊师的基础，尊师是爱生的结果。教师是教育者，教师在建立尊师爱生新型师生关系中起主导作用。

现代教育中的"尊师爱生"不是封建等级关系、政治连带关系、伦理依附关系，而是师生交往与沟通的情感基础、道德基础，其目的主要是相互配合与合作，顺利开展教育活动。

尊师就是尊重教师，尊重教师的劳动和教师的人格与尊严，对教师要有礼貌，了解和认识教师工作的意义，理解教师的意愿和心情，主动支持和协助教师工作，虚心接受教师的指导；爱生就是爱护学生，爱护学生是教师热爱教育事业的重要体现，是教师对学生进行教育的感情基础，是教师的基本道德要求，也是培养学生热爱他人、热爱集体的道德情感基础。

尊师与爱生是相互促进的两个方面：教师通过对学生的尊重和关爱换取学生发自内心的尊敬和信赖，而这种尊敬和信赖又可激发教师更加努力地工作，为学生营造良好的心理气氛和学习条件。爱生是尊师的重要前提，尊师是爱生的必然结果。

（三）心理关系：心理相容

广义的心理相容是群体成员在心理与行为上的彼此协调一致与谅解。它是群体人际关系的重要心理成分，是群体团结的心理特征。从师生之间人际关系的角度看，师生心理相容是指教师和学生集体之间、和学生个人之间，在心理上彼此协调一致，并相互接纳。心理相容以群体共同活动为中介，以成员彼此对共同活动的动机与价值观的一致为前提。教师与学生之间虽然文化水平不同，但教师和学生的社会目标和根本利益是一致的，在教师教导下学生集体与个人和教师的动机与价值观念也能达到某种一致。在社会主义学校里，师生之间的心理相容，是以教师教育活动为中介，使师生彼此相互了解，观点、信念、价值观达到一致的结果。师生之间动机与价

值观达到一致，教师的行动就会引起学生集体和个人的相应行动，并得到学生集体和个人的肯定。心理相容造成的师生之间融洽的气氛，对维系正常的师生关系起着重大的情感作用，对维持学校秩序，保证教育教学任务的完成起着重大作用。

狭义的心理相容指的是教师与学生之间在心理上协调一致，在教学实施过程中表现为师生关系密切、情感融洽、平等合作。在教学过程中，师生的心理情感总是伴随着认识、态度、情绪、言行等的相互体验而形成亲密或排斥的心理状态。不同的情绪反应对学生课堂参与的积极性和学习效率起着重大影响。在日常的教学过程中可以看到，学生对所学各门课程是有不同感情的，它影响着学生注意力和时间的分配，导致学生各门课程学习的不平衡，这都可以从师生心理关系、情感等因素上找到原因。

教学中会出现师生心理障碍，要消除这种心理障碍，增强师生之间的心理相容性，提高教学效果，应该着重在三个方面努力。

（1）多接触学生，研究学生，了解学生的心理状态。
（2）遵循教育规律，多采取讨论、启发等教学方法。
（3）为人师表，以人格力量感化学生。

（四）教育关系：教学相长

教育教学是师生双边活动的过程。在师生共同参与的教育活动中，双方存在着相互促进、彼此推动的关系。因为知识学问的掌握不能单靠教师的传递，还要靠学生自己的领悟、体验。教师的作用只是做学生掌握知识的领路人，提高觉悟的启迪者，教师不应该也不可能代替学生自己的学习与思考。教师必须根据来自学生的反馈信息，调整教育计划与措施，这就促进了教师的提高。

我国最早的教育专著《学记》说："虽有佳肴，弗食不知其旨也；虽有至道，弗学不知其善也。是故学然后知不足，教然后知困。知不足，然后能自反也；知困，然后能自强也。故曰：教学相长。"知识学问是广阔无垠的，一个教师对某个知识本质可能把握得较好，但学生的领悟和体验也可能更适合自己的经验和水平，甚至能更好地理解知识。韩愈说"弟子不必不如师，师不必贤于弟子"；"道之所存，师之所存也"。这些都说明，教师尽管闻道在先，但并非尽知天下事。因此，教师就更加需要了解自己的学生，从学生中汲取智慧。

教学相长包括三层含义：（1）教师的教可以促进学生的学；（2）教师可以向学生学习；（3）学生可以超越教师。

三、师生关系的具体表现

师生关系主要指师生之间在教育过程中所发生的直接交往和联系，包括为完成教育任务而形成的工作关系，为交往而形成的人际关系，以组织结构形式表现的组织关系，以情感认识等为表现形式的心理关系。师生之间的现实关系是不断变化和丰富多样的，可以从不同的层面进行划分，主要表现为社会关系、教育关系、心理关系、工作关系和伦理关系。

（一）平等的社会关系

平等的社会关系是人与人的各种社会关系在教育教学中的反映。主要表现为师生之间存在的代际关系、政治关系、文化的授受关系、道德关系以及法律关系。

（二）尊重与被尊重的伦理关系（人际关系）

师生之间的伦理关系是指在教育教学活动中，教师与学生构成一个特殊的道德共同体，各自承担一定的伦理责任，履行一定的伦理义务。这种关系是师生关系体系中最高层次的关系形式，对其他关系形式具有约束和规范作用。

(三）爱与被爱的心理关系

师生心理关系的实质是师生个体之间的情感是否融洽、个性是否冲突、人际关系是否和谐。具体体现在：（1）师生之间的认知关系是师生心理关系的基础；（2）情感关系是师生心理关系的另一个重要方面。

（四）服务与被服务的工作关系

教师的教服务于学生的学，所以要树立服务学生的意识。

（五）指导与被指导的教育关系

师生之间的教育关系是指教师与学生在教育教学活动中为完成一定的教育任务，以"教"和"学"为中介，以促进学生的整体发展和自主发展为目标而建立的一种工作关系。师生的教育关系是基本关系，其他师生关系皆服务于这一关系。具体表现如下。

（1）从教学过程的主体作用来说，教师和学生是教育和被教育的关系。

（2）从教育作为一种组织来说，教师和学生共同生活在学校、班级、教室等社群中，构成组织与被组织的关系。

（3）从教育活动的展开来说，教师和学生是一种平等的交往关系和对话关系。

四、师生关系的内容

（一）师生在教育内容的教学上结成授受关系

（1）从教师与学生的社会角色规定的意义上看，教师是传授者，学生是授受者。

（2）学生在教学中主体性的实现，既是教育的目的，也是教育成功的条件。

（3）对学生指导、引导的目的是促进学生的自主发展。

（二）师生在人格上是平等的关系

（1）学生作为一个独立的社会个体，在人格上与教师是平等的。

（2）教师和学生是一种朋友式的友好帮助关系。

（三）师生在社会道德上是互相促进的关系

（1）教师对成长中的儿童和青少年有着巨大的潜移默化的影响，一位教育工作者的真正威信在于他的人格力量，会对学生产生终身影响。

（2）学生不仅对教师的知识水平、教学水平作出反应，对教师的道德水平、精神风貌更会作出反应，并用各种形式表达他们的评价和态度。

五、师生关系的基本类型

（一）专制型师生关系

在此类师生关系中，教师教学责任心强，但不讲求方式方法，不注意听取学生的意愿和与学生的协作；学生对教师只能唯命是从，不能发挥独立性和创造性，学习是被动的；师生交往一般缺乏情感因素，难以形成互尊互爱的良好人际关系，甚至会因教师的专断粗暴、简单随意而引起学生的反感、憎恶甚至对抗，造成师生关系的紧张。

（二）放任型师生关系

此类师生关系中，教师缺乏责任心和爱心，对学生的学习和发展任其自然；学生对教师的教学能力怀疑、失望，对教师的人格议论、轻视。师生关系冷漠，班级秩序失控，教学效果较差。

（三）民主型师生关系

在此类师生关系中，教师能力强、威信高，善于同学生交流，不断调整教学进程和方法；学生学习积极性高，兴趣广泛、独立思考，和教师配合默契。民主型师生关系来源于教师的民主意识、平等观念以及较高的业务素质和强大的人格力量，这最理想的师生关系类型。

六、师生关系的作用

(1) 良好的师生关系是教育教学活动顺利进行的保障。
(2) 良好的师生关系是构建和谐校园的基础。
(3) 良好的师生关系是实现教学相长的催化剂。
(4) 良好的师生关系能够满足学生的多种需要。
(5) 良好的师生关系有助于提高教师的威信,有助于师生心理健康发展。

七、怎样建立良好的师生关系

要建立我国社会主义学校良好师生关系,必须做到以下几点。

(一) 树立正确的师生观,把教师主导作用和学生的主体能动性结合起来

在我国社会主义学校的组织体系中,教师是教育者、领导者,又是服务者;学生是受教育者、被领导者,又是学习的主人。因此,教师要高度尊重学生的人格,尊重学生的自主性、主动性和积极性,要热爱学生,全心全意为学生服务。另一方面,虽然学生是学习的主人,但他们又是不成熟的,学生离不开教师的扶持和引导。因此,学生又必须尊重教师,信赖教师,依靠教师。

从教育和教学是促进学生的身心发展而言,教师的"教"是外因,学生的"学"是内因,教师在整个教育教学过程中起主导作用,学生要发挥自我学习、自我发展的主体能动作用。教师的主导作用发挥得如何,主要是看是否发挥了学生的自主性、能动性、创造性。学生主体作用发挥得如何,则是衡量教师主导作用发挥得如何的标准。强调学生是学习的主体,并不否认或贬低教师在教育教学实践中的主导作用。恰恰相反,学生主体作用的发挥,必须建立在发挥教师主导作用的基础上。

(二) 加强教师与学生的交往,是建立良好师生关系的基础

没有深入到学生中间经常与学生交往,就无从产生师生之间亲密无间的情感和建立亲密无间的关系。师生交往的过程就是了解学生对各种事物感受的过程,教师对之表示同情并加以引导,就可以增进师生之间的感情联系,就会密切师生关系。师生交往的过程就是相互满足需要的过程,师生之间在交往中使需要得到满足就必然增进师生的感情联系,逐步形成亲密无间的感情和关系。

师生之间一般要经历"接触、亲近、共鸣、信赖"四个步骤,才能建立起较为亲密无间的关系。师生初次接触难免有生疏之感,学生难免有敬畏心理。经过多次良好地接触,学生感到教师平易近人,而产生愿意同老师亲近的感情。有了亲近的感情,在学习与生活中教师的诚挚关怀、耐心引导被学生理解,或在共同活动中激发起学生的浓厚兴趣,从而产生情感上的共鸣。再坚持师生之间的交往,把学生引上学习与进步的成功之路,学生必然信赖老师。

在师生交往的初期,往往会出现不和谐因素,如因为不了解而不敢交往或因误解而造成冲突等,这就要求教师掌握沟通与交往的主动性,经常与学生保持接触、交流;同时,教师还要掌握与学生交往的策略与技巧,如寻找共同的兴趣或话题、一起参加活动、邀请学生到家做客、保持通信联系等。

(三) 在平等的基础上树立教师威信,为教育教学工作的顺利开展创造条件

教师是教育者,建立教师威信,对于形成正常的师生关系,建立正常学校秩序,提高教育教学效果,都是十分必要的。但是,真正的教师威信不能单靠行政手段来建立,那样只能增加学生的心理反抗,真正的教师威信的建立首先依靠教师素质和教育教学水平的提高。教师的道德素养、知识素养和能力素养是学生尊重教师的重要条件,也是教师提高教育影响力的保证。教师以其高尚的品德、渊博的知识、高超的教育教学艺术来为学生提供高效而优质的服务，必然会赢得学生的尊重和爱戴，建立起教师威信。

建立教师威信还需要具有教师职业所要求的特殊性格，即具有童心、公正感和自制力。教师要建立自己的威信，首先要有童心，即在教师心灵中保留有儿童的心灵和生活世界。只有这样，才能了解儿童，从生活到思想和儿童打成一片，从而获得教育儿童的条件。教师要建立自己的威信，特别要坚持公正。教师公正就是要求教师对于不同相貌、性别、智力、个性，对于不同家庭社会背景、不同籍贯、不同亲疏关系的学生，要一视同仁。公正是学生信赖教师的基础。教师对待学生公正、平等、无私，不仅给学生道德心灵上以极其有益的影响，激励他们追求真善美，而且大大有益于提高教育工作的效果。教师要建立自己的威信，还要具有自制力。自制就是要求教师懂得，教师是教育者，学生是受教育者，无论学生犯有多么明显的错误，又多么无理，无论学生如何"顶撞"或"冒犯"，作为一个人民教师，始终不能忘记自己的身份，不允许也没有权利对学生发脾气，以至于作出失去理智的情感发作。

（四）了解、研究学生，热爱、尊重学生，公平、公正对待学生

教师要与学生取得共同语言，使教育影响深入学生的内心世界，就必须了解和研究学生。了解和研究学生主要包括三个方面：了解和研究学生个人，如学生个体的思想意识、道德品质、兴趣、需要、知识水平、个性特点、身体状况等；了解和研究学生的群体关系，如班集体的特点及其形成原因；了解和研究学生的学习和生活环境，如学习态度和方法。

热爱学生包括热爱所有学生，对学生充满爱心，经常走到学生之中，忌挖苦、讽刺学生，粗暴对待学生。尊重学生特别要尊重学生的人格，保护学生的自尊心，维护学生的合法权益，避免师生对立。

教师处理问题必须公正无私，使学生心悦诚服。

（五）发扬教育民主

教师要以平等的态度对待学生，而不能以"权威"自居。教育教学中，要尊重学生的看法，鼓励学生质疑，发表不同意见，以讨论、协商的方式解决争端。要营造一个民主的氛围，保护学生的积极性，保证学生具有安全感。

（六）正确处理师生矛盾

教育教学过程中，师生之间发生矛盾是难免的，教师要善于驾驭自己的情绪，冷静全面地分析矛盾，正视自身的问题，敢于做自我批评，对学生的错误进行耐心的说服教育或必要的等待、解释等。要能与学生心理互换，设身处地地为学生着想，理解学生，帮助学生，满足学生的正当要求，启发学生自省改错。

（七）提高法制意识，保护学生的合法权利

教师要提高法制意识，明确师生的权利与义务，切实依法保护学生的合法权利。

（八）加强师德建设，纯化师生关系

师生关系是一种教育关系，即一种具有道德纯洁性的特殊社会关系。教师应加强自身修养，提高抵御不良社会风气的积极性和能力。同时，也要更新管理观念，树立以人为本的管理思想，为师生关系的纯化创造有利的教育环境。

八、师生关系存在的主要问题

（一）在学校教学活动中存在的师生关系方面的问题

（1）师生之间的权利义务关系比较混乱，学生权利经常得不到应有的保护。

（2）在学校教育中，教师为学生筹划一切，包办代替。

不论是侵犯学生权利还是包办代替，都不是恰当的师生关系。怎样解决这些问题呢？

第一，树立教育民主思想；第二，提高法制意识，保护学生的合法权利；第三，加强师德建设，纯化师生关系。

（二）师生情感关系目前存在的主要问题

从整体上说，师生情感关系的状况仍难以令人满意，师生之间情感冷漠、缺乏沟通的现象比比皆是。师生之间缺乏积极的情感联系，不仅使得一直为人们所珍视的师生情谊黯然失色，也使教学活动失去了宝贵的动力源泉。优化师生情感关系，重建温馨感人的师生情谊，是改变师生关系的现实要求。

怎样解决这些问题呢？

新型的良好师生情感关系应该是建立在师生个性全面交往基础上的情感关系。它是一种真正的人与人的心灵沟通，是师生互相关爱的结果；它是师生创造性得以充分发挥的催化剂，是促进教师与学生的性情和灵魂提升的沃土；它是一种和谐、真诚和温馨的心理氛围，是真善美的统一体。为此，需要教师真情全身心地投入，需要在完善教学活动和完善个性两个方面共同努力：第一，教师要真情对待学生，关心爱护学生，展现教学过程的魅力，品味教学成功的喜悦；第二，教师要完善个性，展现个人魅力。

真题链接

一、单项选择题

1.（2012年小学）尽管工作压力大，事务繁杂，但何老师始终保持积极的工作态度，用微笑面对每一个学生，这体现了何老师（　　）。

A. 身体素质良好　　B. 职业心理健康　　C. 教学水平高超　　D. 学科知识丰富

【答案】B。

【解析】何老师工作压力大，事务繁忙，但工作态度积极，微笑面对学生，体现了职业心理健康。

2.（2015年）某校组织同一学科教师观摩教学，课后针对教学过程展开研讨，提出完善的教学建议。这种做法体现了教师专业发展的途径是（　　）。

A. 进修培训　　B. 同伴互助　　C. 师德结对　　D. 自我研修

答案：B。

【解析】同一学科教师通过集体研讨来完善教学，这是同伴互助的表现。

3.（2012年）教师要经常恰当地处理教学中产生的问题，这体现了教师劳动的（　　）特点。

A. 示范性　　B. 目的性　　C. 主体性　　D. 创造性

答案：D。

【解析】题干的描述体现了教师要具备一定的教育机智，这体现了教师劳动的创造性特点。

4.（2015年）优秀运动员的成功，往往要追溯到启蒙教练的培养。这说明教师劳动具有（　　）。

A. 创造性　　B. 长期性　　C. 示范性　　D. 复杂性

答案：B。

【解析】题干的描述体现了教师劳动的长期性特点。

5.（2015年）法国文学家加缪获得诺贝尔文学奖后，第一时间给他的小学老师写了一封信表示感谢。这反映了教师劳动具有（　　）。

真题链接

　　A. 复杂性　　　　B. 延续性　　　　C. 创造性　　　　D. 示范性
　　答案：B。
　　【解析】教师劳动的延续性说明，教师的教育效果不仅对学生当前有影响，而且影响学生的以后人生。

　　6.（2012年）罗森塔尔效应强调（　　）对学生发展具有重要影响。
　　A. 教师的知识　　B. 教师的能力　　C. 教师的人格　　D. 教师的期望
　　答案：D。
　　【解析】教师期望效应也称罗森塔尔效应或皮格马利翁效应，即教师的期望或明或暗地传送给学生，会使学生按照教师所期望的方向来塑造自己的行为，使这些学生更加自尊、自信、自爱、自强，诱发出一种积极向仁的激情，这些学生常常像老师所期待的那样有所进步。相反，如果教师厌恶某些学生，对学生期待较低，一段时间后，学生也会感受到教师的"偏心"，也常常会一天天变差。教师的这种期待产生了相互交流的反馈，出现了教师期待的效果。

名词解释

罗森塔尔效应

　　1968年，罗森塔尔等人来到一所小学，从一至六年级中各选三个班，在学生中进行了一次煞有其事的"发展测验"，然后，他们以赞美的口吻将有优异发展可能的学生名单告知有关老师。8个月后，他们又来到这所学校进行复试，发现名单上的学生的成绩都有显著进步，而且性格更为开朗，求知欲望强，敢于发表意见，与教师的关系也特别融洽。实际上，那个学生名单只是随机抽取的，但这一暗示却改变了教师的看法，使他们通过眼神、微笑、音调等将信任传递给那些学生，这种正向的肯定起到了潜移默化的作用。这个实验发现的心理现象，后来被称为"罗森塔尔效应"。

真题链接

　　7.（2012年）教师要经常恰当地处理教学中产生的问题，这体现了教师劳动的（　　）特点。
　　A. 示范性　　　　B. 目的性　　　　C. 主体性　　　　D. 创造性
　　答案：D。
　　【解析】题中体现的是教师的教育机智。

　　8.（2013年）教师作为一门独立的职业最早出现于（　　）。
　　A. 奴隶社会　　　B. 封建社会　　　C. 文艺复兴时期
　　答案：A。
　　【解析】独立的教师职业伴随着私学的出现而产生。

真题链接

二、复习思考题
1. 怎样理解教师职业的性质与特点？
2. 教师劳动的特点有哪些？
3. 教师应具备怎样的职业素养？
4. 怎样理解学生在教育过程中的地位、作用及特点？
5. 什么是师生关系？具体表现是什么？
6. 怎样建立良好的师生关系？

第八章

课程和课程改革

内容提要

课程是构成教育的基本要素。课程是教育学研究的重要领域，制约着教学的各个方面。本章通过对课程概念、制约课程的因素、课程的类型等知识的阐述，对课程设计及内容进行分析，特别是对我国当前的基础教育改革的介绍，使学生了解课程的基本理论，并形成现代的课程观、现代的课程发展观，为将来的教学工作打好基础。

学习目标

1. 掌握课程的概念、课程计划、课程标准和教科书的概念。
2. 了解制约课程的因素，掌握课程的类型。
3. 掌握课程目标、课程结构、课程计划、课程标准、教材的相关内容。
4. 了解我国第八次课改的相关内容。

第一节　课程概述

一、课程含义

（一）课程的渊源

在我国，"课程"一词始见于唐宋期间。唐朝孔颖达在《五经正义》里为《诗经·小雅·巧言》"奕奕寝庙，君子作之"作注："维护课程，必君子监之，乃得依法制。"这里的课程用来解释"寝庙"，即秩序。宋朝朱熹在《朱子全书·论学》中多次提到过的课程是"宽着期限，紧着课程"，"小立课程，大作工夫"。这里的课程是指功课及其进程，与现代课程的含义基本相同。

在西方，"课程"一词最早出现在英国教育家斯宾塞在1859年发表的一篇文章《什么知识最有价值》里。斯宾塞把课程解释为教学内容的系统组织，其原意是"赛马的跑道"。美国学者博比特在1918年出版的《课程》一书，是教育史上第一本课程理论专著，标志着课程作为专门研究领域诞生。

（二）课程的内涵

古今中外的各类教育著作，对课程有着不同的界定。

1. 课程即教学科目

把课程等同于所教的科目,在历史上由来已久,如我国古代的"六艺"与欧洲中世纪的"七艺"。

2. 课程即有计划的教学活动

这一定义把教学的范围、序列和进程,甚至把教学方法与教学设计,即把所有有计划的教学活动都组合在一起,是对课程的一个比较全面的看法。

3. 课程即预期的学习结果

一些学者认为,课程不应该指向活动,而应该直接关注预期的学习结果或目标,即要把重点从手段指向目的。要求教学活动事先制订一套有结构、有序列的学习目标,所有的学习活动都是为达到这些目标服务。在西方课程理论中相当盛行的课程行为目标,如泰勒和布卢姆的理论就是典型。

4. 课程即学习经验

把课程定义为学习经验,是试图把握学生实际学到些什么。经验是学生在对所从事的学习活动的思考中形成的。课程是指学生体验到的意义,而不是要学生再现的事实或要学生演示的行为。这种课程定义的核心,是把课程的重点从教材转向个人。

5. 课程即社会文化的再生产

在一些人看来,任何社会文化中的课程,实际上都是(而且也应该是)这种社会文化的反映。学校教育的职责是再生产对下一代有用的知识、技能。这种定义所依据的基本假设是:个体是社会的产物,教育就是要使个体社会化。课程应该反映各种社会需要,以便使学生能够适应社会。可见这种课程定义的实质在于使学生顺应现存的社会结构,从而把课程的重点从教材、学生转向社会。

6. 课程即社会改造

一些激进的教育家认为,课程不是要使学生适应或顺从社会文化,而是要帮助学生摆脱现存社会制度的束缚。他们认为,课程的重点应该放在当代社会的问题、社会的主要弊端、学生关心的社会现象等方面,要让学生通过社会参与形式形成社会规划和社会行动的能力。学校的课程应该帮助学生摆脱对外部强加给他们的世界观的盲目依从,使学生具有批判的意识。

我国对课程的界定有广义和狭义之分:广义的课程是指为了实现学校培养目标而规定的所有学科的总和及进程安排;狭义的课程特指某一门学科。

我们所研究的课程是广义的,是各级各类学校为实现培养目标而规定的学习科目及其进程的总和。

二、制约课程发展的主要因素

学校课程受多种因素的影响,其中社会、学生、知识是影响课程的主要因素。

(一) 社会条件对课程的制约

社会条件对课程的制约是一定社会的经济、政治、文化、意识形态等因素的综合作用的结果。在社会诸因素中,经济(生产力)是学校课程不断演变的最终动力,它制约着课程开发的门类。生产力的发展不断要求劳动者提高文化、技术水平,必然引起课程门类的不断变化。

政治经济制度对学校课程的性质起决定作用,课程内容中的社会科学部分主要是由政治经济制度决定的,它制约着课程开发的广度和深度。人类的文化与课程的关系也十分密切,从一定意义上说,学校课程是由人类传递和传播文化知识的需要而产生的,所以它制约着课程内容的变化。此外,占统治地位的阶级意识制约着课程的管理水平和发展方向。

社会条件对课程的需要与要求主要通过制定和颁布有关课程的教育法,制定和颁布教育方针、政策，制定实施和管理课程的章程，建立国家对学校课程的领导机构来实现。当学校课程按一定社会的需要设计出来，付诸实施后，它就会积极地为这个社会服务，对社会产生巨大影响。

（二）学生的身心发展条件对课程的制约

学生身心发展的条件对一定学校课程的总体设计、分科标准的制定、各类教材的编制都有重要的制约作用。特别是它制约着课程的开发方向。其制约作用主要表现为以下几方面。

首先，对课程设计目标的制约。课程设计的总体目标对于学生的各个方面发展的规定要体现学生身心发展的统一性，并使其辩证地统一起来，同时还要体现学生身心发展的阶段性与顺序性。

其次，对课程设置的制约。由于学生身心的发展是统一的，因而中小学的课程设置必须满足学生身心发展的全面需要。此外学生的身心发展具有个别差异性，心理特征各有不同，必然要求开设一定比例的选修科目来满足学生的不同需要。

最后，对教材编制的制约。教材的编制除了要考虑知识本身的逻辑顺序，循序渐进外，学生身心发展的顺序也制约着各科教材内容的逻辑顺序。

三、课程的意义和作用

（1）课程是学校培养人才的具体表现。
（2）课程是教师"教"和学生"学"的基本依据，是联系师生的纽带。
（3）课程是学生吸取知识的主要来源。
（4）合理的课程设置对学生的全面发展起着决定作用。
（5）课程是教学方法的选择、教学组织形式的确定、教学手段的应用的依据。
（6）课程是评估教学质量的主要依据和标准。

四、课程类型

课程类型是指课程的组织方式。依据不同的课程理论，课程的组织方式各有不同。在世界教育发展史上，具有代表性的课程理论主要有学科课程、经验课程、综合课程等。

（一）从课程内容的固有属性来划分，课程可分为学科课程与活动课程

1. 学科课程

学科课程是指从各学科领域中按照知识的社会价值精选出的部分内容，再按照知识的逻辑结构由易到难组成学科。在教育史上，绝大部分教育家主张学校教育以学科为本。它的主导价值是传承人类千百年积累下来的知识经验。

（1）学科课程的主要优点：
①按照学科组织起来的课程，有利于教师发挥主导作用，能使学生获得系统的科学文化知识。
②通过学习按逻辑组织起来的课程，能最大限度地发展学生的智力。
③以传授知识为基础，易于组织教学，也易于进行教学评价，便于提高教学质量。
（2）学科课程的不足之处：
①由于注重逻辑系统，因此，在开展教学时容易重记忆、轻理解。
②在教学方法上，容易偏重知识的传授，忽视学生兴趣和能力的培养。
③学科分隔不利于联系学生的生活实际和社会实践。

学科课程的代表人物是赫尔巴特和斯宾塞。学科课程是最古老、使用范围最广泛的课程类型，我国古代的"六艺"和古希腊的"七艺"都是学科课程。

2. 活动课程

活动课程亦称经验课程、生活课程或儿童中心课程，是指围绕着学生的需要和兴趣，以活动为组织方式的课程形态，即以学生的主体性活动的经验为中心组织的课程。它的主导价值是让学生获得对客观世界的直接经验和真切体验。

活动课程的代表人物是杜威。

(1) 活动课程的主要优点：

①有利于满足学生的兴趣、需要，关注学生的学习心理过程。

②有利于加强教育与社会以及学生生活的联系。

③有利于学生动手实践能力的培养和问题解决能力的提高。

④注重学生参与学习过程，既要动手又要动脑，让学生亲身体验现实生活，获得直接经验，有利于培养动手操作能力。

⑤人人参与活动，有利于培养学生的交往和组织能力、创新和合作精神，增强学生的社会适应性。

⑥由于重视了学生的兴趣、需要，重视学生的心理结构，因而有利于培养学生的主体性，发展个性。

(2) 活动课程的不足之处：

①夸大了学生个人的经验。

②忽视知识本身逻辑顺序，学生获得的知识不系统，不完整，不利于高效率地传授人类的文化知识。

(二) 从课程的组织方式来划分，课程可分为分科课程和综合课程

1. 分科课程

分科课程是对一门学科课程来划分，如物理这门学科可以划分为分为电学、力学等，其主导价值是让学生获得逻辑严密、条理清楚的文化知识

2. 综合课程

综合课程就是综合两个或两个以上的学科领域构成的课程，是有意识地运用两种或两种以上学科的知识观和方法论去考察和探究一个中心主题或课题。

"相关课程""广域课程""融合课程""核心课程"都是综合课程的形式，其主导价值是通过知识整合使学生获得解决问题的全面视野和方法。

综合课程也可分为学科本位综合课程（综合学科课程）、社会本位综合课程、儿童本位综合课程。

我国学校1~6年级主要是综合课程，7~9年级采用综合和分科并举的方式，10~12年级主要是分科课程。

(1) 综合课程的优点：

①体现了文化或学科知识间相互作用、彼此关联的发展需求，有利于学生把来自学术与非学术领域的知识、技能整合起来，解决现实中的种种问题。

②综合课程能够为学习者提供许多潜在的机会，从而增强学习者的学习愿望和兴趣。

(2) 综合课程的不足之处：

①综合课程往往把许多知识信息机械地拼合起来，知识琐碎不易掌握。如果教师缺乏相关学科领域的知识，就不能把这些知识成功地整合起来。

②综合课程的评估方式是跨学科的，而当前主要是分科评估方式，因此，综合课程的评估有一定的难度。

(3) 综合课程的主要特点：

①综合相关学科，重建学生认知结构，培养学生能力。
②压缩了课时，减轻了学生负担。
③在组织教学过程中利弊参半。一方面比较注意按学生心理顺序编制教学内容，便于联系学生生活实际来教学，容易唤起学生学习兴趣和参与意识；另一方面综合课程知识面广，教学难度大，不易被教师把握。

（三）从学生学习要求的角度来划分，课程分为必修课程和选修课程

必修课程指国家、地方或学校规定学生必须学习的课程，主导价值是照顾学生共性，根本特征是强制性的。

选修课程是指学生根据自己的兴趣、学术取向和职业需要而自由选择的课程。主导价值是照顾学生的个性。

（四）从课程设计、开放、管理主体或管理层次来看，课程分为国家课程、地方课程与校本（学校）课程

1. 国家课程
（1）定义：是指由中央教育行政机构编制、审定和统一管理的课程，是一级课程。
（2）主导价值：通过课程体现国家的教育意志，确保所有公民的共同基本素质。
（3）特点：权威性、多样性、强制性。
（4）优点：确保了所有学生学习的权利，明确规定学生在接受学校教育期间应达到的标准，提高了学生在接受学校教育期间的连续性和连贯性，为公众更好地了解学校教育提供了依据。

2. 地方课程
（1）定义：是指地方各级教育主管部门（主要是省级教育主管部门）根据国家课程政策，以标准为基础，在一定的教育思想和课程观念的指导下，根据地方政治、经济、文化的发展及其对人才的特殊要求，充分利用地方课程资源而开发、设计、实施的课程，属于二级课程。
（2）主导价值：通过课程满足地方社会经济发展的现实需要。
（3）特点：强调地方特色和地方文化的融合，目的是满足地方发展的要求，具有区域性、本土性、针对性、灵活性的特点。
（4）优点：有利于促进国家课程的有效实施，弥补国家课程的空缺，加强教育与地方的联系，调动地方参与课程改革和课程实施的积极性。

3. 校本课程
（1）含义：也称为学校课程，是学校在确保国家课程和地方课程有效实施的前提下，针对学生的兴趣与需要，结合学校的传统和优势以及办学理念，充分利用学校和社区的课程资源，自主开发或选用的课程，是基础教育课程体系中不可或缺的一部分。
（2）主导价值：通过课程展示学校的办学宗旨和特色。
（3）特点：强调从学校、学生自身的实际出发，具有灵活性、多样性、自主性、动态性和个性化等特点。
（4）优点：有利于照顾学生的个别差异，满足学生多样化的需要，有利于促进教师专业能力的持续发展，有利于确保学校办学水平的提升和国家课程的有效实施。
（5）校本课程开发的理念：
①"学生为本"的课程理念。
②"决策分享"的民主理念。
③校本课程开发的主体是教师而不是专家。
④"全员参与"的合作精神。
⑤校本课程开发是教师专业发展的有效途径。

（6）校本课程开发的基础：
善于利用现场课程资源。
（7）校本课程的价值追求：
个性化是校本课程开发的价值追求。
（8）校本课程开发的性质：国家课程的补充。
（9）校本课程开发的运作：同一目标的追求。
（10）校本课程的开发程序：
建立组织、现状分析、制定目标、课程编制、课程实施、课程评价与修订。

（五）根据课程的任务，课程可分为基础型课程、拓展型课程、研究型课程

1. 基础型课程

注重学生基础学力的培养，即培养学生作为一个公民所必需的以"三基"（读、写、算）为中心的基础教育，是中小学课程的主要组成部分。

2. 拓展型课程

注重拓展学生的知识与能力，开阔学生的知识视野，发展学生不同的特殊能力，并迁移到其他方面的学习。

3. 研究型课程

注重培养学生的探究态度和能力。这类课程可以提供一定的目标、一定的结论，而获得结论的过程和方法则由学生自己组织、自己探索、自己研究，引导学生形成研究能力与创新精神。

（六）从课程的表现形式或影响学生的方式（性质）来划分，课程可分为显性课程和隐性课程

1. 显性课程

显性课程亦称公开课程、官方课程、正规课程，是指在学校情境中以直接的、明显的方式呈现的课程。显性课程的主要特征是计划性，这是区分显性课程和隐性课程的主要标志。

2. 隐性课程

隐性课程亦称潜在课程、隐蔽课程、无形课程、自发课程，是学校情境中以间接的、内隐的方式呈现的课程。包括：观念性隐性课程（校风、班风、教风、学风、理念、价值观等）；物质性隐性课程（建筑、景观、教室的设置、校园环境等）；制度性隐性课程（包括学校管理体制、学校组织机构、班级管理方式、班级运行方式、评价、制度、规则等）；心理性隐性课程（师生关系、生生关系、名族文化传统、师生特有的心态、行为方式等）。

隐形课程的代表人物是杜威和克伯屈。杜威将与具体知识内容的学习相伴随的，对所学内容及学习本身养成的某种情感、态度的学习称为"附带学习（连带学习）"。

"隐性课程"一词是杰克逊在1968年出版的《班级生活》一书中首先提出来的。

3. 显性课程和隐性课程的特点

（1）显性课程是以直接、明显的方式呈现出来的，隐性课程是以间接、内隐的方式呈现出来的。

（2）显性课程的实施伴随着隐性课程，隐性课程蕴含在显性课程中。

（3）没有显性课程也就没有隐性课程，隐性课程可以转化成显性课程。

4. 显性课程与隐性课程的关系

（1）隐性课程对于某一个或某几个课程主体来说总是内隐的、无意识的；而显性课程则是以直接的、明显的方式呈现的课程，它对课程的实施者和学习者来说都是有意识的。

（2）显性课程的实施总是伴随着隐性课程，而隐性课程也总是蕴藏在显性课程的实施与评价过程之中的。

（3）隐性课程可以转化为显性课程。当显性课程中存在的积极或消极的隐性课程影响为更多的课程主体所意识，而有意加以控制的时候，隐性课程便转化为显性课程。

由此可见，显性课程与隐性课程不是二元对立的，二者互动互补、相互作用，在一定的条件下，可以相互转化。这种互动互补、相互作用的关系，使得某些课程由显性不断向隐性深层发展，学校课程的内容不断丰富。从对受教育者的影响程度来讲，隐性课程对学生身心发展的影响可能意义更加重大。隐性课程是学生思想意识形成的重要诱因，是进行道德教育的重要手段，是学生主体成长发展的重要精神食粮。可以说，不重视隐性课程的教育不是真正的教育，或者说是不全面的教育。

新课程改革一定要加强隐性课程的研究和实践，将显性课程与隐性课程有机地结合起来，共同发挥教育作用。

（七）古德莱德的课程层次理论

在美国当代著名教育家古德莱德看来，人们在谈论课程时，往往谈的是不同意义上的课程。他认为存在着五种不同的课程。

（1）理想的课程：即由一些研究机构、学术团体和课程专提出的应该开设的课程。例如，有人提议在中学开设性教育的课程。

（2）正式的课程：即由教育行政部门规定的课程计划、课程标准和教材，也就是列入学校课程表中的课程。

（3）领悟的课程：即任课教师所理解、领会的课程。

（4）运作的课程：即在课堂上实际实施的课程。

（5）经验的课程：即学生实际体验到的课程。

五、主要课程理论流派

（一）知识中心课程论

知识中心课程论即学科中心课程论，其基本观点如下。

（1）学校课程应以学科分类为基础。

（2）学校教学以分科教学为核心。

（3）以学科基础知识、基本原理、基本技能的掌握为目标。

（4）知识是课程的核心。

（5）学科专家在课程开发中起重要作用。

代表性的知识中心课程理论如下。

夸美纽斯的泛智主义课程理论。

斯宾塞的实用主义课程理论。

巴格莱的要素主义课程理论。

布鲁纳的结构主义课程理论。

（二）学习者中心课程论（活动中心，学生中心）

强调教育在人的发展上功能，其基本主张包括以下三点。

（1）课程应以学生的兴趣、爱好、动机、需要、能力等为核心来编排。

（2）应以学生的直接经验作为教材内容。

（3）以人为本的课程理念，关心学生在学习活动中的情感体验，突出知识的获得过程。

这一理论流派代表性的理论如下。

以卢梭、裴斯泰洛奇和福禄贝尔为代表的浪漫自然主义经验课程。

杜威等人的经验自然主义课程理论。

马斯洛、罗杰斯等人的人本主义课程理论。

(三) 社会中心课程论

社会中心课程论又称为社会改造主义课程论,以布拉梅尔德为代表。社会中心课程论者认为:

(1) 学校教育的最终目的是促使学生认识到当前社会的问题和不尽如人意的方面,提升学生反思和批判社会的能力,进而达到教育改造社会的功能。

(2) 课程的重点应放在当代社会的问题、社会的主要功能、学生关心的社会现象以及社会改造上,应让学生广泛地参与到社会中去,课程不应该帮助学生去适应社会,而是要建立一种新的社会秩序和社会文化。

这一理论流派的代表人物是布拉梅尔德和弗莱德。

六、中小学阶段课程的特点

小学阶段课程的特点:普及性、基础性、全面性(发展性)、可接收性。
初中阶段课程的特点:普及性、基础性、全面性(发展性)。
高中阶段课程的特点:时代性、基础性、选择性。

第二节 课程编制(课程的构成要素)

课程编制是依据一定课程理论,对学校课程进行分析、选择、设计、实验、评价的整体过程。学校课程的各组成部分(如课程计划、教学大纲和教材)都是经课程编制而产生的。课程是学校实现其培养目标的基本途径,课程编制是实施学校教育的中心环节。课程编制包括课程目标、课程结构、课程内容、课程设计与实施、课程评价、课程管理、课程资源。

一、课程目标

(一) 什么是课程目标

课程目标是指根据教育宗旨和教育规律而提出的具体价值的任务指标,是课程本身要实现的具体目标和意图,是整个课程编制过程中最为关键的准则。

(二) 课程目标特点

具有时限性、具体性、预测性、可操作性等。

(三) 目前我国三维课程目标

(1) 知识与技能(双基)。
(2) 过程与方法(让学生学会学习)。
(3) 情感态度与价值观(价值观、态度体验师生共鸣)。

三维课程目标是一个整体,知识与技能、过程与方法、情感态度与价值观三个方面相互联系,融为一体。在进行中,既没有离开过程与方法、情感态度与价值观的知识与技能;也没有离开知识与技能的课程目标取向分类——过程与方法、情感态度与价值观。

(四) 课程目标的价值取向

(1) 普遍性目标取向:对课程进行总括性和原则性规范与指导的目标,如《大学》里提出的格物、致知、诚意、正心、修身、齐家、治国、平天下为典型的普遍性目标。
(2) 行为目标取向:期待学习结果,对学习以训练知识、技能为主的课程较合适,代表人物:泰勒的课程目标理论和布鲁姆的教育目标分类学。
(3) 生成性目标取向:萌芽于杜威的"教育即生长"命题,指在教育情境中随着教育过程的展开而自然生成的目标，其关注过程，强调适应性。

（4）表现性目标取向：在教学情境中学生个性化的创造性表现，适用于学生活动为主的课程。

二、课程结构

（一）课程结构的内涵

课程结构是指各部分有机的组织和配合，即课程内容有机联系在一起的组织方式。它是课程目标转化为教育成果的纽带，也是课程活动顺利展开的依据。

（二）课程结构的特点

1. 客观性

虽然课程结构是课程设计者根据一定的原理设计出来的，属于人工结构，但是它不是设计者主观臆造的产物，具有客观性。一方面，课程作为一种文化现象，其内容来源于社会文化和社会生活；另一方面，人们在设计课程结构时必须考虑学生的身心发展水平和规律。这两者都是客观存在的。

2. 有序性

课程结构有序性是指课程内部各要素、各成分之间相互联系的有规则性。课程结构的有序性首先表现为"空间序"，即从横向上看，课程内部各成分的空间构成是有规则的；课程结构的有序性还表现为"时间序"，即学校课程的展开和实施是一个依次递进的过程，在这个过程中，课程内部各成分、各要素的呈现有一定的时间顺序。时间序和空间序结合在一起构成时序，它们共同体现了课程结构的规则性和顺序性特点，是课程结构存在的基本方式。良好的课程结构都应具备有序性。

3. 可转换性

课程结构具有转换性。这种转换性就是课程内部各要素间的构成关系能依地区、学校和学生等条件的变化而进行相应调整的属性。正是由于这种转换，中小学课程才能因地制宜适应不同地区、不同学段、不同学生的特点和需要，实现课程模式的多样化。

4. 可度量性

课程内部各要素、各成分间的联系和结构方式往往可以用数量关系来说明，这表明课程结构有可度量性。分析学校课程的结构可以从以下几方面各种比例关系、数量关系入手。

（1）学科课程与活动课程的比例关系。

（2）必修课程与选修课程的比例关系。

（3）学科课程内部工具类课程、人文类课程、自然类课程和体育、音乐课程之间及其内部各具体科目间的比例关系。

（4）活动课程内部各类活动项目间的数量关系等。

（三）课改后课程结构的新特点（趋势）

（1）选择性；（2）综合性；（3）均衡性。

（四）新课程结构的主要内容

（1）整体设置九年一贯的义务教育课程。小学阶段以综合课程为主，初中阶段设置分科与综合相结合的课程。

（2）高中以分科课程为主。

（3）从小学至高中设置综合实践活动课程并作为必修课程。

（4）农村中学课程要为当地社会经济发展服务。

（五）课程的横向结构和纵向结构

（1）课程的横向结构又称课程范围。

（2）课程的纵向结构又称课程序列，主要有两种形式，一种是直线形课程，一种是螺旋形课程。

①直线形课程：将课程内容由浅入深，由易到难的原则前后连接，直线推进，不重复排列。

②螺旋形课程：按照巩固性原则，循环往复、层层上升，形成立体展开的课程排列。

三、课程内容

课程是学校教育的核心，涉及教学过程中教师"教什么"和学生"学什么"的问题，它规定以什么样的教学内容来培养新一代，是学校教育的基础。课程内容以课程计划、课程标准和教材的方式表现。

（一）课程计划

1. 课程计划的概念

课程计划（原称教学计划）是国家教育主管部门根据教育目的和一定的培养目标制定的有关学校教育和教学工作的指导性文件。课程计划对学校的教学、活动及生产劳动等作出全面的安排。它体现了国家对学校教育教学工作的统一的要求，是学校领导和教师进行教育教学工作的依据和准绳。在我国，为了保证教育质量和进行统一的质量评估，基础教育阶段的课程计划是全国统一的，各级学校必须执行。

2. 课程计划的构成

课程计划由以下几个部分构成。

第一部分：课程设置（教学科目）。根据总的教育目的和各级各类学校的任务、培养目标和修业年限，确定学校应设置的学科。开设哪些科目是课程计划的首要的中心问题。

第二部分：学科开设的顺序。依据学校总的年限、各门学科的内容及其联系以及教学法的要求，确定各门学科开设的顺序。

第三部分：各门学科的教学时数。根据培养目标的需要和各门学科的教学任务、教材分量、难易程度及教学法上的要求规定各学期的授课时数，包括各门学科授课的总时数、每门学科在一学期的授课时数、每周的授课时数及各年级的周学时数等。

第四部分：学年编制和学周安排。包括学年阶段的划分、各学期的教学周数、学生参与生产劳动的时间、假期和节日的规定等。

（二）课程标准

1. 课程标准的概念

课程标准（原称教学大纲）是各学科的纲领性指导文件，是国家对基础教育课程的基本规范和质量要求。它是教材编写、教学、评估和考试命题的直接依据，是衡量各科教学质量的重要标准，是国家管理和评价课程的基础。

2. 课程标准的内涵

（1）课程标准是按门类制定的。

（2）课程标准规定本门课程的性质、目标、内容框架。

（3）课程标准提出了指导性的教学原则和评价建议。

（4）课程标准不包括教学重点、难点、时间分配等具体内容。

（5）课程标准规定了不同阶段学生在知识与技能、过程与方法、情感态度与价值观念等方面所应达到的基本要求。

3. 课程标准的特点

第一，课程标准主要是对学生经过某一学习阶段之后的学习结果的行为描述范围涉及的三个领域——认知、情感与动作技能，而不仅仅是知识与技能方面的要求。

第二，课程标准主要规定某一学习阶段和年级所有学生在教师的帮助下和在自己的努力下能达到的要求，它是面向全体学生的共同的、统一的基本要求，而不是最高要求。

第三，课程标准主要服务于评价，是国家或地方对课程质量、学校教育质量、教师教学质量、学生学习质量进行评价的依据，因此，学生学习结果的描述是可达到的、可评估的，而不是模糊不清的。

第四，课程标准隐含着教师不是教科书的消极执行者，而是教学方案的积极设计者，从而使教师与学生等课程实施者作为独立的主体参与教学过程，使课程具有的生成性、适应性成为可能。

第五，课程标准是国家基础教育课程质量的主要标志，它统领课程的管理、评价、督导与指导，具有一定的严肃性与正统性。

新课程标准的特点：素质教育的理念体现在方方面面；打破学科中心；改变了学习方式；评价重过程，更具操作性；为课程实施预留空间。

课程标准和教学大纲，两者不是一回事，课程标准是从教学大纲发展而来的，但它不是教学大纲。大纲是教师教、学生学所依据的主线，不能超越大纲也不能低于大纲；而课程标准只为教师教学和学生学习提供了基本标准，而不是最高要求，为师生教、学生学预留了广阔的空间。

4. 课程标准的构成

各科课程标准的基本内容由以下几部分构成。

（1）前言：结合本门课程的特点，阐述课程性质、基本理念和本标准的设计思路。

（2）课程目标：按照国家教育方针和新课改的指导思想，从知识与技能、过程与方法、情感态度与价值观念三方面具体阐述本门课程的总体目标与学段目标。

（3）内容标准：根据课程目标，制定选择具体内容的标准，并用规范、清晰、可理解的方式阐明掌握内容的程度。

（4）实施建议：主要包括教学建议、评价建议、课程资源的开发与利用建议和教材编写建议等。建议中均提供典型性的案例供教师参考。

（5）附录：阐述有关各学科课程实施应注意的一些问题，主要包括术语解释和案例。

（三）教材

1. 教材的概念

教材是依据课程标准的要求编写的系统反映学科内容的教学用书，是课程标准的最主要的载体，是课程标准的具体化，它包括了教师教学行为中所利用的一切素材和手段。教科书是最有代表性的教材，是学生获取系统知识的重要工具，也是教师进行教学的主要依据。

2. 教材的结构

教材是教师和学生据以进行教学活动的材料，是教学的主要媒体，通常按照课程标准的规定，分学科和年级顺序编辑，包括书面印刷教材（教科书、讲义、讲授提纲、教学参考书、各类指导书、习题集、补充读物等）和视听教材、电子教材、多媒体教材等。

教科书又称课本，是根据各科课程标准编写的，是系统反映学科内容的教学用书。它通常按学年或学期分册，划分单元或章节，主要由目录、课文、习题、实验、图表、注释、附录等部分构成，其中课文是最基本的部分。

3. 教材的组织方法

有逻辑式组织、心理式组织和折中式组织三种方法。

4. 教材的编排方式

(1) 纵向组织与横向组织。

①纵向组织是指按照知识的逻辑序列，从已知到未知、从具体到形象的先后顺序组织课程内容。

②横向组织是指打破学科的知识界限和传统的知识体系，按照学生发展的阶段，以学生发展阶段需要探索的社会和个人最关心的问题为依据组织课程内容，构成一个个相对独立的内容专题。

(2) 逻辑顺序与心理顺序。

①逻辑顺序是指根据学科本身的体系和知识的内在联系来组织课程内容，是传统教育派的主张。

②心理顺序是指按照学生心理发展的规律来组织课程内容，是现代教育派的主张。

(3) 直线式与螺旋式。

①直线式指把课程内容组织成一条在逻辑上前后联系的"直线"，前后内容基本不重复。

②螺旋式指在不同阶段、单元或不同课程门类中，使课程内容重复出现，逐渐扩大知识面，加深知识难度，即同一课程内容前后重复出现，难度却逐渐加深。

5. 教科书编写的基本原则

(1) 按照不同学科的特点，在内容上体现科学性和思想性。

(2) 强调内容的基础性，内容的阐述要层次分明。

(3) 在保证科学性的前提下，要考虑社会现状和教育水平，做到对大多学校和学生的适用性。

(4) 在教科书的编排上要有利于学生学习，结构合理，疏密有致。

(5) 要符合课程计划与课程标准的要求。

6. 新课改的教材观

(1) 新课改将教材视为"跳板"而非"圣经"。新的课程计划和课程标准为教学活动预留了充分的空间，视教材为案例，开放教材，鼓励教师充实并超越教材。教师将教材视为教学活动的跳板，使之成为学生学习和创新的有力凭借。

(2) 教材也不完全等同于课程内容。教材是根据学科课程标准系统阐述学科内容的教学用书，是学生获取系统知识的重要工具，也是教师进行教学的主要依据。课程内容除了包含间接经验外，还包括学生的直接经验、情感经验等。

(3) 用教科书教，而不是教教科书——隐含着教师不是教科书的执行者，而是课程的开发者，体现了教师在课程建设中的主体性。

7. 教材编写的要求

(1) 教材的编写应体现科学性与思想性相统一。一般来说，科学上尚无定论的东西不应包括在教材中；强调内容的基础性，注意贴近社会生活和学生的生活经验；合理的体现各科知识的逻辑顺序和受教育者学习的心理顺序；兼顾同一年级各门学科内容之间的关系和同一学科各年级内容之间的衔接。

(2) 教材的编排形式要有利于学生的学习，符合卫生学、教育学、心理学和美学的要求。教材的内容阐述要层次分明，文字表达要简练、准确、生动、流畅，篇幅要详略得当。标题和结论要用不同的字体或符号标出，使之鲜明、醒目。封面、图表、插图等，要力求清晰、美观。字体大小要适宜，装订要坚固，规格大小、薄厚要合适，便于携带。

四、课程设计与实施

(一) 课程设计的模式

1. 泰勒目标模式

泰勒是美国著名的课程理论家,他于1949年出版的《课程与教学的基本原理》提出了关于课程编制的四个问题。

(1) 学校应当追求哪些目标?(学校应当追求的目标)

泰勒认为应根据学习者本身的需要、当代校外生活的要求以及专家的建议三方面来提出目标。通过对上述三个目标的来源的分析,可以获得大量有关教育目标的资料和普遍的课程目标,然而,学校指向的目标应该是少量的。为此,泰勒认为,需要对教育目标进行哲学、心理学的两次过滤,最终剩下的是最有意义的和可行的目标,即得到特定的课程目标。

(2) 怎样选择和形成学习经验?(选择和形成学习经验)

泰勒提出了选择学习经验的五条原则:
①必须使学生有机会去实践目标中所包含的行为;
②必须使学生在实践上述行为时有满足感;
③所选择的学习经验应在学生能力所及的范围内;
④多种经验可用来达到同一目标;
⑤同一经验可以产生数种结果。

(3) 怎样有效地组织学习经验?(有效地组织学习经验)

泰勒认为最主要的是必须根据继续性(即在课程设计上要使学生有重复练习和提高所学技能的机会)、序列性(即后一经验在前一经验基础上的泛化与深化)、综合性(即课程的横向联系)的标准来组织学习经验。

(4) 如何确定这些目标正在得以实现?(课程评价/评价结果)

泰勒认为评价是课程编制的一项重要工作,它既要揭示学生获得的经验是否产生了满意的结果,又要发现各种计划的长处与弱点。

泰勒原理可概括为目标、内容、方法、评价,即:确定课程目标,根据目标选择课程内容(经验),根据目标组织课程内容(经验),根据目标评价课程。他认为一个完整的课程编制过程都应包括这四项活动。泰勒原理的实质是以目标为中心的模式,因此又被称为"目标模式"。

目标模式的最大特点是通过目标引导教师在教学过程中有据可依,具有很强的可操作性。但由于它只关注预期目标,忽视其他方面,如理解力、鉴赏力、情感、态度等同样有教育价值的东西,所以受到了许多批评。

2. 斯腾豪斯的过程模式

强调教师的作用,没有操作步骤。

(二) 课程实施

1. 定义

课程实施是将已经编制好的课程付诸实践的过程,它是达到预期的课程目标的基本途径。

2. 取向

辛德等人关于课程实施取向的分类研究受到了课程学者的普遍认同。他们将课程实施或研究课程实施的取向分为三种:忠实取向、相互调适取向、缔造取向。

3. 课程实施的结构

(1) 安排课程表,明确各门课程的开设顺序和课时分配。

(2) 确定并分析教学任务。

(3) 研究学生的学习活动和个性特征，了解学生的学习特点。
(4) 选择并确定与学生的学习特点和教学任务相适应的教学模式。
(5) 对具体的教学单元和课程的类型和结构进行规划。
(6) 组织并开展教学活动。
(7) 评价教学活动的过程与结果，为下一轮的课程实施提供反馈性信息。

4. 课程计划实施的特点
(1) 合理性（相对优越性）。
(2) 和谐性。
(3) 明确性。
(4) 简约性。
(5) 可传播性。
(6) 可操作性。

五、课程评价

（一）课程评价的概念

课程评价是指依据一定的评价标准，对课程的计划、实施、结果等做价值判断。课程评价的目的是检查课程的目标、编订和实施是否实现了教育目的，实现的程度如何，以判定课程设计的效果，并据此作出改进课程的决策。

（二）课程评价的主要模式

(1) 目标评价模式由被誉为"教育评价之父"的泰勒提出。
(2) 目的游离评价模式由斯克里文提出。
(3) 背景、输入、过程、成果（简称CIPP）评价模式由斯塔弗尔比姆等学者提出。

（三）新课程的课程评价观（当前课程评价发展的基本特征）

新课程倡导的评价是发展性评价和激励性评价。

1. 重视发展淡化甄别与选拔，实现评价功能的转变

为配合课程功能的转变，评价的功能也发生着根本性转变，不只是检查学生知识、技能的掌握情况，更为关注学生掌握知识、技能的过程与方法，以及与之相伴随的情感态度与价值观的形成。评价不再是为了选拔和甄别，不是"选拔适合教育的儿童"，而是如何发挥评价的激励作用，关注学生成长与进步的状况，并通过分析和指导，提出改进计划来促进学生的发展。评价功能的这一转变同时影响着教师评价工作的开展。以往的教师评价主要是关注教师已有的工作业绩是否达标，同样体现出重检查、甄别、选拔、评优的功能，而在如何促进教师的发展方面作用有限。因此时代的发展向课程评价的功能提出挑战，评价不只是进行甄别、选拔，更重要的是为了促进被评价者的发展。这一点已在世界各国得到普遍认同。

2. 重综合评价，关注个体差异，实现评价指标的多元化

即从过分关注学业成就逐步转向对综合素质的考查。学业成就曾经是考查学生发展、教师业绩和学校办学水平的重要指标。在关注学业成就的同时，人们开始关注个体发展的其他方面，如积极的学习态度、创新精神、分析与解决问题的能力以及正确的人生观、价值观等；从考查学生学到了什么，到对学生是否学会学习、学会生存、学会合作、学会做人等进行考查和综合评价。

3. 强调质性评价，定性与定量相结合，实现评价方法的多样化

即从过分强调量化逐步转向关注质的分析与把握。对于教育而言，量化的评价把复杂的教育观象简单化了或只是评价了简单的教育现象，而往往丢失了教育中最有意义、最根本的内容。

质性评价的方法则以树立全面、深入、真实再现评价对象的特点和发展趋势的优点受到欢迎，成为近几十年来世界各国课程改革倡导的评价方法。需要强调的是，质性评价从本质上并不排斥量化的评价，它常常与量化的评价结果整合应用。因此，将定性评价与定量评价相结合，应用多种评价方法，将有利于更清晰、更准确地描述学生、教师的发展状况。

4. 强调参与和互动、自评和他评相结合，实现评价主体的多元化

即被评价者从被动接受评价逐步转向主动参与评价。目前世界各国的教育评价逐步成为由教师、学生、家长、管理者，甚至包括专业研究人员共同参与的交互过程，这也是教育过程逐步民主化、人性化发展进程的体现。

5. 注重过程，终结性评价与形成性评价相结合，实现评价重心的转移

即从过分关注结果逐步转向对过程的关注。关注结果的终结性评价是面向"过去"的评价，关注过程的形成性评价则是面向"未来"、重在发展的评价。传统的评价往往只要求学生提供问题的答案，而对于学生是如何获得这些答案的却漠不关心。这样学生获得答案的思考与推理、假设的形成以及如何应用证据等，都被摒弃在评价的视野之外。近年来，评价重心更多地关注学生求知的过程、探究的过程和努力的过程，关注学生、教师和学校在各个时期的进步状况。只有关注过程，评价才可以深入了解学生发展的进程，及时了解学生在发展中遇到的问题、所做出的努力以及获得的进步，这样才能对学生的持续发展和提高进行有效的指导，评价促进发展的功能才能真正发挥作用。注重过程，将终结性评价和形成性评价相结合，实现评价重心的转移，成为世界各国课程评价发展的又一大特点。

六、课程管理

改变课程管理过于集中的状况"实行国家、地方、学校"三级课程管理制度，增强课程对地方、学校及学生的适应性，明确教育部、省级教育行政部门和学校的职责。

本次课程改革从我国的国情出发，妥善处理课程的集中性与多样性的关系，建立国家、地方、学校三级课程管理体制，实现了集权与放权的结合。三级课程管理制度的确立有助于教材的多样化，有利于满足地方经济、文化发展的需要和学生发展的需要。

七、课程资源

（一）课程资源的概念

课程资源是指课程设计、实施和评价等整个课程教学过程中可资利用的一切人力、物力以及自然资源的总和，包括教材、教师、学生、家长以及学校、家庭和社区中所有有利于实现课程目标，促进教师专业成长和学生个性的全面发展的各种资源。

广义的课程资源：泛指有利于实现课程目标的一切因素，如生态环境、人文景观、国际互联网络、教师的知识等。

狭义的课程资源：仅指形成教学内容的直接来源，典型的如教材、学科知识等。

（二）课程资源的类型

（1）根据课程资源空间分布的不同划分，分为校内课程资源和校外课程资源。

（2）按照课程资源的功能特点的不同划分，分为素材性课程资源和条件性课程资源。

（3）根据载体形式的不同划分，分为文字性课程资源和非文字性课程资源。

（4）根据价值取向的不同划分，分为教授性课程资源和学习化课程资源。

（5）按课程资源的存在方式区分，分为显性课程资源和隐性课程资源。

（6）按课程资源的存在形态区分，分为物质形态的课程资源和精神形态的课程资源。

第三节 我国第八次基础教育课程改革

基础教育课程改革是整个基础教育改革的核心内容，也是促进素质教育取得突破性进展的关键环节。教育部为贯彻《中共中央国务院关于深化教育改革全面推进素质教育的决定》和《国务院关于基础教育改革与发展的决定》，决定大力推进基础教育课程改革，调整和改革基础教育的课程体系、结构、内容，构建符合素质教育要求的新的基础教育课程体系，并于2001年6月颁布了《基础教育课程改革纲要》，从而开始了我国第八次基础教育课程改革。本次课程改革的对象包括小学、初中和高中。

影响基础教育改革的理论、理念非常庞杂，有些理论主要影响着基础教育的宏观改革，如人力资本理论、终身教育思潮、全民教育思潮等；而有些理论却对基础教育改革的微观领域影响较大，如人本主义教育理念、建构主义教育理念、多元智力理论等。

一、第八次基础教育课程改革的背景

（一）国际背景

（1）初见端倪的知识经济。

（2）人类的生存和发展面临困境。

（3）行业竞争日趋激烈。

西方发达国家都认识到了基础教育的重要性，纷纷进行了规模宏大的基础教育改革运动，为了在国际开展课程改革的背景下不至于落后，我国必须进行课程改革。

20世纪80年代以来，随着科技文化更新的不断加速，西方发达国家都认识到了基础教育对社会经济发展的重要性。为了充分发挥教育的积极作用，各国都从实际需要出发进行了规模宏大的基础教育改革运动。课程改革作为其中的重要组成部分，受到各国政府和教育界的极大关注。各国普遍把基础教育课程改革作为增强综合国力的战略措施。

世界各国基础教育课程改革的主要趋势如下。

（1）调整培养目标：通过基础教育培养新一代国民具有21世纪社会、科技、经济发展的必备素质。

（2）改变人才培养模式：实现学生学习方式的根本变革，使现在的学生成为未来社会具有国际竞争力的公民。

（3）改进课程内容：课程内容应进一步关注学生经验，反映社会、科技最新进展，满足学生多样化发展的需要。

（4）发挥评价的促进功能：发挥评价在促进学生潜能、个性、创造性等方面发展的作用，使每一位学生具有自信心和持续发展的能力。

（二）国内背景

（1）基础教育课程改革是国家发展的需要。

（2）基础教育课程改革是学生发展的需要。

（3）基础教育课程改革是教育发展的必然。

（4）基础教育课程存在着明显的缺陷。

新中国成立以来，我国基础教育领域已经进行了七次课程改革，取得过辉煌的成就，但面对新世纪的挑战和激烈的国际竞争，我国的基础教育课程存在着明显的缺陷，其表现为：

第一，培养目标不能完全适应时代发展的需要。我国原有基础教育课程的指导思想是"遵循教育要面向现代化、面向世界、面向未来的战略思想，贯彻党的教育方针，坚持教育为社会主

义建设服务，实行教育与生产劳动相结合，要对学生进行德育、智育、体育、美育和劳动技术教育，全面提高义务教育质量"，同时"为社会主义建设培养各级各类人才奠定基础"。从这个指导思想看，培养目标更多地体现于社会需求。这种培养目标过分强调知识、技能传授，忽略了学生的个性、创新精神和实践能力的培养。

第二，课程结构不合理。首先，学科课程所占比重过大，活动课程比重太小，且活动课程大多限于团队活动等，易使人产生活动课程等同于课外活动的错觉；其次，必修课程占据绝对主导地位，选修课程则微乎其微，选修课的滞后抑制了学生的全面发展；最后，分科课程统一天下，学科间缺乏整合。

第三，课程内容繁、难、偏、旧。课程内容必须反映时代的进步，必须贴近生活。以往的课程内容没有充分反映出时代精神，培养"专家"的目标使课程内容烦琐、艰深，严密的科学体系脱离了学生的生活，也不适于培养现代公民的基本素质。难而偏的课程内容极大地增加了学生的课业负担，导致学生身心发展得不健康。陈旧的课程内容难以反映时代的发展，制约了未来人才的培养。

第四，课程实施重"教书"和"背书"。课程实施的基本途径是教学，但在传统的教育观念中，将课程理解为规范性的教学内容，教师无权更改课程，教学就是教师忠实而有效地传递课程内容。在这种观念下，教学变成了教师教书、学生背书的过程。这种被动的学习方式窒息了学生的思维和智力，摧残了学生的个性。

第五，课程评价重选拔、轻发展。我国基础教育课程评价长期以来过分强调甄别与选拔的功能，忽视改进和激励的功能。存在的具体问题是：过分关注对结果的评价，忽视了对过程的评价；评价内容过于注重学业成绩，而忽视综合素质的评价和全面发展的评价；评价方法单一，过于注重量化和书面测试，而忽视评价主体的多元。

第六，课程管理过于集中。新中国成立以来，我国一直是全国统一的课程管理体制，现在课程决策权力虽然部分下放给地方教育行政部门，但所占比重较小，学校教师没有被赋予参与课程开发的权力。现代课程不足以适应地方、学校、学生的多样化要求。国家课程和地方课程没有给学校课程开发留有充分的余地，束缚了学校和教师开发课程的可能性。

二、第八次基础教育课程改革的目标

第八次基础教育课程改革的目标分为总目标和具体目标，分别从宏观和微观两个方面描绘了基础教育课程改革的蓝图，为新世纪的课程发展指明了正确的方向。

（一）第八次基础教育课程改革的总目标

总目标是：把学生培养成具有爱国主义、集体主义精神，热爱社会主义，继承和发扬中华民族的优秀传统和革命传统；具有社会主义民主法制意识，遵守国家法律和社会公德；逐步形成正确的世界观、人生观、价值观；具有社会责任感，努力为人民服务；具有初步的创新精神、实践能力、科学和人文素养以及环境意识；具有适应终身学习的基础知识、基本技能和方法；具有健壮的体魄和良好的心理素质，养成健康的审美情趣和生活方式的有理想、有道德、有文化、有纪律的一代新人。

（二）第八次基础教育课程改革的六个具体目标

（1）改变课程过于注重知识传授的倾向，强调形成积极主动的学习态度，使获得基础知识与基本技能的过程同时成为学会学习和形成正确价值观的过程。

（2）改革课程结构过于强调学科本位、科目过多和缺乏整合的现状，整体设置九年一贯的课程门类和课时比例，并设置综合课程，以适应不同地区和学生发展的需求，体现课程结构的均衡性、综合性和选择性。

（3）改变当前课程内容"难、繁、偏、旧"和过于注重书本知识的现状，加强课程内容与学生生活及现代社会和科技发展的联系，关注学生的学习兴趣和经验，精选终身学习必备的基础知识和技能。

（4）改变课程实施过于强调接受学习、死记硬背、机械训练的现状，倡导学生主动参与、乐于探究、勤于动手，培养学生搜集和处理信息的能力、获取新知识的能力、分析和解决问题的能力以及交流与合作的能力。

为了使学生的学习方式发生根本性的转变，保证学生自主、探索性的学习落到实处，此次课程改革通过课程结构的调整，使学生的活动时间和空间获得有效保证，并在新课程标准中倡导通过改变学习内容的呈现方式，确立学生的主体地位，促进学生积极主动地学习。同时倡导学习过程转变成学生不断提出问题、解决问题的过程，并且能够使学生针对不同的学习内容，选择接受、探索、模仿、体验等丰富多样的适合个人特点的学习方式。

（5）改变课程评价过分强调甄别与选拔的功能，发挥评价促进学生发展、教师提高和改进教学实践的功能。

建立与素质教育理念相一致的评价与考试制度，新课程倡导"立足过程、促进发展"的课程评价．这不仅仅是评价体系的变革，更重要的是评价理念、评价方法与手段以及评价实施过程的转变。

要建立一种发展性的评价体系。一是要建立促进学生全面发展的评价体系，使评不仅关注学生在语言和数理逻辑方面的发展，而且要发现和发展学生多方面的潜能；二是要建立促进教师不断提高的评价体系，以强调教师对自己教学行为的分析与反思，建立以教师自评为主，校长、教师、学生、家长共同参与的评价制度；三是要将评价看作是一个系统，从形成多元的评价目标、制定多样的评价工具，到广泛地收集各种资料，形成建设性的改进意见和建议，每一个环节都是通过评价促进发展的不可或缺的部分。评价目标多元、评价方法多样，重视学生发展，利用学生档案记录评价其成长，将是今后一段时间内评价与考试改革的主要方向。

（6）改变课程管理过于集中的状况，实行国家、地方、学校三级课程管理，增强课程对地方、学校及学生的适应性。

简言之，基础教育课程改革的目标是：

（1）实现课程功能的转变。
（2）体现课程结构的均衡性、综合性和选择性。
（3）密切课程内容与生活和时代的联系。
（4）改善学生的学习方式。
（5）建立与素质教育理念相一致的评价和考试制度。
（6）实行国家、地方、学校三级课程管理制度。

三、课程改革的理念

贯穿于第八次课程改革的核心理念是：为了中华民族的复兴，为了每位学生的发展。这一基本的价值取向预示着我国基础教育课程体系的价值转型。基础教育课程改革顺应时代的发展需要，全面推进素质教育，努力培养学生健全的个性和完整的人格，造就新一代高素质的社会公民，加快我国从人口大国迈向人力资源强国的步伐，实现中华民族的伟大复兴。

新课程改革的基本理念是：改变知识传授的目标取向，确立培养"整体的人"的课程目标；破除书本知识的桎梏，构筑具有生活意义的课程内容，增强课程内容的生活化、综合性；摆脱被知识奴役的处境，恢复个体在知识生成中的合法身份，倡导教师启发引导下学生主动参与的知识生成方式和自主学习方式，改变学校个性缺失的现实，创建富有个性的学校文化。

(一）全人发展的课程价值取向

这次课程改革的一个显著特征就是以学生为本，着眼于学生的"全人发展"，反对权威主义和精英主义，要求所有的学生都能获得全面的发展。这种"全人发展"的课程价值取向，使学校课程目标表现出新的特点：注重课程目标的完整性，强调学生的全面发展；注重基础知识的学习，提高学生的基本素质；注重发展学生的个性；着眼于未来，注重能力培养；强调培养学生良好的道德品质；强调国际意识的培养。

(二）科学与人文整合的课程文化观

科学人文性课程是科学主义课程与人文主义课程整合建构的课程，它以科学为基础，以人自身的完善和解放为最高目的，强调人的科学素质与人文修养的辩证统一，致力于科学知识、科学精神和人文精神的沟通与融合，倡导"科学的人道主义"，力图把"学会生存""学会关心""学会尊重、理解和宽容""学会共同生活""学会创造"等当代教育理念贯穿到课程发展的各个方面。

(三）回归生活的课程生态观

回归生活的课程生态观，从本质意义上说，就是强调自然、社会和人在课程体系中的有机统一，使自然、社会和人成为课程的基本来源。回归生活的课程生态观意味着学校课程突破学科疆域的束缚，回归自然、回归生活、回归社会、回归人自身，意味理性与人性的完美结合，意味着科学、道德和艺术现实地、具体地统一。

(四）缔造取向的课程实践观

缔造取向的课程实践观，强调在课程实施的过程中要充分发挥师生的自主性、能动性和创造性，特别是要求教师具备较强的课程设计能力，因为教师不仅是课程的实施者，而且还是课程的设计者。因此，把教师看作教育研究者和课程设计者，是缔造取向课程实施的一个非常重要的理念。

(五）民主化的课程政策观

课程政策的民主化意味着课程权力的分享，意味着课程由统一化走向多样化。我国一直比较重视中央对课程的统一决策，随着我国新一轮基础教育课程改革的正式启动，课程改革的一个重要目标就是"为了保障和促进课程对不同地区、学校、学生的适应性，实行有指导的逐步放权，建立国家、地方和学校的课程三级管理模式"。校本课程成为国家课程计划中一项不可或缺的组成部分。

(六）促进课程的适应性和管理的民主化，创建富有个性的学校文化

为了保障新课程能够适应各地区、学校的差异，新课程体系确立了国家、地方和学校三级课程管理的体制，这是促进课程适应性的重大举措；同时，也推进了课程的适应性和课程管理民主化的进程。学校文化是教师和学生在学校和班级的特定场所内，由于拥有独特的社会结构、地理环境、人文景观而形成的学校独有的一系列传统习惯、价值规范、思维方式和行为模式的综合。课程改革不仅仅意味着内容的更新、完善与平衡，更为重要的是意味着理想的学校文化的创造。学校文化的变革是课程与教学改革最深层次的改革，创建富有个性的学校文化正是课程改革的核心课题。学校文化的重建是课程改革的直接诉求和终极目标。在重建学校文化的过程中，我们应当特别关注建立民主的管理文化、建设合作的教师文化和营造丰富的环境文化。

(七）重建课程结构和倡导和谐发展的教育

新课程在重建课程结构时，强调综合性，加强选择性，并确保均衡性，倡导一种和谐发展的教育。

(八）提升学生的主体性和注重学生经验

根据当前课改的核心理念，课程改革既要满足社会发展的需要，又要满足学生发展的需要。

"为了每位学生的发展"的基本含义如下。

1. 关注学生作为"整体的人"的发展

"整体的人"包括两层含义：人的完整性和生活的完整性。人的完整性意味着人是智力和人格和谐发展的有机整体，生活的完整性意味着学生的生活是学习生活和日常生活有机交融的整体世界。人的完整性植根于生活的完整性，并丰富和改善生活的完整性，因此，国家、地方和学校要为学生提供谋求其整体发展的课程。

2. 统整学生的生活世界和科学世界

生活世界是最值得重视的世界，是通过知觉可以直观体验的世界，是一个有人参与其中，保持着目的、意义和价值的世界。对学生的整体发展而言，生活世界至关重要。因此，除了对科学世界（指建立在数理、逻辑结构的基础上，由概念、原理和规则构成的世界）的学习外，对生活世界的探究和意义建构同样重要。为了统整学生的生活世界和科学世界，当前的课程改革提出了"增强课程的生活化、凸显课程的综合化"的理念。

3. 寻求学生主体对知识的建构

首先，基础教育课程确立了新的知识观，视知识为一种探索的行动或创造的过程，从而使人摆脱传统知识观的钳制，走向知识的理解和建构。在知识建构的过程中，个体与知识不是分离的，而是构成一个共同的世界。

其次，基础教育课程强调个性化的知识生成方式。基础教育课程改革旨在扭转以"知识授受"为特征的教学局面，把转变学生的学习方式作为重要的着眼点，以尊重学生学习方式的独特性和个性化作为基本准则，从而重建教、学、师生关系等概念。基础教育课程改革要求在所有学科领域的教学中渗透"自主、探究与合作的学习方式"，同时设置综合实践活动，为研究性学习的展开提供独立的学习机会。

最后，基础教育课程构建发展性的评价模式。传统的教学评价以甄别为目的，以外在的、预定的目标为唯一的标准，对所有学生采取"一刀切"，忽视了学生的实际发展。基础教育课程改革要求"发挥评价的教育功能，促进学生在原有水平上的发展"，将评价视为评价者与被评价者共同建构意义的过程，力图建构具有个人发展价值的评价方式，以保障知识生成方式的个性化。

四、课程改革的实施

《基础教育课程改革纲要》指出："基础教育课程改革是一项系统工程，应始终贯彻'先立后破，先实验后推广'的工作方针。"为此，2001年，教育部在《关于开展基础教育新课程实验推广工作的意见》中，对新一轮基础教育课程改革实验推进工作进行了总体部署。按照这一部署，义务教育阶段新课程实验工作于2001年秋季启动，首先是绝大多数义务教育各学科课程标准及其实验教材在全国基础教育课程改革实验区开展实验；2002年秋季，义务教育新课程体系进入全面实验阶段；2003年秋季，修订义务教育阶段课程设置方案、各学科课程标准、《地方课程管理指南》《学校课程管理指南》和中小学评价与考试的改革方案；2004年秋季，进入义务教育阶段新课程的推广阶段；2005年秋季，中小学阶段各起始年级原则上都启用新课程。

五、基础教育课程改革的发展趋势

（1）以学生发展为本，促进学生全面发展和培养个性相结合。

（2）稳定并加强基础教育。课程的社会化、生活化和能力化，加强实践性，由"双基"到"四基"（基础知识、基本技能、基本能力、基本观念态度）。

（3）加强道德教育和人文教育，加强课程科学性和人文性融合。

（4）加强课程综合化。

（5）课程与现代信息技术相结合，加强课程个性化和多样化。
（6）课程法制化。

六、第八次课改的亮点之一是设置综合实践活动课为必修课

（1）综合实践活动课的内容：包括信息技术教育、研究性学习、社区服务于社会实践、劳动技术教育，小学三年级开始，每周平均三学时。

（2）综合实践活动课的特点：整体性（综合性）、实践性、开放性、生成性、自主性。

（3）综合实践活动课的性质：相对于学科课程而言，综合实验活动课属于经验性课程，不存在知识的内在逻辑和体系；相对于分科课程而言，综合实验活动课属于综合性性课程，包括内容综合、方式综合、活动时空综合；综合实践活动课属于国家级的必修课程；综合实践活动课是一门实践性课程；综合实践活动课是三级管理课程。

（4）综合实践活动课的理念：突出学生主体，面向学生生活，注重学生实践，强调活动综合。

（5）综合实践活动课的目标：获得亲身参与实践的体验和经验；形成对自然、社会、自身内在联系的整体认识；形成从自己的周围生活中主动发现问题并独立解决问题的态度和能力；发展学生的时间能力、创新能力，养成合作、分享、进取等良好个性。

真题链接

一、单项选择题

1. （2015年小学）按照美国学者古德莱德的课程层次理论，由研究机构、学术团体和课程专家提出的课程属于（　　）。
   A. 理想的课程　　B. 正式的课程　　C. 领悟的课程　　D. 运作的课程
   答案：A。
   【解析】理想的课程即由研究机构、学术团体和课程专家提出的应该开设的课程。

2. （2016年小学）按照美国学者古德莱德的课程层次理论，教师在课堂中实施的课程属于（　　）。
   A. 理想的课程　　B. 正式的课程　　C. 领悟的课程　　D. 运作的课程
   答案：D。
   【解析】题干描述的是运作的课程的内涵。

3. （2013年小学）"课程不应指向活动，而应直接关注制订一套有结构、有序列的学习目标，所有教学活动都是为达到这些目标而服务的。"这种观点意味着课程即（　　）。
   A. 教学科目　　B. 社会改造　　C. 经验获得　　D. 预期的学习效果
   答案：D。
   【解析】题干的描述体现了"课程即预期的学习结果"这一课程定义。

4. （2013年小学）目前我国小学开设的语文、数学、英语课程属于（　　）。
   A. 活动课程　　B. 综合课程　　C. 学科课程　　D. 融合课程
   答案：C。

5. （2015年小学）学校中的"三风"是指校风、教风和学风，是学校文化的主要构成，就其课程类型而言，它主要属于（　　）。
   A. 学科课程　　B. 活动课程　　C. 显性课程　　D. 隐性课程
   答案：D。

真题链接

【解析】题干的描述属于观念性隐性课程。

6. （2015年小学）贴在教主墙上的课程表也属于一种课程，这种课程属于（　　）。
   A. 学科课程　　B. 活动课程　　C. 隐性课程　　D. 显性课程
   答案：C。
   【解析】略。

7. （2013年小学）我国第六次基础教育课程改革在课程设置上的重大变革之一是（　　）。
   A. 小学和初中分别设立　　　　B. 十二年一贯制的整体设置
   C. 九年一贯制的整体设立　　　D. 初中和高中分别设置
   答案：A。
   【解析】1981年教育部颁发了五年制小学和中学教学计划，1986年颁发了小学、初中各科教学大纲，这体现了对小学和中学课程的分别设置。

8. （2016年小学）我国基础教育课程改革要求整体设置九年一贯制的义务教育课程，通过课时比例调整使其保持适当的比重关系，这强调了课程结构的（　　）。
   A. 均衡性　　B. 综合性　　C. 选择性　　D. 统一性
   答案：A。
   【解析】题干的描述体现了课程结构均衡性的内涵。

9. （2016年小学）根据《基础教育课程改革纲要（试行）》的要求，我国小学现阶段既要开设语文、数学、英语等学科课程，又要开设科学、艺术等综合课程，这表明课程结构具有（　　）。
   A. 综合性　　B. 均衡性　　C. 选择性　　D. 时代性
   答案：B。
   【解析】题干的描述体现了课程结构的均衡性。

10. （2014年小学）为了适应不同地区学校和学生的特点和需要，各地可以对国家统一规定的中小学课程结构进行相应的调整，这体现了课程结构的（　　）。
    A. 可操作性　　B. 可替代性　　C. 可转换性　　D. 可度量性
    答案：C。
    【解析】题干的描述体现了课程结构的可转换性。

11. （2015年小学）小学开设的综合实践活动课程属于（　　）。
    ①国家课程　②地方课程　③必修课程　④选修课程
    A. ①③　　B. ①④　　C. ②③　　D. ②④
    答案：A。
    【解析】综合实践活动课是国家课程标准规定的课程，从小学至高中设置综合实践活动课并作为必修课。

12. （2014年小学）根据《义务教育课程设置实施方案》的规定，小学综合实践活动课程的具体内容由地方和学校根据教育部的有关要求自主研发或选用。该课程属于（　　）。
    A. 国家规定的必修课　　B. 国家规定的选修课
    C. 地方规定的必修课　　D. 学校规定的选修课
    答案：A。

真题链接

【解析】略。

13. (2016小学) 按照由易到难、由简到繁的顺序编排课程内容，这种组织方式属于（　　）。

　　A. 横向组织　　B. 水平组织　　C. 纵向组织　　D. 综合组织

　　答案：C。

　　【解析】纵向组织是指按照知识的逻辑序列，从已知到未知、从具体到抽象等，先后顺序组织编排课程内容。题干的描述体现了纵向组织的内涵。

14. (2015年小学) 综合课程打破了学科界限和知识体系，按照学生发展的阶段，以社会和个人最关心的问题为依据组织内容，这种课程内容的组织形式是（　　）。

　　A. 垂直组织　　B. 横向组织　　C. 纵向组织　　D. 螺旋式组织

　　答案：B。

　　【解析】题干描述的是横向组织的内涵。

15. (2016年小学) 体现国家对学校的统一要求，作为学校办学的基本纲领和重要依据的是（　　）。

　　A. 课程计划　　B. 课程标准　　C. 教学大纲　　D. 教学目标

　　答案：A。

　　【解析】课程计划体现了国家对学校教育和教学工作的统一要求，是学校组织教育和教学工作的重要依据。

16. (2015年小学) 教师上课时所使用的课件、视频、投影、模型等教学资源属于（　　）。

　　A. 教材　　B. 教案　　C. 教参　　D. 教科书

　　答案：A。

　　【解析】教材可以是印刷品（包括教科书、教学指导用书、补充读物、图表等），也可以是音像制品（包括幻灯片、电影、录音带、录像带、磁盘、光盘等）。题干的描述属于教材。

17. (2014年小学) 根据载体不同，可以把课程资源划分为（　　）。

　　A. 校内课程资源与校外课程资源
　　B. 教授化课程资源与学习化课程资源
　　C. 条件性课程资源与素材性课程资源
　　D. 文字性课程资源与非文字性课程资源

　　答案：D。

　　【解析】根据载体形式的不同，课程资源可以分为文字性课程资源和非文字性课程资源。

18. (2016年小学)《基础教育课程改革纲要（试行)》规定，我国小学课程设置"综合实践活动课"，开设的学段是（　　）。

　　A. 小学一年级至高中　　B. 小学三年级至高中
　　C. 小学五年级至高中　　D. 初中一年级至高中

　　答案：B。

　　【解析】国家《基础教育课程改革纲要（试行）》规定从小学三年级至高中设置综合实践活动课作为必修课。

19. (2014年中学) 根据《基础教育课程改革纲要（试行）》的规定，我国初中阶段的课

真题链接

程设置主要是（　　）。
A. 分科课程　　　　　　　　B. 分科课程和综合课程结合
C. 综合课程　　　　　　　　D. 活动课程和综合课程结合
答案：B。
【解析】略。

20. （2013年）目前我国普通高中设置的主要课程是（　　）。
A. 分科课程　　B. 综合课程　　C. 活动课程　　D. 探究课程
答案：A。
【解析】目前，我国普通高中阶段以分科课程为主。

21. （2014年中学）从课程形态上看，当前我国中学实施的"研究性学习"属于（　　）。
A. 学科课程　　　　　　　　B. 拓展性学科课程
C. 辅助性学科课程　　　　　D. 综合实践活动课程
答案：D。
【解析】研究性学习是综合实践活动的内容之一。

22. （2013年中学）最早提出"什么知识最有价值"这一经典课程论命题的学者是（　　）。
A. 夸美纽斯　　B. 斯宾塞　　C. 杜威　　D. 博比特
答案：B。
【解析】斯宾塞在《什么知识最有价值》中提出了"科学知识"最有价值的观点。

23. （2013年中学）泰勒出版的《课程与教学的基本原理》提出了课程编制的"四段论"属于（　　）。
A. 实践模式　　B. 过程模式　　C. 环境模式　　D. 目标模式
答案：D。
【解析】泰勒原理的实质是以目标为中心的模式，因此又被称为"目标模式"。

24. （2011年中学）课程成为一个独立领域的标志是（　　）的出版。
A. 博比特的《课程》　　　　　B. 查特斯的《课程编制》
C. 泰勒的《课程与教学的基本原理》　D. 施瓦布的《实践：课程的语言》
答案：A。
【解析】略。

25. （2016年中学）校风、教风和学风是学校文化的重要构成部分，就课程类型而言，它们属于（　　）。
A. 学科课程　　B. 活动课程　　C. 显性课程　　D. 隐性课程
答案：D。
【解析】隐性课程是学校情境中以间接的、内隐的方式呈现的课程，学校的校风、教风、学风，有关领导与教师的教育理念、价值观、知识观、教学风格、教学指导思想等，属于观念性隐性课程。

26. （2013年中学）一个数学成绩优秀的学生由于某种原因产生了对数学的厌恶，他在离开学校后很可能不会再主动地研究数学问题了。这种现象属于（　　）。

真题链接

A. 连带学习　　　B. 附属学习　　　C. 正规课程　　　D. 显性课程
答案：A。
【解析】杜威将与具体知识内容的学习相伴随的，对所学内容及学习本身养成的某种情感、态度的学习称为"附带学习（连带学习）"。例如，一个儿童在学习数学时，养成对待数学学习的某种态度（如喜欢不喜欢）即连带学习。

27. （2012年中学）主张课程内容的组织以儿童活动为中心，提倡"做中学"的课程理论是（　　）。
A. 学科课程论　　B. 活动课程论　　C. 社会课程论　　D. 要素课程论
答案：B。
【解析】活动中心课程理论认为教育应以儿童实际经验为起点，从做中学。

28. （2014年中学）课程的文本一般表现为（　　）。
A. 课程计划、课程标准、教科书　　　B. 课程计划、课程目标、课程实施
C. 课程目标、课程实施、课程评价　　D. 课程主题、课程任务、课程标准
答案：A。
【解析】略。

29. （2012年中学）编写教材的直接依据是（　　）。
A. 课程计划　　B. 课程目标　　C. 课程标准　　D. 课程说明
答案：C。
【解析】略。

30. （2015年中学）教师进行教学的直接依据是（　　）。
A. 课程计划　　B. 课程目标　　C. 课程标准　　D. 教科书
答案：C。
【解析】课程标准是课程计划中每门学科以纲要的形式编写的有关学科内容的指导性文件，是课程计划的分学科展开。它规定了学科的教学目标、任务，知识的范围、深度和结构，教学进度以及有关教学方法的基本要求，是编写教科书和教师进行教学的直接依据，也是衡量各科教学质量的重要标准。

31. （2015年中学）在教育目标的分类中，美国教育心理学家布卢姆就学生学习结果划分的三大领域是（　　）
A. 知识、技能和技巧　　　　　　　B. 知识、理解和应用技能
C. 认知、情感和动作技能　　　　　D. 认知、应用和评价功能
答案：C。
【解析】美国教育心理学家布卢姆将教学目标分为认知、情感和动作技能三个领域，每一领域的目标又从低级到高级分成若干层次。

32. （2012年中学）在编写教材的过程中，课程内容前后反复出现，且后面的内容是对前面的内容的扩展和深化。这种教材编排方式是（　　）。
A. 直线式　　B. 螺旋式　　C. 分科式　　D. 综合式
答案：B。
【解析】题干描述的是教材的螺旋排列式的内涵。

33. （2015年中学）我国新一轮基础教育课程改革中，课程评价功能更加强调的是（　　）。

真题链接

A. 甄别与鉴定　　　　　　　　　B. 选拔与淘汰
C. 促进学生分流　　　　　　　　D. 促进学生发展与改进教学实践

答案：D。

【解析】我国新一轮基础教育课程改革中，主张改变课程评价过分强调甄别与选拔的功能，发挥评价促进学生发展、教师提高和改进教学实践的功能。

34.（2015年中学）主张课程的内容和组织应以儿童的兴趣或需要为基础，鼓励学生"做中学"，通过手脑并用以获得直接经验，这种课程类型是（　　）。

A. 学科课程　　　B. 活动课程　　　C. 分科课程　　　D. 综合课程

答案：B。

【解析】题干描述的是活动课程的内涵。

二、简答题

1.（2013年中学）简述中小学综合实践活动的内容。
2.（2013年中学）简述学科中心课程论的主要观点。
3.（2012年中学）简述课程计划的含义和内容。
4.（2014年中学）简述教科书编写的基本原则。

试水演练

一、单项选择题

1. 与结构主义课程理论相对立的一种课程论是（　　）。
   A. 要素主义课程论　　　　　　B. 活动课程论
   C. 永恒主义课程论　　　　　　D. 后现代主义课程论

   答案：B。

   【解析】结构主义课程理论属于知识中心的课程理论，也是学科中心的课程理论，所以和它对立的是活动课程论，或者称为经验主义课程理论、儿童中心课程理论。

2. 为了避免分科过细而设置的课程是（　　）。
   A. 分科课程　　　B. 综合课程　　　C. 活动课程　　　D. 核心课程

   答案：B。

   【解析】略。

3. 对于教材的认识不正确的是（　　）。
   A. 教材是根据学科课程标准系统阐述学科内容的教学用书
   B. 教材是知识授受活动的主要信息媒介
   C. 教材是课程标准的进一步展开和具体化
   D. 优秀教师进行教学时不需要教材

   答案：D。

   【解析】教材是教学用书，任何教师教学都不能离开教材。

4. 下列不属于影响课程开发的主要因素是（　　）。

A. 儿童发展　　B. 社会需求　　C. 教师需要　　D. 学科特征

答案：C。

【解析】儿童发展、社会需求和学科特征是制约课程的三大要素。

5. 普通高中课程由（　　）个学习领域构成。

A. 五　　　　B. 六　　　　C. 七　　　　D. 八

答案：D。

【解析】高中设置了语言与文学、数学、人文与社会、科学、技术、艺术、体育与健康、综合实践活动8个学习领域。

6. 校本课程开发的主体是（　　）。

A. 专家　　　B. 校长　　　C. 学生　　　D. 教师

答案：D。

【解析】略。

7. 当前教育改革的核心是（　　）。

A. 教学方法改革　　　　　　B. 课程改革
C. 教育评价制度改革　　　　D. 教育结构改革

答案：B。

【解析】略。

8. 新课程改革中提出的三维课程目标是（　　）。

A. 知识与技能、过程与方法、情感态度与价值观
B. 知识、情感与意志
C. 面向世界、面向未来、面向现代化
D. 世界观、人生观与价值观

答案：A。

【解析】略。

二、辨析题

1. 综合课程比分科课程优越。

【参考答案】

（1）这种说法是不正确的。

（2）分科课程使学生获得逻辑严密和条理清晰的文化知识，但是容易带来科目过多、分科过细的问题。综合课程的缺点主要是：

①教科书的编写较为困难，只专不博的教师很难胜任综合课程的教学，教学具有一定的难度。

②难以向学生提供系统完整的专业理论知识，不利于高级专业化人才的培养。分科课程与综合课程各有优缺点，因此，不能说综合课程比分科课程优越。

2. 课程目标是整个课程编制过程中最为关键的准则。

【参考答案】

（1）这种说法是正确的。

（2）课程目标是根据教育宗旨和教育规律而提出的具体价值和任务指标，是课程本身要实现的具体目标和意图，它规定了某一教育阶段的学生通过课程学习后，在发展品德、智力、体质等方面期望实现的程度。它是确定课程内容、教学目标和教学方法的基

础，是整个课程编制过程中最为关键的准则。它直接受教育目的、培养目标的影响，是培养目标的分解，是师生行动的依据。

三、简述题

1. 简述基础教育课程改革的发展趋势。

【答案要点】

（1）以学生发展为本、促进学生全面发展与培养个性相结合、

（2）稳定并加强基础教育（课程的社会化、生活化和能力化，加强实践性，由"双基"到"四基"）。

（3）加强道德教育和人文教育，促进课程科学性与人文性融合。

（4）加强课程综合化。

（5）课程与现代信息技术相结合，加强课程个性化和多样化。

（6）课程法制化。

2. 简述综合课程的概念及特点。

【答案要点】

（1）综合课程是指打破传统的分科课程的知识领域，组合两门以上学科领域而构成的一门学科。

（2）其特点主要是：

①综合相关学科，重建学生认知结构，培养学生能力。

②压缩了课时，减轻了学生负担心。

③在组织教学过程中利弊参半。一方面比较注意按学生心理顺序编制教学内容，便于联系学生生活实际来教学，容易唤起学生学习兴趣和参与意识；另一方面综合课程知识面广，教学难度大，不易被教师把握。

四、材料分析题

在进行《乌鸦喝水》的教学时，教师组织学生讨论这样一个问题："乌鸦为什么喝不到瓶子里的水？"经过讨论，绝大部分学生都认为原因有两个：一是瓶子的口太小，乌鸦的嘴伸不进去；二是瓶子里的水太少，乌鸦的嘴够不着。但一位学生表达了不同的意见："因为乌鸦的嘴太大了，伸不进瓶子。"老师一愣，随之一笑说道："再仔细读读课文。"学生满脸不解地坐下，可是不到两分钟，这位学生又举手了："老师，我说的书上没写。"被打断教学的教师显然有点始料未及，便不耐烦地说："既然书上没写，就不能乱说，必须想清楚再举手，坐下吧！"学生欲言又止，却又不肯坐下。

试用课程观相关理论对上述材料进行评析。

【答案要点】

（1）材料中教师的做法是不正确的，该教师持有"静态的课程观"。虽然说这种课程观比较有利于规范教师的教学行为，但是一味只从教材出发，在很大程度上会限制学生创造性的发挥，教师容易忽视学生的自主性和创新性及学生在学习过程中的情感体验，易于挫伤学生主动学习的积极性，不利于学生的全面发展。

（2）教师应树立正确的课程观。新课程改革背景下的课堂教学，要求教师根据各科教育的任务和学生的要求，从知识与技能、过程与方法、情感态度与价值观三个维度出发设计课程目标。具体到教学实践，就是要把原来目标单一的课堂转变为目标多维的课堂。新课程改革认为，教学是课程创新与开发的过程，是教师和学生课程的有机构成部

分，是课程的创造者和主体，他们共同参与课程开发的过程。

五、复习思考题

1. 什么是课程？制约课程的因素有哪些？
2. 简述课程的主要类型及特点。
3. 简述课程设计的基本要求及表现形式。
4. 简述基础教育课程改革的背景。
5. 简述我国基础课程改革的基本理念。
6. 我国基础教育改革的目标是什么？

第九章

教学工作

内容提要

本章主要介绍教学的概念、意义、基本任务、教学过程的本质及基本阶段，重点分析教学过程的基本规律和教学工作要遵循的基本原则，从而理解教学在学校工作中的地位。通过教学方法、教学的基本环节和教学的组织形式等内容的学习，了解中小学常用的教学方法和教学过程的基本环节，尤其是备课、上课、布置作业的基本要求，班级授课制的特点和优缺点，以及教学评价的有关知识，为今后的教学工作提供科学的指导。

学习目标

1. 掌握教学的概念及教学的基本任务。
2. 重点掌握教学过程的基本规律并能加以运用和解释教学过程中的遇到的实际问题。
3. 掌握教学工作中必须遵循的基本原则，并能分析教育教学现象，指导教育实践。
4. 掌握常用的教学方法并能理解其应用。
5. 理解课的类型及结构，重点掌握如何备课和上课以及作业的布置。
6. 掌握基本的教学组织形式——班级授课制的特点及评价。
7. 了解教学评价的种类与教学反思的内容。
8. 掌握教学实施技巧，特别是导课技巧、提问技巧、结课技巧等。

第一节 教学及其基本任务

教学在人类社会和整个学校教育系统中有着非常重要的意义。教学是学校中最经常的工作，也是教师必须进行的工作。在教育实践中摆正教学的位置，全方位地完成教学任务，是每位教师的职责，也是保证学校培养人才质量的重要环节。

一、教学含义

汉语中的"教"源自于"学"。"教学"两字连用，最早见于《尚书·兑命》："斅学半"。唐朝孔颖达对"教学"的解释是："上学为教，下学者，学习也。言教人乃是益己学之半也。"

在我国古代个别教学的组织形式中，教与学不分，以学代教。教学即学习，是指通过教人而学，以提高自己。

现代关于教学的含义不同，学者也有不同的理解。王策三认为"所谓教学，乃是教师教、学生学的统一活动。在这个统一活动中，学生掌握一定的知识和技能，同时身心获得一定的发展，形成一定的思想品德"。

李秉德认为"教学就是指教的人指导学的人进行学习活动。进一步说，教学是教和学相结合或相统一的活动"。

尽管学者们在认识上存在差异，但他们都强调学校教学工作是由教师的"教"和学生的"学"两个方面构成的统一活动。

我们认为，教学是在一定教育目的规范下，以教材为中介的师生双方教和学共同组成的传递和掌握社会经验的双边活动。

具体而言，第一，教师的教和学生的学是同一活动的两个方面，是辩证统一的。

首先，教不同于学，在课堂教学情境中，教主要是教师的行为，学主要是学生的行为。教师与学生之间存在着差异，教与学之间也存在着差异。教主要是一种外化过程，学主要是一种内化过程。

其次，教与学相互依存，相辅相成。教离不开学，学也离不开教。但二者不是简单相加，而是有机的结合或辩证的统一。

第二，教师教的主导作用和学生学的主体地位。在教学过程中教师主导着教学活动的方向和性质，学生永远都是学习活动的主人；教师只能指导学生的学习，而不能代替学生的学习，学生只有在教师的有效指导下才能更好地学习；既不能以如何形式削弱教师的主导作用，也不能以任何借口剥夺学生的主体地位。学生的认识活动是教学中重要组成部分。

第三，教学是以培养全面发展的人为根本目的。

第四，教学对学生全面发展具有促进功能，是促进学生全面发展的最有效的形式。学生身心的健康成长，离不开教学的深刻影响。学校教学不仅使学生掌握一定的知识与技能，而且在学生身心发展、形成思想品德等方面也起着积极的促进作用。

第五，教学具有多种形态，是共性与多样性的统一。

总之，教学活动在活动本质上是师生间的交往和互动。单纯强调教和单纯强调学都是不正确的。

二、教学的地位（教学工作的意义）

教学在学校教育中处于中心地位。因为人才的培养和教育目的的实现，主要是通过教师的教和学生的学这一特殊的教育途径完成的。从教育途径看，学校教育的途径是多种多样的，主要有教学、体育活动、劳动、社会实践活动、党团活动和社团活动等。无论从时间、空间还是设施看，教育资源主要都为教学所占有，这是教学所具有的中心地位的客观体现。从工作类型看，学校工作一般分为教学工作、党务工作、行政工作和总务工作等，后三种工作都是为教学工作服务的，这就是从活动事实上保证了教学工作是学校的中心工作。从活动目的看，教育的目的是促进学生德、智、体、美、劳诸方面的全面发展，教学的目的也是促进学生的全面发展，与教育目的相一致，而学校的其他活动的直接目的则只是单方面的，这也决定了教学在学校工作中的中心地位。具体表现如下。

（1）教学是传播系统知识、促进学生全面发展的最有效的形式。

（2）教学是实施全面发展教育、实现教育目的的基本途径。

（3）教学是学校的中心工作，学校教育工作必须坚持"教学为主，全面安排"的原则。

三、教学与教育、智育、上课的关系

（1）教学与教育是部分与整体的关系：教育包含教学，学校教育的中心工作是教学，除了教学教育还包括管理、后勤服务、思想品德教育等。

（2）教学与智育则是途径（手段）和内容（目标）的关系：教学是完成智育任务的基本途径，但不是唯一途径，除了教学，第二课堂、兴趣小组、实践活动等都可以完成智育任务；智育是教学要完成的主要任务，但不是唯一任务，教学除了完成智育任务外，还要完成德育、美育等任务。

（3）教学与上课的关系是包含与被包含的关系：学校工作的中心任务是教学，教学包含五个环节——备课、上课、作业的布置和批改、课外辅导、学业成绩的检查和评定。其中上课是五个环节中的中心环节。

四、教学的任务

教学任务的确定是教学的首要问题，而教学任务是受制于教育目的的。目前我国的教育目的就是以培养学生的创新精神和实践能力为重点，培养德、智、体、美等全面发展的社会主义事业的建设者和接班人，依据这个教育目的确定的中小学教学基本任务。教学任务主要包括以下几个方面。

（一）引导学生掌握科学文化基础知识和基本技能，这是教学的首要任务

知识是人们对客观世界认识的成果，是人类历史实践经验的概括和总结。知识是人类集体智慧的结晶，也是增强个体智慧和力量的丰富源泉。学生学习的基础知识，是各门学科中的基本概念、基本原理和法则等，是组成一门科学知识的基本结构，揭示了学科研究对象的规律性，具有相对的稳定性。一个人的基础知识越丰富，运用知识解决问题的能力也就越强，接受、处理新信息的质量就越高，创造性思维能力也就越强。可以说，基础知识是一切学习活动的基础。

技能是一种解决问题的行为方式，它是通过练习而获得的一种能力。学生掌握的基本技能是指运用所掌握的知识去完成某种实际任务的一种活动方式，是通过练习而获得的。技能既包括智力技能也包括操作技能。技巧是技能经过反复练习达到熟练、自动化的程度。有的技能的操作动作很简单，通过一定的练习便可以发展成为技巧，如读、写、算技巧，但不是所有的技能都能发展为技巧；凡是包含着复杂动作过程的技能，如写提纲、作文等，无论怎样训练，也难以自动化。教学的任务就在于尽可能使学生所获得的技能发展到自动化或者熟练的程度。

在知识、技能、技巧三者中，一般来说，知识的掌握是形成技能、技巧的基础，而技能、技巧的形成又有助于进一步理解和掌握知识。

基础知识和基本技能的教学，在教学实践中称为"双基"教学。

（二）发展学生的智力、创造力和实践能力

所谓智力是指个人在认识过程中表现出的认知能力，即认识客观事物的基本能力。它是认识活动中表现出来的稳定的心理特征，具体包括注意力、观察力、记忆力、思维能力和想象力等，其中思维能力是智力的核心。对于学生来说，教学对他们的智力发展起着主导作用。在教学过程中注重发展学生的智力，就是要求教师在传授知识的过程中，自觉地培养学生的观察力，锻炼学生的记忆力，发展学生的思维力，丰富学生的想象力和集中学生的注意力，发展学生多元智能水平，从而最终提高学生的素质。

所谓创造力，对学生来说主要是指能够运用自己已有的知识和智慧去探索、发现和掌握尚未知晓的知识的能力。创造力的培养，事关一国人才的质量，进而事关一国的强盛，培养学生的创造才能是当今教育的重要目标。教师应当善于启发、诱导学生进行思维操作，让学生进行推

理、证明和完成创造性的作业等,最终发展他们的创造才能。

(三) 培养学生具有科学世界观的基础和优良的道德品质

科学世界观是以辩证唯物主义和历史唯物主义为基础对世界的根本看法,科学世界观是总结人类已有的认识成果,如实反映世界的本来面目及其发展规律,指导人们能动地改造社会、改造自然,促进社会的发展。学生从小就形成科学的世界观,对其今后一生的成长是极其重要的。对于学生来说,形成科学世界观是建立在科学知识基础之上的。在掌握知识的同时,知识不一定能自然而然地转化为科学世界观,这里有一个理论联系实际的问题。教学中必须让学生学会掌握正确的观点、方法去分析问题和解决问题,使之成为一种人生哲学。因此,中小学教学应承担起培养学生树立科学世界观的任务。

在教学中还应培养学生优良的道德品质。优良的道德品质要通过经常的训练来培养。学习是很艰苦的劳动,是学生主要的活动,许多优良的道德品质正是通过学习活动培养起来的。学生学习的每门学科性质不同,进行思想品德教育的要求和角度也就不尽相同。教师的教学艺术就在于把智育和德育有机地结合起来,在潜移默化中感染学生,完成教育教学任务。

(四) 发展学生的体力,提高学生的健康水平

体力是人的活动能力。发展体力是指保护健康、增强体质和促进发育。这不仅是体育的任务,也是各科教学的任务。中小学教学中除了必要的体育课、课外活动外,还要特别注意教学卫生,要求学生在阅读、书写和其他学习活动中保持正确的姿势,保护学生的视力,防止学生课业负担过重,使学生有规律、有节奏地学习和生活,保持旺盛的精力,具有健康的体魄。

(五) 发展学生的个性,培养学生良好的心理品质

个性即人的个性心理特征,有时也称非智力因素。发展学生的个性是指培养学生的情感、意志、性格等良好的心理品质。因为这些是人的活动的动力系统,如健康的情感能直接转化为学生学习的动机,成为激励学生学习的内在动力;坚强的意志会使学生在学习中排除阻力和干扰;坚强不屈的性格能使学生将学习进行到底。

教学的几项任务密切联系,相互作用。在教学中,只有坚持以科学基础知识和基本技能武装学生,并在这一基础上发展学生的智力和创造力,培养学生具有科学世界观的基础和优良的道德品质,发展学生的体力和个性,才算是全面完成了教学任务。

真题链接

一、单项选择题

1. (2015年小学) 在教育理论中,教育和教学的关系是( )。
   A. 结果与过程的关系 B. 整体与部分关系
   C. 目标与手段的关系 D. 内容与方法的关系
   答案:B。
   【解析】略。

二、辨析题

1. (2013年中学) 教学的任务就是传授科学文化基础知识,培养基本技能技巧。
   【答案要点】
   (1) 这种说法是不正确的。
   (2) 教学的一般任务是:
   ①引导学生掌握科学文化基础知识和基本技能。
   ②发展学生智能,特别是培养学生的创新精神和实践能力。

> **真题链接**
>
> ③发展学生体能，提高学生身体健康水平。
> ④培养学生高尚的审美情趣和审美能力。
> ⑤培养学生具备良好的道德品质，形成科学的世界观。
> ⑥发展学生个性，培养学生良好的心理品质。
> 其中，教学的首要任务是使学生掌握系统的科学文化基础知识，形成基本技能、技巧，其他任务的实现都是在完成这一任务的过程中和基础上进行的。
> 2.（2014年中学）教学是实现学校教育目的的基本途径。
> 【答案要点】（1）这种说法是正确的。
> （2）教学是进行全面发展教育、实现培养目标的基本途径，为个人全面发展提供科学的基础和实践，是培养学生个性全面发展的重要环节。教学不仅能够有目的、有计划地将包括智育、德育、美育、体育和综合实践活动在内的教育的各个组成部分的基础知识、基本技能与基本规范传授给学生，为他们在智能、品德、美感、体质和综合实践能力等方面的发展奠定坚实的基础，还能在教学过程中使学生形成自己的情感、态度和价值观。

第二节 教学过程

一、教学过程概述

（一）教学过程的概念

教学过程是教师教和学生学的双边活动过程。具体来说，教学过程就是通过有目的、有计划的师生活动，学生积极主动地掌握系统的科学基础知识和基本技能，发展智力和创造力，培养学生的科学世界观和优良的道德品质，发展学生的体力和个性的过程。

（二）教学过程的构成要素和教学过程中的矛盾

1. 教学过程的构成要素

教学过程的基本要素是教师、学生、教学内容和教学手段。这四个要素是相互联系、相互制约、相互促进的，缺少任何一项都不可能构成教学过程。

（1）在这四个基本要素中，教师是教育方针政策的贯彻执行者；课程标准中规定的教学内容需要教师采用一系列的方法和措施向学生传授；整个教学过程需要教师组织；学生德、智、体、美、劳的全面发展需要教师的关怀和合理组织各种教学活动，从而实现教育目的。因此，教师是构成教学过程的不可缺少的、起主导作用的因素。

（2）学生是教育的对象，是客体，教师工作的目的就是为了教育学生，把学生培养成为社会所需要的人，如果没有学生，就体现不出教师工作的特点，教师工作的效率、质量的高低也就无从谈起。学生又是学习的主体，如果没有学生积极主动地学，也就没有教学过程，所以学生也是教学过程的基本因素之一。

（3）教学内容是教学过程中最重要的信息源，是教师教和学生学的依据，也是检查教学质量的客观标准。

（4）教学方法和手段是保证教学顺利、科学地进行的不可忽视的客体因素，它是教师、学生与教学内容产生密切联系的纽带，其完善与否，运用得当与否，对于教师和学生能否准确、快速地传授与掌握知识，提高教学的效果与效率，起着重要作用。

2. 教学过程中的矛盾

在教学过程中，始终包含着三对基本矛盾，分别是：学生的认识水平与发展智力、个性及掌握知识之间的矛盾，教师与学生之间的矛盾，教师与教学内容及方法手段运用之间的矛盾。这三对基本矛盾构成了教学过程中特有的矛盾。在这三对矛盾中有一对是主要矛盾，即学生的认识水平与发展智力、个性及掌握知识之间的矛盾。因为，首先，这一矛盾是教学过程其他矛盾产生和存在的基础。在教学过程中如何使学生掌握知识、促进个性及发展能力是首要问题，在发展各方面能力中，发展智力又是一个基础。学生也是在探索知识的过程中不断地来提高其智能，使学生由不知到知，由知之不多到知之更多，由不能到能，由不会运用、不会熟练运用，转化为会运用、会熟练地运用，从而达到组织教学的基本目的。其次，这一矛盾贯穿教学的全过程。由于这一矛盾的存在，就在一定条件下产生了教学活动，还促进了教学规模和方式多样化的发展，使教学活动变得日益生动、有趣。最后，这一矛盾决定着学生的发展程度。因为新的知识能不能转化到学生已有的知识体系中，是每个学生在学习过程中都会不断产生的矛盾，学生不断发展的根本动力就是不断解决新的矛盾，所以，学生的认识水平与发展智力、个性及掌握知识之间矛盾的转化会促进学生学业成就的发展。

二、有关教学过程的理论

（1）孔子主张学习过程应包含四个基本环节：学，思，习，行。

（2）儒家思孟学派进一步提出：博学之，审问之，慎思之，明辨之，笃行之。

（3）夸美纽斯主张教学建立在感觉活动的基础之上。

（4）赫尔巴特提出教学过程包括明了－联想－系统－方法四个阶段。

赫尔巴特的学生席勒法将赫尔巴特的教学过程发展成预备－提示－联系－总结－应用五个阶段，这标志着教学过程理论的形成。

（5）杜威认为教学过程是学生直接经验不断改造和增大的过程，是"做中学"的过程。

（6）凯洛夫认为教学过程是认识过程。

三、教学过程的本质

关于教学过程的本质问题，长期以来在我国学术界是具有争议性的问题，主要的观点是认识过程说、发展过程说、实践说、认识和实践说、多本质说及交往说等。

（1）认识说。教学过程是一种特殊的认识活动，是促进学生身心发展的过程。教学过程的主要矛盾是学生与其所学的知识之间的矛盾（教师提出的教学任务与学生完成这些任务的需要、实际水平之间的矛盾）。

（2）交往说。持这一观点的人认为教学的实质是交往。交往论主张教师从知识的传授者转向注重师生之间的沟通、互动、协作和教学经验与成果的共享，强调教学的伦理学意义。

（3）发展过程说。这种观点认为，教学过程并不是认识过程而是学生的发展过程。教学过程的根本目的在于培养人，促进学生德、智、体、美、劳等方面的全面发展。

（4）价值说。这种观点认为，教学过程是为取得学生德、智、体、美、综合实践等方面全面发展的教育价值增值过程，是实现社会所需要的也是自身所需要的价值增值的过程。

（5）多本质说。这种观点认为，教学既不是纯粹的认识过程，也不是纯粹的发展过程，而是一个多层次、多方面、多形式、多序列和多矛盾的复杂过程。

我们认为教学过程的本质是在教师指导下学生的一种特殊认识过程和发展过程。

（一）教学过程是一种特殊的认识过程

教学是一种认识活动，它符合人类一般的认识规律。在实践基础上产生的认识是从感性认识开始的，它通过感觉、知觉、表象等形式，接受客体各种信息，感知客体的外部属性、状态和形象，并保留在观念中成为有关客体的鲜明的感性映象，进而认识主体在感性材料的基础上，运用抽象思维，借助语言对感性材料进行逻辑加工，通过分析、综合、归纳、演绎，以概念范畴等形式，形成理论知识，形成理性的知识体系。理性认识是否符合客观现实，还要通过社会实践加以检验和证明。这是认识的普遍规律，它包括了各种形式的认识，当然也包括教学中学生的认识活动。

（二）教学是一种特殊的认识活动

教学除了受普遍性的规律制约之外，还有自身的特殊性。

第一，知识的间接性和概括性，即学习的内容是已知的，是他人的经过概括的认识成果。

第二，教师的传授性、引导性、指导性，即学生的认识始终是在教师的传授、指导下进行的。

第三，途径的简捷性和高效性，即学生在教学中的认识是采用了科学的方法，走了认识捷径而实现的，能够在最短的时间内学到最大量的知识。

第四，认识的教育性和发展性，即教学中学生的认识既是目的，也是发展的手段，在提高学生认识的过程中，促进其全面发展。

第五，认识的交往性和实践性。教学过程中师生之间的关系是平等的，这个过程是教学相长的过程，是交往的过程，也是实践性的过程。

（三）教学过程是以认识过程为基础，促进学生发展的过程

教学过程既是一个认识的过程，也是一个发展的过程，是学生"认识"和"发展"相统一的过程。教学是以培养全面发展的人为根本目的。在教学过程中，学生在认识客观世界的同时，思想、品德、智慧、体质和个性也都获得发展。现代科技革命需要具有创新性的人来适应，教学也从知识的授受转变为促进学生的实践、探究。在这个过程中，认知是学生探究的基础，同时学生的各方面能力、身心等也会得到全面的提高和促进。

四、教学过程的基本规律

教学过程的规律是指教学过程中各要素之间的内在的、本质的必然联系。揭示教学过程的规律，是为了更好地利用它促进教学，提高教学工作的效率和质量。

（一）直接经验与间接经验相结合的规律

直接经验就是学生通过亲自活动、探索获得的经验。间接经验就是他人的认识成果，主要指人类在长期认识过程中积累并整理而形成的书本知识，此外还包括以各种现代技术形式表现的知识与信息，如磁带、录像带、电脑、电视、电影等。在教学中，学生主要学习哪种经验，两种经验之间有什么必然联系呢？

1. 学生以学习间接经验为主

教学过程的实质是学生的认识过程，是把人类的认识成果转化为个体认识的过程。学生的认识过程符合人类认识的一般规律，即学生的认识过程是从感知到理解，由浅入深不断深化的。但是学生的认识过程相对于人类一般的认识过程又有其特殊性，教学中学生主要是学习间接经验，并且是间接地去体检。以间接经验为主组织学生进行学习，是学校教育为学生精心设计的一条认识世界的捷径。其主要特点是：把人类世世代代积累起来的科学文化知识加以选择，使之简单化、洁净化、系统化、心理化，组成课程，编成课本，引导学生循序渐进地学习。这就可以使他们避免重复人类在认识发展中所经历的错误和曲折，用最短的时间、最高的效率来掌握人类

创造的基本知识，在新的起点上继续人类认识和改造世界的长征，攀登科学文化的新高峰，从而促进人类社会的发展。

2. 学生学习间接经验要以直接经验为基础

书本知识是以抽象的文字符号表示的，是前人生产实践和生活实践的认识和概括，而不是来自学生的实践与经验。要使人类的知识经验转化为学生真正理解掌握的知识，必须依靠个人以往积累的或现实获得的感性经验为基础。所以，教学中要充分利用学生已有的经验，增加学生学习新知识所必须有的感性认识，以保证教学的顺利进行。由于学生的认识是一种特殊的认识，因此，学生获得的感性认识可以建立在少数的、典型的、有限的感性材料的基础之上，展示给学生的可以是真实的事物，也可以是标本、教具、图表、模型、影像等，甚至可以是教师的具体形象的描述。无论何种方式，只要能达到理解书本知识的目的即可。在此基础上，教师必须引导学生分析、概括和理解知识，通过对书本知识的分析讲解，使学生将直接经验条理化、系统化、全面化、深刻化，从而掌握知识，进一步认识世界。

3. 教学中要防止两种倾向

教学以学习书本知识为主，是学生个人认识人类认识、获得自身发展的捷径。要使学生便捷而高效地掌握书本知识，则必须根据教学的需要，充分利用和丰富学生的直接经验，这是间接经验与直接经验的必然联系。

在处理间接经验与直接经验的关系时，要防止在教学史上曾出现过的两种倾向：一种是在传统教育影响下产生的偏向，重视书本知识的传授，习惯于教师讲、学生听，不注重给学生感性知识，忽视引导学生通过实践活动探求知识，未能把书本知识和学生的直接经验很好结合起来。其结果必将导致注入式教学，带来学生掌握知识上的一知半解、形式主义。另一种是在实用主义教育观影响下产生的偏向，过于重视学生个人经验的积累，注重从做中学，强调学生通过自己探索来发现、获得知识，而忽视书本知识的学习和教师的系统传授，使学生认识的发展流于自发状态，结果学生往往难以掌握系统的科学文化知识。这二者都违反了教学的规律性，人为地割裂了学生掌握知识过程中间接经验与直接经验的必然联系，严重地影响了教学质量的提高。

（二）掌握知识与发展智力相统一的规律

在教育史上，关于知识和智力谁轻谁重、谁先谁后，有两种截然相反的观点：一种是以裴斯泰洛齐和洛克为代表的形式教育论——只注重智力发展；另一种是以斯宾塞和赫尔巴特为代表的实质教育论——注重对学生知识的传授。

教学过程是学生掌握知识、发展智力的过程。知识与智力既相互联系又有区别，在教学过程中，正确处理知识与智力的关系，把两者统一起来，才能更好地使学生掌握知识，发展智力。

1. 掌握知识是发展智力的基础

知识是人们对客观世界的认识成果，是增强智慧和力量的源泉。在教学过程中，学生智力的发展依赖于他们对知识的掌握，学生获得知识的过程必须通过注意、观察、思考、想象和记忆，随之，其注意力、观察力、思考力、想象力和记忆力必然得到一定的发展，可以说学生的智力发展是在掌握知识的过程中实现的。智力活动的具体内容必然是一定的知识，离开了知识，智力的发展就成了无源之水、无本之木。人们常说的"无知必无能"是很有道理的。没有知识，学生的正确观点就难以形成，学生分析思考问题就没有依据，学生的创造发展将失去基础。因此，掌握知识是发展智力的基础，无知便无智。

2. 发展智力是深入掌握知识的必要条件

学生具有一定的认识能力，这是他们进一步掌握文化科学知识的必要条件。学生掌握知识的速度与质量，依赖于学生原有智力水平的高低。一个具有较好的观察力、注意力、记忆力、思维力和想象力的学生，他必然能够有效地运用知识和发展知识，从而使有限的知识向无限的知识转化。认识能力具有普遍的迁移价值，它不但能有效地提高学生的学习效率和知识质量，推动学生进一步发展，而且有利于促使学生将知识应用于社会实践活动，从而获得完全的知识。所以，学生智力的发展是使学生取得良好学习效果的内在力量，是深入掌握知识的必要条件。

3. 强调知识和智力的统一，并不排斥两者的差异

知识与智力毕竟是两个概念。知识属于经验系统，它反映的是客观实在的结果，智力属于心理发展系统，它是反映客观世界的能力。知识是社会的，即使当初发现知识的个体已经消失，但他的发现仍会在社会中广为传播，甚至世代相传，知识为社会所有；智力是个体的，它终归会随着个体的消亡而消亡。知识是后天获得的，人非生而知之；智力则是先天遗传和后天实践的结晶，即智力是在遗传基础上通过后天的实践不断发展的。知识的掌握进程长，可以终生学习，不断积累；而智力的发展与人的生理发展，与成熟、衰退有关。有研究表明，人在20岁以前，智力发展成直线上升趋势，20岁到30岁，智力发展达到高峰，以后发展缓慢，50岁以后渐趋下降。知识和智力毕竟是不相同的两个事物。大量事实证明，知识掌握的多少，并不一定都与智力发展水平成正比。有的人知识较多，但能力较差，满腹经纶，不会应用；有的人知识较少，能力却较强。可见，从掌握知识到发展智力是一个非常复杂的过程，它不仅与知识掌握的多少有关，而且与掌握知识的质量、获得知识的方法和思维方式的运用等有密切的关系，二者不是同步发展。

4. 从掌握知识到发展智力的条件

因为知识和智力二者有区别，因此知识转化为智力是有条件的。第一，传授给学生的知识应该是科学的规律性的知识。只有掌握了规律性的知识，才能举一反三、触类旁通，才能实现知识的迁移；也只有规律性的知识，才需要理论思维的形式。第二，必须科学地组织教学过程，启发学生独立思考、探索和发现，鼓励学生选择不同的学习方法和认知策略去解决问题，学会学习，学会创造。第三，重视教学中学生的操作与活动，培养学生的参与意识与能力，提供学生积极参与实践的时间和空间。第四，培养学生良好的个性品质，重视学生的个别差异。

5. 教学中应防止两种倾向

从上述分析中可知，知识是发展智力的内容和基础，智力又是提高知识质量的条件和要素，两者互为条件，相辅相成，互相促进。我们反对教学中只抓知识教育、忽视智力发展的做法，同时也不主张脱离教材，另搞一套去发展智力。我们强调将知识教育与智力的发展有机地结合起来。在教学中，结合知识的教学，有意识地引导学生自觉积极地参与教学过程，掌握获得知识和运用知识的方法，就能有效地促进学生智力的发展。学生的学习活动进行得越是富有创造性，他们的智力就将发展越快，达到的水平就越高。

（三）掌握知识与提高思想的辩证统一规律

在教学过程中，不仅要引导学生掌握知识，而且还要通过积极的情感态度及正确的价值观的培养，提高他们的思想水平，因而弄清掌握知识与提高思想的关系是一个十分重要的问题。

1. 教学永远具有教育性

所谓教学永远具有教育性是指学生在教学过程中不仅学习知识、发展能力，而且会形成和改变一定的思想品德和价值观念。这种思想品德和价值观念，未必符合一定社会的要求。而培养符合一定社会要求的人才是每个社会教育的基本目标。为此，教师在教学中必须有意识地发挥教学的积极的教育作用，从而使学生形成符合社会要求的、正确的思想品德和价值观念。

(1) 教学的教育性是社会对培养人才的客观要求。人的本质就其现实性来说是一切社会关系的总和。任何社会所要求培养出来的人，绝不是抽象的人，而是具有一定的情感态度、价值观念的具体的人。教学既然是学校教育培养人的基本途径，因此任何社会都必须对学校的教学过程提出一定社会所需要的思想品德和价值观念。社会要求主要通过教育目的体现出来。当前，我

国各级各类学校的教育以培养全面发展的人才为目的。学校中的各科教学，都要为贯彻这一教育目的服务，结合本学科的特点向学生进行思想品德教育。所以教学的教育性是社会对培养人才的客观要求。

（2）教学的教育性是教材内容的必然反映。任何知识体系都是建立在一定的方法论基础上。教学过程中传授给学生一定的知识、技能和能力的同时，相应地形成对自然、社会、人生的立场、观点和态度，从而对学生的价值观、思想品德的形成和发展产生影响。我国社会主义学校的各科教学内容，都要遵循辩证唯物主义和历史唯物主义的观点与方法，并以此作为编写教材的指导思想，通过教材中的思想性，对学生进行科学世界观的培养，特别是文科教学，更直接体现了社会政治经济制度所需要的思想品质。任何教材都具有一定的思想性。

（3）教学的教育性是教师本身思想修养的必然体现。教师的教学工作总是按照一定积极的要求，以一定的思想政治方向影响着学生，同时也反映着自己的思想倾向。教材的选择和组合，教学方法和教学组织形式的运用，都受教师的立场观点的影响；教师在讲课过程中，也会在不同程度上，以不同方式把自己的政治立场、社会观点表露出来；另外教师的教学态度、治学方法都会对学生的人生观、价值观以及情感态度等产生重要的影响；同时教师的立场、观点会反映在教师平日的言谈举止中，也会对学生产生潜移默化的思想影响。

2. 知识和思想品德的关系

知识和思想品德二者相互联系，辩证统一。一定的知识是培养良好思想品德的基础，因为真正的科学知识是反映客观世界的本质及其运动规律的。让学生掌握真正的科学知识，不仅能提高他们认识客观世界和改造客观世界的能力，成为有真才实学的人，而且能培养他们正确的政治观点、信念和态度，形成科学的世界观。而思想品德的提高，也会对学习知识产生一定的影响，它使人具有正确的学习动机和良好的学习态度，能够克服各种阻力，坚持不懈地学习，这必将对知识的学习起促进作用。可以说在学习知识方面，思想品德起动力作用，它会影响人们学习知识的质量。当然这并不表明一个人知识水平越高，思想水平就越高，因为二者毕竟是两个概念、两个系统，存在着许多差别。我们应正确地理解和处理二者的关系。

3. 在教学中坚持教育性，防止两种倾向

教学中有两种倾向割裂了知识和思想品德之间的联系：一种是只注重知识的教学，不注重挖掘教材中的教育因素，使教学的教育作用流于盲目和自发，甚至放过思想教育的良机；另一种是所学知识内容本身没有思想性却牵强附会地进行思想教育，甚至脱离知识的教学，搞另一套去进行教育，使思想品德脱离教育内容，流于空洞与虚妄。在教学中，教师应该将知识学习和思想品德教育有机地结合起来，努力挖掘教材中的思想教育因素，有意识地培养学生的思想品德。教师也应努力提高自己的道德修养，严格要求自己，以自身的人格去教育影响学生，同时在组织各种教学活动中培养学生良好的思想品德。

（四）教师主导作用与学生主动性相结合的规律

教学活动是教师的教和学生的学组成的双边活动，教与学两者辩证统一。教学是教师教学生去学，学生是教师组织的教学活动中的学习主体，教师对学生的学习起主导作用。

1. 教师在教学过程中起主导作用

教师的主导作用是指在教学过程中，教师对整个教学活动起引导和组织作用，这是因为：

（1）教师代表社会向学生提出教学要求，是社会的代言人。

（2）学生在各方面并不成熟，学生对知识的掌握、能力的培养、品德的提高，离不开教师的组织和安排，需要教师的指导。

（3）教师受过专业训练，术业有专攻，闻道在先，有较丰富的知识。

教师主导作用主要体现在三个方面。

（1）教师的指导决定着学生学习的方向、内容、进程、结果和质量，并起着引导、规范、评价和纠正的作用。

在教学过程中，教师根据国家的教育目的、教学任务和教学要求，把握着学生学习的正确方向，将其培养成有用的人才。教师总要向学生传授知识，进行不同的思想教育，解答疑难问题，自然成为学生学习的指导者、引路人。

（2）教师的主导作用决定着学生的学习质量，也影响着学生学习方式。影响教学质量的因素很多，但对学生而言，决定其学习质量的因素是教师的质量和教学水平。教师的思想品德端正、业务知识深厚、教学经验丰富，主导作用就发挥得充分，教学就会有较高的质量，反之教学质量就难以保证。因为在教学过程中，教师首先要对教材进行剖析消化，使抽象的书本知识具体化，变难为易，成为学生易于接受的知识；其次，教师要依据教材进行课题设置，指导学生运用有效的学习方法，通过一定的途径，形成技能、技巧。

（3）教师的主导作用决定着学生学习的主动性和积极性的发挥，决定着学生的个性以及人生观、世界观的形成。在教学过程中，学生是学习的主人，教师只是学生学习的指导者，但对于学生学习的自觉程度、主动积极性能否充分发挥，教师却起着重要作用。实践证明，教师的主导作用在决定学生学习积极性方面，会起到正、负两种不同作用。善于启发诱导的教师，凭借教学的艺术，运用各种方式、方法，能够激励学生积极学习；相反，不善于启发诱导的教师，不仅不能调动学生的积极性，还会使他们原有的积极性受到挫伤、压抑，学生感觉学习枯燥、乏味，不想学习。从一定意义上讲，学生学习主动性的强弱、积极性的大小，是反映教师主导作用发挥程度的"晴雨表"。

教师的主导作用主要体现在对学生成长方向的引导和学习内容、途径、方法的指导上。教师根据教育方针、培养目标、课程标准，遵照学生身心发展的规律，正确地设计、组织、指导教学过程，可以调动学生学习的主动性、积极性，使外在的要求转化为学生内在的需要，转化为学生的知识、能力、思想品德等。

2. 学生在学习过程中处于主体地位

学生是学习的主人。学生对所学信息的选择（学什么）、用什么样的方法学（怎样学）与学生的兴趣、爱好、个人意愿有关。

学生虽然许多方面并不成熟，需要教师的指导，但他们仍是认识和自身发展的主体，具有主观能动性。学生的学直接影响教师主导作用的发挥。

3. 建立良好的师生关系是发挥教师的主导作用和学生主动性的前提

受教育者是教育活动的指向对象，即教育活动的客体，但是，在教育过程中主体与客体的关系，不仅表现为主体对客体的主导作用，也表现为客体对主体的能动作用。因为受教育者是具有主观意志和意识的人，他们具有主动性，他们的学习具有选择性，因此，受教育者不仅以其自身的发展规律规定着教育者的活动，而且还以自身的意识、意志作用于教育者；同时，受教育者在教育过程中所表现出的各种思想情绪，也在一定程度上影响着教育者。从这个意义上说，受教育者既是教育的客体，又是教育的主体。学生的主体作用表现为学习的主动性、积极性和独立性。

可见，在教学过程中，充分发挥教师的主导作用是学生间接掌握知识的必要条件，而要使学生自觉掌握知识主要是靠调动学生个人的主动性、积极性，如果师生双方积极性能相互配合就能获得教学的最佳效果。这是教师主导作用与学生主动性之间的必然联系。

4. 教学中应防止两种倾向

在教学过程中，要防止忽视教师主导作用或忽视学生主动性、积极性的倾向。以赫尔巴特为代表的"传统教育派"强调以教师为中心，把学生看成被动的知识的接受者，片面强调教师的权威和意志，忽视了学生的主动性、积极性。以杜威为代表的"现代教育派"强调在教学中要以学生为中心，在教学中教师处于附属地位。"现代教育派"的主张在当时的历史条件下虽有一定的积极意义，但是却走向了另一个极端——片面强调学生学习的主动性、积极性。这两种观点都是片面的，因此，教学中应防止这两种倾向，正确处理好二者之间的关系。

五、教学过程的基本阶段

教学过程的基本阶段是教学活动展开和进行的时间流程或逻辑历程，它是指导教师教学阶段设置的理论程序。

（一）激发动机

动机是支持一个人行为的内部动力，在学习活动过程中，它可以表现为学生对所学知识的需要、兴趣。孔子曾说过："知之者不如好之者，好之者不如乐之者。"表现了两种学习境界。对知识只求了解的人，将来的成就和业绩赶不上爱好学习的人；而爱好学习的人，将来的成就和业绩赶不上以学习为乐的人。所以，在教学起始阶段，教师必须采用多种手段，如提问、设疑、提前参观等方式，激发学生的学习兴趣，在学习活动过程中，使学生保持主动状态，体验学习的乐趣。

（二）感知教材

教材作为一个信息源泉是学生所要接受的第一手资料，要更好地理解这些信息的内容，必须要有丰富的感性认识作为基础。通过对教材的感知，学生会对教材形成比较清晰的表象认识，从而有助于他们更好地理解和掌握这些知识。反之，如果没有必要的感性认识作为基础，学生在接受书本间接经验时难以理解，概念、公式、原理成为毫无吸引力的枯燥的东西，只能生吞活剥，死记硬背，食而不化。因此，将感知教材作为基础，是学生在学习过程中必不可少的重要环节。

（三）理解教材

理解教材是教学过程进行阶段中的一个承上启下的中心环节，它一方面是感知教材的一个延伸，另一方面是学生巩固和运用知识的一个基础，对学生掌握知识体系具有重要意义。在教学中，丰富学生感性认识的目的就是在于帮助他们理解教材，减少理论的枯燥性。因此，教师首先要注意恰当选择感性教材，通过表象事物和老师的语言信息以及学生的生活经验，使学生在感知的过程中奠定理解知识的基础。其次，教师要善于运用比较、分析、综合等逻辑方法和归纳演绎等逻辑推理形式，引导和组织学生的思维过程，培养他们的逻辑思维能力。因为学生理解教材是个复杂的思维过程，所以为了全面深刻地理解教材，教师必须注意概念的确切，给概念以精确定义。最后，要注意概念之间的逻辑关系，注意简单、初级概念与复杂、高级概念之间的关系，使学生在循序渐进的基础上做到温故知新，不断地去探究，加深认识。总而言之，学生对书本知识的理解和掌握，是一个感性认识和理解认识相结合的过程。

（四）巩固知识

巩固知识，就是防止遗忘，引导学生将知识内化并牢固地储存在自己的记忆中。新知识要纳入已有的知识体系需要一个过程，因此，知识的巩固也是教学过程不可缺少的环节。当然，各阶段都有巩固作用。巩固知识不是简单地背诵记忆，不是只要简单重复和机械训练就可以达到巩固的要求。首先，巩固需要科学的思维和记忆方法，教师要鼓励学生积极发展思维的敏捷性和创造性，使每个学生对于理解和巩固知识都有一个积极的态度。由于人的个别差异是客观存在的，所以教师应指导学生去选择适合于自身的记忆方式。其次，教师还可以引导学生在日常生活中运用所学的知识，达到加深记忆的目的。在此过程中，除了对知识本身进行巩固外，更重要的是学生对获取知识过程、获取知识方法的巩固。最后，要使学生学会记忆，学会运用科学的记忆方法来巩固知识。

（五）运用知识

掌握知识的目的在于运用，否则，学习就失去了意义。学生通过运用知识于实际，不但使认识深化，还有利于提高其分析问题和解决问题的能力。在整个教学过程中，理解教材和巩固知识是运用知识的基础，但是，理解不等于运用，记住了知识也不同于形成了运用知识的技能，必须通过动手才能达到。学生运用知识，主要是通过基本教学实践——完成书面作业以及进行实验操作来实现的。学生运用知识的能力，是在反复的练习中，从最初的不会、不准确达到会和比较准确，再达到熟练而逐步发展起来的。当然，运用知识不限于技能的掌握，它还包括"知识迁移"能力和创造能力。在今天，体验学习和研究性学习的提出与推行，是引导学生运用知识的新探索和新尝试。在生活实践中发现知识，又在解决实际问题中创造性地运用知识。因此，在教学过程中，不仅要保证学生对知识能够理解，还要创造条件使学生能够深入生活，接触实际。

（六）检查知识

检查知识是一个对教学效果反馈的过程。在知识的运用阶段，往往能显示出学生对知识掌握得是否正确。及时准确的反馈会对教学过程起到有效的调控作用。教师可以根据反馈结果，对学生掌握知识的情况进行客观的分析，及时调整自己教学的方式方法。学生通过检查，可以很客观地看到自己的问题所在，及时纠正，以便更好地完善自己的知识结构。需要指出的是，提问是最简捷的检查知识的方式；在此基础上，还要注意检查方式的多样化。对学生的评定要客观、公正，激励他们进行发散思维，允许他们有自己独立的见解。

另外也有人把教学过程的基本阶段划分成激发学习动机、领会知识、巩固知识、运用知识、检查效果五个阶段。

其中领会知识是教学的中心环节。这个阶段包括感知教材和理解教材两方面。理解的目的在于形成概念、原理，真正认识事物的本质和规律。

真题链接

一、单项选择题

1. （2012年中学）学校教育中，学生对客观世界的认识主要借助（　　）。
 A. 生产经验　　　B. 生活经验　　　C. 直接经验　　　D. 间接经验
 答案：D。
 【解析】学校教育活动是学生认识客观世界的过程，要以间接经验为主、直接经验为辅，将二者有机结合起来。

2. （2014年中学）教学过程是一种特殊的认识过程，它区别于一般认识过程的显著特点是（　　）。
 A. 直接性、引导性和简捷性　　　B. 直接性、被动性和简捷性
 C. 间接性、被动性和简捷性　　　D. 间接性、引导性和简捷性
 答案：D。
 【解析】教学过程作为一种特殊的认识过程，其特殊性表现在：
 （1）认识对象的间接性与概括性。
 （2）认识方式的简捷性与高效性。
 （3）教师的引导性、指导性与传授性(有领导的认识)。
 （4）认识的交往性与实践性。
 （5）认识的教育性与发展性。

真题链接

3.（2015年中学）教师不能只满足"授之以鱼"，更要做到"授人以渔"。这强调教学应重视（　　）。

A 传授知识　　　B. 发展能力　　　C. 培养个性　　　D. 形成品德

答案：B。

【解析】"授人以渔"强调的是在教学中教授学生学习的方法，这是教学中注重发展学生能力的表现。

4.（2015年中学）教学过程中，学生掌握知识的中心环节是（　　）。

A. 感知与评价　　B. 理解教材　　C. 巩固知识　　D. 应用知识

答案：B。

【解析】理解教材是教学过程中学生掌握知识的中心环节。

5.（2012年小学）小学科学课上，老师指导学生做实验来理解和掌握书本知识。说明小学生的学习（　　）。

A. 以间接经验为主　　　　　　B. 直接经验和间接经验并重
C. 与直接经验和间接经验无关　　D. 以直接经验为主

答案：A。

【解析】根据直接经验和间接经验相统一的规律，学生以学习间接经验为主，学习间接经验要以直接经验为基础。老师指导学生做实验是用来帮助学生理解和掌握书本知识的。

6.（2013年小学）孔子主张学习过程应包括四个环节，即（　　）。

A. 知、情、意、行　　　　　　B. 导、学、习、行
C. 文、行、忠、信　　　　　　D. 学、思、习、行

答案：D。

【解析】取自"学而不思则罔，思而不学则殆""学以致用"。

二、辨析题

1.（2015年中学）教学中"授之以鱼"不如"授之以渔"。

【答案要点】这种说法是正确的。"授之以鱼"是指教师传授给学生知识，"授之以渔"指教师要传授给学生学习的方法。"授之以鱼"不如"授之以渔"，重在说明教师要传授给学生学习的方法，而不再一味强调只传授给学生知识。

2.（2015年中学）强调学生的主体地位必然削弱教师的主导作用。

【答案要点】（1）这种说法是不正确的。

（2）教学活动是教师的教和学生的学组成的双边活动。在教学中，教师的教依赖于学生的学，学生的学离不开教师的教，教与学是辩证统一的。教师和学生的作用是不可分割的，发挥教师的主导作用并不意味着制约学生的主动性。相反，发挥教师的主导作用，就是要更好地发挥学生的主动性。同样，发挥学生的主动性又离不开教师的主导作用。教师的主导作用和学生的主体作用是相互促进的，教师的主导作用要依赖于学生主体作用的发挥，学生学习的主动性、积极性越高，说明教师的主导作用发挥得越好。反过来，学生主体作用要依赖于教师的主导作用来实现，只有教师、学生互相配合，才能收到最佳的教学效果。在教学过程中，既不能只重视教师的作用，忽略学生学习的主动性和创造性，也不能只强调学生的作用，使学生陷入盲目探索状态，学不到系统的知识，要把二者有机地结合起来。

> **真题链接**
>
> 三、简答题
> 1. （2012年中学）教学过程有哪些基本规律可循？
> 2. （2015年中学）简述传授知识和发展智力之间的辩证关系。

第三节 教学的基本原则

一、教学原则概述

（一）教学原则的概念

教学原则是教师在教学工作必须遵循的基本要求和指导原理，是根据我国的教育目的和教学过程的客观规律制定的，也是教学工作实践经验的总结和概括。教学原则是教师在教学过程中实施教学最优化所必须遵循的基本要求和指导原理。同时，教学原则对课程计划、课程标准的制定、教材的选择和使用、教学方法和教学组织形式等都具有指导作用。

（二）教学原则与教学规律的关系

教学原则和教学规律是既有区别又有联系的两个概念。二者的区别是：教学规律是教学过程中内在的本质的必然联系；教学原则是人们主观制定的，并反映人们对教学工作的基本要求。二者的联系是：教学原则是教学规律的集中反映，教学原则的制定必须符合教学规律。教学原则和教学规律的关系很复杂，根据一条规律可以提出几个教学原则，有的教学原则也能反映几条规律，对规律的认识有助于我们提出科学的原则，并对已有的原则加以矫正。

（三）制定教学原则的依据

1. 教学原则是教育教学规律的反映

教学原则是教学过程基本规律的集中反映，教学规律是制定教学原则的最基本的客观依据。教学原则之所以能够成为人们从事教学工作的基本要求，对提高教学质量起着促进和保证作用，其根本原因就在于科学的教学原则反映了教学过程的客观规律。我们按照教学原则的要求去做，就等于按照教学规律的要求去做了，所以教学工作才会顺利进行。

2. 教学原则是教学实践经验的概括和总结

人们在长期的教学实践中，不断探索出一些成功的经验或失败的教训，对这些经验或教训进行理论分析，由感性认识上升到理性认识，从而制定出教学原则。随着教育科学与教育实验的发展，教学原则不再限于对日常教学工作经验的总结，而是可以通过实验研究，更加自觉地概括出教学原则。

3. 教学原则受到教学目标的制约

教学目标是教学工作的出发点和归宿，它规定了教学活动的发展方向和预定的结果，指导和支配着教学活动的各个方面。任何教学原则的确定都要遵循教学目标。

二、中小学常用的教学原则

（一）直观性原则

直观性原则是指教师在教学中，引导学生运用多种感官和已有的经验，通过直接观察实物和语言的形象描述，获得鲜明的表象，丰富学生的感性经验，为理解教材中的抽象知识，掌握间接经验打好基础，并发展学生的认识能力。

直观性原则是直接经验与间接经验相结合规律的反映。它能给学生提供鲜明、生动的具体形象，有助于学生对课程内容的理解。直观性原则也是根据学生的认识规律提出来的。学生掌握书本知识需要以感性经验为基础。直观可以使知识具体化、形象化，为学生感知、理解、巩固知识创造条件。同时直观性原则也是根据学生思维发展特点提出来的。学生的思维发展是由具体到抽象的。

直观教学的手段是多种多样的，概括起来直观一般包括三大类：第一类是实物直观，包括各种实物、标本、实验、参观等；第二类是模像直观，包括各种图片、图表、模型、幻灯、录像、电视、电影、录音等；第三类是语言直观，教师通过生动形象的语言描述，使学生产生所描绘的事物的表象。中国荀子提出的"闻见知行"，即"不闻不若闻之，闻之不若见之"，"闻之而不见，虽博必谬"，提出了在学习中不仅要"闻之"更要"见之"，才能"博而不谬"。夸美纽斯率先提出了教学中的直观性原则。他说：凡是需要知道的事物，都要通过事物本身来学习，应该尽可能把事物本身或代替它的图像呈现给学生。乌申斯基也指出，儿童是靠形式、颜色、声音和感觉来进行思维的。

贯彻直观性原则的基本要求如下。

（1）要根据中小学各门学科的特点和实际，恰当地选择直观时机和直观手段。不同学科、不同教材和不同年级的教学对象，采用的直观时机和手段都不一样，如一般情况下，较低年级的教学选择直观教学较多，较抽象的学科选择直观教学也较多，不同的学科其直观的手段也不尽相同，教师应结合以上要求，选择最恰当的直观时机和直观手段。

（2）直观教具要有代表性和典型性。直观教具要为解决重点难点而服务，要能显示出事物的生动、清晰的形象及其内在的联系、运动和发展的过程，要能突出学生观察的重点。特别是教师在制作或运用直观教具时，要注意放大所学部分，用容易吸引学生注意力的色彩和动态来突出所要观察的部位，来解释事物的运动、变化，使教学获得最佳的直观效果。

（3）运用直观教具要和语言讲解结合起来。直观教具呈现给学生后，如果没有教师的讲解，让学生自发地观察教具，学生就极易被非本质的东西所吸引，忽略对本质事物的观察，从而使直观教学流于形式。为此，直观教学必须在教师的指导下，通过提问或讲解的方式引导学生仔细观察、深入思考，把握事物的特征，从而达到直观教学的最好效果，让学生真正理解知识。

（4）要防止为了直观而直观的倾向。直观教学是手段，不是目的。在教学中，直观要服从于明确的教学目的，服从于间接知识学习的需要。教师不能为直观而直观，从而失去了直观教学的意义。

另外，直观要与讲解相结合，要重视运用语言进行直观教学。

（二）启发性原则

启发性原则是指教师在教学中承认学生是学习的主体，调动学生学习的主动性和积极性；引导学生独立思考，积极探索，生动活泼地学习；增强学生分析问题、解决问题的能力，学会独立地获取知识和运用知识。

启发性原则是教师主导作用和学生主动性相结合规律、掌握知识和发展智力相统一规律的反映。学生是学习的主体，掌握知识、发展智力、培养思想品德要靠学生自己的观察、思考和操作，任何教师的教学都不可能代替学生的学习，否则必然造成学生学习的依赖性，或者会抑制学生智力等方面的发展。启发性原则的思想和实践有着悠久的历史。孔子最早提出了"不愤不启，不悱不发"的启发教学思想。后来，《学记》继承和发展了启发教学思想，提出"道而弗牵，强而弗抑，开而弗达"的要求。在古代西方，最著名的启发教学范例是苏格拉底的"产婆术"，其核心是一步一步地慢慢引导学生回答问题，教师在引导学生探求知识的过程中起着助产士作用。

贯彻启发性原则的基本要求如下。

(1) 激发学生的求知欲、学习兴趣和责任感，调动学生学习的主动性和积极性。学生的学习活动是在教师的影响下，通过自身内部的矛盾运动而进行的。学生的积极性受学生的兴趣、愿望、情绪、态度等内在心理因素的支配。因此，教师要善于激发学生的求知欲望和学习兴趣，形成正确的学习动机，培养学生具有明确的学习目的和认真严肃的学习态度，充分调动学生的主动性、积极性，使学生爱学、想学、用功学，对学习有高度的责任感。

(2) 启发学生独立思考。教师要注意提问、激励，启发学生的思维。只要提问切中要害，发人深思，学生的思维就会活跃起来。教师在启发学生思考的过程中，要有耐心，给学生思考的时间；不仅要启发学生理解知识，而且要启发学生理解学习的过程，掌握获取知识的方法；同时，教师要鼓励学生多问，并在回答问题中使学生的思维能力得到提高。

(3) 设置问题情境，使学生动手解决问题，启发学生将知识创造性地应用于实际。启发不仅要引导学生动脑，而且要引导学生动手。学生掌握知识有一个逐步深化的过程，懂了不一定会做，会做还不一定有创造性。所以，教师要善于向学生布置由易到难的各种作业，提供素材、情境、条件，提出要求，让他们去独立探索，克服困难，解决问题，别出心裁地完成作业，以便发展创造才能。

(4) 发扬教学民主。尊师爱生，民主平等，是社会主义新型的教师关系。教师在教学中要尊重学生，尤其要尊重学业不良的学生、有过错或缺陷的学生、和自己意见不一致的学生，不伤害学生的自尊心。教师在教学中要赞赏每一位学生，赞赏他们的独特性、他们的微小成绩、他们的努力、他们的质疑和对自我的超越。只有在这种教学氛围中，学生才会解除一切顾虑，心情舒畅，积极主动地学习，才会有助于培养学生的创新精神和创造能力。

(三) 理论联系实际原则

理论联系实际原则是指教学要以学习基础知识为主导，从理论与实际的联系上去理解知识，注意运用知识去分析问题和解决问题，达到学懂会用、学以致用的目的。

教师在教学中密切结合实际，讲清基础理论，并引导学生把读书与实践、思想与行动统一起来，指导学生运用所掌握的理论知识去解决实际中的具体问题。

理论联系实际原则是直接经验与间接经验相结合规律的反映。科学知识本身对学生来说是间接经验，为此，教学应注意理论联系实际，这样才能处理好教学中直接经验与间接经验、感性认识与理性认识、学与用的关系，使学生自觉地掌握和运用知识技能，真正实现思想的转变。

贯彻理论联系实际原则的基本要求如下。

(1) 书本知识的教学要注重联系实际。只有注意理论联系实际，教学才能生动活泼，使抽象的书本知识易于被学生理解、吸收，并转化为对学生有用的精神财富，而不至于造成学生囫囵吞枣的现象，掌握的是一大堆无用的、空洞死板的概念。

(2) 重视培养学生运用知识的能力。首先要重视教学实践，如练习、实验、参观和实习等，其次还要重视一定学生参加实践操作和社会实践。应当根据教学的需要，组织学生进行一些参观、访问、社会调查，参加一些课外学科或科技小组的实际操作活动，或组织学生从事一些科学观察、实验与发明以及生产劳动等。

(3) 正确处理知识教学与技能训练的关系。在教学中，只有将二者结合起来，学生才能深刻理解知识，掌握技能，达到学以致用。如果教师讲，学生听，而无技能的训练，那么难以检验学生是否理解了。即使他们理解了，也缺乏动手能力。

(4) 补充必要的乡土教材。由于我国幅员辽阔，各地各方面的差异很大，为了使教学不脱离实际，必须补充必要的乡土教材。

(四) 科学性与思想性统一原则

科学性与思想性统一原则，是指教师以准确无误的基础知识和基本技能武装学生，同时保证所举的实例、所用的方法手段以及教学的组织的科学性，并结合课程内容的学习有计划地对学生进行情感态度和价值观念教育，将二者有机地结合起来。

科学性与思想性统一原则是掌握知识与提高思想辩证统一规律的反映。教学中必须坚持科学性与思想性的统一。

贯彻科学性与思想性统一原则的基本要求如下。

（1）保证教学的科学性。教师传授的知识应当是科学的、正确的，这是教学的起码要求。教师讲授的概念要精确，论证的原理要严密，即使通俗的讲解也应注意科学性。教师讲课中运用的材料、史实也应是科学的、可靠的，不能随意引用；教师的教学方法应当是科学的；教师对教学的组织也应是科学的。只有做到以上几个方面才能真正保证教学的科学性。

（2）挖掘教材内在的思想因素。教师要用马克思主义的立场、观点和方法，深入研究课程标准和教材，挖掘教材内在的思想性，有目的地对学生进行情感态度和价值观念的教育。寓教育于教学之中，力图做到水乳交融，而不是油水分离。不要脱离课程内容进行空洞和牵强附会的说教。

（3）教师要加强自身修养。示范性是教师劳动的特点之一，在教学中，伴随着教学过程，教师自身的价值观、情感及其态度会同课程内容一样，对学生的思想产生深刻的影响。为此，教师应不断提高自身修养，用自己高尚的思想和情感、严谨的治学态度、实事求是的作风来影响学生，体现教学的科学性与思想性。

(五) 巩固性原则

巩固性原则是指教学中教师应使学生牢固地掌握所学的基础知识，并在掌握技能、技巧方面达到熟练的程度，当需要时能很快地再现出来，并能熟练地运用于解决实际问题。

巩固性原则是由学生认识活动的特点决定的。学生在教学中主要是在短时间内通过间接经验的方式获取大量的知识，极易产生遗忘，为此教学过程必须及时巩固知识和技能，防止遗忘，为今后的学习打好坚实的基础。孔子要求"学而时习之""温故而知新"，道出了这一原则的重要性。

贯彻巩固性原则的基本要求如下。

（1）要使学生在理解的基础上巩固。心理学的研究表明，意义记忆的效果优于机械记忆，尽管教学中有一些知识，比如年代、人名、单词等本身需要机械记忆，但是教学中的大部分内容具有一定的意义，教师系统而重点突出地讲解，使学生理解课程内容，最终有助于学生牢固地掌握知识和技能。可以说理解是巩固知识和技能的基础。

（2）要及时地组织学生进行系统的复习和练习。从生理学上看，知识的获得是大脑皮层建立暂时的神经联系的牢固保持。如果不及时进行复习，已经形成的暂时神经联系得不到强化，就出现遗忘。所以，及时复习能巩固和深化所学的知识。复习的方式方法和内容应不断变换，使不同形式和内容的复习交替进行，以减少大脑皮层的疲劳，给学生创造一个最佳的记忆状态。

（3）要指导学生掌握记忆的方法。重复是记忆之母，对于学生来说，还要教给他们其他的记忆方法，如机械记忆和意义记忆要结合，而以运用意义记忆为主；再如通过整理编排知识，写成提纲、口诀帮助记忆；对于有些机械的东西，还可以通过人为的方式建立它们之间的联系，从而有助于记忆。

(六) 循序渐进原则

循序渐进原则是指教师按照科学知识内在的逻辑顺序和学生认知能力发展的顺序进行教学，使学生逐步地、系统地掌握基础知识和基本技能，并在此基础上促进发展。

循序渐进原则是科学知识本身的特点和学生身心发展规律的反映。科学知识本身具有严密的系统性，学生的认知也是一个由简单到复杂的逐步深化的过程，只有循序渐进，才能使学生有效地掌握系统的知识，发展严密的逻辑思维能力。《学记》中有"学不躐等"和"不陵节而施"的思想。朱熹提出"循序而渐进，熟读而精思"。古人的论述十分精辟。

贯彻循序渐进原则的基本要求如下。

（1）教师应按照课程内容的逻辑体系进行教学。讲授时要掌握由近及远、由浅入深、由易到难、由简到繁、由具体到抽象、由已知到未知的规律。讲授时还应注意新旧知识之间的联系，使教学内容既有重点，又前后连贯。

（2）教师应根据学生发展的"序"抓好教学。学生身心发展具有阶段性和顺序性。在教学中，教师应根据学生身心发展的顺序性，采取较为适宜的方法进行教学，这样才能使学生打下良好的基础，并为进一步学习做好准备。

（3）教师既要循序，使教材内容和教学进度适合学生的接受能力，又要使教学内容有一定的难度，使学生"跳一跳，够得着"，这样才能使他们有所提高，才能促进他们的发展。

（七）因材施教原则

因材施教原则是指在教学中，教师应根据学生的不同特点进行教学，既要注意学生的共同特征，又要照顾个别差异，从实际出发，有的放矢地进行教学，使每个学生都能得到良好的发展。

因材施教原则是学生身心发展规律的反映。学生的身心发展具有个别差异性，无论是身体还是智力、个性，均存在着差异。教学中只有因材施教，才能扬长避短，才能使教育有针对性，才能使每个学生都得到发展。我国首倡"因材施教"者应为孔子。他分析了学生不同特点，在具体教学中因材而教之。朱熹概括为"孔子教人，各因其材"，经后人总结为因材施教。

贯彻因材施教原则的基本要求如下。

（1）教学中，教师首先要了解学生的实际和个别差异，为因材施教奠定基础。

（2）考虑学生的年龄特征，根据不同年龄阶段学生的特点进行教学。不同年级的学生其年龄特征各不相同，其智力特点和知识经验等各方面均存在着差异，教师必须了解学生的发展水平，选择适合其发展水平的内容和方法进行教学。

（3）在教学中，要运用多种方式教学，适应学生个别差异，培养学生特长。一把钥匙只能开一把锁。教师了解每个学生的特点，创造出适合各种锁芯的钥匙，才能有针对性地进行教学。学生的身心发展本身具有个别差异性，他们所处的环境又各不相同，这些差异都会反映到教学中，表现为学习成绩不同、反应速度不同、思维方式不同、兴趣爱好不同等，教师只有根据学生不同的情况，提出不同的要求，加强个别指导，区别对待不同特点的学生，才能使每个学生都有所发展和提高。

（4）正确对待"先进生"和"后进生"。对于"先进生"和"后进生"，教师应当平等、公平地对待，一视同仁。教师要有高度的责任感，对于"先进生"，可以适当增加学习内容，适当加快速度，满足他们的求知欲，但不能抢进度、不适当地增加内容，使学生负担过重，影响健康；对于"中等生"，要引导他们树立理想，学先进，争上游；对于"后进生"，要热情接近，关怀信任，发现他们的闪光点、并耐心讲解、适当补课，绝不能掉以轻心，甚至作为班级的包袱。

（八）量力性原则

量力性原则又称可接受性原则，是指教学的内容、方法、分量和进度要适合学生的身心发展，使他们能够接受，但又要有一定的难度，需要他们经过努力才能掌握，以促进学生的身心健康发展。

墨子说："夫智者必量其力所能至而如从事焉。"西方文艺复兴后许多教育家都重视教学的可接受性问题。经验证明，教学中传授的知识只有符合学生的接受能力才能被他们理解，才能顺利地转化为他们的精神财富。罗素、布鲁纳、赞科夫都持这种观点。赞科夫以自己进行的小学教学改革实验和所做的理论阐述，充分证实了教学促进学生发展的可行性。贯彻量力性原则的基本要求如下。

（1）了解学生的发展水平，从实际出发进行教学。

（2）考虑学生认识发展的时代特点。

以上教学原则虽各有其侧重点，但并不是彼此孤立的，而是紧密联系、互相补充的。各个原则相辅相成构成一个完整的体系。教师必须根据教学的目的任务、教材内容的特点、学生的年龄特征、班级的具体情况，灵活掌握和综合运用教学原则。

真题链接

1.（2012年中学）我国古代教育文献《学记》中要求"学不躐等""不陵节而施"，提出"杂施而不孙，则坏乱而不修"，这体现了教学的（　　）原则。

　　A. 启发性　　　B. 巩固性　　　C. 循序渐进　　　D. 因材施教

　　答案：C。

　　【解析】略。

2.（2013年中学）"西邻有五子，一子朴、一子敏、一子盲、一子偻、一子跛，乃使朴者农、敏者贾、盲者卜、偻者绩、跛者纺。"这体现了教学的（　　）原则。

　　A. 启发性　　　B. 因材施教原则　　　C. 循序渐进原则　　　D. 直观性原则

　　答案：B。

　　【解析】题干的意思是"西边邻居家有五个儿子，一个儿子老实、一个儿子聪明、一个儿子瞎、一个儿子驼背、一个儿子瘸。就让老实的务农、聪明的经商、瞎子卜卦（算命）、驼背搓麻绳、瘸子纺线"，显然，从教学原则的角度看，这体现了因材施教原则。

3.（2014年中学）在教学过程中，张老师经常运用形象的语言描述，引导学生形成所学事物、过程的清晰表象，丰富他们的感性知识，从而使他们正确理解知识和提高认识能力。张老师遵循的教学原则是（　　）原则。

　　A. 循序渐进　　　B. 直观性　　　C. 因材施教　　　D. 启发性

　　答案：B。

　　【解析】直观性原则是指在教学活动中，教师应尽量利用学生的多种感官和已有的经验，通过各种形式的感知，使学生获得生动的表象，从而比较全面、深刻地掌握知识。显然，题干的描述体现了对这一原则的应用。

4.（2015年中学）罗老师讲解《观潮》这篇课文时，通过播放视频，让学生真切感受钱塘江大潮的雄伟壮观，他在教学上贯彻了（　　）原则。

　　A. 直观性　　　　　　　　　　　B. 科学性和思想性相结合

　　C. 循序渐进原则　　　　　　　D. 巩固性

　　答案：A。

　　【解析】直观性原则是指在教学活动中，教师应尽量利用学生的多种感官和已有的经验通过各种形式的感知，使学生获得生动的表象，从而比较全面、深刻地掌握知识。题干的描述体现了对直观性原则的贯彻。

真题链接

5. （2016年中学）王老师在化学课上讲到元素周期表中的"镭"元素时，向学生介绍了"镭"的发现者居里夫人献身科学的事迹，同学们深受教育。这体现了（　　）。
A. 理论联系实际的原则　　B. 科学性和思想性相统一的原则
C. 启发性原则　　D. 发展性原则
答案：B。
【解析】教师教知识的同时，又结合居里夫人的故事对学生进行思想教育，这体科学性和思想性相统一的原则。

6. （2012年小学）"杂施而不孙"，这体现了教学应遵循的（　　）原则。
A. 循序渐进　　B. 因材施教　　C. 巩固性　　D. 启发性
答案：A。
【解析】《学记》提出"杂施而不孙，则坏乱而不修"，"孙"即顺序。

7. （2014年小学）乌申斯基认为，儿童是依靠形式、颜色、声音和感觉进行思维的，此观点要求小学教学遵循的教学原则是（　　）。
A. 启发性　　B. 直观性　　C. 因材施教　　D. 理论联系实际
答案：B。
【解析】略。

8. （2015年小学）曹老师在教《圆的周长》时，讲述了我国古代数学家祖冲之在计算圆周率上的卓越贡献，同学们感到很自豪，曹老师遵循的是（　　）原则。
A. 启发性　　B. 巩固性
C. 因材施教　　D. 科学性和思想性相结合
答案：D。
【解析】曹教师教知识的同时，又结合祖冲之的故事对学生进行思想教育，这体现了科学性和思想性相统一的原则。

9. （2015年小学）陶行知曾以松树和牡丹比喻人：用松树的肥料培育牡丹，牡丹会瘦死；用牡丹的肥料培育松树，松树会被烧死。这一比喻运用到教学中体现的是（　　）原则。
A. 直观性　　B. 因材施教　　C. 启发诱导　　D. 循序渐进
答案：B。
【解析】比喻教育要根据学生的个别差异有针对性地进行。

10. （2016年小学）荀子在《劝学篇》中指出："不积跬步无以至千里，不积小流无以成江海。"这句话蕴含的教学原则是（　　）。
A. 循序渐进　　B. 因材施教　　C. 启发诱导　　D. 直观性
答案：A。
【解析】略。

二、辨析题

（2012年中学）直观教学是教学手段，也是教学目的。
【答案要点】
(1) 这种说法是不正确的。
(2) 直观教学是指运用直观手段进行教学的一种形式，直观手段有实物直观、模像直观

> **真题链接**
>
> 和言语直观三种。运用直观教学的目的是能够更形象、具体地呈现给学生教学内容，帮助学生理解间接、抽象的知识。直观是教学的一种手段而不是目的，过多的直观不仅会浪费教学时间，而且也会影响学生抽象思维能力的发展。

第四节　教学方法

一、教学方法概述

（一）教学方法的概念

教学方法是为完成教学任务采用的教师教和学生学的共同活动方式的总称。它既包括教师的教法，又包括学生的学法，是教法与学法的统一。即教学是师生共同参与的双边活动：教师讲授时，学生就聆听、思考；教师演示时，学生就观察、分析。这里不但包含着教师如何讲授、如何演示，同时也包含着学生如何思考以及怎样观察和分析。因此，现代教学法应重视学生学习中的主体意识，不仅研究如何教，也研究如何学得更好，同时还研究教法与学法之间的相互联系和作用，如何从实际情况出发进行调控，探索如何根据学生认识活动的规律进行教学，使学生学会自己学习。

教学方法对于全面而有效地完成教学任务，提高教学质量有着非常重要的意义。方法得当，则事半功倍；方法不当，则事倍功半。因此，教师在教学中，必须恰当地选择和创造性地运用教学方法。

（二）运用教学方法的指导思想

教师在运用教学方法时往往使用两种对立的教学方法，一种是注入式，一种是启发式。

注入式是指教师从主观出发，把学生看成是一种单纯接受知识的容器，向学生灌注知识，无视学生在学习中的主观能动性。在这种思想指导下，学生的主体地位得不到实现，积极性被扼杀了，主动性也泯灭了。教师仅仅是知识的传递者，而学生仅仅是一个接收器。

启发式是指教师在教学中，尊重学生的主体性，从学生的实际出发，充分调动学生学习的主动性和积极性，引导学生独立思考，教给学生学习的方法，引导学生自己去学习，从而学会学习，形成独立的分析问题、解决问题的能力。在这种思想指导下，学生是一个活脱脱的人，是教学过程的参与者，是学习的主人。

注入式和启发式是两种根本对立的教学方法。我们提倡启发式，并将启发式确定为我国教学方法的指导思想。因为启发式教学符合辩证唯物主义提出的内因和外因相互作用的理论，符合学生心理发展的规律，也符合我国教育的根本目的。在教学中，教师无论使用何种教学方法，都应促进学生积极主动地学习，成为学习的主体，这是启发式教学的关键和实质。

（三）选择和运用教学方法的基本依据

教学方法是多种多样的，每一种教学方法都有其特殊作用。但是，不管是哪一种教学方法都不是万能的。在实际教学中，都是以某种方法为主，多种教学方法相结合而进行的。教学方法的运用不是随意的，必须根据以下方面来选择运用不同的教学方法。

1. 教学的目的和任务

不同课程的教学目的和任务不同，同一节课的不同阶段的教学目的和任务也有区别，因此教师在选择教学方法时，要根据每一节课的具体的教学目的和任务，适当地选择教学方法。比如，在讲授新知识时，选择教授法、演示法、谈话法比较适合；在巩固知识、培养技能技巧时，选择练习法比较适合；等等。

2. 课程的性质及其特点

文理科课程的性质不同，每一门课程也有其自身的特点，在选择教学方法时，教师应明确所讲课程的性质、特点，并据此选择教学方法。比如，讨论法比较适合文科的教学，实验法在理科教学中常用，陈述性的知识选用教授法比较适宜，程序性知识则可选用谈话法和讨论法等。

3. 学生的身心特点

不同年级的学生有不同的特点，同一年级的不同班级的学生也有其自身的特点，教育者在选择教学方法时应考虑到他们的身心特点、原有水平以及他们的文化和社区、家庭背景。比如，讨论法适合于较高年级的教学，演示法在低年级的课堂上常用。

4. 教师自身的条件，包括知识经验、个性特征等

每位教师的特点不相同，适合他人的教学方法未必适合于自己，教师在选择教学方法时尤其要考虑自身的学识、能力、性格与身体条件，扬长避短，选择能发挥教师优势的教学方法。比如，善讲的教师，可多选用教授法，通过教授使学生理解新知；善演的教师可多采用演示法，通过演示的辅助使学生弄懂知识。

5. 学校的设备条件

选择教学方法时应考虑学校的自然环境，学校所能提供的仪器、图书、设备、设施等物质条件。比如，没有实验室的学校，只能采用演示的方法进行教学；缺少教具的学校，较少采用演示法，只能更多地采用教师讲授等语言传递的方法。

6. 教学的时限

教学时限的多少会直接影响教学方法的选择。教师在备课时，要依据课程计划、课程标准中所规定的课时安排与可利用的时间来确定具体、可行的教学方法。比如，教学时限较少的课，主要采用教授法比较合适，有利于短时间内完成教学的任务；教学时限较多时，可以辅之以谈话、讨论等耗时较长但有利于学生更好发展的方法。

在选择和运用教学方法时，只有考虑以上几方面的情况，适当运用有关的教学方法，才能收到好的教学效果。

二、我国中小学常用的教学方法

我国中小学采用的常用的教学方法有教授法、谈话法、讨论法、读书指导法、演示法、参观法、练习法、实验法和实习作业法。

（一）以语言传递为主的教学方法

1. 讲授法

教授法是指教师运用口头语言，系统连贯地向学生讲授课程内容的方法。它是中小学各科教学的一种主要教学方法，具体包括讲述、讲解、讲读和讲演四种方式。

（1）讲述：是教师向学生叙述事实材料或描述所讲的对象。
（2）讲解：是教师向学生解释与说明概念、论证公式和原理。
（3）讲读：是教师在讲述、讲解的过程中，指导学生阅读教科书和参考资料，并进行练习。
（4）讲演：是教师深入分析和论证事实，作出科学的结论。

运用教授法的基本要求是：

第一，讲授内容要有科学性、系统性、思想性。教师运用教授法，讲授的内容要突出重点、难点，要系统、全面，有逻辑性，体现教学的科学性。同时，要结合所讲的内容，使学生在思想

上有所提高，体现教学的教育性。

第二，注意启发。在讲授中善于提问并引导学生分析和思考问题，使学生积极开展认识活动，自觉地领悟知识。

第三，讲究语言艺术。力图语言清晰、准确、简练、形象，条理清楚，通俗易懂；讲授的音量、速度要适度，注意音调的抑扬顿挫；以姿势助说话，提高语言的感染力。

第四，恰当地运用板书和教具。当教师在讲授中需要特别提示，或者用语言难以清晰、准确、形象地描述时，可以借助于板书和教具，通过文字、图表或教具的演示，给学生以更加清晰、准确和鲜明的印象。

第五，要和其他方法配合使用。

2. 谈话法

谈话法也称问答法，是教师在学生已有知识经验的基础上提出问题，引导学生积极思考，通过师生交谈，使学生获得知识技能、提高能力、培养思想品德的一种教学方法。谈话法可分复习谈话和启发谈话两种

运用谈话法的基本要求是：

第一，要准备好问题和谈话计划。在上课之前，教师要根据教学内容和学生已有的经验、知识，准备好谈话的问题、顺序以及如何从一个问题引出和过渡到另一个问题。

第二，提出的问题要明确，能引起思维，富有挑战性和启发性，问题的难易程度要因人而异。

第三，要善于启发诱导。当问题提出后，要善于启发学生利用他们已有的知识经验或对直观教具观察获得的感性认识进行分析、思考，研究问题或矛盾的所在，因势利导，让学生一步一步地去获取新知。

第四，要做好归纳、小结，使学生的知识系统化、科学化，并注意纠正一些不正确的认识，帮助他们准确地掌握知识。

3. 讨论法

讨论法是学生在教师的指导下为解决某个问题而进行探讨，辨明是非、真伪，以获取知识的方法。讨论可以在全班进行，也可以在小组进行，还可以与学生个体进行。各种不同方式的讨论都应以一定方式照顾全班同学。

运用讨论法的基本要求是：

第一，讨论的问题要有吸引力。抓好问题是讨论的前提，问题要有吸引力，能激起学生的兴趣，有讨论、钻研的价值。

第二，要善于在讨论中对学生进行启发引导。启发学生独立思考，勇于发表自己的看法，围绕中心议题发言。

第三，做好讨论小结。讨论结束前，教师要简要概括讨论情况，使学生获得正确的观点和系统的知识，纠正错误、片面或模糊的认识。对疑难和有争议的问题，教师要尽力阐明自己的看法，但要允许学生保留意见。

4. 读书指导法

读书指导法也称自学辅导法，是教师指导学生通过自学教科书和参考书获得知识的方法。读书指导法适用的场合较多，有用之于布置预习的，也有用之于布置复习的；可用之于指导课外读书自学，也可用之于指导课内读书自学。

运用读书指导法的基本要求是：

第一，指定学习材料。如果让学生自学的是课程标准规定的内容，可以指定阅读一种或几种教科书的某一章节和有关参考材料，甚至可以细到材料的第几页至第几页、第几行至第几行；如

果是指导学生课外兴趣阅读，可以介绍多种阅读材料供学生自行选择。

第二，根据阅读材料的难易程度和学生的发展水平，适当提示背景知识、材料的特点、内容的梗概等。

第三，明确阅读材料的目的、任务，指出阅读材料的重点部分，分清精读和泛读的内容。

第四，提出思考题，必要时可要求学生选择其中若干部分作为作业完成，也可以布置一些练习。

第五，指导自学方法。

第六，巡视检查，个别辅导，并组织讨论或进行一定的讲授。

（二）以直观感知为主的教学方法

1. 演示法

演示法是教师通过展示实物、直观教具，进行示范性实验或采取现代化视听手段等，指导学生获得知识或巩固知识的方法。演示法的特点在于加强教学的直观性，不仅是帮助学生感知、理解基本知识的手段，也是学生获得知识、信息的重要来源。演示法采用的方式或手段首先是最为直观的是实物，其次是图片，最后是使用幻灯、投影、电影、电视等。

运用演示法的基本要求是：

第一，做好演示前的准备。演示前要根据教学需要做好教具准备。演示的教具要有典型性，能够突出显示所学知识的主要特征。

第二，要使学生明确演示的目的、要求与过程，使学生主动、积极、自觉地进行观察与思考。让学生知道要看什么、怎么看，需要考虑什么问题。

第三，通过演示，使所有的学生都能清楚、准确地感知演示对象，并引导他们在感知过程中进行综合分析。

第四，演示必须精确可靠，操作规范，演示时要集中学生的注意力，运用多种感官去感知。

第五，演示后，教师要引导学生分析演示结果以及变化之间的关系，通过分析、对比、归纳等得出正确结论。

2. 参观法

参观法是教师根据教学需要，组织学生到校外一定的场所通过接触实际事物获得知识，巩固知识或验证知识，提高思想认识的一种方法。

参观的种类有准备性参观、并行性参观和总结性参观三种。准备性参观是在学习某一新课之前进行的，目的是为学生学习新课题积累一定的感性材料奠定基础。并行性参观是在学习新课过程中进行的，目的是使理论与实践联系更加密切。总结性参观是在学习新课之后进行的，目的是帮助学生验证、加深理解、巩固课堂学过的知识。

运用参观法的基本要求是：

第一，要做好参观前的准备工作，拟定参观计划。

第二，参观过程中，教师要对学生进行具体指导。

第三，参观结束后，教师要及时进行总结和评议。

（三）以实际训练为主的教学方法

1. 练习法

练习法是学生在教师指导下反复操作，并形成技能技巧的方法。练习的种类很多，按培养学生不同方面的能力划分，包括各种口头练习、书面练习和实际操作练习；按学生掌握技能、技巧的进程划分，包括模仿性练习、独立性练习和创造性练习。

运用练习法的基本要求是：

第一，使学生明确练习的目的与要求，掌握练习的原理与方法。这样能防止练习中可能产生的盲目性，从而提高练习的自觉性。

第二，精选练习材料，适当分配分量、次数和时间。练习的方式要多样化，循序渐进，逐步提高。

第三，严格要求。无论是口头练习、书面练习或操作练习，都要严肃认真。要求学生一丝不苟、刻苦训练、精益求精，达到最高的水平，具有创造性。

第四，教师要教给学生正确的练习方法，并及时检查和反馈。

第五，要培养学生自我检查的能力和习惯。

2. 实验法

实验法是学生在教师指导下，利用一定的仪器设备，通过条件控制引起实验对象的某些变化，从观察这些变化中获得知识的方法。

实验法在教学中可根据不同的教学要求来运用。学习理论知识之前进行的实验，目的是使学生获得感性知识，作为学习理论的基础；学过理论后进行的实验，目的是验证理论，加深对理论的理解；复习巩固知识时进行的实验，目的是使学生牢固地掌握学过的知识。

运用实验法的基本要求是：

第一，明确目的，精选内容，制订详细的实验计划，提出具体的操作步骤和实验要求。

第二，重视语言指导，重视教师示范的作用。教师可以在实验前示范，也可以在学生实验后进行总结性示范。

第三，要求学生独立操作，要求所有学生都亲自操作。

第四，及时检查结果，要求学生按照规定写出实验报告。

3. 实习作业法

实习作业法也称实习法、实践法，是学生在教师指导下，参加一定的实践活动，将书本知识运用于实践的一种方法。如数学课有测量实习，物理、化学课有生产技术实习，生物课有植物栽培和动物饲养实习，地理课有地形和地貌测绘实习等。

运用实习作业法的基本要求是：

第一，做好实习前的准备工作。教师要制订实习计划，确定实习的地点，准备好仪器，编好实习小组。

第二，做好实习过程中的指导。教师要认真巡视，掌握全面情况，对发现的问题及时进行指导。

第三，做好实习总结。实习结束后，学生应写出个人小结，然后由教师指出优缺点，分析其产生的原因，并提出改进的意见，以巩固实习的收获。

（四）以启发为主的方法

以启发为主的方法主要是发现法（研究性学习），发现法又称探究法、研究法，是指学生在教师的指导下，对所提出的课题和所提供的材料进行分析、综合、抽象和概括，自行发现并掌握相应的原理和结论的一种教学方法。

运用发现法的基本要求是：

第一，依据教材特点和学生实际，确定探究发现的课程和过程。

第二，严密组织教学，积极引导学生的发现活动。

第三，努力创设一个有利于学生进行探究发现的良好情境。

（五）以情感陶冶为主的方法

1. 欣赏教学法

欣赏教学法是教师在教学过程中指导学生体验客观事物真善美的一种教学方法，包括对自然的欣赏，对人生的欣赏和对艺术的欣赏。

2. 情境教学法

情境教学是教师有目的地创设生活情境,来引起学生一定的情感体验,从而帮助学生理解教材的教学方法。小学课堂教学情境的创设主要包括生活展现的情境、图画再现的情境、实物演示的情境、音乐渲染的情境、表演体会的情境。

三、中外新的教学方法

(一) 国外新的教学法

(1) 美国布鲁姆的掌握学习法策略下的目标教学法。

(2) 美国布鲁纳的发现法。

(3) 美国克伯屈的设计教学法。

(4) 美国斯金纳的程序教学法。

(5) 美国罗杰斯的非指导性教学法;

(6) 德国瓦·根舍因的范例式教学法。

(7) 俄罗斯沙塔洛夫的纲要信号图表教育法。

(8) 保加利亚洛扎诺夫的暗示教学法。

(二) 我国新的教学方法

辽宁魏书生的六步教学法。

湖北黎世法的六课型单元教学法。

上海育才中学的八字教学法。

上海倪谷音的愉快教学法。

江苏李吉林的情境教学法。

江苏邱学华的尝试教学法。

上海闸北八中刘京海的成功教学法。

真题链接

单项选择题

1. (2012年中学) 保加利亚学者洛扎诺夫在20世纪60年代创立的一种利用联想、情境、音乐等强化教学效果的方法是( )。

A. 纲要信号图表法　　　　　B. 探究发现法

C. 暗示教学法　　　　　　　D. 范例教学法

答案:C。

【解析】洛扎诺夫提出的教学方法是暗示教学法。

2. (201 年中学) 学生在教师指导下进行数学的实地测算、地理的地形测绘、生物的植物栽培和动物饲养,这些属于( )。

A. 实验法　　B. 参观法　　C. 演示法　　D. 实习作业法

答案:D。

【解析】实习作业法是指教师根据学科课程标准的要求,指导学生运用所学知识在课上或课外进行实际操作,将知识运用于实践的教学方法。这种方法在自然学科的教学中占有重要的地位,如数学课的测量练习、生物课的植物栽培和动物饲养等。

3. (2015年中学) 陈老师在讲"二氧化碳性质"时,讲台上放着两瓶没有标签的无色气体,其中一瓶是二氧化碳,一瓶是空气,怎么区分它们呢? 陈老师边说边将燃烧的木条分

真题链接

别深入两个集气瓶中,告诉学生使木条火焰熄灭的是二氧化碳,使木条火焰继续燃烧的是空气。这种教学方法是( )。

A. 实验法　　　B. 讲授法　　　C. 演示法　　　D. 谈话法

答案:C。

【解析】演示法是指教师通过展示实物、教具和示范性的实验来说明、印证某一事物和现象,是学生掌握新知识的一种教学方法。题干中,教师通过示范性的实验让学生明白了二氧化碳的性质,属于演示法。

4.(2012年小学)张老师在讲授《我爱故乡的杨梅》时,用多媒体播放江南水乡的美景,为学生创设真实、具体、生动的场景。其教学方法是( )。

A. 演示教学法　　　　　　　B. 现场教学法
C. 示范教学法　　　　　　　D. 情境教学法

答案:D。

【解析】教师创设真实、具体、生动的场景,以便让学生接受间接经验。情境教学法易与演示法混淆,演示法旨在使学生直观感知知识。

5.(2013年小学)张老师教《新型玻璃》一课时,为丰富小学生对玻璃的认识,张老师带领学生去玻璃厂参观玻璃的生产流程,这种教学方法是( )。

A. 实验法　　　B. 参观法　　　C. 演示法　　　D. 实习法

答案:B。

【解析】参观法是教师根据教学需要,组织学生到校外一定的场所通过接触实际事物获得知识,巩固知识或验证知识,提高思想认识的一种方法。

6.(2015年小学)教学目标与任务是选择教学方法的重要依据。有利于实现技能、技巧性教学目标的教学方法是( )。

A. 陶冶法　　　B. 讨论法　　　C. 练习法　　　D. 讲授法

答案:C。

【解析】练习法是学生在教师指导下反复操作并形成技能技巧的方法。

7.(2015年小学)根据教学任务的要求,在校内或校外组织学生进行实际操作,将理论知识运用于实践,以解决实际问题的教学方法是( )。

A. 实验法　　　　　　　　　B. 演示法
C. 读书指导法　　　　　　　D. 实习实习法

答案:D。

【解析】实习作业法也叫实习法、实践法,是学生在教师指导下,参加一定的实践活动,将书本知识运用于实践的一种方法。

8.(2016年小学)小学科学课上,教师指导学生通过显微镜观察植物的内部结构,获得有关植物的知识,这种教学方法属于( )。

A. 参观法　　　B. 实验法　　　C. 演示法　　　D. 实习法

答案:B。

【解析】由学生通过显微镜观察,获得知识,这属于实验法。

第五节 教学组织形式

一、教学组织形式的概念和历史发展

(一) 教学组织形式的概念

教学组织形式是指为完成特定的教学任务，教师和学生按一定要求组合起来进行活动的结构。教学组织形式不是固定不变的，其变化的根本原因在于生产力的发展水平和社会发展需求的不断变化，这是制约教学组织形式的客观因素。此外，不同的教学理论指导下的教学组织形式也略有不同，这就是同一社会条件下教学组织形式存在差异的原因。

(二) 教学组织形式的历史发展

1. 个别教学

历史上最早的教学组织形式是个别教学。个别教学是古代社会尤其是奴隶社会学校教育主要的教学组织形式，古代中国、埃及和希腊的学校大都采用个别教学。在个别教学中，教师只教一个或几个学生，教师传授知识、回答学生问题或检查学生作业都是个别进行的。个别教学在学习年限、教学时间上都不固定，教学不分年级、不分学科。

2. 班组教学

到了封建社会后期，出现了班级授课制的雏形——班组教学。班组教学的基本特点是：教师同时教一组学生，由数名教师分工负责班组的教学工作；班组学生有一些共同的活动，分科教学已具雏形；课业和修业年限已初步确定，但教学管理十分不严，也没有规范的课堂教学。班组教学是教学组织形式从个别教学发展到班级授课制的过渡。

3. 班级授课制

随着近代资本主义的兴起，生产力的不断发展以及科学文化的繁荣进步，对劳动者质量的要求不断提高，社会对学校提出了新的要求，要求学校扩大教育对象，增加教育内容，提高教育效率和质量，班级授课制应运而生。

班级授课制萌芽于昆体良的《论演说家的教育》。最早采用班级授课制的是 16 世纪欧洲一些国家的学校。如法国的居也纳学院、德国的斯特拉斯堡中学等。1519 年，文艺复兴时期的著名教育家埃拉斯莫斯最早提出班级一词；17 世纪捷克的教育家夸美纽斯总结了前人和自己的教学经验，在其所著的《大教学论》中，对班级授课制作了理论上的阐述和论证。此后，班级教学组织形式在许多国家逐步推广。后经赫尔巴特提出课程的四阶段理论班级授课制发展并基本定型。凯洛夫的课程的类型与结构完善了班级授课制。工业革命后，班级授课制成为西方学校的主要形式。

我国最早采用班级授课制的是 1862 年清政府在北京开办的京师同文馆。1903 年，通过《癸卯学制》的颁布逐步在我国普遍采用了这种制度。

(三) 世界各国不同的教学组织形式

20 世纪初期，随着科技的迅猛发展和对创造性人才需求的日益迫切，许多教育家致力于教学组织形式的改革，其中较知名的有道尔顿制、分组教学等。

1. 分组教学制

分组教学制是按学生的能力或学习成绩把他们分为水平不同的组进行教学。

最开始的分组教学的类型主要有能力分组和作业分组。后来发展成了四类：外部分组、内部分组、能力分组和作业分组。

(1) 外部分组：是指学校打破按年龄编班的传统习惯，根据学生的能力水平或学习成绩编

班进行教学。

（2）内部分组：是指在传统的按年龄编班的班级内，按学生的能力或学习成绩等编组。

（3）能力分组：是根据学生的能力发展水平来进行分组教学的，各组课程相同，学习年限则不同。

（4）作业分组：是根据学生的特点和意愿来分组教学的，各组学习年限相同，课程则不同。

分组教学制的优点：

（1）能较好地照顾个别差异，重视学生的个别性。

（2）有利于因材施教。

（3）有利于发展学生的个性特点。

分组教学制的不足之处：

（1）较难科学鉴别学生的能力和水平，忽视了学生的发展性。

（2）对学生心理发展的负面影响较大，快班学生容易产生骄傲情绪，慢班、普通班学生的学习积极性降低。

（3）在对待分组教学上，学生家长和教师的意愿常常与学校要求相矛盾。

（4）由于学生处于不断发展变化中，为了确保学生在分组教学中能受到恰当的教育，分组就必须经常进行，情况一变就得重新分组，教育管理比较麻烦。

2. 设计教学法

1918年，美国教育家基尔帕特里克从杜威"从做中学"的教育思想出发，并在其"问题教学法"的基础上，根据内部动机和附随学习的理论所创行的一种教学组织形式和方法。

其主张是：在教师指导下，由学生自己决定学习目的和内容，在自己设计、自己负责的单元活动中获得有关的知识和能力。

3. 道尔顿制

道尔顿制是由美国教育家帕克赫斯特于1920年在美国马萨诸塞州道尔顿中学创设的。道尔顿制是指教师不再上课向学生系统讲授教材，而只为学生分别指定自学参考书、布置作业，由学生自学和独立完成作业，有疑难时才请教师辅导，学生完成一定阶段的学习任务后向教师汇报学习情况和接受考查。

道尔顿制的特点是将教室改为作业室，教师将学生所要学的内容分为若干个学月任务，然后先向学生布置第一个学月的任务。学生拿到任务后，就开始自学和独立作业，有疑难时请教老师，完成一个阶段的学习任务后，向老师汇报学习情况并接受考查，任务符合要求后，老师就会将下一个学月任务再布置下去。

4. 现场教学

现场教学是指把学生带到事物发生、发展的现场进行教学活动的形式。

现场教学的要求是：目的明确，准备充分，现场指导，及时总结。

5. 特朗普制

特朗普制是由美国教育学教授劳伊德·特朗普于20世纪50年代提出的一种教学组织形式。这种教学形式把大班、小班和个别教学三种教学形式结合起来。大班上课是把两个以上的平行班合在一起上课，讲课时采用现代化教学手段，由出类拔萃的教师担任；小班研究和讨论，即将大班的学生分为约20人左右的小组，由教师或优秀生领导，研究和讨论大班授课材料；个别教学则是由学生独立完成作业，其中部分作业是教师指定的，部分作业是学生自主选择的。三个部分的时间分配比例是4∶2∶4。

特朗普制既有班级授课制的优点，也有个别教学的长处，但管理起来比较麻烦。

6. 导生制

导生制又称贝尔-兰格斯特制，其特点是以班级为基础，老师把知识传授给年龄较大的学生，而后由他们之中的佼佼者——导生去教年幼的或者成绩较差的其他学生。

7. 文纳特卡制

文纳特卡制是美国教育家华虚朋于1919年在芝加哥市文纳特卡镇公立学校实行的教学组织形式。把课程分成两部分：一部分按学科进行，由学生个人自学读、写、算和历史、地理方面的技能与知识；另一部分是通过音乐、艺术、运动、集会以及开办商店、组织自治会等活动来进行，旨在培养学生的"社会意识"。

二、我国教学的基本组织形式——班级授课制

（一）班级授课制的概念

班级授课制也称课堂教学，是把学生按年龄和知识程度大致相同编成人数固定的班级，根据周课表和作息时间表，安排教师有计划地向全班学生集体上课的一种教学组织形式。

（二）班级授课制的特点

（1）以"班"为学生人员组成的单位。通常把年龄和文化程度相同的学生编成一个班级，如果学生人数太多，则再分成若干个平行班。

（2）以"课时"为教学的时间单位。一个课时是指一堂课的教学时间，我国学校一堂课的教学时间，一般中学为40~45分钟，小学为35~40分钟。

（3）以"课程表"为教学活动的基本周期。课程表具体规定一周内每日上课的科目及顺序，每次上课的起讫时间和休息时间。

（4）以"课"为教学活动的基本单位。所谓课，就是在每一个课时内组织的课堂教学活动，即教师在一堂课所规定的时间内，运用各种教学方法和手段，组织学生学习一定分量的教材内容。

（四）对班级授课制的评价

班级授课制是一种较好的教学组织形式，其优点是：

（1）把学生按年龄和知识水平编成班级，使学生成为一个集体，有利于学生间的相互促进和提高，发挥班集体的作用。

（2）教师按固定的时间表，同时对几十名学生进行教学，扩大了教育对象，有利于提高了教学工作的效率，有利于大面积地培养人才。

（3）在教学内容和时间方面，有统一的规定和要求，使教学工作能有计划、有组织地进行，有利于提高教学质量。

（4）各门学科轮流交替上课，课与课之间有一定的休息时间，既有利于扩大学生的知识领域，又有利于减轻学生的疲劳，符合学生大脑活动的规律和用脑卫生。

（5）有利于发挥教师的主导作用。

（6）有利于教学质量的检查和评定。

班级授课制的不足之处是：不利于照顾学生的个别差异，不利于因材施教；不利于培养学生的特长和发展他们的个性；不利于学生独立性与自主性的培养；教学形式缺乏灵活性。

（五）班级授课制的类型和结构

1. 班级授课制的类型

班级授课制的类型（简称课的类型），是指根据教学任务所划分的课的种类。根据教学任务的多少划分为单一课和综合课。

单一课：是指在一节课内主要完成一种教学任务的课。

综合课：是指在一节课内同时完成两种以上教学任务的课。

根据教学任务可分为：传授新知识课（新授课），巩固新知识课（复习课），培养技能技巧课（技能课）等。

2. 班级授课制的结构

班级授课制的结构（简称课的结构），是指课的构成部分，以及各部分进行的顺序和时间分配。通常一节综合课的结构有以下几个部分。

（1）组织教学。

①组织教学的目的在于使学生做好上课前的物质和心理准备，以保证教学的顺利进行。

②教师从上课开始，就要迅速安定学生的情绪，创造良好的学习气氛，根据学生的反映及时调整教学，机智地处理好课堂中的偶发事件，使教学井然有序顺利进行。组织教学除了用语言外，还可以用情态、动作等态势语言来进行。组织教学应贯穿一节课的始终。

（2）检查复习。

①检查复习的目的在于巩固和加深已学的知识技能，了解学生掌握课程内容的情况，加强新旧内容的联系，培养学生对学业的责任感和按时完成作业的习惯。

②检查复习的内容，可以是刚学过的内容，也可以是学生以前学习过的与新内容有关的内容。

③检查复习可采用口头、书面和实践等方式。对于检查中学生对问题的回答，教师要给予恰当的评定。

（3）学习新教材。

①学习新教材的目的在于使学生了解和掌握新的课程内容。学习新教材是课程的主要部分。在综合课中，这一部分占得时间也长。

②在学习新教材的过程中，教师应根据教材的内容，依据教学过程的规律进行教学，讲清重点、难点、关键，灵活采用多种教学方法，促使学生自觉、积极地感知和思考，主动地掌握新知识，同时促进学生智力和思想等方面的发展。

（4）巩固新教材。

①巩固新教材的目的在于加强学生对当堂所学内容的理解和消化，并防止遗忘。

②巩固教材时可采用复述、提问和练习等方法进行。教师应注意方法的多样性，避免单一的方法引起学生的厌倦和疲劳；同时在巩固知识的过程中，边巩固边有意识地教给学生一些巩固知识的方法。

（5）布置课外作业。

①布置课外作业的目的在于进一步巩固和消化课堂学习的新知识，培养学生一定的技能技巧，同时培养他们独立工作的能力等。

②教师布置作业时，要指出作业的具体内容、范围和要求。难度较大的作业，教师可给予适当的提示，必要时还应进行示范；作业的数量和难度要适中；教师必须在下课铃响之前布置完作业。

以上是课的基本组成部分。综合课的结构，一般包括了以上所有的组成部分或大部分。单一课的结构可根据其具体任务，采用其中的有关部分。

三、我国教学的辅助形式

（一）个别指导

个别指导是指教师在面向全班学生集体教学的前提下，照顾不同学生的情况，因人施教。个别指导是对课堂教学的一种补充。

（二）现场教学

现场教学就是把学生带到事物发生、发展的现场进行教学活动，是在有关人员的协调下，通过现场实物、过程开展的一种教学组织形式。

四、我国教学的特殊形式

我国教学的特殊形式是复式教学。

复式教学是由一个教师在同一教室、同一节课内，用不同的教学内容，对两个或两个以上年级的学生进行教学的组织形式。

真题链接

单项选择题

1. （2013年中学）把大班上课，小班讨论、个人独立研究结合在一起，并采用灵活的时间单位代替固定划一的上课时间，以大约20分钟为一个课时，这种出现在美国20世纪50年代的教学组织形式是（　　）。

　　A. 文纳特卡制　　　　　　　　B. 活动课时制
　　C. 道尔顿制　　　　　　　　　D. 特朗普制

　　答案：D。

　　【解析】特朗普制就是把大班、小班和个别教学三种教学形式结合起来。

2. （2013年小学）目前我国小学主要采用的教学组织形式是（　　）。

　　A. 班级教学　　B. 分组教学　　C. 复式教学　　D. 个别教学

　　答案：A。

　　【解析】我国教学的基本组织形式是班级授课制，也称为班级教学或课堂教学。

3. （2013年小学）在按年龄编班的前提下，根据学生的学习能力或学习成绩的发展变化分组教学，这种分组属于（　　）。

　　A. 综合分组　　B. 外部分组　　C. 内部分组　　D. 交叉分组

　　答案：C。

　　【解析】内部分组是指在传统的按年龄编班的班级内，按学生的能力或学习成绩等分组。

4. （2015年小学）在古代，中国、埃及和希腊的学校主要采用的教学组织形式是（　　）。

　　A. 个别教学　　B. 复式教学　　C. 分组教学　　D. 班级教学

　　答案：A。

　　【解析】在中国和西方古代社会最早采用的教学组织形式是个别教学。

第六节　教学工作的基本环节

教学工作的基本环节是备课、上课、作业的布置与批改、课外辅导、学生学业成绩的检查与评定。其中备课是教学工作的基础和前提，上课是教学工作的中心环节，作业的布置与批改是课堂教学的延续，课外辅导是课堂教学的补充，学生学业成绩的检查与评定是教学工作不可缺少的重要环节。

一、备课

备课是为上课以及其他教学环节所做的准备工作，是教学工作的起始环节，是上好课的先决条件，是教师必须掌握的一项基本功。教师备课过程包括做好三项工作和制订三种计划。

（一）做好三项工作

1. 备教材

备教材就是钻研教材，包括钻研课程标准、明确教学的三维目标、研读教科书和查阅参考资料，备习题、备提问、备作业、备教具、备挂图等。

（1）钻研课程标准。课程标准是教师备课的指导文件。钻研课程标准就是要对本学科教学有总体的把握，弄清本学科的特点、性质与基本理念，了解本学科的教材体系和基本内容。

（2）研读教科书。教科书是教师备课和教课的主要依据。教师备课必须先通读全书，熟练地掌握教科书的全部内容，了解全书知识的结构体系，分清重点章节和各章节基本知识的重点、难点和关键点。

（3）查阅参考资料。查阅参考资料是备教材不可缺少的环节，其作用是：帮助教师对教科书的理解，明确教学思路；解答教科书中的疑难问题；拓宽教学视野，启发教师运用不同的教学方法；丰富教师的专业基础知识。

（4）明确教学的三维目标。明确本学科在知识与技能、过程与方法、情感态度与价值观三个方面的基本要求。

2. 备学生

备学生就是了解学生。在备课时，结合平时对学生发展情况的了解，研究当前所讲知识内容在学生学习时可能产生的积极或消极态度，对优秀生或后进生可能产生的问题，在教学的某一阶段中，由哪些学生进行答问活动等，然后把这些研究、分析的结果纳入课时计划。

备学生既要了解学生集体又要了解学生个体，了解他们的兴趣爱好、知识水平、思想状况、个性差异等，可以采用观察、谈话、家访、调查等方法

3. 备教法

备教法就是考虑把已经掌握的教材，用什么方法教给学生。确定选用什么方法，要从教学的目的任务、课程的性质特点、学生发展的特点、自身的条件、学校条件等方面综合考虑。

（二）制订三种计划

1. 学期（或学年）教学进度计划

学期（或学年）教学进度计划，是在对课程标准的学习和对整本教材通读的基础上制订的教学进度计划，它通常是由教育主管部门组织各校教学骨干共同编写的，其目的是使教师明确整个学期教学工作的范围和方向。

2. 课题（单元）计划

课题计划是指对课程标准中一个较大课题或教材的一个单元进行全盘考虑后制订出的计划。

3. 课时计划（教案）

课时计划是根据教材单元的教学目的、任务、要求、重点、难点及相应的教学方法，进一步从每一节课的实际出发，由上课教师本人认真研究和制订的每一节课的具体方案。

课时计划往往在写课题计划时一同编写。写课时计划，一般按以下步骤进行：深入钻研教材，明确教学重点和要注意解决的难点；确定本课时的教学目标，包括知识与技能目标、过程与方法目标、情感态度与价值观目标；研究教学进行过程的每一个步骤，确定课时的结构，详细分配教学进程中各个步骤的时间；考虑适合本教学任务的教学方法，精心准备教具和使用方法及如何设计板书；最后写出课时计划。

一个完整的课时计划，一般包括以下几个项目：班级、学科名称、授课时间、题目、教学目标、课的类型、教学方法、教具、教学过程、教学反思等。其中，教学进程包括一堂课教学内容的详细安排，教学方法的具体运用和时间的分配。

编写课时计划时，还要进行板书设计。板书无固定格式，一般包括基本部分和辅助部分。基本部分包括大标题和内容要点，辅助部分可根据实际情况把重要的概念、数字、生字、生词等设计在内。板书设计要有概括性，提纲挈领，简明醒目；有系统性、完整性，能揭示知识的逻辑关系，表达完整的意识；有条理性、序列性、层次分明；重点突出，主次分明，点名关键所在；形式多样，书写位置安排合理。如果有条件，可采用一些现代化教学手段来部分替代板书。

教师在写课时计划时要注意详略得当。一般来说，新教师要写得详细些，有经验的教师对教材教法比较熟悉，可以写得简略些。课时计划标志着课前的准备，也是上课时的备忘录。教师的课时计划太略，容易使问题考虑有疏漏；太详，不便于课上迅速扫视一时需要的内容。

二、上课

（一）上课的意义

上课是整个教学工作的中心环节。上课对每一位教师来说，是其业务思想水平和教学能力的集中反映；对学生来说，是掌握系统知识、发展能力、提高思想水平的重要一环。

（二）上好一堂课的要求

1. 教学目的明确

教师必须根据教材内容和学生的实际情况，正确地决定每一节课的教学目的，提出恰如其分的要求。教学目的要具体、恰当，全面、合理。所谓具体，即在知识、技能方面，明确哪些是应该理解的，哪些是要达到全部掌握或熟练掌握的；在能力、思想品德方面，通过哪些内容、何种活动和练习，培养何种能力和思想品德等。所谓全面，是指教学任务的方方面面都应该照顾到。所谓合理，就是师生教和学都能达到的目标。教学目的应该包括知识与技能、过程与方法、情感态度与价值观这几个方面。目的确定后，教材的组织，练习的选择，教法的运用，课堂组织结构等都应贯穿这一目的。也就是说，课堂教学整个过程的各项活动都要围绕着这个目的进行。

2. 教学内容正确

教学内容正确是指教师在课堂上讲授的内容必须是科学的、确凿的、符合逻辑的。教师对教材内容的分析、阐述以及教师教学技能或行为要符合规范，重点难点把握准确，并且应该要求学生作出的反应同样是正确的，如果不正确，教师要及时加以纠正。

3. 教学方法恰当

教学方法恰当是指教师根据教学目的任务、课程的性质特点、教学内容和学生的特点，选择较佳的方法进行教学。教学有法，但无定法。教师要善于选择方法，创造性地加以运用，力求使教学取得较好效果。方法本身无所谓好坏，但不同的方法有不同的适用范围，教师上课运用的方法要与教学情境相适合。

4. 重点突出

就是把主要精力和时间放在解决重点和难点问题上。

5. 教学组织得好

教学要有严密的计划性和组织性。教师对课的结构要精心设计，对教学过程要合理组织，做到结构紧凑、有条不紊，以较少的时间和精力取得最大的教学效果。此外，教师处理好课堂的偶发事件，对于课堂上偶然的、突发的情况能当机立断，因势利导，在较短时间内及不伤及学生的前提下，顺利地将学生的思路引到教学上来，以保证当堂课教学任务的完成。

6. 师生互动得好

教学中教师要有高度的责任感，要满腔热情地进行教；要以本身的积极性去感染学生，启发学生，真正发挥教师的主导作用。同时，学生要有获取知识的动力，带着高涨情绪积极参与到教学活动中来，成为真正的学习主体。师生关系要融洽。

7. 教师要有全面扎实的教学基本功

教师的基本功主要包括讲、写、画、演等方面。

（1）"讲"是指教师的语言表达能力。语言是教师传授知识最主要的工具。教师的语言应该清晰流畅，语调应注意抑扬顿挫，缓急适度，富有节奏感，还要做到准确凝练、生动形象，富有科学性、逻辑性、启发性和教育性。要讲普通话，富有感情。

（2）"写"是指教师的板书。合格的板书在形式上要整齐美观，布局合理，大小适度，疏密得当；在内容上要简明扼要，分量适度，没有错别字；在字体上要以楷书为主，笔画工整。

（3）"画"是指教师在上课时，能准确及时地画出各种图形和图表。

（4）"演"是指教师在上课时进行演示和表演的能力。教师在演示时应准确，要和讲解配合起来，使学生了解问题的实质。教师的表演是指教师在一些课堂上有感情的示范，以及自然、大方、得体的教态。同时，掌握和利用现代信息技术是当代教师必备的基本功。

三、作业的布置与批改

作业是课堂教学的延续，是教学活动的有机组成部分，其作用在于加深和加强学生对教材的理解和巩固，帮助学生掌握相关的技能、技巧。《学记》里提出的"藏息相辅"的原则，即"时教必有正业，退息必有居学"，就是强调课内与课外结合，尤其要有"居学"，"居学"就是作业。

（一）作业的一般形式

（1）口头作业，如口头回答、朗读、复述等。

（2）书面作业，如演算习题、作文、绘图等。

（3）实践性作业，如观察、试验、测量、社会调查等。

（二）作业布置的要求

（1）布置作业应有明确的目的。

（2）作业内容要符合课程标准和教材的要求，具有典型性和启发性，同时要兼顾基础知识、技能和发展能力。

（3）作业分量要适中，难易适度。

（4）布置作业要向学生提出明确的要求，并规定完成的时间。

（5）布置作业要及时，批改作业要及时，反馈要及时。

四、课外辅导

课外辅导是上课的必要补充，是适应学生个别差异、贯彻因材施教的重要措施。

（一）课外辅导的主要任务和内容

（1）对各种学生进行学习的辅导。

（2）对学生进行学习目的和态度的教育，并从学习方法上进行有针对性的指导。

（二）课外辅导的基本要求

（1）从辅导对象的实际出发，分别确定辅导内容和具体措施。

（2）课外辅导要为课堂教学服务，保证课堂教学质量。

（3）对学生进行学习目的和态度的教育及学习方法上的指导。

五、学业成绩的检查与评定

（一）学业成绩的检查

学业成绩的检查方式有两种：平时考查和考试。

平时考查一般有课堂表现记录、课堂提问、批改作业和书面测验等。

考试一般有学期考试、学年考试和毕业考试。考试的方式很多，有口试、笔试和实践性考试等。

试题类型大体有供答型和选答型两大类。

测验的效度、信度、难度和区分度如下。

（1）测验的效度：是指一个测验能够准确测出所需考查内容的属性或特点的程度。

（2）测验的信度：又称测验的可靠度，是指一个测验经过多次测量所得结果的一致性程度。

（3）测验的难度：指测验包含的测题难易程度。

（4）测验的区分度：指测验对考生的不同水平能够区分的程度，即具有区分不同水平考生的能力。

有效度的测验就一定有信度，但有信度的测验不一定有效度。难易适中的测验区分度最好。

评价测验和考试是用来检查教学的一种手段，应把握客观性、发展性、指导性、计划性原则。

（二）学业成绩的评定

评定学生学业成绩的方法，目前较通行的是百分制记分法和等级制记分法。

> **真题链接**
>
> 一、单项选择题
>
> （2015年小学）通常所说的备课要"备"的内容，除了研究教材、设计教法之外，还包括（　　）。
>
> A. 研究学生　　　B. 设计作业　　　C. 设计评价　　　D. 指导学法
>
> 答案：A。
>
> 【解析】教师备课要完成的三项任务是备教材、备学生、备教法。
>
> 二、简述题
>
> 1. （2014年中学）简述学校教学活动的基本环节。
> 2. （2015年中学）简述教师备课的基本要求。

第七节　教学模式

一、教学模式的内涵

教学模式是在一定的教育思想、教学理论和学习理论指导下的，为完成特定的教学目标和内容，围绕某一主题形成的比较稳定且简明的教学结构理论框架及具体可操作的教学活动方式，通常是两种以上模式组合运用。

二、常见的教学模式

1. 范例教学模式

范例教学模式及理论是由德国的瓦·根舍因和克拉夫基等人提出的。

范例教学模式遵循人的认知规律，即从个别到一般，从具体到抽象的过程。在教学中一般从一些范例分析入手，感知原理与规律，并逐步提炼进行归纳总结，再进行迁移整合。

范例教学模式的教学过程分四个阶段。

第一阶段，范例性地阐明"个"的阶段。

第二阶段，范例性地阐明"类型"或"类"的阶段，用许多在本质上与"个"案一致的事实和现象来阐明事物的本质特征。

第三阶段，范例性地理解规律性的阶段，通过对"个"和"类"的分析、认识，使学生的认识上升为对普遍规律性的规律的认识。

第四阶段，是范例性地掌握关于世界的经验和生活的经验的阶段。

2. 抛锚式教学模式（情境教学）

抛锚式教学模式又称"实例式教学""基于问题的教学""情境性教学"，是要求教学建立在有感染力的真实事件或真实问题的基础上，一旦问题确定，整个教学内容和教学进程也就随之而定（像轮船被锚固定一样）。

抛锚式教学模式的教学过程如下。

（1）创设情景（使学习能在与现实情况基本一致或相类似的情境中发生）。

（2）确定问题（选择出与当前学习主题密切相关的真实性事件或问题作为学习的中心内容，选出的事件或问题就是"锚"）。

（3）自主学习（由教师向学生提供解决该问题的有关线索，并特别注意发展学生的自主学习能力）。

（4）协作学习（讨论、交流，通过不同观点的交锋，补充和修正，加深每个学生对当前问题的理解）。

（5）效果评价（需要在学习过程中随时观察并记录学生的表现）。

3. 发现式教学模式

发现式教学模式的理论是布鲁纳的认知结构学习理论。发现式教学模式是通过学生的发现获取新知识为突出特征，教师向学生只提供一种问题情境或一些事实（例）和问题，让学生积极思考、独立探究。其所强调的是学生的探究过程，而不是现成知识。

4. 掌握学习的教学模式

掌握学习的教学模式是美国心理学家和教育学家布卢姆提出的，他认为，只要用于学习的有效时间足够长，所有的学生都能达到课程目标所规定的掌握标准。

5. 程序教学模式

程序教学模式来源于美国普莱西设计的一种进行自动教学的机器。普莱西试图利用这种机器，把教师从教学的具体事务中解脱出来，来节省时间和精力。这种设想，当时没有引起重视和推广。直到 1945 年，美国心理学家斯金纳重新提出，才引起广大心理学和教育界人士的重视。

程序教学模式是根据程序编制者对学习过程的设想，把教材分解为许多小项目，并按一定顺序排列起来，每一项目都提出问题，通过教学机器和程序教材及时呈现，要求学生做出构答反应（填空或写答案）或选择反应，然后给予正确答案，进行核对。

其特点包括：

（1）小步骤进行。

(2) 积极强化。
(3) 及时反馈。
(4) 自定步调学习。
(5) 低错误率。

6. 非指导性教学模式

非指导性教学模式是 20 世纪中期美国心理学家罗杰斯将其心理治疗观推广到教育中，在西方国家广为流传的一种教学模式。非指导性教学模式是一种以学生为中心、以情感为基调，教师是指导者、学生自己订出学习计划，反思和完善学习计划的教学模式。

第八节　教学评价与教学反思

一、教学评价

（一）教学评价概念

教学评价是指有系统地收集有关学生学习行为的资料，参照预定的教学目标对其进行价值判断的过程。教学评价主要包括对学生学习结果的评价和对教师教学工作的评价，也可以划分为学生学业评价、课堂教学评价和教师评价。从学生学习结果的角度评价，既要评价知识、技能和智力等认识领域，又要评价态度、习惯、兴趣、意志、品德及个性形成等情感领域；从教师教学工作的角度评价，既要评价教师的教学修养、教学技能，又要评价教学活动的各个环节，特别是课堂教学质量。

教学评价不同于测量和测验。测量是一种收集资料数据的过程，是根据某种标准和一定的操作程序，将学生的学校行为和结果确定为一种量值，测量学生对问题的了解多少和程度。教学评价是系统地收集有关学生学习行为的资料，参照预定的教学目标对其进行价值判断的过程。测量和测验是对学习结果的客观描述，而教学评价则是对教学结果的主观判断和解释，但这种主观判断和解释必须以客观描述为基础，否则就是主观臆想。测量和测验所得的结果，只有通过教学评价才能判断出它的实际意义，否则所得数据和结果毫无意义。

（二）教学评价目的

教学评价的目的：对课程、教学方法以及学生培养方案作出决策。

（三）教学评价的内容

教学评价的内容要摒弃把学业成绩作为评价学生的主要的甚至是唯一的标准的做法，丰富评价内容，全面评价学生，注重对学生综合素质的评价。评价涉及教学的各个方面，包括教学目标、课程内容、教学过程、教学方法、教学手段、教学效果、教学模式、教师的教学质量和学生的学习水平等。

评价还要关注学生的创新精神和实践能力的发展，以及良好的心理素质、学习兴趣、情感体验等；要尊重个体差异，以发展性评价和激励性评价为主，以质评为基础。

（四）教学评价的基本类型

1. 根据教学评价的时间和作用划分

分为诊断性评价、形成性评价和总结性评价。

(1) 诊断性评价。

诊断性评价是在学期开始或一个单元教学开始时，为了了解学生学习准备状况及影响学习因素而进行的评价，包括各种通常所称的摸底考试。如果在开学初为了分班或者为了教师安排教学内容等而进行的考试被称为安置性评价或准备性评价、配置项评价。

（2）形成性评价。

形成性评价是在教学过程中为改进和完善教学活动而进行的对学生学习过程及结果的评价。它包括在一节课或一个课题的教学中对学生的口头提问和书面测验。

（3）总结性评价

①总结性评价也称为终结性评价，是在一个大的学习阶段、一个学期或一门课程结束时对学生学习结果的评价。

②总结性评价注重考查学生掌握某门学科的整体程度，概括水平较高，测验内容范围较广，常在学期中或学期末进行，如月考、期中考试、期末考试等。

2. 根据评价采用的标准划分

分为相对性评价、绝对性评价和个体内差异评价。

（1）相对性评价。

①相对性评价又称为常模参照性评价，是运用常模参照性测验对学生的学习成绩进行的评价，它主要依据学生个人的学习成绩在该班学生成绩序列或常模中所处的位置来评价和决定学生的成绩的优劣，而不考虑是否达到教学目标的要求。

②相对性评价的优点是甄别性强，适合选拔，如班级、年级排名，选拔课目竞赛选手等。

（2）绝对性评价。

①绝对性评价又称为目标参照性评价（标准参照评价），是运用目标参照性测验对学生的学习成绩进行的评价。它主要依据教学目标和教材编制试题来测量学生的学业成绩，判断学生是否达到了教学目标的要求，而不以评定学生之间的差异为目的。

②其优点是能衡量学生的实际水平、适合升级、毕业考试等。

（3）个体内差异评价。

个体内差异评价是对被评价者的过去和现在进行比较，或将评价对象的不同方面进行比较。

3. 按照评价主体划分

分为内部评价和外部评价。

（1）内部评价。内部评价也就是自我评价，指由课程设计者或使用者自己实施的评价。

（2）外部评价。外部评价是被评价者之外的专业人员对评价对象进行明显的（看得见的、众所周知的）统计分析或文字描述。

4. 按评价表达分类（是否采用数学方法）

分为定性评价和定量评价。

（1）定性评价是对学生做出描述性的评价，比如班主任的操行评定

（2）定量评价是通过客观的数据对学生进行的评价。

5. 按评价的主客体不同划分

分为他人评价和自我评价。

6. 按评价的范围不同划分

分为单项评价和综合评价。

（五）教学评价的功能

（1）诊断功能；（2）反馈功能；（3）调控功能；（4）教学功能；（5）导向功能；（6）激励功能；（7）发展功能；（8）管理功能。

（六）现代教育评价的发展趋势

（1）现代教育评价的理念是发展性评价和激励性评价。

（2）评价的根本目的是为了促进评价对象的发展，它基于评价对象的过去，重视评价对象的现在，更着眼于评价对象的未来。

(3) 发展性评价体现最新的教育观念和课程评价发展的趋势。

(七) 我国当前教学改革的主要观点

我国当前教学改革的主题是实施素质教育。

我国当前教学改革的基本策略是坚持整体教学改革和实验。

我国当前教学改革的重心是建立合理的课程结构，实施科学的教学评价。

1. 全面发展的教学观

(1) 结论与过程的统一。

①结论与过程的关系反映的是学科内部知识、技能与过程、方法的关系。

②从学科本身来讲，过程体现该学科的探究过程与探究方法，结论表征该学科的探究结果（概念原理的体系），二者是相互作用、相互依存、相互转化的关系。从教学角度来讲，所谓教学的结论，即教学所要达到的目的或所需获得的结果；所谓教学的过程，即达到教学目的或获得所需结论而必须经历的活动程序。

③毋庸置疑教学的重要目的之一，就是使学生理解和掌握正确的结论，所以必须重结论。但是，学生如果不经过一系列的质疑、判断、比较、选择，以及相应的分析、综合、概括等认识活动，即如果没有多样化的思维过程和认知方式，没有多种观点的碰撞、论争和比较，结论就难以获得，知识也难以真正得到理解和巩固。更重要的是，没有以多样性、丰富性为前提的教学过程，学生的创新精神和创新思维就不可能培养起来。所以，不仅要重结论，更要重过程。基于此，新课程把过程与方法本身作为课程目标的重要组成部分，从而从课程目标的高度突出了过程与方法的地位。

(2) 认知与情意的统一。

①学习过程是以人的整体的心理活动为基础的认知活动和情意活动相统一的过程。

②认知因素和情意因素在学习过程中是同时发生、相互作用的，它们共同组成学生学习心理的两个不同方面，从不同角度对学习活动施加重大影响。如果没有认知因素的参与，学习任务不可能完成；同样，如果没有情意因素的参与，学习活动既不能发生也不能维持。

2. 交往与互动的教学观

教学是教师的教与学生的学的统一，这种统一的实质是交往。据此，现代教学论指出，教学过程是师生交往、积极互动、共同发展的过程。没有交往、没有互动，就不存在或未发生教学，那些只有教学的形式表现而无实质性交往发生的"教学"是假教学。把教学本质定位为交往，是对教学过程的正本清源。它不仅在理论上超越了历史上的"教师中心论"和"学生中心论"、现实中的"学生特殊客体论"和"主导主体论"，而且在实践上具有极其重要的现实意义。

(1) 教学中的师生交往具有以下属性：师生交往的本质属性是主体性，交往论承认教师与学生都是教学过程的主体，都是具有独立人格价值的人，两者在人格上完全平等，即师生之间只有价值的平等，而没有高低、强弱之分。

(2) 师生交往的基本属性是互动性和互惠性。交往论强调师生间、学生间动态的信息交流，通过信息交流实现师生互动，相互沟通、相互影响、相互补充，从而达成共识、共享、共进，这是教学相长的真谛。交往昭示着教学不是教师教、学生学的机械相加。交往还意味着教师角色定位的转换——教师由教学中的主角转向"平等中的首席"，从传统的知识传授者转向现代的学生发展的促进者。可以说，创设基于师生交往的互动、互惠的教学关系，是新课程教学改革的一项重要任务。

(3) 以交往与互动为特征的教学，常常要借助"对话"而实现。按照雅斯贝尔斯的说法，"对话是真理的敞亮和思想本身的实现"，是一种"在各种价值相等、意义平等的意识之间相互作用的特殊式"。它强调的是双方的"敞开"与"接纳"，是一种在相互倾听、接受和共享中实现"视界融合"与精神互通,共同去创造意义的活动。可以说教学对话是师生基于互相尊重、信任和平等的立场,通过言谈和倾听而进行的双向沟通、共同学习的过程。

3. 开放与生成的教学观

(1) 开放,从内容角度讲,意味着科学世界(书本世界)向生活世界的回归。生活世界是科学世界的基础,是科学世界的意义之源,教育必须回归生活世界、回归儿童的生活。传统教育把学生固定在"书本世界"或"科学世界"里。

(2) 开放,从过程角度讲,人是开放性的、创造性的存在,教育不应该用僵化的形式作用于人,否则就会限定和束缚人的自由发展。课堂教学不应当是一个封闭系统,也不应拘泥于预先设定的固定不变的程式。预设的目标在实施过程中需要开放地纳入直接经验、弹性灵活的成分以及始料未及的体验,要鼓励师生在互动中即兴创造,超越目标预定的要求。

(3) 开放的最终目的是为了生成。课堂教学应该关注在生长、成长中的人的整个生命。对智慧没有挑战性的课堂教学是不具有生成性的,没有生命气息的课堂教学也不具有生成性。

(4) 从生成的内容来看,课堂生成既有显性生成,又有隐性生成。显性生成是直接的、表层的,隐性生成是间接的、深层的。从生成的本义来说,生成主要指隐性生成,隐性生成最具有发展的功能。

(5) 从生成的主体来看,课堂生成有学生生成,也有教师生成,即课堂教学不仅要成全学生,也要成全教师。课堂教学要成为教师自我提高、自我发展、自我完善、自我实现、自我欣赏的一种创造性的劳动。

全面发展的教学观是从教学目的的角度提出来的,交往与互动的教学观是从师生关系的角度提出来的,开放与生成的教学观是从教学过程与教学结果的角度提出来的,这三种教学观虽是从不同角度提出来的,但彼此间是相互联系、相辅相成的。我们必须从整体的高度把握每一种观念的精神实质,唯有如此,才能正确引领新课程的教学改革。

(八) 我国教学改革的基本趋势

目标取向和价值取向。

——以教育现代化为阶段目标取向。

——以教育公平为基本价值取向。

——以终身教育为终极价值取向。

——以生命关怀为核心价值取向。

当代社会正从工业社会向信息社会转型,当代教育正从专才教育向通识教育转变。从重心转移的角度看当代教学的改革主要体现以下六大趋势。

1. 从重视教师向重视学生转变

随着社会的发展,传统的"教师中心说"受到越来越深刻的批判。人们认为教师并不是支配课堂教学活动的绝对权威,学生虽然是教育的对象,但却是学习活动的主体和主人。教师当然重要,但更重要的是学生。因此,研究学生身心发展的规律,研究学生在课堂情境中的学习规律,并遵循这些规律组织、安排教学,成了当代流行的一般教学观念和教学行为。

2. 从重视知识传授向重视能力培养转变

当代社会,由于科学技术的飞速发展导致"知识爆炸",知识经验陈旧、周期变短,掌握全部或大部分知识既不可能也失去了必要性,重视知识传授的教学观受到了严峻挑战。因此,教学的主要任务不再只是知识的传授而是培养学生的能力,着重培养学生学习、掌握和更新知识的能力,即"授人以渔"。

3. 从重视教法向重视学法转变

在当代社会,人们深刻地认识到,仅仅重视教法已落后于时代的客观要求,教学过程实质上应该是学生主动学习的过程,教学设计的实质是学生学习目标、学习内容、学习进程、学习方式、学习辅助手段以及学习评价的设计。目前,各种流行而且影响较大的教学方法,比如问题解决法、发现学习法、学导式方法、掌握学习法、异步教学法等,无不渗透出重视教学法的精神。

4. 从重视认知向重视发展转变

在当代社会,人们发现知识甚至智力并不是影响人生成功与否的重要因素,最重要的因素是人的情感,进而提出了"情感智慧"的新概念,情感智慧与已有的认知智慧概念相互对应、统一。同时,教学中重视体质发展也成了一个迫切的现实问题。超越唯一的认知,重视学生身体、认知和情感全面而和谐的发展,成了当代教学观念的基本精神。

5. 从重视结果向重视过程转变

在当代社会,人们意识到教学结果是重要的,但更重要的是教学过程中学生的切身体验,学生的认知体验、情感体验以及道德体验等,正是这些体验决定着教学的最终结果。因此,第一,强调激发学生的兴趣,力求形成学生强烈的学习动机和乐学、善学的学习态度;第二,强调在教师启发引导的基础上,让学生通过独立思考获得对基础知识的领悟和技能、技巧的形成;第三,强调"知—情"对称,注重学生在学习过程中对寓于知识经验中的情感的充分觉察和体验;第四,注重教学方法的灵活多样以及多种方式和方法的综合应用,为学生设计出合乎年龄特点的活动,促使学生在学习过程中得到充分发展。

6. 从重视继承向重视创新转变

在当代社会,人们认为教学的重要功能就是创造文化,学生的主要任务就是通过掌握知识经验,形成创造文化和创新生活的能力。无论是重视学生、重视能力、重视教学法,还是重视发展、重视过程,都是重视创新的体现。

(九) 新课程背景下的教学理念

(1) 新课程倡导教学是课程创新与开发的过程。
(2) 新课程倡导教学是师生交往、积极互动、共同发展的过程。
(3) 新课程倡导教学更为关注人而不只是学科。
(4) 新课程改革的师生关系是一种建立在相互尊重基础上的、动态的、平等的对话关系。
(5) 新课程改革要求建立新的教学目标体系,必须充分体现素质教育的思想。

二、教学反思

(一) 教学反思的概念

教学反思是指教师为了实现有效教学,对已经发生或正在发生的教学活动,以及这些教学活动背后的理论、假设进行积极、持续、周密、深入、自我调节性的思考,在思考过程中,教师能够发现、清晰表征所遇到的教学问题,并积极寻求多种方法来解决问题的过程。

教学反思有两大能力:一是自我监控;二是教学监控。

(二) 教学反思的特点

(1) 实践性;(2) 批判性;(3) 创造性。

(三) 教学反思的基本类型

(1) 根据教学时间,教学反思可以分为教学前反思、教学中反思、教学后反思。
(2) 根据反思的主体,教学反思可以分为自我反思和集体反思。
(3) 根据反思对象,反思可以分为纵向反思、横向反思。
(4) 根据教学理论深浅程度,教学反思可以分为理论反思和经验反思。

(四) 教学反思的基本内容

(1) 对教学目标的反思:反思自己是否达到了教学目标。

（2）对教学过程的反思：反思自己的教学行为是否对学生造成伤害，是否侵犯了学生的权利。

（3）对教学情境的反思：反思教学过程中的精彩片段和不足之处。

（4）反思教育教学是否让不同的学生在学习上得到了不同的发展。

（5）反思自己的教育教学理念。

（6）反思自己的专业知识。

（五）基本方法

（1）行动研究法。

（2）自我提问法。

（3）教学诊断法。

（4）比较法。

（5）阅读新知法。

（六）教学反思的作用

（1）教学反思有利于教案的改进。

（2）教学反思为撰写教学研究、论文提供丰富的素材。

（3）教学反思促进教师的专业发展。

（4）教学反思使经验和教训变成教学智慧，从中得到启发。

（5）教学反思能帮助自己找到问题的解决方法

（6）教学反思使自己学会教学。

（7）教学反思促进自己成长。

波斯纳的公式：经验＋反思＝成长

真题链接

一、单项选择题

1. （2016年中学）陈老师在教学中经常通过口头提问、课堂作业和书面测验等形式对学生的知识和能力进行及时测评与反馈，这种教学评价被称为（　　）。

A. 诊断性评价　　B. 相对性评价　　C. 终结性评价　　D. 形成性评价

答案：D。

【解析】形成性评价是在教学过程中为改进和完善教学活动而进行的对学生学习过程及结果的评价，它包括在一节课或一个课题的教学中对学生的口头提问和书面测验。

2. （2013年小学）在课堂教学中，教师就新内容编制了一些练习题让学生做，以判断学生的掌握程度，这种评价方法是（　　）。

A. 形成性评价　　B. 终结性评价　　C. 配置性评价　　D. 甄别性评价

答案：A。

【解析】在教学过程中为改进和完善教学活动而进行的评价是形成性评价。

3. （2013年小学）为了便于因材施教，学校对报名参加英语课外小组的学生进行水平测试，并据此进行编班，这种评价属于（　　）。

A. 诊断性评价　　B. 安置性评价　　C. 终结性评价　　D. 形成性评价

答案：B。

【解析】为了编班而进行的评价属于安置性评价或配置性评价。

4. （2015年小学）以评价对象自身的状况作为参照标准，对其在不同时期的进步程度进

真题链接

行评价，这种评价属于（　　）。
A. 绝对评价　　　B. 相对评价　　　C. 终结性评价　　　D. 个体内差异评价
答案：D。
【解析】个体内差异评价是对被评价者的过去和现在进行比较，或将评价对象的不同方面进行比较。

5.（2016年小学）新学期第一堂体育课，张老师对学生进行体能测试，以作为分组教学的依据，这种评价属于（　　）。
A. 过程性评价　　　B. 终结性评价　　　C. 诊断性评价　　　D. 个体内差异评价
答案：C。
【解析】一个阶段开始的时候进行的评价是诊断性评价。

二、辨析题

（2013年中学）教学评价就是对学生学业成绩的评价。
【答案要点】
(1) 这句话是不正确的。
(2) 教学评价是指以教学目标为依据，通过一定的标准和手段，对教学活动及其结果进行价值上的判断，即对教学活动及其结果进行测量、分析和评定的过程。教学评价主要包括对学生学习结果的评价和对教师教学工作的评价，也可以划分为学生学业评价、课堂教学评价和教师评价。学生学业评价只是教学评价的一部分。

第九节　教学实施（教学的基本技能）

一、教学过程的组织和策略

（一）教学过程组织

教学过程的组织是课堂教学组织的关键，教师应做到以下几方面。
(1) 环环相扣，循序渐进。
(2) 重点突出，疏密相间。
(3) 动静搭配，新颖有趣。

（二）教学过程的策略（停止策略）

停止策略即将阻止或改变某一或某些学生的不良课堂行为的愿望以某种方式传递给学生，由此纠正某些学生的不良行为。

停止策略具有强制性水平差异。强制性水平分为低、中、高三个层次。
(1) 低层次：教师采用非语言的方式，一个手势、一个眼神等细小动作暗示学生。
(2) 中层次：以语言、谈话、非强迫性方式向某些学生提出停止暗号。
(3) 高层次：教师以改变了音调的语言或以强制性非语言方式改变学生的不良行为。

停止策略有两种表达技巧：当众的（让其他学生知道）或私下的（不让其他学生知道）。

最佳的停止策略是低层次的、私下的。

二、课堂教学导入技能

（一）教学导入的概念

所谓教学导入，是指在上课之初，教师利用几分钟的时间，运用简洁的言语或行为，将学生的注意力吸引到特定的教学任务和程序之中的引导性教学行为。

（二）教学导入的作用

一般而言，教学导入具有引起注意、激起动机、渗透主题和带入情景作用。

（三）课堂教学导入的类型

1. 直接导入

直接导入指上课伊始，教师开宗明义，直接点题，把教学内容及所要达到的目标直截了当地告诉学生的一类导入形式。直接导入一般借用课题、人物、事件、名词、成语等为引入语，然后直接概述新课的主要内容及教学程序，使学生明确本课所要完成的任务，从而把学生的注意力引向这节课所要学习的问题上来，准备参与教学活动。其优点是一句话就把宗旨讲出来，使学生心中有数，教学也就围绕这个宗旨进行论述。

2. 经验导入

经验导入是通过建立学生已有经验与新知识之间的联系，进而引发学生学习动机、形成学习氛围的一类导入形式，如复习、提问、做习题。

3. 直观（观察）导入

直观导入是教师在讲授新课题之前，先引导学生观察实物、样品、标本、模型、图表、幻灯片、电视等，引起学生的兴趣，再从观察中提出问题，创设研究问题情景的导入方法。

4. 故事导入

故事导入是教师通过讲解与所要学习内容有关的故事、趣事，进而引发学生学习动机的一类导入形式。

5. 设疑导入（悬念导入、问题导入、悬疑导入）

设疑导入是通过设置悬念、提出问题，进而激发学生兴趣，调动学生思维的一种教学导入形式。这种方式有启发性的提问，能激起学生的学习激情，打开学生的思路，促进学生积极动脑思考，引导学生场所预言、各抒己见。另外，学生带着问题去学习，主动性会更强。

6. 活动导入

活动导入是通过组织学生讨论、操作、游戏等活动，进而调动学生学习积极性的一种教学导入形式。

7. 游戏导入

这种导入法是组织学生自导自演与教学内容有关的游戏、小品等导入新课。

8. 引趣式导入法

这种导入法是教师在开讲时，善于利用教材和教学本身及学生的特点去激发学生的兴趣，促进学生形成最佳的心理状态，使学生由被动地学变为主动地学。开课时，教师可以根据教学内容和学生特点采取如做游戏、猜谜语、讲笑话等激发学生的兴趣并拓展联想的空间，在愉悦中解疑并获取知识。如小学数学教师利用儿歌导入或根据上课内容开课时讲笑话。

9. 情境式导入法

情境式导入法要求教师在课堂上利用幻灯、实验、图画、挂画、游戏、语言等各种教学手段，创设出趣味横生的情境，在情境中巧设机关、引起悬念、制造冲突、诱发思维、启迪智慧，使学生的心理处于兴奋状态，有助于加深对教学内容的探索和理解。

10. 激励式导入法

激励式导入法可以使学生受到震惊或震动，受到鼓舞和激励，产生极大的学习热情。激励式导入可以用名人真迹、名言警句、生活事实、珍闻逸事等。主要有借用名言、名人事迹、事实三种方法。

11. 比较导入法

比较导入法是通过同一类事物的对比分析，使知识具体化、形象化，并使学生在直观类比中发现问题、分析问题，揭示异同，加深对新知识的理解和认识。

12. 练习式导入法

练习式导入法是教师在上课前，组织学生复习旧的知识，以学生已有的知识过渡到学习新的知识，这样可以让学生通过对比形成新的认识，增强题目的新颖性，使学生产生强烈的求知欲望和良好的学习动机。

（四）导入新课的基本要求

1. 注重简洁性

导课的目的是吸引学生注意力，进入学习状态，所以要简洁，以 2~3 分钟为宜。

2. 激发趣味性

导课要调动学生的学习兴趣，让学生在愉快中学习。

3. 注意针对性

导课要与教学内容相联系，沟通新旧知识，要有明确的目的性和针对性。

4. 体现启发性

导课内容要能够引发学生的积极思考。

此外，教师还要恰当把握导入的"度"。

三、课堂教学讲授技能

（一）课堂讲授技能的概念

根据教学目标的要求和学生的身心特点，教师对教学内容讲解、分析、论证，帮助学生掌握知识、形成技能的过程。

（二）课堂讲授技能的作用

传授新知，答疑解惑，开发智力，激发兴趣，明确方向。

（三）课堂讲授技能的类型

1. 归纳式讲授

是引导学生通过对多个具体事务及具体事实材料进行分析、比较、归纳，概括出一般原理规律，最后得出结论的讲授方式。即由具体问题到一般结论，从具体到抽象。

2. 演绎式讲授

在一般结论、原理的基础上，引导学生领悟对具体问题的解释的讲授方式，即由一般到具体，举一反三。

3. 描述式讲授

是运用富有感情色彩和感染力的语言将讲述的内容形象化，从而唤起学生对此事物的想象、理解和情感上的体验的讲授方式。适合小学语文、英语等重点内容突破时的讲授。

4. 解释性讲授

是教师在引导学生观察的基础上，对较难懂的词、语句、原理、规律等，运用通俗易懂的语言，合理地加以说明的讲授方式。

（四）课堂讲授的基本要求

（1）注重系统性：内容讲授要条理清晰、层次分明、重点突出，符合学生的认知特点。

（2）把握科学性：知识讲授要准确无误、通俗易懂。

（3）注重适宜性：要考虑学生的接受能力，采用不同的讲授方式，同时要考虑进度和难易度等。

（4）体现形象性：借助形象化的语言、实物、模型、影像等帮助学生形成感性认识。

（5）增强趣味性：引起学生兴趣，主动学习。

（五）课堂提问技能

1. 提问的含义

提问是指教师在学生已有知识的基础上，向学生提出适当问题，引导学生思考，促进学生自觉学习的方式。

2. 提问的作用

激发学生学习兴趣，提升学生注意力，培养学生思维习惯，培养学生表达交流能力，反馈学生学习信息。

3. 提问的类型

（1）回忆提问。

回忆提问是从巩固所学知识出发设计的提问。通过提问让学生回忆、复习前面学过的知识，通过复习旧知，求得新知。

（2）理解提问。

理解提问是检查学生对事物本质和内部联系的把握程度的提问。需要学生对已学过的知识进行回忆、解释、重新整合，对学习材料进行内化处理，组织语言然后表达出来。

（3）应用提问。

应用提问是检查学生在具体情境中应用所学概念、规则、原理解决实际问题的能力水平的提问。通过应用，学生把理论知识和社会生活实践联系起来，培养和提高学生解决问题的能力。

（4）分析提问。

分析提问是要求学生通过分析知识结构，弄清概念之间的关系或者事件的前因后果，最后得出结论的提问。学生必须通过认真思考，对材料进行加工、组织、解释和鉴别才能回答问题。

（5）综合提问。

①综合提问是要求学生发现知识之间的内在联系，并在此基础上把教材中的概念、规则等重新组合的提问方式。

②综合提问的目的在于训练学生掌握把事物的各个部分、方面、要素、阶段连接成为整体进行考查，并找出其相互联系的提问。

（6）评价提问。

①评价提问是让学生运用一定的准则和标准对观念、作品等作出价值判断，或进行比较和选择的一种提问。

②评价提问是最高层次的提问，目的在于训练学生对人、事、物进行比较、鉴赏和评价的能力。学生在回答此类问题时必须先设定标准和价值观念，再据此对事物作出判断和选择。这是为了考查学生对知识的掌握情况而进行的提问方式。通过这种提问能够获得学生学习情况及教师教学情况的反馈信息，也能够让学生对自己的学习结果有具体的了解。

（7）扩展式提问。

扩展式提问的目的是引导学生从不同方向、不同角度、不同侧面进行思考。

（8）检查性提问。

是为了检查课堂教学效果而进行的提问。

（9）比较性提问。

是对两个以上容易混淆的教学内容进行对比，从而分化知识的提问。

（10）探究式提问。

是学生在老师的引导下，对某一特定问题充分思考，尝试独立解决问题的提问。

（11）总结性提问。

是为了让学生对零散的知识进行综合而进行的提问。这种提问可以帮助学生形成概括能力，形成知识体系。

4. 教师提问中的师生对话

"教学即对话"是建立在民主、平等、尊重、信任基础上，突出师生之间、生生之间的情感、思想、价值观等多方面的沟通和交流，是不断追求创新性，尊重学生主体性的教学方式。它包含以下内容。

（1）教学过程中的对话是师生平等的交流，要充分发挥两者的主体性和创造性。

（2）提问是师生对话的关键。提问要激发学生分散思维，调动学习的主动性。

（3）教学过程中的师生对话需要师生间的合作。课堂是对话的主阵地，只有师生相互配合与合作才能达到好的效果。

5. 教师在教学对话中的角色定位

（1）学生真诚朋友的角色——把学生看成独立的个体，平等对待。

（2）首席发言人角色——教师是平等对话的首席发言人，是学生学习兴趣的激发者和话题引发者，是"抛砖引玉"的引导者。

（3）主持人和裁判员的角色——教师的主导作用要放在学生的自治管理上，放在帮助学生形成自主学习能力上。教师要做主持人、裁判员、评论员，充分调动学生的主动性、积极性，体现学生的主体地位和教师的主导地位。

（六）课堂提问的基本要求

（1）提出的问题要适合学生的年龄特征、知识水平，学生能够"跳一跳、够得着"。

（2）提出的问题要突出重点和难点。

（3）提问的问题要预想出学生可能的答案及处理方法。

（4）提问要抓住时机。

（5）提问要有目的性。

（6）学生回答问题后，要及时帮助分析、确认，形成正确的反馈。

四、教学反馈和强化技能

（一）教学反馈技能

1. 教学反馈的概念

教学反馈是指教师在课堂教学中，有意识地收集和分析教育教学的状况，并作出相应反应的教学行为。它是完成教学进程的重要环节，是强化和调控目标检测的重要手段，具有激励、调控和预测的作用。

2. 教学反馈技能的基本要求

（1）要以促进学生的学习为目的。

（2）要多途径地获得学生的反馈信息。

（3）反馈必须及时。

（4）反馈必须准确。

(5) 指导学生学会自我反馈。

(二) 教学强化技能

1. 教学强化的概念

教学强化是指教师采用一定方法促进和增强学生某一行为向教师期望的方向发展的教学行为。

2. 教学强化技能的类型

(1) 言语强化。

①当教师在学生作出行为和反应后给予学生某种积极的语言评价就属于言语强化。

②言语强化有口头语言强化和书面语言强化两种形式。

(2) 非言语强化。

当教师运用某种非言语因素的身体动作、表情和姿势等传递一种信息，对学生的某种行为表现表示赞赏和肯定时，这种强化就是非言语强化。非言语动作一般是目光接触、点头微笑、靠近学生、体态放松或作出某种积极的姿态。

(3) 替代强化。

替代强化是指观察者因看到榜样的行为感化而受到强化。

(4) 延迟强化。

一般而言，教师会对学生的理想行为表现予以及时强化，但有时对学生前一段时期的行为也可以进行强化。这种强化不但可能，而且有时效果还特别好。这种对以前行为的强化就是延迟强化。

(5) 局部强化。

如果学生的行为表现只能部分地认可，教师就可以采用局部强化，即只强化你认可的那部分行为以及相应的欲望，激励学生继续完全实现理想的行为。

(6) 符号强化（代币制方法）。

符号强化又称标志强化。教师可以用一些醒目的符号、色彩的对比等来强化教学活动。符号强化尤其适用于小学生，代币制方法就是非常成功的例子。

(7) 活动强化。

活动强化是指教师让学生承担任务从而对学生的学习行为进行的强化。它有助于开发学生的潜能，有助于培养学生的创新精神和实践能力。

3. 教学强化技能的基本要求

(1) 强化目标要明确。

(2) 强化态度要诚恳。

(3) 强化时机要恰当。

(4) 强化方式要灵活。

(5) 强化要与反馈有机结合。

五、课堂教学总结

(一) 课堂教学总结的含义

课堂教学总结是指在教学任务即将结束时，有目的地对所学内容进行梳理、总结的过程。

(二) 课堂教学总结的作用

课堂教学总结可以使知识技能系统化；课堂教学总结可以使知识牢固记忆；课堂教学总结可以承上启下，实现知识过渡；课堂教学总结可以激发学生的情趣，使学生对下次学习充满期待。

（三）课堂教学总结的种类

(1) 归纳式总结：教师引导学生用精练的语言对所学知识进行概括、总结、梳理，来形成知识体系的总结方式。
(2) 比较式总结：是通过辨析、对比、讨论等方式结束课堂教学的方式。
(3) 图表总结式：是通过图示、表格等对所讲内容进行梳理的方式。
(4) 练习式总结：是通过练习、作业的方式来结束课堂教学的方式。
(5) 活动式总结：是在活动中运用知识、结束课堂教学的方式。
(6) 口诀式总结：把所学知识编制在口诀里，帮助学生记忆的结束方式。
(7) 角色扮演式总结：是教师或学生扮演教学内容里的角色来结束教学的方式。

六、板书的技能

（一）板书技能的含义

板书技能就是将教学内容的主干部分用文字、图形、表格等方式呈现在黑板上的技能。

（二）板书的作用

(1) 长时间地向学生传递知识。
(2) 启发学生思维，明确课程思路。
(3) 形象直观，有利于学生形成感性认识。
(4) 教学内容提纲挈领，突出重点。

（三）板书的类型

(1) 提纲式板书：用简练的语言、符号把教学内容呈现在黑板上。
(2) 表格式板书：把相似的知识点列入表格进行分析的板书方式。
(3) 图形式板书：把事物形态、关系、结构等用图画或图示的形式表达在黑板上。

（四）板书的要求

(1) 字迹工整，整洁清楚。
(2) 美观大方，布局规范。
(3) 语句简明，富有启发。
(4) 逻辑严谨，科学正确。
(5) 新颖独特，灵活多样。

七、课堂教学情景创设

（一）课堂教学情景创设的概念

课堂教学情景创设是教师在课堂教学中，根据教学内容、教学目标，学生的认知水平和心理特征，灵活、有效地创造具体、生动的形象，能够有效激发学生的学习兴趣，促使学生迅速准确地感知、理解、运用教学内容，让学生在具体情境连续不断地启发下，有效地进行学习的教学活动方式。

（二）课堂教学情境创设的价值

(1) 从教学理论上分析，创设课堂教学情景首先是"教师主导作用和学生主体作用相统一"的教学规律，符合启发性教学原则。
(2) 从方法论上看，创设课堂教学情境是运用反映论的原理，根据客观存在对学生的主观意识创设特定的教学情境，使学生置身于特定的情境中。客观的情境不仅会影响学生的认识心理，而且能调动学生的情感等非智力因素，从而促进学生理解知识，形成特定的意识。
(3) 从教学实际来看，创设课堂教学情境具有重大意义。

①能够降低教学难度，便于学生全面、透彻地感知、理解教学内容，便于学生准确、快捷地运用知识解决问题。

②能够降低学生学习的疲劳程度，使学生保持良好的学习状态。

③能够有效地激发、保持学生的学习热情，积极地参与教学活动。

（三）课堂教学情境创设的方式

（1）故事化情景。

（2）活动化情境。

（3）生活化情境。

（4）问题化情境。

（四）课堂教学情景的创设方法

（1）实验法；（2）演示法；（3）表演法；（4）游戏法：常用于小学中低年级教学情境的创设；（5）故事法；（6）比喻法；（7）形象渲染法；（8）介绍困惑材料法；（9）提问法；（10）有意错误法；（11）生动讲述法。

（五）设计课堂教学情境应注意的问题

（1）情境作用的全面性。

（2）情境作用的全程性。

（3）情境作用的发展性。

（4）情境的真实性。

（5）情境的可接受性。

（六）课堂教学情境创设的要求

（1）创设的课堂教学情境应与教学目标保持高度一致。

（2）创设的教学情境应能启发学生的思维。

（3）创设的教学情境应严谨，无科学性错误。

（4）课堂教学要把握动态生成的情境。

（5）课堂教学情景的运用要适度。

八、课堂教学的基本策略和管理策略

（一）课堂教学交往策略

1. 讲述行为策略

讲述行为是指教师以口头语言向学生呈现、说明知识，并使学生理解知识的行为。

2. 对话教学策略

对话教学是指对话各方在相互尊重、民主平等的基础上，以语言符号为中介而进行的话语、精神、思想等方面的双向交流、沟通与理解的一种教学形态。对话教学策略包括四个策略。

（1）提问策略。

（2）待答策略。

（3）导答策略。

（4）理答策略。

3. 课堂讨论策略

课堂讨论是班级成员之间的一种互动交流方式，目的在于通过交流各自观点形成对某一问题较为一致的理解、评价或判断。教师要组织好学生的讨论，需要关注以下策略。

（1）问题设计要符合教学目标的要求。

①教学目标是指教学活动的主体在具体教学活动中所要达到的预期结果和标准。
②教学目标是衡量教学任务完成与否的标准。

(2) 问题设计要切合学生的特点。

教师设计问题要考虑学生的两个特点：一是整体特点，即处在某个年龄阶段学生的智力水平、认知结构、学习风格、知识累积、课程资源及文化背景等；二是个体特点，即每个学生的兴趣爱好、智力差异等。

(3) 问题设计要突破学科的限制。

4. 课堂练习指导策略

课堂练习指导是教师通过帮助学生成功地完成课堂练习，达到掌握知识或技能的目标，保证教学顺利进行的行为。要组织好、指导好课堂练习，教师需关注以下策略。

(1) 练习要与教学目标相一致。
(2) 练习准备要充分。
(3) 练习方式多样化。
(4) 练习题量要适中。
(5) 练习题型要均衡。
(6) 练习难度要适当。

(二) 课堂管理策略

课堂管理是指教师为有效利用时间、创造愉快的和富有建设性的学习环境，以及减少课堂问题行为而采取的组织教学、设计学习环境、处理课堂行为等一系列活动和措施。课堂管理不仅是课堂教学顺利进行的基本保证，而且是提高教学质量的有效途径。

1. 课堂问题行为管理策略

课堂问题行为是在课堂中发生的，与课堂行为规范和教学要求不一致，并影响正常课堂秩序及教学效率的行为。产生的因素主要是教师的教育失策因素、学生的身心因素及家庭因素、社会等环境因素。运用的策略如下：

(1) 运用先行控制策略，事先预防问题行为。
(2) 运用行为控制策略，及时终止问题行为。
(3) 运用恰当的矫正策略，有效转变问题行为。

2. 课堂教学中的惩罚策略

(1) 抓住时机，灵活处理；(2) 了解情境，合理惩罚；(3) 对待"差生"，慎用惩罚。

3. 课堂时间管理策略

(1) 坚持时间效益观，最大限度地减少时间的损耗。
(2) 把握最佳时域，优化教学过程。
(3) 保持适度信息，提高知识的有效性。
(4) 提高学生的参与程度，争取更多的时间用于学习。
(5) 提高学生专注率，提高学生学习时间的效率。

九、教学设计

(一) 教学设计概述

1. 概念

教学设计是指在实施教学之前由教师对教学目标、教学方法、教学评价等进行规划和组织并形成设计方案的过程。

2. 教学设计的依据
(1) 理论依据。
①现代教学理论、学习理论与传播理论。
②系统的原理和方法。
(2) 现实依据。
①教学的实际需要。
②教师的教学经验。
③学生的需要和特点。
3. 教学设计的基本要素
学习者，学习目标，教学策略，教学评价。

(二) **教学目标设计**
1. 教学目标的概念
教学目标是指在教学活动中所期待得到的学生的学习结果。教学目标是整个教学设计中最重要的部分。
2. 教学目标的作用
(1) 教学目标是选择教学方法的依据。
(2) 教学目标是进行教学评价的依据。
(3) 教学目标具有指引学生学习的方向。
3. 教学目标的分类
(1) 布鲁姆的教学目标分类。美国教育心理学家布鲁姆将教学目标分为认知、情感和动作技能三个领域。
(2) 加涅的分类。美国著名教育技术专家加涅将学生的学习结果或教学目标分为五类：言语信息，智力技能，认知策略，动作技能和态度。
(3) "三维"目标。新课程提出了"三维"目标：知识与技能，过程与方法，情感态度与价值观。
4. 教学目标设计的基本要求
(1) 一般目标和具体目标相结合。
(2) 集体目标和个人目标相结合。
(3) 难度适中。
(4) 便于检测。
5. 教学目标的表述要求
正确表述教学目标地是实现教学目标的基础和前提。一个完整的教学目标表述由四个部分组成：明确教学对象，表达学习结果的行为，表现行为的条件和学习程度。
(1) 明确教学对象是指说明教学目标是针对谁提出的，行为主体是学生而不是教师。
(2) 表达学习结果的行为是一个学程结束后应获得的知识、技能和产生的行为。
(3) 表现行为的条件指影响学生产生学习结果的特定的限制或范围。
(4) 学习程度是指用以测量学习表现或学习结果所达到的程度，它是评价学生成绩的最低标准。
6. 教学目标的陈述
教学目标设计的前提是教学目标的明确化。教学目标的陈述方法包括以下两种。
(1) 行为目标陈述法。行为目标的陈述具备三个要素：可观察的行为、行为发生的条件和可接受的行为标准。

（2）心理与行为相结合的目标陈述法。
（三）**教学策略设计**
1. 教学策略的概念
教学策略指教师采取的有效达到教学目标的一切活动计划，包括教学事项的顺序安排、教学方法的选用、教学媒体的选择、教学环境的设置以及师生相互作用设计等。
2. 可供选择的教学策略
（1）以教师为中心的教学策略。
①直接教学（指导教学）：直接教学是以学习成绩为中心，在教师指导下使用结构化的有序材料的课堂教学策略。
②接受学习：接受学习是奥苏贝尔所倡导的，是在认知结构同化理论的基础上提出来的，也是我们通常所提到的讲授式教学策略。接受学习的环节包括：
　a. 呈现先行组织者。
　b. 提供学习任务和学习材料。
　c. 增强认知结构。
（2）以学生为中心的教学策略。
①发现学习。发现学习是指给学生提供有关的学习材料，让学生通过探索、操作和思考，自行发现知识、理解概念和原理的教学方法。发现学习的教学阶段如下。
　a. 创设问题情境，使学生在这种情境中发现其中的矛盾，提出问题。
　b. 促使学生利用教师所提供的某些材料，针对所提出的问题，提出要解答的假设。
　c. 从理论上或实践上检验自己的假设。
　d. 根据实验获得的一次性材料或结果，在评价的基础上引出结论。
发现教学的教学设计的原则如下。
　a. 教师要将学习情境和教材性质向学生解释清楚。
　b. 要配合学生的经验，适当组织教材。
　c. 要根据学生的心理发展水平，适当安排教材难度与逻辑顺序。
　d. 确保材料的难度适中，以维持学生的内部学习动机。
②情境教学。情境教学指在应用知识的具体情境中进行知识的教学的一种教学策略。
③合作学习。合作学习指学生们以主动合作学习的方式代替教师主导教学的一种教学策略。
合作学习分组的原则如下。
　a. 组内异质，组间同质。
　b. 小组成员人数以5人左右为宜。一般说来，最为有效的小组成员人数是4~6个。
合作学习在设计上具备的特征如下。
　a. 分工合作。
　b. 密切配合。
　c. 各自尽力。
　d. 社会互动。
　e. 团体过程。
④个别化教学。个别化教学指让学生以自己的水平和速度进行学习的一种教学模式。个别化教学系统的特点是：
　a. 自定进度。
　b. 自行掌握。
　c. 学生相互辅导。

d. 教师指导。
e. 自由式讲课。
⑤程序教学。程序教学是一种能让学生以自己的速度和水平自学，以特定的顺序和小步子安排材料的个别化教学方法。其始创者通常被认为是教学机器的发明人普莱西，但对程序教学贡献最大的却是斯金纳。斯金纳提出了编制程序的五条基本原则：小步子、积极反应、及时强化（反馈）、自定步调、低错误率。
⑥掌握学习。掌握学习是由美国心理学家布鲁姆提出来的一种适应学习者个别差异的教学方法。掌握学习的适用范围是：
a. 掌握学习更适合基础知识和基本技能的教学。
b. 掌握学习更适合学习能力较低的学生以及有各种特殊需要的学生。
⑦计算机辅助教学。计算机辅助教学简称 CAI，是指使用计算机作为一个辅导者呈现信息，给学生提供练习机会，评价学生的成绩以及提供额外的教学。与传统教学相比，CAI 的优越性是：
a. 交互性，即人机对话。
b. 及时反馈。
c. 以生动形象的手段呈现信息。
d. 自定步调。

（四）教学评价设计

1. 教学评价的类型

（1）按对教学评价的处理方式不同，分为常模参照评价与标准参照评价。

①常模参照评价：常模参照评价以学生团体测验的平均成绩（即常模）为参照点，比较分析某一学生的学业成绩在团体中的相对位置。

②标准参照评价：标准参照评价则以教学目标所确定的作业标准为依据，根据学生在试卷上答对题目的多少来评定学生的学业成就。

（2）按教学评价中使用测验的来源，分为标准化学业成就测验和教师自编测验。

①标准化学业成就测验：标准化学业成就测验是指由学科专家和测验编制专家按照一定标准和程序编制的测验，在国外得到普遍使用。

②教师自编测验：教师自编测验是教师根据教学需要自行设计与编制的测验，通常没有统一、具体的规定，内容及取样全部由任课教师决定，操作过程容易，适用于测量教师设定的特殊教学目标，可作为班内比较的依据。

2. 教学评价的方法与技术

（1）教师自编测验。

①学校教学评价中使用最多的是教师自编测验。

②教师编制测验的基本原则包括：

a. 从测验本身角度看，主要涉及：测验内容符合评价目的，测验编制的科学性，测验的使用必须具备一定效果。

b. 从题目角度看，主要涉及：测验题目与目标、内容的一致性，题目具有代表性，题目形式与测验目的一致。

（2）观察评价。

观察评价是指教师在教学过程中对学生的学习表现和学习行为进行自然观察，并对观察到的现象做客观、详细的记录，然后根据这些观察和记录对教学效果作出评价。

（3）档案评价。

档案评价又称文件夹评价或成长记录袋评价，是依据档案袋收集的信息对评价对象进行客观、综合的评价。

3. 教学评价结果的处理

（1）评分。评分有相对评分和绝对评分两种。

（2）评价报告。

（五）教案的设计技能

1. 教案的内涵

教案是教师经过周密策划而设计出来的关于课堂教学的具体实施方案，通常以一节课为单位编写，也称为课时教学进度计划。

2. 教学设计、教案设计、教学论与教学法

教学设计与教学论、教学法以及教师的教案既有区别又有联系。教学论是研究教学的一般规律的科学，是应用性的理论科学，对教学设计具有直接的指导作用。

教案是教学设计的具体产物之一，是教学设计指导教学过程的具体体现，但是教学设计并不局限于对某一教学内容得出一套具有针对性的教案，它需要对教与学的各个方面进行系统分析，提出并不断改进教学方案。教案是教学设计的呈现形式，是教学设计工作的一种书面化表述，而教学设计是形成教案的一个"系统化"过程。

3. 教案的类别

教案可以分为讲义式教案、提纲式教案和程序式教案。

4. 教案的基本内容

教案编写没有固定的模式，其内容一般包括课题名称、课型、课时、教学目标、教学重点和难点、教具、教学方法、教学过程、作业设计、板书设计、课后反思等。

（1）课题名称。

课题名称即所授课的名称。

（2）课型、课时。

课型是指根据教学任务划分出来的课堂教学的类型。在教案中常见的有讲授课、练习课、复习课、实验课、示范课、研讨课、汇报课、观摩课、优质课、录像课等。课时是教学内容的时间单位，一个课时也就是一节课所占用的时间。

（3）教学目标

教学目标要写得具体明确、恰当适中，有指导作用。

（4）教学重点、难点。

教学重、难点是依据本节课的教学目标确定的。

（5）教具。

教具又称教具准备，是指辅助教学使用的工具，如多媒体、模型、标本、实物、音像制品等。

（6）教学方法。

教学方法是指在教学过程中使用的方法，如提问、讨论、启发、自学、演示、演讲、辩论等。

（7）教学过程。

①教学过程是教师为了实现教学目标，完成教学任务而制订的具体的教学步骤和措施。

②一个完整的教学过程包括以下几部分：导入，讲授新课，巩固练习，归纳小结。

（8）作业设计。

作业是课堂教学的延续，是实现教学目标不可缺少的环节。

(9) 板书设计。

板书是教师在黑板上为配合讲授，运用文字、图画和表格等视觉符号传递教学信息的教学行为方式，它具有提示、强化、示范、解析、直观、总括的作用。板书设计的原则分别为：直观性、实用性、审美性、创造性、简约性与科学性。

(10) 课后反思。

课后反思是教案执行情况的经验总结，其目的在于改进和调整教案，为下一轮授课的进行提供更好的教学方案。

5. 教案设计的要求

(1) 端正态度，高度重视。
(2) 切合实际，坚持"五性"。"五性"即科学性、主体性、教育性、经济性和实用性。
(3) 优选教法，精设题型。
(4) 重视"正本"，关注"附件"。
(5) 认真备课，纠正"背课"。
(6) 内容全面，及时调整。

第十节　教学语言表达

一、教学口语表达

（一）教学口语的概念

教学口语表达是教师用正确的语音、语调、语义、合乎语法逻辑的口头语言对教材内容和学生问题等进行叙述、解释、说明的行为方式。

（二）教学口语表达的要求

(1) 教育性。
(2) 科学性。
(3) 针对性。
(4) 规范性。
(5) 口头性。
(6) 启发性。
(7) 可接受性。

（三）教学口语的功能

教学口语具备传递信息、调控课堂教学、促进学生思维发展、建立和谐师生关系等功能。

（四）教学口语的分类

(1) 根据教学口语的信息流向，可分为单向传输语言、双向传输语言和多向交流语言。
(2) 根据教学口语的不同阶段，可分为导入语、讲授语和结束语。
(3) 根据教学口语内容的性质，可分为说明性语言、叙述性语言、描述性语言、论证式语言、抒情式语言、评价性语言、演示性语言和概述性语言。

（五）教学口语的构成要素

教学口语是由语音和吐字、音量和响度、语速、语调和节奏、词汇、语法等几个相互联系、相互制约的要素构成的。

（六）课堂教学口语的基本要求

(1) 符合规范，内容科学，合乎逻辑。

(2）通俗易懂，生动活泼，富于启发。
(3）条理清晰，层次分明，重点突出。
(4）富于创造性，有独特的风格。

（七）教学口语表达技能提高的途径
(1）提高内在修养水平。
(2）强化语言外化能力。
(3）在实践中进行训练。

二、教态语言表达

（一）教态语言的概念
教态语言表达主要是指教师利用表情、动作、手势等体态语，辅助口语语言传递教学信息和表达情感的行为方式。教态语言表达技能是形成教师教学个性与风格的重要因素。

（二）教态语言的功能
课堂教学中，教态语言具有教育、传递信息、激励、调节学生学习活动等功能。

（三）教态语言的特征
(1）辅助性。
(2）连续性。
(3）表情性。
(4）动作性。
(5）情境性。

（四）教态语言的类型
1. 身姿变化
(1）站姿。
(2）走姿。
(3）手姿。

2. 面部表情
(1）眼神。
(2）微笑。

3. 外表修饰
(1）衣着服饰。
(2）发型、配饰。
(3）化妆。

（五）教态语言的基本要求
(1）身姿稳重端庄，自信得体。
(2）表情真实自然，适度适当。
(3）衣着朴实整洁、美观大方。

真题链接

单项选择题

1.（2014年小学）张老师在上《爱因斯坦与小女孩》一课时说："同学们，你们知道吗？爱因斯坦不仅是一位世界著名的大科学家，而且还会拉小提琴，今天我们就来学习这一

真题链接

课。"这属于（　　）。

　　A. 直接导入　　　B. 经验导入　　　C. 故事导入　　　D. 直观导入

答案：A。

【解析】上课伊始，开宗明义导入新课属于直接导入。

2.（2015年小学）林老师在教《借生日》时，先板书"生日"，然后让学生说说自己的生日是哪一天，又是怎样过生日的；接着又板书"借"，并提出问题："每个人都有自己的生日，为什么要借生日？""生日能借吗？"这种导入方法属于（　　）。

　　A. 故事导入　　　B. 情境导入　　　C. 悬念导入　　　D. 直接导入

答案：C。

【解析】林老师通过不断提问，设疑来引起学生兴趣，属于悬念导入。

试水演练

一、单项选择题

1. 老师在布置家庭作业时，不妥当的是（　　）。
   A. 家庭作业的布置与教学目标相一致
   B. 家庭作业的形式要富于变化，并有适当的难度
   C. 给学生以适当的帮助
   D. 只给学生一些知识性记忆的作业

2. 从教学组织形式上来看，课堂教学是教学的（　　）。
   A. 唯一组织形式　　B. 基本组织形式　　C. 重要组织形式　　D. 辅助形式

3. 孔子要求"学而时习之""温故而知新"，是说在教学中要贯彻（　　）原则。
   A. 理论联系实际　　B. 循序渐进　　C. 启发性　　D. 巩固性

4. 取得教学成功的内因是（　　）。
   A. 教师的主导作用　　　　　　B. 学校的管理作用
   C. 教材的媒体作用　　　　　　D. 学生的主体作用

5. 我同古代墨子提出"夫智者必量其力所能至而如从事焉。"它所体现的教学原则是（　　）。
   A. 现固性原则　　B. 量力性原则　　C. 直观性原则　　D. 因材施教原则

6. 讲授法的基本方式包括（　　）。
   A. 讲述、讲解、讲读、讲演　　　　B 讲述、讲解、讲读、讲评
   C. 讲述、讲评、讲演、讲读　　　　D. 讲解、讲演、讲读、讲评

7. 最早的教学过程思想即学、思、行统一的观点，其提出者是（　　）。
   A. 孔子　　　　B. 昆体良　　　　C. 杜威　　　　D. 夸美纽斯

8. 课外辅导是上课的（　　）。
   A. 延续　　　　B. 必要补充　　　　C. 扩展　　　　D. 深化

9. 现代教育评价理念提倡的是（　　）。

A. 发展性评价　B. 形成性评价　　C. 终结性评价　　　D. 自我评价

二、辨析题
1. 衡量一节课好坏的标准是教师教得怎么样。
2. 教学方法是由教学内容决定的。

三、简述题
1. 简述启发性原则的含义及贯彻此原则的要求。
2. 简述教学的意义。

四、材料分析题
一天，老师正在讲课，突然天色大变，狂风呼啸，乌云滚滚，电闪雷鸣，大雨倾盆而下，学生坐不住了，纷纷窃窃私语。见到这情景，这位教师干脆放弃原有的教学计划，顺应学生的好奇心，让学生趴在窗前尽情地观察起雨景来，10分钟后学生才回到座位上。

老师：谁能用我们背过的古诗来形容一下刚才的天气？

学生：山雨欲来风满楼。

学生：碧山还被暮云遮。

学生：黑云翻墨未遮山，白雨跳珠乱入船。

老师：好，这一句极为贴切。

学生：老师，我认为应该是"白雨跳珠乱入窗"才对。

学生：改为"乱敲窗"更好，"乱敲窗"说明了雨点大，而且像个调皮的小娃娃，好像也要挤进来和我们一起读书。

改完诗，教师又要求同学们把刚才的雨景和争论都写下来。不长时间，一篇篇情真意切的习作便应运而生了。

请结合教学过程的基本规律分析此材料。

五、复习思考题
1. 中小学教学的基本任务有哪些？
2. 怎样理解教学的过程及本质？
3. 教学过程中的基本规律有哪些？怎样运用？
4. 教学过程的基本阶段有哪些？
5. 什么是教学原则？中小学常用的教学原则有哪些？运用这些原则时应该注意什么？
6. 什么是教学方法？其指导思想是什么？
7. 选择教学方法的依据有哪些？
8. 中小学常用的教学方法有哪些？运用时应注意什么？
9. 教学工作的基本环节有哪些？各起什么作用？
10. 教师怎样备课？
11. 评价一堂好课的标准有哪些？
12. 什么是班级授课制？它有哪些特点？怎样评价班级授课制？

【参考答案及解析】
一、单项选择题
1. D。【解析】布置作业的要求之一是作业应有助于启发学生的思维，含有鼓励学生独立探索并进行创造性思维的因素。D项明显没有遵循这一要求。

2. B。【解析】略。

3. D。【解析】"学而时习之"是说学习知识要经常复习它,"温故而知新"是说复习旧知识会有新的收获,二者均体现了巩固性教学原则。

4. D。【解析】略。

5. B。【解析】墨子的这句话体现的是量力性原则。

6. A。【解析】讲授法可分为讲读、讲述、讲解和讲演四种。

7. A。【解析】公元前6世纪,孔子把学习过程概括为"学－思－行"(也有说法认为是"学－思－习－行")的统一过程。

8. B。【解析】课外辅导是上课的必要补充,是适应学生个别差异、贯彻因材施教的重要措施。

9. A。【解析】现代教育评价的理念是发展性评价与激励性评价。

二、辨析题

1.【答案要点】

(1) 这种说法是不正确的。

(2) 教师上好一节课的标准是:

①要使学生的注意力集中;

②要使学生的思维活跃;

③要使学生积极参与到课堂中来;

④要使个别学生得到照顾。可见,衡量一节课好坏的标准不是教师教得怎么样,而是学生学得怎么样。上好课的最根本的要求是充分发挥学生的主观能动性,离开了这一点,就不能称之为好课。

2.【答案要点】

(1) 这种说法是不正确的。

(2) 选择与运用教学方法的基本依据包括:

①教学目的和任务的要求;

②课程性质和特点;

③每节课的重点、难点;

④学生年龄特征;

⑤教学时间、设备、条件;

⑥教师业务水平、实际经验及个性特点。

此外,教学方法的选择与运用还受教学手段、教学环境等因素的制约,这就要求我们要全面、具体、综合地考虑各种相关因素,权衡取舍。

三、简述题

1.【答案要点】

启发性原则是指在教学活动中,教师要调动学生的主动性和积极性,引导他们通过独立思考、积极探索,生动活泼地学习,自觉地掌握科学知识,提高分析问题和解决问题的能力。

(1) 加强学习的目的性教育,调动学生学习的主动性。

(2) 设置问题情境,启发学生独立思考,培养学生良好的思维方法和思维能力。

(3) 让学生动手,培养独立解决问题的能力,鼓励学生将知识创造性地运用于实际。

(4) 发扬教学民主,它包括:建立民主、平等的师生关系和生生关系,创造民主、和谐的教学气氛，鼓励学生发表不同见解，允许学生向教师提出质疑等。

2. 【答案要点】

（1）教学是传播系统知识、促进学生发展的最有效的形式，是社会经验的再生产、适应并促进社会发展的有力手段。

（2）教学是进行全面发展教育、实现培养目标的基本途径，为个人全面发展提供科学的基础和实践，是培养学生个性全面发展的重要环节。

（3）教学是学校教育的中心工作，学校教育工作必须坚持以教学为主。

四、材料分析题

【答案要点】

（1）该材料体现了教学过程的间接经验与直接经验相结合规律。以间接经验为主是教学活动的主要特点，但在教学中必须重视直接经验的作用。在材料中，学生对雨的观察得到的是直接经验，而教师将其引向古诗这一间接经验，从而完美地完成了教学任务，体现了教学过程的这一基本特点。

（2）该材料体现了教学过程的教师主导作用与学生主体作用相结合规律。教师在教学活动中起主导作用，而学生是教学活动中具有能动性的主体。学生是具有主观能动性的人，他们能够能动地反映客观事物。他们的学习动机、兴趣、意志等因素直接影响学习效果，因此，在教学中必须发挥学生的主体作用。教师的主导作用和学生的能动性是相互促进的。无论多么优秀的教师，都无法代替学生学习。成功的教学有赖于学生主观能动性的发挥。本材料中，该教师只是提了一个问题，给了学生一句评价。虽然话不多，但是很关键，充分调动了学生学习的积极性，给了学生很大的想象空间，引发他们主动思考，收到了良好的教学效果。

第十章

品德、德育、美育与安全教育

内容提要

品德和德育是两个不同的概念，要清楚两者的关系。学校德育作为德育的一种重要形式，对实现社会主义现代化建设、青少年的健康成长和实现我国的教育目的具有重要的意义。学校德育应该以德育目标为指导。在德育过程中，依据导向性原则、疏导原则、尊重学生与严格要求学生相结合原则、教育的一致性与连贯性原则以及因材施教原则，通过政治课与其他学科教学、课外活动与校外活动、劳动、共青团活动和班主任工作等途径，运用说服法、榜样法、锻炼法、陶冶法、表扬奖励与批评处分相结合的方法对学生进行政治教育、思想教育、道德教育和心理健康教育等。本章全面概述了品德的心理结构、品德形成的方法，德育、学校德育的含义以及德育的性质、意义、目标、内容，系统阐述了德育过程的结构、矛盾与基本规律，详细论述了德育的原则、途径和方法。

学习目标

1. 了解皮亚杰的道德发展阶段理论。
2. 了解柯尔伯格的品德发展理论。
3. 掌握德育、学校德育的含义。
4. 了解德育的意义与德育的内容。
5. 掌握德育过程的基本规律。
6. 重点掌握中学德育的原则、途径与方法。

第一节 品　　德

一、品德概述

（一）品德的概念

品德是道德品质的简称，是社会道德在个人身上的体现，是个体依据一定的社会道德准则规范自己行动时表现出来的比较稳定的心理倾向和特征。

（二）品德的心理结构

品德包含道德认识、道德情感、道德意志、道德行为，简称为品德的知、情、意、行。

（1）道德认识亦称道德观念，是对道德规范及其执行意义的认识，并能据此进行正确的评价与判断。主要包括道德概念、道德观念、道德信念、道德评价等方面

（2）道德情感是人们根据社会的道德规范评价自己和别人的思想、意图和行为举止时而产生的情绪体验，是伴随着道德认识而产生的一种内心体验。

（3）道德意志是人们自觉地确定道德行为目的，在克服困难中自觉支配自己的道德行为，以实现既定目标的心理过程。道德意志是一种自我控制、自我约束的能力。

形成道德意志的基本过程有决心、信心、恒心三个阶段。

（4）道德行为是在道德认识指引和道德情感的推动下，表现出来的对他人或社会具有道德意义的实际行为。道德行为是衡量个人品德修养的重要标志。

其中道德认识是个体品德的核心部分，是品德形成的基础；道德情感是人们产生道德行为和进行自我监督的一种内部力量；道德行为是衡量品德水平高低的标准，也是品德的关键。

二、品德发展阶段的理论

（一）皮亚杰的道德发展阶段理论

皮亚杰采用"对偶故事法"对儿童的道德认知发展进行了系统研究，发现了儿童道德的发展经历从他律到自律的认识、转化发展过程，10岁是儿童从他律道德向自律道德转化的分水岭。

他律阶段（10岁前）——根据他人设定的外在道德标准进行判断。

自律阶段（10岁后）——根据自己认可的道德标准进行判断。

皮亚杰把儿童道德的发展具体划分为以下四个阶段。

1. 自我中心阶段（2~5岁）

这一阶段的儿童开始接受外界的准则，但不顾准则的规定，按照自己的想象在执行规则。准则对他们来说，还不具有约束力。

2. 权威阶段（5~8岁）

权威阶段又称他律阶段或者道德实在论阶段。这一阶段的儿童具有以下特征：对外在权威表现出绝对地服从和崇拜，把成人规定的准则看成是固定不变的；常以表面的、实际的结果来判断行为的好坏；认为受惩罚的行为本身就说明是坏的；认为不好的行为会受到自然力量的惩罚。

3. 可逆性阶段（8~10岁）

可逆性阶段又称自律阶段，这一阶段的儿童已经不把规则看成是不可改变的，而把它看作同伴间的共同约定，是可以改变的。共同约定的规则具有相互取舍的可逆特征，标志着品德由他律开始进入自律阶段。儿童开始以动机作为道德判断的依据，认为公平的行为都是好的，判断不再绝对化。

4. 公正阶段（10~12岁）

10岁以后，儿童在人与人的关系上，从权威性过渡到平等性。这一阶段，儿童的道德观念倾向于主持公正、平等。他们将规则同整个社会和人类利益联系起来，形成具有人类关心和同情心的深层品质。这一阶段的儿童开始出现利他主义。

皮亚杰认为，儿童道德发展的这些阶段的顺序是固定不变的，儿童的道德认识是从他律道德向自律道德转化的过程。

皮亚杰道德发展理论的教育价值在于：重视提高学生的道德判断能力；不同年龄阶段的儿童需采取不同的德育方法。

（二）柯尔伯格的品德发展理论

柯尔伯格采用"道德两难故事法"，最典型的就是"海因茨偷药的故事"。

柯尔伯格根据不同年龄的儿童和青少年所做出的反应，提出了"三水平六阶段"的道德发展阶段论。

1. 前习俗道德水平（10岁以下）

大约出现在幼儿园及小学中低年级。特征：根据行为的直接结果及与自身的利害关系判断好坏、是非，认为道德的价值不是取决于人或准则，而是取决于外在的要求。它包括两个阶段。

阶段1：惩罚与服从定向阶段

在这一阶段，儿童根据行为的后果来判断行为好坏及严重程度。他们还没有真正的道德概念，服从权威或规则只是为了避免惩罚，认为受赞扬的行为就是好的，受惩罚的行为就是坏的。（坐牢——坏的）

阶段2：相对功利定向阶段

处在这一阶段的儿童道德价值来自对自己需要的满足，他们不再把规则看成是绝对的、固定不变的，以是否符合自己的要求和利益来判断行为的好坏。他们会认为，海因茨应该去偷药，谁让那个药剂师那么坏，便宜一点就不行吗？

柯尔伯格认为，大多数10岁以下的儿童和许多犯罪的青少年在道德认识上都处于前习俗道德水平。

2. 习俗道德水平（10~20岁）

小学中年级出现，一直到青年、成年。处在这一水平的儿童或青年能够着眼于社会的希望与要求，并以社会成员的角度思考道德问题，已经开始意识到个体的行为必须符合社会的准则，能够了解社会规范，并遵守和执行社会规范。规则已被内化，按规则行动被认为是正确的。

阶段3：寻求认可定向阶段（"好孩子"定向阶段）

在这一阶段，个体往往寻求别人认可，凡是成人赞赏的，自己就认为是对的。认为能获得赞扬和维持与他人良好关系的行为就是好的。此阶段的儿童主要是考虑社会或成人对"好孩子"的期望与要求，并力求达到这一标准。（偷药应该——照顾妻子）

阶段4：遵守法规定向阶段（维护权威或秩序定向阶段）

处于该阶段的儿童或青年的道德价值以服从权威为导向。他们服从社会规范，遵守公共秩序，尊重法律的权威，以法制观念判断是非，有责任感、义务感，认为维护权威和社会秩序的行为是好行为。他们认为，海因茨不应该去偷药，因为如果人人都违法去偷东西的话，社会就会变得很混乱。

柯尔伯格认为，大多数青少年和成人的道德认识处于习俗道德水平。

3. 后习俗道德水平（20岁以上）

20岁以后，少数成年人。这一水平亦称原则水平，达到这一道德水平的人，其道德判断已超出世俗的法律与权威的标准，有了更普遍的认识，能从人类的正义、公正、尊严等角度判断行为的对错。个体在进行道德判断时能摆脱外在因素，着重根据个人自愿选择的标准进行判断。

阶段5：社会契约定向阶段

这一阶段出现了道德信念的可变性。处于此阶段的个体认为法律和道德规范是一种社会契约，大家可以相互承担义务和享有权利，利用法律可以维持公正；同时也认识到，契约和法律的规定并不是绝对的，可以根据大多数人的要求而改变。他们会认为，海因茨应该去偷药，因为人生命的价值远远大于药剂师对个人财产的所有权。

阶段6：普遍伦理定向阶段

这一阶段的个体超越外在法律和权威的约束，能以公正、平等、尊严这些最一般的原则为标准进行思考。再根据自己选择的原则进行某些活动时，认为只要动机是好的，行为就是正确的。他们会认为，海因茨应该去偷药，因为和种种可考虑的事情相比，没有什么比人类的生命更有价值。

柯尔伯格认为，个人的道德认知是由低级向高级阶段发展的。柯尔伯格的道德发展理论的教育价值在于：提倡公正、民主的道德教育；遵循学生的道德发展规律，有针对性地开展教育；尊重学生的主体性地位，发挥学生的主观能动性；采用多样化的教育方式，激发学生的学习积极性。

三、小学生品德的基本特征

良好行为习惯（自觉纪律）的养成在小学品德的发展中占据显著地位。小学阶段是良好行为习惯养成的关键期。小学生品德的发展具有明显的形象性、过渡性和协调性。

（一）小学生品德发展的形象性

(1) 在道德观念、道德关系认识和理解上，具体性极明显，概括性较差。
(2) 在道德品质的判断上，常常有很大的片面性和主观性。
(3) 在道德原则的掌握上，常常受到外部的、具体的情景所制约。
(4) 在道德情感的形式上，道德情感体验的发生离不开具体的道德情境，离不开具有道德意义的人或事物的形象，情境制约性和形象感染性特别突出。
(5) 道德动机带有明显的具体形象性。
(6) 小学生的品德行为带有明显的生活经验色彩。

（二）小学生品德发展的过渡性

小学生品德发展的过渡性主要体现在：由简单、低级向复杂、高级过渡，由具体形象向抽象概括过渡，由生活适应性水平向伦理性水平过渡，由依附性向独立性过渡，由他律向自律过渡，由服从向习惯过渡。

存在一个转折期，即儿童品德发展的"关键年龄"，研究结果认为这个关键期大致在小学三年级下学期前后，但是由于教育工作上的差异，前后有一定的出入。

（三）小学生品德发展的协调性

(1) 品德心理各种成分之间的协调。
(2) 主观愿意与外部要求、约束的协调，但这种协调是低水平的、依靠外部教育力量的协调，是一种依附性的协调。

四、影响品德发展的因素

（一）外部因素

1. 家庭

家庭环境对儿童的品德形成和发展的影响是奠基的、直接的、重要的，它主要通过家庭的气氛、家长的人格修养和家长的教养方式三个方面来影响。

2. 学校教育

学校教育在学生品德发展中起着主导作用。具体表现在三个方面：校风和班风、教师的楷模作用以及学校的德育课程和各科教学。

3. 社会因素

社会变迁中的多元文化背景下的价值观和网络媒体对青少年道德发展的影响是巨大的。

4. 同伴群体

同伴群体是由地位相近，年龄、兴趣、爱好、价值观、行为方式大体相同的人们组成的一种非正式群体。同伴群体因素是一个重要的社会化因素,同伴群体的影响在青少年时期达到顶点,学生的态度与道德行为在很大程度上受到他们所归属的同伴群体的行为准则和风气影响。

(二) 内部因素

(1) 认知失调。

(2) 态度定势。

(3) 道德认知。

(4) 智力因素。

(5) 情绪因素。

五、良好品德的形成和培养方法

(一) 品德形成过程

包括依从、认同和内化三个阶段。

1. 依从

即表面上接受规范,按照规范的要求来行动,但对规范的必要性或根据缺乏认识,甚至有抵触情绪。依从阶段是规范内化的初级阶段,是品德建立的开端。依从包括从众与服从。

2. 认同

此阶段在思想、情感、态度和行为上主动接受规范,并试图与之保持一致。认同实质上就是对榜样的模仿。

3. 内化

指在思想观点上与他人的思想观点一致,将自己所认同的思想和自己原有的观点、信念融为一体,构成一个完整的价值体系。

(二) 品德形成的方法

1. 有效地说服

用言语说服学生,可以运用以下技巧:

(1) 有效地提供正反两方面的论据。

(2) 以理服人,以情动人,充分发挥情感的作用。

(3) 考虑学生原有的态度。

2. 树立良好的榜样

榜样示范应注意以下事项:

(1) 教师给学生呈现榜样时,应考虑榜样的年龄、性别、兴趣爱好、社会背景等特点,尽量与学生相似,这样可以使学生产生可接近感。

(2) 教师可以根据实际情况,选择和充分利用恰当的示范方式。

(3) 教师需要反复示范榜样行为,并给予指导。当学生表现出符合要求的行为时,应给予鼓励。

3. 利用群体约定

研究发现,经集体成员共同讨论决定的规则、协定,对其成员有一定的约束力,使成员承担执行的责任。

4. 价值辨析

价值辨析是指引导个体利用理性思维和情绪体验来检查自己的行为模式,努力去发现自身的价值观并指导自己的道德行动。

5. 给予恰当的奖励与惩罚

(1) 奖励。

奖励是为了增加学生良好行为发生的可能。奖励有物质的，如奖品；也有精神的，如语言鼓励。有内部的，如自豪、满足感，也有外部的。给予奖励时，应注意以下几点。

①要选择、确定可以得到奖励的道德行为。

②应选择、给予恰当的奖励物。

③应强调内部奖励。

（2）惩罚。

惩罚是为了消除学生不良行为再发生的可能。当不良行为出现时，可以用以下两种惩罚方式。

①给予某种厌恶刺激，如批评、处分、舆论谴责等。

②取消个体喜爱的刺激或剥夺某种特权等，如不许参加某种娱乐性活动。应严格避免体罚或变相体罚，这会损害学生的自尊心或导致更严重的不良行为。惩罚不是最终目的，给予惩罚时，教师应让学生认识到惩罚与错误的行为的关系，使学生从心理上能接受，心服口服；同时还要给学生指明改正的方向，或提供正确的、可替代的行为。

六、小学生不良行为的矫正

（一）不良行为

1. 过错行为

是指那些不符合道德要求的问题行为，如调皮捣蛋、起哄、作业和考试作弊等。

2. 不良品德行为

是指那些由错误道德意识支配的，如经常违反准则，损害他人或集体利益的行为。

（二）学生不良行为的原因分析

1. 客观原因

(1) 家庭教育失误；(2) 学校教育不当；(3) 社会文化的不良影响。

2. 主观原因

(1) 缺乏正确的道德观念和道德信念；(2) 消极的情绪体验；(3) 道德意志薄弱；(4) 不良行为习惯支配；(5) 性格上的缺陷等。

（三）学生不良行为矫正的基本过程

三个过程：醒悟阶段、转变阶段和自新阶段。

（四）学生不良行为矫正的策略

(1) 改善人际关系，消除疑惧心理和对立情绪。

(2) 保护学生的自尊心，培养集体荣誉感。

(3) 讲究谈话艺术，提高道德认识。

(4) 锻炼与诱因做斗争的毅力，巩固新的行为习惯。

(5) 注重个别差异，运用"教育机智"。

第二节 德 育

一般说来，德育是学校的首要任务，是教育者依据特定社会要求和德育规律，对受教育者实施有目的、有计划的影响，培养他们特定的政治思想意识和道德品质的活动。德育相对于体育、智育而言，是思想教育、政治教育和道德教育的总称，而不是道德教育的简称或政治教育的代名词。德育包括家庭德育、学校德育、社会德育等形式。学校德育是教育者根据定社会或阶级的要求和受教育者品德形成发展的规律与需要，有目的、有计划、有组织地对受教育者施加社会思想道德影响，并通过受教育者品德内部矛盾运动以使其形成教育者所期望的品德活动。

德育具有社会性，它是各个阶段社会共有的教育现象，与人类社会共始终。德育具有历史性，它随社会的发展而发展，随社会的变革而变革。在阶级和民族存在的社会中，德育具有阶级性和民族性。社会主义国家的德育必须是社会主义性质的德育，反对和抵制封建主义、资本主义的思想影响。德育也有一定的继承性，在社会发展中存在着一些人类公共的思想道德规范，需要通过德育继承下来。

一、德育的概述

（一）德育的概念

德育是指教育者按照一定社会或阶级的要求和受教育者品德形成发展的规律与需要，有目的、有计划、有系统地对受教育者施加思想、政治和道德等方面的影响，并通过受教育者积极的认识、体验与践行，使其形成一定社会与阶级所需要的品德的教育活动。简言之，德育即教育者有目的地培养和引导受教育者形成品德的活动。德育实质上是使一定社会的思想道德转化为受教育者个体的思想品德的过程以及受教育者接受一定社会的思想道德形成品德的过程。

德育有广义和狭义之分。广义的德育从内容上包括政治教育、思想教育、道德教育、心理健康教育和民主法治教育；狭义的德育专指道德教育，从形式上包括家庭德育、学校德育、社会动员和社区德育，狭义的德育专指学校德育。

政治教育主要是对阶级、政党、国家、政权、社会制度、国际关系的情感、立场、态度的教育。

思想教育是有关人生观、世界观以及相应思想观念方面的教育。

品德和德育不是同一个概念，品德属于心理范畴，道德属于教育范畴；品德体现在个体身上，道德体现在社会对个体提出的要求上。

（二）德育的意义

1. 德育是社会主义现代化建设的条件和保证

我国现阶段的根本任务是进行社会主义现代化建设。德育是精神文明建设的重要组成部分，同时又贯穿于物质文明和政治文明的建设之中。社会主义学校是培养建设人才的必要场所，是进行社会主义精神文明建设的重要阵地。从长远看，学校德育具有战略意义。因为现在的中学生是跨世纪的一代，把他们培养成有社会主义思想道德的一代新人，将对我国未来的社会风气、民族精神和社会主义现代化建设产生决定性影响。

2. 德育是青少年健康成长的条件和保证

青少年正处在长身体、长知识时期，也是思想道德品质形成发展时期。青少年思想单纯，爱学习，追求上进，充满幻想，富于理想，可塑性强，但知识经验少，辨别是非能力差，容易接受各种思想的影响。因此，必须运用正确的思想和方法对他们进行教育，使他们形成良好的品德，增强抵制错误思想影响的能力，引导他们沿着社会主义要求的方向发展，促使他们健康成长，否则就可能误入歧途。

3. 德育是实现教育目的的条件和保证

社会主义的教育目的是培养德、智、体等全面发展的社会主义建设者和接班人。我国《宪法》规定："国家培养青年、少年、儿童在品德、智力、体质等方面全面发展。"德、智、体等是相互联系、互相影响、互相制约、互相促进的辩证统一体。通过德育促进青少年的品德发展，可为他们体、智等的发展提供保证和动力。

（三）德育的目标

德育目标是通过德育活动在受教育者品德形成发展上所要达到的总体规格要求，即德育活动所要达到的预期目的或结果的质量标准。德育目标是德育的首要问题，是德育工作的出发点和归宿，它不仅决定了德育的内容、形式和方法，而且制约着德育工作的基本过程。

制定德育目标的主要依据是：时代与社会发展的需要；国家的教育方针和教育目的；民族文化及道德传统；受教育者思想品德形成、发展的规律及心理特征。

1988年，《中共中央关于改革和加强中小学德育工作的通知》中提出了我国中小学的德育目标："把全体学生培养成为爱国的具有社会公德、文明行为习惯的遵纪守法的好公民。在这个基础上，引导他们逐步确立科学的人生观、世界观，并不断提高社会主义思想觉悟，使他们中的优秀分子将来能够成长为坚定的共产主义者。"

1996年，《中共中央 国务院关于深化教育改革全面推进素质教育的决定》中指出："各级各类学校必须更加重视德育工作，以马克思列宁主义、毛泽东思想和邓小平理论为指导，按照德育总体目标和学生成长规律，确定不同学龄阶段的德育内容和要求，在培养学生的思想品德和行为规范方面，要形成一定的目标递进层次。要加强辩证唯物主义和历史唯物主义教育，使学生树立科学的世界观和人生观。要有针对性地开展爱国主义、集体主义和社会主义教育，中华民族优秀文化传统和革命传统教育，理想、伦理道德以及文明习惯养成教育，中国近现代史、基本国情、国内外形势教育和民主法制教育。把发扬民族优良传统同积极学习世界上一切优秀文明成果结合起来。"

《中共中央 国务院关于进一步加强和改进未成年人思想道德建设的若干意见》（中发〔2004〕8号）和《中共中央 国务院关于进一步加强和改进大学生思想政治教育的意见》（中发〔2004〕16号），对中小学德育目标提出了意见。

小学教育阶段德育目标是：教育帮助小学生初步培养起爱祖国、爱人民、爱劳动、爱科学、爱社会主义的情感；树立基本的是非观念、法律意识和集体意识；初步养成孝敬父母、团结同学、讲究卫生、勤俭节约、遵守纪律、文明礼貌的良好行为习惯，逐步培养起良好的意志品格和乐观向上的性格。

具体要求如下。

(1) 培养学生正确的政治方向，初步形成科学的世界观和共产主义道德意识。
(2) 培养学生良好的道德认识和道德行为。
(3) 培养学生的道德思维和道德评价能力。
(4) 培养学生自我教育能力。

中学教育阶段德育目标是：教育帮助中学生初步形成为建设中国特色社会主义而努力学习的理想，树立民族自尊心、自信心、自豪感；逐步形成公民意识、法律意识、科学意识以及诚实正直、积极进取、自立自强、坚毅勇敢等心理品质，养成良好的社会公德和遵纪守法的行为习惯。中等职业学校还要帮助学生树立爱岗敬业精神和正确的职业理想。

2010年，《国家中长期教育改革和发展规划纲要（2010—2020年）》中明确指出："坚持德育为先，立德树人，把社会主义核心价值体系融入国民教育全过程。加强马克思主义中国化最新成果教育，引导学生形成正确的世界观、人生观、价值观；加强理想信念教育和道德教育，坚定学生对中国共产党领导、社会主义制度的信念和信心；加强以爱国主义为核心的民族精神和以改革创新为核心的时代精神教育；加强社会主义荣辱观教育，培养学生团结互助、诚实守信、遵纪守法、艰苦奋斗的良好品质；加强公民意识教育，树立社会主义民主法治、自由平等、公平正义理念，培养社会主义合格公民；加强中华民族优秀文化传统教育和革命传统教育。"

初中阶段德育目标的基本要求：思想政治方面的基本要求是热爱祖国、热爱家乡，关心家乡建设；有民族自豪感、自尊心；懂得社会主义初级阶段基本路线的主要内容，了解社会主义现代化建设的常识；初步具有惜时守信、重视质量、讲求效益、优质服务等与发展社会主义商品经济相适应的思想观念；有基本的民主与法制的观念，知法、守法；立志为实现四化、振兴中华而学习，正确对待升学和就业，初步树立为人民服务的思想；相信科学，反对封建迷信和陈陋习俗。

道德行为方面的基本要求是尊重、关心他人，爱护、帮助他人；热爱班级和学校集体，爱护集体荣誉；积极参加劳动，初步养成劳动习惯和生活自理能力；养成自觉遵守社会公德的良好品质。

个性心理素质和能力方面的基本要求是：养成诚实正直、积极向上、自尊自强的品质，具有初步的分辨是非等能力。

高中阶段德育目标的要求：思想政治方面的基本要求是正确认识社会主义建设与改革开放的形势，具有与祖国休戚与共的感情；有振兴中华、建设家乡的事业心和责任感，能够把个人前途与社会主义建设的需要结合起来；进一步树立与发展社会主义商品经济相适应的价值观念、竞争观念和改革开放的意识；初步运用马克思主义观点和方法分析社会新现象。

道德行为方面的基本要求是：具有国家利益、集体利益和个人利益相结合的社会主义集体主义精神；树立劳动观点，有良好的劳动习惯、较强的生活自理能力和艰苦奋斗的思想作风；遵守公民道德；懂得现代文明的生活方式和交往礼仪。

个性心理素质和能力方面的基本要求是：形成坚毅勇敢、不怕困难、敢于创新的品格；对不良影响有一定的识别能力和抵制能力，并具有一定的自我教育和自我管理等能力。

（四）德育的内容

德育内容是教育者依据学校德育目标所选择的，是形成受教育者品德的社会思想政治准则和道德规范的总和。德育内容是德育目标的具体化，是完成德育任务、实现德育目的的重要保证。德育内容是实施德育工作的具体材料和主体设计，是关系到用什么道德规范、政治观、人生观、世界观来教育学生的重大问题。德育目标确定了培养人的总体规格和要求，但必须落实到德育内容上，唯有选择合适的内容并进行科学的课程设计，才能进行有效的德育活动，达到预期目标。

通常，选择德育内容的主要依据是：第一，德育目标，它决定德育内容；第二，受教育者的身心发展特征，它决定了德育内容的深度和广度；第三，德育所面对的时代特征和学生思想实际，它决定了德育工作的针对性和有效性。同时，选择德育内容还应考虑文化传统的作用。

德育内容总是随时代的发展而变化，因不同国家的社会性质、发展水平和文化传统而各显特色。根据1988年、1994年和1996年中共中央颁布的有关决定，我国中小学德育内容主要有以下方面。

1. 爱国主义教育和国际主义教育

爱国主义是指人们对自己祖国的一种深厚的感情或热爱态度。爱国主义教育是德育永恒主题。国际主义教育主要是指国际理解教育与世界和平教育。爱国主义和国际主义教育的基本内容包括：培养学生热爱祖国的深厚情感；增强国家和民族意识；为实现社会主义现代化建设而奋斗；弘扬国际主义精神，维护世界和平。

具体地说，要教育学生做到：

（1）热爱国旗、国徽、国歌和首都。

（2）热爱祖国的大好河山和家乡。

（3）热爱祖国的悠久历史和优秀文化传统。

（4）热爱祖国的社会主义制度和社会主义事业，树立建设社会主义现代化国家的坚定信念，激发民族自豪感和民族自尊心。

（5）树立国家观念，明确自己是祖国的儿子，是国家的主人；培养国家意识、公民意识，增强主人翁责任感，把个人命运同祖国命运紧密联系在一起，视祖国利益高于一切。

（6）热爱中国共产党，了解党的性质、党的纲领、党的斗争历史、党对青少年的关怀，懂得没有共产党就没有新中国、没有共产党就没有现代化的社会主义祖国的道理。

（7）热爱各族人民，维护民族团结和祖国统一。

（8）了解国家与国防、国防建设与经济建设的关系，增强国防观念；懂得保卫国家的主权、领土完整和安全，防御外来侵略和颠覆是每个公民的重要职责，自觉地义务服兵役；了解人民军队的性质，热爱人民解放军。

（9）关心国家和家乡大事，关心祖国的前途命运；懂得爱祖国既要有报国之志，又要有建国之才，从而把强烈的爱国热情变为奋发图强、努力学习的实际行动。

在进行爱国主义教育的同时，还应进行国际主义教育。教育学生坚持和维护同世界各族人民，以及一切爱好和平、主持正义的组织和人士的团结，反对霸权主义，维护世界和平，促进人类共同进步。

2. 国情教育

对学生进行国情教育，是提高中学德育工作针对性、实效性的一个有效途径，必须长期坚持。通过国情教育可以使学生充分认识社会主义建设和改革开放的长期性、艰巨性，理解支持党和政府的重大决策，增强建设有中国特色社会主义的责任感和使命感。

当前和今后一段时期，中学国情教育的重点是：

（1）帮助学生了解我国社会主义初级阶段的基本国情和基本国策。

（2）了解改革开放以来我国社会主义现代化建设事业取得的伟大成就和光辉前景。

（3）正确认识改革开放和社会主义市场经济条件下出现的矛盾、困难和问题。

（4）了解党和政府为解决这些困难和问题所采取的措施。

3. 理想教育

理想教育是指促使受教育者在社会、人生、事业等方面树立奋斗目标的教育。具体内容包括：

（1）社会理想教育。向学生揭示一个完善社会形象的构想，包括对未来美好社会制度、政治结构和社会面貌的要求、设想和预见。

（2）道德理想教育。指引学生遵循一定道德原则和道德规范做人，逐步向道德上的完美典型——理想人格发展。

（3）职业理想教育。促进学生对未来职业的种类、部门具有一定的向往，使之按照自己的兴趣、能力和愿望，同时适应国家和社会的需要作出选择。

（4）生活理想教育。引导学生对衣、食、住、行、娱乐及婚姻家庭具有正确的追求和向往。

理想教育要使学生树立正确的人生目标，做一个对社会有贡献的人。理想教育要与世界观、人生观教育结合，与科学信仰联系，重视哲理启迪，引导学生置身于社会现实矛盾之中，重视情感触动和情操培养，提供良好榜样。

4. 集体主义教育

集体主义教育是使学生掌握正确处理个人和集体关系的准则，培养关心集体、助人为乐的精神，养成善于在集体中生活和工作的能力与习惯的教育。具体内容有：

（1）教育学生正确认识和对待国家、集体和个人利益的关系，把国家和集体的利益放在第一位，先公后私、公而忘私、先人后己，正确区分个人正当权益与个人主义的界限。

（2）教育学生关心集体，热爱集体，积极维护集体荣誉，自觉地为集体多做好事，树立集体责任感和荣誉感。

（3）培养学生逐步养成个人服从组织、少数服从多数、遵守集体决议的习惯，做到自觉遵守集体纪律。

（4）教育学生在集体生活中要与同学友好相处，互相关心，互相帮助，划清集体友谊与江湖义气之间的界限。

（5）教育并帮助学生在坚持集体主义的前提下发展个人的兴趣、爱好和特长，做到培养集体主义思想与发展个性相统一。

5. 劳动教育

劳动是人类社会活动的基础，是人类幸福的源泉。劳动教育是使学生树立正确的劳动观点和劳动态度，热爱劳动和劳动人民，养成劳动习惯的教育。具体内容有：

（1）教育学生树立正确的劳动观点。引导学生认识劳动创造人、创造人类历史的伟大意义，认识劳动在社会主义现代化建设和个人发展中的价值，纠正好逸恶劳的错误观点。

（2）培养学生热爱劳动的行为习惯。鼓励并组织学生积极参加自我服务、家务劳动、学校的清扫劳动以及力所能及的生产劳动和社会公益劳动，让他们体验劳动的乐趣，珍惜劳动成果，养成吃苦耐劳、热爱劳动的习惯。

（3）树立符合时代要求的新观念。教育学生懂得我们的劳动是平等、团结、互助、友爱的社会主义新型关系下进行的劳动，应当着力培养自己具有自觉劳动、诚实劳动、注重劳动质量的品德。要让学生明确，从事现代劳动要讲技术、讲时间、讲效率、讲协作。还要让学生知道在社会主义市场经济条件下劳动，要有按能力和贡献大小获取报酬的心理准备，要有竞争意识，要克服平均主义吃大锅饭的思想。

6. 法制、纪律教育

法制教育是向学生传授法律的基本知识，培养学生的法律意识和守法习惯的教育。其基本内容为：

（1）讲授《宪法》、法律和法规的基本知识，使学生懂得社会主义法制的思想和原则，公民的权利和义务，懂得运用法律保护自己。

（2）培养学生辨别是非的能力，养成自觉守法的品德。

（3）培养学生不畏强暴、依法办事的意识，敢于同违法现象和犯罪分子做斗争。

纪律教育是培养学生自觉遵守纪律的意识，养成自觉遵守纪律的行为习惯的教育。主要内容有：

（1）教育学生自觉遵守《中学生守则》和《中学生日常行为规范（试行稿）》以及学校的各项规章制度，维持学校的秩序。

（2）使学生懂得民主与集中、自由与纪律的辩证关系，做到个人服从组织、少数服从多数。

（3）自觉遵守公共秩序，讲文明、讲礼貌、讲卫生，注意行为美。

7. 心理健康教育

教育部于 1999 年 8 月 13 日颁布的《关于加强中小学心理健康教育的若干意见》明确指出："中小学心理健康教育是根据中小学生生理、心理发展特点，运用有关心理教育方法和手段，培养学生良好的心理素质，促进学生身心全面和谐发展和素质全面提高的教育活动。"

心理健康教育的基本内容是：

（1）教育学生正确认识自我，增强调控自我、承受挫折、适应环境的能力。

（2）培养学生坚忍不拔的意志，艰苦奋斗的精神，形成健全的人格和良好的个性心理品质。

（3）对少数有心理困扰或心理障碍的学生，给予科学有效的心理咨询和辅导。

8. 科学的世界观和人生观教育

科学世界观的教育是形成学生正确的立场、观点和方法的教育，其基本内容是：

（1）辩证唯物主义教育。使学生懂得世界的物质本质，意识是物质高度发展的产物，物质是运动的，物质运动是有规律的，物质及其运动的规律是可以认识的。

（2）历史唯物主义教育。使学生懂得社会存在决定社会意识，生产力与生产关系、经济基础与上层建筑的社会基本矛盾及其规律，懂得人民群众是历史的创造者。

人生观教育是关于人生目的、价值和态度等根本观点的教育。人生观教育的基本内容是：

（1）人生哲理教育。教育学生确立正确的人生目标，掌握科学的人生价值标准，形成正确的人生态度，奠定理性认识基础。

（2）人生理想教育。使学生懂得人生的意义及其方向和道路。

（3）人生态度教育。使学生在社会生活实践中树立正确的生死、苦乐、善恶、荣辱以及恋爱、婚姻等的观点和态度，增强抵制一切剥削阶级腐朽思想侵蚀的能力。

9. 道德教育

道德教育是以社会主义的行为规范和准则教育学生，促进其道德认识、道德情感、道德意志和道德行为习惯形成与发展的教育。其基本内容是：

（1）《中学生日常行为规范》的教育和训练。不仅要让学生明确其具体内容和基本要求，而且要着重行为训练，使学生养成良好的行为习惯。

（2）社会主义人道主义教育。使学生懂得尊重人、平等待人、乐于助人；培养他们敢于主持正义、扶正压邪、维护社会共同利益。

（3）公民道德教育。加强公民道德教育是中学德育的重要内容。要让学生明确党中央提出的"爱国守法、明礼诚信、团结友善、勤俭自强、敬业奉献"的基本道德规范的准确含义及行为要求，培养学生自觉地以此规范自己的行为。

（4）社会主义人际交往和现代文明生活方式的教育。教育学生按照平等、团结、互助的准则，处理好竞争与协作、感情与理智、友谊与爱情等关系，重视交往，礼貌待人，讲究文明仪表，建立和谐的人际关系。引导学生合理利用闲暇时间，丰富自己的精神生活，发展自己的兴趣爱好，追求现代文明生活方式。

（5）职业道德教育。让学生了解我国当代社会主义职业道德的基本内容和要求，教育学生明确将来走向社会无论做什么工作都应该忠于职守、尽职尽责，努力提高自己为人民服务的本领。

10. 爱和平、爱人类教育

和平与发展是当今世界的两大主题，反对霸权主义和强权政治，维护世界和平，促进共同发展是世界各国人民的共同愿望。中国要在国际事务中发挥重要作用，就应当教育我们的青少年不仅关心祖国的前途命运，而且关心人类共同的前途命运，为此在中学德育中就应包括爱和平、爱人类的教育。其基本内容是：

（1）教育学生懂得只有和平才能让世界人民的生存权和发展权得以实现。要获得和平，必须坚决反对帝国主义发动的侵略战争。要让学生牢记战争给世界人民带来的灾难。为了不让历史的悲剧重演，就要努力学习好本领，把祖国建设成繁荣富强的国家。

（2）教育学生明确生活在地球上的人，不分国籍、种族、民族、宗教信仰、文化传统，大家都是地球上的居民，应当和睦相处、相互理解、相互关心、相互尊重。要培养学生热爱人类的崇高情感，引导学生经常关心世界上发生的事情。

（3）教育学生认识恐怖活动和邪教的反人民、反人类的本质，坚决拥护反恐怖和反邪教活动。

11. 生态道德教育

生态道德是一个具有时代特色的新概念，它突破了传统道德概念只评价和调节人与人之间以及个人与社会、集体关系的行为的范畴，专门评价和调节人在处理与大自然关系方面的行为。简言之，凡是保护、优化生态环境的行为就是符合生态道德要求的行为，凡是破坏生态环境的行为就是不道德行为。生态道德教育，就是使学生认识保护生态环境的意义和紧迫性，掌握生态道德的评价标准，使他们养成从我做起，以实际行动维护生态环境的行为习惯的教育过程。其具体内容是：

（1）教育学生深刻认识我们生活的地球是人类的母亲，良好的生态环境是人类生存和可持续发展的前提条件，保护生态环境是全人类的责任，也是全人类的共同道德。我国已经把环境保护定为基本国策，作为21世纪的主人，一定要具备生态道德素养。

（2）培养学生热爱大自然、热爱各种野生动植物的感情，把各种野生动物视为人类的好朋友。

（3）教育学生从我做起，从身边具体小事做起，以实际行动保护生态环境。主动、积极地参加全民义务植树活动、清扫公共场所以及保护生态环境的宣传活动等社会实践活动，养成自觉保护生态环境的良好习惯。

（五）新时期德育发展的新主题

新时期德育发展的新主题包括生存教育、生活教育、生命教育、安全教育、升学就业指导。其中，生存教育、生活教育、生命教育合称为"三生教育"。

1. 生存教育

（1）生存教育的概念。

生存教育就是通过开展一系列与生命保护和社会生存有关的教育活动和社会实践活动，向学生系统传授生存的知识和经验，有目的、有计划地培养学生的生存意识、生存能力和生存态度，树立科学的生存价值观，从而促进个性自由、全面、健康发展，实现人与自然和谐统一的过程。

（2）生存教育的意义。

生存教育是适应全面发展教育目的的重要组成部分，有助于学生认识生存及提高生存能力的意义，树立人与自然、社会和谐发展的正确生存观；有助于学生提高生存能力，帮助学生把握生存规律，学会判断和选择正确的生存方式。

（3）生存教育的基本途径.

生存教育要以家庭教育为基础，学校教育为主干，社会教育为保障，通过专题式教育和渗透式教育来实施。

①专题式教育包括组织开展以生存教育为主题的专题活动和以综合课程的思路开设此类课程。

②渗透式教育包括学科课程渗透和活动课程渗透。

③生存教育要及时地渗透到各项教育管理服务工作中，要在充分研究和实践的基础上，组织编写教材和开设课程。

2. 生活教育

（1）生活教育的概念。

①生活教育是帮助学生获得生活常识，掌握生活技能，确立生活目标，实践生活过程，获得生活体验，树立正确的生活观念，追求幸福生活的教育。

②生活教育来自陶行知的"生活教育理论"，即"学校社会化""教育生活化""社会即学校""生活即教育"。

（2）生活教育的意义。

①生活教育有利于学生掌握熟练的生活技能，培养学生的良好品德和行为习惯，培养其社会责任感，确立正确的消费观，并能不断提升生活质量。

②生活教育有助于学生学会正确的生活比较方法和生活选择，理解生活的真谛，保持积极

的生活态度，能够处理好学习与休闲、工作与生活的关系，对推进素质教育具有重要的现实意义。

（3）学校生活教育的途径和方式。

①关注学生学习的愿望和能力，提高科学应用意识。

②教育内容与社会生活、学生生活经验相结合。

③在职业和生涯规划指导中，体现生活教育的内容，为以后的生活做准备。

④根据课堂生活、课余生活、校外生活的不同特点和现代社会生活的不同要求，可采取多种活动方式，如探究型活动方式、交往型活动方式、体验型活动方式、创造型活动方式。

3．生命教育

（1）生命教育的概念。

①广义的生命教育是一种"全人"的教育，它不仅包括对生命的关注，而且包括对生存能力的培养和生命价值的提升。

②狭义的生命教育是指对生命本身的关注，包括个人与他人的生命，进而扩展到一切自然生命。

（2）生命教育的意义。

开展生命教育是整体提高国民素质的基本要求，是社会环境发展变化的迫切要求，是促进青少年学生身心健康成长的必要条件，是家庭教育的重要职责，是现代学校教育发展的必然要求。

（3）生命教育的基本途径。

①提高教师的生命意识，营造和谐的生命教育环境。

②在学科教学中有机渗透生命教育。

③通过专题教育培养学生正确的生命观。

④在课外活动中实践生命教育。

⑤按学段分层教育，形成生命教育体系。

⑥重视家庭、社会力量，形成生命教育合力。

4．安全教育

（1）安全教育的概念。

安全教育作为一种特殊的德育形式，是指运用一定的教育方法和手段，对受教育者进行安全知识、安全技能、安全意识、安全态度等方面的教育，以提高受教育者的安全素质，保障其人身、财物安全和合法权益免遭侵害，促进其身心健康发展。

（2）安全教育的意义。

安全教育是开展素质教育的需要，是向全社会普及安全知识的一个重要环节，是复杂的社会治安形势的需要，可以提高学生的自我防护能力，可以培养社会及专业的后备安全防范队伍。

（3）安全教育的基本途径。

①切实提高对中学生安全教育工作重要性的认识。

②在日常生活中加强安全教育。

③突出重点，提高教育实效，在学校教学中渗透安全教育内容。

④通过专题活动提高学生的安全意识。

⑤组织学生积极参与学校的安全管理工作，在实践中提高安全技能。

⑥争取相关部门协作，整治校园周边环境，优化育人环境。

5．升学就业指导

（1）升学就业指导的概念。

①升学就业指导是指教师根据社会的需要指导学生树立正确的职业观，帮助他们了解社会职业，进而引导他们按照社会需要和自己的特点为将来升学选择专业与就业选择职业，在思想上、学习上和心理上做好准备。

②升学指导包括思想指导、复习指导和心理指导。就业指导内容，包括就业意识指导、就业准备指导和就业具体指导三个方面。

（2）升学就业指导的意义。

①升学就业指导可以帮助学生充分了解自己的个性特点，使学生对自己有全面、理性的认识。

②帮助学生完成学业，了解社会分工的要求，根据自身特点选择适合自身的发展方向。

③激励学生以新的姿态继续学习，走向成功。

（3）升学就业指导的基本途径。

帮助学生正确地了解自己各方面的情况。让学生了解职业分类、各类职业对人的不同要求，了解现在的高校、专业设置、各专业特点等。在学生选择职业或专业时予以帮助。

（六）德育的功能

德育的功能包括社会发展功能、人的发展功能、在全面发展教育中的功能三方面。在德育的个体功能中又包括生存、发展和享用三功能，其中享用功能为最高境界。德育可以为其他各育提供方向，保证教育本质的实现，还对其他各育起促进作用，表现在动机的激发和学习习惯的培养上。

二、德育过程

（一）德育过程概述

1. 德育过程概念

德育过程是教育者和受教育者双方借助于德育内容和方法，进行施教传道和受教修养的统一活动过程，是促使受教育者道德认识、道德情感、道德意志和道德行为发展的过程，是个体社会化与社会规范个体化的统一过程。

2. 德育过程与品德形成过程的关系

（1）德育过程与思想品德形成过程是两个不同的概念，二者不能混为一谈。

思想品德形成过程是个体接受外界影响经过自我消化、形成个体品德的过程，它是个体在品德方面的发展过程。在思想品德形成过程中，学生受各种因素的影响，包括有目的、有计划的教育影响，也包括环境的自发影响，所形成的思想品德可能与社会要求一致，也可能与社会要求不一致。德育过程是教育者与受教育者的双边活动过程，学生要受有目的、有计划、有组织的教育影响，所形成的思想品德要与社会要求一致。

（2）德育过程与思想品德形成过程也存在一定的联系，它们有一致、统一的一面。

①从受教育者的角度看，德育过程也是受教育者个体品德的形成过程，只不过是专指在教育者有计划、有目的的影响下，受教育者按社会要求的品德规范形成个体品德的过程。

②德育过程中教育者必须考虑受教育者品德形成的规律。德育过程既然是教育者培养受教育者品德的过程，那么，教育者就不仅要考虑社会对受教育者品德的要求，而且要考虑受教育者品德形成发展的要求，只有当教育者将社会的需要与受教育者品德发展的要求结合起来、统一起来的时候，才能有效地形成受教育者的品德，德育过程才能产生最佳效果。

（3）德育过程与品德形成过程既相互联系又相互区别。

①从联系来说，德育过程与品德形成过程是教育与发展的关系。德育过程的最终目标是使受教育者形成一定的思想品德。品德形成过程属于人的发展过程，德育过程是对品德形成过程

的调节与控制。德育过程只有遵循人的品德形成发展规律，才能有效地促进人的品德的形成与发展。

②从区别来看，德育过程是一种教育过程，是教育者与受教育者双方统一活动的过程，是培养和发展受教育者品德的过程。品德形成过程属于人的发展过程，是受教育者思想道德结构不断建构完善的过程，影响这一过程实现的有生理的、社会的、主观的和实践的等因素。

（二）德育过程的结构

1. 德育过程的构成要素

德育过程的结构是指德育过程中不同质的各种要素的组合方式，它有一定数量的要素（或成分、组成部分），各要素之间有质的区别，它们在德育过程中的地位、作用各不相同，彼此以一定方式相互联系、相互作用，构成有组织的系统。德育过程通常由教育者、受教育者、德育内容和德育方法四个相互制约的要素构成。

（1）教育者是德育过程的组织者、领导者，是一定社会德育要求和思想道德的体现者，在德育过程中起主导作用。教育者包括直接的和间接的个体教育者和群体教育者。

（2）受教育者包括受教育者个体和群体，他们都是德育的对象。在德育过程中，受教育者既是德育的客体，又是德育的主体。当他作为德育对象时，他是德育的客体；当他接受德育影响、进行自我品德教育和对其他德育对象产生影响时，他成为德育主体。

（3）德育内容是用以形成受教育者品德的社会思想政治准则和法纪道德规范，是受教育者学习、修养和内化的客体。学校德育基本内容是根据德育目标和学生思想品德形成的规律确定的，具有一定的范围和层次。

（4）德育方法是教育者施教传道和受教育者受教修养的相互作用的活动方式的总和。它凭借一定的手段进行。教育者借助一定的德育方法将德育内容作用于受教育者，受教育者借助一定的德育方法来学习及内化，德育内容而将其转化为自己的品德。德育过程中的各要素，通过教育者施教传道和受教育者受教实践的活动而发生一定的联系和相互作用，并在这种矛盾运动中推动受教育者的品德发生预期变化。由于教育者提出的德育要求与受教育者已有品德水平之间的矛盾的不断产生和解决，才能不断将社会思想政治准则和法纪道德规范转化为受教育者个体的品德，从而实现德育内容，达到德育目标。这是一定社会思想道德个体化过程和受教育者在思想道德方面社会化或再社会化过程，是社会思想道德继承和创新相统一的过程。

2. 德育过程的矛盾

德育过程的矛盾是指德育过程中各要素、各部分之间和各要素、各部分内部各方面之间的对立统一关系。包括教育者与受教育者的矛盾，教育者与德育内容、方法的矛盾，受教育者与德育内容、方法的矛盾，受教育者自身思想品德内部诸要素之间的矛盾等。德育过程的基本矛盾是社会通过教师向学生提出的道德要求与学生已有品德水平之间的矛盾。这是德育过程中最一般、最普遍的矛盾，也是决定德育过程本质的特殊矛盾。这个矛盾需要通过向学生传授一定的社会思想和道德规范，引导他们进行道德实践，把他们从原有的品德水平提高到教师所要求的新的品德水平上来解决。

3. 德育过程的基本规律

（一）学生的知、情、意、行诸因素统一发展规律，具有统一性和多端性

德育过程是培养学生品德的过程。学生品德是由思想、政治、法纪、道德方面的认识、情感、意志、行为等因素构成的。这几个因素简称为知、情、意、行。构成品德的几个因素既是相对独立的，又是相互联系的。

（1）知：即道德认识，是人们对道德规范及其意义的理解和掌握，对是非、善恶、美丑的认识、判断和评价，以及在此基础上形成的道德识辨能力，也是人们确定对客观事物的主观态度

和行为准则的内在依据。人的品德形成离不开认识，一定的品德总是以一定的道德认识为必要条件。因此，要有计划地传授给学生以基本的道德知识、理论和各种道德规范，逐步提高他们识别是非、善恶、美丑、公私、荣辱的能力，形成正确的道德观。这对调节他们的行为，加深情感的体验，增强意志和信念都有极大作用。

（2）情：即道德情感，是人们对社会思想道德和人们行为的爱憎、好恶等情绪态度，是进行道德判断时引发的一种内心体验。它伴随道德认识而产生发展并对道德认识和道德行为起着激励和调节作用。判断积极或消极情绪体验好坏的标准，是看它跟何种道德认识相联系以及它在"长善救失"中的地位和作用。在德育过程中，应当重视培养学生的道德情感，要善于激发他们对道德行为的敬佩、爱慕之情，要引导他们去体验进行道德活动所获得的愉快和满足，感到道德的价值和需要，以发展他们的深厚道德情感。

（3）意：即道德意志，是为实现道德行为所做的自觉努力，是人们通过理智权衡，解决思想道德生活中的内心矛盾与支配行为的力量，它常常表现为用正确动机战胜错误动机，用理智战胜欲望，用果断战胜犹豫，用坚定战胜动摇，排除来自主客观的各种干扰和障碍，按照既定的目标，把道德行为坚持到底。在德育过程中，要注意培养、锻炼学生的坚强意志，使他们有顽强的毅力。这有助于学生坚持道德认识，深化道德情感，调节道德行为，以形成他们的信念。

（4）行：即道德行为，是人们在行动上对他人、对社会和自然所作出的行为反应，是人的内在的道德认识和情感的外部行为表现，是衡量人们品德的重要标志。道德行为包括一般的行为和经多次练习所形成的道德行为习惯。道德行为受道德认识、情感和意志的支配、调节，同时又影响道德认识、情感和意志。只有在履行道德规范的活动中，人们才能深化道德认识和情感，锻炼道德意志和增强道德信念，从而使自己的品德得到发展，道德能力得到提高。在德育过程中要特别着重学生的道德行为的培养，要求学生言行一致，严格遵守学生守则、学校的规章制度和社会的道德规范，长期坚持下去，以形成良好的习惯与作风。

德育过程的一般顺序可以概括为提高道德认识、陶冶道德情感、锻炼道德意志和培养道德行为习惯。有的德育工作者根据自己的经验将德育工作总结概括为"晓之以理、动之以情、持之以恒、导之以行"四句话，这是符合德育过程规律的。知、情、意、行四个基本要素是相互作用的，其中，"知"是基础，"行"是关键。在德育具体实施过程中，可以有多种开端，即不一定遵守知、情、意、行的一般教育培养顺序，而可以根据学生品德发展的具体情况，或从导之以行开始，或从动之以情开始，或从锻炼道德意志开始，最后达到使学生品德在知、情、意、行等方面的和谐发展。

（二）学生在活动和交往中形成思想品德规律，具有社会性和实践性

学生的思想品德是在积极的活动和交往过程中逐步形成发展起来和表现出来并接受检验的。形成一定品德的目的，也是为了更好地适应和参与社会新生活的创造。因此，教育者应把组织活动和交往看作德育过程的基础。活动和交往的性质、内容、方式不同，对人的品德影响的性质和作用也不同。

（1）活动和交往是学生品德形成的基础。学生的品德是在活动和交往的过程中，接受外界教育影响逐渐形成和发展，并通过活动和交往的过程表现出来的。

（2）学生品德的发展是在活动中能动地实现的。道德活动是促进外界的德育影响转化为学生自身品德的基础。学生在活动和交往中，必然会受到多方面的影响。品德形成就是学生能动地接受多方面教育影响的过程。

（3）进行德育要善于组织、指导学生的活动。

德育过程中的活动和交往的主要特点是：具有引导性、目的性和组织性；不脱离教师和同学；具有科学性和有效性；是按照学生品德形成发展规律和教育学、心理学原理组织的，因而能更加有效地影响学生品德的形成。

（三）促进学生思想内部矛盾转化规律，具有主动性和自觉性

德育过程既是社会道德内化为个体的思想品德的过程，又是个体品德外化为社会道德行为的过程。要实现这"两化"必然伴随着一系列的思想矛盾和斗争。要实现矛盾向教育者期望的方向转化，外因是条件，内因是根据，外因是通过内因而起作用的。教育者要给受教育者创造良好的外因，又要了解受教育者的心理矛盾，促使其积极接受外界的教育影响，有效地形成新的道德品质。

德育过程也是教育和自我教育的统一过程。教育者要注意提高受教育者自我教育的能力。德育的任务就是把缺乏道德经验与能力、依赖性较强的青少年学生逐步培养成为具有自我教育能力，能独立自主地待人接物的社会成员。自我教育能力主要由自我评价能力和自我调控能力构成。自我评价能力是进行自我教育的认识基础，自我调控能力是在自我评价的基础上建立起来的自觉调节控制自己思想与行为的能力。儿童自我意识与自我教育能力的发展是有规律的，大致是从自我为中心发展到"他律"，再从"他律"发展到"自律"。要提高学生的自我意识、自我评价和自调控能力，以形成和发展他们的自我教育能力，充分发挥他们的主体作用。

（四）学生思想品德形成的长期性和反复性规律，具有反复性和渐进性

德育过程具有长期性，是一个长期教育、逐步积累的过程。一方面，任何一种思想品德的形成，都需要在道德认识、道德情感、道德意志、道德行为诸方面获得相应发展。无论是道德认识的掌握，道德情感的培养，道德意志的锤炼，还是道德行为的形成，都不是一朝一夕之功，需要一个长期的培养教育、陶冶训练的过程。另一方面，随着社会的发展与进步，对人们思想品德的要求总是在不断提高，任何人的思想品德都难以达到尽善尽美的境界，必须长期坚持不懈地进行培养与提高，这也表现出德育过程的长期性。同时，人类社会在不断发展进步，要使德育适应社会不断变化的要求，就需要在德育内容、手段、方法等方面不断地加以调整、补充。最后，在意识形态领域里，不同的思想斗争长期存在，必然会反映到学生思想中来，这就决定了德育过程必然是一个长期的过程。

德育过程具有反复性，是一个不断反复、螺旋式逐步提高的过程。从学生自身来说，中学生正处于成长时期，思想不成熟，情感不稳定，缺乏生活经验，因而容易出现这样或那样的反复。从外界环境来说，由于意识形态领域里无产阶级思想和各种非无产阶级思想、正确思想与错误思想、先进思想与落后思想的斗争长期存在，这种斗争反映到学生思想上，也会造成思想品德的反复。已经初步形成的良好思想品德，会因受到某些错误、落后思想的影响而停止，甚至倒退。思想品德作为经常表现出来的稳定的心理特征，不是靠一两次教育，完成某一个道德行为就能形成的，而是要学生反复完成一些行为并根据亲身体验和实践，深信自己的道德行为是正确的，直至这种行为成为他经常的、稳固的特征时，才能说他已经形成了这方面的思想品德。

德育过程的长期、反复、渐进的特点，要求教育者必须长期地、耐心细致地教育学生，正确认识和对待学生思想行为的反复，善于反复抓、抓反复，引导学生在反复中逐步前进。

三、德育的原则、途径与方法

德育的原则、途径与方法对提高德育质量具有重要意义。要正确选定德育内容，有效选用德育的途径和方法、恰当处理各种德育问题都应当依据和遵循德育原则。进行德育教育，不仅要有正确的内容而且要有恰当的途径和方法，只有这样，才能收到良好的效果。为了出色地完成德育任务，教师必须了解德育的主要途径和方法，以便在德育过程中能够正确地加以选择与运用。

（一）德育的原则

1. 德育原则的概念

德育原则是根据教育目的、德育目标和德育过程的规律而提出的德育工作的基本要求。德育原则对制定德育大纲、确定德育内容、选择德育方法、运用德育组织形式等具有指导作用。在我国社会主义条件下，学校德育原则是根据社会主义教育目的和德育目标，在系统总结社会主义德育实践经验，全面系统地分析研究德育过程中的各种矛盾关系，揭示出德育过程的客观规律，从而制定出正确处理和解决德育过程中基本矛盾关系的实际工作要求。

2. 中小学常用的教学原则

（1）导向性原则。

导向性原则是指进行德育时要有一定的理想性和方向性，以指导学生向正确的方向发展。导向性原则是德育的一条重要原则。因为学生正处在品德迅速发展的关键时期：一方面他们的可塑性大；另一方面，他们又年轻，缺乏社会经验与识别能力，易受外界社会的影响。在他们的发展中将会出现"染于苍则苍，染于黄则黄"复杂情况。这样，他们的品德的发展方向就将出现三种可能的趋向：可能与社会的要求在方向上一致；也可能与社会的要求在方向上不完全一致；甚至可能与社会的要求背道而驰，误入歧途。学校德育要坚持导向性原则，使学生的发展方向与社会要求趋向一致。

贯彻这导向性原则的基本要求是：

①坚持正确的政治方向。学校德育必须目的明确，方向正确，引导学生把平时的学习、劳动和生活同实现社会主义现代化建设的目标联系起来。

②德育目标必须符合新时期的方针政策和总任务的要求。党的十六大提出了全面建设小康社会的宏伟目标与任务，我国德育要坚持以马克思列宁主义、毛泽东思想、邓小平理论和"三个代表"重要思想为指导，努力培育有理想、有道德、有文化、有纪律，德、智、体、美、劳全面发展，有中国特色社会主义事业的建设者和接班人。

③要把德育的理想性和现实性结合起来。现阶段的学校德育要反映社会主义初级阶段的生产关系、市场经济和以按劳分配为主体的多种分配方式并存的需要，应当是社会主义性质的德育；同时也要注重社会主义向共产主义前进的历史运动，认真宣传、提倡共产主义的理想和精神，鼓励先进青年去自勉、力行和为之奋斗。

（2）疏导原则。

疏导原则是指进行德育要循循善诱，以理服人，从提高学生认识入手，调动学生的主动性，使他们积极向上。我国古代教育家孔子很善于诱导。他的学生颜回对孔子循循善诱做了极高的评价。颜回说："夫子循循然善诱人，博我以文，约我以礼，欲罢不能。"青少年学生正处在道德认识迅猛发展时期，他们向往未来、要求上进，极力扩大自己的知识与视野，对社会生活有所认识。但他们缺乏社会经验和识别是非、善恶的能力，看问题容易简单片面，出现一些过失也是难免的。然而，要他们提高认识，改起来也快。因此，进行德育要注意正面教育，说服诱导，提高思想认识。况且青少年学生单纯、热情、耿直，敢想敢说，他们的思想认识总是要表现出来的，就像河水奔流一样，要堵是堵不住的。对思想认识问题，如果企图用"堵"的方法、"压"的方法去解决，就会使矛盾激化，造成对抗。所以要像治水一样，重在疏导，使他们明白事理、提高认识，自觉地向正确的方向发展。要把青少年一代培养成自觉的建设者，就只能说服而不能压服。

贯彻这一原则的基本要求是：

①讲明道理，疏导思想。对青少年进行德育，要注重摆事实、讲道理，做深入细致的思想工作，启发他们自觉认识问题，自觉履行道德规范。对于学生的思想认识问题，只能疏导，不宜

压制。

②因势利导,循循善诱。青少年学生活泼好动、精力旺盛、兴趣广泛,喜欢参加自己爱好的活动。德育要善于把学生的积极性和志趣引导到正确方向上来。

③以表扬激励为主,坚持正面教育。青少年学生积极向上,有自尊心、荣誉感。在他们的成长过程中,要坚持正面教育,对他们表现出来的积极性和微小进步,,都要注意肯定,多加赞许、表扬和激励,引导他们步步向前,以培养他们的优良品德。

(3) 尊重信任与严格要求相结合原则。

尊重信任与严格要求相结合原则,是指进行德育要把对学生个人的人格、尊严、自尊心的尊重和对学生的信赖,并给予他们解释、改正的机会和对他们的思想和行为的严格要求结合起来,使教育者对学生的影响与要求易于转化为学生的品德。人们都具有自觉能动性、自尊心和荣誉感,只有受到尊重与信赖,他们才能充分发挥自己的主动性与创造性。青少年学生尤其是这样,他们单纯、热情、积极向上,如果得到师长的尊重、信赖与鼓励,他们将充分发挥自己的才智。对学生不尊重、不信赖,而是歧视、侮辱、压制,那么其后果则不堪设想。苏联教育家马卡连柯曾说:"要尽量多地要求一个人,也要尽可能多地尊重每一个人。"

贯彻这一原则的基本要求是:

①尊重和信赖学生。要尊重学生的人格、自尊心和尊严,相信他们有发展潜力,有改正缺点的希望等。这是一个优秀教师的基本品德,也是要教好学生、获得所期望的良好效果的一个重要条件。皮格马利翁效应(又称罗森塔尔效应)充分说明了这个道理。相传古代的塞浦路斯岛有位俊美的青年国王叫皮格马利翁,他精心雕刻了一具象牙少女像,每天都含情脉脉地迷恋她,精诚所至,少女真得活起来了。这是一个美丽的神话故事。在现实生活中就是皮格马利翁效应。1968年,心理学家罗森塔尔和雅各布森来到美国的一所小学,从一至六年级中各选三个班级,对18个班的学生"煞有介事"地做发展预测,然后以赞赏的口吻将"有优异发展可能"的学生名单通知有关教师。名单中的学生,有的是在老师的意料之中,有的却不是。对此,罗森塔尔做过相应的解释:"请注意我讲的是他们的发展,而不是现在的基础。"并叮咛不要把名单外传。八个月后,他俩又来对这18个班进行复试。结果是,他们提供的名单里的学生成绩增长比其他同学快,并且在感情上显得活泼开朗、求知欲旺盛,与老师的感情也特别深厚。原来,这是一项心理学实验。所提供的名单纯粹是随机的。他们通过自己"权威性的谎言"暗示教师,坚定了教师对名单上学生的信心,调动了教师独特的深情。教师通过眼神、笑貌、嗓音滋润着这些学生的心田,使这些学生更加自尊、自信、自爱、自强。这就是教育心理学上的"罗森塔尔效应"。

②要给予学生对自己的所作所为解释的机会,并相信他们会改正。

③对学生的思想和行为提出的要求,要做到合理正确、明确具体和严宽适度。为了取得良好的教育效果,教育者对学生提出的要求应当科学合理,符合学生年龄特征,切合实际,令人信服。同时,教育者对学生严格要求,对他们的缺点和错误丝毫不能放松教育,不能因其事小或因其年轻而原谅、姑息,要注意防微杜渐。

④教育者对学生提出的要求要认真执行。对学生的要求一旦提出,就要不折不扣、坚持不渝地引导与督促学生做到,丝毫不能放松。不能迁就、姑息、朝令夕改和放任自流,否则各种要求就会失去教育力量,教育者也会失去教育威信。

(4) 一致性与连贯性原则

一致性与连贯性原则,是指进行德育应当有目的、有计划地把来自各方面对学生的教育影响加以组织、调节,使其相互配合,协调一致,前后连贯地进行,以保障学生的品德能按教育目的的要求发展。

学生的品德是在学校、家庭、社会等各方面的长期教育影响下发展的。这些影响纷繁复杂,不仅相互之间存在着矛盾与对立，而且往往前后并不连贯。如果不加以组织则必将削弱学校教育对学生的影响。尤其在现代社会，科学技术的进步，使学生活动和交往的范围扩大，通过书刊、影视、网络接受的信息大大增加。在这种情况下，要有效地教育学生，必须加强学校对各方面教育影响的控制和调节。贯彻这一原则的基本要求是：

①要统一学校内部各方面的教育力量。在学校内，校长、班主任、各科教师和全体职工等，都要在学校党组织和校长的统一领导下，既有分工，又有合作，形成一股统一的教育力量，按照一致的培养目标和方向，统一教育的计划和步骤。

②要统一社会各方面的教育影响。学生思想觉悟和道德面貌的培养，是通过学校、家庭、社会等多方面的教育和影响来实现的。因此，学校应与家庭和社会的有关机构要建立和保持联系，形成一定的制度；要及时或定期地交流情况，研究学生的教育状况，制订互相配合的方案；要分工负责，共同努力，控制和消除环境对学生不良的影响。

③要有计划、有系统地进行。对学生的教育影响前后不连贯、不一致，时紧时松、时宽时严、断断续续，不仅直接影响学生良好习惯和品德的形成，而且还会导致学生在前进的道路上出现退步。所以，使教育影响连贯和一致，是德育的一项重要工作。

（5）因材施教原则。

因材施教原则是指进行德育要从学生的思想认识和品德发展的实际出发，根据他们的年龄特征和个性差异进行不同的教育，使每个学生的品德都能得到最好的发展。我国古代教育家孔子提出了"视其所以，观其所由，察其所安"的了解学生的有效方法，孔子并擅长根据学生特点进行有区别的教育。教育的对象是活生生的学生，他们的品德发展既有一般规律、年龄特征，又有各自的个性、优点和不足。对他们进行德育必须依据这两个方面的实际，因材施教，才能有针对性地促进他们品德的发展。德育特别要考虑学生的个性，这是尊重学生的表现，是因材施教的基础。否则，不但不可能发展学生的个性，调动他们进行道德修养的积极性，而且还会无视学生特点，压抑学生个性，阻碍学生的进步。

贯彻这一原则的基本要求是：

①深入了解学生的个性特点和内心世界。学生都有各自的个性、优点和不足，德育要考虑了解学生的个性特点，教育者要了解每个学生的兴趣、爱好、特长、品质、性格以及他在家庭生活中的地位和社会交往情况等。

②根据学生个人特点有的放矢地进行教育。由于每个学生都有自己的生活环境、成长经历和个性特点、内心的精神世界，因而对他们的教育必须有的放矢，采用不同的内容和方法因材施教，努力做到一把钥匙开一把锁。

③根据学生的年龄特征有计划地进行教育。学生思想认识与品德的发展有明显的年龄特征，因而进行德育有必要研究和弄清每一个年级学生的思想特点，只有这样，才能对中学德育做整体规划、系统安排，以保证德育切合中学生实际，具有连贯性和巩固性。

（6）知行统一原则（也称理论与实际相结合的原则）。

知行统一原则是指教育者在德育过程中，既要重视对学生进行系统的思想道德的理论教育，又要重视组织学生参加实践锻炼，将提高认识和行为养成结合起来，使学生做到言行一致、表里如一。

贯彻这一原则的要求是：

①加强思想道德的理论教育，做到晓之以理。

②组织和引导学生参加各种社会实践活动，做到导之以行。

③对学生的评价和要求要坚持知行统一原则。

④教育者要以身作则，严于律己，言行一致。

(7) 发挥积极因素与克服消极因素相结合的原则（长善救失原则）。

发挥积极因素与克服消极因素相结合的原则是指在德育工作中，教育者要善于依靠和发扬学生品德中的积极因素，调动学生自我教育的积极性，抑制和克服消极因素，并化消极因素为积极因素，促使学生品德健康顺利地发展。

贯彻这一原则的要求是：

①全面分析，客观评价学生的优点和不足。教育者既要看到学生积极的一面，也要看到其消极的一面。无论对优秀生还是后进生，都要保持客观公正的态度和评价，只有这样，才能使每个学生发扬长处和克服不足，促进他们健康地发展。

②根据学生的特点，因势利导，化消极因素为积极因素。

③引导学生进行自我教育，提高修养水平。

（8）集体教育与个别教育相结合的原则。

集体教育与个别教育相结合原则是指在德育过程中，教师既要通过集体的力量教育个别学生，又要通过对个别学生的教育影响集体，把集体教育和个别教育辩证地统一起来。

集体教育与个别教育相结合原则是依据马卡连柯的平行教育原理提出来的。

贯彻这一原则要求做到以下几个方面：

①要组织和建设好集体。

②要通过集体教育学生个人，通过学生个人的力量影响和转变集体。

③安排丰富多彩的活动，使个人融入集体。

（9）正面教育与纪律约束相结合的原则。

正面教育与纪律约束形结合的原则是指德育工作既要有正面引导，说服教育，又要辅以必要的纪律约束，并两者结合起来。

贯彻这一原则的基本要求是：

①坚持正面教育，以先进的理论引导学生。

②坚持摆事实，讲道理，以理服人，启发自觉。

③建立健全学校规章制度和集体组织的公约、守则等。

（二）德育的途径

德育途径又称为德育组织形式，是指学校教育者对学生实施德育时可供选择和利用的渠道，是指德育的实施渠道或形式，我国中小学德育的途径主要有政治课与其他学科教学、课外活动与校外活动、劳动、共青团活动、班主任工作等，其中基本途径是政治课与其他学科教学。

1. 政治课与其他学科教学

这是学校有目的、有计划、系统地对学生进行德育的基本途径。通过政治课，教育者能够引导学生掌握马列主义毛泽东思想的基本理论和社会主义的道德规范，这对提高学生的思想认识，形成正确的道德观点，奠定他们的人生观与世界观的基础都有极为重要的作用。

通过其他学科教学实施德育是通过传授和学习文化科学知识实现的。各科教材中都包含有丰富的教育内容，只要充分发掘教材本身所固有的德育因素，把教学的科学性和思想性统一起来，就能在传授和学习文化科学知识的同时，使学生受到科学精神、社会人文精神的熏陶，形成良好品德。

2. 课外活动与校外活动

这是生动活泼地向学生进行德育的一个重要途径。它不受教学计划的限制，让学生根据兴趣、爱好自愿选择参加，自主地组织、开展丰富多彩的活动，制订并执行一定的计划与纪律，以调节自己的行为和处理人际关系。因此，通过这个途径进行的德育，符合学生的特点和需要，能激发他们的兴趣，调动他们的积极性，特别有助于培养学生识别是非、自我教育等道德能力，培养互助友爱、团结合作、纪律性与责任感等良好品德。

3. 劳动

这是学校进行德育尤其是劳动教育的重要途径。通过劳动，学生容易产生对劳动、科学与技术的兴趣与爱好，激发出巨大的热情与力量，经受思想与行为上的严峻磨炼，看到自己的才能和成果，能够培养学生爱劳动和勤俭、朴实、艰苦、顽强等许多品德。

4. 共青团活动

这是通过青少年自己的组织所开展的活动来进行德育的重要途径。共青团是中国先进青年的群众组织，是青年学习共产主义的学校。共青团以马克思主义的基本思想、社会主义的道德规范、共产主义的理想教育自己的成员，并团结广大青少年一道前进。青少年非常关心、热爱自己的组织，希望积极参加共青团的活动，并努力提高自己，创造条件争取早日光荣参加团组织。所以通过共青团活动，能激发学生的上进心、荣誉感，使他们能够严格要求自己，提高思想觉悟，培养良好品德。

5. 班主任工作

班主任是全面负责一个班级学生工作的教师。班主任的基本任务是带好班级，教好学生，对学生进行德育是班主任的一项重要职责和任务。班主任要做好学生德育工作，必须全面深入了解和研究学生，与社会有关方面和学生家长配合，共同对学生进行教育。班主任特别要精心组织、培养健全的班集体，并通过集体对学生进行教育。班主任要把集体教育和个别教育结合起来，这是一个特殊途径。

6. 校会、班会、周会、晨会、时事政策的学习

校会、班会、周会等这几条德育途径有各自的特点与功能，它们互相联系，互相补充，构成了德育途径的整体。学校应全面利用各个德育途径的作用，使其科学地配合起来，以便发挥德育途径的最大的整体功能。

（三）德育的方法

德育方法是为达到德育目的在德育过程中采用的教育者和受教育者相互作用的活动方式的总和。它包括教育者的施教传道方式和受教育者的受教修养方式。

1. 说服法

说服法是通过摆事实、讲道理，使学生提高认识、形成正确观点的方法。要求学生遵守道德规范、养成道德行为习惯，首先要提高认识，启发自觉，调动他们的积极性，这就需要运用说服的方法来讲清道理，使学生明白应当怎样做，为什么要这样做。学生的认识提高了，感到有必要了，他们才能自觉去履行。我们的学校是社会主义的学校，要把学生培养成为自觉的建设者，尤其要注重说服教育。说服教育的应用很广，无论运用哪一种方法，都离不开提高学生的认识，都需要结合运用说服的方法。说服法包括讲解、谈话、报告、讨论、参观等。

（1）讲解是教师向学生讲述、说明、解释有关规范、守则等。教师在讲解时应注意既要有主题，又要联系实际，语言生动，有的放矢，使学生乐听、易懂。

（2）谈话是通过师生对话进行教育的一种方式。谈话可以对某一问题直接交换意见；也可以寓教育于闲谈之中；可以全班谈，也可以个别谈；可以有准备地谈，也可以随机找到话题谈。谈话法简便易行，是教师的"常规武器"。在谈话时，教师对学生要以诚相待，充满师爱，要讲究谈话的艺术。

（3）报告是报告人就一定的专题向学生进行介绍和讲述的方法。为使报告能被学生接受，首先，报告的题目要有吸引力，不能太大。其次，内容一定要有生动的事实材料，切忌理论性的条条框框太多。再次，报告人的语言要绘声绘色，要有感染力。最后，报告的时间不要太长。

（4）讨论是在教师的指导下，由全班或部分同学就某一个问题各抒己见，互相启发，从而

得出正确认识和结论的方法。其目的是提高学生的思想认识水平。当学生对某些社会或道德问题的有些看法,但又不甚明确、不太全面时,特别是产生了分歧和对立的看法时,采用讨论、辩论,能使问题解决得更好。通过讨论、辩论能培养学生追求真理的志趣,使学生交流思想、互相切磋、共同提高。

(5) 参观是组织学生接触社会实际,运用具体生动的事实说服学生的德育方法。这种方法的优点是学生能亲眼看到、亲耳听到,直观性强,因而具有很强的说服力。参观应当在教育者领导下,有计划地进行。每一次的参观要有明确的教育要求,要做好组织工作和思想工作,要做好参观后的交流、巩固、提高工作。

运用说服法要注意以下几点。

(1) 明确目的性。说服要从学生实际出发,注意个别特点,针对要解决的问题,有的放矢,符合需要,切中要害,启发和触动他们的心灵。切忌一般化、空洞冗长。

(2) 富有知识性、趣味性。说服要注意给学生以知识、理论和观点,使他们受到启发,获得提高,所选的内容,表述的方式要力求生动有趣、喜闻乐见。

(3) 注意时机。说服的成效,往往不取决于花了多少时间,讲了多少道理,而取决于是否善于捕捉教育时机,拨动学生心弦,引起他们的情感共鸣。

(4) 以诚待人。教师的态度要诚恳、深情,语重心长,与人为善。只有待人以诚,才能叩开学生心灵的门户,教师讲的道理才能被学生接受。

2. 榜样示范法

榜样示范法是以他人的高尚思想、模范行为和卓越成就来影响学生品德的方法。榜样把道德观点和行为规范具体化、人格化了,形象而生动,具有极大的感染力、吸引力和鼓动力。而青少年学生又富有模仿性,爱效法父母、师长,学习有威望的同学,尤其崇拜伟人、英雄、学者。在良好环境里,榜样的力量是无穷的。它能给学生以正确的方向和巨大力量,引导他们积极向上。榜样包括伟人的典范、教育者的示范、学生中的好榜样等。

(1) 典范。历史伟人、民族英雄、革命导师、著名的科学家、思想家和各方面的杰出人物,他们是民族的代表、人类的精英,当然是青少年学习的典范。他们不平凡的一生、伟大业绩、崇高品德和光辉形象,对学生有极大吸引力,容易激起学生对他们的敬仰之情,对照典范严格要求自己,推动自己积极上进。

(2) 示范。教师、家长和其他长者给青少年学生所做的示范,也是学生学习的一种榜样。尤其是教师与父母,他们肩负着培育青少年学生的重任,也得到学生的信赖。他们的言行、举止、仪态、作风、为人处世和各方面的表现,都对学生起着示范作用,会产生潜移默化的深远影响。

(3) 榜样。学生中的榜样产生于学生,为学生亲近与熟悉,容易引起学生的关心与学习。尤其是青少年积极向上、不甘落后,因而在学生中树立榜样可以促进学生之间的互相学习、你追我赶,共同提高。

"桃李不言,下自成蹊","其身正,不令而行;其身不正,虽令而不从",就是这个道理。

运用榜样示范法要注意以下几点。

(1) 选好学习的榜样。选好榜样是学习榜样的前提。我们应根据时代需要和学生实际出发,指导他们选好学习的榜样,获得明确前进的方向与巨大动力。

(2) 激起学生对榜样的敬慕之情。要使榜样能对学生产生力量,推动他们前进,就需要引导学生了解榜样,了解所学习榜样的身世、艰苦奋斗的经历,伟大卓越的成就,崇高光辉的品德,特别是了解那些感人至深、令人敬佩之处,使他们在心灵上对所学榜样产生爱慕、敬佩之情。这样,外在的学习榜样才能转化为学生心目中的榜样。为了培养学生对历史典范人物的情感，指导学生读一些历史著作、人物传记就十分重要。为了引导学生向生活中的模范老师和优秀学生学习，应鼓励他们多接触这些人。

（3）引导学生用榜样来调节行为、提高修养。要及时地把学生的情感、冲动引导到行动上来，把对榜样的敬慕之情转化为道德行为和习惯，逐步巩固，加深这种情感。

（4）体现"德福一致"的伦理观。

（5）教师和家长要为学生树立榜样。

（6）正确对待偶像崇拜问题

3. 情感陶冶法

情感陶冶法又称陶冶教育法，是教育者自觉创设良好的教育情境，使受教育者在道德和思想情操方面受到潜移默化的感染、熏陶的方法。

情感陶冶法有自身的特点，既不向学生传授系统的道德知识，也不对他们提出明确的要求，而是寓教育于情境之中，通过按教育要求预先设置的情境来感化与熏陶学生；既没有强制性的措施，也难有立竿见影的功能，然而对学生有潜移默化的效果，能给学生品德发展以深远的影响。陶冶包括人格感化、环境陶冶和艺术陶冶等。

（1）人格感化。这是教育者以自身的品德和情感为情境对学生进行的陶冶。在这种情况下，教师不是通过说理和要求教育学生，而是以自己的高尚品德、人格，对学生的深切期望和真挚的爱来触动、感化学生，促进学生思想转变，积极进取。教师的威望越高，对学生的关怀和爱越真挚，对学生人格感化的力量就越大。

（2）环境陶冶。环境影响对学生品德成长有重要陶冶作用。一般情况下，良好的环境总能陶冶人的良好品德，不良境遇则往往形成人的不良思想行为。我们应当自觉地为学生创设良好的环境，如美观清洁的校园、朴实庄重的校舍、明亮整洁的教室，有秩序、有节奏的教学活动和作息安排，良好的班风和校风等。

（3）艺术陶冶。音乐、美术、舞蹈、雕塑、诗歌、文学、影视等，都是人类智慧的结晶。文学艺术来自于生活，又高于生活，形象概括，寓意深厚，感人至深，不仅给学生以美的感受，而且熏陶了他们的性情。我们应重视组织学生阅读名著和诗歌、聆听音乐、欣赏画展、观看影视作品，或引导他们自己去创作、表现、演出，从中获得启示，受到陶冶与教育。

运用陶冶法要注意以下几点。

（1）创设良好的情境。这种情境包括美观、朴实、整洁的学习与生活环境，团结、紧张、严肃、活泼、尊师爱生、民主而有纪律的班风、校风。同时，还要改变和消除对学生可能产生不良影响的各种情境。

（2）与启发、说服相结合。通过创设情境陶冶学生，还需要教师配合以启发、说服。引导学生注意到自己学习与生活的情境的美好、温暖、富有教益，并习惯和喜爱这种良好的情境，自觉地吸取情境的有益影响，从而也在自己的身上培养起相应的良好品德与作风。不仅要求让创设的情境影响学生，还需要教师配合予以启发、说服。

（3）引导学生参与情境的创设。良好的情境不是固有的、自然存在的，需要人为地创设。但这绝不能只靠教师去做，应当组织学生为自己创设良好的学习与生活的情境。学生在积极创建更加美好的情境的活动中，他们会感到自豪、自尊，更加严格要求自己，他们的品德也必将陶冶得更好。

4. 锻炼法

锻炼法又称指导实践法，是有目的地组织学生进行一定的实际活动，以培养他们的良好品德的方法。青少年学生品德的培养离不开锻炼，只有在社会生活和道德实践的过程中才能形成、发展和完善。离开了实际锻炼，不论用什么方法，都不能培养起学生的良好品德和习惯。活动主要包括学习活动、社会活动、生产活动和课外文体科技活动；锻炼包括练习、遵守制度、委托任务和组织活动等。

（1）练习。培养青少年儿童的良好行为习惯，如爱清洁、讲礼貌等文明行为习惯，必须通过反复练习。仅仅告诉学生、讲明道理不行，重要的是要求他们背熟，在同学交往中练习，在社会生活中实践，这样坚持下去才能形成良好品德。

（2）遵守制度。通过引导学生遵守一定的制度，特别有助于培养学生的组织性和纪律性、顽强的意志和严格要求自己的好习惯，故遵守制度是一种很重要的实际锻炼。

（3）委托任务。教师或学生集体委托学生个人完成一定的工作任务，也是一种重要的实际锻炼。通过完成委托任务，不仅能提高学生的工作能力，而且培养了他们的工作责任感、集体主义品质，提高了思想水平。

（4）组织活动。在活动中学生要遵循一定的规范，克服许多困难，经受多方面的锻炼，因而能培养各种好品德。特别是通过社会实践，能使学生接触社会、了解国情、洞察民心，有助于学生提高品德素质，正确理解党的政策并认清自己肩负的使命，形成正确的理想和人生观。

运用锻炼法要注意以下几点。

（1）坚持严格要求。有效的锻炼有赖于严格要求，进行任何一种锻炼，如果不严格遵守一定的规范和要求，而是马马虎虎，就会成为形式主义，不可能使学生得到锻炼和提高。

（2）激发学生的积极性。只有激发学生的主动性、积极性，使他们内心感到锻炼是必要的、有益的、有价值的，他们才能自觉严格要求自己，获得最大的锻炼效果。

（3）注意检查和坚持。良好的习惯与品德的形成必须经历一个长期的反复的锻炼过程。前紧后松、一曝十寒、时冷时热，都无益于品德的培养。所以对学生的锻炼，要强调自觉，但又不能放松对他们的督促、检查，还要引导他们长期坚持下去。

5. 表扬奖励与批评处分

表扬奖励是对学生的良好思想、行为做出的肯定评价，是引导和促进其品德积极发展的方法。批评处分是对学生不良思想、行为作出的否定评价，帮助他们改正缺点与错误的方法。这些都是学校对学生进行德育的不可缺少的方法。公正、严明的奖惩，可以帮助学生分清是非、善恶、美丑，认识自己的优点、好的行为表现和自己的缺点与错误，明确努力的方向；可以培养学生的荣誉感、羞耻感、道义感，激励他们积极进行自我修养、长善救失、提高个人道德水平和自觉维护社会的道德规范。

表扬一般可分为赞许和奖励两种方式。赞许是教师对学生一般的好思想、好行为表示的称赞或欣赏，多以口头表示或点头、鼓掌等动作表示。奖励是对学生突出的优秀品行作出的较高评价。一般包括颁发奖状、发给奖品、授予称号等。批评是对学生不良思想、行为的指责。批评可以对个人，也可以对集体。无论对个人或集体进行批评，既可以只对被批评者进行，也可以在公众场合下进行。处分是对学生所犯错误的处理，包括警告、记过、留校察看、开除学籍等。

运用奖励与处分要注意以下几点。

（1）公平、正确、合情合理。做到当奖则奖，当罚则罚，奖励与处分一定要符合实际，实事求是，不主观片面，不讲情面。

（2）发扬民主，获得群众支持。奖惩由少数人决定，难免主观武断，出现差错，得不到群众支持。只有发扬民主，听取群众意见，才能使奖惩公平合理，富有教育意义。

（3）注重宣传与教育。进行奖励与处分，不只是教育被奖惩者，也是为了使全体学生受到教育。所以要有一定形式与声势，在一定范围内宣布，并通过墙报、广播、宣传栏等加以宣传，使之收到更好的效果。

6. 品德修养指导法

品德修养指导法也称个人修养法，是教师指导学生自觉主动地进行学习、自我品德反省，以实现思想转化及行为控制的德育方法。主要包括学习、自我批评，选出座右铭、格言自励，自我实践体验与锻炼等。

7. 品德评价法

品德评价法是教育者根据一定的要求和标准，对学生的思想品德进行肯定或否定的评价，促使其发扬优点，克服缺点，督促其不断进步的一种方法，包括奖励、惩罚、批评和操行评定。

8. 道德叙事法（角色扮演法）

道德叙事法就是通过讲故事（课描、深描）或者扮演故事里的人物情节等方式对学生进行思想品德教育的方法。

真题链接

一、单项选择题

1. （2011年中学）某教师引导学生依据个人的奋斗目标，选出有针对性的格言作为自己的座右铭，用以自律自励，不断提高自我修养。该教师的做法体现的德育方法是（　　）。

   A. 品德修养指导法　B. 锻炼法
   C. 情感陶冶法　D. 制度

   答案：A。

   【解析】品德修养指导法也称个人修养法，是教师指导学生自觉主动地进行学习、自我品德反省，以实现思想转化及行为控制的德育方法。主要包括学习、自我批评、选用座右铭自励，自我实践体验与锻炼等。

2. （2012年中学）教师引导学生选择有针对性的格言作为座右铭以自励、自警、自律，使其获得教益的德育方法是（　　）。

   A. 说服教育法　B. 个人修养法　C. 环境陶冶法　D. 品德评价法

   答案：B。

   【解析】同上。

3. （2012年中学）在德育过程中，体现马克思主义"一分为二"辩证的认识学生的德育原则是（　　）。

   A. 发挥积极因素与克服消极因素相结合的原则
   B. 理论与实际结合原则
   C. 集体教育和个别教育相结合原则
   D. 严格要求与尊重信任相结合原则

   答案：A。

   【解析】略。

4. （2013年中学）"夫子循循然善诱人，博我以文，约我以礼，欲罢不能"体现的德育原则是（　　）。

   A. 思想性原则　B. 疏导原则　C. 连贯性原则　D. 一致性原则

   答案：B。

   【解析】疏导原则就是强调以理服人、循循善诱。

5. （2013年中学）针对我国目前家庭教育与学校教育中对学生品德要求出现差异甚至对立的现象，应强调贯彻的原则是（　　）。

真题链接

A. 发挥积极因素与克服消极因素相结合的原则
B. 理论联系实际原则
C. 教育的一致性和连贯性原则
D. 正面启发积极引导原则

答案：C。

【解析】一致性和连贯性原则是指在德育工作中，教育者应主动协调多方面的教育力量，统一认识和步调，有计划、有系统、前后连贯地教育学生。

6.（2016中学）初二（1）班的小王同学在黑板上画了漫画，并写上"班长是班主任的小跟班"。班主任冯老师看了发现漫画真画出了自己的特征，认为小王同学有绘画天赋，于是请小王同学担任班级的板报和班刊的绘画编辑。小王同学发挥了自己的才能，出色地完成了任务，克服了散漫的毛病，后来考取了大学美术专业。冯老师遵循的德育原则是（ ）。

A. 疏导原则   B. 教育的一致性和连贯性原则
C. 长善救失原则   D. 严格要求与尊重信任相结合原则

答案：C。

【解析】长善救失原则就是发挥积极因素与克服消极因素相结合的原则。是指在德育工作中，教育者要善于依靠和发扬学生品德中的积极因素，调动学生自我教育的积极性，克服消极因素，并化消极因素为积极因素，促使学生品德健康顺利地发展。

7.（2012年小学）从提高学生认识入手，循序渐进，以理服人地调动学生的主动性，引导他们积极向上的德育原则是（ ）。

A. 导向性原则   B. 因材施教原则   C. 启发性原则   D. 疏导原则

答案：D。

【解析】疏导原则就是强调以理服人，循循善诱。

8.（2012年小学）小学教师用小红花、小红旗的奖励方式来鼓励学生诚实、乐于助人的行为，属于（ ）方法。

A. 实际锻炼法   B. 榜样示范法   C. 陶冶教育法   D. 品德评价法

答案：D。

【解析】品德评价法包括奖励、惩罚、评比、批评和操行评定。

9.（2013年小学）"一把钥匙开一把锁"所反映的是（ ）。

A. 尊重与严格要求相结合原则   B. 教育影响一致性原则
C. 正面教育原则   D. 因材施教原则

答案：D。

【解析】略。

10.（2014年小学）初二（3）班在"每月一星"评比活动中，将当月乐于助人的同学的照片张贴在光荣栏上，这种德育方法属于（ ）。

A. 说服教育法   B. 实践指导法   C. 陶冶教育法   D. 品德评价法

答案：D。

【解析】品德评价法包括奖励、惩罚、评比、批评和操行评定。

11.（2014中学）班主任王老师通过委托任务和组织班级活动对学生进行思想品德教育的方法是（ ）

真题链接

　　A. 榜样示范法　　B. 品德评价法　　C. 锻炼法　　D. 陶冶教育法
　　答案：C。
　　【解析】锻炼法也称指导实践法，是有目的地组织学生进行一定的实际活动，以培养他们的良好品德的方法。锻炼法包括练习、制度、委托任务和组织活动等。

12.（2014中学）"君子博学而日三省乎己，则知明而行无过矣。"荀子的这句话体现的德育方法是（　　）。
　　A. 说服教育法　　B. 榜样示范法　　C. 锻炼法　　D. 个人修养法
　　答案：D。
　　【解析】个人修养法是教师指导学生自觉主动地进行学习、自我品德反省，以实现思想转化及行为控制的德育方法。主要包括学习、自我批评、树立座右铭自励、自我实践体验与锻炼等。

13.（2015年中学）班主任赵老师经常运用表扬、鼓励、批评和处分等方式引导和促进学生品德积极发展，这种方法属于（　　）。
　　A. 说服教育法　　B. 榜样示范法　　C. 情感陶冶法　　D. 品德评价法
　　答案：D。
　　【解析】品德评价法是教育者根据一定的要求和标准，对学生的思想品德进行肯定或否定的评价，促使其发扬优点，克服缺点，督促其不断进步的一种方法，包括奖励、惩罚、批评和操行评定。

14.（2015年中学）张老师在工作中，注重以自己的高尚品德、人格魅力以及对学生的深切期望来触动、感化学生，促使学生思想转变，这种德育方法是（　　）。
　　A. 实际锻炼法　　B. 品德评价法　　C. 个人修养法　　D. 情感陶冶法
　　答案：D。
　　【解析】情感陶冶法又称陶冶教育法，是教育者自觉创设良好的教育情境，使受教育者在道德和思想情操方面受到潜移默化的感染、熏陶的方法。陶冶教育法包括人格感化、环境陶冶和艺术陶冶等方式。

15.（2016年中学）班主任李老师接受一个新班，针对班级纪律散漫等情况，李老师先用板报宣传，建立良好班风，同时用深切期望来感化学生，促使学生思想转变，这种德育方法是（　　）。
　　A. 个人修养法　　B. 榜样示范法　　C. 实际锻炼法　　D. 情感陶冶法
　　答案：D。
　　【解析】同上。

16.（2013年中学）孟子说："天将降大任于斯人也，必先苦其心志，劳其筋骨，饿其体肤，空乏其身，行拂乱其所为，所以动心忍性，曾益其所不能。"这段话体现的德育方法是（　　）。
　　A. 实际锻炼法　　B. 个人修养法　　C. 情感陶冶法　　D. 榜样示范法
　　答案：B。
　　【解析】略。

17.（2013年中学）"寓德育于教学中，寓德育于教师榜样之中，寓德育于学生自我教育之中，寓德育于管理之中"，这体现德育过程的规律是（　　）。

> **真题链接**
>
> A. 德育过程是对学生的知、情、意、行的培养与提高过程
> B. 德育过程是促使学生思想内部矛盾运动的过程，是教育与自我教育统一的过程
> C. 德育过程是一个长期的、反复的、不断前进的过程
> D. 德育过程是组织学生的活动和交往，统一多方面教育影响的过程
> 答案：D。
> 【解析】略。
>
> 二、简述题
> 1. （2014年中学）简述德育过程的基本规律。
> 2. （2012年小学）简述小学德育的途径。
> 3. （2013年中学）简述在学校德育工作中，运用锻炼法的基本要求。
>
> 三、辨析题
> 1. （2014年上半年中学）德育就是培养学生道德品质的教育。
> 【答案要点】（1）这种说法是错误的。
> （2）德育是指教育者按照一定社会或阶级的要求和受教育者品德形成发展的规律与需要，有目的、有计划、有系统地对教育者施加思想、政治和道德等方面的影响，并通过受教育者积极的认识、体验与践行，使其形成一定社会与阶级所需要的品德的教育活动。广义的德育从内容上包括政治教育、思想教育、道德教育、心理健康教育和民主法治教育。狭义的德育专指道德教育。形式上包括家庭德育、学校德育、社会动员和社区德育。所以德育不仅包括道德品质教育，还包括政治教育、思想教育。
>
> 2. （2011年中学）德育工作者在德育过程中，应贯彻"理智主义"，而非"情感主义"。
> 【答案要点】（1）这种说法是错误的。
> （2）学生的思想品德由知、情、意、行四个心理因素构成。学生思想品德的形成与发展，即这四个心理因素的形成与发展过程，学校德育过程就是对学生的知、情、意、行的培养与提高过程。因此在德育过程中，不仅要重视"理智主义"，也要注重"情感主义"。
>
> 3. （2013年中学）德育过程就是品德形成过程。
> 【答案要点】（1）这种说法是错误的。
> （2）德育过程与品德形成过程既相互联系又相互区别。
> 从联系来说，德育过程与品德形成过程是教育与发展的关系。德育过程的最终目标是使受教育者形成一定的思想品德。品德形成过程属于人的发展过程，德育过程是对品德形成过程的调节与控制。德育过程只有遵循人的品德形成发展规律，才能有效地促进人的品德的形成与发展。
> 从区别来看，德育过程是一种教育过程，是教育者与受教育者双方统一活动的过程，是培养和发展受教育者品德的过程。品德形成过程属于人的发展过程，是受教育者思想道德结构不断建构完善的过程，影响这一过程的实现有生理的、社会的、主观的和实践的等因素。
>
> 4. （2016年中学）德育过程是对学生知、情、意、行培养提高的过程，应以行为开端，情、意、行依次进行。
> 【答案要点】（1）这种说法是错误的。
> （2）德育过程一般以认识开端，以行为终结。由于社会生活的复杂性、德育影响的多样性和学生身心发展的不平衡性，每个学生知、情、意、行的发展经常会处于不平衡状态。因

此，在德育具体实施过程中，也可以有多种开端，可根据学生品德发展的具体情况，或从导之以行开始，或从动之以情开始，或从锻炼道德意志开始，最后达到学生品德在知、情、意、行四个方面的和谐发展。

四、材料分析题

1. （2014年中学）初一（2）班学生李小刚对学习毫无兴趣，成绩极差，各科考试很少及格。一次期中数学考试，他一道题也答不上来，就只在试卷上写下了这样一段话："零分我的好朋友你在慢慢地向我靠近零分你是如此多情难道你把我当作一个无用的人不我不是一个无用的人我是人我也有一颗自尊心再见吧零分。"

数学老师阅卷时，看到这份无标点、错别字连篇、字迹潦草的"答卷"后，非常生气地把李小刚叫到办公室，把他交给了新任班主任梁老师。梁老师问明情况后，并没有直接训斥李小刚，而是耐心地帮助李小刚在他的"杰作"上加了标点，改了错别字，重新组织了那段话：

零分，我的好朋友，
你在慢慢地向我靠近。
零分，你如此多情，
难道你把我当作一个无用的人？
不，我不是一个无用的人！
我是人，我也有一颗自尊心。
再见吧，零分！

然后，梁老师让李小刚读了这段话，赞叹道："这是诗，一首很好的诗啊！"

听到这句话，李小刚感到很惊诧。梁老师接着说："诗贵形象，你这首诗很形象。诗言情，诗言志，从这首诗中可以看出你是个不甘心与零分为伍的人。"

"这是诗？我也能写诗？"

没想到梁老师不但没有批评他，还会如此表扬他，李小刚非常激动。

从此，在梁老师的不断鼓励和帮助下，李小刚驱散了心中的阴霾，坚定了学习的信心，端正了学习态度。两年后，李小刚顺利地考上了高中。

问题：
1. 梁老师成功地运用了哪一道德原则？
2. 结合材料，阐述贯彻该原则的基本要求。

【答案要点】

(1) 梁老师成功地贯彻了依靠积极因素、克服消极因素的德育原则。

这一原则是指德育工作中，教育者要善于依靠、发扬学生自身的积极因素，调动学生自我教育的积极性，克服消极因素。

(2) 要在德育工作中贯彻依靠积极因素，克服消极因素的德育原则，必须要做到以下几点：

首先，教育者要用一分为二的观点，全面分析，客观地评价学生的优点和不足。材料中梁老师对待学生在数学考试中写的"诗"，不仅没有批评，反而从中看到了学生不甘于落后的精神，体现梁老师对学生的客观评价。

其次，教育者要有意识地创造条件，将学生思想中的消极因素转化为积极因素。梁老师通过改写学生的"诗",利用学生的"诗"鼓励了学生,让他在以后的学习中用积极的精神努力学习,最终取得了好的成绩。

最后,教育者要提高学生自我认识、自我评价能力,启发他们自觉思考,克服缺点,发扬优点。梁老师对小刚的德育工作没有直接说教,而是通过对他"诗"的评价进而促使小刚对自己有了新的认识,产生了自我肯定,并在这种认识下坚定了学习信念。

2. (2015年下半年)大学毕业不久,我就担任了初二一班的班主任。一天中午,一个学生急匆匆跑来说:"老师,小杨不知为什么事正和二班王老师争吵,还骂了老师。"我赶紧过去问缘由,得知二班的卫生区有几片废纸,被学校的值日生扣了分,据说二班有学生看见小杨正好走过,就告诉王老师,认为是小杨扔的。于是王老师就找到小杨,并训斥了他。小杨不服气,就骂王老师"瞎了眼",结果惹恼了老师。我当时也很生气,对小杨说:"小杨,就算你没扔,也要好好和王老师说明,怎么可以骂老师呢?""他根本不听我说,劈头盖脸训斥我。"见他如此冲动,我知道说什么都没用,便等待时机。

机会终于来了,在学校举办的秋季运动会上,我充分发挥了小杨热爱体育的特长,引导他为班级参加的体育项目出谋划策,协助体育委员组织体育项目,我鼓励他报了大家都未参加的3000米长跑。对此,我对他提出表扬,并号召全班同学向他学习。

运动会那天,小杨的3000米长跑得了冠军,成了班级最亮的一颗星,很多同学和他拥抱,给他送水、送毛巾,为他热烈鼓掌,使他感到了集体的力量和温暖。运动会后,我找他谈心:"小杨,运动会证明了你的实力,说明你是一个不甘落后的好学生,我相信你也会在其他方面严格要求自己,取得好成绩。""老师,你真得相信我吗?""我当然相信你。"他的眼中闪烁出激动的亮光,突然说:"那么,老师,你也相信那天的废纸不是我扔的吗?我敢对天发誓,真不是我扔的。"看到他委屈又可笑的样子,我笑了:"我相信你,当时我就相信不是你干的!""真的吗?"他很惊讶,也很高兴。"可你也有错,知道错在哪里吗?"他有些不好意思地低下头:"知道,老师,我会跟王老师道歉的,您放心!"此后,小杨同学各方面有了长足的进步。

问题:1. 案例中的"我"主要贯彻了哪些德育原则?

2. 请结合案例加以分析论述。

【答案要点】

(1)"我"主要贯彻了发扬积极因素、克服消极因素的原则,尊重信任学生与严格要求相结合的原则。

发挥积极因素与克服消极因素相结合的原则(长善救失原则)是指在德育工作中,教育者要善于依靠和发扬学生品德中的积极因素,调动学生自我教育的积极性,克服消极因素,消化消极因素为积极因素,促使学生品德健康顺利地发展。尊重、信任学生与严格要求学生相结合的原则是指进行德育,要把对学生个人的尊重和信赖与对他们的思想和行为的严格要求结合起来,使教育者对学生的影响与要求易于转化为学生自身的品德。

(2)贯彻发扬积极因素、克服消极因素的原则。

①全面分析,客观评价学生的优点和不足。

既要看到了小杨热爱体育的一面,也指出了其消极的一面。客观公正的评价学生。使每该学生发扬长处和克服不足。

②根据学生的特点,因势利导,化消极因素为积极因素。

③引导学生进行自我教育，提高修养水平。

（3）贯彻尊重、信任学生与严格要求学生相结合的原则。

①教育者要热情关怀每个学生，尊重每个学生的人格和自尊心。

因为尊重、信任是教育学生的基础。当学生问"老师，你真得相信我吗？"老师毫不犹豫地回答："我当然相信你。"充分说明该老师运用了这一原则。

②教育者对学生提出的要求应合理正确、明确具体和适当。

③教育者对学生提出的要求要认真执行。

3. （2012年下半年）班主任王老师就一位学生的化妆问题，先后找她谈了两次话。

第一次谈话内容如下。

老师：今天要你来办公室是为什么？

学生：……

老师：你看看你，烫一头的卷发，还涂口红。

学生：口红怎么啦？英语老师也涂口红、画眉毛、烫发。

老师：老师是老师，学生是学生！

学生：学生就不是人？

老师：学生是人，但你的妆化得人不人、鬼不鬼的，不好好学习，一天到晚画眉毛涂口红有什么用？人漂不漂亮也不是靠化妆化出来的。

学生：你……漂不漂亮不要你管！呜呜……

第二次谈话内容如下。

老师："为您服务"节目看了吗？有趣吗？

学生：有趣！

老师：那个要大家评论四张妇女化妆像好坏的节目，你觉得怎样？你能说出她们的优缺点吗？

学生：这还不晓得？第一个脸长却梳高发型；第二个年纪好大还化浓妆；第三个脸大画细眉，脸就更大了，丑死啦！

老师：为什么丑死啦？

学生：不符合她们的身份和特征。

老师：哦……她们如果是中学生，应该怎么化妆？

学生：我不晓得，老师讲讲。

老师：我看，中学生应该朴素自然、整洁大方、健康活泼。化妆切记莫乱学别人的浓妆艳抹。

学生：为什么呢？

老师：因为中学生接触的主要是同学和老师，浓妆艳抹会在同学之间、师生之间造成隔阂。青少年应该有自然朴素的美，过分的化妆会掩盖青春活力和红润的肤色，让人觉得矫揉造作，不伦不类。

学生：嗯，有道理。

老师：还有，中学生应该有蓬勃向上的气质，浓妆艳抹会让人以为你是几十岁的妇女，把少女天真活泼的自然美都糟蹋了。

学生：想不到化妆还有这么多学问！

> **真题链接**

老师：是啊！穿着也是一样，要注意自己的身份、体型、肤色等特征。

学生：哎！老师，我那天化妆就化得……嘻嘻。

问题：试运用德育原则和方法的相关理论对这两次谈话加以评析。

【答案要点】

1. 材料中运用的德育原则是：

(1) 循循善诱原则。

①学生的认识过程，是一个由浅入深，由表及里的认识过程。教师、学校、领导的思想政治工作，要以理服人，从提高学生认识入手，调动学生的主动性，使他们积极向上。

②材料中的王老师正是通过让学生评价电视节目中四张妇女化妆像的方式，使学生认识到了朴素自然的美比化妆更漂亮。

(2) 导向性原则。

①导向性原则是指进行德育教育时要有一定的理想性和方向性，以引导学生向正确的方向发展。

②材料中的王老师从有利于学生身心发展的大方向出发，对学生晓之以理，动之以情，使学生领悟到应该朴素自然、整洁大方、健康活泼。

(3) 严格要求与尊重学生相结合原则。

①此原则是指在德育教育过程中，要把对学生思想和行为的严格要求与对学生个人的尊重、信任和爱护结合起来，促使教育者的合理要求转化为学生的自觉行动。

②材料中的王老师针对化妆的问题与学生谈话，体现了对学生的严格要求。另外，王老师没有对学生讽刺和挖苦，而是耐心地讲道理，体现了对学生的尊重。

2. 材料中体现的德育方法是：

(1) 说服教育法。

①说服教育法是借助语言和事实，通过摆事实、讲道理，以真情实感来启发、引导学生，以影响其思想意识，使其明辨是非。

②材料中的王老师通过电视节目向学生讲明化妆的不同意义，使学生认识到了自身的问题。

(2) 情感陶冶法。

①教育者自觉创设良好的教育情境，使受教育者在道德和思想情感方面受到潜移默化的感染、熏陶。

②材料中的王老师是通过"为您服务"这样一个家喻户晓的电视节目引入了学生的第二次谈话，取得了非常好的教育效果，即创设了一个良好的教育情境，使学生思想上受到深刻的教育与启发。

4.（2015年上半年）某校初二女生小芳，上课不遵守纪律，注意力不集中，听课不专心，有时还会发出怪叫声，故意破坏纪律，以引起他人的注意。当老师批评她或同学责备她时，她不仅毫无羞怯之意，反而感到高兴。平时，小芳和老师同学们都很少沟通，不愿意交流，以自我为中心。她顽皮、好动，喜欢接老师的话茬，而且常常在当面或背地里给同学或老师起绰号，有时还无缘无故地欺负同学。当然，小芳也有值得肯定的地方，她性格直率，敢作敢为，勇于承担任务，而且身强力壮，体育成绩好，是运动场上的风云人物，每次运动会都能给班里争光。

> **真题链接**
>
> 问题：如果你是班主任，根据材料中小芳同学的表现，在对她的教育中，你认为应该贯彻哪些德育原则？运用哪些德育方法？请分别结合材料加以分析。
>
> 答案：（1）德育原则。
>
> ①长善救失。应发扬她性格和体育方面的特长，克服她纪律方面的缺点。
>
> ②因材施教原则。老师要针对小芳的特点进行有针对性的教育。
>
> ③尊重学生与严格要求相结合。
>
> （2）德育方法。
>
> ①说服教育法。教师可以摆事实讲道理
>
> ②锻炼法。在活动中提高学生的思想品德。
>
> （3）首先，我们需要一分为二看待学生，发扬积极因素，克服消极因素。
>
> 其次，以发展的眼光，客观、全面、深入地了解学生，正确认识和评价当代青少年学生的思想特点。
>
> 再次，教育者要尊重热爱学生，关心爱护学生，建立和谐融洽的师生关系。尤其是对待后进生，更需要特别的温暖和关怀，切忌伤害学生的自尊心和挫伤学生的积极性，切忌粗暴训斥、讽刺挖苦，甚至体罚。
>
> 最后，教育者应根据教育目的和德育目标，对学生严格要求，认真管理和教育。要从学生的年龄特征和品德发展状况出发，提出合理、明确、适度、有序的要求，并坚持不懈地贯彻到底。

第三节 美 育

一、美育的概念

美育是培养学生认识美、爱好美和创造美的能力的教育。

最早系统提出美育思想的是古希腊的哲学家亚里士多德。1793 年，德国美学家席勒以书信体写成的《审美教育书简》（又译名《美育书简》）一书，第一次提出了美育这一概念，并在美学史上提出了比较系统和全面的美育理论，从理论上深刻阐述了美育的必要性和美育的意义，被后人称之为"第一部美育的宣言书"，并以此作为审美教育形成独立理论体系的标志。

蔡元培提出过著名的"五育并举"的教育方针，这"五育"为：军国民教育、实利主义教育、公民道德教育、世界观教育、美感教育。其中美感教育是蔡元培先生一个非常有特色的教育思想，尤其以"以美育代宗教"的口号闻名于世。

二、美育的内容和基本任务

（一）美育的内容

（1）艺术美：音乐、舞蹈、绘画、戏剧、电影、文学欣赏。

（2）自然美：以大自然为审美对象所感受和体验到的美。

（3）社会美：以社会生活中美好的人和事为对象而感受和体验到的美。

（4）科学美：以科学的内容和形式为对象所感受到的美。

中小学美育的内容包括：艺术教育，如文学、音乐、图画、戏剧、电影、舞蹈等；组织学生观察和欣赏自然美；引导学生体验社会生活美和劳动美。

（二）美育的任务

（1）培养学生充分感受现实美和艺术美的能力。

（2）使学生具有正确理解和善于欣赏现实美和艺术美的知识与能力，形成对美和艺术的爱好。

（3）培养和发展学生创造现实美和艺术美的才能和兴趣。

三、美育的主要原则

（1）思想性和艺术性相结合。把革命的思想性和完美的艺术性紧密地结合起来。

（2）美育内容和实际生活相结合。美育的内容要富有生活气息，并渗透到学校全部生活中。

（3）情绪体验和逻辑思维正确结合。

（4）掌握艺术内容和掌握艺术方法相统一。

（5）内在美与外在美统一。

四、美育的基本策略和方法

（1）积极发掘校园环境美育功能，美育与学校管理相融合，促进学校和谐发展。

（2）美育与德育工作相融合，提升德育工作的实效性。

（3）利用课堂教学这一重要途径，实现课堂教学的审美化。

（4）通过各种实践活动，整合社区资源，促进美育发挥更重要的作用。

（5）根据学生特点，有计划、有步骤地实施美育。

（6）开发校本课程，实施美育教育内容的多样化。

（7）充分发挥教师角色的示范作用。

五、美育的功能（作用）

中小学美育具有不可取代的特殊教育功能，其主要作用是：

其一，美育可以扩大学生的知识视野，发展学生的智力和创造精神；其二，美育具有净化心灵、陶冶情操、完善品德的教育功能；其三，美育可以促进学生身体健美发展，具有提高形体美的健康性和艺术性的价值；其四，美育有助于学生劳动观点的树立、技能的形成，具有技术美学的价值。

试水演练

单项选择题

1. 最早提出系统的美育思想的是（　　）。

   A. 亚里士多德　　B. 苏格拉底　　C. 孔子　　D. 柏拉图

   答案：A。

2. 西方首先提出美育这一概念的是18世纪的德国人（　　）。

   A. 维纳　　B. 席勒　　C. 洛克　　D. 乔金斯

   答案：B。

> 3. 下面选项中不属于美育主要方面的是（　　）。
> A. 家庭美育　　　B. 学校美育　　　C. 社会美育　　　D. 个人美育
> 答案：D。
> 4. 下面选项中属于学校美育主要内容的是（　　）。
> A. 形式教育　　　B. 理想教育　　　C. 艺术教育　　　D. 审美教育
> 答案：D。

第四节　安全与健康教育

一、中小学生常见的症状及应对措施

(1) 发热：正常36℃~37℃，超过37.5℃就是发热，应冷敷降温。

(2) 头痛：先量体温看是否发热，找一找引起紧张的原因，到安静的环境休息，立即就医。

(3) 咳嗽：多喝水以减轻咽喉不适感；若有痰，轻拍其背。

(4) 呕吐：尽量吐干净，若连续呕吐就要就医。

(5) 腹痛：轻揉腹部缓解，然后就医。

(6) 腹泻：问明腹泻原因对症下药，然后就医。

二、中小学生常见急症的处理方法

(1) 鼻出血。

紧急处理方法：①让患者坐下或平躺。

②让患者自己捏住鼻子，用口呼吸。

③用柔软的棉花、布片、软纸等塞入鼻孔压迫出血点止血（能蘸些肾上腺素或麻黄碱溶液更好）。

(2) 眼睛被酸碱烧伤。

立即用生理盐水冲洗，也可冷开水自来水冲洗，然后送医院救治。

三、常见意外伤害事故的处理方法

(1) 溺水：溺水者被营救上岸后，须立即清除口鼻内的淤泥、杂草、分泌物等，以确保呼吸道通畅；松开裤带、领带和衣服，迅速进行倒水，对口腔密闭者可捏其两侧面颊并用力启开牙关，然后使溺水者俯卧，腰部垫高，头部下垂，用手压其背部。抱住溺水者的两腿，将其腹部放在急救者的肩部，快步走动使积水倒出。之后迅速进行人工呼吸，若溺水者心跳已停止，要同时进行胸外心脏按压。

(2) 电击：如遇儿童被电击中，应立即切断电源，或用不导电的物体，如干燥的木棍、竹棒等，使伤员尽快脱离电源，切不可直接接触触电者，以防自身触电。如遇伤员呼吸停止，则应立即实施人工呼吸，心脏停止要进行胸外心脏按压。应注意伤员有无其他损伤，并及时进行相应的急救措施。此外应及时拨打急救电话，请医生抢救。

(3) 烫伤和烧伤：如儿童发生烫伤、烧伤情况，应立即用大量冷水冲淋烫伤、烧伤部位，减低烫伤、烧伤的严重程度。若伤势较轻，则可用红花油或紫草油等涂抹患处，并保持干燥；若伤势较重，经简单处理后，应立即送往医院进行救治。

(4) 骨折：对骨折病人的现场急救遵循以下原则：救命在前，防止休克；及时固定，避免随意移动；先止血再包扎固定，包扎固定后，立即送往医院救治。

(5) 中毒：如遇儿童发生中毒现象，应首先清除毒物。口服中毒者可根据病情采取催吐、洗胃、导泻或灌肠等方法迅速排出毒物。皮肤接触中毒者，立即脱去已污染的衣物，用清水反复冲洗皮肤、毛发、指甲等部位；化学药品中毒者，可先用干布轻轻擦干药品，然后冲洗；吸入中毒者，应立即撤离现场，吸入新鲜空气和氧气，保持呼吸道通畅；腐蚀性毒物中毒者，可饮用蛋清、牛奶、豆浆，以起到保护胃黏膜、延缓毒物吸收的作用。

(6) 中暑：出现有人中暑时，首先将病人搬到阴凉通风的地方，让病人躺下，但头部不要垫高；然后解开病人衣领，用浸湿的冷毛巾敷在其头部，再服用一些人丹或十滴水等药物。对中暑较严重者，除采取上述降温方法外，还可用冰块或冰棒敷其额头、腋下等，同时用凉水反复擦身，并配合扇风进行降温。如果出现昏迷状况，应立即送往医院救治。

四、常见外伤的处理方法

(1) 擦伤：清水或生理盐水清洗，盖上消毒纱布，外用创可贴或云南白药，换药保持通风。
(2) 刺伤：先用高锰酸钾溶液清洗，然后用双氧化氢消毒，重者送医院处理。
(3) 扭伤：24 小时内冷敷，24 小时候热敷。
(4) 割伤：清洗，消毒，盖上纱布，包扎固定，送医院救治。

> **真题链接**
>
> **单项选择题**
>
> 1. （2014 小学）小学生在学校发生轻微烫伤后，教师应及时处理，可采取的措施是（　　）。
> ①在烫伤处冲冷水降温
> ②脱去烫伤处的衣服
> ③送医院处理
> ④通知家长来学校处理
> ⑤直接包扎烫伤处
> ⑥涂抹烫伤药物
> 　A. ①④⑤　　　　B. ①②⑥　　　　C. ②③⑤　　　　D. ③④⑤
> 答案：B。
>
> 2. （2012 小学）一位小学生在游戏过程中跌倒，膝盖擦伤并有少量出血点，教师应采取的正确处理方法是（　　）。
> 　A. 用纸巾盖上伤口，电话通知家长
> 　B. 用清洁水冲洗伤口，盖上消毒纱布
> 　C. 用止血带绑在伤口上方，注意保暖
> 　D. 用冷毛巾敷伤口，立即送医院
> 答案：B。
>
> 3. （2013 小学）某寄宿制小学一位学生睡觉时突然小腿抽筋，生活老师应立即采取的措施是（　　）。
> 　A. 让学生下床，抽筋的腿站直
> 　B. 让学生平躺，按摩抽筋部位

> **真题链接**
>
> C. 让学生下床，用冷水冲洗抽筋的腿
> D. 让学生平躺，在其抽筋部位贴上止痛膏
> 答案：A。

试水演练

一、单项选择题

1. 关于小学生的道德行为发展规律，下列说法中不正确的是（　　）。
   A. 小学生的道德行为习惯不巩固，容易分化
   B. 小学生有时会表现出言行不一致的现象
   C. 低年级小学生对教师和家长的权威依附性很强
   D. 小学生的道德行为发展水平随着年级的增长而逐步增高
   答案：D。

2. 中小学常用的德育方法有说服教育法、榜样示范法、陶冶教育法、指导实践法及（　　）等。
   A. 品德评价法　　　　　　　　B. 道德情感辅导法
   C. 品德心理矫正法　　　　　　D. 品德行为辅导法
   答案：A。

3. 学校德育包括（　　）。
   A. 理论教育、思想教育、法纪教育和道德品质四个部分
   B. 政治教育、劳技教育、法纪教育和道德品质四个部分
   C. 政治教育、思想教育、知识教育和道德品质四个部分
   D. 政治教育、思想教育、法纪教育和道德品质四个部分
   答案：D。

4. 下列不属于德育内容的选项是（　　）。
   A. 艺术教育　　　B. 劳动教育　　　C. 理想教育　　　D. 爱国主义教育
   答案：A。

5. 皮亚杰划分出的儿童品德发展的四个阶段是（　　）。
   A. 自我中心阶段、权威阶段、可逆性阶段、公正阶段
   B. 自我中心阶段、惩罚与服从定向阶段、叛逆阶段、公正阶段
   C. 惩罚与服从定向阶段、相对功利取向阶段、叛逆阶段、公正阶段
   D. 寻求认可定向阶段、相对功利取向阶段、叛逆阶段、公正阶段
   答案：A。

6. 德育过程与品德形成过程是（　　）的关系。
   A. 教育与发展　　B. 二者是一致的　　C. 没有关系　　D. 基础与拓展
   答案：A。

7. 德育过程是学生在（　　）中接受多方面影响的过程，具有社会性和实践性。

A. 活动和交往　B. 教育与自我教育　C. 理论和实践　　D. 创造和更新
答案：A。

8. "平行教育思想"体现的德育原则是（　　）。
A. 严格要求与尊重信任相结合原则
B. 集体教育和个别教育相结合原则
C. 教育影响的一致性与连贯性原则
D. 正面引导与纪律约束相结合原则
答案：B。

9. 在德育工作中，要统一学校、家庭和社会各方面的教育力量，建立"三结合"的教育网络。主要遵循的德育原则是（　　）。
A. 导向性原则
B. 教育影响的一致性与连贯性原则
C. 尊重信任学生与严格要求学生相结合的原则
D. 知行统一原则
答案：B。

10. "让学校的每一面墙都开口说话""让学校的一草一木、一砖一瓦都发挥教育影响"体现的教育方法是（　　）。
A. 榜样示范法　B. 说服教育法　　C. 情感陶冶法　　D. 实际锻炼法
答案：C。

11. 中小学对学生进行德育的最经常、最基本的途径是（　　）。
A. 班主任工作　　　　　　B. 德育课和各科教学
C. 社会实践　　　　　　　D. 课外活动
答案：B。

12. "三生教育"不包括（　　）。
A. 生存教育　　B. 生活教育　　C. 生产教育　　D. 生命教育
答案：C。

13. 王军写了保证书，决心遵守《中学生守则》，上课不再迟到，但是天冷，王军冬天迟迟不肯钻出被窝，以至于再次迟到，对王军进行思想品德教育的重点在于提高其（　　）。
A. 道德认识水平　　　　　B. 道德情感水平
C. 道德意志水平　　　　　D. 道德行为水平
答案：C。

二、简述题：
1. 简述中小学德育的主要内容和新时期德育发展的新主题。
【答案要点】
我国中小学德育的主要内容：
（1）爱国主义和国际主义教育。
（2）理想和传统教育。
（3）集体主义教育。
（4）劳动教育。

（5）纪律教育。
（6）辩证唯物主义世界观和人生观教育。
（7）人道主义和社会公德教育。
（8）民主和法制观念教育。

新时期德育发展的新主题：包括生存教育、生活教育、生命教育、安全教育、升学就业指导。其中，生存教育、生活教育、生命教育合称为"三生教育"。

2. 简述中小学德育的基本原则。

【答案要点】

（1）导向性原则。即进行德育时要有一定的理想性和方向性，以指导学生向正确的方向发展。

（2）疏导原则。这是指进行德育要循循善诱，以理服人，从提高学生认识入手，调动学生的主动性，使他们积极向上。

（3）尊重学生与严格要求学生相结合原则。指进行德育要把对学生个人的尊重和信赖与对他们的思想和行为的严格要求结合起来，使教育者对学生的影响与要求易于转化为学生的品德。

（4）教育的一致性与连贯性原则。即进行德育应当有目的、有计划地把来自各方面对学生的教育影响加以组织、调节，使其相互配合，协调一致，前后连贯地进行，以保障学生的品德能按教育目的的要求发展。

（5）因材施教原则。即进行德育要从学生的思想认识和品德发展的实际出发，根据他们的年龄特征和个性差异进行不同的教育，使每个学生的品德都能得到最好的发展。

（6）知行统一原则。这是指既要重视思想道德的理论教育，又要重视组织学生参加实践锻炼，把提高认识和行为养成结合起来，使学生做到言行一致、表里如一。

（7）正面教育与纪律约束相结合的原则。这是指德育工作既要正面引导、说服教育、启发自觉，调动学生接受教育的内在动力，又要辅之以必要的纪律约束，并使两者有机结合起来。

（8）挖掘积极因素，克服消极因素的原则。指在德育工作中，教育者要善于挖掘学生自身的积极因素，调动学生自我教育的积极性，克服消极因素。

（9）集体教育与个别教育相结合的原则。

3. 简述品德的心理结构。

【答案要点】

品德的心理结构是指道德品质的心理成分及其相互关系，由道德认识、道德情感、道德意志和道德行为等心理成分构成。

（1）道德认识是指对道德行为规范及其意义的认识。道德认识包括对道德概念、原则、观点等道德知识的了解或掌握，以及运用这些道德观念去分析道德情境，对人对事作出是非、善恶等道德判断和评价。道德认识发展的最高水平是形成道德信念。

（2）道德情感是伴随着道德认识所产生的一种内心体验，也就是人在心理上所产生的对某种道德义务的爱慕或憎恨、喜好或厌恶等情感体验。道德情感在内容上是极其丰富多样的，如责任感、义务感、集体荣誉感、爱国主义和国际主义情感等。

（3）道德意志是在自觉执行道德义务的过程中，克服所遇到的困难和障碍时所表现出来的意志品质。道德意志表现为人利用意识的能动作用，通过理智的权衡去解决道德生活中的动机冲突并采取相应的行动。对符合道德规范的动机，自觉地、坚决果断地付诸行动；对不符合规范的动机则自觉地、果断地抑制，表现为坚强的自制力。

（4）道德行为是人在一定的道德意识支配下所采取的有道德意义的行动，它是实现道德动机的手段，是人的道德认识、情感和意志的外在具体表现。道德行为主要包括道德行为方式和道德行为习惯。道德行为方式是通过练习或实践而掌握的道德行为技能，而道德行为习惯则是一种自动化的道德行为。品德结构中知、情、意、行四种心理成分是彼此联系、互相促进的。

其中，道德认识是基础，是道德情感产生的依据，并对道德行为具有定向调节的作用，道德情感与道德意志是构成道德动机和道德信念的重要组成部分，是道德认识向道德行为过渡的中间环节；道德行为是品德的最重要标志，道德行为既是道德认识、道德情感和道德意志的外在具体表现，又可以通过道德行为巩固、发展道德认识，加深、丰富道德情感，促进道德意志的锻炼。

4. 简述怎样理解德育过程是对学生知情意行的培养和提高过程，具有统一性和多端性。

【答案要点】

（1）学生的思想品德由知、情、意、行四个心理因素构成。学生思想品德的形成与发展，即这四个心理因素的形成与发展过程，学校德育过程就是对学生的知、情、意、行的培养与提高过程。知即道德认识，是人们对是非、善恶的认识和评价以及在此基础上形成的道德观念，包括道德知识和道德判断两个方面，是产生道德情感、形成道德意志、指导道德行为的基础。

情即道德情感，是人们对事物的是非、爱憎、荣辱等情绪态度，是进行道德判断时引发的一种内心体验，是产生道德行为的内部动力和催化剂。

意即道德意志，是人们为实现道德行为所做的自觉努力，是调节道德行为的精神力量。

行即道德行为，是通过实践或练习形成的，实现道德认识、情感以及由道德需要产生的道德动机的行为定向及外部表现，是衡量一个人道德修养水平的重要标志，也是品德形成的关键。

（2）知、情、意、行四要素各有自己的特点和作用，同时又是相互联系、相互促进的。在学生思想品德形成过程中，知是基础，行是关键，由知到行的转化需要情和意的调节。因此，在德育过程中，教育者必须全面关心和培养学生品德的知、情、意、行，对他们"晓之以理，动之以情，导之以行，持之以恒"，以促进学生品德的健康发展。

（3）德育过程是统一的发展过程。德育过程的一般顺序可以概括为：提高道德认识，陶冶道德情感，锻炼道德意志和培养道德行为习惯。德育过程一般以知为开端，以行为终结，知情意行统一发展。

（4）德育过程具有多种开端。由于社会生活的复杂性、德育影响的多样性和学生身心发展的不平衡性，每个学生知、情、意、行的发展经常会处于不平衡状态。因此，在德育具体实施过程中，具有多种开端，可根据学生品德发展的具体情况，或从导之以行开始，或从动之以情开始，或从锻炼道德意志开始，或从晓之以理开始，最后达到学生品德在知、情、意、行四个方面的和谐发展。

5. 简述我国中小学实施德育的途径。

【答案要点】

（1）思想品德课（思想政治课）与其他学科教学。

学校工作以教学为主，教学具有教育性，所以各科教学是学校德育的基本途径。思想品德课（思想政治课）是对学生进行德育的专门途径。

（2）课外、校外活动。

课外、校外活动是整个教育体系中必不可少的组成部分，是重要途径。

（3）社会实践活动。

社会实践活动也是学校德育不可缺少的重要途径。

（4）劳动。

（5）共青团和学生会活动。

（6）校会、班会、周会、晨会、时事政策的学习。

（7）班主任工作。

（8）学校环境。

6. 简述我国中小学德育常用的方法。

【答案要点】

说服教育法，又称说理教育法，是借助语言和事实，通过摆事实、讲道理，以影响受教育者的思想意识，使其明辨是非，提高其思想认识的方法。

榜样示范法是教育者用榜样人物的优秀品德来影响学生的思想、情感和行为的德育方法。

情感陶冶法又称陶冶教育法，是教育者自觉创设良好的教育情境，使受教育者在道德和思想情操方面受到潜移默化的感染、熏陶的方法。

实践法，也称实际锻炼法，是教育者组织学生参加多种实际活动，在行为实践中使学生接受磨炼和考验，以培养优良思想品德的方法

品德修养指导法也称个人修养法，是教师指导学生自觉主动地进行学习、自我品德反省，以实现思想转化及行为控制的德育方法。主要包括学习、自我批评、树立座右铭自励、自我实践体验与锻炼等。

品德评价法，是教育者根据一定的要求和标准，对学生的思想品德进行肯定或否定的评价，促使其发扬优点，克服缺点，督促其不断进步的一种方法，包括奖励、惩罚、批评和操行评定。

7. 试述德育过程的基本规律。

【答案要点】

（1）德育过程是具有多种开端的对学生的知、情、意、行的培养与提高过程。

（2）德育过程是促使学生思想内部矛盾运动的过程，是教育与自我教育统一的过程。

（3）德育过程是组织学生的活动和交往，统一多方面教育影响的过程。

（4）德育过程是一个长期的、反复的、不断前进的过程。

三、材料分析题

1. 有个小学二年级学生，他性格外向，爱讲脏话和说谎，喜欢和学生打架。上课不专心听讲，常做小动作，注意力不集中；课堂作业、家庭作业拖拉，经常不能按时完成，且作业质量差，字迹潦草，错误较多。总之，这个学生整体显示出"差"的特点。原来的班主任在他身上投入很大的精力，可是他好一阵、坏一阵。新班主任来了，她仔细分

析了这个孩子，寻找教育良方。

问题：

（1）你认为这个孩子该怎么教育？

（2）从德育的角度看，他这种"屡教不改"的情况正常吗？

（3）请你谈谈德育过程的基本规律。

【答案要点】

（1）对这个学生的教育应该是综合性的。在教育内容上，既要关注对其良好学习习惯的培养，更要教育他形成好的思想品德。在教育影响因素上，既要给予说理教育，更需给予情感关怀。在教育力量上，既要投入更多的教师教育影响，也需要协调家长共同进行教育。在教育方法上，要遵循小学生身心发展的特点，循循善诱，培养其对学习产生兴趣。

（2）从德育的角度看，他这种"屡教不改"的情况是正常的。德育过程是一个长期曲折、不断前进的过程。尤其是该学生还处于年幼阶段，正处于成长时期，世界观尚未形成，思想很不稳定。我们必须看到品德过程中的反复是不断深化的过程，教师要耐心细致地教育学生，善于捕捉反复中存在的积极向上的新质，引导学生在反复中逐步前进。

（3）德育过程的基本规律主要有：

①德育过程是具有多种开端的对学生知、情、意、行的培养提高过程。

②德育过程是促使学生思想、内部矛盾斗争变化的过程。

③德育过程是组织学生的活动和交往，对学生多方面教育影响的过程。

④德育过程是一个长期曲折、不断前进的过程。

2. 开学时接任一个新班没几天，阎老师无意中发现不少男生头发很长。过去他遇到这种情况时，常常当面指出，但效果往往不佳。现在，阎老师琢磨用什么办法劝告他们，帮助他们真正从思想上提高认识。终于，阎老师想出了一种合适有效的教育方法。

一天下午，阎老师特地去了理发店，把自己不长的头发又精心理了一次。下午上课前，阎老师不动声色地来到了班里，召集全班同学开了个5分钟交流会。阎老师首先问："看谁最先发现班中有哪些变化？包括我和你们。"当学生发现并说出老师理发了，阎老师话锋一转"现在我很想知道老师理发后你们的感觉怎样？这样好吗？"于是阎老师听到了一片赞扬声。最后，阎老师说："有位名家说得好，'真心诚意地赞美别人一句，就能让人多活20分钟！'因此，我感谢今天同学们真心实意地夸奖！"5分钟交流会在愉快的氛围中结束了。阎老师没有点一个留长发的男生姓名。第二天阎老师再去上课时，欣喜地发现那几个男生的头发变短了，有的还剪了小平头。

问题：

阎老师既不点名也不批评，这样一个高招包含了哪些德育办法？试用教育学基本原理分析这种教育方式、教育技巧的意义。

【答案要点】

（1）案例中阎老师既不点名批评又能纠错的德育方法有榜样示范法、陶冶德育法。

（2）阎老师的教育方式和技巧的意义。德育方法是为达到德育目的，在德育过程中采用的教育者和受教育者相互作用的活动方式的总和，它包括教育者的施教传道方式和受教育者的受教修养方式。在上述案例中，阎老师采用的德育方法具有以下方面的重要意义：

①榜样示范法。用榜样人物的优秀品德来影响学生的思想、情感和行为方法。由于榜样能把社会真实的思想、政治和法纪、道德关系表现得更为直接、更亲切、更典型，因而能给人以极大影响、感染和激励；运用榜样示范法符合青少年学生爱好学习、善于模仿、崇拜英雄、追求上进的年龄特点，也符合人的认识由生动直观到抽象的发展规律。阎老师看到班上有不少男同学留长发时，没有严加指责，而是去把自己的头发整理一番，以身作则，树立典范。这更能对学生起到教育效果，比直接指出好得多。

②陶冶教育法。它是教师利用环境和自身的教育因素，对学生进行潜移默化的熏陶和感染，使其在耳濡目染中受到感化。

3. 李老师感到班级一直缺乏一种助人为乐的良好风气，她认为张同学具有助人为乐的品德，决定树立典型，于是设计了一个主题班会活动，并让张同学做重点发言，谈谈对助人为乐的认识、体会。没想到班会课上张同学的一番话让全班同学目瞪口呆，更让李老师不知所措。张同学说："其实我每天留下来帮同学做值日生，是因为这学期爸爸下班迟，要等很久，反正在学校也没事做，帮同学做值日好消磨时间。"

问题：

(1) 思想品德教育过程有哪些基本规律？

(2) 联系材料分析学生品德培养过程中要注意的问题。

【答案要点】

(1) 第一，思想品德教育过程中的基本规律是对学生知、情、意、行的培养提高过程。

①学生的思想品德是由知、情、意、行四个心理因素构成的。

②德育过程的一般顺序可以概括为知、情、意、行，通常以知为开端，以行为终结。

第二，德育过程是促进学生思想内部矛盾斗争的发展过程。

①学生思想品德的任何变化，都必须依赖学生个体的心理活动。

②在德育过程中，学生思想内部的矛盾斗争，实质上是对外界教育因素的分析、综合过程。

③青少年学生的自我教育过程，实际上也是他们思想内部矛盾斗争的过程。

第三，德育过程是组织学生的活动和交往，统一多方面教育影响的过程。

①活动和交往是品德形成的基础。

②学生在活动和交往中，必定受到多方面的影响。

第四，德育过程是一个长期的、反复的、逐步提高的过程。

(2) 要注意的问题有：

第一，教师在学生品德培养中要抓住时机。把握时机是品德培养过程中首先要注意的问题。教师要在先进事例发生时，作出积极的反应并给予表扬；在学生消沉时、失去自信时、最需要激励时不吝赞美地给他及时的鼓励；要在他放任、自满时给予及时的警醒，中肯地提出建设性的意见和改进建议。教师对学生的评价也要把握时机，一是学生需要的时候，二是师生处于最佳心理状态时。材料中班主任李老师在张同学有助人为乐行为时设计主题班会对张同学的行为给予肯定，抓住了教育的最佳时机。

第二，对学生要有正确评价和价值引领。

新课标指出，对学生课堂学习的评价，既要关注学生知识与技能的理解和掌握，更要关注他们的情感、态度与价值观的形成与发展，多用激励性评价，发挥评价的激励作用。对学生的不同见解、不同理解，教师应该用策略的方法给予客观评价、适时指导、恰当鼓励或提出不足。材料中李老师对张同学的发言中的价值观应进行正确的评价和引导。

4. 一位家长在星期一发现儿子上学时磨磨蹭蹭，于是追问是怎么回事，孩子犹豫了半天才道出实情：原来在上个星期二早上，班主任老师召开班会，用无记名的方式评选出三名"坏学生"，因有两名同学在最近违反了学校纪律，无可争议地成了"坏学生"，而经过一番评选，第三顶"坏学生"的帽子便落在了儿子头上。这个9岁的小男孩，居然被同学列出了18条"罪状"。当天下午年级组长召集评选出来的"坏学生"开会，对这三个孩子进行批评和警告，要求他们写一份检查，将自己干的坏事都写出来，让家长签字，星期一交到年级组长手中。

该家长当着孩子的面没有表示什么，签了字便让孩子去上学了。随后，她打通班主任的电话，询问到底是怎么回事。班主任说："你的孩子是班上最坏的孩子，这是同学们用无记名投票的方式选出来的。"当家长质疑这种方法挫伤孩子的自尊心时，老师却回答"自尊心是自己树立的，不是别人给的"，并说他们不认为这么做有什么不对，其目的也是为了孩子好。自从这个9岁的孩子被评选为"坏学生"后，情绪一直非常低落，总是想方设法找借口逃学。

问题：请用相关的德育原则对该班主任的做法进行评判。

【答案要点】

该班主任用无记名投票的方式评选了三名"坏学生"，其用意是想严格要求学生，让学生引以为戒，以此对学生进行教育。但这种做法违反了德育原则中"以积极因素克服消极因素"的原则，致使消极因素增长。身为一名教育工作者，应该在教育中因势利导，长善救失，运用各种形式，不断强化和发扬学生自身积极的一面，抑制或消除落后的一面。

第十一章

班主任及班级管理

内容提要

本章主要是从班级、班级管理、班集体、班主任工作四个个方面展开论述的。通过这一章的学习，了解到班主任工作的地位、作用、特点、内容及其方法，了解班级的功能与结构，班集体的特点与培养以及班级管理的特点，为班主任工作提供理论上和方法上的依据。

学习目标

1. 识记班级的定义及班级的功能。
2. 识记班集体的特点及如何组建班集体。
3. 掌握班级管理的模式。
4. 重点掌握班级管理存在的主要问题及解决方法。
5. 领会新时期班主任工作的地位和作用。
6. 重点掌握新时期的班主任要完成的任务。
7. 系统理解班主任工作的内容和方法。
8. 系统理解班级管理特征、结构、功能及其发育过程。

第一节　班　　级

一、班级定义

班级是学校按照培养目标，把年龄特征和文化程度相近的学生组合起来，分成固定人数的班，以便进行教育。班级是教学和管理的基本教育单位，是学校行政体系中最基层的正式组织，是开展教学活动的基本单位。班级概念由埃拉斯莫斯最先提出，其构成要素为教师、学生及环境。

二、班级组织的发展

率先使用"班级"一词的，是文艺复兴时期的著名教育家埃拉斯莫。他在 1519 年的一个书简中描述了伦敦保罗大教堂学校的情形：在一间圆形的教室里，将学生分成几个部分，分别安排在阶梯式座位上。这是最早的对班级的描述。率先采用班级教学的是欧洲的一些学校，如法国的居也纳中学、德国的斯特拉斯堡学校以及一些教会学校。

1632年，捷克教育家夸美纽斯在他的《大教学论》中第一次从理论上对班级加以论证。

1806年，德国教育家赫尔巴特发表了《普通教育学》，提出了教学过程四个阶段理论（明了、联系、系统、方法），设计和实施了班级教学，使班级教学得以定型。

1939年，苏联教育家凯洛夫科发表了第一本马克思主义《教育学》，提出了课的类型和课的结构概念，进一步完善了班级教学。

我国最早采用班级授课的是1862年的京师同文馆。1903年《癸卯学制》的颁布和实施，大面积实施班级教学。

三、班级的功能

班级既有利于促进社的发展的社会化功能，又有促进个体发展的个体化功能。

班级的社会化功能包括：传递社会价值观，指导生活目标；传递科学文化知识，形成社会生活的基本技能；教导社会生活规范，训练社会行为方式；提供角色学习条件，培养社会角色。

班级的个体化功能包括：诊断功能，矫正功能，满足需求的功能，促进发展的功能。

四、班级组织的发育

（一）孤立探索阶段

班级的初步形成阶段，成员相互还不熟悉，各自为政，属于松散型群体。班主任老师全面管理班级。

（二）群体分化阶段

属于有一定凝聚力的合作型班级群体阶段。这个阶段成员已经熟悉，班级规则已经建立，班级组织也已经建成，班级干部起到了一定作用，帮助班主任做一定的工作。

（三）组织整合阶段

是向自我更新的民主集体迈进阶段。这个阶段班级成员已经把为班级争取荣誉当作是自己应该做的事，能自觉地遵守规则。

第二节 班集体的产生和发展

一、班集体的概念

班集体是按照班级授课制的培养目标和教育规范组织起来的，以共同学习活动和直接性人际关系交往为特征的社会心理共同体，被视为班级发展的最高阶段。

班集体的功能：按照功能发挥的场阈环境可分为内部功能和外部功能，按照功能发挥作用的领域可分为社会化功能和个体化功能

二、班集体的发展阶段

班集体的形成和发展是一个从组建、确立、发展到完善的过程。这一过程可分为以下几个阶段。

（一）组建阶段

一个新的班级集体，是由来自四面八方的学生共同组成的。学生之间、师生之间互不了解，

还处于了解和熟悉阶段。因此，这一阶段班级活动就需要以班主任为核心。班主任应对班级的教学、集体活动等各项事务全面负责，对全体学生提出明确的纪律要求，并引导和组织学生积极开展活动，并在各项活动中对学生进行观察、了解。

（二）核心初步形成阶段

经过一段时间的观察，结合学生档案，学生在学习和各项活动中的表现以及学生之间的相互了解，班主任基本能够确定班委会的人选。班委会成员产生的方式，可由班主任指定，也可由全班选举，确定班委会组织和团支部成员，最终建立起班级机构。至此，班级就有了自己的组织机构，并开始发挥功能。

作为班主任的得力助手，在班集体形成初期，班级干部要与其他成员一起团结在班主任周围，协助管理班级事务，在班主任指导下，组织和开展班级与学校的活动。这时，班主任也逐渐从直接领导向指导过渡，给班干部以更多的工作机会。

（三）发展阶段

此阶段多数学生能够严格要求自己，教育要求已经转化为集体成员自觉行动，无须外在监督，能自己管理自己。良好的班风和正确的舆论开始逐渐形成。

（四）成熟阶段（学生自己管理阶段）

此阶段班集体已经基本形成，班集体的特征得到充分的体现，班级组织机构的功能和作用得到充分发挥。班级干部各司其职，能自觉地根据班级制度和纪律对整个班级的活动进行调控。集体中的每个成员都能自觉地遵守和维护班级秩序，关心热爱班集体、积极参加班集体的各项活动，形成了班集体的荣誉感。学生之间团结互助，根据学校和班主任提出的要求，自主地开展集体活动，并形成正确的舆论和良好班风。

三、班集体的特征

（一）共同的奋斗目标

一个班集体必须具有一个明确的、共同的奋斗目标。共同的奋斗目标对集体的行为和活动具有定向作用和激励作用，是集体发展的方向和动力，能调动集体成员的积极性，使他们为现实这一共同的目标在认识上、行动上保持一致，在活动中相互配合，为完成共同的目标而努力。因此，共同的奋斗目标是班集体形成的基础。

（二）健全的组织系统

一个班集体要在各种活动中更加高效地运行，就应该具备一个合理的组织机构——班级机构（班委会、团支部）。班级机构是班集体的核心，通过这个核心能将班级内部的每一个成员组织起来。

（三）严格的规章制度与纪律

健全的集体应制订相应的规章制度、纪律和全体成员认同、大家自觉遵守的准则，对集体中成员的行为加以规范，使大家在行动上达成一致。这些行为规范与准则最终应内化到每个人的思想中，使他们的行为由外在的纪律约束变为内在的自觉行为。

（四）平等、民主和宽松的氛围

一个良好的班集体应具有民主和谐的氛围。在这样的班集体中，成员间相互依赖、相互尊重，每个人的优势都能得到最大限度发挥。大家共同分享学习资源，使每个个体形成对集体的依赖感、自豪感、集体荣誉感和主人翁的责任感，形成宽松的个性发展空间。

一般来说，一个良好的班集体应具备上述几个特点，这也是判断一个班集体是否健康的标准。

四、班集体的形成与培养

一个班集体形成之后,要使班集体保持持久的活力还需要对它加以精心的经营和培养。培养班集体的方法很多,一般来说主要应做好以下几个方面的工作。

(一) 提出班集体的奋斗目标

一个振奋人心、鼓舞士气的奋斗目标,能够统一集体的意志,明确集体的发展方向,是集体前进的动力。一个集体只有确定了奋斗目标,才能促使全体成员在认识上和行动上保持一致,形成凝聚力,使集体朝着共同的目标奋斗。为此,教师要设计班集体的发展目标。

班集体的目标可分为总目标和不同发展阶段上的具体目标。班集体的总目标与社会主义的政治方向、教育目的以及学校的工作任务是一致的,这是远景目标。除此之外,还要根据班级不同发展阶段的实际情况制订和不断提出新的具体目标。班级目标的设计可分为近景目标、中景目标和远景目标。

班主任应善于运用目标来督促和激励班级成员展开活动,鼓舞他们为实现这一目标而奋斗,这就要求目标的提出具有可行性。

(二) 充分发挥班集体组织机构的功能

培养班集体,必须充分发挥集体组织机构的功能和作用,使其正常地展开工作。因此,班主任对班干部要严格要求,充分发挥他们的积极带头作用,并树立他们在集体中的威信,培养他们的工作能力。

班级核心成员是班主任的得力助手,班主任正是通过核心成员把自己的意图贯彻到全班,并得到响应,使班集体形成强大的凝聚力。另外,还应根据不同的学期以及集体发展的不同阶段,做好班干部的改选工作,使班级组织机构健康发展。

(三) 制订规章制度,提出纪律要求

任何集体和组织要想高效地发展和运行,必须要有一个良好的秩序,而良好的秩序需要健全的规章制度来保证。因此,制订班级制度和严格的纪律,进而提高学生遵守纪律的自觉性,对班集体来说是非常重要的。

班级制度包括学习制度、卫生制度、值日生制度、请假制度、考勤制度、宿舍制度等。纪律包括课堂纪律、集体活动纪律等。制度和纪律的制订与提出要明确合理,一旦建立和形成,必须严格执行,不能随意改变。

(四) 发挥集体活动的作用

班主任要根据学校要求和班级特点积极开展各项集体活动,这些活动不仅可以丰富学生的生活,还具有极大的教育作用。良好的集体活动能为班集体的巩固奠定情感基础。因此,班主任对集体活动必须精心组织和安排。要安排好活动的时间,策划好主题和活动内容。在活动前要提出明确的目的要求,使学生做好充分准备。活动结束后还要及时总结,使集体活动真正发挥作用。

集体活动的形式是多种多样的,有学校统一要求下的各种集体劳动,社会公益性活动以及全校大规模的参观、春游、运动会等。班级活动主要有文体活动、学习活动、科技活动、劳动教育活动、社会活动、主题班会等,这些活动都是学生喜闻乐见的活动。这些丰富多彩的活动使同学们开阔了眼界,发展了智力和能力,满足了他们的兴趣爱好,他们在活动中得到了锻炼和提高。

(五) 形成正确的班级舆论和培养良好的班风

1. 形成正确的班级舆论

班级舆论是班集体生活与成员意愿的反映。正确的集体舆论是一种巨大的教育力量,对班集体每个成员都具有约束、感染、同化、激励的作用,是形成和巩固班集体、教育集体成员的重要手段。集体舆论具有一致性、约束性、时代性、两面性等特点。教师要注意积极正确的集体舆

论，善于引导学生对班集体的一些现象与行为进行评议，努力把舆论中心引导到正确的方向。

2. 培养良好的班风

良好的班风是一个班集体积极的舆论持久作用而形成的风气，是班集体大多数成员的精神状态的共同倾向与表现。良好的班风一旦形成，就会无形地支配着集体成员的行为，成为一种潜移默化的教育力量。教师可通过讲清道理、树立榜样、严格要求、反复实践等方式培养与树立良好的班风。

第三节　班级管理

一、班级管理的概念

班级管理的概念是指教师根据一定的目的要求，采用一定的手段措施，带领班级学生，对班级中的各种资源进行计划、组织、协调、控制，以实现教育目标的组织活动过程。

二、班级管理的功能（作用）

（1）有助于实现教育目标，提高学习效率，这是班级管理的主要功能。
（2）有助于维持班级秩序，形成良好班风，这是班级管理的基本功能。
（3）有助于锻炼学生能力，学会自治自理，这是班级管理的重要功能。

三、班级管理的根本目的、理念和途径

班级管理是一种有目的、有计划、有步骤的社会活动，其根本目的是实现教学目标，使学生得到充分的、全面的发展。班级管理的对象是班级的各种管理资源，班级管理就是对班级的各种资源进行计划、组织、协调、控制的活动。

班级管理要树立以人为本的理念，通过班级管理满足学生的发展需求，培养学生的自我教育能力。

班级管理途径：计划、组织、协调、控制。班级管理的组织实施是关键。

四、班级管理的主要内容

（一）班级的组织建设

班集体是班级群体发展到高级阶段的表现形式。班级的组织建设主要是指建立班级组织规范体系，具体包括班级组织制度、行为规范、集体舆论和班风。

（二）班级的日常管理

班级的日常管理是指班级组织者每一天所展开的具体管理活动。通常，班级日常管理的内容包括思想管理、纪律管理、常规学习管理。

（三）班级的活动管理

班级的活动管理是指班主任指导或直接组织的晨会、班会、队会等各种班级教育活动。这些由班主任组织的课堂教学以外的班级教育活动是实现班级管理目标的重要途径。

（四）班级教育力量的管理——学校、家庭、社会力量管理

班级教育力量的管理是指班主任对影响班级的各种教育力量的协调，主要包括对学校、家庭、社会力量的管理。

五、班级管理的原则

（一）方向性原则

方向性原则是指班级管理必须坚持正确的方向，用正确的思想指引学生。坚持思想领先是

班级管理的基础。

（二）全面管理原则
全面管理原则是指班级管理的过程中要始终使学生德、智、体、美、劳等全面发展，并面向学生全体，把每个学生都作为管理对象，一视同仁。全面发展也不排除个性发展。

（三）自主参与原则
自主参与原则是指班级成员参与管理，发挥其主体作用。贯彻该原则要注意：第一，管理者要增强民主意识，确实保障学生主人翁的地位和权利。第二，必须及时采纳学生的正确意见，接受学生的监督，不搞一言堂。第三，发展和完善学生的各种组织，逐步扩大班委会等组织的权限。第四，努力创造一种民主的气氛，为学生行使民主权利创造条件，提供机会。这就是通常所说的"班干部能做的班主任不做，学生能做的班干部不做"。

（四）教管结合原则
教管结合原则就是把班级的教育工作和班级的管理工作辩证统一起来，即正确的思想指引和规章制度的约束相结合。

（五）全员激励原则
全员激励原则是激励全班每一个同学，充分发挥他们的各方面潜能，以实现个体目标和班级总目标。

（六）平行管理原则
平行管理原则是指班级管理者通过集体的管理去间接影响个人，又通过对个人的直接管理去影响集体。

六、班级管理的方法

（一）调查研究法
调查研究法是通过运用观察、问卷、访谈、个案研究以及测验等方式，收集资料，从而对管理的现状作出科学分析，并提出具体工作建议的一整套实践活动。调查分为全面调查、重点调查、抽样调查和个案调查，这都是获得深层次资料常用的方法。

（二）目标管理法
目标管理法是指班主任与学生共同确定班级总体目标，然后转化为小组目标和个人目标，使其与班级总体目标融为一体，形成目标体系，以此推动班级管理活动，实现班级目标的管理方法。

（三）榜样示范法
榜样示范法是指教育者用榜样人物的优秀品德来影响学生的思想、情感和行为的管理方法。

（四）情境感染法
情境感染法是指班级管理者利用和创设各种教育情境，在情境中使学生受到熏陶和潜移默化的影响。

（五）规范制约法
规范制约法指通过制定和执行规章制度管理班级的经常性活动，使学生逐步养成良好行为习惯。

（六）舆论影响法
舆论影响法就是班级管理者通过健康向上的集体舆论，形成积极的、浓厚的班级学习、生活的环境氛围，从而对学生起到潜移默化的作用。

（七）心理疏导法
心理疏导法就是运用心理学知识、方法对学生进行辅导，开解其心结，促进学生发展的方法。心理疏导法的常用方式有心理换位法、宣泄疏导法和认知疏导法三种。

（八）行为训练法

行为训练法是指在日常学习、生活、劳动等实践活动中，管理者运用心理学行为改变技术对学生的错误行为进行矫正，使其养成良好习惯的方法。

（九）心理暗示法

心理暗示法是指班级管理者把一系列信息组成暗示序列，让学生下意识吸收，从而激发内在潜力，促使学生自我完善和自我发展。心理暗示包括环境暗示、语言暗示、形体语言暗示等。

（十）自我管理法

自我管理法就是班级成员在服从班集体的正确决定和承担责任的前提下参与班级全程管理工作，成为班级管理主体的一种管理方法。

（十一）说理法

说理法就是借助语言和事实，通过摆事实、讲道理，以影响受教育者的思想意识，使其明辨是非，提高其思想认识。

七、班级管理的模式

（一）班级常规管理

班级常规管理是指通过制订和执行规章制度管理班级的经常性活动。班级的规章制度是学生学习、工作、生活必须遵守的行为准则，它具有管理、控制和教育的作用。

（二）班级平行管理

班级平行管理是指班主任既通过对集体的管理去间接影响个人，又通过对个人的直接管理去影响集体，从而把对集体和个人的管理结合起来。

（三）班级民主管理

班级民主管理是指班级成员在服从班集体的正确决定和承担责任的前提下参与班级全程管理的一种管理方式。

（四）班级目标管理

目标管理是由美国管理学家德鲁克提出来的。班级目标管理是指班主任与学生共同确定班级总体目标，然后转化为小组目标和个人目标，使其与班级总体目标融为一体，形成目标体系，以此推动班级管理活动，实现班级目标。制定的目标必须被班级全体成员认可，具有认同性，并且具有可操作性。

八、班级管理的主要理论

（一）马卡连柯的集体教育理论

苏联教育家马卡连柯是集体教育理论的代表人物。"在集体中、通过集体并为了集体而进行教育"是马卡连柯集体教育理论的核心内容。

（二）苏霍姆林斯基的自我教育理论

苏联教育家苏霍姆林斯基认为，自我教育在整个教育中占据举足轻重的地位，"促进自我教育的教育才是真正的教育"。

（三）陶行知的解放儿童创造力与学生自治理论

陶行知提出学校应注重学生自治，"学生自治是学生团结起来，大家学习自己管理自己的手段"；从学校方面来说，就是"为学生预备种种机会，使学生能够组织起来，养成他们自己管理自己的能力"。

九、班级管理中存在的问题以及解决策略

(一) 存在的问题
(1) 班主任对班级管理的方式偏重于专断型。
(2) 班级管理缺乏活力。
(3) 学生参与班级管理的程度低。

(二) 策略
建立以学生为本的班级管理机制。
(1) 以满足学生的发展为目的。学生的发展是班级管理的核心,满足学生的发展是班级管理的出发点。
(2) 确立学生在班级管理中的主体地位,发展学生的主体性是班级管理的宗旨。
(3) 有目的地训练学生自我管理班级的能力。

十、班级管理中的突发事件的处理

处理班级管理中的突发事件是班主任工作任务之一。

突发事件也叫偶发事件,是指在班级中突然发生的出乎人意料的事件,它带有明显的突发性、偶然性、多样性、冲击性和紧迫性等特点。

(一) 中小学班级突发事件的类型
(1) 人际分歧;(2) 财物丢失;(3) 家庭变故;(4) 暴力冲突;(5) 恶作剧;(6) 意外伤害。

(二) 突发事件的形成原因
1. 学生自身因素
(1) 生理方面。(2) 心理方面。
2. 教师因素
(1) 教育观、学生观错误。
(2) 管理失范。教师的管理失范主要表现为教师的管理理念落后和管理方式不当。
(3) 教学的偏差。
3. 环境因素
(1) 家庭教育不当。
①家庭教育观念存在误区。
②家庭教育目标重智轻德。
③家庭教养方式存在偏差。
④家庭环境不理想。
(2) 社会诱因。
①不良大众媒体的影响。
②网络的负面影响。
③不良的人际交往。

(三) 突发事件的处理原则
教育性原则是处理突发事件的首要原则,其他原则为客观性原则、有效性原则、可接受性原则、冷处理原则。具体处理办法有以下几条。
(1) 沉着冷静面对。
(2) 机智果断应对。

(3) 公平民主处理。
(4) 善于总结引导。

（四）突发事件的性质
(1) 难以预料性。
(2) 效应的震荡性。
(3) 形式的多样性。
(4) 处理的紧迫性。
(5) 集体的危害性。

（五）班级突发事件的处理办法
(1) 热处理法：即突发事件刚发生时就抓住时机，或正面教育，或严肃批评，长善救失，扬正抑邪。

(2) 冷处理法：即采取冷静、冷落的方式，凉一凉、等一等，暂时给予"冻结"，仍按原计划上课，等到下课后再处理。

(3) 宽容法：换位思考，对学生谅解、原谅，即对学生制作的恶作剧或危害性不大的突发事件，该宽容时且宽容，这是建立良好师生关系的重要条件，也是处理突发事件的艺术。

(4) 因势利导法：课堂中的突发事件会激起了学生的好奇心，吸引学生的注意力。教师要挖掘突发事件中的积极因素，对学生进行因势利导的教育。

(5) 寓教于喻法：学生的生活阅历不太丰富，对许多问题的认识缺乏切身体验，对于一些班级突发事件，教师只要把道理讲透，学生是可以理解的。教师运用形象的比喻方式，不仅能吸引学生，还能增加学生的内心体验，使学生不知不觉地受到教育。

(6) 爆炸式处理法：严厉、雷厉风行地处理课堂上出现的严重事件。这类事件通常会对班级造成严重的影响，若不及时处理将难以在班级实施正确的行为准则管理。

（六）班级突发事件的处理策略
(1) 善于观察，注重预防。
(2) 搜集事实，分析隐藏因素。
(3) 采取行动，保持弹性。
(4) 积极主动，严肃认真。
(5) 沉着冷静，善于控制。
(6) 严宽适度，掌握分寸。
(7) 满怀爱心，教书育人。
(8) 说服教育，促成互谅。
(9) 具体问题，具体对待。
(10) 整体问题，当场处理；局部问题，个别解决；个别问题，悄然处理；师生冲突，冷静处理。

真题链接

简述题

（2012年）简述小学班级管理的基本方法。

第四节　班级的日常管理

一、班级日常管理的构成

班级日常管理包括环境管理、教育性管理和学生评价管理三个方面。

（一）环境管理

包括规范环境管理和物质环境管理。

（1）规范环境管理：包括教学秩序管理、作息制度考勤管理、课堂秩序管理、自习管理、考试管理、偶发事件管理。

（2）物质环境管理：包括教室环境布置、教室座位的编排。

（二）教育性管理

包括生活指导和个别教育。

（1）生活指导：包括品德指导、学习指导、安全与法规指导、健康指导。

（2）个别指导：着重做先进生和后进生的工作。

（三）学生评价

包括奖惩管理与操行评定管理。

二、进行个别教育应注意的问题

（1）深入了解，解除学生心理防线。

（2）摸清情况，有的放矢地教育。

（3）不同问题采用不同方式解决，要讲究时间、地点、场合。

（4）态度要诚恳，要有启发性。

三、实施奖励、惩罚应注意的问题

（一）实施奖励应注意的问题

奖励包括赞许、表扬、奖赏、代币管制法等，可以强化符合要求的行为，所以运用时要注意以下几点。

（1）奖励要做到实事求是，公平合理。

（2）奖励要有教育性。

（3）奖励要有群众基础，得到学生集体的支持。

（4）奖励要着眼于未来。

（二）实施惩罚应注意的问题

惩罚包括批评、处分，可以让学生分清是非，抑制不符合要求的行为，所以运用时要注意以下几点。

（1）尊重学生的人格，不损害学生的自尊心。

（2）惩罚要公正合理。

（3）惩罚要得到学生集体的支持。

（4）惩罚要讲究艺术。

四、班级日常管理中的操行评定

操行评定是以教育目的为指导思想，以《学生守则》为基本依据，对学生一个学期的学习、劳动、生活、品行等方面进行小结与评价。

（一）操行评定的意义、内容、原则

1. 操行评定的意义
（1）有利于帮助学生正确认识自己。
（2）有利于学生家长了解子女的综合表现。
（3）有利于科任教师了解学生。

2. 操行评定的主要内容
包括道德品行、学习、身心健康三个方面。

3. 操行评定的原则
（1）体现素质教育思想。
（2）公平、客观。
（3）促进学生发展。

（二）操行评定的一般步骤

（1）学生自评。
（2）小组评议。
（3）班主任评价。
（4）信息反馈。

（三）学生操行评语的基本写法

（1）谈心式：以第二人称称呼，拉近心理距离。
（2）描述性：平铺直叙，客观描述。
（3）过程性：反映学生成长过程，即过去－现在－将来。
（4）情感性：语言真情实感，具有感染性。

（四）班主任做好操行评定应注意的几个方面

（1）要实事求是，抓主要问题，评定要准确反映学生的全面表现和个人发展趋向。
（2）要充分肯定学生的进步，并适当指出不足。
（3）评语要简明、具体、贴切，严防用词不当伤害学生的情感。

真题链接

（2015年）简述小学教师撰写操行评语的注意事项。

第五节　班队活动

一、班队活动的概念

班队活动是指为实现教育目的，在教育者引导下，由班级学生或少先队成员共同参与，在学科教学以外时间组织开展的教育活动。

二、班队活动的设计

（一）班队活动的基本原则

（1）教育性原则。

班队活动的教育性原则就是要求在组织和开展班队活动时，要以对学生的教育与发展有积极影响和有力的促进为目的，这是班队活动的基本原则。

（2）针对性原则。

班队活动的针对性原则是指要针对班队组织与建设的实际需要，针对学生的年龄特征，以及学生所处的地域环境和条件对学生进行教育。

（3）自主性原则。

班级活动的自主性原则就是指班队活动要充分调动和尊重学生在活动中的主动性和积极性。班队全体成员是班队活动的主体，是班队活动真正的主人。

（4）多样性原则。

包含两个方面的含义。

①活动形式的多样性；

②活动内容的多样性。

（5）计划性原则。

体现在以下两个方面。

①规划活动进程；

②规划活动形式。

（6）生活化原则。

生活化原则是指班队活动要扎根生活、深入实际，使活动符合客观现实发展的真实状况，让学生在真实的活动中体味生活、感悟人生，以达到对学生的自然的生活化的教育。

（7）可行性原则。

量力而行，具有可操作性。

（8）创造性原则。

班队活动的创造性表现在活动的内容和形式应随着客观形式的变化，不断丰富和充实。

（二）班队活动设计的要求

班级活动的形式与活动主题相符合；班队活动的内容与活动主题相符合；学生活动与家长活动、社区活动相结合；活动量要适当；学生的主持与教师的总结相结合。

（三）班队活动的组织实施

（1）要制订切实可行的活动计划，这是保障班队活动顺利展开的首要条件。

（2）对活动任务进行分工。

（3）对活动过程进行全面准备，这是班队活动成功的关键。

三、班队活动的基本类型

班队活动的基本类型主要包括班级活动、主题教育活动、少先队活动。

（一）班级活动的类型

包括晨会活动、班会活动、班级其他活动。

1. 晨会

晨会是以课程的形式出现的，具有法定性。晨会于每天早晨举行，时间为10分钟。晨会分为全校性晨会和班级晨会两种形式。

（1）晨会的特点。

简短性，及时性，教育性。

（2）晨会活动的内容。

①升国旗仪式。

②时事政策教育。
③日常行为规范教育。
(3) 晨会注意事项。
①不把晨会当成一堂正式的课。
②班主任不要在晨会上搞"一言堂"。
③不把晨会视为学生的"自留田"。
④不把晨会当作重复的课。

2. 班会活动

班会活动是以班级为单位，在班主任的指导下，一般由学生干部主持进行的班会会务活动，分为班级例会和主体班会两种形式。

(1) 班级例会。是指在班主任的指导下，有班主任或班级干部主持，讨论、处理班级日常事务，进行班集体建设的活动。它具有以下特点：常规性，事务性，民主性。

(2) 主题班会。是班主任依据教育目标，指导学生围绕一定主题，由学生自己主持、组织进行的活动，是班级活动的主要形式。和班级例会相比，主题班会具有主题鲜明、形式多样的特点。

主题班会的要求：教育性，针对性，主体性，多样性，时代性。
主体班会的形式：
①各种知识性的竞赛活动。
②各种文体性的活动。
③主体漫谈、讨论和展示。
④各种假想性活动。
⑤校外活动。
⑥即时性活动。

(3) 班级其他活动。
班级其他活动包括体育锻炼、科技文体活动、社会实践活动、学校传统文化活动等。

(二) **主题教育活动**

主题教育活动是指在班主任或辅导员的指导下，根据学校教育的计划，针对学生的实际情况提出主题，围绕这一主题而进行的教育活动。

开展主题教育活动需做好以下工作。
(1) 确定鲜明的主题。
(2) 制订周密的计划。
(3) 做好充分的准备。
(4) 举行主题教育活动。
(5) 总结巩固成果。

(三) **少先队活动**

中国少年先锋队（少先队）是中国少年儿童的群众组织，是少年儿童学习中国特色社会主义和共产主义的学校，是建设社会主义和共产主义的预备队。它具有革命性、教育性、儿童性、群众性和自主性五个特点。

少先队活动作为少先队组织最基本和最主要的工作及教育方式，是指少先队根据组织目标及一定的社会需要和少年儿童特点进行的有计划、有目的的社会实践，是由少先队组织领导、以队员为主体的群众性活动。

1. 少先队活动的特点
（1）教育性。教育性原则是少先队教育活动的第一原则，一切活动都是为达到教育和自我教育的目的。
（2）自主性。自主性要求少先队员自己出主意、想办法、订计划、做事情，自己管理自己，自己教育自己，做少先队组织的主人。
（3）组织性。少先队教育的根本特性是少先队的组织教育。
（4）趣味性。
（5）实践性。
（6）创造性。
2. 少先队活动的主题的选择
（1）结合节庆活动确定活动主题。
（2）根据队员的身心特点，引导他们走向社会、走向大自然，从异彩纷呈的大千世界中捕捉活动主题。
（3）注意研究学校教育教学工作的规律和特点，顺应学校教学工作的规律，确定活动主题。
（4）从少先队员日常生活和思想中发现活动主题。
（5）从提高能力、强健体魄、丰富知识入手，从时代前进的步伐中捕捉活动主题。
（6）从少先队基础工作、日常工作中寻找主题。

第六节　班级教育力量管理

一、班级教育力量管理构成

（1）学校教育力量。
（2）家庭教育力量。
（3）社会教育力量。

二、班主任与任课教师的协调

（一）班主任协调任课教师工作的主要任务
（1）了解任课教师课堂管理情况。
（2）指导任课教师进行课堂管理。
（3）对任课教师课堂管理提供支持。
（二）班主任协调任课教师进行课堂管理的途径
（1）建立班主任、任课教师协调会制度。
（2）班主任对任课教师课堂管理进行个别指导。
个别指导的方式有以下两点。
①管理思想的指导。
②课堂管理方法的指导。

三、班主任与家长的协调

成功的班级管理必须向家庭延伸，班级管理需要家长的协助。家长应该成为重要的教育力量。
学校可以通过与家庭相互访问、建立通信联系、定时举行家长会、组织家长委员会、举办家长学校等途径加强与学生家庭的联系。对家长进行家庭教育指导的途径和方法如下。

(1) 参与家长学校工作。
(2) 召开家长会。
(3) 进行家访和接待家长来访。

> **真题链接**
>
> **简述题**
> （2014 年小学）简述家校联系的基本方式。
> （2015 年小学）简述家校联系的基本途径。

第七节　班主任工作

一、班主任的概念

班主任是班级集体的组织者和领导者，是学校贯彻国家教育方针，促进学生健康成长的骨干力量。2009 年 8 月教育部印发的《中小学班主任工作规定》指出："班主任是中小学日常思想道德教育和学生管理工作的主要实施者，是中小学生健康成长的引领者，班主任要努力成为中小学生的人生导师。"

二、新时期班主任的地位

（一）班主任是班级建设的设计者

每一位班主任都在精心设计和培育着自己的作品——班集体。从班干部的遴选和任用、班级目标的制订、班级各种活动的组织，到教学秩序的管理以及座位安排、教室环境的设计、教室卫生的管理，无不体现了班主任的设计思路。

（二）班主任是班级组织的领导者

班主任对班级的领导方式主要有以下几种类型。

1. 专断型（或权威型）

班主任处于绝对的权威，独揽班级各方面的管理，所有事物的决策权都归班主任，学生无权参与。

2. 民主参与型

班级中的全体成员都以主人翁的姿态参与班级管理。

3. 放任型

班主任对学生放任自流，对班级的管理不做过多的干预，任由学生在班级中的各种表现和组织各种活动，学生在班级中各行其是。

（三）班主任是班级人际关系的协调者

1. 班级的人际关系

班级虽小，但其中的人际关系也是复杂的，受到家庭、社会及性格、学业成绩等多方面的影响。同学之间关系的密切度、交叉度、透明度和灵活性、稳定性等使班级的人际关系形成许多类型。美国心理学家莫雷诺研究发现，人际关系有三种类型：人缘型、嫌弃型、中间型。

2. 班主任对学生交往的指导
(1) 班主任要把学生作为交往的主体，研究学生交往的需要及能力的差异性。
(2) 设计多渠道、多层次、多维度的交往网络。
(3) 要在与学生的交往中建立相互间充满信任的关系。

三、班主任的专业地位

(1) 班主任是实施素质教育的重要力量。
(2) 班主任是学校教育教学计划的主要执行者。
(3) 班主任是班级发展的核心和灵魂。
(4) 班主任是学生健康成长的导师。
(5) 班主任是班集体的组织者和领导者。
(6) 班主任是实现教育目的、促进学生全面发展的主要力量。
(7) 班主任是沟通学校、家庭、社会三方面的桥梁，是形成教育合力的重要中介。

四、班主任的基本职责

班主任工作的基本任务是带好班级、教好学生。
(1) 全面了解班级内每一个学生，深入分析学生的思想、心理、学习、生活状况。关心爱护全体学生，平等对待每一个学生，尊重学生人格。采取多种方式与学生沟通，有针对性地进行思想道德教育，促进学生德、智、体、美全面发展。
(2) 认真做好班级的日常管理工作，维护班级良好秩序，培养学生的规则意识、责任意识和集体荣誉感，营造民主和谐、团结互助、健康向上的集体氛围。指导班委会和团队工作。
(3) 组织、指导开展班会、团队会（日）、文体娱乐、社会实践、春（秋）游等形式多样的班级活动，注重调动学生的积极性和主动性，并做好安全防护工作。
(4) 组织做好学生的综合素质评价工作，指导学生认真记载成长记录，实事求是地评定学生的操行，向学校提出奖惩建议。
(5) 经常与任课教师和其他教职员工沟通，主动与学生家长、学生所在社区联系，努力形成教育合力。

五、在班级舆论和班级风气的建设过程中班主任要做的工作

(1) 班主任要身先士卒。
(2) 明确班级的奋斗目标。
(3) 抓好班干部队伍建设。
(4) 环境熏陶。
(5) 制度约束。
(6) 加强正面教育，树立良好榜样。
(7) 提倡民主型的班主任领导方式。
(8) 充分利用班级舆论阵地。
(9) 对班级工作要常抓不懈。

六、班主任应对学生课堂问题行为的教学策略

课堂问题行为是指课堂中发生的违反课堂规则、妨碍及干扰课堂活动的正常进行或影响教学效率的行为。

(一) 课堂问题行为的分类

（1）内倾型行为（心不在焉、胡思乱想、发呆等注意力涣散行为）。

（2）外倾型行为（相互争吵、挑衅、推撞等攻击性行为）。

(二) 课堂问题行为控制策略

教师要减少和控制问题行为，确保课堂活动有序而有效地开展，可以从以下几个教学策略着手。

（1）运用先入为主策略，事先预防问题行为。

①制订合适的教学计划。

②帮助学生调整学习的认知结构。

③对于课业给予精确的指导。

④建立良好的教育秩序。

⑤协调学生间的人际关系。

⑥建立家校联系。

（2）运用行为控制策略（即长善救失），及时终止问题行为。

①鼓励和强化良好行为，以良好行为控制问题行为，采用社会强化、活动强化和替代强化等方式。

②选择有效方法，及时终止问题行为，如采用暗示、创设情境、转移注意和消退等方式。

③运用行为矫正策略，有效转变问题行为。

问题行为的转变要坚持奖励多于惩罚的原则，一致性原则和与心理辅导相结合原则。

七、班主任工作的内容和方法

(一) 了解和研究学生

1. 了解和研究学生的内容

了解和研究学生是班主任工作的前提和基础。了解学生包括对学生个人的了解和对学生集体的了解两个方面。

对学生个人的了解主要包括学生的兴趣、爱好、品质、性格、特长、学习态度与方法，社会交往以及家庭情况，集体观念，日常行为习惯，身体健康状况和课外活动表现等。在了解学生个体情况的基础上，还要研究学生集体情况，主要包括班级传统、学习风气、舆论倾向，学生之间的关系，学生干部情况，学生之间的差异，学习小组以及劳动小组的情况等。

2. 了解和研究学生的方法

班主任的工作就是要把松散的班级变成有凝聚力的组织，因此班主任必须对集体内部的情况做深入的调查和研究。了解和研究学生的方法主要有以下几种。

（1）研究记载学生情况的书面材料。

例如入学登记表、学籍表、成绩单、体检表、作业本、试卷等，这是了解学生必须掌握材料，是深入研究学生的基础。对书面材料的研究要与平时的观察、谈话以及其他教师和学生反映的情况相结合。

（2）观察在自然状态下学生的行为表现。

学生的品德和心理特点往往是通过活动表现出来的。通过学生在课堂教学、集体劳动和课外活动中自然的状态和言行，能够了解和掌握他们的思想倾向、兴趣爱好和行为习惯，从而洞悉他们的内心世界。这是了解学生最真实、最简便易行的方法。

（3）谈话。

①谈话也是了解学生的重要方法。谈话要有计划、有目的地进行。谈话前老师要做好充分准

备。谈话中要注意耐心倾听，循循善诱，使谈话富有教育性。

②谈话可以是老师与某个学生单独进行，也可以同时与多个学生进行集体谈话。

（4）调查访问。

①调查访问是收集来自各方面信息的一种方法。调查访问的对象包括学生、教师、家长、原班主任及社区其他有关人员。

②调查访问可以采用个别访问、开座谈会、调查会等方式。调查访问的对象大多不是当事人，因此，这种方法获得的信息较为客观和全面。

（二）指导学生的学习

班主任对学生学习管理的如何，直接关系到一个班级学生的学习质量。要想班级保持良好的学习成绩，班主任对学生展开的任何教育工作都要围绕学生的学习进行。

1. 培养学生明确学习目的，端正学习态度

班主任要教育学生树立远大的崇高理想，使自己成长为对社会有价值的成员。对中小学生来说，这要从确立自己的学习目标、形成良好的学习态度开始。班主任要注意培养学生的求知欲、好奇心和对各门学科的兴趣。培养他们顽强的意志力，增强他们学习的主动性、积极性和创造性。

2. 指导学生形成良好的学习习惯和学习方法

良好的学习习惯和正确的学习方法可以提高学生学习效率。班主任要指导学生善于运用多种思维方式，鼓励学生勤于思考；要指导学生如何运用学习策略，科学合理地利用时间，适度用脑；培养他们融会贯通地运用知识的能力；充分调动学生的非智力因素。

3. 加强纪律教育，形成良好的学风

良好的教学秩序，必须要有强有力的纪律做保证。班主任要帮助学生形成自觉遵守学校纪律，不迟到，不早退，上课认真听讲，遵守课堂纪律，按时完成作业，充分利用时间的好习惯。班主任还要通过学习环境的布置，渲染和增强学习气氛，使整个班级形成刻苦学习的风气。

4. 与各任课老师经常联系

班主任要提高每一个学生的学习质量和水平，就要经常与各科任课教师联系，了解和掌握班内整体和个别学生的学习情况，有针对性地进行学习指导。

（三）组织和培养班集体

组织和培养班集体是班主任工作的中心环节，健全的班集体是巨大的教育力量。建立班集体，需要班主任做长期细致的工作。(关于"班集体的建设与培养"详见本章第二节内容。)

（四）组织课内外集体活动和劳动

1. 组织课内外集体活动

丰富多彩、生动活泼的集体活动和课外活动是课堂教学的继续和有益补充，对扩大学生的知识视野，培养个性特长和求知欲，增加学生与社会的联系以及对学生进行思想品德教育，增强班级凝聚力等方面具有重要作用。在开展课外活动时，班主任要设计好活动的主题与内容，制订好活动计划，做好动员和组织工作。

2. 组织集体劳动

劳动的过程不仅能使学生学到劳动知识和劳动技能，还能为未来的生存和发展打下基础。班主任在组织学生劳动时，要做好以下工作：做好劳动前的准备工作；在劳动中进行教育；劳动结束后，对劳动及时进行总结。

（五）指导团会活动和组织班会

班会活动、团会活动也是中小学课程计划的重要组成部分。班会和团会是向学生进行思想品德教育的一种有效形式。班主任要重视班会、团会的作用，指导和支持他们积极地展开班会、

团会活动。

（六）协调校内外教育力量

学生的成长总要受到来自校内外各个方面因素的影响，如社会、家庭等。这些影响如与学校教育目标不一致，会对学生的成长产生障碍。因此，协调家庭、社会以及校内其他各任课教师的关系，与各方面相互配合，形成合力，发挥整体育人效应，是班主任工作的又一重要内容。班主任所要做的具体工作包括：统一本班任课教师对学生的要求，协调学校与家庭的关系，争取社会教育力量支持。

（七）对学生作出操行评定

在一学期或一学年结束之前，班主任要对学生一个阶段以来的学习情况和思想品德以及日常表现作出评价，并写出操行评语，有时还要评定等级。其目的是为了让学生通过操行评定了解自己的长处和不足，明确自己的努力方向。家长也可通过老师的评语了解子女的在校表现。对班主任来说，通过操行鉴定，还可以在班级里树立榜样、表彰先进，对学生进行正面教育。

（八）做好班主任工作计划与总结

工作计划是为了使工作目标明确、有条不紊地进行所做出的规划。班主任工作千头万绪，任务繁杂，就更需要加强工作的计划性；还要及时总结，不断反思，以便改进和提高工作的质量，为下一个学期制订新的计划积累经验，使工作形成一个良性循环。班主任工作计划分为学期计划、月计划、周计划和具体执行计划。班主任工作总结一般分为全面总结和专题总结。

（九）建立学生档案

建立学生档案一般分为四个环节：收集－整理－鉴定－保管。

第八节　课堂纪律与课堂管理

一、课堂纪律的概念和种类

（一）课堂纪律的概念

课堂纪律是指为保障或促进学生的学习而设置的行为标准及规范。良好的课堂纪律是课堂教学得以顺利进行的重要保障，有助于维护课堂秩序，减少学习干扰，有助于学生获得情绪上的安全感。课堂纪律具有约束性、标准性和自律性三大特征。

（二）课堂纪律的种类

根据形成途径，课堂纪律一般可分为以下四类。

1. 教师促成的课堂纪律

即在教师的指导帮助下形成的班级行为规范。刚入学的儿童往往需要较多的监督和指导，课堂纪律主要是由教师制订的。随着年龄的增长和自我意识的增强，学生开始对抗教师的过多限制，他们希望教师以某种方式进行课堂纪律管理，但教师促成的课堂纪律始终是课堂纪律的重要类型。

2. 集体促成的纪律

即在集体舆论和集体纪律的作用下形成的群体行为规范。从儿童入学开始，同伴群体就开始发挥重要的作用。随着年龄的增长，学生受同伴群体的影响会越来越大，开始以同伴群体的集体要求和价值判断作为自己的行为准则。

3. 任务促成的纪律

即某一具体任务对学生行为提出的具体要求或纪律。在日常学习过程中，每项学习任务都有它特定的要求或纪律，例如课堂讨论、野外观察、制作标本等。

4. 自我促成的纪律

简单说就是自律，它是在个体自觉努力下由外部纪律内化而成的个体内部约束力。形成自我促成的纪律是课堂纪律管理的最终目标。

二、课堂管理的概念与影响课堂管理的因素

（一）课堂管理的概念

课堂管理是指教师通过协调课堂内的各种人际关系而有效地实现预定教学目标的过程。课堂教学效率的高低，取决于教师、学生和课堂情境等三大要素的相互协调。

（二）影响课堂管理的因素

1. 教师的领导风格

普雷斯顿认为，参与式领导的教师注意创造自由空气，鼓励学生自由发表意见，不把自己的意志强加于人，更有利于课堂的管理。而监督式领导的教师，比较专横、独断，其注意力更多地放在集体讨论的进程和学生的问题行为上。

2. 班级规模

一般来说，班级规模越大，课堂管理越困难。

3. 班级的性质

班级的性质主要体现在班风和学风上，教师应该根据不同的班风和学风，采取相应的教学手段和课堂管理模式。

4. 对教师的期望

学生在长期的学习过程和与教师的接触过程中，会对教师的课堂行为形成定型期望。他们希望教师以某种方式进行教学活动和课堂管理，这种期望必然会影响课堂管理的效果。

三、正式群体与非正式群体

群体是指人们以一定方式的共同活动为基础而结合起来的联合体。

（1）正式群体是指在校行政部门、班主任或社会团体的领导下，按一定章程组成的学生群体。班级、小组、少先队等都属于正式群体。集体是群体发展的最高阶段。

（2）在同伴交往过程中，一些学生自由结合、自发形成的小群体，被称为非正式群体。这种群体没有特定的群体目标及职责分工，缺乏结构的稳定性，但它有不成文的规范和自然涌现的领袖。

（3）正确协调正式群体与非正式群体的关系。

①要不断巩固和发展正式群体。

②要正确对待非正式群体。对于积极型的非正式群体，应该支持和保护；对于中间型的非正式群体，要持慎重态度，积极引导，联络感情，加强班级目标导向；对于消极型的非正式群体，要教育、争取、引导和改造；而对于破坏型的非正式群体，则要依据校规和法律，给予必要的惩处或制裁。

四、群体动力

群体动力是所有影响着群体与成员个人行为发展变化的力量的总和。

勒温最早的研究，认为群体动力包含四种成分。

（1）群体凝聚力。凝聚力常常成为衡量一个班集体成功与否的重要标志。

（2）群体规范。

（3）影响课堂气氛的主要因素有教师的领导方式、教师对学生的期望以及教师的情绪状态。

（4）班级的人际关系。

五、营造良好课堂气氛的策略

营造良好的课堂气氛是维护课堂纪律和秩序的基础。
（1）教师时刻保持积极的情绪状态感染学生。
（2）树立典型，利用榜样的示范作用积极引导学生。
（3）妥善处理矛盾冲突，建立良好的师生、生生关系。

六、维持课堂纪律的策略

（1）建立积极有效的课堂规则。
（2）合理组织课堂教学。
（3）做好课堂监控。
（4）培养学生的自律品质。

第九节　课外、校外教育活动

一、课外、校外教育的概念和意义

（一）课外、校外教育的概念

课外、校外教育是指在课程计划和学科课程标准以外，利用课余时间，对学生施行的各种有目的、有计划、有组织的教育活动。

由学校、班级组织实施的课余教育活动，称作课外教育。课外教育指学校、班级在完成课堂教学任务外进行的多种多样的教育活动，是学生课余生活的良好形式。这里的课堂教学包括课程计划中计入总课时的必修课和选修课。因此，选修课、自习课不属于课外教育。

二、课外、校外教育与课堂教学

课外、校外教育与课堂教学既有联系，又有区别。

（1）从两者的联系看，它们的目的是一致的，都是为了实现全面发展的教育目的，完成学校的教育任务；两者都是在学校的统一领导下有计划、有组织地进行的；同时，两者在教育过程中是互相配合的。课堂教学使学生掌握系统的科学文化知识，又为课外、校外教育提供条件；课外、校外教育运用课堂所学知识，锻炼学生的活动能力，使教学效果得到提高。

（2）课外、校外教育又区别于课堂教学，课外、校外教育有课堂教学不可替代的教育作用。课外、校外教育对课堂学习有一定的促进作用，但又不仅局限于课堂教学的内容和教学大纲的范围。

课外、校外教育不是课堂教学活动的延伸，不是为完成作业而开辟的领域，它主要是通过活动的形式促进学生的全面发展。

（三）课外、校外教育的意义

（1）课外、校外教育有利于学生开阔眼界，获得知识。
（2）课外、校外教育有利于发展学生智力，培养学生的各种能力。
（3）课外、校外教育是进行德育的重要途径。
（4）课外、校外教育是因材施教、发展学生个性特长的有效方式。

三、课外、校外教育的内容与形式

（一）课外、校外教育的主要内容

1. 社会实践活动

组织一些参观、考察、社会调查访问、宣传、游览等社会实践活动，让学生走出校门，增长知识，提高能力。

2. 学科活动

学科活动是以学习和研讨某一学科的知识或培养某一方面的能力为主要目的的活动。这类活动是学校课外活动的主体部分，学校应高度重视，分科组织落实。

3. 科技活动

这是以学生学习和了解科技知识为目的的课外、校外活动，如举办科技讲座，参观游览，成立无线电小组、航模小组、园艺小组等，开展小发明、小创造、小革新、小设计、小建议等"五小活动"。

4. 文学艺术活动

这类活动主要是培养学生对文艺的爱好和发展学生文艺方面的才能。如组织文学作品的欣赏和评论、参观展览等，学校和班级还可以成立美术、书法、摄影等文艺小组。

5. 体育活动

这类活动的主要目的是发展学生的体能，增强他们的体质，训练他们的运动技能，培养他们吃苦耐劳的精神和对体育运动的兴趣，并尽可能满足体育爱好者的需要，尽早发现和培养体育专业人才。

6. 社会公益活动

开展社会公益活动的主要目的是培养学生的劳动观念和劳动习惯，使他们养成热爱劳动、热爱劳动人民、爱护劳动成果的优良品质，并掌握生产劳动的基本知识、技能，提高他们的劳动技术素质。

7. 课外阅读活动

课外阅读活动是指在课堂教学范围之外，学生根据自己的兴趣爱好或某一方面的需要进行的读书活动。

（二）课外、校外教育的组织形式

1. 群众性活动

群众性活动是一种面向多数或全体学生的带有普及性质的活动。群众性活动的方式主要有：集会活动、竞赛活动，参观、访问、游览和调查活动，文体活动，墙报和黑板报活动，社会公益劳动和主题系列活动等。

（1）集会活动。集会活动能迅速有效地传播知识和思想，给学生留下深刻的印象。

（2）竞赛活动。竞赛活动能激发学生的热情，具体可以组织学科竞赛、体育比赛、书法美术比赛等。

（3）参观、访问、游览和调查。参观、访问、游览和调查可以开阔眼界，陶冶情操。可以游览各种名胜古迹，访问英雄模范、科学家，参观博物馆等。

（4）文体活动。文体活动可以激发学生对文艺、体育的兴趣，培养他们正确的审美情趣，增强学生的体质。

（5）墙报和黑板报。学生自办自编墙报和黑板报，可以培养他们的书面语言表达能力、分析判断能力和独立工作的能力，促进学生智力和品德的发展。

（6）社会公益劳动。组织学生在节假日或课余时间参加适当的社会公益活动，如校园绿化、整理图书，帮助孤寡老人等，有助于学生增强社会责任感和为社会服务的意识。

（7）主题系列活动。主题系列活动是指根据国家新时期的新形势、发展趋势和在一定时期的中心任务以及地区性的中心工作和教育要求，开展围绕某一主题并由系列分主题组成的系列活动。

2. 小组活动

小组活动是课外、校外教育活动的基本组织形式。小组活动以自愿组合为主，根据学生的兴趣爱好和学校的具体条件，进行有目的、有计划的经常性活动。小组活动的特点是自愿组合、小型分散、灵活机动。课外活动小组大致可分为四种，即学科小组、劳动技术小组、艺术小组、体育小组。

（1）学科小组。学科小组是按不同学科分别组成的小组。小组活动以学科课堂讲授的内容为基础，侧重于扩大和加深本学科相关的知识，训练提高实践能力。

（2）劳动技术小组。劳动技术小组是以实践为主的技术小组，侧重使学生掌握劳动基本知识和技能，以及某些专业技术，如航模制作、动物饲养、简单机械的安装、修理等。

（3）艺术小组。艺术小组包括文学组、音乐组、美术组、舞蹈组等。活动可以由校内有关教师负责，也可以聘请校外文艺团体的专业人员辅导。

（4）体育小组。体育小组是按体育运动项目分别组成不同的活动小组，如足球组、田径组、游泳组及各种棋类小组等。

3. 个别活动

个别活动是指学生在教师指导下，在课外、校外单独进行的活动。

四、课外、校外教育的特点、要求及对教师的要求

（一）课外、校外教育的主要特点

1. 自愿性

课外、校外教育活动是在课堂教学计划之外，学生自由选择、自愿参加的一种活动，强调学生可以按照自己的兴趣爱好和特长自愿选择，他们可以根据自己的条件、能力和状态，选择、控制、调节活动内容和方式等。

2. 自主性

课外、校外教育可以由学生自己组织、设计和动手。教师是活动的指导者、辅导者，对学生活动的组织起辅助作用。

3. 灵活性

课外、校外教育活动无论是活动的内容还是活动的形式，都体现了灵活性。

4. 实践性

课外、校外教育活动注重学生的实践环节。

5. 广泛性

课外、校外教育活动的内容不受课程计划、课程标准的限制，可以根据参加活动者的愿望和要求以及学校、教育主管部门的具体要求而确定。

（二）课外、校外教育的主要要求

学校教学工作是教育学生的基本途径，与此同时，课外、校外教育也是教育学生的重要途径，二者缺一不可。

（1）要有明确的目的性、计划性。

（2）活动内容要丰富多彩，形式要多样化，要富有吸引力。

（3）注意发挥学生集体和个人的主动性、独立性和创造性，并与教师的指导相结合。

(4) 要考虑学生的兴趣爱好和特长，符合学生的年龄特征。
(5) 课堂教学与课外、校外活动互相配合、互相促进，因地、因校制宜。

（三）课外、校外活动的组织对教师的要求
(1) 教师要有一定的特长和兴趣爱好。
(2) 教师要对自己指导的活动领域有充足的知识储备。
(3) 教师要建立平等、合作、相互尊重的师生关系。
(4) 教师要有比课堂教学更强的组织能力。
(5) 教师要开展相关的研究，熟悉课外、校外活动实施的全过程。

五、学校、家庭、社会三结合教育

（一）家庭教育

家庭教育是指在家庭生活中，由父母或其他年长者对其子女与年幼者实施的教育和影响。家庭教育是学校教育的基础和补充，有不可替代的教育作用。

1. 家庭教育的特点

(1) 先导性。

家长的政治态度、对问题的看法，甚至思想作风、爱好特长，都直接或间接地影响着学生。家庭这种先入为主的教育对他们以后的德、智、体等方面的发展影响较大，甚至影响他们的未来。

(2) 感染性。

所谓感染性，就是人的喜、怒、哀、乐等情感能够引起别人产生同样的或与之相联系的情感。情感的感染性像无声的语言，对人起着感动和感化的作用，是一种潜移默化的力量。

(3) 权威性。

①家庭教育与其他教育相比，具有更大的权威性。家长的权威是家庭教育成功的保障和前提。

②家长在子女心目中的地位是重要的，形象是高大的，应得到子女由衷地崇敬、尊重和信任。因此，家长越是权威，对子女的要求和教育越有可接受性，教育的效果就越具深刻性和持久性。

(4) 针对性。

所谓针对性，是指教育工作能从实际出发，有的放矢，而不是想当然，不是一般化说教。人们常说："知子莫如父，知女莫若母。"子女自幼随父母生活，长期相处，父母能够全面细致地了解、熟知子女。

(5) 终身性。

家庭教育的终身性是家庭教育的一个显著特点。

(6) 个别性。

与学校教育中教师要面对几十名学生相比，独生子女在家庭里有可能得到更多的个别教育。

2. 家庭教育的基本要求

(1) 环境和谐：创造和谐的家庭环境。
(2) 方法科学：家长教育子女需要科学的态度和方法。
(3) 以身作则：家长要树立良好的榜样。
(4) 爱严相济：家长要把对孩子的关心爱护与严格要求紧密结合。
(5) 要求一致：家长对孩子的要求应统一，前后一致。
(6) 全面关心：要对孩子的物质生活与精神生活、身体健康与心理健康、智力开发与非智力因素培养等多方面给予全面关心，把孩子培养成全面发展的合格公民。

3. 对我国目前中国家庭教育的反思

（1）家长把孩子摆在不恰当的位置。

（2）家长对子女的期望过高。

（3）家长不能全面关心独生子女的成长。

（二）社会教育

社会教育主要是指学校、家庭环境以外的社区、文化团体和组织等给予儿童和青少年的影响。

1. 社区对学生的影响

社区环境对儿童的价值观念和生活习惯的养成有着直接的影响。社区教育指的是以一定地域为界，学校和社区具有共同的教育价值观和参与意识，并且双向服务，互惠互利，旨在促进社区经济、文化和教育协调发展的一种组织体制。社区教育的实质是教育的社会化与社会的教育化的统一。

2. 各种校外机构的影响

各种校外教育机构主要是指少年宫、少年科技站、各种业余学校等。

3. 报刊、广播、电影、电视、戏剧等大众传播媒介的影响

由于报刊、广播、电影等大众传播媒介具有灵活性、生动形象、趣味性强等特点，深受儿童和青少年的喜爱，并对他们产生了巨大吸引力和影响力。

（三）学校、家庭、社会三结合，形成教育合力

教育合力是指学校、家庭、社会三种教育力量相互联系、相互协调、相互沟通，统一教育方向，形成以学校教育为主体，以家庭教育为基础，以社会教育为依托的共同育人的力量，使学校、家庭、社会教育的一体化，以提高教育活动实效。

（1）学校教育占主导地位。

（2）家庭、社会和学校三者协调一致，互相配合。

（3）加强学校与家庭之间的相互联系。

学校可以通过家庭相互访问、建立通信联系、定时举行家长会、组织家长委员会、举办家长学校等途径加强学校与家庭之间的联系。

（4）加强学校与社会教育机构之间的相互联系。

①建立学校、家庭和社会三结合的校外教育组织。

②学校与校外教育机构建立经常性的联系。

③采取走出去、请进来的方法与社会各界保持密切联系。

六、农村留守儿童教育

（一）农村留守儿童面临的问题

（1）农村留守儿童完整接受义务教育面临挑战。

（2）农村留守儿童的心理健康水平偏低。

（3）农村留守儿童的安全隐患较为突出。

（二）农村留守儿童问题产生的原因

（1）农村留守儿童面临的最大的问题就是以父母为核心的家庭教育的缺失。

（2）学校教育不足。

（3）社会关注不够。

（三）如何让农村留守儿童得到关爱

（1）政府发挥关爱留守儿童的主导作用。
（2）全社会共同关爱有利于留守儿童健康成长。
（3）将寄宿制学校办成留守儿童的家。
（4）父母应肩负起对留守儿童教育不可推卸的责任。

试水演练

一、单项选择题

1. 班集体的发展阶段经历了初建期的松散群体阶段和形成期的（　　），后进入成熟期的集体阶段。
   A. 合作群体阶段　　　　　　B. 群体利益阶段
   C. 合作学习阶段　　　　　　D. 松散合作阶段
   答案：A。

2. 班级管理的主要模式有常规管理、平行管理、民主管理和（　　）等。
   A. 目标管理　　B. 终极管理　　C. 行动管理　　D. 分组管理
   答案：A。
   【解析】班级管理的主要模式有常规管理、平行管理、民主管理和目标管理。

3. 班级管理的原则有全面管理原则、方向性原则、自主参与原则、（　　）。
   A. 教管结合原则　　　　　　B. 引导管理原则
   C. 直观性原则　　　　　　　D. 因材施教原则
   答案：A。

4. 班级管理中进行目标管理，必须使目标具有（　　）。
   A. 明确性和指向性　　　　　B. 管理性和指向性
   C. 可操作性和明确性　　　　D. 认同性和可操作性
   答案：D。

5. 下面选项中不属于班级管理方法的是（　　）。
   A. 调查研究法　　　　　　　B. 行动研究法
   C. 情境感染法　　　　　　　D. 心理疏导法
   答案：B。

6. 班主任既通过对集体的管理去间接影响个人，又通过对个人的直接管理去影响集体，从而把对集体和个人的管理结合起来的管理方式属于（　　）。
   A. 常规管理模式　　　　　　B. 平行管理模式
   C. 目标管理模式　　　　　　D. 民主管理模式
   答案：B。

7. 下列说法中违背班主任应具备的基本观念的是（　　）。
   A. 每个学生都是独特的个体
   B. 学生是班主任的服务对象
   C. 评价方法多样化，注重量化评价与质性评价的结合
   D. 建设班集体只需管好班级中的优等生

答案：D。

8. 以下行为不符合家访要求的是（　　）。
   A. 家访的目的是与家长交流信息，而不是"告状"
   B. 班主任态度要诚恳，尊重学生和家长
   C. 班主任要承担责任，为学生和家长提供帮助
   D. 要保证工作的有效性，只需针对问题学生进行家访
   答案：D。

9. 班主任建立学生档案一般有（　　）四个环节。
   A. 收集、编辑、鉴定、保管　　　B. 收集、整理、鉴定、保管
   C. 分类、编辑、汇总、保管　　　D. 整理、编辑、归档、保管
   答案：B。

10. 班主任工作计划一般分为学期计划、月计划、周计划及（　　）计划等形式。
    A. 具体活动　　　　　　　　B. 班级建设
    C. 班干部培养　　　　　　　D. 班队发展
    答案：A。

11. "每一个孩子都是一个潜在的天才儿童，要以多维度的、全面的、发展的眼光来评价学生"是（　　）理论学派的观点。
    A. 人本主义　　B. 多元智能　　C. 结构主义　　D. 科学发展
    答案：B。

12. 形式的多样性、活动方法的实践性、（　　）等都是课外活动的特点。
    A. 活动内容的教学性　　　　B. 活动时间的随意性
    C. 活动组织的自主性　　　　D. 活动项目的规定性
    答案：C。

13. 班级活动的功能主要有（　　）。
    A. 满足交往需求的功能、学习发展功能、个性发展功能、班集体建设功能、班主任专业提升功能
    B. 满足交往需求的功能、增进相互了解功能、个性发展功能、班集体建设功能、班主任专业提升功能
    C. 满足交往需求的功能、学习发展功能、个性发展功能、班集体建设功能、教育评估功能
    D. 满足交往需求的功能、学习发展功能、个性发展功能、班集体建设功能、班级评比功能
    答案：A。

14. 教育家赫尔巴特认为，教育的最高目的、教育的唯一工作与全部工作可以总结在这一概念之中——道德，他进而提出没有"无教育的教学"，这种观点说明实施班级活动的原则之一是（　　）。
    A. 针对性原则　B. 自主性原则　　C. 教育性原则　　D. 实践性原则
    答案：C。

15. 下列选项不属于班级集体显著特征的是（　　）。
    A. 明确的共同奋斗目标　　　　B. 和谐的人际关系

C. 相对稳定的学生群体　　　　　D. 优良的班风和传统

答案：C。

二、材料分析题

1. 美国心理学家曾做过一项有趣的试验：把两辆一模一样的汽车分别停放在两个不同的街区，把其中的一辆摆在一个中产阶级集聚社区；而另一辆，他把车牌摘掉了，并且把顶棚打开停在相对杂乱的街区。放在中产阶级集聚社区的那一辆，摆了一个星期还完好无损；而打开顶棚的那一辆车，一天之内就给人偷走了。于是，该研究者把完好无损的那辆车的玻璃敲了个大洞。结果发现，刚过了几个小时，这辆车就不见了。因此，有研究者以该试验为基础，提出了著名的"破窗理论"。

问题：

(1) 基于上述材料，请从教育学、心理学视角谈谈你对"破窗理论"的理解。

(2) 试述"破窗理论"对班级管理的启示。

【答案要点】

(1) 从心理学的角度来说有以下几个理论可以解释"破窗理论"。

①反馈的作用。反馈分为及时反馈和延迟反馈两种，如果错误能得到及时反馈的矫正，那么他再次犯这种错误的可能性就会大大降低；有一个洞没有及时修复，就会有更多的洞出现。

②从众。从众行为是指人们对于某种行为要求的依据或必要性缺乏认识与体验，跟随他人行动的现象。一个人认为有洞了，其他人也会认为这本来就是辆破车，不需要保护。

(2) 从教育学的角度来说，就是德育方法中的榜样法、德育的观察学习法。

(3) 启示：

①对学生的错误给予及时的反馈，让学生改正，防止扩散。

②加强学生德育工作。

③给学生树立良好的道德榜样。

④建立良好的班级制度，树立良好的班风。

2. 某小学六（3）班是全校有名的乱班，上课纪律混乱，打架成风。班上有一名"在野学生领袖"，喜好《水浒传》中的人物，爱打抱不平，常常"为朋友两肋插刀"。打架时，只要他一挥手，其他人就蜂拥而上。班上正气不能抬头，班干部显得软弱无力，全班同学的学习成绩逐步下降。

问题：

(1) 如何将乱班转化为优良的班集体？

(2) 如何正确对待和教育转化"在野学生领袖"？

【答案要点】

(1) 培养优良班集体的方法。

①确立共同的奋斗目标。

②选择和培养班干部，形成班级骨干力量。

③培养良好的班风，形成健康向上的集体舆论。

④坚持经常开展丰富多彩的班级教育活动。

(2) 教育转化"在野学生领袖"的方法。

①严格要求，动之以情，晓之以理，约之以规。
②利用其特长为班集体做好事，争荣誉。
③将"在野学生领袖"转化为"正式学生领袖"。

3. 作为一名小学语文教师，我热爱我的工作，注意在学习中激发学生的学习兴趣，让他们主动参与到教学过程中来。但是，我感觉学生有的时候实在是太吵闹了。在讲课过程中，有的学生会在下面说话或插话；在自习或做练习时，有的学生会窃窃私语或很自由地讨论问题；课堂讨论的时候更是难以把握，学生会争论不休；在课间休息时更是乱作一团。

问题：
如果你是这位教师，对于课堂吵闹的现象，你的基本态度和常规做法是什么？

【答案要点】
作为教师，面对课堂吵闹现象应有的基本态度如下。

(1) 课堂确实需要纪律，但课堂气氛更加重要。课堂要有助于营造一个良好的课堂气氛，符合儿童的生理和心理发展特点，容纳儿童的不同个性。

(2) 学生的动作与声音（言为心声）是学生成长的一部分，教师应把握学生的发展情况，允许学生比较自由地参与课堂教学。

(3) 动作和语言是儿童情绪、情感的伴随物，在激烈的讨论中儿童可以表达自己内心的喜悦、愤怒、遗憾和沮丧，教师要与学生分享这种情感。

常规做法：不追求课堂的绝对安静，保持稍稍的喧闹。改变课堂的权威结构和主体定位，即由教师作为权威的主体和偏向于教师的权威结构向以学生为学习的主体、师生民主平等的权威结构转变。

4. 一个爸爸很关注儿子的学习情况和班级里的学习环境。有一次他问儿子："你们班上自习课的时候有多少人？"儿子说："老师在的时候有45人。"于是爸爸又问："老师不在的时候有多少人？"儿子回答："一个人也没有。"

问题：
(1) 评价一下这个班级的学习环境（学风）。
(2) 请你针对上面的情况提出一些对班级老师或学生合理的建议。

【答案要点】
(1) 从儿子的回答中可以看出，该班学生缺乏良好的学习习惯和学习主动性，班级学习风气不浓厚。学生在这种环境中势必不能安心学习，从而影响学生知识的获得。这不仅不利于学生基本知识与基本能力的获得，也不利于学生终身学习能力的形成，不利于素质教育目标的实现。

(2) 教师特别是班主任应从提高学生的学习兴趣入手，创设学习情境，调动学生主动学习的积极性；同时规范班级制度，加强对学生的管理，促进学生良好学习习惯的养成。此外，要注重班干部的培养及其模范作用的发挥。

第十二章

教育科学研究

第一节 教育科学研究概述

一、教育科学研究的概念及性质

教育科学研究是以教育问题为对象,运用科学的方法,遵循一定的研究程序,收集、整理和分析有关资料以发现和总结教育规律的过程。

教育研究同所有的科学研究一样,由三个基本要素组成,即客观事实、科学理论和方法技术。教育研究的基本性质是文化性、价值性和主体性。

二、教育科学研究的原则和特点

(一) 教育科学研究的原则

(1) 客观性原则;(2) 创新性原则;(3) 理论联系实际原则;(4) 伦理原则。

(二) 教育科学研究的特点

教育科学研究既有一般科学研究的特征,也有其自身的特点,具体表现为客观性、科学性、系统性、综合性和可验证性。

三、教育科学研究的对象和意义

(一) 教育科学研究的对象

教育科学研究的对象是教育问题,它包括理论问题与实践问题。教育问题具有以下特点:复杂性、两难性、开放性、整合性与扩散性。

(二) 教育科学研究的意义

(1) 推动教育改革与发展;(2) 提高教育质量;(3) 提升教师自身素质;(4) 完善和发展教育理论。

四、教师在教育研究中的优势和作用

(一) 教师进行教育教学研究的优势

(1) 教师工作于真实的教育教学情境之中,最了解教学的困难、问题与需求,能及时清晰

地感知各种教学问题。

（2）教师与学生的共同交往共同构成了教师的教育教学生活，因此，教师能准确地从学生的学习中了解到自己教学的成效，了解到师生互动需要改进的方面，尤其能从教育教学现场中、从学生的文件（如考卷、作业等）中获得第一手资料，这为研究提供了良好的条件。

（3）实践性是教育教学研究的重要品性。教师是教育教学实践的主体，针对具体的、真实的问题所采取的变革尝试，能够在实践中得到检验，进而产生自己的知识，建构适合情境的教学理论。

（二）教师在教育研究中的作用

教师作为一个研究者，能够进入到研究状态，以研究的态度、行为来对待教育教学工作，意义重大。其意义主要从以下几个方面表现出来。

（1）教师的教育研究有利于解决教育教学实际问题，提高教育教学质量。
（2）教师的教育研究可以使课程、教学与教师真正融为一体。
（3）教师的教育研究也是教育科学发展的需要。
（4）教师的教育研究可以促进教师专业成长与发展，不断提升教师的自我更新能力和可持续发展能力，增强教师职业的价值感和尊严感。
（5）教师的教育研究有利于教师不断积累实践知识。
（6）教师的教育研究有利于提高学校办学品位，形成学校办学特色。

第二节　教育科学研究的基本过程

一、选择研究课题

研究课题可以来源于教育实践，也可以来源于教育理论。

从教育实践出发，教育研究课题产生的途径有：
（1）从社会变革与发展需要中提出课题；
（2）从日常的教育实践活动中发现课题；
（3）从教育实践的变革与发展中提出课题。

从教育理论出发，教育研究课题的来源有：
（1）承袭已有的研究成果来探究新的问题；
（2）在理论空白处挖掘问题；
（3）在理论观点的争议中寻找问题；
（4）以反其道而行之来开拓问题；
（5）在阅读理论、审视理论的过程中构思研究问题；
（6）各级课题指南。

一个好的研究课题必须具有以下特点：
（1）选题必须有价值；
（2）选题必须有科学的现实性；
（3）选题必须明确具体；
（4）选题必须新颖，有独创性；
（5）选题必须有可行性。

二、教育文献的分类、检索和综述

(一) 教育文献的分类

1. 按教育科学文献的来源及其公开性划分

可分为正式文献和非正式文献。

(1) 正式文献。正式文献指专著、论文、科学研究报告和总结、丛书、学报、专刊、文集、统计材料、表册、年鉴以及与研究问题有关的教材、参考书等，还包括党和国家的政策法规、正式出版物以及教育行政主管部门、学校等的工作计划、工作总结、指示、决定等。

(2) 非正式文献。非正式文献指未正式出版的各种材料以及私人通信、日记、个人声明等。

2. 按文献的表现形式划分

可分为统计资料、文字资料、音像资料和实物资料。

3. 按文献的功能划分

可分为事实性文献、工具性文献、理论性文献、政策性文献和经验性文献。

(1) 事实性文献。事实性文献是指专门为教育科学研究提供教育类事实证据的文献，包括古今中外已被发现和证实的各种形式、各种内容的事实资料，如教育类文物、教育史学专著、各种测验量表、各类教育实验报告、教育名家教育实录等。

(2) 工具性文献。工具性文献是指专门为教育科学研究提供检索咨询的文献，包括工具书、网上检索查询资料、学术动态综述等。

(3) 理论性文献。理论性文献是指专门为教育科学研究提供理性认识的文献，包括教育专著、论文、文集、教育家评传、方法论著作等。

(4) 政策性文献。政策性文献是指专门为教育科学研究提供政策依据的文献，包括规章制度、政府文件与统计资料等。

(5) 经验性文献。经验性文献是指专门为教育科学研究提供感性认识的文献，指调查报告、工作总结、经验、教育参考书、各级各类学校的教科书、教学大纲等。

4. 按文献的处理、加工程度划分

可分为一次文献、二次文献和三次文献。

(1) 一次文献。一次文献包括专著、论文、调查报告、档案材料等以作者本人的实践为依据而创作的原始文献，是直接记录事件经过、研究成果、新知识、新技术的文献，具有创造性，有很高的直接参考和借鉴使用价值，但它储存分散、不成系统。

(2) 二次文献。二次文献是对原始文献加工、整理，使之系统化、条理化的检索性文献，一般包括题录、书目索引、提要和文摘等。二次文献具有报告性、汇编性和简明性，是对一次文献的认识和再加工，是检索工具的主要组成部分。

(3) 三次文献。三次文献是在利用二次文献的基础上对某个范围内的一次文献进行广泛深入分析研究之后，综合浓缩而成的参考性文献，包括进行动态综述性文献、专题评述、数据手册、年度百科大全以及专题研究报告等。这类叙述性文献全面、浓缩度高、覆盖面广、信息量大、内容新颖，具有综合性、浓缩性和参考性特点。

(二) 教育文献检索的作用、查阅方法及要求

1. 教育文献检索的作用

在教育研究过程中，文献检索是必不可少的步骤，它贯穿于教育研究的全过程。文献检索的作用如下。

(1) 可以从整体上了解研究的发展动向与结果，把握要研究的内容。

(2) 可以吸取前人研究的经验教训，避免重复研究。

(3) 可以澄清研究问题并界定变量。
(4) 可以为如何进行研究提供思路和方法。
(5) 可以综合前人的研究信息，获得初步结论。

教育文献检索的基本过程包括分析和准备阶段（明确检索主题）、搜索阶段（搜索与所研究问题有关的文献）、加工阶段。

2. 查阅教育文献的方法

查阅文献资料的途径有很多，既可利用目录、索引、文摘等检索工具进行，也可利用联机检索、光盘检索、上网检索等计算机检索方法进行。网络检索是文献检索的基本方法，包括顺查法（以课题研究事件发生的时间为起点，按事件发展的时序，由远及近地查找有关资料）、逆查法（以目前研究的时间为起点，按照由近及远的顺序查找有关资料）、引文查找法（以现有的与研究课题有关的资料为依据，以其中的引文和附录为线索，来查找所需要的资料，是一种"滚雪球式"的方法）、综合查找法（综合地运用各种方法，全面、准确、迅速地查找有关资料）。

3. 教育文献检索的要求

(1) 文献检索的指向性。在进行文献检索时，要体现出明确具体的方向，依据教育研究的目的、范围去搜索查找所需的文献资料。例如，我们可以从学校德育工作、班主任工作、教学改革、心理健康、创新教育等方面集中查找所需要的文献资料。

(2) 查阅要有全面性。通过浏览，不仅要广泛查阅特定范围内的国内外有关研究成果，而且要把视野放宽，广泛浏览特定范围以外的有关研究成果。不仅搜集与自己观点一致的材料，也要搜集那些与自己观点不一致，或与自己构思相矛盾的材料，以便及时掌握最新的研究资料和动向。特别是要着力搜集第一手资料，以保证研究的客观性、全面性。

(3) 查阅要有准确性。通过细读，基本掌握50年来，特别是近20年来教育领域内讨论过哪些问题，有哪些分歧意见，有哪些代表人物和主要著作，主要倾向。要认真推敲观点和论据，并做记录。真理是由争论确立的，历史的事实是在矛盾的陈述中清理出来的。

(4) 勤于积累。我们应该养成不断学习、善于积累的好习惯，并有意识地培养自己读书治学的能力，掌握查阅文献的方法，逐步积累自己所需要的资料目录；还要善于做摘要、札记、卡片，编制自己的文摘、提要、综述，建立个人资料库，同时又会使用国家的信息库。

(5) 善于思考。要批判性地阅读，对文献做进一步的分析综合，做到在批判中继承，在扬弃中创新，将"死"书读"活"，这就不仅需要有与研究问题有关的知识准备，而且必须依靠理论思维，在阅读中进行比较、分析、联想和构思，从而产生解决问题的新思路、新观点。文献资料要经过去粗取精、去伪存真、由表及里地改造制作，要舍弃成见，在理论联系实际的基础上锻炼和提高对资料真伪和价值的判断力和敏锐性，进行创造性的理论思维。这样，才能有所创新。

(三) 教育文献综述

1. 教育文献综述的内涵

对于比较正规的教育科研或较大研究课题来说，完成文献资料的阅览之后，还要撰写文献资料综述，也就是在对文献进行整理、阅读、思考、分析、综合、概括的基础上，用自己的语言将与研究课题有关的文献内容叙述出来，在叙述的同时可以根据需要进行评论。它包括四个方面的内容。

(1) 问题的提出，说明查阅文献资料的目的及研究的问题。
(2) 研究方法，确定文献资料的分析范围、分析维度和分析程序。
(3) 正文部分，这是文献综述的主体部分。
(4) 主要文献目录，包括专著及论文。

2. 教育文献综述的类型

文献综述有两种类型：一种是叙述性文献综述，另一种是述评性文献综述。

（1）在做叙述性文献综述时，可以根据需要进行必要的组织和构思，但观点、数据必须忠于原文，文中不能加进综述者自己的观点，更不能修改数据。

（2）在做述评性文献综述时，虽可以加进综述者的观点，但综述者观点所占的篇幅不能过大，同时要将综述者的观点独立开来，放在最后，让读者一眼就能看出哪些是文献中的观点，哪些是综述者的观点。文献综述的长度可以依据研究报告的类型而定。

三、制订研究计划

（一）研究计划的内涵

研究计划是研究工作进行之初所做的书面规划，是如何进行研究的具体设想，是研究实施的蓝图，是实现研究目的的前提。撰写研究计划，首先必须了解研究计划的基本要求和写作形式。基本要求可以概括为以下四个问题：研究什么，为什么研究，怎样研究，预计成效。

（二）研究计划的内容

（1）研究题目。
（2）对研究课题目的及意义的简单说明。
（3）课题研究的基本内容。
（4）课题的研究思路和方法，制订研究工作方案和进度计划。
（5）研究课题已具备的工作基础和有关条件。
（6）研究成果的预计取向及适用范围。
（7）经费概算以及需购置的仪器设备。

（三）制订研究计划要做的工作

（1）确定研究类型和方法。
（2）选择研究对象。
（3）分析研究变量。
（4）形成研究方案。

四、教育研究资料的收集、整理与分析

（一）收集研究资料

收集研究资料是指研究者在实施研究计划的过程中所得到的现实资料。

收集资料是研究的主要任务和研究基础。一般来说，教育研究资料的收集主要有两个渠道：一是采用问卷、访谈、测量、个案、观察等方法直接搜集资料；二是从现成的文献资料入手，在有关的文件、档案、作品中收集有关资料。

（二）整理研究资料

资料整理是根据调查、研究的目的，对收集和调查研究所得的资料进行科学的审核、分类、汇总和再加工的过程。资料整理有助于保证资料的可靠性，使研究资料和数据系统化、条理化，便于保存。

（三）分析研究资料

1. 分析研究资料的内涵及步骤

分析研究资料就是对收集到的教育事实和数据进行整理和分析，进行理性地加工处理。分析研究资料的基本步骤：阅读资料、筛选资料、解释资料。

2. 分析研究资料的两种方式

定性分析和定量分析。

（1）定性分析就是通过分类处理文字描述资料，分析研究对象是否具有某种性质，分析某种现象变化的原因及变化的过程，从而揭示教育现象和规律。

（2）定量分析就是将丰富的现象材料，用数量化的形式表现出来，借助教育统计方法进行处理，找出描述现象中存在的共同特征，并对变量间的关系进行假设检验。定量分析是教育研究走向成熟的重要标志，它常常可以消除一些无谓的争论，验证和确认定性的结论。

五、教育研究报告的撰写

撰写教育研究报告是从事某项教育研究活动的最后环节，其目的在于总结研究工作，集中反映研究结果，提供研究的信息，以丰富教育理论，推进教育实践。下面简要介绍一般教育学术论文、教育调查报告、教育实验报告和教育经验总结报告的撰写。

（一）一般教育学术论文的撰写

1. 基本内涵

这里所说的一般教育学术论文，指的是对教育理论或教育实践中的某个问题，通过各种途径和方法，进行科学的探索或思考而写成的以论述为主的文章，目的是在适当报刊公开发表。

2. 基本结构

一般教育学术论文的结构，由题目、署名、摘要、关键词、前言、正文、结论、注释（或参考文献）等组成。其中，前言、正文和结论构成论文的主体。

（二）教育调查报告的撰写

1. 基本内涵

（1）教育调查报告是在一定的教育思想指导下，通过对教育调查材料的整理、分析而写成的有事实、有分析、有理论观点的文章。教育调查报告具有真实性、针对性、新颖性、时效性等特点。

（2）根据调查报告内容的不同，常见的教育调查报告有概况调查报告、专题调查报告、典型经验调查报告、揭露问题调查报告、历史考察调查报告、政策研究调查报告等。

2. 基本结构

上述各种类型的调查报告，一般由标题、前言、主体、结尾四部分构成。

（1）标题。

标题即题目，通常有三种写法。

①用调查对象和主要问题作为标题，如《辽宁省初中生龋齿情况的调查》。这种标题简明、客观、朴实，但不够生动，缺乏吸引力。

②用一定的判断或评价作为标题，如《应试教育所产生的苦果》。这种标题的优点是能较好地表明作者的态度，也能揭示主题，有吸引力。但是，调查对象不够明确。所以，采用这种标题时，最好在上述主标题下加个副标题如《——××中学教育情况调查》。

③用提问作为标题，如《××县学龄儿童入学率低的原因何在》这类标题比较尖锐、鲜明，有较大的吸引力，常用于揭露问题的调查报告。

（2）前言。

教育调查报告的前言一般有以下几种写法。

①目的直述法，即在前言中着重说明调查的主要目的和宗旨。这种写法有利于读者具体把握调查报告的主要宗旨和基本精神。

②情况交代法，即在前言中着重说明调查工作的具体情况。这种写法有利于读者了解调查

工作的历史条件。

③结论先行法，即开门见山、单刀直入，直接把调查结论写在开头处，使人一目了然。

④提问设悬念法，即一开头就提出问题，设下悬念，以增强文章的吸引力。

（3）主体。

主体是调查报告的主干，它写得如何，直接决定调查报告的质量和作用。

调查报告主体部分的结构，常见的有纵式结构（按时间）、横式结构（按事件）、纵横交叉式结构。

（4）结尾。

教育调查报告的结尾有以下几种写法。

①概括主题、深化主题。即概括地说明全篇报告的主要观点，进一步深化主题，增强说服力和感染力。

②总结经验，形成结论。即根据调查实况，总结出工作的经验，得出结论。

③指出问题，提出建议。即根据调查实况，指出存在的问题，提出改进工作的具体意见。

④展望未来，说明意义。即由此及彼，扩展开去，指出调查问题的重要意义。

（三）教育实验报告的撰写

1. 基本内涵

教育实验报告是以书面形式反映教育实验过程和结果的一种研究报告。根据实验控制情形来划分，可分为控制情景实验报告和自然情景实验报告。

2. 基本结构

教育实验报告一般由题目、问题的提出、研究方法、实验结果、讨论与参与、参考资料六部分组成。

（四）教育经验总结报告的撰写

1. 基本内涵

教育经验总结报告所依据的完全是教育实践所提供的事实，它通过对教育实践中鲜活的教育现象的深入分析和总结，使之上升到教育理论的高度，从而揭示教育实践的客观规律。

2. 基本结构

教育经验报告的结构由标题、前言、正文、结尾四部分组成。

（五）常用的研究报告的基本结构

（1）题目：题目是指报告的标题或者课题名称，一般通过简练确切、鲜明的文字概括全篇内容，说明研究范围。题目的写法有三种：一是类似于文章标题的写法，二是类似于公文标题的写法，三是用正副标题的写法。

（2）引言：引言往往简明扼要地说明目的、背景、价值和意义等，交代研究方法，报告研究的主要内容，使读者对于报告获得总体的认识，或提出社会、师生所关注和迫切需要了解和调查的问题，以引起关注。

（3）正文：正文是报告的主体部分，一般要求客观、真实地对研究材料和数据进行分析。正文是体现研究成果和学术水平的主要部分，要通过获得的大量材料，经过分析整理，归纳出若干项目、条分缕析地叙述，做到数据确凿、事例典型、材料可靠、观点明确。

（4）结论：结论就是对问题给出答案，简单交代研究了什么问题，获得了什么结果，说明了什么问题。其目的是说明全文结果的科学意义，而不是对正文各段小结的简单重复。

（5）参考资料和附录：参考资料和附录是对报告中所引用的资料注明出处来源。参考文献是反映报告作者的科学态度和报告真实的科学依据，也能反映这个研究的起点和深度，是对他人劳动成果的尊重，同时也方便读者检索和查找有关资料。

（六）教育研究报告撰写的基本要求

（1）在科学求实的基础上创新。
（2）观点和材料一致。
（3）在独立思考的基础上借鉴吸收。
（4）书写格式符合规范，文字精练、简洁，表达准确完整。

六、小学教育科学研究的基本方法

（一）历史研究法

1. 历史研究法的内涵

所谓历史法，就是要从事物发生和发展的过程中去进行考察，以弄清它的实质和发展规律。历史法的运用极其广泛，由于教育是一种社会现象，而一切教育现象都有一个发生与发展的过程。所以我们要了解教育的某一问题，探求教育发展的规律，总结学校和教师的教育经验，都需要运用历史法进行研究。

2. 历史研究法的一般步骤

（1）史料的搜集。史料包括文字的和非文字的两种。对教育问题的研究，不仅应查阅教育的史料，还应查阅与教育有关的政治、经济、文化、科技等方面的史料，以便更加全面深入地研究问题。

（2）对史料的鉴别。历史的资料常有不可靠的成分，在研究问题时，应对搜集到的史料进行鉴别，去伪存真。

（3）对史料进行分类。或按时间的先后，或按政治、经济、文化、教育的性质，或按地域、民族的不同进行分类，以便于问题的研究。

3. 运用历史法研究教育问题要注意的事项

（1）要坚持全面分析的方法。
（2）要把历史分析和阶级分析结合起来。
（3）要正确处理批判与继承的关系。

（二）文献研究法

1. 文献研究法的内涵

文献研究法就是对教育文献进行查阅、分析、整理，从而探索教育问题的一种研究方法。它既可以作为一种单独的研究方法，又是其他教育研究的初步工作方法。一般研究工作都采用文献研究法。

2. 文献研究法的一般步骤

运用文献研究法遇到的一个重要问题就是资料的收集。一般而言，收集资料的途径主要是互联网、图书馆、档案馆、博物馆、展览馆、资料室，以及与同行联系，参加各种学术会议，自己购买书报杂志等。在收集资料时，必须注意以下三点。

（1）要重视收集第一手资料。
（2）不但要收集观点一致的资料，还要注意收集观点不一致的资料，以利于比较分析，避免偏颇。
（3）采取逆时法，也称倒查法，即在时间上要从现在查到过去，因为新的文献总是要运用以前的资料。

（三）教育观察法

1. 教育观察法的内涵

教育观察法是指人们有目的、有计划地通过感官和辅助仪器，对处于自然状态下的客观事物进行系统考察，从而获取经验事实的一种科学研究方法。教育观察法是教育科学研究广泛使用的一种方法。教育观察法不限于肉眼观察、耳听手记，还可以利用视听工具，如录音机、录像机、电影机等。

2. 教育观察法的特点

（1）目的性：即在观察过程中要有明确的观察目的。

（2）自然性：即在观察过程中对观察对象不加以任何干预控制。

（3）观察要有翔实的观察记录。

（4）能动性：观察要求事先制订提纲和程序；规定观察的时间和内容，选择典型对象，全面地把握研究对象并科学分析、判断和理解观察结果。

3. 教育观察法的类型

（1）根据观察的情境条件，可分为自然观察法和实验观察法。

（2）根据观察时是否借助仪器设备，可分为直接观察法和间接观察法。

（3）根据观察者是否直接参与被观察者所从事的活动，可分为参与观察法和非参与观察法。其中，参与性观察法是研究者直接进入所观察对象的群体中，在不暴露研究者身份的前提下，在参与观察对象的活动的过程中，进行隐蔽性观察研究的一种方法。而非参与性观察法是指研究者作为局外人，公开或者秘密地旁观研究对象的活动的一种方法。

（4）根据观察的内容是否有统一设计的、有一定结构的观察项目和要求，可分为结构性观察和非结构性观察。

（5）根据观察的内容是否连续完整以及观察记录的方式，可分为叙述观察法、取样观察法和评价观察法。

4. 教育观察法的一般步骤

（1）界定研究问题，明确观察的目的和意义。

（2）编制观察提纲，进入研究情境。

（3）实施观察，收集、记录资料。

（4）分析资料，得出研究结论。

5. 教育观察法的优缺点

（1）教育观察法的优点。

①可以在自然状态下获取教育事实数据。

②不干扰观察对象的自然表现，可以获得客观、真实的数据。

③可以对同一观察对象进行较长时间的跟踪研究。

（2）教育观察法的不足之处。

①取样小，教育观察研究法一般限于小样本的研究。

②所获材料具有一定的表面性。

③观察缺乏控制，不能说明所观察到现象的因果关系。

（四）教育调查法

1. 教育调查法的内涵

教育调查法是在教育理论指导下，通过运用观察、列表、问卷、访谈、个案研究以及测验等方式收集教育问题的资料，从而对教育的现状作出科学分析，并提出具体建议的一整套实践活动。在教育调查研究中，常用的调查方法有查阅资料、问卷法、开调查会、访谈法和调查表法，其中最基本、使用最广泛的是问卷调查。

2. 教育调查法的类型

依据调查的对象教育调查分为全面调查、重点调查、抽样调查和个案调查。

(1) 全面调查就是用来调查某一事物和现象的全面情况。
(2) 重点调查是选择一部分能反映研究对象特征的单位进行调查。
(3) 抽样调查是从总体所包含的全部个体中随机抽出一部分个体作为调查的对象，借以推断、说明总体的一种调查。
(4) 个案调查是对一个单位、一个事件或一个学生的情况进行调查。

3. 常用的教育调查法

(1) 抽样调查法。

①简单随机抽样法。

②系统抽样法。首先将总体中各单位按一定顺序排列，根据样本容量要求确定抽选间隔，然后随机确定起点，每隔一定的间隔抽取一个单位的一种抽样方式（如5，10，15，20，25）。

③分层抽样法。将总体划分为若干个同质层，再在各层内随机抽样（一般按年级、性别进行随机抽样）。

④有意抽样法也称按目的抽样法，主要根据选取对象的特殊性进行目的性（有意性）抽样。比如研究特殊儿童（聋哑、盲弱视、弱智）学习特点，或超常儿童的学习特点，那就必须以特殊儿童作为抽样对象（称有偏取样）。

(2) 问卷调查法。

①问卷调查法是以书面提出问题的方式收集资料的一种研究方法，它是教育科学研究中收集资料最基本、最常用的方法之一。

②问卷由标题与指导语、问题、结束语四部分构成。标题是对问卷内容高度概括；指导语包括三部分——称谓与问候语、问卷的性质或目的、回答问题的方式；问题是问卷的主体部分，包括题干和选项；结束语一般是对答卷者表示感谢，有些情况下也可以提出一两个开放性的问题，以便收集更详尽的信息。

③问卷题型设计应遵循非歧义性原则、非压力性原则、非诱导性原则、清晰性原则、穷尽性原则。问卷的问题包括开放式问题和封闭式问题及半封闭式问题等几种。

(3) 访谈调查法。

①访谈调查法是研究者通过与研究对象有目的地交谈来收集研究资料的一种方法。

②根据访谈过程是否有经过严格设计的访谈问卷和访谈提纲或实际访谈时是否严格按照计划进行，可分为结构性访谈、非结构性访谈和半结构性访谈；根据某一问题对同一访谈对象进行访谈的时间或次数，可分为一次性访谈和重复性访谈；根据访谈者一次访谈对象的多少，可分为个别访谈和集体访谈。

③访谈调查法的实施过程：

a. 选择访谈对象；b. 准备访谈提纲和访谈计划；c. 正式访谈。

④访谈调查法的优点：较为灵活，能深入了解被访者的心理感受，可观察表情、动作等体态语言，容易进行深入调查。缺点：时间和精力代价比较高昂，访谈结果不易量化等。

3. 教育调查法的一般步骤

(1) 确定调查课题；(2) 选择调查对象；(3) 确定调查方法和手段，编制和选用调查工具；(4) 制订调查计划；(5) 实施调查；(6) 整理、分析调查资料，撰写调查报告。

4. 调查报告的结构

(1) 题目：介绍调查主题与对象。

(2) 引言：阐述调查目的、意义、任务、时间、地点、对象、范围、取样等。

(3) 正文：主体部分，把调查获得的大量材料，分析统计整理后，归纳出若干项目进行叙述。

（4）讨论与建议：依据正文的科学分析，对调查的结果进行进一步阐述，亮出自己的观点，针对调查结果写出对教育教学工作改进的意见和措施。

（5）结论：通过逻辑推理，归纳出结论。即简单交代调查研究了什么，得到了什么结果，说明了什么问题。

5. 教育调查法的优缺点

教育调查法最突出的优点是可以深入了解教育现状，发现问题，弄清事实，为教育行政部门制定教育政策、教育规划以及为教育改革提供事实依据。

教育调查法的局限性：

（1）调查往往只是表面的，难以确定其因果关系。

（2）调查的成功往往取决于被调查者的合作态度，更多地受制于研究对象。

（3）调查的可靠性有一定限制，调查者的主观倾向、态度都有可能影响被调查者，使调查的客观性降低。

（五）教育实验法

1. 教育实验法的内涵

教育实验研究法是根据研究目的，运用一定人为手段，主动干预和控制研究对象的发生、发展过程，通过观察、测量、比较等方式探索、验证所研究现象因果关系的研究方法。实验研究的目的是发现事物间的因果关系，是各类研究中唯一能确定因果关系的研究方法。

2. 教育实验法的基本性质

（1）教育实验必须要有一个理论假说。

（2）实验的根本目的在于揭示变量之间的因果关系。

（3）实验必须控制某些条件。

（4）真正的科学的实验是可以重复验证实验结果的。

3. 教育实验法的基本类型

教育实验法具有多种分类标准，根据不同的标准可分为不同的类型。

（1）按照实验研究的目的，可分为探索性实验、验证性实验和改造性实验。

（2）根据对实验的控制程度，可分为前实验、准实验和真实验。

（3）根据实验环境不同，可分为实验室实验和自然实验。

（4）根据分配方法，可分为等组实验、单组实验和轮组实验。

（5）根据自变量因素的多少，可分为单因素实验和多因素实验。

4. 教育实验研究的基本过程

（1）提出实验的假说。

（2）设置变量。实验中的变量一般分为三种：

①自变量又叫原因变量，它是由研究者主动操纵而变化的变量，是引起变化的原因。

②因变量，它是自变量作用于被试之后产生的效应，是结果变量。

③无关变量，指研究者操纵的自变量和将要测定的因变量以外的一切变量。

（3）选择实验被试，选择适当的实验组织形式。

（4）对实验组实施干预，同时严密控制无关变量。

（5）实验进行一个轮次或一个阶段，对因变量进行后效测试（后测），并对结果进行比较。

（6）检验课题假说能否成立。

5. 教育实验法的优缺点

（1）优点：

①能确立因果关系，认识事物的本质和规律。

②研究结果客观、准确、可靠。
③能对变量进行控制，提高研究的信度。
④能为理论的构建提供佐证和说明。
⑤能将实验变量和其他变量的影响分离开来。
⑥严密的逻辑性是其他研究方法难以比拟的。

(2) 缺点：
①应用范围有限，有些问题难以用实验的方法来解决。
②可能会有人为造作的痕迹，实验的结果不一定就是现实的结果，缺乏生态效应等。

(六) 教育行动研究

1. 教育行动研究的概念

教育行动研究是指实际工作中（如教师）基于解决实际问题的需要，与专家、学者以及本单位的成员共同合作，将实际问题作为研究的主题，进行系统研究，以解决实际问题的一种研究方法。

2. 教育行动研究的特点

教育行动研究的特点可以概括为："为教育行动而研究"、"在教育行动中研究"、"由教育行动者研究"。其中"为教育行动而研究"指出了教育研究的目的，行动研究以提高行动质量、解决实际问题为首要目标；"在教育行动中研究"指出了研究的情境和研究的方式，行动研究以行动过程与研究过程的结合为主要表现形式；"由教育行动者研究"指出了教育行动研究的主体是实际工作者，主要是教师。

3. 教育行动研究的基本程序和步骤

(1) 计划。计划指以大量事实和调查研究为前提，制订总体规划和每一步具体的行动方案。这一阶段要完成的任务是明确问题、分析问题、制订计划。

(2) 行动。行动指计划的实施，它是行动研究的核心步骤。

(3) 观察。观察是指对行动的过程和结果、行动的背景、影响因素以及行动者特点进行全面考察。

(4) 反思。在反思过程中，要注意对自己的实践和行动做批判性思考，即对行动的过程和结果作出判断，对有关现象和原因作出分析解释，以提高思考的质量。

4. 教育行动研究的优缺点

(1) 优点：
①灵活，能适时作出反馈与调整。
②能将理论研究与实践问题结合起来。
③对解决实际问题有效。

(2) 缺点：
①研究过程松散、随意，缺乏系统性，影响研究的可靠性。
②研究样本受具体情境的限制，缺少控制，影响研究的代表性。

(七) 教育叙事研究

1. 教育叙事研究的内涵

教育叙事研究是抓住人类经验的故事性特征进行研究并用故事的形式呈现研究结果的一种研究方式。叙事研究所关注的是在一定的场景和实践中所发生的故事，以及主人公是如何思考、筹划、应对、感受、理解的，即教育主体叙述教育教学中的真实情境的过程，是通过讲述教育故事，体悟教育真谛的一种研究方法。通过教育叙事展开对现象的思索，是通过对问题的研究，将一个客观的过程、真实的体验、主观的阐释有机融为一体的一种教育经验的发现和揭示过程。

2. 教育叙事研究的类型
(1) 根据教育叙事研究的主体，可分为教师自陈式叙事和他人记叙式叙事。
(2) 根据教育叙事研究的内容，可分为教学叙事、生活叙事和自传叙事。
(3) 根据教育叙事研究的方式，可分为调查叙事研究、经验叙事研究和历史叙事研究。
(4) 根据教育叙事研究结果的呈现形式，可分为教育传记、教育自传、教育故事、教育小说、教育电影和教育寓言。

3. 教育叙事研究的操作步骤
(1) 观察并提出问题。
(2) 事件的记录与描述。
(3) 反思与分析。
(4) 总结与提升。
(5) 交流与评价。

4. 教育叙事研究的优缺点
(1) 优点：易于操作，接近日常生活与思维方式，能创造性地再现事件场景和过程，具有人文气息，易于理解，引人深思。
(2) 缺点：容易遗漏事件中的一些重要信息，收集的材料可能不容易与故事的线索相吻合，难以使读者身临其境。

真题链接

1. （2014年小学）在教育研究文献中，教育文物、教育史专著、名师教育实录等属于（ ）。
   A. 事实性文献　　B. 工具性文献　　C. 理论性文献　　D. 经验性文献
   答案：A。
   【解析】略。

2. （2016年小学）有目的、有计划地对事物或现象进行感知以获取资料的研究方法是（ ）。
   A. 历史法　　B. 问卷法　　C. 观察法　　D. 文献法
   答案：C。
   【解析】题干描述体现了观察法的内涵。

3. （2015年小学）在教育研究中，透过单向玻璃进行的隐蔽性观察属于（ ）。
   A. 显性观察　　B. 参与性观察　　C. 隐性观察　　D. 非参与性观察
   答案：D。
   【解析】参与性观察是研究者直接进入所观察对象的群体中，在不暴露研究者身份的前提下，在参与观察对象的活动过程中，进行隐蔽性观察研究的一种方法。而非参与性观察是指研究者作为局外人，公开或者秘密地旁观研究对象的活动的一种方法。

4. （2012年小学）教育工作者通过控制和操纵自变量，观测因变量，以检验假设的方法是（ ）。
   A. 调查法　　B. 实验法　　C. 观察法　　D. 文献法
   答案：B。
   【解析】题干描述的是实验法的内涵。

真题链接

5.（2015年小学） 教育研究主体通过对有意义的教育教学事件的描述与分析，发掘或揭示内隐于这些生活、事件、经验和行为背后的教育思想、教育理论和教育信念，从而发现教育的本质、规律和价值意义的研究方法是（　　）。

A. 经验研究法　　B. 调查研究法　　C. 行动研究法　　D. 叙事研究法

答案：D。

【解析】题干的描述体现了叙事研究的内涵。

6.（2012年小学） 关注教育主体，解释教育现象，运用"深描"的写作手法，以讲故事方式呈现研究结果。这一教育研究方式被称为（　　）。

A. 调查研究　　B. 行动研究　　C. 叙事研究　　D. 实验研究

答案：C。

【解析】略。

7.（2012年中学） 在教育调查中，为获取相关资料而对一所学校或一个学生进行的专门调查属于（　　）。

A 全面调查　　B. 重点调查　　C. 抽样调查　　D. 个案调查

答案：D。

【解析】个案调查又称典型调查，是指从总体中选取具有代表性的若干人或典型单位进行调查。

8.（2012年中学） 在教育研究中，通过考察事物发生发展过程，揭示其本质和发展规律的研究方法是（　　）。

A. 调查法　　B. 访谈法　　C. 历史法　　D. 实验法

答案：C。

【解析】历史研究法是以系统方式收集、整理教育现象发生、发展和演变的史料，诠释史料及事件关系的方法。

二、简述题

（2014年小学）简述教育研究中文献检索的基本要求。

（2013年小学）简述教育调查报告的一般结构。

第十三章

小学教育、组织机构及运行

第一节 小学教育

一、我国小学教育的历史发展与现状

小学教育通常是指一个国家学制中第一阶段的教育，也称初等教育，教育对象一般为6~12岁的儿童。小学教育是基础教育，是对全体公民实施的基本的普通文化知识的教育，是培养公民基本素质的教育。小学教育是生产力发展到一定阶段的产物，也是教育分化的必然结果。

（一）我国小学教育的历史发展

1. 古代的小学教育

我国的小学产生于殷周时代。《孟子·滕文公上》中曾记载："夏曰校，殷曰序，周曰庠。学则三代共之，皆所以明人伦也。"据考证，校、序、庠都是当时的小学。西周时期，文化水平较殷商有所提高，周天子建立了小学，这种小学设在官府。春秋战国时期，私学兴起，办私学形成了一种风气，其中，又以孔子办的私学规模为最大。此后，各朝代不仅有官办的小学，也有私立的小学。

2. 近现代的小学教育

（1）清末的小学教育。

①近代小学教育的开端。1878年，张焕纶所创办的上海正蒙书院内附设的小班，是近代小学的开端。1897年，盛宣怀创办的南洋公学，分为四院，其中的外院即为小学，它是我国最早的公立小学堂（这可算作中国公立小学的始祖）。

1898年5月，清政府下谕，各省府州县设学堂，这是清政府决心推行现代小学的开始，也是小学教育计划见于公文的开端。同年6月6日，御史张承缨奏请于五城设立中小学堂，使当地人民子弟和外省寓京官吏子弟皆可入学，这是中国地方小学教育普及的发端。

②小学教育制度的确立。1904年，清政府颁布了《奏定初等小学堂章程》，奠定了小学教育在"新学制"中的法律地位，规定设初等小学堂，入学对象为7岁儿童，修业年限为5年。培养目标是"以启其人生应有之知识，立其明伦理爱国家之根基，并调护儿童身体，令其发育为宗旨；以识字之民日多为成效"，并规定初等小学教育为义务教育。

（2）"中华民国"的小学教育。1912年"中华民国"成立之后，教育部公布小学校令，改

小学堂为小学校，分初等小学校和高等小学校。初等小学校招收六岁儿童入学，修业年限为四年。

1922年颁布的壬戌学制（又称"新学制"）规定小学教育修业年限为六年，前四年为初级，后两年为高级。前四年可单独设立，这一学制一直延续到新中国成立。

"新学制"还体现出一定的民主与科学的思想，具体规定了七条教育宗旨。

①适应社会进化之需要；
②发挥平民教育精神；
③谋个性之发展；
④注意国民经济力；
⑤注意生活教育；
⑥使教育易于普及；
⑦多留各地方伸缩余地。

这七条对小学教育的方向、课程、教法影响极大。

(3) 近现代中国小学教育的发展特征。

①逐步明确了小学教育为普通教育、义务教育的性质。
②学制改革逐渐向世界其他国家靠近，采用修业年限为六年的"4-2"学制。
③逐步明确小学教育是为培养合格公民打基础的教育。
④从小学堂到小学校都有了公立和私立两类。

3. 新中国成立以后的小学教育。

新中国成立以后，党和政府一贯重视小学教育的发展，使我国的小学教育的各个方面都有了极大的发展，小学教育的水平也有了很大的提高。小学教育的改革与发展着重开展的工作如下。

(1) 普及小学教育。

新中国成立之后，普及小学教育就成为党和政府的一贯方针，党和政府曾先后十多次下达文件或指示，要求在全国范围内尽快普及小学教育，并从1986年开始推行九年义务教育。

为了尽快普及小学，我国采取坚持"两条腿走路"的办学方针。

①国家办学与厂矿企业、社队办学相结合。
②实行多种类型的办学形式。新中国成立后实行的学校类型主要有全日制小学和非全日制小学两种，非全日制小学有半日制小学、巡回制小学、季节性小学等。

(2) 学制改革试验。

1982年，我国对小学原来的六年制（4-2制）的学制进行压缩，开始五年一贯制的试行与推广，后来又形成了五年制与六年制并存的局面。

(3) 教学改革试验

新中国成立以来，小学语文、算术等学科都进行了教学改革的试验。教学改革所要解决的核心问题是改革教学方法，提高课堂教学质量，减轻学生的课业负担。

（二）我国小学教育的现状

我国小学教育取得的成绩如下。

(1) 小学教育普及率稳步上升。
(2) 全面推进素质教育。
(3) 教师队伍建设日趋完善。
(4) 办学体制走向多样化。
(5) 课程改革不断深化。

小学教育取得了很大的成绩，但我们还需清醒地看到，我国的小学教育还存在不少问题：如何建立依法保障教育投入的有效机制问题；如何推进基础教育整体改革，标本兼治，解决部分地区和学校"择校生"、民办教育高收费问题；等等。这些问题都需要我们认真对待。

二、我国小学教育的特点

（一）基础性

我国学校的教育体系由初等教育、中等教育和高等教育三个阶段构成，其中小学教育属于初等教育，小学教育是各级各类学校教育的基础。

小学教育的基础性主要表现为：

（1）小学教育为提高国民素质奠定基础。

（2）小学教育为各级各类人人才培养奠定基础。

（3）小学教育为儿童、少年一生的发展奠定基础。

（二）全民性

小学教育的全民性，从广义上说，是指小学教育必须面向全体人民，这样，才能从根本上彻底扫除文盲，从整体上提高全民族的文化素质；从狭义上讲，是指小学教育必须面向全体适龄儿童。

小学教育的全民性是世界各国教育改革的共同趋势，几乎所有国家的教育都在努力创造条件，确保每个人接受初等教育的权利。

在社会主义新时期，我国的小学教育是全民教育，也是社会主义现代化建设提高整个中华民族的素质的需要。为了保证这一全民性质，国家特别对女童的教育、贫困地区和少数民族地区儿童的教育给予特别的关心，采取特殊政策；对于残疾儿童的教育也给予特殊的关注，专门加以保障。

（三）义务性

小学教育在整个教育中具有义务教育的性质，对于每个公民来说，教育机会是均等的。义务教育是以法律形式规定的，适龄儿童和青少年必须接受。小学教育是国家、社会、学校和家庭必须予以保证的国民基础教育。

根据《中华人民共和国义务教育法》的规定，对于义务教育中的"义务"一词，做如下理解：

（1）国家有制定法律强迫儿童、青少年在学龄期受教育的义务。

（2）国家有开办学校、任用教师、提供教材等便于儿童入学的义务。

（3）儿童及少年在学龄期有入学受教育的机会。

（4）家长有送子女入学受教育的义务。

（5）社会有交纳捐税或集资兴办学校、发展教育的义务。

义务教育的特点：强制性（义务性）、普及性（普遍性、统一性）、免费性（公益性）、公共性（国民性）和基础性。

义务教育的意义：（1）义务教育既标志着一个国家的经济发展水平，又会不断促进国家经济的发展。

（2）义务教育既体现着一个国家现代文明的水平，又会促进现代文明的提高。

（3）义务教育既可以保障公民的基本权利，又可以培养公民的法律意识。

（四）全面性

小学教育是向儿童实施德智体美等全面发展的教育，是面向全体儿童实施基础知识、基本技能、学习愿望、学习的情感和态度等全方面打基础的教育。儿童接受小学教育的年龄阶段是人生历程的巨大变化时期，是人的智力、能力和良好习惯形成的最佳时期，小学教育的每一个方面都不可偏废。

值得注意的是，全面发展并不是意味着每个学生的各方面平均发展，而是包含着其个性的多样性和丰富性。小学教育的全面性，既包括面向全体的统一要求，又考虑到学生的实际特点，使得每个学生的不同特长最大化地发展。

（五）活动性

活动对于小学儿童的发展具有特殊的价值。活动可以保证儿童身体的健康发育，它是促进小学儿童基本心理机能发展的必要条件。小学阶段的儿童，在认知、情感、社会化水平等心理机能上都处于比较低的水平，也是处于不断向前发展的比较关键的时期。教育活动是联系儿童主观世界和外部环境的中介，通过儿童作为主体的积极参与，可以将知识、规则、价值观自觉纳入其心理结构，从而不断推动其心理结构的更高级整合，以此促进儿童心理的发展。关于小学教育活动的类型，就活动途径而言，可分为校内活动（主要是课堂教学和课外活动）和校外活动；就活动内容而言，可分为保健活动、道德教育活动以及文艺、科技等活动。

（六）趣味性

对小学教育而言，一方面，仍然存在着激发和培育儿童对教育上有价值事物的有趣、乐趣的心理倾向；另一方面，要具有发展的观点，有意识地引导儿童向志趣方向发展。

（七）启蒙性

从个体人生发展历程来看，小学阶段是儿童长身体、长知识的时期。小学生好奇心强、记忆力强、模仿力强，这些特点表明，小学的基础会影响以后的学习和成长，甚至会影响他们的一生。所以，小学阶段的教育在人的一生中起着重要的启蒙作用。

小学教育的启蒙作用主要表现在以下几点。

（1）在身体素质方面的启蒙作用。
（2）在学习知识方面的启蒙作用。
（3）在思想品德方面的启蒙作用。
（4）在心理素质方面的启蒙作用。

（八）教育对象的特殊性

（1）小学儿童身心发展有自身特点。
（2）小学生身心具有极大可塑性。
（3）小学生具有能动性和主动性。

第二节 小学的组织与运行

一、学校管理概述

（一）学校管理的概念

学校管理是学校管理者在一定社会环境条件下，遵循教育规律，采用一定的手段和措施，带领和引导师生员工，充分利用校内外的资源和条件，为有效实现工作目标而进行的一种组织活动。

（二）学校管理的基本要素

学校管理是由管理者、管理手段和管理对象三个基本要素组成的。

1. 学校管理者

主要是指学校的正副校长以及各个职能部门的负责人员，此外也包括学校的教职员工。

2. 学校管理手段

主要包括学校的组织机构和规章制度。目前学校的领导体制是校长负责制。

3. 学校管理对象

学校管理对象是指学校的人、财、物、事（工作）、信息、时间和空间等，这些是学校管理活动的客体或被管理者。

（三）学校管理的基本内容

小学管理的基本内容包括思想品德教育管理、教务行政管理、教学工作管理和总务工作管理。

1. 思想品德教育管理

思想品德教育管理包括：

（1）制订学生思想品德教育计划。

（2）抓好班主任工作。

（3）上好政治课，充分发挥共青团、少先队和学生会的作用。

（4）加强与学生家长及校外教育机关的联系，并要求他们密切配合。

2. 教务行政管理

教务行政管理是指教导处的具体业务工作，主要有招生、编班、排课表、学籍管理与成绩统计、管理图书仪器和编制教务表册等。

3. 教学工作管理

教学工作管理是学校管理工作的核心。教学工作管理的主要内容和方法有：

（1）抓好教学组织工作。

（2）领导好教研组工作，督促检查和指导教学工作。

4. 总务工作管理

总务工作管理包括校舍的建设、维修和设备的购置、管理以及生活福利工作和财务管理工作。

（四）学校管理的过程

学校管理的过程包括计划、实施、检查和总结四个基本环节。

1. 计划

学校管理的起始环节是制订学校工作计划。计划是全校人员的行动纲领，是管理过程起始环节的依据。计划包括学校工作计划、部门工作计划、教研组工作计划、班主任工作计划、少先队工作计划等。其中，学校工作计划规定学校工作的总任务和总要求，是制订其他各项计划的依据。

2. 实施

实施是将计划变为行动，是管理过程的中心环节。

实施计划是学校全体员工的责任，各机构成员都必须按计划做好自己的岗位工作，完成规定的任务。在实施过程中，学校领导要做好组织、指导、协调、激励等工作。

3. 检查

检查是了解计划执行的情况，发现和解决问题，以期获得良好效果。

检查分经常检查和定期检查、自上而下的检查和自下而上的检查、互相检查和自我检查检。检查常用的方法有听课、观察、谈话、资料分析、举行会议、听取汇报、质量评估等。

4. 总结

学校工作总结是对学校教育工作和管理工作的质量作出实事求是的评估，把工作的主要经验加以总结，以便得到推广，并从失误中取得教训，从而进一步改进学校工作。

总结一般分全面总结和专题总结两类。

做好总结，需要注意以下几点。

(1) 总结要以实际效果为依据。

(2) 要在日常检查的基础上进行。

(3) 要抓住注重点问题进行总结。

(4) 要善于依靠群众。

(5) 总结工作要与交流经验、评选先进、表彰先进结合起来，以收到更好的总结效果。

(五) 学校管理的原则与方法

1. 学校管理的原则

学校管理原则是根据学校管理规律以及教育理念提出、学校管理者观察和处理学校管理过程中各种问题的行为准则。

(1) 方向性原则。

①方向性原则是指学校管理工作坚持社会主义的办学方向，加强党对学校工作领导的行为准则。

②贯彻方向性原则的要求是：明确目标，把握全局，平衡内外。

(2) 科学性原则。

科学性原则是指学校领导以科学理论为指导，按照党和政府的要求，遵循教育的客观性规律和发展趋势，从学校实际出发进行管理的准则。

(3) 民主性原则。

民主性原则是指调动全体教职工的积极性和创造性，使之共同参与、监督学校管理工作的行为准则。贯彻民主性原则的要求是：

①树立相信教师、依靠教师的思想。

②实行民主管理，充分发挥教职工代表大会的作用。

③把民主和集中统一起来。

(4) 教育性原则。

教育性原则是指学校管理过程中，时时体现教育性，处处着眼于育人的行为准则。

(5) 规范性原则。

规范性原则是指通过编制各种管理计划，建立健全学校的各项规章制度来组织、协调、控制学校的常规管理活动，提高管理效率和质量的行为准则。

(6) 系统性原则。

系统性原则是指以实现学校整体目标为主，协调各部分之间的关系，达到学校管理最优化的行为准则。贯彻系统性原则的要求是：抓住中心，带动全体；全面安排，协调配合。

(7) 效益性原则。

效益性原则是指充分利用人力、物力、财力、时间、空间、信息等资源，以最小代价换取最大收益的行为准则。

(8) 动态性原则。

动态性原则是指在学校管理过程中，根据管理条件的变化，及时调整管理策略与方法的行为准则。

(9) 责任制原则。

学校管理的各项工作由专人负责，明确规定岗位职责范围进行管理。

2. 学校管理的方法

学校管理方法是指各种能够实现管理职能，达到管理目标，确保管理活动顺利进行的手段、途径和措施。一般来说,学校管理方法可以分为以下几类。

(1) 行政管理方法。

行政管理方法是指依靠行政组织和领导者的权力,通过强制性的行政指令等手段直接对管理对象施加影响,按行政系统进行管理的方法。行政管理方法的运用要求是:

①突出学校管理目标导向。
②适当集权,做到大权独揽、小权分散。
③按照系统原则建立一套严密的组织机构,保证集权的实现和指令的贯彻执行。
④要处理好跨度和层次的关系。
⑤责、权高度一致。
⑥要提高学校领导管理人员的素质。

(2) 依法管理。

依法管理指运用法律和国家机关制定的具有强制力的法规、规章制度来进行管理。依法管理主要有以下几点。

①加强法制理论学习,树立依法治校的观念。
②依法治校,保障学校自主、教学自由。
③树立法制的权威性,有法必依,执法必严,违法必究,做到人人知法、守法。
④加强法律意识、教育规章与学校制度的宣传。
⑤加强教育法律法规的监督。

(3) 思想教育方法。

是指通过正确的精神观念的宣传,从真理性方面启发人们的理想,使之成为人们行动的动机,从而为实现学校目标而自觉努力的方法。思想教育方法的运用要求有以下几点。

①要有科学性。
②要有针对性。
③用表扬与批评的方法。
④保持思想教育工作的"弹性"。
⑤说服教育和其他方式相结合。

(4) 经济方法。

经济方法即物质效益的方法,是指把物质作为激励动力,按照经济规律的要求,运用经济手段来实施管理。经济方法的运用要求有以下几点。

①物质激励与精神激励相结合。
②要提高运用经济方法的科学化水平,讲求经济方法的有效性。
③要综合运用经济方法,如结构工资制度、福利待遇等。

(5) 学术方法。

是对学校中的教学研究等学术工作进行管理的方法,对学术工作的管理不应使用简单的行政命令手段,而应贯彻"百花齐放、百家争鸣"的方针。

(六) 学校管理的目标与基本途径

1. 学校绩效是学校管理的目标

学校绩效是指学校功能发挥所产生的实际效果,是管理有效的重要标志。小学的绩效一般包括学校工作任务完成情况、工作效率的高低、工作效益的好坏等,同时还包括学校所有成员知识技能、工作态度和工作成果等各个方面的基本状况,以及由以上诸方面所反映的学校组织及其人员的素质,对环境变化所表现出来的适应能力和对社会需求的满足程度等。

2. 沟通是学校管理的基本途径

沟通是信息在发送者和接受者之间进行交换的过程。管理系统中的层级越高，管理工作中沟通所占的比例就越大。沟通对于学校管理来说，有如下几个方面的功能：信息传递，控制，激励，情感交流。沟通有正式沟通的和非正式沟通两种。

二、我国小学的组织与运行

（一）学校组织

学校是国家为实施有组织、有目的、有计划的教育而创办的一种特殊的、正式的规范性社会组织，其目的是为儿童和青少年提供适当的身心发展环境，使其顺利完成社会化进程，成功地参与社会生活。

1. 学校组织的特点

（1）从学校组织内部系统剖析，学校组织从总体上来说是一个松散结合的组织。

（2）从学校组织的教职员工的特点出发，学校组织是一个更需要人本关怀的组织。

（3）从学校组织的任务、目标来看，学校组织是一个受到多重影响的、具有多重标准的组织。

2. 学校组织的结构模式

常见的学校组织结构模式有直线型学校组织、职能型学校组织、直线－职能型学校组织、矩阵型学校组织、事业部型学校组织。其中最常见的是直线－职能型学校组织。

（1）直线型学校组织是一种简单垂直领导的学校组织。这种组织中各种职位直线垂直排列，具体表现为：校长、副校长统一指挥，集中领导各教研组、少先队、后勤等部门。这种组织结构模式简单，统一指挥、集中领导，适用于规模较小的学校。

（2）职能型学校组织。职能型学校组织是强调专业化领导的学校组织。在学校管理层中设教务处、政教处、总务处等职能机构，各职能机构各司其职、地位平等。在其职能范围内，不仅可以直接指挥下级单位的工作，而且可以指挥、监督同级其他职能机构的工作。这种学校组织的一个突出问题是：基层组织受到来自不同职能部门的多重指挥，这种多重指挥难免会出现冲突。

（3）直线－职能型学校组织。直线－职能型学校组织综合了直线型学校组织统一指挥和职能型学校组织发挥专业部门优势而进行管理的优点。它与职能型学校组织的不同之处在于：职能部门无权直接向下级单位发号施令，只能对其进行业务指导，下级单位最终听从直线部门直接领导的指示。

（4）矩阵型学校组织。矩阵型学校组织是在大型组织中，为克服缺乏横向沟通的弊病，把管理中的垂直联系和水平联系、集权化与分权化有机地结合起来而设计的。在这种结构中，纵向设有指挥－职能领导关系，横向设有项目－目标协调关系，各职能部门的垂直系统和各项目的水平系统组成一个纵横交错的矩阵。矩阵型学校组织的不足之处是对下属可能形成双重领导，使之难以适从。我国的大学和规模较大的中小学，很多都采用这种组织形式。

（5）事业部型学校组织。事业部型学校组织是一种典型的用分权形式来管理学校的组织形式。这种组织形式有利于调动各事业部门的办学积极性，为各事业部门培养全面的学校管理人才；但各事业部门存在重复设置管理机构和安排人员的情况，造成学校管理成本增高现象，同时易于滋生本位主义，忽视学校的整体利益。事业部型学校组织一般是规模较大、有复合教学业务的或有跨地区教学业务的学校。

3. 学校组织机构的基本形式

我国中小学校内组织机构的设置，与学校领导体制改革有着密切关系，同时也与教育教学的内在规律性相关。新中国成立后，我国中小学校内组织机构历经了几次变革，主要围绕第二管理层级进行改革。1993年,《中国教育改革和发展纲要》颁布,校长负责制在中小学全面实行,校长领导下的"两处一室"或"三处一室"的行政性组织机构被进一步确定。其中,"两处"指教导处、总务处,"三处"指教导处、政教处、总务处,"一室"指校长办公室。

我国学校组织机构一般包括两大类:一类是行政性组织机构,这是为完成正常的教育教学任务、维持学校正常运转而设立的;一类是非行政性组织机构,这是为配合、监督、保证学校的各项活动而设立的。这两类组织相互联系、相互支持,共同对学校管理工作发挥作用和发生影响。

(1) 行政性组织机构。

各部门的主要职责如下。

①校长办公室:这是校长领导下处理日常校务的办事机构,协助校长处理对外联系、对内协调的工作,负责对外联络、文件收发、报表统计、信息反馈等,通常设主任或干事1~2名。

②教导处:这是组织和管理学校教学业务的机构,具体领导各科教学研究组、年级组及班主任的工作;同时兼管与教学业务有关的科、室,如实验室、图书馆、文印室等。教导处的日常行政事务包括学籍管理、整理教学档案、成绩统计、安排作息时间、编制课表、组织课外活动等。一般设主任1名、副主任及办事员若干名。

③政教处:这是管理学生思想工作、组织学校各种德育活动的机构,对各年级组的德育工作负有领导、管理和协调责任。一般设主任1名、副主任及办事员若干名。需要说明的是,不是所有的中学都设政教处,有些规模较小的中学不设政教处,这些学校的德育工作由教导处统一管理和协调,小学一般也不设政教处。

④总务处:这是组织和管理学校后勤的机构,负责学校的基建工作、物资的供应、设备的维修、财务的支出和报销等事项,同时兼管学校的食堂、宿舍等,其宗旨是为教学服务、为师生服务。总务处一般设主任1名、副主任及办事员若干名。

⑤教研组:学校各科教学研究组,是学校的基层教学活动单位之一,负有组织本学科教学、开展教学研究活动、提高教师教学业务能力等责任。此外,教研组有责任对本学科的教学质量进行监控和评价,发现问题及时提出整改意见。教研组一般由同学科的教师组成,通常设组长一名。

⑥年级组:这是同一年级的班主任和任课教师的组织,其任务是了解同年级学生的德、智、体发展的实际,沟通班主任与班主任、班主任与任课教师之间的关系,统一认识,统一步调,提高教育质量。年级组长对本年级的教学工作、思想政治工作、体育卫生、课外活动、生产劳动进行组织安排,落实各项活动,评估活动效果。

(2) 非行政性组织机构。

非行政性组织机构一般包括党、群、团组织和各种研究性团体,各机构的主要职责如下。

①党支部:一般来说,由于中小学规模有限,因此不设党委而设党支部或党总支。党支部主要抓好学校师生的政治思想工作,同时还参与学校重大问题的决策,对学校的教学、人事管理等工作负有监督和保证实施的职责。

②工会、教代会:大多数中学都设有工会组织和教代会组织,其性质属党支部领导下的教职工群众组织。它们是党政联系群众的桥梁,负有下情上传、对学习工作提出批评和建议,推动学校民主管理,依据有关教育法律或劳动法律维护教职工的合法权益,组织教师开展休闲娱乐活动等责任。

(3) 共青团、学生会、少先队。

这是党支部领导下的青年教师和学生的群众组织。其中,共青团由青年教师和符合年龄要求的学生组成,参加者须具备一定的条件;学生会和少先队则由学生组成,一般没有严格的加入条件。这三种组织主要围绕青年教师或青少年学生的特点开展活动，活动内容涉及思想教育、教学、文体活动、社会活动等。

（4）研究性团体。

一些学校为了更好地开展教育教学活动，成立了相关的研究性组织，如学科教学研究会、文学社、艺术会等。对于这些组织，学校行政应给予热情支持，并积极进行引导，使之对学校的工作起到有益的辅助促进作用。

（二）学校管理的基本制度

学校管理的基本制度是指对学校各部门、各环节起指导和决定作用的制度。我国现行的中小学基本管理制度，主要是依据国家的教育法律、教育行政规章的各种规定与要求确立的，这是由于基础教育属于国民基本素质教育，中小学不论其办学主体如何，都作为社会主义事业的组成部分和实施机构，都必须贯彻实行党和国家的教育方针政策，且其教育对象都是成长中的青少年学生等特性决定的。此外，学校作为国家的事业单位，也必须适应社会主义市场经济发展的需要，服从大局，贯彻实施中央和地方若干带有全局性的改革措施和步骤，并在这一过程中建立起与社会主义市场经济体制相适应的学校基本管理制度，如校长负责制、教职工聘任制、教师职务评审与晋级制度等。以下重点阐述校长负责制。

1. 校长负责制的内涵

校长负责制也称一长制，是我国公办中小学的内部领导体制，是上级机关领导和校长全面负责、党支部监督保障、教职工民主管理的一种体制。校长是学校行政的最高负责人，是学校的法人代表，处于学校管理的中心地位，对外代表学校，对内全面领导和负责教育、教学、科学研究和行政管理工作。校长负责制赋予校长的办学自治权，包括决策权、指挥权、人事权、财经权等。

2. 实施校长负责制的基本要求

（1）坚持党的领导。

（2）正确处理党政关系。党政分工，职责要明确，充分发挥党、政各自的职能。

（3）正确处理与上级主管部门的关系。实行校长负责制首先是政府行为，只有强化改革意识，简政放权，扩大学校自主权，才能取得显著成效。

（4）正确处理校长和教职工代表大会的关系。必须建立民主管理机制，校长的管理要与教职工的民主管理相结合。

（5）切实建立制约机制。

（6）要做到责权统一，提高管理效能。

（7）校长要提高自身的素质。

3. 完善中小学校长负责制

（1）完善行政管理体系，正确处理教育主管部门与学校的关系；党政分开、管办分离，依法落实学校办学自主权。

（2）健全机制，完善学校内部治理结构，建立自我发展和自我约束机制；扩大民主参与，加强民主决策；完善监督检查和制约机制，规范校长权力运行。

（3）完善中小学校长的任职条件和办法。

（4）推进专业评价，强化外部监督。

（三）小学组织机构有效运行

小学组织机构有效运行必须满足以下条件。

（1）目标明确、功能齐全、党政分开。

（2）组织内部必须实行统一领导，分级管理。

(3) 有利于实现组织目标,力求精干、高效、节约。
(4) 有利于转换经营机制和提高经济效益与社会效益。

(四) **学校组织的发展趋势**
(1) 学校组织结构网络化。
(2) 学校组织结构一体化。
(3) 学校组织结构人情化。
(4) 学校组织结构个性化。

第十四章

教师职业道德、班主任条例以及教育法规知识问答

第一节 《中小学教师职业道德规范》解读

改革开放以来，我国于1985年、1991年、1997年先后三次颁布和修订了《中小学教师职业道德规范》。现今我国社会经济和教育进入新的历史阶段，为适应时代发展的需要，2008年9月，教育部、中国教科文卫体工会全国委员会联合发布了重新修订的《中小学教师职业道德规范》（以下简称《规范》）。《规范》基本内容有六条，体现了教师职业特点对师德的本质要求和时代特征。爱与责任是贯穿其中的核心和灵魂。

一、《中小学教师职业道德规范》的内容

（1）爱国守法。热爱祖国，热爱人民，拥护中国共产党的领导，拥护社会主义。全面贯彻国家教育方针，自觉遵守教育法律法规，依法履行教师职责权利。不得有违背党和国家方针政策的言行。

（2）爱岗敬业。忠诚于人民教育事业，志存高远，勤恳敬业，甘为人梯，乐于奉献。对工作高度负责，认真备课上课，认真批改作业，认真辅导学生，不得敷衍塞责。

（3）关爱学生。关心爱护全体学生，尊重学生人格，平等公正对待学生。对学生严慈相济，做学生的良师益友。保护学生安全，关心学生健康，维护学生权益。不讽刺、挖苦、歧视学生，不体罚或变相体罚学生。

（4）教书育人。遵循教育规律，实施素质教育。循循善诱，诲人不倦，因材施教。培养学生良好品行，激发学生创新精神，促进学生全面发展。不以分数作为评价学生唯一标准。

（5）为人师表。坚守高尚情操，知荣明耻，严于律己，以身作则。衣着得体，语言规范，举止文明。关心集体，团结协作，尊重同事，尊重家长。作风正派，廉洁奉公。自觉抵制有偿家教，不利用职务之便谋取私利

（6）终身学习。崇尚科学精神，树立终身学习理念，拓宽知识视野，更新知识结构。潜心钻研业务，勇于探索创新，不断提高专业素养和教育教学水平。

二、《中小学教师职业道德规范》解读

（一）爱国守法——教师职业的基本要求

爱国守法是教师处理其与国家社会的关系时所应遵循的原则要求。教师与国家社会的关系是教师必须首先面对的关系，也是在职业行为上必须首先要协调的关系。在教师与国家社会的关系上，教师需要处理作为一个公民和作为社会职业者与国家社会的关系。

《规范》中关于"爱国守法"方面规定的具体职业行为要求有以下几点。

1. 全面贯彻国家教育方针

教师是从事国家教育事业的专业人员，教师代表国家从事人民的教育事业。教师爱国、爱中国共产党、爱社会主义，具体行为表现在全面贯彻国家教育方针。这是要求教师的一切教育教学行为都要符合国家教育方针的要求。

2. 自觉遵守教育法律法规，依法履行教师职责权利

爱国要求教师必须守法，遵守教育法律法规的规范要求。法律法规的核心是权利和义务，因此教师必须自觉履行教育法律法规所规定的教师的权利和义务。

3、不得有违背党和国家方针政策的言行

上面两个要求是"爱国守法"方面倡导性的职业行为规定，而这一要求则是禁止性的职业行为规定。在教师的职业活动中，出现违背党和国家方针政策的言行，是违背"爱国守法"职业行为规定的。

倡导"爱国守法"就是要求教师热爱祖国、遵纪守法。建设社会主义法治国家是我国现代化建设的重要目标。要实现这一目标，需要每个社会成员知法守法，用法律来规范自己的行为，不做法律禁止的事情。

（二）爱岗敬业——教师职业的本质要求

爱岗敬业是教师处理与教育事业的关系时所应遵循的原则要求。教师的职业活动，是一种事业——教育事业。教育事业是教师职业活动的全部内容，是教师职业活动中必须处理好的根本关系。在一定意义上也可以说，教师与教育事业的关系涵盖了教师职业活动内部全部的关系。这里所说的教师与教育事业的关系，是将教育事业作为一个整体，教师与之发生的关系。

《规范》中关于"爱岗敬业"方面所规定的具体职业行为要求有以下几点。

1. 对工作高度负责

在教师与教育事业的关系上，这一职业行为要求仍然是原则性的，但是从"责任"的要求来看，也可以说是具体的。就是说，教师对教育事业最重要的是"负责"，是对工作高度负责。

2. 认真备课上课

教师对教育事业负责，是通过课堂教学来实现的，因而教师在职业行为上首先就要做到认真备课上课。认真备课上课，要求教师认真备好每一节课，认真上好每一节课。

3. 认真批改作业

学生作业和教师批改作业是教学活动的重要环节。教师没有认真地批改作业，学生就不能得到准确的学习信息反馈，教学环节就有缺失。

4. 认真辅导学生

现代教学活动是以班级授课制为基础的，但是学生的学习是有个性的、有个体差异的，因而集体教学与个别辅导必须结合起来。只有班级教学活动，而没有学生个别辅导，这样的教学也是不完整的。

5. 不得敷衍塞责

这是禁止性的职业行为规定，也是原则性、概括性的规定。"不得敷衍塞责"是从禁止性方面强调了教师的教育教学责任。

倡导"爱岗敬业"就是要求教师对教育事业具有强烈的责任感和深厚的感情。没有责任就办不好教育，没有感情就做不好教育工作。教师要始终牢记自己的神圣职责，志存高远，把个人的成长进步同社会主义伟大事业、同祖国的繁荣富强紧密联系在一起，并在深刻的社会变革和丰富的教育实践中履行自己的光荣职责。

（三）关爱学生——师德的灵魂

关爱学生是教师处理其与学生的关系时所应遵循的原则要求。教师与学生的关系是教师职业活动中发生的最重要的关系。教育活动主要是在教师与学生之间发生的，教师所处理的教育活动中的关系就是师生关系。

《规范》中关于"关爱学生"方面规定的具体职业行为要求有以下几点。

1. 关心爱护全体学生，尊重学生人格，平等公正对待学生

关爱学生的范围是全体学生，而不是某一部分学生。在实际教育活动中，有些教师不是不能给予学生关爱，而是往往不能给予全体学生关爱，这不符合教师职业行为的要求。

关爱学生的核心是尊重学生人格，尊重学生人格，把学生看作与自己一样是有尊严、有利益诉求的人。

关爱学生的关键是做到对学生平等、公正。平等，是师生之间的平等、生生之间的平等；公正，是将关爱给每一个学生，不论这些学生的发展状况如何、社会背景和家庭背景如何。

2. 对学生严慈相济，做学生的良师益友

关爱学生不是不要严格要求学生。严格要求学生，是对学生的成长负责；然而严格并不意味着没有宽容，学生成长总会出现这样那样的问题，所以，严慈相济体现的也是亦师亦友的师生关系。严格要求是作为教师的责任，倾心帮助是作为朋友的热诚。学生在严慈相济、良师益友的环境中才能健康成长。

3. 保护学生安全，关心学生健康，维护学生权益

关爱学生还要求教师对学生的安全、健康负责，对学生的权益负责。学生的安全，是他们的人身安全；学生的健康，是他们的身心健康；学生的权益，是法律赋予他们的权益。

4. 不讽刺、挖苦、歧视学生，不体罚或变相体罚学生

这是对教师在处理与学生关系上的禁止性规定。在语言上讽刺、挖苦学生，在态度上歧视学生，这是职业行为不容许的。在教育学生的方法上，采用体罚和变相体罚，也是教师职业道德不容许的。

倡导"关爱学生"就是要求教师有热爱学生、诲人不倦的情感和爱心。亲其师，信其道。没有爱，就没有教育。这是调节教师与学生关系的基本行为准则。

（四）教书育人——教师的天职

教书育人是教师在处理其与职业劳动的关系时所遵循的原则要求。教师的职业劳动是具体的教育教学活动。教育教学活动从现象上看是"教书"。在教育教学活动中，教师要开展传递知识与技能的活动，知识与技能是教师直接操作的对象，但是，教师操作知识与技能的目的是为了学生。因而，"育人"是教师职业劳动的本质。

《规范》中关于"教书育人"方面规定的具体职业行为要求有以下几点。

1. 遵循教育规律，实施素质教育

教育的本质要求是促进人的健康全面发展，遵循教育规律就要实施素质教育。素质教育从根本上说，就是"育人"。"教书"是途径，"育人"是目的。当然两者不可偏废。没有"教

书","育人"就没有依托；没有"育人"，"教书"就失去了本来意义。

2. 循循善诱，诲人不倦，因材施教

符合教书育人要求教师职业劳动行为应当是耐心的、引导的、充满教育热情的，而且能够实施针对每一个学生"量身定做"的教育。

3. 培养学生良好品行，激发学生创新精神，促进学生全面发展

把"育人"作为目的的教育，把德育放在重要位置上，把教育学生成"人"放在首要位置上；"育人"也是把培养具有创新精神的现代人作为教师职业劳动的要求。

以"育人"为目的的教育，必须实施全面发展的教育，最终要达到学生全面发展的目的。

4. 不以分数作为评价学生的唯一标准

在"教书育人"方面禁止的行为，就是背离"育人"目标的做法，或者说是应试教育的做法。教师头脑中必须明确，以分数作为评价学生唯一标准的做法，是教师职业行为明确禁止的做法。

倡导"教书育人"就是要求教师以"育人"为根本任务。教师必须遵循教育规律，实施素质教育，培养学生良好品行，激发学生创新精神，促进学生的全面发展。

（五）为人师表——教师职业的内在要求

为人师表是教师在处理教学工作关系时应遵循的原则。教师职业劳动不只是同别人交往，也是同自己交往，即教师也要把自己作为职业行为所要调节的对象，要对自己提出道德的要求，树立起职业行为的形象。

《规范》中关于"为人师表"方面规定的职业行为要求有以下几点。

1. 坚守高尚情操，知荣明耻

要求教师在职业行为上符合社会主义的荣辱观。

2. 严于律己，以身作则

教师在职业活动中对自己要严格要求，要以自己的行为作为他人特别是学生的楷模。

3. 衣着得体，语言规范，举止文明

以身作则，在行为举止上，要注意衣着、言语和行为符合现代文明要求，能够为学生树立榜样。

4. 关心集体，团结协作，尊重同事，尊重家长

以身作则，也表现在处理与同事、学生家长的关系上，要能够尊重他人，与他人和谐相处。在处理与家长关系时应遵循的要求如下。

（1）主动与学生家长联系。

（2）认真听取家长的意见和建议。

（3）尊重学生家长的人格。

（4）教育学生尊重家长。

5. 作风正派，廉洁奉公

以身作则，体现在为人作风上，就是"廉洁奉公"。这一行为要求在教师方面，就是要求教师不从学生那里谋取任何利益，做到"廉洁从教"。

6. 自觉抵制有偿家教，不利用职务之便谋私利

有偿家教是市场经济条件下出现的比较严重的违背教师职业行为规范的问题，《规范》特别作为禁止性规定提出。

倡导"为人师表"就是要求教师言传身教，以身立教。"为人师表"对教师工作具有特殊重要的意义。教师要坚守高尚情操、知荣明耻、严于律己、以身作则，在各个方面率先垂范，做学

生的榜样，以自己的人格魅力和学识魅力教育影响学生。

（六）终身学习——教师专业发展的不竭动力

终身学习是教师在从事教育职业时所应遵循的原则要求。强调教师的发展，是说教师在教育活动中，不仅要把学生作为一种发展对象来看待，也要把自己作为一种发展对象来看待。教师的自我发展，也是教师职业行为调节的对象。

《规范》中关于"终身学习"方面规定的职业行为要求有以下几点。

1. 崇尚科学精神，树立终身学习理念，拓宽知识视野，更新知识结构

科学精神是求真的精神，是不断探索的精神。根据科学精神的要求，在一个终身学习的社会里，教师应当具有终身学习的理念，在行为上能够自觉地继续学习，充实自己的知识。

2. 潜心钻研业务，勇于探索创新，不断提高专业素养和教育教学水平

教师的发展，是指专业发展。一个能够自觉地发展专业水平的教师，才能不断适应教育实践的新要求。

倡导"终身学习"就是要求教师做终身学习的表率。终身学习是时代发展的要求，也是由教师职业特点决定的。教师必须树立终身学习的理念，才能不断提高专业素养和教学水平。教师终身学习涉及教师职业德修养的养成、教师教育科研能力的发展、教师反思能力的培养以及现代信息技术的掌握。

一般认为，爱岗敬业、教书育人和为人师表是师德的核心内容，关爱学生是最基本内容，这是社会对教师职业道德的最基本的要求。爱岗敬业是对一切职业的共同要求，没有爱岗敬业的精神，一切都无从谈起，因此，爱岗敬业是师德的基础。教书育人是对教师这一特殊职业的专业要求，是教师工作的具体内容，师德所引发的效果如何，必须由此而体现，所以教书育人是师德的载体。为人师表是社会对教师这一职业所承担的职责具有的特殊性而提出的比一般职业道德更高的要求，教师的人格、品行所具有的感召力，由此得到充分表现，故其是师德的支柱。三者形成有机整体，缺一不可。作为一个人民教师，必须信奉之，遵循之，笃行之，并在此基础上升华之，力求达到爱岗敬业精神高尚、教书育人水平高超、为人师表品行高洁的"三高"境界。

三、《中小学教师职业道德规范》的特点

2008年修订的《中小学教师职业道德规范》具有以下特点。

（1）坚持"以人为本"。新《规范》充分体现了"教育以育人为本，以学生为主体""办学以人才为本，以教师为主体"的理念，强调尊重教师，强调教师责任与权利的统一。

（2）坚持继承与创新相结合。新《规范》汲取了原有《规范》中反映教师职业道德本质的基本要求，又充分考虑经济、社会和教育发展对师德提出的新要求，将优秀师德传统与时代要求有机结合。

（3）坚持广泛性与先进性相结合。广泛性是指"面向全体教师"，即对教师职业道德提出基本要求；先进性是指"提出了反映社会主义核心价值体系的基本内容"的要求，将基本职业道德要求同先进的职业道德要求结合起来。

（4）倡导性要求与禁行性规定相结合。针对当前师德建设中的共性问题和突出问题作出了若干禁行性规定。

（5）他律与自律相结合。《规范》在注重"他律"的同时强调"自律"，倡导广大教师自觉践行师德规范，把规范要求内化为自觉行为。

真题链接

1. （2014年）迟老师编写的校本教材出现了不少错误，遭到同事的质疑。迟老师说："这不过是一本校本教材而已，没必要那么认真。"迟老师的说法（　　）。
   A. 不合理，违背了终身教育的师德规范
   B. 不合理，违背了勤恳敬业的师德规范
   C. 合理，精心用于校本教材编写不合理
   D. 合理，教师的主要任务是把课上好
   答案：B。
   【解析】迟老师的话说明了他对工作不负责任，是敷衍塞责的表现，违背了爱岗敬业的教师职业道德要求。

2. （2016年）孙老师把没有按时完成作业的学生赶到操场上，让他们在冷风中把作业写完，说要让学生明白学习的艰辛。这说明孙老师没有做到（　　）。
   A. 关爱学生
   B. 因材施教
   C. 廉洁从教
   D. 严谨治学
   答案：A。
   【解析】"关爱学生"的师德规范要求教师要关心爱护全体学生，尊重学生人格，平等公正对待学生。题干中的孙老师把没按时完成作业的学生赶到操场上去写作业，没有做到关心爱护每一个学生，违背了关爱学生的要求。

3. （2016年）钟老师在班上设立"进步展示台"，分类展示在不同方面有进步的学生，这表明钟老师（　　）。
   A. 不以分数作为评价学生的唯一标准
   B. 不关心学生的全面发展
   C. 不注重与学生家庭密切联系
   D. 不主动与教师密切合作
   答案：A。
   【解析】题干中钟老师的做法说明他看到了不同学生的不同特长，对学生在各个方面的进步都予以肯定，体现出钟老师不以分数作为评价学生的唯一标准。

4. （2014年）班主任孙老师经常对学生说："知识改变命运，分数才是硬道理。"他自己出钱设立了"班主任基金"，用于奖励每学期前三名的学生。孙老师的做法（　　）。
   A. 正确，物质奖励具有良好的激励作用
   B. 不正确，考试成绩不能衡量学生的综合素质
   C. 正确，考试成绩是衡量学生的重要依据
   D. 不正确，考试成绩不是评价学生的唯一指标
   答案：D。
   【解析】教书育人要求教师不以分数作为评价学生的唯一标准。题干中班主任老师只注重学生分数的做法是错误的。

5. （2015年）下列选项中不违背教师职业道德规范的做法是（　　）。
   A. 教师节接受学生的自绘贺卡

> **真题链接**
>
> B. 出于爱心对学生严厉责骂
> C. 规定学生买大量辅导资料
> D. 家有喜事时接受家长贺礼
> 答案：A。
> 【解析】B项没有做到关爱学生；C、D项没有做到为人师表。
>
> 6.（2013年）蒋老师的亲戚开办了一家培训公司，希望蒋老师推荐自己班上的学生参加辅导班，或者提供班上学生的联系方式。面对这种情况，蒋老师应该（　　）。
> A. 推荐学生参加辅导班，促进学生全面发展
> B. 坚决拒绝亲戚的请求，并说明自己的理由
> C. 提供学生的联系方式，同时推荐学生参加辅导班
> D. 仅提供学生的联系方式，不推荐学生参加辅导班
> 答案：B。
> 【解析】教师应为人师表、廉洁从教，不利用职务之便谋取利益。蒋老师应在拒绝亲戚要求同时向他说明不能提供帮助的理由。

第二节 《中小学班主任工作条例》解读

班主任是中小学的重要岗位，从事班主任工作是中小学教师的重要职责。教师担任班主任期间，加强班主任队伍建设是坚持育人为本、德育为先的重要体现。2009年8月22日，教育部颁布了新的《中小学班主任工作条例》（以下简称《条例》），引起了广泛的关注和热议。

一、《条例》的特点与意义

（一）《条例》的特点

（1）明确了班主任的工作量，使班主任有更多的时间来做班主任工作。
（2）提高了班主任经济待遇，使班主任有更多的热情来做班主任工作。
（3）保证了班主任教育学生的权利，使班主任有更大的空间来做班主任工作。
（4）强调了班主任在学校中的重要地位，使班主任有更多的信心来做班主任工作。

（二）《条例》的意义

1. 《条例》的制定、发布和实施，是素质教育的时代呼唤

中小学班主任作为中小学教师队伍的重要组成部分，是班级工作的组织者、班级建设的指导者、中小学生成长的引领者，是中小学思想道德教育的骨干，是加强和改进未成年人思想道德建设、全面实施素质教育的重要力量。《条例》的出台，正是国家当前和今后一个时期教育改革和发展的需要，是推进素质教育、培养德智体全面发展的社会主义建设者和接班人的需要。

2. 《条例》的制定、发布和实施，是中小学班主任工作内涵发展的必然选择

长期以来，各地教育行政部门和中小学校重视班主任队伍建设，发挥班主任独特的教育作用，积累了丰富的经验，形成了有效的工作机制。广大中小学班主任兢兢业业、教书育人、无私奉献，做了大量教育和管理工作，为促进中小学生的健康成长作出了重要贡献。但是必须看到，中小学班主任工作面临许多新问题、新挑战。经济社会的深刻变化、教育改革的不断深化、中小

学生成长的新情况新特点，对中小学班主任工作提出了更高的要求，迫切需要制定更加有效的政策，保障和鼓励中小学教师愿意做班主任，努力做好班主任工作；迫切需要采取更加有力的措施，保障和鼓励班主任有更多的时间和精力了解学生、分析学生学习生活成长情况，以真挚的爱心和科学的方法教育、引导、帮助学生成长进步。《条例》的出台，正是中小学班主任工作适应时代发展的需要。

3. 《条例》的制定、发布和实施，是学生成长的现实需要

学校教育是以班集体为单位来进行的，学校教育的各项工作都与班主任有关系，班主任既要关心学生的学习状况，教育学生明确学习目的，端正学习态度，掌握正确的学习方法，养成良好的学习习惯，增强创新意识和学习能力，又要进行有效的班集体管理，保证学校各项教育工作的顺利进行；还要组织学生开展班会、团队会以及各种主题教育活动和文体活动；更要了解每个学生的身体、心理和思想状况，开展有针对性的教育，做每一个学生人生路上的引路人。对班主任而言，做好班主任的工作和授课一样，都是主业；对学校而言，班主任队伍建设与任课教师队伍建设一样重要。《条例》的出台，有利于贯彻落实党的教育方针，全面推进素质教育，把加强和改进未成年人思想道德建设的各项任务落实在实处。

总之，《条例》的制定、发布和实施，对进一步加强中小学班主任工作，发挥班主任在中小学教育中的重要作用，保障班主任的合法权益，全面推进素质教育具有重要意义。

二、《条例》的内容

以下是《条例》的全部内容，旨在让中小学班主任明白自身的位置、身份、职责、任务、待遇、权利，在新时期更好地从事班主任工作，教好书、育好人，培养祖国建设人才，实现自己的人生价值。

中小学班主任工作条例

第一章 总 则

第一条【立法宗旨】 为进一步推进未成年人思想道德建设，加强中小学班主任工作，充分发挥班主任在教育学生中的重要作用，制定本规定。

第二条【班主任概念】 班主任是中小学日常思想道德教育和学生管理工作的主要实施者，是中小学生健康成长的引领者，班主任要努力成为中小学生的人生导师。

班主任是中小学的重要岗位，从事班主任工作是中小学教师的重要职责。教师担任班主任期间应将班主任工作作为主业。

第三条【班主任队伍建设】 加强班主任队伍建设是坚持育人为本、德育为先的重要体现。政府有关部门和学校应为班主任开展工作创造有利条件，保障其享有的待遇与权利。

第二章 配备与选聘

第四条【配备】 中小学每个班级应当配备一名班主任。

第五条【选聘】 班主任由学校从班级任课教师中选聘。聘期由学校确定，担任一个班级的班主任时间一般应连续1学年以上。

第六条【岗前培训】 教师初次担任班主任应接受岗前培训，符合选聘条件后学校方可聘用。

第七条【任职条件】 选聘班主任应当在教师任职条件的基础上突出考查以下条件：
（一）作风正派，心理健康，为人师表；
（二）热爱学生，善于与学生、学生家长及其他任课教师沟通；
（三）爱岗敬业，具有较强的教育引导和组织管理能力。

第三章 职责与任务

第八条【职责】 全面了解班级内每一个学生，深入分析学生思想、心理、学习、生活状况。关心爱护全体学生，平等对待每一个学生，尊重学生人格。采取多种方式与学生沟通，有针对性地进行思想道德教育，促进学生德智体美全面发展。

第九条【职责】 认真做好班级的日常管理工作，维护班级良好秩序，培养学生的规则意识、责任意识和集体荣誉感，营造民主和谐、团结互助、健康向上的集体氛围。指导班委会和团队工作。

第十条【任务】 组织、指导开展班会、团队会（日）、文体娱乐、社会实践、春（秋）游等形式多样的班级活动，注重调动学生的积极性和主动性，并做好安全防护工作。

第十一条【任务】 组织做好学生的综合素质评价工作，指导学生认真记载成长记录，实事求是地评定学生操行，向学校提出奖惩建议。

第十二条【任务】 经常与任课教师和其他教职员工沟通，主动与学生家长、学生所在社区联系，努力形成教育合力。

第四章 待遇与权利

第十三条【骨干作用】 学校在教育管理工作中应充分发挥班主任的骨干作用，注重听取班主任意见。

第十四条【工作量】 班主任工作量按当地教师标准课时工作量的一半计入教师基本工作量。各地要合理安排班主任的课时工作量，确保班主任做好班级管理工作。

第十五条【津贴】 班主任津贴纳入绩效工资管理。在绩效工资分配中要向班主任倾斜。对于班主任承担超课时工作量的，以超课时补贴发放班主任津贴。

第十六条【权利】 班主任在日常教育教学管理中，有采取适当方式对学生进行批评教育的权利。

第五章 培养与培训

第十七条【培训规划】 教育行政部门和学校应制订班主任培养培训规划，有组织地开展班主任岗位培训。

第十八条【培养机构】 教师教育机构应承担班主任培训任务，教育硕士专业学位教育中应设立中小学班主任工作培养方向。

第六章 考核与奖惩

第十九条【考核与奖惩】 教育行政部门建立科学的班主任工作评价体系和奖惩制度。对长期从事班主任工作或在班主任岗位上作出突出贡献的教师定期予以表彰奖励。选拔学校管理干部应优先考虑长期从事班主任工作的优秀班主任。

第二十条【考核】 学校建立班主任工作档案，定期组织对班主任的考核工作。考核结果作为教师聘任、奖励和职务晋升的重要依据。对不能履行班主任职责的，应调离班主任岗位。

第七章 附 则

第二十一条【补充说明】 各地可根据本规定，结合当地实际情况，制定中小学班主任工作的具体实施办法。

第二十二条【实施时间】 本规定自发布之日起施行。

三、《条例》对班主任工作的要求

（一）坚持育人为本，德育为先的目标导向

教师要把学校教育目标落实到班级日常管理工作过程中，切实把德育放在首位，注重学生正确的世界观、人生观、价值观和社会主义荣辱观的培养与形成，培养学生健全、独立的人格。引导学生培养学习兴趣，树立正确的学习目标，促进学生全面协调健康发展。

（二）注重公平，面向班集体每一个学生

班主任要关心每一个学生，了解他们的内心世界。根据每个学生的特点，精心设计相应的教育方案，引导、帮助每一个学生健康成长，要特别注意关注学生中的弱势群体和边缘群体，为每一个学生的终身发展奠定基础。

（三）关心学生的全面发展

坚持以人为本，以学生的全面发展为班主任工作的根本出发点，要关心学生的学习、思想道德、身体、心理、人格等各方面的发展状况。培养学生各方面的能力，提高学生各方面的素质，发挥学生个性特长，充分发掘学生的潜能。

（四）建立平等互信的师生关系

班主任要平等对待学生，建立和谐的、朋友式的新型师生关系。尊重学生，注重与学生交流沟通的方式，做学生人生路上的良师益友。

（五）建立完善班级管理制度

通过建立科学合理的班级日常管理规范，培养学生良好习惯的养成。从小事着手，积极开展行为规范教育。加强学生自主管理，增进学生民主意识，培养学生独立处理问题的能力。

（六）鼓励学生参加班级活动和社会实践活动

指导班集体通过开展班会、团队会、各种主题教育活动、丰富多彩的文体活动和社会实践活动，丰富学生的生活，弘扬爱国主义、集体主义和民族主义精神，培养学生正确的劳动观念和劳动习惯。

四、贯彻落实《条例》应做好的工作

各级教育行政部门和广大中小学校要依据《中小学班主任工作条例》，把加强班主任工作作为落实科学发展观、贯彻党的教育方针、加强和改进未成年人思想道德建设、全面实施素质教育的有力抓手，结合当地实际认真抓好抓实。

（一）组织班主任培训

要将中小学班主任培训纳入教师教育计划，有组织地开展岗前和岗位培训，定期交流班主任工作经验，组织班主任进行社会考察，提高班主任的政治素质、业务素质、心理素质和工作及研究能力。教师教育机构要承担班主任的培训任务，教育硕士学位教育中应设立中小学班主任工作培养方向，并优先招收在职优秀班主任。

（二）合理安排班主任工作量

要合理安排班主任教师的课时工作量，保障班主任教师有时间和精力开展班主任工作。要

在义务教育学校绩效工资分配中，把教师是否担任班主任、班主任工作开展得如何作为重要衡量指标。对于班主任教师超课时工作量的，要发放超课时补贴。

（三）完善班主任的奖励制度

将优秀班主任的表彰奖励纳入教师、教育工作者的表彰奖励体系之中，定期表彰优秀班主任。应积极发展优秀班主任加入党组织，优秀班主任应列入学校党政后备干部培养范围。要鼓励广大中小学校普遍重视和加强班主任队伍建设，充分发挥班主任在学校教育工作中的重要作用，使班主任成为广大教师踊跃担当的光荣而重要的岗位。

（四）把班主任工作作为学校教育的重要工作来抓

要制订切实可行的办法加强班主任工作，认真做好班主任的选聘工作，应从思想道德素质和业务水平较高、身心健康、乐于奉献的优秀教师中选聘班主任。要建立科学的班主任工作评价体系，规范管理，鼓励、支持班主任开展工作。学校应建立班主任工作档案，定期考核班主任工作。对不能履行班主任职责的，应调离班主任岗位。

真题链接

单项选择题

（2015年）关于班主任工作，下列做法不正确的是（　　）。
A. 教师作为一个班级的班主任，时间一般应该连续1学期以上
B. 班主任津贴纳入绩效工资管理，在绩效工资分配中要向班主任倾斜
C. 教师初次担任班主任应接受岗前培训，符合选聘条件后学校方可聘用
D. 合理安排班主任的课时工作量，按当地教师标准课时工作量的一半计入
答案：A。
【解析】班主任由学校从班级任课教师中选聘。聘期由学校确定，担任一个班级的班主任时间一般应连续1学年以上。

第三节　教育法规知识问答

一、《中华人民共和国教育法》

（一）什么是《中华人民共和国教育法》？何时通过实施的？

《中华人民共和国教育法》（以下简称《教育法》）是国家全面调整各类教育关系、规范我国教育工作行为的基本法律。在我国法律体系中，《教育法》是《宪法》之下的国家基本法律，与《刑法》《民法》等基本法律处于同等的法律地位，是新中国成立以来制定的第一部教育根本大法。该法于1995年3月18日第八届全国人民代表大会第三次会议审议通过，并于1995年9月1日施行。

（二）《教育法》的立法宗旨、依据和最终目的是什么？

(1)《教育法》的立法宗旨是发展教育事业。
(2)《教育法》的立法依据是提高全民族素质。
(3) 制定《教育法》的最终目的是促进社会主义物质文明和精神文明建设。

（三）《教育法》的适用范围是什么？

《教育法》的适用范围是：在中华人民共和国的全国范围内的各级各类教育。

"各级各类教育"是指国家教育制度内的各级各类教育。其中包括根据不同教育分类标准划分的不同类别的教育。如：学前教育、初等教育、中等教育和高等教育；各种学校教育和非学校教育；国家举办的各种教育和社会力量办学的教育；各种专业教育、职业教育；成人教育与普通教育；残疾人教育、少数民族教育等。同时考虑到军事学校教育具有不完全同于国民教育的特殊性，还规定："军事学校教育由中央军事委员会根据本法的原则规定。"对不具有国民性质的宗教学校教育，则规定"宗教学校教育由国务院另行规定"。

（四）**《教育法》的基本内容包括哪些？**

《教育法》的基本内容十分广泛，主要包括教育的性质、方针、基本原则、教育制度、教师与学生、教育投入、法律责任及教育对外交流与合作等内容。

（五）**《教育法》中如何规定我国教育性质？**

《教育法》规定："国家坚持以马克思列宁主义、毛泽东思想和建设有中国特色社会主义理论为指导，遵循《宪法》确定的基本原则，发展社会主义的教育事业。"这一规定，表明了我国教育是社会主义性质的教育。

（六）**我国教育的基本原则是什么？**

在遵循我国《宪法》原则的基础上，我国《教育法》规定了教育活动应遵循的基本原则。这些原则从不同方面体现了具有中国特色的社会主义教育事业的本质特征。

（1）国家对受教育者进行爱国主义、集体主义、社会主义以及理想、道德、纪律、法制、国防和民族团结的教育。

（2）教育应当继承和弘扬中华民族优秀的历史文化传统，吸收人类文明发展的一切优秀成果。

（3）教育活动必须符合国家和社会公共利益。国家实行教育与宗教相分离。任何组织和个人不得利用宗教进行妨碍国家教育制度的活动。

（4）中华人民共和国公民有受教育的权利和义务。公民不分民族、种族、性别、职业、财产状况、宗教信仰等，依法享有平等的受教育机会。

（5）国家根据各少数民族的特点和需要，帮助各少数民族地区发展教育事业。国家扶持边远贫困地区发展教育事业。国家扶持和发展残疾人教育事业。

（七）**国家实行的基本教育制度包括哪些？**

国家实行的基本教育制度有：学校教育制度；九年义务教育教育制度；职业教育制度和成人教育制度；国家教育考试制度；学业证书制度；学位制度；扫除文盲教育制度；教育督导和教育评估制度。

（八）**义务教育制度的具体内容是什么？**

（1）国家实行九年制义务教育制度。

（2）各级人民政府采取各种措施保障适龄儿童、少年就学。

（3）适龄儿童、少年的父母或者其他监护人以及有关社会组织和个人有义务使适龄儿童、少年接受并完成规定年限的义务教育。

（九）**国家教育考试制度的具体内容是什么？**

（1）确立国家教育考试制度的合法地位。

（2）国家教育考试由国务院教育行政部门确定种类。

（3）由国家批准的实施教育考试的机构承办各种考试。

（十）**什么是教育督导制度？**

教育督导制是指县级以上各级人民政府为保证国家有关教育的法律、法规、方针政策的贯彻执行和教育目标的实现，对所辖地区教育工作进行监督、检查、评估、指导的制度。

（十一）什么是教育评估制度？

教育评估制度提指各级教育行政部门或经认可的社会组织，对学校及其他教育机构的办学水平、办学质量、办学条件等进行综合的或单项的考核和评定制度。

（十二）学校及其他教育机构的设立必须具备哪些条件？

（1）有组织机构和章程。
（2）有合格的教师。
（3）有符合规定标准的教学场所及设施、设备等。
（4）有必备的办学资金和稳定的经费来源。

（十三）学校及其他教育机构行使的权力包括哪些？

（1）按照章程自主管理。
（2）组织实施教育教学活动。
（3）招收学生或者其他受教育者。
（4）对受教育者进行学籍管理，实施奖励或者处分。
（5）对受教育者颁发相应的学业证书。
（6）聘任教师及其他职工，实施奖励或者处分。
（7）管理、使用本单位的设施和经费。
（8）拒绝任何组织和个人对教育教学活动的非法干涉。
（9）法律、法规规定的其他权利。

（十四）学校及其他教育机构应当履行哪些义务？

（1）遵守法律、法规。
（2）贯彻国家的教育方针，执行国家教育教学标准，保证教育教学质量。
（3）维护受教育者、教师及其他职工的合法权益。
（4）以适当方式为受教育者及其监护人了解受教育者的学业成绩及其他有关情况提供便利。
（5）遵照国家有关规定收取费用并公开收费项目。
（6）依法接受监督。

（十五）《教育法》对学校及其他教育机构的内部管理体制做了哪些规定？

（1）学校及其他教育机构的举办者按照国家有关规定，确定其所举办的学校或者其他教育机构的管理体制。
（2）学校及其他教育机构的校长或者主要行政负责人必须由具有中华人民共和国国籍、在中国境内定居并具备国家规定任职条件的公民担任，其任免按照国家有关规定办理。
（3）学校的教学及其他行政管理，由校长负责。
（4）学校及其他教育机构应当按照国家有关规定，通过以教师为主体的教职工代表大会等组织形式，保障教职工参与民主管理和监督。

（十六）《教育法》规定受教育者享有哪些权利？

（1）参加教育教学计划安排的各种活动，使用教育教学设施、设备、图书资料。
（2）按照国家有关规定获得奖学金、贷学金、助学金。
（3）在学业成绩和品行上获得公正评价，完成规定的学业后获得相应的学业证书、学位证书
（4）对学校给予的处分不服向有关部门提出申诉，对学校、教师侵犯其人身权、财产权等合法权益，提出申诉或者依法提起诉讼。
（5）法律、法规规定的其他权利。

（十七）《教育法》规定受教育者应当履行哪些义务？

（1）遵守法律、法规。
（2）遵守学生行为规范，尊敬师长，养成良好的思想品德和行为习惯。
（3）努力学习，完成规定的学习任务。
（4）遵守所在学校或者其他教育机构的管理制度。

（十八）什么是法律责任？

法律责任是指对违反本法规定所应承担的法律后果的规定。

（十九）《教育法》对哪些行为规定了法律责任？

（1）不按照预算核拨教育经费和挪用、克扣教育经费的行为。
（2）扰乱教育教学秩序，破坏、侵占学校及其他教育机构的校舍、场地及其他财产的行为。
（3）明知校舍或者教育教学设施有危险，而不采取措施，造成严重后果的行为。
（4）违反国家有关规定，向学校或者其他教育机构收取费用的行为。
（5）违反国家有关规定，举办学校或者其他教育机构的行为。
（6）违反国家有关规定招收学员的行为。
（7）招生工作中营私舞弊的行为。
（8）违反国家有关规定向受教育者收取费用的行为。
（9）在国家教育考试中作弊和非法举办国家教育考试的行为。
（10）违法颁发学位证书、学历证书或者其他学业证书的行为。
（11）侵犯教师、学生及其他受教育者、学校或其他教育机构合法权益的行为。

（二十）学校及其他教育机构或者其他社会组织、个人招收学员时有哪些违反国家规定的情形？应承担什么法律责任？

（1）不具备办学资格和相应办学权限的主体乱办学、乱办班、违法招生。
（2）擅自更改招生计划，超额、超计划招生。
（3）违反有关规定，招收旁听生、试读生，办"超前班"或利用函授、夜大的生源计划办脱产班。
（4）应纳入统一招生范围的，不通过统一入学考试自行招生。
（5）办专业证书班不按规定履行审批手续，擅自降低入学条件。
（6）弄虚作假，混淆学历教育与非学历教育的界限，进行欺骗招生或颁发混同于学历文凭的学业证书。
（7）自学考试主考学校举办全日制住校或业余助学辅导班，违背办学与办考分离要求的。
（8）其他违反规定乱收学员，给招生管理带来损害和在社会上造成不良影响的。

根据《教育法》的有关规定，"学校及其他教育机构违反国家规定招收学员的，由教育行政部门责令退回招收的学员，退还所收费用；对直接负责的主管人员和其他直接人员，依法给行政处分。"

（二十一）招生工作中徇私舞弊的行为有哪些表现？应承担什么法律责任？

在招收学生中徇私舞弊的行为主要是指主管或直接从事和参与学校及其他教育机构统一招生工作的人员，违反招生工作管理的有关规定和要求，利用职权或工作之便，为了达到使考生或其他人员被学校及其他教育机构招收录取等个人目的，故意采取隐瞒、虚构、篡改、毁灭、泄露、提示、协助考生作弊等手段，在命题、印卷、评卷、调档、体检、推荐保送等环节中，实施歪曲事实、掩盖真相、以假乱真等枉法渎职行为，使不应被招收录取的考生及其他人员被招收录取或使符合招收录取条件的考生及其他人员未被招收录取的情形。

根据《教育法》规定，对在招收学生工作中徇私舞弊的，由教育行政部门责令退回招收的人员；对直接负责的主管人员和其他直接责任人员，依法给予行政处分；构成犯罪的，依法追究刑事责任。

（二十二）学校及其他教育机构违反国家有关规定向受教育者收取费用的行为是什么？需要承担什么法律责任？

学校及其他教育机构向受教育者违法收费的行为，主要是指国家和社会力量办学的各级各类学校及其他教育机构，违反国家有关收费范围、收费项目、收费标准以及有关收费事宜的审批、核准、备案，以及收费的减、免等方面的规定，自立收费项目或超过规定收费标准，非法或不合理向受教育者收取费用，给受教育者的财产权益和其他合法权益带来损害。

根据《教育法》规定："学校及其他教育机构违反国家有关规定向受教育者收取的费用，由教育行政部门责令退还所收费用；对直接负责的主管人员和其他直接责任人员，依法给予行政处分。"

（二十三）哪些行为属于国家考试中的舞弊行为？需承担什么法律责任？

参加普通高等学校、高级中等学校招生统一入学考试以及高等教育自学考试、高中会考等国家教育考试的考生及其他人员，在报名参考和考试过程中，弄虚作假骗取考试资格，或在参加考试中有抄袭、偷换试卷、请人代答等违纪行为的。负责组织、实施有关国家教育考试工作的单位直接负责主管人员和参加报名审查、出题、试卷的印刷、接送、保管、监考、评卷、统分等考试工作的人员，弄虚作假、歪曲掩盖事实真相，妨碍对考生资格的真实审查和对考生成绩的公正评判，或故意纵容、包庇、协助考生作弊以及因工作失职、玩忽职守，造成考试作弊后果严重的。

根据《教育法》规定："在国家教育考试中作弊的，由教育行政部门宣布考试无效；对直接负责的主管人员和其他直接责任人员，依法给予行政处分。"

（二十四）哪些行为属于非法举办国家教育考试行为？需承担什么法律责任？

非法举办国家教育考试，是指学校及其他教育机构、社会组织和个人，未经国家教育考试管理机构的批准或授权，擅自举办各种国家教育考试，或设立国家教育考试考点，或与境外有关组织举办属于国家教育考试范围的考试项目等情形。

根据《教育法》规定："非法举办国家教育考试的，由教育行政部门宣布考试无效；有违法所得的，没收违法所得；对直接负责的主管人员和其他直接责任人员，依法给予行政处分。"

（二十五）什么是学历证书？

学历证书是记载某人在哪些学校毕业或者肄业，从而证明其学习经历的证明文件。

（二十六）什么是学位证书

学位证书是表明某人专业学术水平的证明文件。

（二十七）其他学业证书是指什么？

其他学业证书是指证明某人某种学习情况的证明文书，如结业证书、培训证书等。

（二十八）哪些行为属于违法颁发学业证书和学位证书的行为？需承担什么法律责任？

（1）不具备颁发学业证书和学位证书资格而发放学业证书和学位证书的。

（2）伪造、编造、买卖学业证书、学位证书的。

（3）在颁发学业证书、学位证书中弄虚作假、营私舞弊的。

（4）对不符合规定条件的受教育者和其他人员颁发学业证书、学位证书的。

（5）滥发学业证书、学位证书牟利的。

根据《教育法》规定："违反本法规定，颁发学位证书、学历证书或者其他学业证书的，由教育行政部门宣布证书无效，责令收回或者予以没收；有违法所得的，没收违法所得；情节严重的，取消其颁发证书的资格。"

（二十九）侵犯教师、受教育者、学校或者其他教育机构合法权益的行为是什么？需承担什么法律责任？

（1）侵犯教师、受教育者的生命健康权和人格权，包括姓名权、肖像权、名誉权和荣誉权。

（2）侵犯学校或者其他教育机构的名称权、名誉权、荣誉权。

（3）侵占学校或其他教育机构的校舍、场地，损害学校或者其他教育机构、教师、受教育者的财产所有权。

（4）侵犯教师、受教育者、学校或其他教育机构的著作权、专利权、商标专用权、发现权、发明权和其他科技成果权。

根据《教育法》规定："违反本法规定，侵犯教师、受教育者、学校或者其他教育机构的合法权益，造成损失、损害的，应当依法承担民事责任。"

二、《中华人民共和国教师法》

（一）《中华人民共和国教师法》是何时审议通过和施行的？

《中华人民共和国教师法》（以下简称《教师法》）于1993年10月31日经第八届全国人大常委会第四次会议审议通过，并于1994年1月1日起施行。

（二）《教师法》的立法依据是什么？

《教师法》的立法依据可分为三个方面：宪法依据、客观依据、政策依据。

1. 宪法依据

《中华人民共和国宪法》（以下简称《宪法》）是国家的根本大法，《宪法》是由国家最高权力机关即全国人民代表大会制定的，具有最高的法律效力，是制定其他一切法律、法规的基础和依据。《宪法》对于制定《教师法》的依据作用，体现在两个方面。

第一，《宪法》中对知识分子队伍的规定是制定《教师法》的重要依据。《宪法》第二十三条规定："国家培养为社会主义服务的各种专业人才，扩大知识分子的队伍，创造条件，充分发挥他们在社会主义现代化建设中的作用。"教师是我国知识分子的主要组成部分。

第二，《宪法》中有关教育工作的规定也是制定《教师法》的重要依据。《宪法》第十九条规定："国家发展社会主义的教育事业，提高全国人民的科学文化水平。国家举办各种学校，普及初等义务教育，发展中等教育、职业教育和高等教育，并且发展学前教育。"第四十六条规定："中华人民共和国公民有受教育的权利和义务。国家培养青年、少年、儿童在品德、智力、体质等方面全面发展。"《宪法》中所规定的这些任务，都必须依靠教师来完成和实现。因此，《宪法》中有关教育工作的规定，为《教师法》的制定提供了重要的依据。

2. 客观依据

据1993年对全国教师队伍的统计资料显示：我国共有教师1046.52万人，其中高等学校教师38.78万人，中小学教师871.84万人，中等专业学校教师23.93万人；职业中学教师26.17万人，特殊教育学校教师2.04万人，工读学校教师1600人，幼儿教师83.6万人。队伍如此浩大的广大教师，长期以来为社会培养了一批又一批人才，为社会主义教育事业和现代化建设事业作出了重大的贡献。所以，加强教师队伍建设，用法律手段保证和提高教师的社会地位和经济待遇，就成为广大教师和社会各界的强烈呼声，也就成为教育行政部门在管理中面临的迫切任务。这是制定《教师法》的直接的客观依据。

3. 政策依据

党和国家有关教师和知识分子工作的一系列方针政策，为制定《教师法》提供了重要的政策依据。主要体现在两个方面：

第一，关于教师队伍建设的政策。

中共中央发布的《关于教育体制改革的决定》中指出:"建设一支有足够数量、合格而稳定的师资队伍,是实施义务教育,提高基础教育水平的根本大计。为此,要采取特定的措施,提高中小学教师与幼儿园教师的社会地位和待遇,鼓励他们终生从事教育事业。要下决心,采取重大政策和措施,提高教师的社会地位,大力改善教师的工作、学习和生活条件,努力使教师成为最受人尊敬的职业。"

第二,关于知识分子的政策。

党的十四大报告指出:"知识分子是工人阶级中掌握文化知识较多的一部分,是先进生产力的开拓者,在改革开放和现代化建设中起着特殊重要的作用。能不能充分发挥广大知识分子的才能,在很大程度上决定着我们民族的盛衰和现代化建设的进程。要努力创造出更加有利于知识分子施展聪明才智的良好环境,在全社会进一步形成尊重知识、尊重人才的良好风尚。下决心采取重大政策和措施,积极改善知识分子的工作、学习和生活条件,对有突出贡献的知识分子给予重奖,并形成规范化的奖励制度。"

(三)制定《教师法》的重要意义是什么?

(1)制定《教师法》是我国社会主义现代化建设事业的需要。

(2)制定《教师法》是提高教师队伍素质的需要。

(3)制定《教师法》是维护教师合法权益的需要。

(4)制定《教师法》是教师队伍建设走上规范化的需要。

(四)《教师法》的适用范围是什么?

《教师法》规定:"本法适用于在各级各类学校和其他教育机构中专门从事教育教学工作的教师。"明确规定了《教师法》的适用范围。可以从三方面理解。

1. 本法适用的对象是教师

这里所说的教师必须是取得教师资格的人员。我国实行教师资格制度。中国公民凡遵守《宪法》和法律,热爱教育事业,具有良好的思想品德,具备规定的学历或者经国家教师资格考试合格,有教育教学能力,经认定合格的,可以取得教师资格。取得教师资格是成为教师的先决条件,不具备这一资格就不能担任教师。

2. 本法适用的对象是在各级各类学校和其他教育机构中的教师

取得教师资格的人还必须在各级各类学校和其他教育机构中任职,才能成为《教师法》适用的对象。这里"各级各类学校"是指符合相应的设置标准,经主管部门批准或认可,以培养人才为根本目的,专门实施教育教学活动的社会公益机构。根据《教师法》规定,各级各类学校是指实施学前教育、普通初等教育、普通中等教育、职业教育、普通高等教育以及特殊教育、成人教育等在国民教育体系及学制体系内的各级各类教育的专门性的教育机构。本法所说的"其他教育机构"是指除学校以外的,经主管部门批准或认可,主要从事教育和培养人的活动的事业性组织。

3. 本法适用的对象是专门从事教育教学工作的教师

在各级各类学校和其他教育机构中,存在着从事各种不同工作的人员,有炊事员、司机、电工、勤杂人员等基本与教育教学活动无直接关系的人员;有为教育教学做辅助性工作的人员,如图书管理员、实验员、行政管理人员等;还有专门从事教育教学工作的人员,如各科教师、班主任等。本法适用的对象是各级各类学校和其他教育机构专门从事教育教学工作的人员。

(五)什么是教师的权利?

教师的权利,是指教师在履行教育教学职责过程中,依照《教师法》等国家法律规定,所享有的可以为或不可以为的一定行为的许可与保障,教师的权利可分为普通公民权和教师职业权两个部分。

（六）《教师法》规定教师享有哪些基本权利？

1. 教育教学权

是指进行教育教学活动，开展教育教学改革和实验的权利。这是教师为履行教育教学职责所必须具备的最基本的权利。

2. 学术研究权

是指从事科学研究、学术交流、参加专业的学术团体，在教学活动中发表意见的权利。

3. 学生管理权

是指指导学生的学习和发展，评定学生的品行和学业成绩的权利。这是与教师在教育教学过程中处于主导地位相适应的权利。

4. 报酬待遇权

是指按时获取工资报酬，享受国家规定的福利待遇以及寒暑假期的带薪休假的权利。

5. 参与管理权

是指对学校教育教学、管理工作和教育行政部门的工作提出意见和建议，通过教职工代表大会或其他形式，参与学校的民主管理的权利。

6. 进修培训权

是指参加进修或者其他方式的培训的权利。

（七）什么是教师的义务？

是指教师依照《教师法》及其他有关法律、法规，从事教育教学工作所必须履行的职责，表现为教师在教育教学活动中必须作出的一定行为或不得作出的一定行为。

（八）《教师法》规定教师应履行哪些义务？

1. 遵守法规义务

指遵守《宪法》、法律和职业道德，为人师表。

2. 教育教学义务

指贯彻国家的教育方针，遵守规章制度；执行学校的教学计划，履行教师聘约，完成教育教学工作任务。

3. 思想教育义务

指对学生进行《宪法》所确定的基本原则的教育和爱国主义、民族团结的教育，法制教育以及思想品德、文化、科学技术教育，组织、带领学生开展有益的社会活动。

4. 尊重学生人格的义务

指关心、爱护全体学生，尊重学生人格，促进学生在品德、智力、体质等方面全面发展。

5. 保护学生权益义务

指制止有害于学生的行为或者其他侵犯学生合法权益的行为，批评和抵制有害于学生健康成长的现象。

6. 提高水平义务

指不断提高思想政治觉悟和教育教学业务水平。

（九）什么是教师资格制度？

教师资格制度是国家对教师实行的一种特定的教师职业许可制度。

（十）取得教师资格应具备哪些条件？

（1）必须是合格的中国公民。

（2）具备规定的学历或者国家教师资格考试合格。

（3）具有良好的思想政治素质和道德品质。

（4）具有相应的教育教学能力。

（十一）取得教师资格应当具备的相应学历是如何规定的？

（1）取得幼儿园教师资格，应当具备幼儿师范学校毕业及其以上学历。

（2）取得小学教师资格，应当具备中等师范学校毕业及其以上学历。

（3）取得初级中学教师和初级职业学校文化、专业课教师资格，应当具备高等师范专科学校或者其他大学专科毕业及其以上学历。

（4）取得高级中学教师资格和中等专业学校、技工学校和职业高中文化课、专业课教师资格，应当具备高等师范院校本科或者其他大学本科毕业及其以上学历；取得中等专业学校、技工学校和职业高中学生实习指导教师资格应当具备的学历，由国务院教育行政部门规定。

（5）取得高等学校教师资格，应当具备研究生或者大学本科毕业学历。

（6）取得成人教育教师资格，应当按照成人教育的层次、类别，分别具备高等、中等学校毕业及其以上学历。

不具备《教育法》规定的教师资格学历的公民，申请获取教师资格，必须通过国家教师资格考试。国家教师资格考试制度由国务院规定。

（十二）提高教师待遇的指导思想是什么？

（1）提高教师待遇是教师队伍建设和教育事业发展的最基本的首要前提。

（2）提高教师待遇是社会主义市场经济的内在要求。

（3）提高教师待遇是国际社会的共识和世界性的趋势。

（4）提高教师待遇必须强化国家干预，强调政府行为。

（十三）《教师法》关于教师待遇的规定包括哪些内容？

1. 教师的工资待遇

教师待遇中最主要、最基本的是工资待遇。《教师法》规定："教师的平均工资水平应当不低于或者高于国家公务员的平均工资水平，并逐步提高。建立正常晋级增薪制度，具体办法由国务院规定。"其中"建立正常晋级增薪制度"的规定，可以切实保证教师工资水平随着国民收入的增长逐步提高，有利于调动教师工作的积极性，真正体现按劳分配的原则。

2. 教师津贴和教师补贴

教师津贴包括教龄津贴和其他津贴。教龄津贴是根据教师从事教育工作的年限所给予的额外报酬，其目的在于鼓励教师长期安心从事教育工作。其他津贴种类很多，主要有班主任津贴、特殊教育津贴等。教师补贴种类也很多，主要是地区性补贴。《教师法》规定："中小学教师和职业学校教师享受教龄津贴和其他津贴，具体办法由国务院教育行政部门会同有关部门制定。"新的工资制度明确规定，随着教师工资标准的继续提高，教师津贴将随之提高。

3. 教师住房

教师住房是教师待遇的一个重要方面。《教师法》规定："地方各级人民政府和国务院有关部门，对城市教师住房的建设、租赁、出售实行优先、优惠。县、乡两级人民政府应当为农村中小学教师解决住房提供方便。"

4. 教师的医疗保健待遇

我国从新中国成立初期开始实行教师公费医疗制度，这项重要福利制度对保障教师健康发挥了重要作用。但是由于公费医疗制度改革中一些不符合教育的特点，不利于教师的做法，使教师尤其是农村中小学教师的公费医疗出现了许多突出问题：教师治病难；教师的医疗费报销难；教师实际享受医疗费的水平低于党政机关和其他行业的公职人员。针对教师医疗保健方面存在的问题，《教师法》明确规定："教师的医疗同当地国家公务员享受同等的待遇；定期对教师进行身体健康检查，并因地制宜安排教师进行休养。医疗机构应当对当地教师的医疗提供方便。"

《教师法》还对教师的养老保险、退休金、民办教师的待遇问题做出了规定。

（十四）侵害教师人身权利应当承担什么法律责任？

《教师法》规定："侮辱、殴打教师的，根据不同情况，分别给予行政处分或者行政处罚；造成损害的，责令赔偿损失；情节严重，构成犯罪的，依法追究刑事责任。"

（十五）对教师打击报复应当承担什么法律责任？

《教师法》规定："对依法提出申诉、控告、检举的教师进行打击报复的，由其所在单位或者上级机关责令改正；情节严重的，可以根据具体情况给予行政处分。国家工作人员对教师打击报复构成犯罪的，依照刑法第一百四十六条的规定追究刑事责任。"

（十六）拖欠教师工资应当承担什么法律责任？

《教师法》规定：地方人民政府对违反本法规定，拖欠教师工资或者侵犯教师其他合法权益的，应当责令其限期改正。违反国家财政制度、财务制度，挪用国家财政用于教育的经费，严重妨碍教育教学工作，拖欠教师工资，损害教师合法权益的，由上级机关责令限期归还被挪用的经费，并对直接责任人员给予行政处分；情节严重，构成犯罪的，依法追究刑事责任。

（十七）教师的哪些行为需要承担法律责任？

《教师法》规定：故意不完成教育教学任务给教育教学工作造成损失的；体罚学生，经教育不改的；品行不良、侮辱学生，影响恶劣的。由所在学校、其他教育机构或者教育行政部门给予行政处分或者解聘。情节严重，构成犯罪的，依法追究刑事责任。

三、《中华人民共和国义务教育法》

（一）《中华人民共和国义务教育法》是哪年通过的？又是哪年重新修订的？

《中华人民共和国义务教育法》（以下简称《义务教育法》）是1986年4月12日第六届全国人民代表大会第四次会议通过的，并于2006年6月29日第十届全国人民代表大会常务委员会第二十二次会议修订。

（二）怎样理解义务教育的性质？

义务教育是国家统一实施的所有适龄儿童、少年必须接受的教育，是国家必须予以保障的公益性事业。

（三）义务教育的任务和培养目标是什么？

义务教育必须贯彻国家的教育方针，实施素质教育，提高教育质量，使适龄儿童、少年在品德、智力、体质等方面全面发展，为培养有理想、有道德、有文化、有纪律的社会主义建设者和接班人奠定基础。

（四）义务教育的对象是哪些人？

义务教育的对象是适龄儿童和少年。《义务教育法》规定：凡年满六周岁的儿童，其父母或者其他法定监护人应当送其入学接受，并完成义务教育；条件不具备的地区的儿童，可以推迟到七周岁。

（五）《义务教育法》对各级政府保障适龄儿童和少年接受义务教育提出了哪些要求？

（1）儿童、少年免试入学。地方各级人民政府应当保障适龄儿童、少年在户籍所在地学校就近入学。

（2）父母或者其他法定监护人在非户籍所在地工作或者居住的适龄儿童、少年，在其父母或者其他法定监护人工作或者居住地接受义务教育的，当地人民政府应当为其提供平等接受义务教育的条件。

（3）县级人民政府教育行政部门对本行政区域内的军人子女接受义务教育予以保障。

（4）县级人民政府教育行政部门和乡镇人民政府组织和督促适龄儿童、少年入学，帮助解决适龄儿童、少年接受义务教育的困难，采取措施防止适龄儿童、少年辍学。

（5）居民委员会和村民委员会协助政府做好工作，督促适龄儿童、少年入学。

（6）禁止用人单位招用应当接受义务教育的适龄儿童、少年。

（7）根据国家有关规定经批准招收适龄儿童、少年进行文艺、体育等专业训练的社会组织，应当保证所招收的适龄儿童、少年接受义务教育；自行实施义务教育的，应当经县级人民政府教育行政部门批准。

（六）我国义务教育的阶段是如何划分的？

义务教育可以分为初等教育和初级中等教育两个阶段。在普及初等教育的基础上普及初级中等教育。初等教育即指小学阶段的教育，初级中等教育包括初级中等普通教育和初级中等职业教育。

（七）《义务教育法》对实施义务教育的教师提出了哪些要求？

（1）教师在教育教学中应当平等对待学生，关注学生的个体差异，因材施教，促进学生的充分发展。

（2）教师应当尊重学生的人格，不得歧视学生，不得对学生实施体罚、变相体罚或者其他侮辱人格尊严的行为，不得侵犯学生合法权益。

（3）教师应当取得国家规定的教师资格。国家建立统一的义务教育教师职务制度。教师职务分为初级职务、中级职务和高级职务。

（八）《义务教育法》中规定县级以上政府不得有哪些行为？

（1）未按照国家有关规定制定、调整学校的设置规划的。

（2）学校建设不符合国家规定的办学标准、选址要求和建设标准的。

（3）未定期对学校校舍安全进行检查，并及时维修、改造的。

（4）未依照本法规定均衡安排义务教育经费的。

（九）《义务教育法》中规定县级以上政府或教育行政部门不得有哪些行为？

（1）将学校分为重点学校和非重点学校的。

（2）改变或者变相改变公办学校性质的。

（3）未采取措施组织适龄儿童、少年入学或者防止辍学的，依照前款规定追究法律责任。

（十）《义务教育法》中规定学校不得有哪些行为？

（1）违反国家规定收取费用的。

（2）以向学生推销或者变相推销商品、服务等方式谋取利益的。

（3）拒绝接收具有接受普通教育能力的残疾适龄儿童、少年随班就读的。

（4）分设重点班和非重点班的。

（5）违反本法规定开除学生的。

（6）选用未经审定的教科书的。

（十一）新修订的《义务教育法》为保障义务教育经费问题规定了哪些措施？

（1）为明确义务教育经费总体需求，要求制定有关经费标准。

（2）对义务教育经费保障提出明确目标。

（3）明确义务教育经费来源。

（4）规范义务教育经费的使用和管理，提高经费使用效益。

（十二）新修订的《义务教育法》对制定义务教育经费标准是如何规定的？

（1）按照教职工编制标准。

（2）工资标准。

（3）学校建设标准。

（4）学生人均公用经费标准。及时足额拨付义务教育经费，确保学校的正常运转和校舍安全,确保教职工工资按照规定发放。

(十三) 新修订的《义务教育法》对教育经费保障提出了哪些明确目标?

(1) 各级政府应当将义务教育经费纳入财政预算,按照标准拨付经费,确保学校的正常运转和校舍安全,确保教职工工资按照规定发放。

(2) 各级政府应当确保教育经费"三增长",即:用于实施义务教育财政拨款的增长比例应当高于财政经常性收入的增长比例,保证按照在校学生人数平均的义务教育费用逐步增长,保证义务教育教职工工资和学生人均公用经费逐步增长。

(3) 在以上基础上对公办学校接受义务教育的适龄儿童、少年,不得收取学费,并逐步免收杂费。

(十四) 新修订的《义务教育法》对教育经费的来源是如何规定的?

(1) 义务教育经费投入实行国务院和地方各级人民政府根据职责共同负担,省、自治区、直辖市人民政府负责统筹落实的体制;农村义务教育所需经费,由各级人民政府根据国务院的规定分项目、按比例分担。各级政府以多种方式资助贫困家庭学生接受义务教育,确保其不因经济困难辍学。

(2) 国务院和省、自治区、直辖市人民政府规范财政转移支付制度,加大一般性转移支付规模和规范义务教育专项转移支付,支持和引导地方各级人民政府增加对义务教育的投入。地方各级人民政府确保将上级人民政府的义务教育转移支付资金按照规定用于义务教育。

(十五) 新修订的《义务教育法》对教育经费的使用和管理做了哪些规定?

(1) 地方各级人民政府在财政预算中将义务教育经费单列。

(2) 义务教育经费严格按照预算规定用于义务教育;任何组织和个人不得侵占、挪用义务教育经费,不得向学校非法收取或者摊派费用;政府预决算以及学校收支情况应当向社会公布。

(3) 县级以上人民政府建立健全义务教育经费的审计监督和统计公告制度。

(十六) 新修订的《义务教育法》关于全面推进素质教育做了哪些规定?

(1) 规范教学内容,防止教学过于偏重智育的倾向。第一,学校应当把德育放在首位,使学生养成良好的思想品德和行为习惯。第二,学校应当保证学生的课外活动时间,组织学生开展社会实践、文化娱乐等课外活动。

(2) 严格课程管理。第一,学校和教师应当按照课程设置方案和课程标准开展教育教学活动,不得违反课程设置方案增加或者删减课程。第二,学校应当按照课程设置方案和课程标准实施体育、艺术和综合实践的教学活动,组织开展课外体育活动和艺术活动,提高学生素质。

(3) 明确考核要求。第一,对学校和教师的考核,应当综合考察其完成教育教学任务和培养学生的情况,不得仅以升学率作为考核标准。第二,对学生的考察,应当综合考察德、智、体、美等方面全面发展的情况,不得以考试成绩替代全面考察。第三,义务教育督导不得对学校进行评比,不得以升学率作为督导标准。

(十七) 新修订的《义务教育法》对于合理配置义务教育资源规定了哪些措施?

(1) 在教育经费投入方面:第一,县级政府教育主管部门编制本部门预算向农村学校和城市薄弱学校倾斜。第二,国务院和县级以上地方政府设立专项资金,扶持农村等经济欠发达地区实施义务教育。第三,国家组织支持和鼓励经济发达地区支援经济欠发达地区实施义务教育。

(2) 在师资力量的配置方面:第一,县级政府教育主管部门应当采取措施,促进学校师资力量均衡配置。第二,县级政府教育主管部门应当组织公办学校骨干教师巡回授课,紧缺教师流动教学,公办学校校长和教师流动。第三,各级政府应当引导和鼓励高校毕业生担任义务教育教师,引导和鼓励教师和高校毕业生在农村等经济欠发达地区工作;城市公办学校教师晋升高级职务,应当具有在农村等经济欠发达地区任教一定年限的经历;新聘任的教师应当到农村等经济欠发达地区的学校任教一定年限；国家鼓励高校毕业生以志愿者的方式到农村等经济欠发达地区义务教育学校任教。

（3）在教育资源管理以及监督方面：第一，各级政府及其有关部门应当促进学校均衡发展，不得以任何名义将学校分为重点和非重点。第二，县级以上政府教育主管部门应当定期对不同地区、不同学校实施义务教育的状况进行评估和分析，县级以上政府及其教育主管部门应当采取措施缩小差距。第三，义务教育均衡发展状况应当作为义务教育督导工作的主要内容。

（十八）新修订的《义务教育法》对规范义务教育教科书的编写、出版和发行提出了哪些措施？

（1）减少教科书的种类，保证教科书质量。第一，经国务院教育主管部门认定不需要使用教科书的义务教育课程，不得编写此类课程的教科书。第二，义务教育教科书应当根据国家教育方针和课程标准编写，保证质量。

（2）降低教科书的成本。第一，教科书的内容应当力求精简，精选必备的基础知识、基本技能；凡不符合标准规定的内容不得编入教科书。第二，教科书内容应当保持稳定，未经原审定部门批准，不得修改。第三，教科书在符合国家标准的前提下，应当经济实用。

（3）防止利用教科书非法牟利。第一，任何组织或者个人不得利用教科书选用获取利益。第二，教科书由国务院主管部门根据课程标准确定基准价和浮动幅度。

四、《中华人民共和国未成年人保护法》

（一）《中华人民共和国未成年人保护法》是何时修订和施行的？

《中华人民共和国未成年人保护法》（以下简称《未成年人保护法》）是2006年12月29日经第十届全国人民代表大会常务委员会第二十五次会议修订，于2007年6月1日起施行。

（二）《未成年人保护法》的立法目的是什么？

为了保护未成年人的身心健康，保障未成年人的合法权益，促进未成年人在品德、智力、体质等方面全面发展，培养有理想、有道德、有文化、有纪律的社会主义建设者和接班人，根据《宪法》，制定本法。

（三）未成年人享有哪些权利？

未成年人享有生存权、发展权、受保护权、参与权等权利，国家根据未成年人身心发展特点给予特殊、优先保护，保障未成年人的合法权益不受侵犯。

未成年人享有受教育权，国家、社会、学校和家庭尊重和保障未成年人的受教育权。

未成年人不分性别、民族、种族、家庭财产状况、宗教信仰等，依法平等地享有权利。

（四）保护未成年人的工作应遵循哪些基本原则？

（1）尊重未成年人的人格尊严。

（2）适应未成年人身心发展品德、智力、体质的规律和特点。

（3）教育与保护相结合。

（五）《未成年人保护法》对家庭在保护未成年人方面做了哪些规定？

（1）父母或者其他监护人应当创造良好、和睦的家庭环境，依法履行对未成年人的监护职责和抚养义务。禁止对未成年人实施家庭暴力，禁止虐待、遗弃未成年人，禁止溺婴和其他残害婴儿的行为，不得歧视女性未成年人或者有残疾的未成年人。

（2）父母或者其他监护人应当关注未成年人的生理、心理状况和行为习惯，以健康的思想、良好的品行和适当的方法教育和影响未成年人，引导未成年人进行有益身心健康的活动，预防和制止未成年人吸烟、酗酒、流浪、沉迷网络以及赌博、吸毒、卖淫等行为。

（3）父母或者其他监护人应当学习家庭教育知识，正确履行监护职责，抚养教育未成年人。

（4）父母或者其他监护人应当尊重未成年人受教育的权利，必须使适龄未成年人依法入学接受并完成义务教育，不得使接受义务教育的未成年人辍学。

（5）父母或者其他监护人应当根据未成年人的年龄和智力发展状况，在作出与未成年人权益有关的决定时告知其本人，并听取他们的意见。

（6）父母或者其他监护人不得允许或者迫使未成年人结婚，不得为未成年人订立婚约。

（7）父母因外出务工或者其他原因不能履行对未成年人监护职责的，应当委托有监护能力的其他成年人代为监护。

（六）《未成年人保护法》对学校在保护未成年人方面做了哪些规定？

（1）学校应当全面贯彻国家的教育方针，实施素质教育，提高教育质量，注重培养未成年学生独立思考能力、创新能力和实践能力，促进未成年学生全面发展。

（2）学校应当尊重未成年学生受教育的权利，关心、爱护学生，对品行有缺点、学习有困难的学生，应当耐心教育、帮助，不得歧视，不得违反法律和国家规定开除未成年学生。

（3）学校应当根据未成年学生身心发展的特点，对他们进行社会生活指导、心理健康辅导和青春期教育。

（4）学校应当与未成年学生的父母或者其他监护人互相配合，保证未成年学生的睡眠、娱乐和体育锻炼时间，不得加重其学习负担，不得延长在校学习时间。

（5）学校、幼儿园、托儿所的教职员工应当尊重未成年人的人格尊严，不得对未成年人实施体罚、变相体罚或者其他侮辱人格尊严的行为。

（6）学校、幼儿园、托儿所应当建立安全制度，加强对未成年人的安全教育，采取措施保障未成年人的人身安全。

（7）教育行政等部门和学校、幼儿园、托儿所应当根据需要，制订应对各种灾害、传染性疾病、食物中毒、意外伤害等突发事件的预案，配备相应设施并进行必要的演练，增强未成年人的自我保护意识和能力。

（8）学校对未成年学生在校内或者本校组织的校外活动中发生人身伤害事故的，应当及时救护，妥善处理，并及时向有关主管部门报告。

（9）对于在学校接受教育的有严重不良行为的未成年学生，学校和父母或者其他监护人应当互相配合加以管教；无力管教或者管教无效的，可以按照有关规定将其送专门学校继续接受教育。

（七）专门学校对有严重不良行为的未成年学生进行教育时有哪些要求？

（1）专门学校应当对在校就读的未成年学生进行思想教育、文化教育、纪律和法制教育、劳动技术教育和职业教育。

（2）专门学校的教职员工应当关心、爱护、尊重学生，不得歧视、厌弃、放弃等。

（八）《未成年人保护法》对社会在保护未成年人方面做了哪些规定？

1. 保护未成年人的安全和健康

具体要求是：生产、销售用于未成年人的食品、药品、玩具、用具和游乐设施等，应当符合国家标准或者行业标准，不得有害于未成年人的安全和健康；禁止向未成年人出售烟酒，经营者应当在显著位置设置不向未成年人出售烟酒的标志；任何人不得在中小学校、幼儿园、托儿所的教室、寝室、活动室和其他未成年人集中活动的场所吸烟、饮酒；任何组织或者个人不得招用未满16周岁的未成年人，按照国家有关规定招用已满16周岁未满18周岁的未成年人的，应当执行国家在工种、劳动时间、劳动强度和保护措施等方面的规定，不得安排其从事过重、有毒、有害等危害未成年人身心健康的劳动或者危险作业。

2. 保护未成年人心理和思想的健康成长

具体要求是：国家鼓励社会团体、企业事业组织以及其他组织和个人，开展多种形式的有利于未成年人健康成长的社会活动；建立和改善适合未成年人文化生活需要的活动场所和设施，鼓励社会力量兴办适合未成年人的活动场所，并加强管理；爱国主义教育基地、图书馆、青少年宫、儿童活动中心应当对未成年人免费开放；博物馆、纪念馆、科技馆、展览馆、美术馆、文化馆以及影剧院、体育场馆、动物园、公园等场所，应当按照有关规定对未成年人免费或者优惠开放；国家鼓励新闻、出版、信息产业、广播、电影、电视、文艺等单位和作家、艺术家、科学家以及其他公民，创作或者提供有利于未成年人健康成长的作品；禁止任何组织、个人制作或者向未成年人出售、出租或者以其他方式传播淫秽、暴力、凶杀、恐怖、赌博等毒害未成年人的图书、报刊、音像制品、电子出版物以及网络信息等；中小学校园周边不得设置营业性歌舞娱乐场所、互联网上网服务营业场所等不适宜未成年人活动的场所；国家采取措施，预防未成年人沉迷网络。

3. 保护未成年人的各种合法权益

具体要求是：各级人民政府应当保障未成年人受教育的权利，并采取措施保障家庭经济困难的、残疾的和流动人口中的未成年人等接受义务教育；任何组织或者个人不得披露未成年人的个人隐私；对未成年人的信件、日记、电子邮件，任何组织或者个人不得隐匿、毁弃；禁止拐卖、绑架、虐待未成年人，禁止对未成年人实施性侵害；公安机关应当采取有力措施，依法维护校园周边的治安和交通秩序，预防和制止侵害未成年人合法权益的违法犯罪行为；国家依法保护未成年人的智力成果和荣誉权不受侵犯；未成年人的合法权益受到侵害的，被侵害人及其监护人或者其他组织和个人有权向有关部门投诉，有关部门应当依法及时处理。

（九）《未成年人保护法》对司法部门在保护未成年人方面做了哪些规定？

（1）公安机关、人民检察院、人民法院以及司法行政部门，应当依法履行职责，在司法活动中保护未成年人的合法权益。

（2）未成年人的合法权益受到侵害，依法向人民法院提起诉讼的，人民法院应当依法及时审理，并适应未成年人生理、心理特点和健康成长的需要，保障未成年人的合法权益；在司法活动中对需要法律援助或者司法救助的未成年人，法律援助机构或者人民法院应当给予帮助，依法为其提供法律援助或者司法救助。

（3）人民法院审理继承案件，应当依法保护未成年人的继承权和受遗赠权。人民法院审理离婚案件，涉及未成年子女抚养问题的，应当听取有表达意愿能力的未成年子女的意见，根据保障子女权益的原则和双方具体情况依法处理。

（4）父母或者其他监护人不履行监护职责或者侵害被监护的未成年人的合法权益，经教育不改的，人民法院可以根据有关人员或者有关单位的申请，撤销其监护人的资格，依法另行指定监护人。被撤销监护资格的父母应当依法继续负担抚养费用。

（5）对违法犯罪的未成年人，实行教育、感化、挽救的方针，坚持教育为主、惩罚为辅的原则。对违法犯罪的未成年人，应当依法从轻、减轻或者免除处罚。

（6）公安机关、人民检察院、人民法院办理未成年人犯罪案件和涉及未成年人权益保护案件，应当照顾未成年人身心发展特点，尊重他们的人格尊严，保障他们的合法权益，并根据需要设立专门机构或者指定专人办理。

（7）公安机关、人民检察院讯问未成年犯罪嫌疑人，询问未成年证人、被害人，应当通知监护人到场。在办理未成年人遭受性侵害的刑事案件时，应当保护被害人的名誉。

（8）对羁押、服刑的未成年人，应当与成年人分别关押；羁押、服刑的未成年人没有完成义务教育的，应当对其进行义务教育；解除羁押、服刑期满的未成年人的复学、升学、就业不受歧视。

（十）对未成年人犯罪应如何处理？

对未成年人犯罪的处理，我国《宪法》规定如下：

（1）不满14周岁的未成年人，对任何犯罪都不负刑事责任，责令其家长看管或由少管所教养。

（2）已满14周岁不满16周岁的未成年人，犯杀人、重伤、抢劫、放火、惯窃或其他严重破坏社会秩序罪的负刑事责任。

（3）已满14周岁不满18周岁的未成年人犯罪，应当从轻或者减轻处罚。

（4）已满14周岁的未成年人犯罪的，因不满16周岁不予刑事处罚的，责令家长或其他监护人加以管教，必要时也可以由政府收容教养。

（十一）《未成年人保护法》规定，侵犯未成年人合法权益应当承担什么责任？

《未成年人保护法》规定，侵犯未成年人合法权益应当承担的责任主要包括刑事责任、民事责任和行政责任。

（十二）《未成年人保护法》中有关法律责任的内容有哪些？

（1）国家机关及其工作人员不依法履行保护未成年人合法权益的责任，或者侵害未成年人合法权益，或者对提出申诉、控告、检举的人进行打击报复的，由其所在单位或上级机关责令改正，对直接负责的主管人员和其他直接责任人员依法给予行政处分。

（2）父母或者其他监护人不依法履行监护职责，或者侵害未成年人合法权益的，由其所在单位或者居民委员会、村民委员会予以劝诫、制止；构成违反治安管理行为的，由公安机关依法给予行政处罚。

（3）学校、幼儿园、托儿所侵害未成年人合法权益的，由教育行政部门或者其他有关部门责令改正；情节严重的，对直接负责的主管人员和其他直接责任人员依法给予处分。

学校、幼儿园、托儿所教职员工对未成年人实施体罚、变相体罚或者其他侮辱人格行为的，由其所在单位或者上级机关责令改正；情节严重的，依法给予处分。

（4）制作或者向未成年人出售、出租或者以其他方式传播淫秽、暴力、凶杀、恐怖、赌博等图书、报刊、音像制品、电子出版物以及网络信息等的，由主管部门责令改正，依法给予行政处罚。

（5）生产、销售用于未成年人的食品、药品、玩具、用具和游乐设施不符合国家标准或者行业标准，或者没有在显著位置标明注意事项的，由主管部门责令改正，依法给予行政处罚。

（6）在中小学校园周边设置营业性歌舞娱乐场所、互联网上网服务营业场所等不适宜未成年人活动的场所的，由主管部门予以关闭，依法给予行政处罚。

营业性歌舞娱乐场所、互联网上网服务营业场所等不适宜未成年人活动的场所允许未成年人进入，或者没有在显著位置设置未成年人禁入标志的，由主管部门责令改正，依法给予行政处罚。

（7）向未成年人出售烟酒，或者没有在显著位置设置不向未成年人出售烟酒标志的，由主管部门责令改正，依法给予行政处罚。

（8）非法招用未满16周岁的未成年人，或者招用已满16周岁的未成年人从事过重、有毒、有害等危害未成年人身心健康的劳动或者危险作业的，由劳动保障部门责令改正，处以罚款；情节严重的，由工商行政管理部门吊销营业执照。

（9）侵犯未成年人隐私，构成违反治安管理行为的，由公安机关依法给予行政处罚。

（10）未成年人救助机构、儿童福利机构及其工作人员不依法履行对未成年人的救助保护职责，或者虐待、歧视未成年人，或者在办理收留抚养工作中牟取利益的，由主管部门责令改正，依法给予行政处分。

(11) 胁迫、诱骗、利用未成年人乞讨或者组织未成年人进行有害其身心健康的表演等活动的,由公安机关依法给予行政处罚。

五、《中小学教师职业道德规范》

(一)《中小学教师职业道德规范》是何时颁发的?

《中小学教师职业道德规范》(以下简称《规范》)是2008年9月,由教育部、中国教科文卫体工会全国委员会联合颁发的。

(二)《规范》修订的基本原则是什么?

(1) 坚持"以人为本"。
(2) 坚持继承与创新相结合。
(3) 坚持广泛性与先进性相结合。
(4) 倡导性要求与禁行性规定相结合。
(5) 他律与自律相结合。

(三)《规范》的主要内容和特点是什么?

(1) "爱国守法",这是教师职业的基本要求。
(2) "爱岗敬业",这是教师职业的本质要求。
(3) "关爱学生",这是师德的灵魂。
(4) "教书育人",这是教师的天职。
(5) "为人师表",这是教师职业的内在要求。
(6) "终身学习",这是教师专业发展的要求。

(四)如何全面准确地理解《规范》?

《规范》的基本内容是在继承优秀师德传统的基础上,根据教师职业的责任与义务作出的,充分反映了新形势下经济、社会和教育发展对中小学教师应具有的道德品质和职业行为的最基本要求。《规范》对教师的职业道德起指导作用,是调节教师与学生、教师与教师、教师与学校、教师与国家、教师与社会相互关系的基本行为准则。

《规范》的许多内容是《教师法》等法律法规相关条文的具体化。但《规范》不是强制性的法律,而是教师行业性的纪律,是倡导性的要求,同时具有广泛性、针对性和现实性。如新《规范》中写入"保护学生安全",这是由中小学教师职业特点所决定的,中小学教师面对的是自我保护能力弱的儿童和少年。对于未成年人群体,教师应当负有保护的必要责任。《教师法》在教师义务有关条款中规定:关心爱护全体学生,制止有害学生的行为或者其他侵犯学生合法权益的行为。但"保护学生安全"也并非意味着教师承担无限责任,需要根据具体情境和实际情况,依法作出具体界定。

《规范》中的禁行性规定是针对当前教师职业行为中存在的共性问题和突出问题,也是社会反映比较集中的问题而提出的,如"不以分数作为评价学生的唯一标准""自觉抵制有偿家教"等,但禁行性规定也并非包括了教师职业行为中存在的所有问题。一个阶段提出一些阶段性的、可操作性、具体化的要求,能够使学校和教师在教育教学过程中,明确要求,有规可依,有章可循,规范教师职业行为,不断提高促进师德水平。

(五)《规范》中对"爱国守法"是如何规定的?

"爱国守法"的具体内容是:热爱祖国,热爱人民,拥护中国共产党领导,拥护社会主义。全面贯彻国家教育方针,自觉遵守教育法律法规,依法履行教师职责权利。不得有违背党和国家方针政策的言行。

（六）《规范》中对"爱岗敬业"是如何规定的？

"爱岗敬业"的具体内容是：忠诚于人民教育事业，志存高远，勤恳敬业，甘为人梯，乐于奉献。对工作高度负责，认真备课上课，认真批改作业，认真辅导学生。不得敷衍塞责。

（七）《规范》中对"关爱学生"是如何规定的？

"关爱学生"的具体内容是：关心爱护，全体学生，尊重学生人格，平等公正对待学生。对学生严慈相济，做学生良师益友。保护学生安全，关心学生健康，维护学生权益。不讽刺、挖苦、歧视学生，不体罚或变相体罚学生。

（八）《规范》中对"教书育人"是如何规定的？

"教书育人"的具体内容是：遵循教育规律，实施素质教育。循循善诱，诲人不倦，因材施教。培养学生良好品行，激发学生创新精神，促进学生全面发展。不以分数作为评价学生的唯一标准。

（九）《规范》中对"为人师表"是如何规定的？

"为人师表"的具体内容是：坚守高尚情操，知荣明耻，严于律己，以身作则。衣着得体，语言规范，举止文明。关心集体，团结协作，尊重同事，尊重家长。作风正派，廉洁奉公。自觉抵制有偿家教，不利用职务之便牟取私利。

（十）《规范》中对"终身学习"是如何规定的？

"终身学习"的具体内容是：崇尚科学精神，树立终身学习理念，拓宽知识视野，更新知识结构。潜心钻研业务，勇于探索创新，不断提高专业素养和教育教学水平。

六、《未成年人思想道德建设实施纲要》

（一）《未成年人思想道德建设实施纲要》是何时颁布的？

《未成年人思想道德建设实施纲要》是2004年3月22日由中共中央国务院颁布的。

（二）为什么要加强和改进未成年人思想道德建设？

（1）未成年人是祖国未来的建设者，是中国特色社会主义事业的接班人。

（2）面对国际国内形势的深刻变化，未成年人思想道德建设既面临新的机遇，也面临严峻挑战。

（3）面对新的形势和任务，未成年人思想道德建设工作还存在许多不适应的地方和亟待加强的薄弱环节。

（4）实现中华民族的伟大复兴，需要一代又一代人的不懈努力。

（三）加强和改进未成年人思想道德建设应遵循哪些原则？

（1）坚持与培育"四有"新人的目标相一致、与社会主义市场经济相适应、与社会主义法律规范相协调、与中华民族传统美德相承接的原则。

既要体现优良传统，又要反映时代特点，始终保持生机与活力。

（2）坚持贴近实际、贴近生活、贴近未成年人的原则。

既要遵循思想道德建设的普遍规律，又要适应未成年人身心成长的特点和接受能力，从他们的思想实际和生活实际出发，深入浅出，寓教于乐，循序渐进。多用鲜活通俗的语言，多用生动典型的事例，多用喜闻乐见的形式，多用疏导的方法、参与的方法、讨论的方法，进一步增强工作的针对性和实效性，增强吸引力和感染力。

（3）坚持知与行相统一的原则。

既要重视课堂教育，更要注重实践教育、体验教育、养成教育，注重自觉实践、自主参与，引导未成年人在学习道德知识的同时，自觉遵循道德规范。

（4）坚持教育与管理相结合的原则。

不断完善思想道德教育与社会管理、自律与他律相互补充和促进的运行机制，综合运用教育、法律、行政、舆论等手段，更有效地引导未成年人的思想，规范他们的行为。

（四）加强和改造未成年人思想道德建设的主要任务是什么？

1. 从增强爱国情感做起，弘扬和培育以爱国主义为核心的伟大民族精神

深入进行中华民族优良传统教育和中国革命传统教育、中国历史特别是近现代史教育，引导广大未成年人认识中华民族的历史和传统，了解近代以来中华民族的深重灾难和中国人民进行的英勇斗争，从小树立民族自尊心、自信心和自豪感。

2. 从确立远大志向做起，树立和培育正确的理想信念

进行中国革命、建设和改革开放的历史教育与国情教育，引导广大未成年人正确认识社会发展规律，正确认识国家的前途和命运，把个人的成长进步同中国特色社会主义伟大事业、同祖国的繁荣富强紧密联系在一起，为担负起建设祖国、振兴中华的光荣使命做好准备。

3. 从规范行为习惯做起，培养良好道德品质和文明行为

大力普及"爱国守法、明礼诚信、团结友善、勤俭自强、敬业奉献"的基本道德规范，积极倡导集体主义精神和社会主义人道主义精神，引导广大未成年人牢固树立心中有祖国、心中有集体、心中有他人的意识，懂得为人做事的基本道理，具备文明生活的基本素养，学会处理人与人、人与社会、人与自然等基本关系。

4. 从提高基本素质做起，促进未成年人的全面发展

努力培育未成年人的劳动意识、创造意识、效率意识、环境意识和进取精神、科学精神以及民主法制观念，增强他们的动手能力、自主能力和自我保护能力。引导未成年人保持蓬勃朝气、旺盛活力和昂扬向上的精神状态，激励他们勤奋学习、大胆实践、勇于创造，使他们的思想道德素质、科学文化素质和健康素质得到全面提高。

（五）如何广泛深入开展未成年人道德实践活动？

1. 思想道德建设是教育与实践相结合的过程

要按照实践育人的要求，以体验教育为基本途径，区分不同层次未成年人的特点，精心设计和组织开展内容鲜活、形式新颖、吸引力强的道德实践活动。各种道德实践活动都要突出思想内涵，强化道德要求，并与丰富多彩的兴趣活动和文体活动结合起来，注意寓教于乐，满足兴趣爱好，使未成年人在自觉参与中思想感情得到熏陶，精神生活得到充实，道德境界得到升华。

2. 要抓住时机，整合资源，集中开展思想道德主题宣传教育活动

各种法定节日、传统节日、革命领袖、民族英雄、杰出名人等历史人物的诞辰和逝世纪念日，建党纪念日、红军长征、辛亥革命等重大历史事件纪念日，"九一八""南京大屠杀"等国耻纪念日，以及未成年人的入学、入队、入团、成人宣誓等有特殊意义的重要日子，都蕴藏着宝贵的思想道德教育资源。要组织丰富多彩的主题班会、队会、团会，举行各种庆祝、纪念活动和必要的仪式，引导未成年人弘扬民族精神，增进爱国情感，提高道德素养。

要运用各种方式向广大未成年人宣传介绍古今中外的杰出人物、道德楷模和先进典型，激励他们崇尚先进、学习先进。通过评选三好学生、优秀团员和少先队员、先进集体等活动，为未成年人树立可亲、可信、可敬、可学的榜样，让他们从榜样的感人事迹和优秀品质中受到鼓舞、汲取力量。

（六）如何加强以爱国主义教育基地为重点的未成年人活动场所的建设、使用和管理？

1. 充分发挥爱国主义教育基地对未成年人的教育作用

各类博物馆、纪念馆、展览馆、烈士陵园等爱国主义教育基地，要创造条件对全社会开放，对中小学生集体参观一律实行免票，对学生个人参观可实行半票。要采取聘请专业人才、招募志愿者等方式建立专兼职结合的辅导员队伍，为未成年人开展参观活动服务。

2. 要加强青少年宫、儿童活动中心等未成年人专门活动场所的建设和管理

已有的未成年人专门活动场所，要坚持把社会效益放在首位，坚持面向未成年人服务未成年人的宗旨，积极开展教育、科技、文化、艺术、体育等未成年人喜闻乐见的活动，把思想道德建设内容融于其中，充分发挥对未成年人的教育引导功能。要深化内部改革，增强自身发展活力，不断提高社会服务水平。同时，各级政府要把未成年人活动场所建设纳入当地国民经济和社会事业发展总体规划。大城市要逐步建立布局合理、规模适当、功能配套的市、区、社区未成年人活动场所。中小城市要因地制宜重点建好市级未成年人活动场所。有条件的城市要辟建少年儿童主题公园。经过三至五年的努力，要做到每个县都有一所综合性、多功能的未成年人活动场所。各地在城市建设、旧城改造、住宅新区建设中，要配套建设可向未成年人开放的基层活动场所，特别是社区活动场所。有关部门要对已建的未成年人活动场所进行认真清理整顿，名不副实的要限期改正，被挤占、挪用、租借的要限期退还。图书馆、文化馆（站）、体育场（馆）、科技馆、影剧院等场所，也要发挥教育阵地的作用，积极主动地为未成年人开展活动创造条件。

3. 全社会都要积极参与未成年人活动场所的建设

属于公益性文化事业的未成年人校外活动场所建设和运行所需资金，地方各级人民政府要予以保证，中央可酌情对全国重点爱国主义教育基地以及中西部地区和贫困地区的未成年人活动设施建设，予以一定补助。要在国家彩票公益金中安排一定数额资金，用于未成年人活动场所建设。国家有关部门和地方各级人民政府要制定优惠政策，吸纳社会资金，鼓励、支持社会力量兴办未成年人活动场所。

（七）如何积极营造有利于未成年人思想道德建设的社会氛围？

1. 各类大众传媒都要增强社会责任感，为加强和改进未成年人思想道德建设创造良好舆论氛围

各类大众传媒都要把推动未成年人思想道德教育作为义不容辞的职责，要发挥各自优势，积极制作、刊播有利于未成年人身心健康的公益广告，增加数量，提高质量，扩大影响。各级电台、电视台都要开设和办好少儿专栏或专题节目。中央电视台要进一步办好少儿频道，各地要切实抓好中央电视台少儿频道的落地、覆盖工作。省（区、市）和副省级城市电视台要创造条件逐步开设少儿频道。少儿节目要符合少年儿童的欣赏情趣，适应不同年龄层次少年儿童的欣赏需求，做到知识性、娱乐性、趣味性、教育性相统一。各类报刊要热心关注未成年人思想道德建设，加强宣传报道。面向未成年人的报纸、刊物和其他少儿读物，要把向未成年人提供更好的精神食粮作为自己的神圣职责，努力成为未成年人开阔眼界、提高素质的良师益友和陶冶情操、愉悦身心的精神园地。

加强少年儿童影视片的创作生产，积极扶持国产动画片的创作、拍摄、制作和播出，逐步形成具有民族特色、适合未成年人特点、展示中华民族优良传统的动画片系列。积极探索与社会主义市场经济发展相适应的少年儿童电影发行、放映工作新路子，形成少年儿童电影的发行、放映的新路子。

2. 各类互联网站都要充分认识所肩负的社会责任，积极传播先进文化，倡导文明健康的网络风气

重点新闻网站和主要教育网站要发挥主力军作用，开设未成年人思想道德教育的网页、专栏，组织开展各种形式的网上思想道德教育活动。在有条件的校园和社区内，要有组织地建设一批非营业性的互联网上网服务场所，为未成年人提供健康有益的绿色网上空间。信息产业等有关部门要制定相关政策，积极推进这项工作。学校要加强对校园网站的管理，规范上网内容，充分发挥其思想道德教育的功能。要遵循网络特点和网上信息传播规律，充分考虑未成年人的兴

趣爱好,加强网上正面宣传,唱响主旋律,打好主动仗,为广大未成年人创造良好的网络文化氛围。

3. 有关部门要做好未成年人优秀读物和视听产品的制作、监督等管理工作

有关部门要充分考虑未成年人成长进步的需求,精心策划选题,创作、编辑、出版并积极推荐一批知识性、趣味性、科学性强的图书、报刊、音像制品和电子出版物等未成年人读物和视听产品。有关部门要继续做好面向未成年人的优秀影片、歌曲和图书的展演、展播、推介工作,使他们在学习娱乐中受到先进思想文化的熏陶。要积极鼓励、引导、扶持软件开发企业,开发和推广弘扬民族精神、反映时代特点、有益于未成年人健康成长的游戏软件产品。

要积极推进全国文化信息资源共享工程建设,让健康的文化信息资源通过网络进入校园、社区、乡村、家庭,丰富广大未成年人的精神文化生活。

4. 要积极推动少儿文化艺术繁荣健康发展

加强少儿文艺创作、表演队伍建设,注重培养少儿文艺骨干力量。鼓励作家、艺术家肩负起培养和教育下一代的历史责任,多创作思想内容健康、富有艺术感染力的少儿作品。加大政府对少儿艺术演出的政策扶持力度,增强少儿艺术表演团体发展活力。文化、教育、共青团、妇联、文联、作协等有关职能部门和人民团体要认真履行各自的职责,党委宣传部门要加强指导协调,大力繁荣和发展少儿文化艺术。

(八) 如何净化未成年人的成长环境?

1. 加强文化市场监管

坚持不懈地开展"扫黄""打非"斗争,加强文化市场监管,坚决查处传播淫秽、色情、凶杀、暴力、封建迷信和伪科学的出版物。严格审查面向未成年人的游戏软件内容,查处含有诱发未成年人违法犯罪行为和恐怖、残忍等有害内容的游戏软件产品。制定相关法规,加强对玩具、饰品制作销售的监管,坚决查处宣扬色情和暴力的玩具、饰品。严格未成年人精神文化产品的进口标准,严把进口关,既要有选择地把世界各国的优秀文化产品介绍进来,又要防止境外有害文化的侵入。

2. 加强对互联网上网服务营业场所和电子游戏经营场所的管理

严格执行《互联网上网服务营业场所管理条例》,要按照取缔非法、控制总量、加强监管、完善自律、创新体制的要求,切实加强对网吧的整治和管理。认真落实未成年人不得进入营业性网吧的规定,落实在网吧终端设备上安装封堵色情等不健康内容的过滤软件,有效打击违法行为。推广绿色上网软件,为家长监管未成年人在家庭中的上网行为提供有效技术手段。各有关部门要依法治理利用电子邮件、手机短信等远程通信工具和群发通信传播有害信息、危害未成年人身心健康的违法行为。加强对营业性歌舞娱乐场所、电子游艺厅、录像厅等社会文化场所的管理。认真落实《互联网上网服务营业场所管理条例》和国务院办公厅转发文化部等部门《关于开展电子游戏经营场所专项治理意见的通知》《关于开展网吧等互联网上网服务营业场所专项整治意见的通知》规定,进一步优化校园周边环境,中小学校园周边200米内不得有互联网上网服务营业场所和电子游戏经营场所,不得在可能干扰学校教学秩序的地方设立经营性娱乐场所。

(九) 如何切实加强对未成年人思想道德建设工作的领导?

(1) 建立起有效的党委负责制度和全社会参与的机制。

(2) 加强沟通,通力合作,形成有效的监督体系。

(3) 加强宣传与教育,提高各级领导的思想意识。

2017年上半年（中学）教育教学知识与能力真题及参考答案

一、单项选择题（本大题共21小题，每小题2分，共42分）

1. 在教育史上，重视实科教育，主张学生学习的自觉性，强调教育为完美生活做准备的教育家是（　　）。
   A. 夸美纽斯　　B. 赫尔巴特　　C. 斯宾塞　　D. 杜威

2. 在儿童身心发展存在着不同的发展期，某一时期某一方面的发展特别迅速而在其他阶段相对平稳。这一现象体现了儿童身心发展的（　　）阶段。
   A. 顺序性　　　　　　　　　　B. 阶段性
   C. 个别差别差异性　　　　　　D. 不平衡性

3. 明确提出"长善救失""教学相长""不陵节而施""臧息相辅"等重要的思想的文献是（　　）。
   A. 《论语》　　B. 《学记》　　C. 《孟子》　　D. 《大学》

4. 在教育目的的价值取向问题上，主张教育是为了使人增长智慧，发展才能，生活更加从充实幸福的观点属于（　　）。
   A. 个人本位论　　B. 社会本位论　　C. 知识本位论　　D. 能力本位论

5. 世界各国的学制存在着差异，但在入学年龄、中小学分段等方面却又较高的一致性。这说明学制的建立主要依据（　　）。
   A. 社会政治经济制度　　　　　　B. 生产力发展水平
   C. 青少年身心发展规律　　　　　D. 名族和文化传统

6. 学生在小学教学课程中通过测量或拼图学习三角形的内角和为180度，在中学教学课程中通过证明学习三角形的内角和为180度。这种课程内容的组织形式是（　　）。
   A. 直线式　　B. 螺旋式　　C. 纵向式　　D. 横线式

7. 某沿海城市在义务教育阶段的学校全面开设海洋教育课程，这种课程属于（　　）。
   A. 国家课程　　B. 地方课程　　C. 校本课程　　D. 生本课程

8. 李老师在语文课上，按照组织教学，检查复习，讲授新教材，巩固新教材，布置课外作业的程序进行教学。这体现了（　　）的结构。
   A. 单一课　　B. 综合课　　C. 练习课　　D. 复习课

9. 古希腊哲学家苏格拉底创立了"产婆术"。它体现的主要教学方法是（　　）。
   A. 讲授法　　B. 讨论法　　C. 谈话法　　D. 演示法

10. 有同学在班上丢了30元压岁钱，如何解决这个问题呢？王老师通过讲"负荆请罪"的故事，教育拿了钱的同学像廉颇将军一样知错能改，不久犯错误的同学把钱偷偷地归还了失主。王老师采用的德育方法是（　　）。
    A. 榜样示范法　　　B. 品德评价法　　　C. 实际锻炼法　　　D. 个人修养法

11. 班主任陈老师通过生杏的酸涩和熟杏的香甜来教育一位早恋的初三女生，告诉她，谈恋爱和吃杏子是一样的道理。中学生还没有生长成熟，此时若谈恋爱，就如同吃生杏子一般，只能又苦又涩；只有到成熟后再去品尝，才会香甜可口，无比幸福。从而使这位女生从早恋中走了出来。这体现了德育的（　　）原则。
    A. 知行统一原则　　B. 长善救失原则　　C. 有的放矢原则　　D. 疏导原则

12. 学习游泳之前，小兰通过阅读书籍记住了一些与游泳相关的知识。小兰对游泳知识的记忆是（　　）。
    A. 陈述性记忆　　　B. 程序性记忆　　　C. 瞬时记忆　　　D. 短时记忆

13. 小军由于对"锐角三角形"知识掌握不好而影响了"钝角三角形"知识的掌握，这种现象属于（　　）。
    A. 纵向迁移　　　　B. 横向迁移　　　　C. 顺应迁移　　　　D. 重组迁移

14. 小马上课时害怕回答问题，他发现自己坐在教室后排时可减少老师提问的次数，于是，他总坐在教室后排，下列的（　　）方式导致了小马愿意坐在后排。
    A. 正强化　　　　　B. 负强化　　　　　C. 延迟强化　　　　D. 替代强化

15. 小星判断道德问题时，不仅能依据规则，而且能出于同情和关心作出判断，根据皮亚杰道德认知发展理论，小星的道德认知发展处于（　　）。
    A. 自我中心阶段　　B. 权威阶段　　　　C. 可逆阶段　　　　D. 公正阶段

16. 中学生晓楠极端争抢好胜，性格急躁，富有竞争意识，外向，常常处于紧张状态，很难使自己放松，小楠的人格属于（　　）。
    A. A型人格　　　　B. B型人格　　　　C. C型人格　　　　D. D型人格

17. 小强期中考试失利，但是他没有气馁，而是认真分析了失败原因，找到了问题，确定了新的方向，小强这种对待挫折的方式是（　　）。
    A. 宣泄　　　　　　B. 升华　　　　　　C. 补偿　　　　　　D. 认知重组

18. 中学生小艾上学前总是反复检查书包，如果不检查，他就难受，明知该带的文具都带了，就是控制不住，小强的这种症状是（　　）。
    A. 抑郁症　　　　　B. 焦虑症　　　　　C. 强迫症　　　　　D. 恐惧症

19. 华老师认为课堂管理是教学的一部分，课堂管理本身可以教给学生一些行为准则，使学生从他律走向自律，使学生逐步走向成熟，这主要说明课堂管理具有（　　）功能。
    A. 维持功能　　　　B. 导向功能　　　　C. 发展功能　　　　D. 调节功能

20. 每学期开学前，王老师总是根据自己所教班级人数、课时量以及备课资料知否充分等来安排自己的教学方式与教学进度，根据福勒与布朗的观点，王老师处于教师成长的（　　）阶段。
    A. 关注生存　　　　B. 关注情境　　　　C. 关注学生　　　　D. 关注自我

21. 李老师经常自觉地对自己的讲课过程进行分析，进行全面深入的归纳和总结，不断地改善教学行为，提高教学水平，李老师的做法基于（　　）专业发展方式。
    A. 教学实施　　　　B. 教学研究　　　　C. 自我发展　　　　D. 教学反思

二、辨析题（本大题共4题，每小题8分，共32分，判断正误，并说出判断理由）

22. 教育具有自身的发展规律，不受社会发展的制约。

23. 知识越多，能力越强。
24. 接受学习一定是意义学习。
25. 根据科尔伯格的观点，道德发展的阶段性是固定的，相同年龄阶段的人都能达到同样的发展水平。

三、简答题（本大题共4小题，每小题10分，共40分）
26. 简述班主任培养班集体的主要方法。
27. 简述我国新一轮基础教育课程改革的具体目标。
28. 简述短时记忆特点。
29. 简述学校心理辅导的原则。

四、材料分析题（本大题共2小题，每小题18分，共36分，阅读材料，并回答问题）
30. 材料：周老师总是认真地给学生写评语，把它作为教育学生的途径。他给班上一名淘气学生写了一首打油诗："小赵同学有头脑。就是不爱用正道；上课爱做小动作，插话接话瞎胡闹；学习态度不大好，学习成绩不大妙；你若聪明应知道，有才不用是草包，劝你来期赶紧改，否则成绩更糟糕。"小赵阅后哈哈大笑，也回老师一打油诗："老师写得好，老师写得妙；小赵一定改，决不当草包；不做小动作，头脑用正道；若是做不好，随你老师敲！"

小张迷恋电脑游戏，周老师用心良苦，巧妙把他比喻为电脑，给他的评语是："该主机硬盘超过80G，内存2G，运行绝大多数游戏非常流畅，反应灵敏；显卡强大，画面质量甚高；整体配置非常优良，但该机音效设定不良，常常该发声时没有声音，要安静时却发出杂音；另外屏保时间设定过短，老师一分钟没操作，就进入休眠状态，修理修理，还是好用的。"后来，小张改掉了迷恋游戏的毛病，对电脑硬件也产生了兴趣。

小黄语文水平高，但有些浮躁，周老师给他的评语如下："汝生于书香门第，通达明理，开朗乐观，时有非常之事，亦曾处之泰然，好学善守。然汝时有蹉跎之意，数情烦甚。若不熟读圣贤之书，以致学识浅薄，泯然众人，岂不哀哉，痛哉！"小黄阅后，心服口服，决心静下来，坚持勤奋读书。

问题：
（1）周老师给学生写的评语体现了那些德育原则？
（2）请结合材料加以分析。

31. 材料：小明和小罗今年高三，是一对好朋友。两人在处理问题的认知风格方面有较大差异。小明在学习上遇到问题时，常常利用个人经验独立地对其进行判断，喜欢用概括与逻辑的方式分析问题，很少受到同学与老师建议的影响。而小罗遇到问题时的表现常常与小明相反，他更愿意倾听老师和同学们的建议，并以他们的建议作为分析问题的依据。另外，他还善于察言观色，关注社会问题。

问题：（1）结合材料分析小明和小罗的认知风格差异。
（2）假如你是他们的老师，如何根据认知风格差异展开教学？

参考答案及解析

一、单项选择题

1. 答案：C。【解析】斯宾塞是19世纪英国著名的教育理论家，其代表作是《教育论》，其教育观点包括以下几点：（1）教育目的是为未来"完美生活"做准备的，因此，他明确要求必须教给学生有价值的知识；（2）主张用实践的方法研究知识的价值，强调实用学科的重要性。

2. 答案：D。【解析】人的发展的不均衡性是指同一方面的发展速度在不同的年龄阶段不是均衡的，不同的年龄阶段有不同的发展速度。题目中儿童某一方面的发展特别迅速而在其他阶段相对平衡，体现的正是发展的不平衡性。

3. 答案：B。【解析】《学记》是中国也是世界上最早的一篇论述教育教学的论著。文中明确提出了"长善救失""教学相长""不陵节而施""藏息相辅"等重要思想等。

4. 答案：A。【解析】个人本位论认为教育的目的是根据个人发展需要而制定的，而不是根据社会需要而制定的；人生来就有健全的本能；教育的基本职能就是使这种本能不受影响地得到发展。

5. 答案：C。【解析】人的身心发展特点是确定各级各类教育目的（或培养目标）的不可忽视的重要依据。人在不同的年龄阶段，其身心发展特点和水平是有所不同，在教育目的转化为各级各类的培养目标时，就必须以此为依据，这样才能使实际教育活动符合学生身心发展的特点和水平。

6. 答案：B。【解析】题目考查的是教材的组织方式。螺旋式排列根据学习者的接受能力，按照繁简和难易的程度，使一科教材内容的某些基本原理重复出现，逐步扩展，螺旋上升。

7. 答案：B。【解析】地方课程是由地方根据国家的教育方针制定课程管理政策和课程计划，在关注学生共同发展的同时，结合本地优势和传统，充分利用本地的课程资源，直接反映当地社会、经济、文化发展状况，自主开发实施并管理的课程。

8. 答案：A。【解析】单一课是指一节课内主要完成一种任务的课，可分为新授课、巩固课、联系课和检查课等；综合课是指一节课内完成两种以上的教学任务。

9. 答案：B。【解析】苏格拉底以其雄辩和与青年才智的讨论法著名，讨论法又称为"产婆术"，它由讽喻法、归纳法、助产法等组成。

10. 答案：A。【解析】榜样示范法是以他人的高尚的思想、行为和卓越的成就来影响学生品德的方法，榜样包括伟人的典范、教育者的示范和学生中的好榜样。

11. 答案：D。【解析】疏导原则是指进行德育要循循善诱，以理服人，从提高学生认识入手，调动学生的主动性，使他们积极向上。

12. 答案：A。【解析】陈述性记忆是指对有关事实和事件的记忆，可以通过语言传授而一次性获得，陈述性记忆的提取往往需要意识的参与。程序性记忆是指如何做事情的记忆，包括对知觉技能、认知技能和运动技能的记忆，这类记忆往往需要通过多次尝试才能逐渐获得，在利用这类记忆时往往不需要意识参与。

13. 答案：B。【解析】水平迁移也称横向迁移，指处于同一抽象和概括水平的经验之间相互影响，而直角、钝角、锐角等概念都处于同一抽象和概括层次，各种概念之间互相影响即水平迁移。

14. 答案：B。【解析】负强化是通过消除或中止厌恶、不愉快的刺激来增强反应概率。老师减少提问次数，就是消除了一个不愉快的刺激，因而增加了小马坐在后面的次数。

15. 答案：D。【解析】公正阶段的儿童继可逆性之后，公正观念或正义感得到发展，儿童的道德观念倾向于坚持公正、平等。儿童不再呆板地按固定规则去判断，在依据规则判断时考虑到同伴的一些具体情况，从关心和同情角度出发判断。

16. 答案：A。【解析】美国学者弗里德曼等人研究心脏病时，把人的性格分为两类：A型和B型。A型人格属于较具进取心，自信心，并且容易紧张。A型人格总是愿意从事高难度的竞争活动，不断驱动自己要在最短的时间里干最多的事，并对阻碍自己努力的其他人或其他事进行攻击。

17. 答案：D。【解析】认知重组是心理治疗中用于改变人们常用的想法和信息加工的方式过程。小强考试失利，并没有气馁，而是认真反思，这就是属于认知重组。

18. 答案：C。【解析】强迫症是一种以强迫症状为主的神经病，强迫行为指当事人反复去做他不希望执行的动作，如果不这样想、不这样做，就会感到极端焦虑。

19. 答案：C。【解析】发展功能是指课堂管理本身可以教给学生一些行为准则，促进学生从他律走向自律，帮助学生获取自我管理能力，使学生逐步走向成熟。

20. 答案：B。【解析】在关注情境阶段，当老师感到自己在新的岗位上已经站稳脚跟后，会将注意力转移到提高教学质量上来，如关注学生学习成绩提高等。

21. 答案：D。【解析】教学反思是指教师以自己的教育教学实践活动作为认知对象，有意识地对教育教学活动过程中的教育理念、教育思维和教育行为进行批判性的分析，从而实现自己的专业发展过程。

二、辨析题

22. 参考答案：该说法错误。教育是根据一定的社会需要进行的培养人的活动，是有目的的培养人的社会活动。教育具有自身的发展规律，但同时也受到社会发展的制约。在教育发展过程中，肯定要受到政治、经济、生产等因素影响。故该说法错误。

23. 参考答案：该说法错误。知识和技能是能力的基础，但只有那些能够广泛应用和迁移的知识和技能，才能转化为能力。能力不仅包括一个人现在已经达到的成就水平，而且包括一个人的潜力。例如，一个读书很多的人可能有丰富的知识，但是解决实际问题的能力低下，可见，知识与能力是有区别的。如果只掌握了知识，而不进行练习，也无法形成技能。故该说法错误。

24. 参考答案：该说法错误。所谓的有意义的学习实质就是将符号所代表的新知识与学习者认知结构中已有的适当观念之间建立非人为的和实质性的联系。所谓的接受学习，指人的个类经验获得，来源于学习活动中，主体对他人的经验的接受，把别人的经验过程经过掌握并吸收，成为自己的经验。如果学习者不能理解符号所代表的知识，只是记住某些符号的词句，这是一种机械化的学习，而不是有意义的学习，故该说法错误。

25. 参考答案：该说法错误。科尔伯格提出了道德发展"三水平六阶段"理论。"三水平"是指前习俗水平、习俗水平、后习俗水平。"六阶段"是指每个人的"三水平"中又可划分为两个不同阶段。但是学生品德发展受到外部条件影响以及内部条件如认识失调等影响，就算年龄相同的人也不一定能达到一样的发展水平。故该说法错误。

三、简答题

26. 简述班主任培养班集体的主要方法。

参考答案：（1）确定集体目标。

（2）健全组织，培养班干部，以形成集体核心。

（3）有计划开展集体活动。

（4）培养正确的舆论与良好的班风。

27. 简述我国新一轮基础教育课程改革的具体目标。

参考答案：（1）实现课程功能的转变；（2）体现课程结构的均衡性、综合性和选择性；（3）密切课程内容与生活和时代的联系；（4）改善学生的学习方式；（5）建立与素质教育理念的相一致的评价与考试制度；（6）实行三级课程管理制度。

28. 简述短时记忆特点。

参考答案：短时记忆又称工作记忆，指记忆的信息在头脑中储存、保持时间比感觉记忆长一点，但一般不超过一分钟。短时记忆的特征：（1）信息保存的时间较短，为5秒~1分钟。（2）信息容量有限，为7±2个组块。（3）意识清晰，主体对于正在操作、使用的记忆，有清晰的意识。（4）易受干扰，如有其他信息出现会干扰短时记忆。

29. 简述学校心理辅导的原则。

参考答案：（1）面向学生全体原则；（2）预防与发展相结合原则；（3）尊重与理解学生原则；（4）学生主体性原则；（5）个别化对待原则；（6）保密性原则。

四、材料分析题

30. 材料（略）。

参考答案：（1）周老师给学生的评语体现了长善救失的原则、因材施教原则、疏导原则、严格要求与尊重学生相结合原则。

（2）首先，周老师给学生的评语体现了长善救失的原则。长善救失原则是指进行德育要调动学生自我教育的积极性，依靠和发扬他们自己的积极因素去克服品德上的消极因素，促进学生道德成长。材料中，小张迷恋电脑，周老师用心良苦，巧妙地把他比喻为电脑，从而充分地发挥了学生对电脑的热爱和熟悉，借此改掉了小张的毛病，促进了学生的健康发展。

其次，周老给学生的评语体现了因材施教的原则。因材施教是指德育原则要从学生的品德发展实际出发，根据他的年龄和个性进行不同的教育，使每个学生的品德都得到最大的发展。材料中，周老师针对淘气的小赵、迷恋电脑的小张，还有语文水平不高的小黄，分别用不同的打油诗给予不同的教育，改正学生的不良习惯，也促进了学生的个性健康发展，体现了因材施教的原则。

最后，周老师给学生的评语体现了严格要求与尊重学生相结合的原则。严格要求与尊重学生相结合的原则进行德育是要把学生的思想和行为严格要求与他们的个人尊重相结合起来，使德育者对学生的影响与要求易于转化为学生的品德。材料中，周老师在写打油诗时，对不管是淘气的学生，还是喜爱上网的学生，还是语文成绩不好的学生，都是充分尊重的，让学生得到了人格上的尊重。但是，又在打油诗中提出了对学生的指导和要求，希望学生能更好地发展。周老师的行为符合严格要求和尊重学生的原则。

31. 材料（略）。

答案：（1）小明属于场独立型性格，小罗属于场依存性性格。两者具有极大差别。场独立型性格的人在加工信息时，主要依据内在标准或内在参照，与人交往时很少能体察入微，他们的心理分化为水平较高，在加工信息时主要依据内在标准。材料中，小明在遇到问题时，常常利用个人经验独立地对其进行判断，喜欢用概括的方式分析问题，很少受到同学与老师建议的影响，体现了小明属于场独立型性格。场依存型性格的人在加工信息时，对外在信息参照有较大的依赖倾向，与别人交往时较能考虑对方的感受。他们的心理分化水平较高，在加工信息时主要依赖"场"，较能考虑对方的感受。材料中，小罗更愿意倾听老师和同学的建议，并以他们的建议作为分析问题的依据。另外，他还善于察言观色，关注社会问题，体现了小罗的场依存性人格。

（2）场依存型和场独立型的认知风格各有特点，而教育教学要"因材施教"，尊重学生的认知风格，根据每个学生的不同的认知风格采取相应的教育教学方法，将教育教学效益最大化。第一，充分注意每个学生在认识上的特殊性。第二，教师要根据对学生风格的了解，在教学中又针对性地提供与认知风格相匹配的教学方式。针对场依存型性格的学生，教师应该注重培训他们独立的思考能力；针对场独立型性格的学生情况与上述情境相反，教师应注重培养他们把其他人的想法与自己的想法相协调的思维方式，使自己的做法与外界相辅相成。第三，教师不仅自己要分析掌握学生的认知风格，而且要引导学生认识自己的认知风格特点。

附录二

2017年上半年（小学）教育教学知识与能力真题及参考答案

一、单项选择题

1. "君子如欲化民成俗，其必由学乎。"《学记》中这句话反映了（　　）。
   A. 教育与经济的关系　　　　　　B. 教育与科技的关系
   C. 教育与政治的关系　　　　　　D. 教育与人口的关系
   【答案】C。

2. 马克思认为，造成人的片面发展的根本的原因是（　　）。
   A. 个人天赋　　　B. 社会分工　　　C. 国家性质　　　D. 教育水平
   【答案】B。

3. 在教育活动中，构建民主、和谐、融洽的师生关系的主导因素是（　　）。
   A. 学生　　　　　B. 家长　　　　　C. 教师　　　　　D. 文学艺术活动
   【答案】C。

4. 在小学课外活动中，学生摄影小组举办的摄影作品大赛属于（　　）。
   A. 游戏活动　　　B. 学科活动　　　C. 科技活动　　　D. 文学艺术活动
   【答案】D。

5. "捧着一颗心来，不带半根草去。"陶行知这句话强调的是教师应具有（　　）。
   A. 深厚的教育理论知识　　　　　B. 高尚的教师职业道德
   C. 广博的文化科学知识　　　　　D. 较强的教育教学能力
   【答案】B。

6. 将观察法分为系统观察和非系统观察的依据是（　　）。
   A. 观察条件是否认为控制
   B. 观察活动是否有规律
   C. 观察者是否直接介入活动
   D. 观察内容是否有设计并有结构
   【答案】B。

7. 假如小学生被狗咬伤，教师首先应采取的处理方式是（　　）。
   A. 立即包扎伤口
   B. 在伤口的近心端用绳子扎紧
   C. 用肥皂水、高锰酸钾溶液或双氧水等冲洗伤口

D. 不作处理，直接送往医院
【答案】C。

8. 成成同学在回答问题时能触类旁通，不墨守成规，说明其思维具有（　　）。
A. 广阔性　　　B. 流畅性　　　C. 变通性　　　D. 独创性
【答案】C。

9. 学生的学习是基于自己的经验，主动接受新的信息，并对其意义进行重构的过程，这一观点属于（　　）。
A. 有意义接受学习理论　　　B. 建构主义学习理论
C. 信息加工学习理论　　　　D. 联结主义学习理论
【答案】B。

10. 小强不按时完成作业，妈妈就禁止他看动画片，一旦按时完成就取消这一禁令，随后小强按时完成作业的次数增加了，这属于（　　）。
A. 正强化　　　B. 负强化　　　C. 自我强化　　　D. 替代强化
【答案】B。

11. 根据皮亚杰的道德发展阶段理论，小学低年级儿童常常认为听父母和老师的话就是好孩子。这是因为其道德发展处于（　　）。
A. 权威阶段　　　B. 公正阶段　　　C. 可逆性阶段　　　D. 自我中心阶段
【答案】A。

12. 儿童"多动症"的核心特征是（　　）。
A. 活动过多　　　B. 冲动任性　　　C. 注意障碍　　　D. 学习困难
【答案】C。

13. 课程是"组织起来的教育内容"，最早提出这一观点的是（　　）。
A. 斯宾塞　　　B. 布鲁纳　　　C. 赫尔巴特　　　D. 夸美纽斯
【答案】A。

14. 学校利用板报、橱窗、走廊、墙壁、雕塑、地面、建筑物等作为媒介，旨在体现教育理念，实现育人功能。在课程分类中，这属于（　　）。
A. 学科课程　　　B. 活动课程　　　C. 显性课程　　　D. 隐形课程
【答案】D。

15. 学习了《坐井观天》一课，学生学会了"信、抬、蛙、答"等生字，理解并熟记"无边无际""坐井观天"等词。按照三维目标的要求，这主要达成的教学目标是（　　）。
A. 知识与技能　　　　　　B. 过程与方法
C. 认知有实践　　　　　　D. 情感态度与价值观
【答案】A。

16. 能让学生充分交流互动并有利于发挥其主体作用的教学组织形式是（　　）。
A. 道尔顿制　　　B. 个别教学　　　C. 分组教学　　　D. 文纳特卡制
【答案】C。

17. 课堂教学中，课堂课桌和课椅的摆放方式会影响教学方法的运用效果。一般来说，"秧田型"的摆放方式最适合的教学方法是（　　）。
A. 实验法　　　B. 讲授法　　　C. 探究法　　　D. 讨论法
【答案】B。

18. 教师通过听写英语单词了解和评价学生的掌握情况，这种评价方式属于（　　）。
A. 测验评价　　　B. 量表评价　　　C. 实作评价　　　D. 档案袋评价

【答案】 A。

19.《义务教育数学课程标准（2011版）》规定：小学第一学段初步认识分数和小数的意义，第二学段理解分数和小数的意义。这部分内容采取的教学组织方式是（ ）。

A. 直线式　　　　B. 圆周式　　　　C. 螺旋式　　　　D. 横线式

【答案】 C。

20. 张老师在课堂上出示了一个钟表模型，通过对三个指针的操作，帮助小学生很快理解了"时、分、秒"的概念，这体现了教学的（ ）。

A. 巩固性原则　　　　　　　　　B. 直观性原则
C. 循序渐进原则　　　　　　　　D. 因材施教原则

【答案】 B。

二、简答题（本大题共3小题，每小题10分，共30分）

21.【题干】简述加德纳的多元智能理论。

【答案】美国心理学家加德纳提出多元智能理论，该理论认为的智力结构中存在着七种相对独立的智力：（1）语言智力；（2）逻辑—数学智力；（3）视觉—智力；（4）音乐智力；（5）身体动觉智力；（6）人际智力；（7）自知智力。每种智力都有其独特的解决问题的方法，在每个人身上的组合方式不同。加德纳多元智能理论为我国新课改"建立促进学生全面发展的评价体系"提供了有力的理论依据与支持。

22.【题干】简述主观能动性在个体发展中的作用。

【答案】主观能动性是指人的主观意识对客观世界的反映和能动的作用。个体主观能动性是人的身心发展的动力，只有外部环境的客观要求转化为个体自身的需要，才能发挥环境和教育的影响。个体身心发展的特点、广度和深度，主要取决于其自身的主观能动性的高低。在个体的发展过程中，人不仅能反映客观环境，而且也能反映客观环境能促进自身的发展。人的主观能动性通过人的活动表现出来，离开人的活动，遗传素质、环境和教育所赋予的一切发展条件，都不可能成为人的发展的现实。所以，从个人发展的各种可能变为现实这一意义上说，人的身心发展是通过活动来实现的，个体的活动是个体发展的决定性因素。

23.【题干】简述班主任了解、研究学生的主要内容。

【答案】班主任了解学生包括对学生个体的了解和对学生群体的了解两部分。

了解学生个体包括以下几个方面：（1）个体的思想品德；（2）个体的学习；（3）个体的身体状况；（4）个体的心理；（5）个体的家庭。

对学生群体的了解包括：（1）对正式群体的了解；（2）对非正式群体的了解。

24. 材料：

在某小学新教师入职培训中，围绕"什么样的老师是真正的好老师？"这一问题，大家展开热议。有的说："好老师是热爱学生的老师"；有的说："好老师应该为人师表"；还有的说："教学好才是好老师"……

这时，培训教师跟大家分享了一位作家的故事："小时候，我非常胆小害羞，上课从不主动举手发言，老师也从不叫我回答问题，一次，我写了一篇题为《每一片叶子都有一个灵魂》的作文。上课时，老师轻轻地走到我的面前，问我是否愿意和大家分享我的作文。她的话语是那么柔和，那么亲切，让我无法拒绝。我用颤抖的声音读完了作文，她感谢了我。下课了，当我走到教室门口时，她建议我养成写日记的习惯，将来也可以从事这方面的工作。这些我都做到了。"

这个故事引起了大家对于"好老师"更深层次的思考。

问题：

（1）【题干】结合材料，试分析"什么样的老师才是好老师？"（10分）

【答案】从材料中可以看出，大部分人认为教师做到热爱学生、为人师表、爱岗敬业等遵守教师职业道德就是好老师，除此之外，一名好教师更应该树立正确的教育观。教师应该坚持教育公正原则，面向全体学生教育，关注每一个学生的发展。材料中，正因为教师能主动关注每一个学生，使学生获得了学习的信心和动力。教师在对待师生关系上，应尊重、赞赏学生。

在材料中，教师并没有粗鲁地要求学生分享作文，而是轻言细语温柔地征询学生的意见，使学生感觉到不应拒绝的力量。正因为如此，其他学生分享了这位学生的作文；也正因如此，老师获得了学生的信任。老师引导学生获得了积极的发展。此外，新课改强调教师应树立以人为本的学生观，认识到学生是一个发展的人、独特的人、具有独立意义的人，坚持教育面向全体学生，促进学生全面发展，在此基础上坚持教学以"学习者为中心""教会学生学习""重结论的同时更重过程""关注人"。做到这些这才是我们所认为的"好老师"。

(2)【题干】试述小学教师如何为儿童发展提供适合的教育。(10分)

【答案】为儿童提供适合的教育需要教师能关注儿童的个体差异，进行因材施教。儿童的差异具体表现在：(1) 能力的差异。儿童在智力水平上存在差异，有的智力发展水平低，有的发展水平高；儿童在智力类型上存在差异，知觉、记忆、想象、思维的类型和品质存在不同；儿童在能力表现早晚存在差异，有的聪明早慧，有的大器晚成；儿童智力在性别上也存在差异，男性智力分布离散程度比女性大，优势领域也不一样，教师要认识到学生的能力差异，接受并在各自能力基础之上给予积极正向引导，促进其发展。

(2) 认知方式差异。儿童在认知活动中所偏爱的信息加工方式存在差异。场独立型性格的儿童更偏向独立地对事物作出判断，场依存型性格儿童容易受权威人士的影响，故教师对场依存型性格的儿童应给予更多指导，而场独立型性格的儿童给予适当指导，给予更多独立思考时间和机会。深思型学生更注重解决问题的精度而非速度，冲动型性格的学生更重问题解决的速度而非精度，辐合型与发散型思维习惯也有差异，教师应予以充分认识，并从不同方面去肯定并引导学生。

25. 材料：

语文老师在教古诗《春晓》时，小龙禁不住发问："老师，诗人春天好睡觉，连天亮都不晓得，那他夜里怎么能听见风雨声呢？"老师不假思索地说："这有什么奇怪的，早上起床到外面一看不就知道了嘛。"小龙还想追问，老师不耐烦地摆摆手，让他坐下，并说道："大家在课堂上要认真听讲，不要随便提问。"教室里顿时安静下来，小龙也尴尬地低下头。

问题：

(1)【题干】结合材料评析这位教师处理学生课堂提问的做法。(10分)

【答案】材料中的老师违背了教学原则的启发性原则、新课改背景下的学生观。启发式教学原则是指在教学中要充分调动学生学习的自觉积极性，使学生能够主动地学习，以达到对所学知识的理解和掌握。材料中，老师面对学生的疑问，没有认真思索给予正确的答案，反而用随意和不耐烦的态度对待，严重打击了学生学习的积极性，不利于因材施教。新课改的学生观强调学生是独特的人。独特的人是指学生发展有其自身的独特性，与成人存在的差异。材料中，学生的疑问正是从自身的角度提出的，是合理的，老师应该予以耐心解答，而不是用一句话来应付。

(2)【题干】谈谈教师怎么保护和培养学生的问题意识。(10分)

【答案】问题意识是指学生在认知活动中意识到一些难以解决的、疑虑的实际问题或理论，其在学生的思维活动和认知活动中占有重要地位，保护和培养学生的问题意识可以从以下方面着手。

首先，构建心理安全区域，让学生敢问。教师要采取各种适当的方式，给学生以心理上的安全感和精神上的鼓舞，使学生的思维更加活跃，探索热情更加高涨，只有这样，学生才敢想、敢说、敢问；同时，必须尽可能给学生多一些思考的时间，多一些活动的空间，多一些自我表现和交流的机会，多一些尝试成功的体验，让学生自始至终积极参与教学的全过程。要尊重学生劳动，对学生提出一些意想不到的意见，要及时采纳并给予充分肯定。

其次，强化学生主体地位，让学生多提问。教师在课堂上，教师要经常诱导和启发学生、重组和重新解释他们自己的经验和知识，并且使学生在这个过程中不断提问，不断发现尚未解决的问题。培养学生质疑能力。学起于思，思源于疑，质疑思维的导火索是学生学习的内驱力，是探索和创新的源头。

最后，改变学生学习方式，让学生善问，教师在课堂教学中，应依据学生的认知水平精心设计教学的各个环节，为学生提供充足的、典型的、完整的感性材料，让学生自己在操作、实践、阅读、想象中去探索和发现规律，学会学习，让学生在探究中发现问题。学生的学习过程是一个永无止境的探究过程，让学生在合作中发现问题，凡是学生能解决的问题，尽量让学生通过讨论、思想碰撞、组织交流来解决。

主要参考文献

[1] 曲振国. 当代教育学 [M]. 北京：清华大学出版社，2006.
[2] 睢文龙，廖时人，朱新春. 教育学 [M]. 北京：人民教育出版社，2003.
[3] 褚远辉，张平海，闫祯. 教育学新编 [M]. 武汉：华中师范大学出版社，2007.
[4] 罗岩，陈紫天，林冬梅. 教育学 [M]. 沈阳：辽宁师范大学出版社，2005.
[5] 罗正华. 教育学 [M]. 北京：中央广播电视大学出版社，1989.
[6] 胡建华，周川，陈列，龚放. 高等教育学新论 [M]. 南京：江苏教育出版社，1995.
[7] 厉以贤. 现代教育原理 [M]. 北京：北京师范大学出版社，1988.
[8] 李剑萍，魏薇. 教育学导论 [M]. 北京：人民出版社，2006.
[9] 牟传巍. 教育学 [M]. 长春：吉林大学出版社，1989.
[10] 潘菽. 教育心理学 [M]. 北京：人民教育出版社，1983.
[11] 王瑞清. 中学班主任教程 [M]. 南京：南京出版社，1994.
[12] 毛礼锐. 中国教育史简编 [M]. 北京：教育科学出版社，1984.
[13] 王桂. 当代外国教育 [M]. 北京：人民教育出版社，1995.